普通高等教育“十三五”规划教材

简明大学物理

主编 张乐 黄祝明

同济大学出版社
TONGJI UNIVERSITY PRESS

内容提要

本书根据一般工科本科院校学生的实际情况，适当更新了教学体系和内容的深度及广度，同时吸取了近年来国内出版的面向21世纪课程教材的一些先进的思想和方法，力求做到"经典物理现代化，物理前沿普物化"，具有可教性和可学性的双重特色.

全书共5篇(19章)内容：第1篇力学；第2篇电磁学；第3篇振动和波动及波动光学；第4篇热学基础；第5篇近代物理，每章后附有习题及参考答案.

本书可作为高等工科院校各专业和理科非物理学专业大学物理课程的教科书，也可供大学物理教师作为教学参考使用.

图书在版编目(CIP)数据

简明大学物理/张乐，黄祝明主编. —上海：同济大学出版社，2018.1

ISBN 978-7-5608-7524-8

Ⅰ.①简… Ⅱ.①张…②黄… Ⅲ.①物理学—高等学校—教材 Ⅳ.①O4

中国版本图书馆CIP数据核字(2017)第288321号

普通高等教育"十三五"规划教材

简明大学物理

主编 张 乐 黄祝明

责任编辑 陈佳蔚 **责任校对** 徐春莲 **封面设计** 潘向蓁

出版发行 同济大学出版社 www.tongjipress.com.cn

(地址：上海市四平路1239号 邮编：200092 电话：021-65985622)

经 销 全国各地新华书店

排 版 南京月叶图文制作有限公司

印 刷 常熟市大宏印刷有限公司

开 本 787 mm×1 092 mm 1/16

印 张 31

印 数 1 501—3 600

字 数 774 000

版 次 2018年1月第1版 2018年12月第2次印刷

书 号 ISBN 978-7-5608-7524-8

定 价 59.80元

本书编委会

主　　编

张　乐　黄祝明

编写人员

黄祝明　胡亚联　李端勇
吴　锋　余仕成　张　乐
方路线　张　璐

前 言

物理学是整个自然科学的支柱，是人类文明、现代科技和工业的根基. 纵观世界科技发展史，物理学的每一次重大突破，都极大地促进了社会生产力的发展.

物理学是一切自然科学的基础. 物理学所研究的粒子和原子，构成了蛋白质、基因、器官、生物体、一切人造的和天然的物质、陆地、海洋和大气，等等. 在这个意义上，物理学构成了化学、生物学、材料科学和地球物理学等学科的基础，物理学的基本概念和技术被应用到了所有的自然科学. 在这些学科和物理学之间的边缘领域中，形成了一系列新的分支学科和交叉学科，从而促使自然科学更加迅速地发展.

物理学一直是自然科学的带头学科. 它与现代应用技术的广泛结合，为人类认识自然、改造自然、发展生产提供了强有力的武器. 一方面，物理学为所有的科学领域提供了理论基础、实验手段和研究方法. 现代物理学已发展到能够说明小到分子、原子、原子核、基本粒子、超弦，大到恒星、星系、宇宙的种种现象和规律，也能够说明种种线性的和非线性的复杂问题. 物理学理论为自然科学和工程科学的大厦奠定了坚不可摧的基石. 另一方面，物理学的重要作用还在于它利用其重要的理论框架，建立了许多相关学科或交叉学科，如生物物理、天体物理、化学物理、原子物理、量子化学、量子生物学、生物磁学等.

物理学决定着人们对物质世界的根本性看法. 物理学发现的关于物质运动遵循的“决定论法则”“随机性法则”以及“混沌性法则”，是迄今为止人类对自然认识的最高境界. 物理学的研究方法和思维也是无与伦比的：“理想模型法”“实验方法”“类比方法”“科学假说”“思想实验”“对称性思维”等，无一不闪耀着科学和智慧的光辉，对所有学科都有借鉴作用.

既然物理学对于自然科学的发展、社会生产力的进步起着如此巨大的带头和推动作用，大学物理学在高等教育中的地位就不言而喻了. 在人类所有的才能之中，最重要、最神奇的就是思维能力和创新能力. 大学物理在人才的创新能力、思维能力的培养方面有着重要的不可替代的作用. 大学物理通过物理学的基本思维、基本观念、基本实验的设计思想、方法、技能等的教学来实现对人才科学素质的培养.

21 世纪高等教育的观念正在发生转变，社会和市场需要高素质、有创新能力的“复合型”人才. 因此，大学物理的教学目的，应当是培养和提高学生的科学素质、科学思维方法和科学研究的能力. 人才培养是一个系统工程，大学物理教学必须为高等教育人才培养的总目标服务. 大学物理教学的任务除了使学生掌握基本的物理知识及实际实用，并得到有关技术技能、技巧的训练外，更重要的是发展学生智力，提高学生能力，培养学生的科学世界观和科学素质. 大学物理教学必须着重培养学生的观察和实验能力、科学思维能力、分析和解决实际问题的能力、自学能力，等等. 另外，大学物理还应把发展学生的非智力因素纳入教学任务. 主要是：通过揭示物质运动规律培养学生辩证唯物主义的科学世界观；通过严格的实验训练培养学生实事求是的科学态度；通过物理学史的教学来激发学生的学习兴趣；通过物理学理论体系的整体介绍，使学生能够鉴赏什么是和谐、对称、统一的科学美，培养学生的科学情趣.

工科专业的学生为什么要学物理？过去的看法是为专业课服务. 于是专业课需要的内容就讲，不需要的内容就不讲或少讲. 这种陈旧的观念显然不能适应 21 世纪人才培养的需要. 著名理论物理学家、诺贝尔奖得主理查德 · 费曼说：“科学是一种方法，它教导我们：一些事物是怎样被了解的，什么事情是已知的，现在了解到什么程度(因为没有事情是绝对已知的)，如何对待疑问和不确定性，证据服从什么法则，如何去思考事物，做出判断，如何区别真伪和表面现象.”所以，大学物理课不仅仅是物理知识的教育，也不只是为专业课服务. 大学物理学是学习一切工程技术知识，培养学生科学素质的最有效的基础课，是 21 世纪迎接新技术挑战的必修课，是科技和工程技术人员终身学习过程中必须在大学阶段学习的重要理论课. 大学物理课应当把对学生的科学素质教育作为自己的首要任务，使学生对物理学的内容、方法、概念和物理图像的历史和前沿发展，从整体上有一个全面的了解.

教育部非常重视 21 世纪工科物理教材编写工作. 目前国内新编大学物理教材众多，其侧重点各有不同. 有的突出了理论物理学的内容，有的引入了计算机物理，有的增加了物理技术应用方面的篇幅. 这些教材由于把一些理论物理的内容引入了普通物理，使得教材难度增大，不适合一般工科本科院校使用，特别不适宜学生自学.

教学内容的核心就是教材. 21 世纪大学物理教材一方面要在新内容、高起点、技术应用等方面有较大突破；另一方面也应具有易教易学的特点. 一般工科本科院校的大学物理教学如何面向 21 世纪，教材又如何适应新世纪教学改革的需要？这些问题一直是我们教学研究和探讨的主题.本书仍基本保持传统模式,适当更新了教学体系,内容简单明了,深度和广度较适当,同时吸取了近年来国内出版的面向21世纪课程教材的一些先进的思想和出色的方法,力求做到"经典物理现代化,物理前沿普物化",便于学生自学和教师教学.为适应不同的教学对象和不同专业类别的教学需要,书中"*"号部分内容可作为选读.

本书适合作为工科院校"少学时"大学物理课程的教材使用.本书由张乐、黄祝明主编,负责制定编写提纲,提出要求,并进行全书的修改和统稿工作.各篇章的具体分工如下:第1—3章由黄祝明编写;第4,第5章由胡亚联编写;第6—9章由余仕成编写;第10,第19章由李端勇编写;第11—13章、第18章由张乐编写;第14—17章由吴锋编写.全书由黄祝明负责审稿.本书出版过程中,得到武汉工程大学邮电与信息工程学院和同济大学出版社的关心和支持,在此表示衷心的感谢.

由于编者水平所限,书中如有缺点和错误,敬请读者提出宝贵意见.

编　者

2017年12月

目　录

前　言

第1篇　力　学

第1章　质点运动学…… 3
1.1　质点运动的描述 …… 3
1.1.1　参考系、坐标系…… 3
1.1.2　质点、质点系…… 3
1.1.3　质点运动的矢量描述 …… 4
1.2　常用坐标系的选用 …… 7
1.2.1　直角坐标系、抛体运动…… 7
1.2.2　自然坐标系、切向加速度和法向加速度…… 9
1.3　相对运动…… 11
习题1 …… 13

第2章　经典力学的守恒定律 …… 15
2.1　牛顿运动定律和惯性系…… 15
2.1.1　牛顿运动定律的表述及其应用…… 15
2.1.2　惯性系与非惯性系…… 19
*2.1.3　平动加速参考系中的惯性力 …… 19
*2.1.4　匀速转动参考系中的惯性离心力 …… 20
2.2　动量定理和动量守恒定律…… 20
2.2.1　冲量和质点的动量定理…… 21
2.2.2　质点系动量定理…… 23
2.2.3　动量守恒定律…… 25
*2.2.4　质心及质心运动定理 …… 27
2.3　动能定理和机械能守恒定律…… 28
2.3.1　功和质点的动能定理…… 29
2.3.2　保守力、非保守力和势能 …… 32
2.3.3　势能曲线及应用…… 35

2.3.4 质点系的动能定理和功能原理 …… 37
2.3.5 机械能守恒定律与能量守恒定律 …… 40
*2.3.6 两体碰撞 …… 41
2.4 角动量和角动量守恒定律 …… 43
2.4.1 质点的角动量 …… 43
2.4.2 力矩和质点的角动量定理 …… 45
2.4.3 质点角动量守恒定律 …… 46
2.4.4 质点系的角动量定理 …… 47
*2.4.5 质心系的角动量定理 …… 48
习题 2 …… 49

第 3 章 刚体力学简介 …… 52
3.1 刚体运动学 …… 52
3.1.1 刚体及研究方法 …… 52
3.1.2 刚体的平动和定轴转动 …… 53
3.1.3 描述刚体转动的物理量 …… 53
3.1.4 匀变速转动公式 …… 56
3.1.5 角量和线量的关系 …… 56
3.2 刚体动力学 …… 59
3.2.1 刚体绕定轴转动时对转轴的角动量 …… 59
3.2.2 转动惯量 …… 60
3.2.3 刚体定轴转动的转动定理 …… 63
3.2.4 刚体定轴转动的角动量定理 …… 65
3.2.5 刚体定轴转动的动能定理 …… 67
*3.2.6 刚体的进动和回转效应 …… 70
习题 3 …… 71

第 2 篇 电磁学

第 4 章 真空中的静电场 …… 75
4.1 静电的基本现象 …… 75
4.1.1 电荷和电荷守恒定律 …… 75
4.1.2 库仑定律 …… 79
4.2 静电场的描述 …… 82
4.2.1 电场和电场强度 …… 82
4.2.2 场强叠加原理 …… 84
4.3 真空中静电场的高斯定理 …… 90
4.3.1 电场线与电通量 …… 90

4.3.2 静电场的高斯定理及应用 …… 93
4.4 静电场环路定理和电势 …… 100
4.4.1 静电场的环路定理 …… 100
4.4.2 电势差和电势 …… 103
4.4.3 电势叠加原理 …… 105
*4.4.4 电场强度与电势梯度的关系 …… 108
习题4 …… 110

第5章 有导体和电介质时的静电场 …… 113
5.1 有导体存在时的静电场 …… 113
5.1.1 导体的静电平衡 …… 113
5.1.2 静电平衡时导体上的电荷分布 …… 114
5.1.3 静电现象的应用 …… 119
5.2 电容和电容器 …… 120
5.2.1 孤立导体的电容 …… 120
5.2.2 电容器及其电容 …… 121
5.2.3 电容器的串并联 …… 123
5.3 有电介质时的静电场 …… 124
5.3.1 电介质及其极化机制 …… 125
5.3.2 电介质的极化规律 …… 126
5.3.3 有介质时的高斯定理 电位移 …… 128
5.3.4 电介质在电容器中的作用 …… 131
5.4 静电场的能量 …… 132
5.4.1 带电体系的静电能 …… 132
5.4.2 电场的能量和能量密度 …… 135
习题5 …… 136

第6章 真空中的稳恒磁场 …… 138
6.1 磁的基本现象 …… 138
6.1.1 早期磁现象 …… 138
6.1.2 近期磁现象 …… 139
6.2 恒定电流 …… 140
6.2.1 恒定电流 电流密度矢量 …… 140
6.2.2 电流的连续性原理 恒定电流的条件 …… 143
6.2.3 电源的电动势 …… 144
6.3 稳恒磁场的描述 …… 146
6.3.1 磁场和磁感应强度 …… 146
6.3.2 毕奥-萨伐尔定律 …… 147
6.3.3 运动电荷的磁场 …… 151
6.4 磁场的高斯定理 …… 152

6.4.1 磁感应线 磁通量 …… 152
6.4.2 磁场的高斯定理 …… 153
6.5 磁场的安培环路定理 …… 154
6.5.1 磁场的安培环路定理 …… 154
6.5.2 利用安培环路定理求磁场的分布 …… 157
6.6 磁场对运动电荷的作用 …… 160
6.6.1 洛伦兹力 …… 160
6.6.2 带电粒子在磁场中的运动 …… 162
6.6.3 霍尔效应 …… 166
*6.6.4 量子霍尔效应 …… 169
6.7 磁场对电流的作用 …… 169
6.7.1 安培力及安培定律 …… 169
6.7.2 平行无限长载流直导线的相互作用力 …… 173
6.7.3 载流线圈在均匀磁场中所受的力矩 …… 175
6.7.4 磁力的功 …… 177
习题 6 …… 178

第 7 章 有磁介质时的磁场 …… 181
7.1 磁场中的磁介质 …… 181
7.1.1 磁介质及其磁化机制 …… 181
7.1.2 磁介质的磁化规律 …… 183
7.1.3 有磁介质时的安培环路定理 磁场强度 …… 186
7.2 铁磁质 …… 188
7.2.1 磁化曲线 …… 188
7.2.2 软磁材料和硬磁材料 …… 190
7.2.3 磁畴理论 …… 190
习题 7 …… 191

第 8 章 电磁感应 …… 192
8.1 电磁感应定律 …… 192
8.1.1 电磁感应现象 …… 192
8.1.2 电磁感应规律 …… 193
8.2 动生电动势 …… 195
8.2.1 动生电动势产生的原因 …… 195
8.2.2 动生电动势的计算 …… 197
8.3 感生电动势 感生电场 …… 199
8.3.1 感生电动势产生的原因 …… 199
8.3.2 感生电场及感生电动势的计算 …… 200
8.4 自感 互感 …… 203
8.4.1 自感 …… 203

8.4.2　互感 …… 205
8.5　磁场的能量 …… 206
8.5.1　线圈的自感磁能 …… 206
8.5.2　磁场的能量 …… 207
习题 8 …… 209

第 9 章　电磁场和麦克斯韦方程组 …… 211
9.1　位移电流 …… 211
9.1.1　稳恒电磁场的基本规律 …… 211
9.1.2　位移电流 …… 211
9.1.3　安培环路定理的普遍形式 …… 213
9.2　麦克斯韦方程组 …… 215
9.2.1　积分形式 …… 215
9.2.2　微分形式 …… 216
9.2.3　物性方程 …… 216
9.3　电磁波 …… 217
9.3.1　电磁波的产生 …… 217
9.3.2　电磁波的基本性质 …… 218
9.3.3　电磁场的物质性 …… 219
习题 9 …… 221

第 3 篇　振动和波动　波动光学

第 10 章　简谐振动和平面简谐波 …… 225
10.1　线性振动 …… 225
10.1.1　简谐振动 …… 225
10.1.2　阻尼振动 …… 234
10.1.3　受迫振动和共振 …… 236
10.2　振动的合成与分解 …… 238
10.2.1　振动的合成 …… 238
*10.2.2　振动的分解 …… 242
10.3　机械波的产生和传播 …… 243
10.3.1　波的基本概念 …… 243
10.3.2　平面简谐波 …… 246
10.3.3　波的能量 …… 249
10.4　波的叠加 …… 251
10.4.1　惠更斯原理 …… 251
10.4.2　波的干涉 …… 252
10.4.3　驻波的形成和特点 …… 254

习题 10 …… 258

第 11 章 光的干涉 …… 260
11.1 相干光 …… 260
11.2 杨氏双缝干涉实验、双面镜、劳埃镜 …… 261
11.2.1 杨氏双缝干涉实验 …… 262
11.2.2 菲涅耳双面镜和劳埃镜实验 …… 264
11.3 薄膜干涉 …… 265
11.3.1 光程和光程差 …… 265
11.3.2 薄膜干涉公式 …… 266
11.3.3 半波损失 …… 267
11.4 劈尖膜和牛顿环 …… 269
11.4.1 劈尖膜干涉 …… 269
11.4.2 牛顿环 …… 272
11.4.3 增透膜与增反膜 …… 273
11.5 迈克尔逊干涉仪 …… 275
*11.6 多光束的干涉 …… 277
习题 11 …… 278

第 12 章 光的衍射 …… 279
12.1 惠更斯-菲涅耳原理 …… 279
12.1.1 光的衍射现象 …… 279
12.1.2 惠更斯-菲涅耳原理 …… 279
12.1.3 两类衍射 …… 280
12.2 单缝夫琅和费衍射 …… 281
12.3 衍射光栅 …… 284
12.3.1 光栅的构成 …… 284
12.3.2 光栅衍射条纹的形成 …… 285
12.3.3 光栅方程 …… 286
12.3.4 光栅衍射图样的几点讨论 …… 287
12.4 圆孔衍射 光学仪器分辨本领 …… 289
12.5 X 射线衍射 …… 291
习题 12 …… 292

第 13 章 光的偏振 …… 294
13.1 自然光和偏振光 …… 294
13.2 反射和折射时光的偏振 …… 296
13.3 晶体的双折射和偏振棱镜 …… 297
13.4 偏振片的起偏和检偏 马吕斯定律 …… 300
*13.5 偏振光的干涉 …… 303
习题 13 …… 304

第 4 篇 热学基础

第 14 章 热学的预备知识 …… 307
14.1 热力学系统的状态和过程 …… 307
14.1.1 热力学系统 …… 307
14.1.2 热力学状态 …… 307
14.1.3 热力学过程 …… 308
14.2 温度 …… 308
14.2.1 热力学第零定律 …… 308
14.2.2 温度计和温标 …… 309
14.3 分子热运动与分子力 …… 310
14.3.1 通常的物质是由大量分子(或原子)组成的 …… 310
14.3.2 分子热运动 …… 311
14.3.3 分子力 …… 311
14.4 状态参量和物态方程 …… 312
14.4.1 状态参量 物态方程 …… 312
14.4.2 气体的实验定律 理想气体 …… 313
14.4.3 理想气体状态方程 …… 313
14.4.4 范德瓦尔斯方程 …… 315
14.5 统计规律的基本概念 …… 315
14.5.1 事件 …… 315
14.5.2 概率 …… 315
14.5.3 统计平均和统计规律 …… 316

第 15 章 平衡态的统计规律 …… 318
15.1 理想气体的压强和温度 …… 318
15.1.1 理想气体的微观模型和统计假设 …… 318
15.1.2 理想气体的压强公式 …… 319
15.1.3 理想气体的温度公式 …… 320
15.2 麦克斯韦速率分布律 …… 322
15.2.1 速率分布律 …… 322
15.2.2 速率分布函数 …… 322
15.2.3 麦克斯韦速率分布律 …… 324
15.2.4 三种速率 …… 325
15.3 玻尔兹曼分布律 …… 327
15.3.1 玻尔兹曼分布律 …… 327
*15.3.2 重力场中粒子按高度的分布 …… 328

15.4 能量均分定理…… 328
15.4.1 自由度…… 328
15.4.2 能量均分定理…… 329
15.4.3 理想气体的内能…… 331
15.5 分子碰撞频率的统计规律…… 333
15.5.1 平均碰撞频率…… 333
15.5.2 平均自由程…… 334
习题 15 …… 334

第 16 章 热力学第一定律 …… 336
16.1 热力学第一定律…… 336
16.1.1 内能、功和热量 …… 336
16.1.2 热力学第一定律…… 338
16.2 理想气体的等值过程…… 339
16.2.1 等容过程…… 340
16.2.2 等压过程…… 341
16.2.3 等温过程…… 342
16.3 理想气体的绝热过程和多方过程…… 344
16.3.1 绝热过程…… 344
*16.3.2 多方过程 …… 347
16.4 循环过程和卡诺循环…… 348
16.4.1 循环过程…… 348
16.4.2 热机和效率…… 349
16.4.3 制冷机及制冷系数…… 349
16.4.4 卡诺循环…… 349
习题 16 …… 353

第 17 章 热力学第二定律 …… 355
17.1 热力学第二定律的表述…… 355
17.1.1 可逆过程与不可逆过程…… 355
17.1.2 热力学第二定律的表述…… 356
17.2 卡诺定理…… 357
17.2.1 卡诺定理的内容…… 357
17.2.2 卡诺定理的证明…… 358
17.2.3 热力学温标…… 358
17.3 熵和熵增加原理…… 359
17.3.1 克劳修斯等式…… 359
17.3.2 熵…… 359
17.3.3 熵增加原理…… 360
17.3.4 温熵图…… 362

*17.4 热力学第二定律的统计意义 …… 362
17.4.1 理想气体自由膨胀不可逆性的统计意义 …… 362
17.4.2 热力学概率和玻尔兹曼熵公式 …… 364
17.4.3 热力学第二定律的适用范围 …… 364

第5篇 近代物理

第18章 狭义相对论 …… 367
18.1 狭义相对论产生的背景 …… 367
18.1.1 力学的相对性原理 …… 367
18.1.2 伽利略变换 …… 367
18.1.3 经典力学的绝对时空观 …… 368
18.1.4 经典力学的局限性 …… 369
18.2 狭义相对论的基本原理与洛伦兹变换式 …… 371
18.2.1 狭义相对论的基本假设 …… 371
18.2.2 洛伦兹变换 …… 371
18.2.3 相对论速度变换式 …… 373
18.3 狭义相对论的时空观 …… 374
18.3.1 同时性的相对性 …… 374
18.3.2 时间间隔的相对性 …… 376
18.3.3 长度的相对性 …… 376
18.4 狭义相对论动力学基础 …… 378
18.4.1 质量和动量 …… 378
18.4.2 力和速率 …… 379
18.4.3 功和动能 …… 380
18.4.4 静能、总能和质能关系 …… 380
18.4.5 能量和动量 …… 381
习题18 …… 382

第19章 量子力学基础 …… 383
19.1 量子论的提出 …… 383
19.1.1 黑体辐射 普朗克的能量子假说 …… 383
19.1.2 光电效应 爱因斯坦的光量子假说 …… 385
19.1.3 康普顿效应 …… 388
19.1.4 光的波粒二象性 …… 391
19.2 量子力学的建立 …… 392
19.2.1 氢原子的玻尔理论 …… 392
19.2.2 德布罗意波 …… 395

19.2.3 概率波………………………………………………………………………… 396
19.2.4 运动方程………………………………………………………………………… 398
*19.2.5 算符与力学量 ………………………………………………………………… 400
*19.2.6 力学量的对易关系 不确定关系 …………………………………………… 401
19.3 一维定态问题…………………………………………………………………… 403
19.3.1 一维无限深势阱………………………………………………………………… 403
19.3.2 一维方势垒、隧道效应 ……………………………………………………… 406
19.3.3 线性谐振子……………………………………………………………………… 407
*19.3.4 周期场中的粒子运动 ………………………………………………………… 408
19.4 氢原子……………………………………………………………………………… 410
19.4.1 氢原子波函数及概率的分布………………………………………………… 410
19.4.2 电子的自旋……………………………………………………………………… 414
19.4.3 多电子原子的壳层结构……………………………………………………… 416
习题 19 ……………………………………………………………………………… 417

参考文献……………………………………………………………………………… 420

第1篇　力　　学

力学(mechanics)是研究物体机械运动规律的一门学科. 机械运动即物体位置随时间的变化而变动. 例如，天体的运行、大气和河水的流动、各种交通工具的行驶、各种机器的运转，等等.

机械运动(mechanical motion)是物质运动最简单、最基本的初级运动形态. 几乎在物质的一切运动形式中都包含有这种最基本的运动形式，因而力学是学习物理学和其他学科的基础，也是近代工程技术的理论基础. 力学是古老的，历经无数人特别是伽利略、牛顿、拉普拉斯等人的工作，最早成为最完善的学科，被称为**牛顿力学**或**经典力学**·**力学**研究宏观物体(尺寸远大于原子尺度 10^{-10} m 的物体)低速(远小于光速)运动的客观规律. 在各种工程技术，特别是机械、建筑、水利、造船，甚至航空航天技术中，经典力学至今仍保持着充沛的活力，起着基础理论的作用.

本篇主要讲述经典力学的基础，包括质点力学和刚体力学. 着重阐述动量、角动量、能量等概念及相应的守恒定律，最后一章是刚体力学简介.

第 1 章 质点运动学

一个形状和大小可以不计但具有一定质量的物体称为**质点**. 对于质点的运动,通常分两个方面来讨论. 首先是单纯地描述质点在空间的运动情况,即说明它的运动特征,如质点的位置、速度、加速度、轨道等. 这部分内容称为运动学(kinematics). 其次是讨论运动产生的原因和运动状态变化的原因,即说明运动的因果关系,如牛顿运动定律、动量定理、动能定理以及守恒定律等. 这部分内容称为动力学(dynamics).

本章主要介绍质点运动学,即讨论质点运动的定量描述问题. 由于采用了矢量概念和微积分等数学方法,因而使很多在中学物理课程中已学习过的概念和公式将更严格、更全面也更系统化了. 最后还介绍了同一质点的运动描述在不同参考系中的变换——伽利略变换.

1.1 质点运动的描述

1.1.1 参考系、坐标系

一切物质均处在永恒不息的运动之中,运动的这种普遍性和永恒性又称为运动的绝对性. 为了观测一个物体的运动,而选作参考的另一物体(或另一组相对静止的物体)称为**参考系**(frame of reference).

由于参考不同的物体来观测同一物体的运动,所获得的图像和结果就会不同,这个事实称为运动描述的相对性. 由于对物体运动的描述是相对的,因此,在说明物体的运动时,必须指明所选取的参考系. 研究地面上物体的运动,通常都选地面或在地面上静止的物体作参考系. 在今后的讨论中,凡是没有具体指明参考系的,均指相对于地面参考系的运动.

参考系选定后,为了能定量地描述物体的位置和它的运动,还必须在参考系上建立一个适当的**坐标系**,把坐标系的原点和轴线固定在参考系中. 坐标系也可有不同的选择,要看问题的性质和研究的方便来决定. 最常用的是直角坐标系、自然坐标系、极坐标系等. 坐标系实质上是由实物构成的参考系的数学抽象.

1.1.2 质点、质点系

任何物体都有大小和形状. 物体运动时,通常其内部各点位置的变化是不一样的,物体的形状和大小也可能发生变化. 因此,物体做一般的机械运动时,物体各部分的运动规律将十分复杂.

如果在某些情况下,物体的大小和形状对于所研究的问题不起作用,或所起作用甚小而可忽略不计时,为了使问题简化,可将被研究的物体看作一个只具有质量而没有大小和形状的几何点，即**质点**(particle).

质点是物体的理想化模型，其实际意义如下.

(1) 如果一个物体在运动中既不转动也不变形，只有平移，则物体上各点的运动必然相同，此时整个物体的运动可用物体上任一点的运动来代表. 因此，当一个物体只发生平移时，就可将该物体当做质点.

(2) 如果一个物体的尺度很小，它的转动和形变在问题中完全不重要时，也能将它当作质点. 当然能否将一个物体看作质点，并不是根据它的绝对大小，而是要由问题的性质来决定. 也就是说，质点具有相对意义. 例如，在研究地球公转时，因日地距离远大于地球的直径，地球上各点间的距离与日地距离相比是微不足道的. 所以，在公转中仍能将地球视为质点(图 1－1). 反之，即使很小的物体，如微粒、分子、原子等，当我们考察它们的转动、振动等问题时，就必须考虑其内部结构，而不能把它们看成质点. 因此，一个物体究竟能否看做质点，要具体问题具体分析.

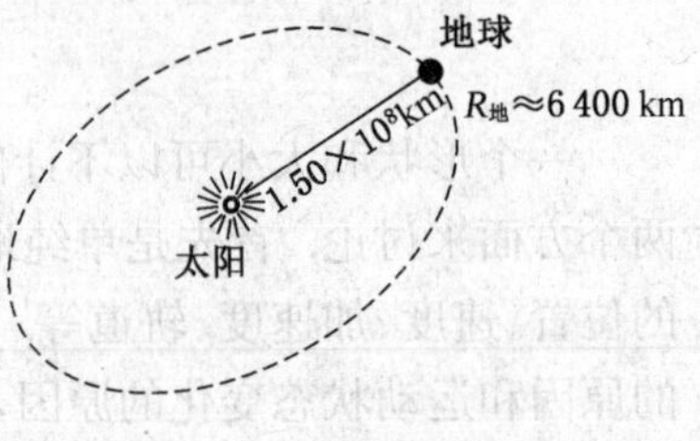

图 1-1　地球绕太阳运动

(3) 当研究物体的运动不能忽略物体的大小和形状时，质点的模型就不适用了. 这时，可以把物体看成是由若干质点组成的质点系统，简称**质点系**(system of particles). 这样，通过研究各质点的运动规律，便可以了解整个物体的运动规律.

(4) 质点、质点系是从客观实际中抽象出来的理想模型. 以后还要学习刚体、线性谐振子、理想气体、点电荷、电流元等理想模型. 在科学研究中，常根据所研究问题的性质，突出主要因素，忽略次要因素，建立理想模型，这是经常采用的一种科学思维方法. 这样做，可以使问题大为简化但又不失其客观真实性. 可以说，没有合理的模型，理论就寸步难行.

1.1.3　质点运动的矢量描述

1. *质点的位置矢量和运动方程*

在中学阶段，质点的位置可由直角坐标系中的三个坐标 x, y, z 表示. 在质点运动时，它的坐标是时间的函数：

$$x = x(t),\quad y = y(t),\quad z = z(t).$$

这就是质点的**运动方程**(equation of motion). 质点在运动过程中将描绘出一条曲线，称为轨迹. 从上式运动方程中消去参变量 t，便可得到质点的轨迹方程. 质点的位置还可以用一矢量来描述，即从坐标原点 O 指向质点所在处 P 的有向线段 $\boldsymbol{OP}$ 来表示，这个有向线段称为该质点的位置矢量(position vector)，简称**位矢**，用 $\boldsymbol{r}$ 表示(图 1－2). 显然，质点的位矢大小和方向不仅与参考系有关，而且与坐标原点 O 的选择有关. 但当参考系与坐标原点选定后，位矢 $\boldsymbol{r}$ 就能指明质点相对坐标原点的距离和方位，亦即确定了质点的空间位置.

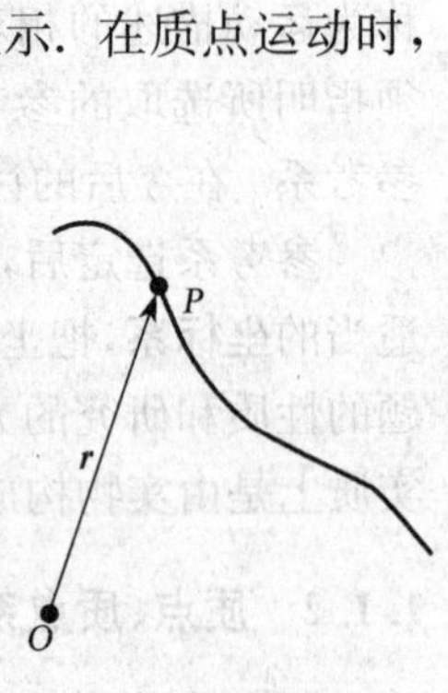

图 1-2　位置矢量

当质点运动时，它的位矢是随时间的变化而变化的，则位矢 $\boldsymbol{r}$ 为时间 t 的矢量函数，一般表示为 $\boldsymbol{r} = \boldsymbol{r}(t)$. 它描述了质点在任一时刻 t 相对于坐标原点的距离和方位，并包含有质点如何运动的全部信息. 此式称为质点运动的位矢方程,也可称为质点运动方程的矢量表示式.

2. 位移矢量

设质点沿轨迹 MN 做曲线运动,如图 1-3 所示,在时刻 t_1,质点在 P_1 处,其位矢为 $\boldsymbol{r}_1$;在时刻 t_2,质点运动到 P_2 处,位矢为 $\boldsymbol{r}_2$. 于是质点在时间间隔 $\Delta t(\Delta t = t_2 - t_1)$ 内的位置变化可用自 P_1 指向 P_2 的矢量 $\Delta\boldsymbol{r}$ 来表示,即由起始位置 P_1 指向终止位置 P_2 的有向线段 P_1P_2,称为**位移矢量**,简称**位移**(displacement). 由图 1-3 中可知 $\Delta\boldsymbol{r} = \boldsymbol{r}_2 - \boldsymbol{r}_1$,显然,位移 $\Delta\boldsymbol{r}$ 是 Δt 时间内的位矢 $\boldsymbol{r}$ 的增量,是描述质点在 Δt 时间内位置变动的大小和方向.

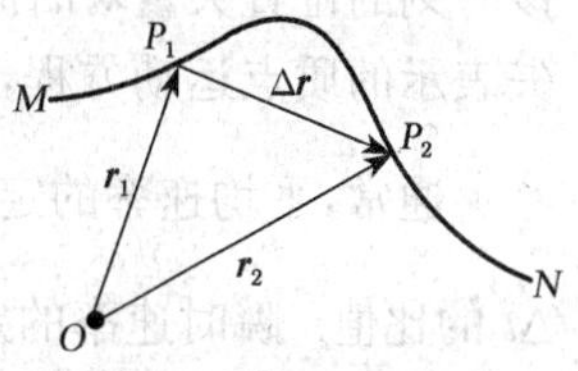

图 1-3　位移矢量

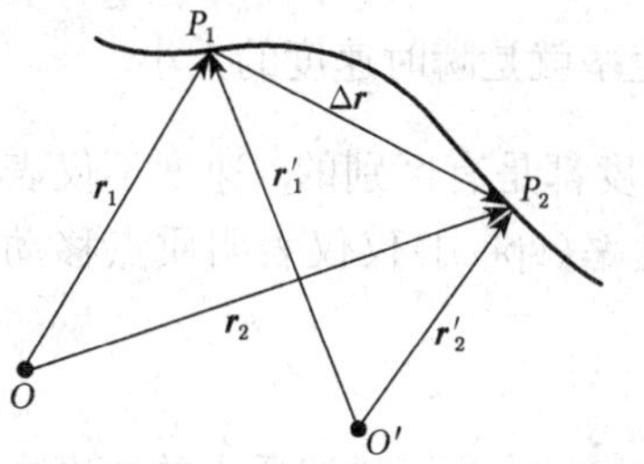

图 1-4　对不同的坐标原点,质点的位矢不同,但位移相同

位移 $\Delta\boldsymbol{r}$ 和位矢 $\boldsymbol{r}$ 不同,位矢确定某一时刻质点的位置,位移则描述某段时间内质点始末位置的变化. 对于相对静止的不同坐标系来说,位矢依赖于坐标系的选择,而位移则与所选取的坐标系无关(图 1-4).

位移 $\Delta\boldsymbol{r}$ 和路程 Δs 也不同,位移只反映某段时间内质点始末位置的变化,它不涉及质点位置变化过程的细节. 在图 1-3 中,位移 $\Delta\boldsymbol{r}$ 的大小虽然等于由 P_1 到 P_2 的直线距离,但并不意味着质点是从 P_1 沿直线移动到 P_2. 质点从 P_1 到 P_2 沿曲线所走过的实际轨迹的长度称为路程(distance). 路程 Δs 是标量,而且总有 $\Delta s \geqslant |\Delta\boldsymbol{r}|$. 但是在 $\Delta t \to 0$ 的极限情况下,它们的微分是相等的,即 $\mathrm{d}s = |\mathrm{d}\boldsymbol{r}|$. 另外,当始末位置 P_1P_2 一定,则位移是唯一确定的,但从 P_1 到 P_2 可有许许多多不同的路程.

还要指出的是,位移 $\Delta\boldsymbol{r}$ 的大小和位矢大小的增量 $\Delta r(\Delta r = |\boldsymbol{r}_2| - |\boldsymbol{r}_1|)$ 一般是不相等的.

3. 速度和速率

为了说明质点运动的方向和快慢,可以粗略地计算质点在 Δt 时间内的平均速度,它等于质点在 Δt 时间内位置矢量的平均变化率,亦即等于 $\Delta\boldsymbol{r}$ 与 Δt 的比值. 用 $\overline{\boldsymbol{v}}$ 表示,即

$$\overline{\boldsymbol{v}} = \frac{\boldsymbol{r}_2 - \boldsymbol{r}_1}{\Delta t} = \frac{\Delta\boldsymbol{r}}{\Delta t}. \tag{1-1}$$

平均速度是矢量,其方向与位移 $\Delta\boldsymbol{r}$ 的方向相同,大小为 $\left|\frac{\Delta\boldsymbol{r}}{\Delta t}\right|$. 显然,$\Delta t$ 取得越短,近似的程度就越好.

为了精确真实地反映出质点在各个瞬时的运动状态,可将时间 Δt 无限减小,并使之趋近于零,即 $\Delta t \to 0$,这样,质点的平均速度就会趋向一个确定的极限矢量,如图 1-5 所示. 这个极限矢量称为 t 时刻的瞬时速度,简称**速度**(velocity),即

$$\boldsymbol{v} = \lim_{\Delta t \to 0}\frac{\Delta\boldsymbol{r}}{\Delta t} = \frac{\mathrm{d}\boldsymbol{r}}{\mathrm{d}t}. \tag{1-2}$$

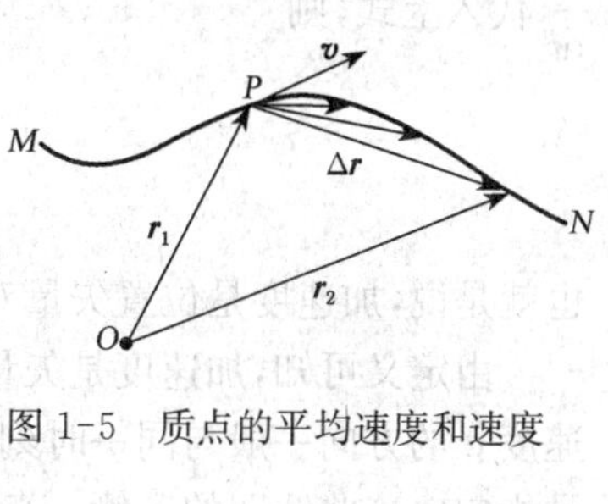

图 1-5　质点的平均速度和速度

速度是矢量,大小描述质点在 t 时刻运动的快慢,方向就是 t 时刻质点运动的方向,即 P 点所在处的轨道切线方向,并指向质点的运动方向. 显然,质点在某一时刻的瞬时速度等于该时刻的位置矢量对时间的一阶导数,或位置矢量随时间的变化率. 于是,只要知道了用位矢表示的质点运动方程,就可求导得到质点的速度.

通常,平均速率的定义为 $\bar{v}=\dfrac{\Delta s}{\Delta t}$, 即质点在 Δt 时间内的平均速率等于路程 Δs 与时间 Δt 的比值. 瞬时速率的定义为

$$v=\lim_{\Delta t\to 0}\frac{\Delta s}{\Delta t}=\frac{\mathrm{d}s}{\mathrm{d}t}.$$

由于在 $\Delta t\to 0$ 时, $\mathrm{d}s=|\mathrm{d}\boldsymbol{r}|$, 则 $\dfrac{\mathrm{d}s}{\mathrm{d}t}=\left|\dfrac{\mathrm{d}\boldsymbol{r}}{\mathrm{d}t}\right|$, 可见瞬时速率就是瞬时速度的大小.

综上所述,平均速率与平均速度,还是瞬时速率与瞬时速度都是有区别的. 速度不仅表明质点运动的快慢,还表明质点运动的指向,它是矢量. 而速率(speed)仅仅表明质点移动的快慢,是标量.

4. *加速度*

质点运动时,它的速度大小和方向都可能随时间的变化而变化,为了描述质点的速度变化的快慢和方向,我们引入加速度的概念.

设质点在时刻 t_1 的速度为 $\boldsymbol{v}_1$, 到时刻 t_2 的速度为 $\boldsymbol{v}_2$, 则定义质点在 Δt 时间内的平均加速度为

$$\bar{\boldsymbol{a}}=\frac{\boldsymbol{v}_2-\boldsymbol{v}_1}{\Delta t}=\frac{\Delta\boldsymbol{v}}{\Delta t}. \tag{1-3}$$

平均加速度是矢量,其方向与速度增量(图 1-6) $\Delta\boldsymbol{v}$ 的方向相同,大小为 $\left|\dfrac{\Delta\boldsymbol{v}}{\Delta t}\right|$. 显然, Δt 取得越短,近似程度越好.

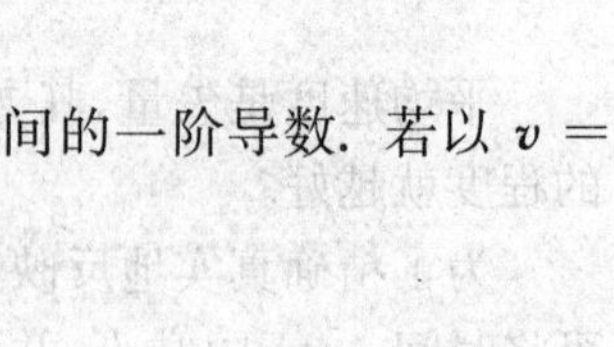

图 1-6　速度增量

在 $\Delta t\to 0$ 时,取上式的极限,就得到在 t_1 时刻的瞬时加速度,简称**加速度**(acceleration),即

$$\boldsymbol{a}=\lim_{\Delta t\to 0}\frac{\Delta\boldsymbol{v}}{\Delta t}=\frac{\mathrm{d}\boldsymbol{v}}{\mathrm{d}t}. \tag{1-4}$$

可见,质点在某时刻的瞬时加速度等于该时刻速度矢量对时间的一阶导数. 若以 $\boldsymbol{v}=\dfrac{\mathrm{d}\boldsymbol{r}}{\mathrm{d}t}$ 代入上式,则

$$\boldsymbol{a}=\frac{\mathrm{d}^2\boldsymbol{r}}{\mathrm{d}t^2}. \tag{1-5}$$

也就是说,加速度是位置矢量对时间的二阶导数.

由定义可知,加速度是矢量,其方向就是 $\Delta t\to 0$ 时速度增量 $\Delta\boldsymbol{v}$ 的极限方向. 要注意加速度 $\boldsymbol{a}$ 的方向一般与同一时刻的速度 $\boldsymbol{v}$ 的方向不同,在质点做曲线运动时,加速度的方向总是指向轨迹曲线凹的一侧. 若 $\boldsymbol{a}$ 与 $\boldsymbol{v}$ 成锐角,质点的速率增加;成钝角,则质点的速率减小,

其速度方向都要发生变化. 仅当 $\boldsymbol{a}$ 垂直于 $\boldsymbol{v}$ 时,质点的速度才保持大小不变,只改变运动方向,如图 1-7 所示. 以上用矢量来描述质点运动,可以非常简洁地说明质点的位矢、位移、速度和加速度等之间的相互关系. 对于给定的参考系,矢量描述与具体坐标系的选择无关,因此便于作一般性的定义陈述和公式推导. 但是在进行具体问题计算时,还需根据具体问题的特点,选择适当的坐标系. 例如,当质点的加速度为常矢量时,往往选用直角坐标系;当质点做平面运动的加速度总是指向空间某一固定点时,往往选用平面极坐标系;当质点的运动轨迹固定或已知时,则往往选用自然坐标系.

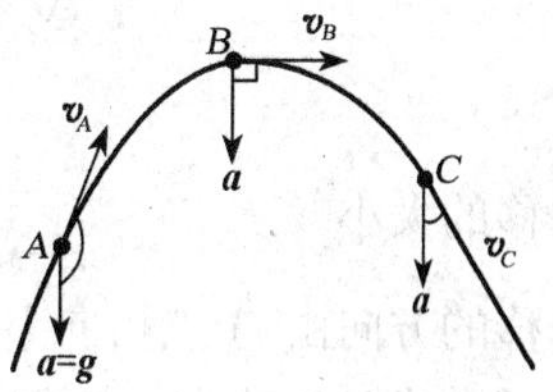

图 1-7　斜抛运动中的 $\boldsymbol{v}$ 和 $\boldsymbol{a}$

1.2　常用坐标系的选用

1.2.1　直角坐标系、抛体运动

在直角坐标系(rectangular coordinates)中,通常把与各坐标相应的单位矢量记为 $\boldsymbol{i}$, $\boldsymbol{j}$, $\boldsymbol{k}$,它们都是不随时间变化的常矢量.

如图 1-8 所示,在直角坐标系中,质点 P 的位矢 $\boldsymbol{r}(t)$ 用分量表示为

$$\boldsymbol{r}=x\boldsymbol{i}+y\boldsymbol{j}+z\boldsymbol{k}. \tag{1-6}$$

写成标量式为

$$\begin{cases}x=x(t),\\ y=y(t),\\ z=z(t).\end{cases} \tag{1-7}$$

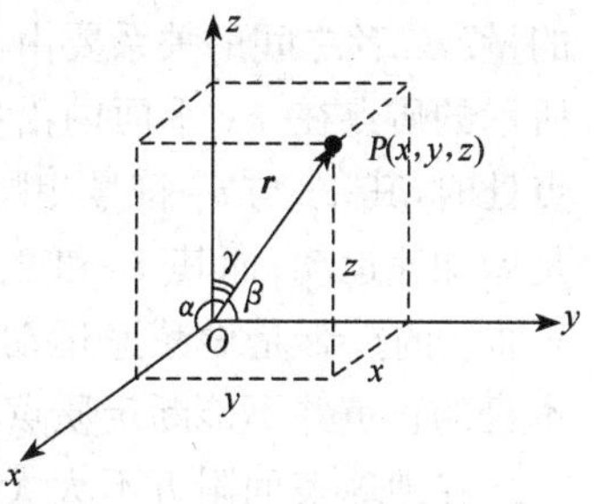

图 1-8　直角坐标系

位矢的大小和方向为

$$r=|\boldsymbol{r}|=\sqrt{x^2+y^2+z^2}; \tag{1-8}$$

$$\cos\alpha=\frac{x}{r},\quad \cos\beta=\frac{y}{r},\quad \cos\gamma=\frac{z}{r}. \tag{1-9}$$

由式(1-7)消除时间 t,可以得到轨迹方程

$$f(x,\ y,\ z)=0. \tag{1-10}$$

如图 1-9 所示,若考虑质点在直角坐标系中经过 Δt 时间间隔由 A 点运动到 B 点,其位矢分量为 $\boldsymbol{r}_1$ 和 $\boldsymbol{r}_2$,则位移

$$\Delta\boldsymbol{r}=\boldsymbol{r}_2-\boldsymbol{r}_1. \tag{1-11}$$

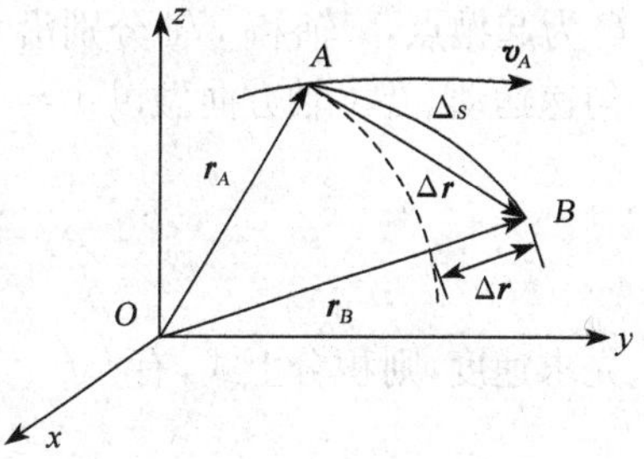

图 1-9

在直角坐标系中,可以写成

$$\begin{aligned}\Delta \boldsymbol{r} &= (x_2 - x_1)\,\boldsymbol{i} + (y_2 - y_1)\,\boldsymbol{j} + (z_2 - z_1)\,\boldsymbol{k} \\ &= \Delta x\,\boldsymbol{i} + \Delta y\,\boldsymbol{j} + \Delta z\,\boldsymbol{k}.\end{aligned} \tag{1-12}$$

位移的大小 $\quad |\Delta \boldsymbol{r}| = \sqrt{(\Delta x)^2 + (\Delta y)^2 + (\Delta z)^2}.$

位移的方向由 A 点指向 B 点.

由式(1-6),对时间 t 求导,可以得到速度$\boldsymbol{v}$在直角坐标系中的表达式为

$$\boldsymbol{v} = \frac{\mathrm{d}\boldsymbol{r}}{\mathrm{d}t} = \frac{\mathrm{d}x}{\mathrm{d}t}\boldsymbol{i} + \frac{\mathrm{d}y}{\mathrm{d}t}\boldsymbol{j} + \frac{\mathrm{d}z}{\mathrm{d}t}\boldsymbol{k} = v_x\boldsymbol{i} + v_y\boldsymbol{j} + v_z\boldsymbol{k}. \tag{1-13}$$

其大小为 $\quad v = |\boldsymbol{v}| = \sqrt{\left(\frac{\mathrm{d}x}{\mathrm{d}t}\right)^2 + \left(\frac{\mathrm{d}y}{\mathrm{d}t}\right)^2 + \left(\frac{\mathrm{d}z}{\mathrm{d}t}\right)^2}.$

对式(1-13)再次对时间求导,可以得到加速度的表达式为

$$\begin{aligned}\boldsymbol{a} &= \frac{\mathrm{d}^2 x}{\mathrm{d}t^2}\boldsymbol{i} + \frac{\mathrm{d}^2 y}{\mathrm{d}t^2}\boldsymbol{j} + \frac{\mathrm{d}^2 z}{\mathrm{d}t^2}\boldsymbol{k} = \frac{\mathrm{d}v_x}{\mathrm{d}t}\boldsymbol{i} + \frac{\mathrm{d}v_y}{\mathrm{d}t}\boldsymbol{j} + \frac{\mathrm{d}v_z}{\mathrm{d}t}\boldsymbol{k} \\ &= a_x\boldsymbol{i} + a_y\boldsymbol{j} + a_z\boldsymbol{k}.\end{aligned} \tag{1-14}$$

加速度的大小为 $\quad a = |\boldsymbol{a}| = \sqrt{a_x^{\,2} + a_y^{\,2} + a_z^{\,2}}.$

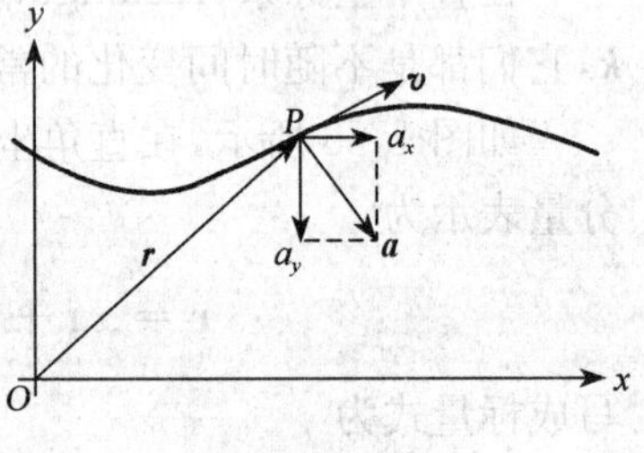

图 1-10　直角坐标系中的 $\boldsymbol{v}$ 和$\boldsymbol{a}$

应该注意的是,v_x, v_y, v_z, a_x, a_y, a_z 都是可正可负的量. 二者之间的关系要由具体运动情况决定. 如图1-10所示的质点在 xy 平面内沿曲线运动的情况. 当质点在 P 点处时,其 a_x 与 v_x 符号相同,说明质点运动在 x 轴的投影是做加速运动;而其 a_y 和 v_y 的符号相反,说明质点运动在 y 轴上的投影是做减速运动. 由此可见,仅由 a_x, a_y 和 a_z 本身的正负并不能断定质点是在做加速运动,还是在做减速运动.

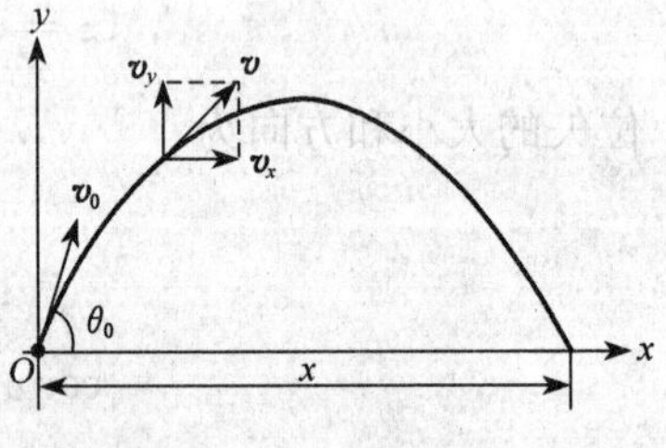

图 1-11　抛体运动

在地球表面附近不太大的范围内,重力加速度 g 可看成是常量. 在忽略空气阻力的情况下,向空中任意方向以一定的初速度抛出一物体,物体将在重力作用下,沿一抛物线运动而落向地面. 这种在竖直平面内因抛射而引起的运动称为抛体运动. 例如,投掷铅球、飞机投弹、电子束在匀强磁场中的偏转等,是质点做曲线运动的一种特殊情形.

设一物体以初速度 $\boldsymbol{v}_0$ 在竖直平面内从地面斜向抛出,$\boldsymbol{v}_0$ 与 x 轴成 θ_0 角,则选取平面直角坐标系,坐标原点 O为起抛点,x 轴和 y 轴分别沿水平方向和竖直方向,如图1-11所示. 抛体沿 x 轴方向做匀速运动,沿 y 轴方向做以 $a=-g$ 的匀加速运动,据上述条件可列出

$$a_x = \frac{\mathrm{d}v_x}{\mathrm{d}t} = 0, \quad a_y = \frac{\mathrm{d}v_y}{\mathrm{d}t} = -g.$$

先求速度,则积分上式,有

$$\int \mathrm{d}v_x = 0, \qquad 于是 \quad v_x = C_1;$$

$$\int dv_y = -\int g dt, \quad 于是 \quad v_y = -gt + C_2.$$

根据初始条件，$t = t_0$ 时， $v_{0x} = v_0 \cos\theta_0$，$v_{0y} = v_0 \sin\theta_0$.

可确定积分常数 $C_1 = v_0\cos\theta_0$，$C_2 = v_0\sin\theta_0 + gt_0$，

有 $\qquad v_x = v_0\cos\theta_0, \quad v_y = v_0\sin\theta_0 - g(t - t_0).$

若 $t_0 = 0$，则 $\qquad v_x = v_0\cos\theta_0, \quad v_y = v_0\sin\theta_0 - gt.$

又因为 $\qquad v_x = \dfrac{dx}{dt} = v_0\cos\theta_0, \quad v_y = \dfrac{dy}{dt} = v_0\sin\theta_0 - gt,$

于是有 $\qquad \int dx = \int v_0\cos\theta_0 dt, \quad \int dy = \int (v_0\sin\theta_0 - gt) dt.$

若使用定积分，则可根据初始条件，$t = 0$ 时，$x_0 = 0$，$y_0 = 0$，确定积分的上下限，则

$$\int_0^x dx = \int_0^t v_0\cos\theta_0 dt, \quad \int_0^y dy = \int_0^t (v_0\sin\theta_0 - gt) dt,$$

积分得
$$\begin{cases} x = v_0\cos\theta_0 t, \\ y = v_0\sin\theta_0 t - \dfrac{1}{2}gt^2. \end{cases}$$

在直角坐标系中，抛体运动的位矢方程可表示为 $\boldsymbol{r} = v_0\cos\theta_0 t\,\boldsymbol{i} + \left(v_0\sin\theta_0 t - \dfrac{1}{2}gt^2\right)\boldsymbol{j}$，从中可看出，位矢方程在坐标系中分解为分量式，实际上反映了运动的叠加性. 表明了质点的运动是各分运动的矢量合成.

从上式中消去 t，得到抛体的轨迹方程为

$$y = x\tan\theta_0 - \frac{g}{2v_0^2\cos^2\theta_0}x^2. \tag{1-15}$$

该式描述其运动轨迹是一条抛物线. 以上关于抛体运动的公式没有考虑空气阻力的影响，是一种理想的情形. 因此，所有结论只有在空气阻力极小的情况下才接近实际. 事实上，空气阻力总是存在的，不容忽视. 运动物体受到的空气阻力和它本身的形状、大小、空气的密度及运动速率等因素都有关，其中运动速率的影响更为显著.

1.2.2 自然坐标系、切向加速度和法向加速度

在质点做曲线运动，且已知运动轨迹的情况下，可采用一种“自然坐标系”，能体会到表述质点运动的速度和加速度特别方便和直观.

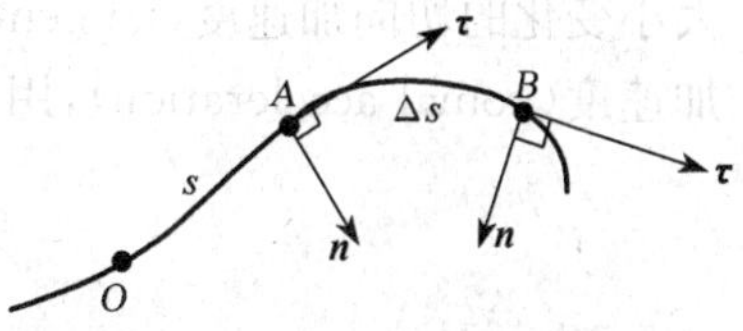

图 1-12 自然坐标系

可以选定轨迹上任意一点 O 为原点，用轨迹长度 s 来描述质点的位置，如图 1－12 所示. 为了描述质点的运动，可规定两个依赖质点位置的单位矢量：一个是在该点

沿轨迹切线方向的切向单位矢量,用 $\boldsymbol{\tau}$ 表示;另一个是在该点与切向正交,并指向轨迹曲线凹侧的法向单位矢量,用 $\boldsymbol{n}$ 表示. 显然,$\boldsymbol{\tau}$ 和 $\boldsymbol{n}$ 都不是常矢量,一般情况下,它们的方向都随时间的变化而变化,这种顺着已知轨迹建立起来的坐标系,通常称为自然坐标系(natural coordinates).

在自然坐标系中,速度的方向已经由质点所在处轨迹的切线方向所决定了,因此需要求解的只是速度的大小,即 $\boldsymbol{v} = v\,\boldsymbol{\tau} = \dfrac{\mathrm{d}s}{\mathrm{d}t}\boldsymbol{\tau}$. 因此,在自然坐标系中,质点运动的速度只有切向分量,没有法向分量.

质点运动的加速度方向一般与速度方向不同,可将加速度按平行于速度和垂直于速度两个方向分解,亦即将加速度分解为自然坐标系的切向分量和法向分量. 这样,加速度的切向分量只改变速度的大小,法向分量仅改变速度方向,并与运动轨迹的曲率有关.

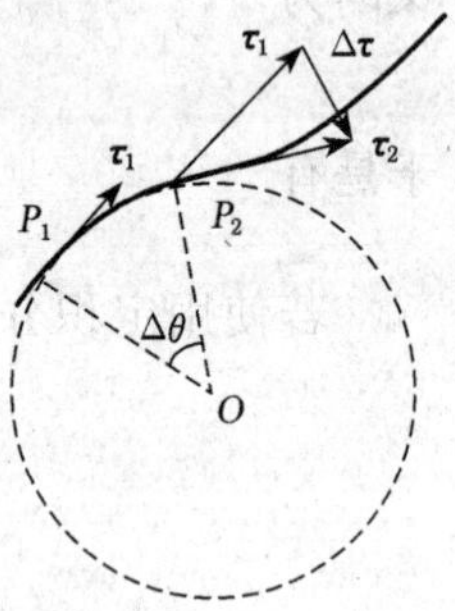

图 1-13　τ 的增量

根据加速度的定义, $\boldsymbol{a} = \dfrac{\mathrm{d}\boldsymbol{v}}{\mathrm{d}t}$, 则

$$\boldsymbol{a} = \frac{\mathrm{d}}{\mathrm{d}t}\left(\frac{\mathrm{d}s}{\mathrm{d}t}\boldsymbol{\tau}\right) = \frac{\mathrm{d}^2 s}{\mathrm{d}t^2}\boldsymbol{\tau} + \frac{\mathrm{d}s}{\mathrm{d}t}\frac{\mathrm{d}\boldsymbol{\tau}}{\mathrm{d}t}. \tag{1-16}$$

因为在自然坐标系中,切向单位矢量 $\boldsymbol{\tau}$ 的方向是随质点位置的变化而变化的,当质点在 t 到 $t+\Delta t$ 时间内,由 P_1 处运动到 P_2 处,$\boldsymbol{\tau}$ 就由 $\boldsymbol{\tau}_1$ 改变为 $\boldsymbol{\tau}_2$. 在这过程中 $\boldsymbol{\tau}$ 的大小虽未变化,但方向已有了改变,如图 1-13 所示.

$\boldsymbol{\tau}$ 的增量 $\Delta\boldsymbol{\tau} = \boldsymbol{\tau}_2 - \boldsymbol{\tau}_1$,当 Δt 很小时,$\Delta\boldsymbol{\tau} = \Delta\theta\,\boldsymbol{n}$. 因此

$$\frac{\mathrm{d}\boldsymbol{\tau}}{\mathrm{d}t} = \lim_{\Delta t\to 0}\frac{\Delta\boldsymbol{\tau}}{\Delta t} = \lim_{\Delta t\to 0}\frac{\Delta\theta}{\Delta t}\boldsymbol{n} = \frac{\mathrm{d}\theta}{\mathrm{d}t}\boldsymbol{n}.$$

设轨迹在 P_1 点的曲率半径为 ρ,则因 $\rho = \dfrac{\mathrm{d}s}{\mathrm{d}\theta}$, 所以有

$$\frac{\mathrm{d}\boldsymbol{\tau}}{\mathrm{d}t} = \frac{\mathrm{d}\theta}{\mathrm{d}s}\frac{\mathrm{d}s}{\mathrm{d}t}\boldsymbol{n} = \frac{v}{\rho}\boldsymbol{n}.$$

再将此结果代入式(1-16),即得

$$\boldsymbol{a} = \frac{\mathrm{d}^2 s}{\mathrm{d}t^2}\boldsymbol{\tau} + v\cdot\frac{v}{\rho}\boldsymbol{n} = \frac{\mathrm{d}v}{\mathrm{d}t}\boldsymbol{\tau} + \frac{v^2}{\rho}\boldsymbol{n} = a_\tau\boldsymbol{\tau} + a_n\boldsymbol{n}. \tag{1-17}$$

所以,在自然坐标系中,做曲线运动的质点的加速度可分解为以下两个分量:反映速度大小变化的切向加速度(tangential acceleration),用 a_τ 表示;以及反映速度方向变化的法向加速度(nomal acceleration),用 a_n 表示. 即

$$a_\tau = \frac{\mathrm{d}v}{\mathrm{d}t},\quad a_n = \frac{v^2}{\rho}.$$

当质点在半径为 R 的圆周上运动时,质点的速率 $v = \dfrac{\mathrm{d}s}{\mathrm{d}t} = \dfrac{\mathrm{d}(R\theta)}{\mathrm{d}t} = R\dfrac{\mathrm{d}\theta}{\mathrm{d}t} = R\omega$,其中

$\frac{d\theta}{dt}$是角度 θ 随时间的变化率，称为角速度 ω.

所以，质点的切向和法向加速度分别为

$$a_\tau = \frac{dv}{dt} = R\frac{d\omega}{dt}, \tag{1-18}$$

$$a_n = \frac{v^2}{\rho} = \frac{(R\omega)^2}{R} = R\omega^2. \tag{1-19}$$

在一般平面曲线运动中，其法向加速度和匀速率圆周运动的法向加速度相似，它只能改变速度方向而不能改变速度的大小；而其切向加速度则和直线运动中的加速度相似，它只改变质点速度的大小. 质点在运动时，如果同时具有法向加速度和切向加速度，那么速度的方向和大小都将同时改变，这时质点将做一般曲线运动；如果法向加速度恒为零，切向加速度不为零，此时质点将做变速直线运动；如果切向加速度恒为零，法向加速度不为零，这时速度只有方向的变化，而没有大小的变化，此时质点将做匀速率曲线运动. 因此，直线运动和匀速率曲线运动都可看作是一般曲线运动的特殊情况.

1.3　相对运动

前面曾指出，由于选取不同的参考系，对同一物体运动的描述就会不同，这反映了描述运动的相对性. 现在要研究同一质点在有相对运动的两个参考系中的位移、速度和加速度之间存在着怎样的关系.

本节只考虑参考系 K' 相对于参考系 K 做平移运动的情况，即 K' 系的原点 O' 相对于 K 系做任意的直线或曲线运动，但它们的坐标轴的方向保持平行(图 1-14).

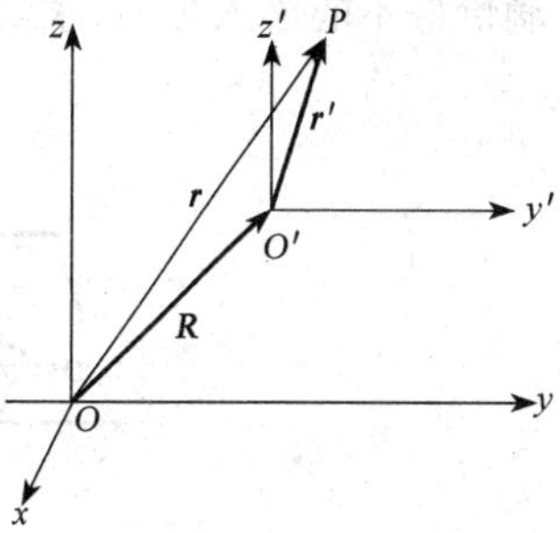

图 1-14　质点 P 相对两个参考系的位置矢量的关系

设质点 P 在 K 系和 K' 系中的位矢、速度和加速度分别为

K 系：$\boldsymbol{r}$, $\boldsymbol{v}$, $\boldsymbol{a}$;

K' 系：$\boldsymbol{r}'$, $\boldsymbol{v}'$, $\boldsymbol{a}'$;

并以 $\boldsymbol{R}$ 代表 K' 系原点 O' 相对于 K 系原点 O 的位矢. 从图1-14中可看出

$$\boldsymbol{r}' = \boldsymbol{r} - \boldsymbol{R}, \tag{1-20}$$

于是

$$\boldsymbol{v}' = \frac{d\boldsymbol{r}'}{dt} = \frac{d\boldsymbol{r}}{dt} - \frac{d\boldsymbol{R}}{dt} = \boldsymbol{v} - \boldsymbol{u}. \tag{1-21}$$

其中，$\boldsymbol{u} = \frac{d\boldsymbol{R}}{dt}$ 为参考系 K' 和参考系 K 之间的相对运动速度，称之为牵连速度(convected velocity).

根据加速度的定义，又有

$$\boldsymbol{a}'=\frac{\mathrm{d}\boldsymbol{v}'}{\mathrm{d}t}=\frac{\mathrm{d}\boldsymbol{v}}{\mathrm{d}t}-\frac{\mathrm{d}\boldsymbol{u}}{\mathrm{d}t}=\boldsymbol{a}-\boldsymbol{A}. \tag{1-22}$$

其中,$\boldsymbol{A}$ 为参考系 K' 和参考系 K 之间的相对运动加速度,称之为牵连加速度(convected acceleration).

为了方便记忆,上面各公式可表示为

$$\begin{aligned}\boldsymbol{r}_{P对K}&=\boldsymbol{r}_{P对K'}+\boldsymbol{r}_{K'对K},\\ \boldsymbol{v}_{P对K}&=\boldsymbol{v}_{P对K'}+\boldsymbol{v}_{K'对K},\\ \boldsymbol{a}_{P对K}&=\boldsymbol{a}_{P对K'}+\boldsymbol{a}_{K'对K}.\end{aligned} \tag{1-23}$$

应当指出,式(1-20)—式(1-23)都是在认为长度的测量、时间的测量与参考系无关的前提下得出的. 这些变换式再加上时间变换 $t=t'$,总称为**伽利略变换式**(Galileo transformation formula),在经典力学中是不容置疑的. 然而,直到 20 世纪初在相对论中它们被建立在洛伦兹变换基础上的变换式所取代.

在两个参考系有相对转动的情况下,速度和加速度的变换涉及刚体转动的运动学问题,这里不作介绍.

例 1.1 如图 1-15(a)所示,一辆带篷的卡车,篷高 $h=2\ \mathrm{m}$. 当它停在马路上时,雨点可落入车内,达到篷后沿前方 $d=1\ \mathrm{m}$ 处,当它以 $v=15\ \mathrm{km/h}$ 的速率沿平直马路行驶时,雨滴恰好不能落入车内,求雨滴的速度.

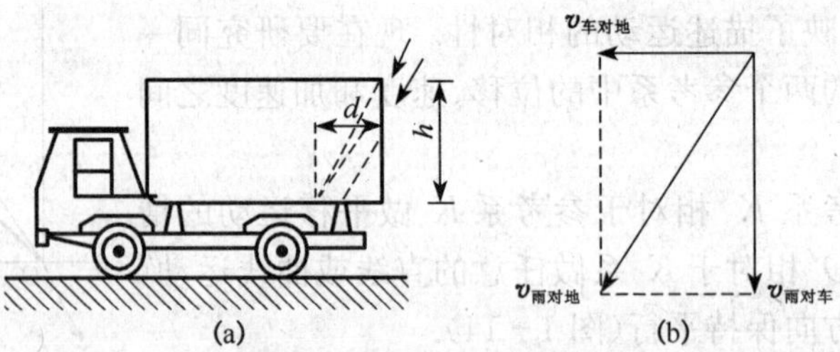

图 1-15

解 所求雨滴速度和卡车速度都是相对于地面而言,设地面为 K 系,卡车为 K'系,则有

$$\boldsymbol{v}_{雨对地}=\boldsymbol{v}_{雨对车}+\boldsymbol{v}_{车对地}.$$

由题意可知,$\boldsymbol{v}_{雨对地}$ 的方向与地面夹角 $\alpha=\arctan\dfrac{h}{d}=63.4°$,于是三个相对速度间关系如图1-15(b)所示. 故雨滴速度大小为

$$v_{雨对地}=\frac{v_{车对地}}{\cos\alpha}=\frac{v}{\cos\alpha}=33.5(\mathrm{km/h}).$$

例 1.2 在湖面上以 3.0 m/s 的速率向东行驶的 A 船上看到 B 船以 4.0 m/s 的速率由北面驶近 A 船. 问:

(1) 在湖岸上看,B 船的速度如何?

(2) 如果 A 船的速率变为 6.0 m/s(方向不变),在 A 船上看 B 船的速度又如何?

解　(1) 设岸上的人看到A船与B船的速度分别是 $\boldsymbol{v}_A$，$\boldsymbol{v}_B$. A船看到B船的速度为 $\boldsymbol{v}$,有

$$\boldsymbol{v}_B = \boldsymbol{v}_A + \boldsymbol{v},$$

$$\boldsymbol{v} = \boldsymbol{v}_B - \boldsymbol{v}_A.$$

矢量关系如图1-16(a)所示.

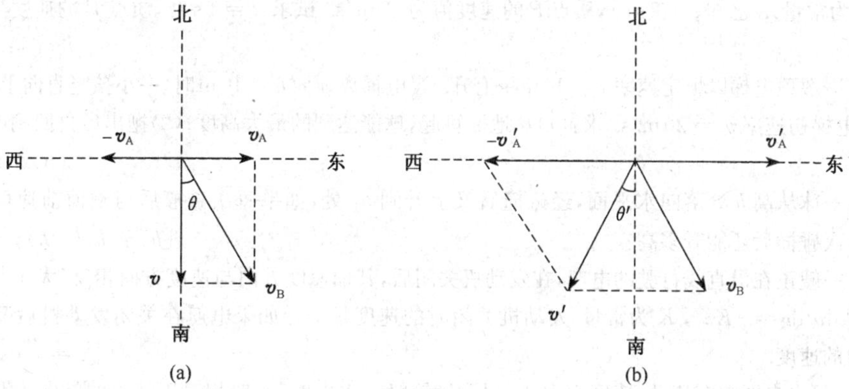

图1-16　船的运动

由图中很容易得出

$$v_B = \sqrt{v_A^2 + v^2} = \sqrt{3^2 + 4^2} = 5.0(\text{m/s}),$$

$$\theta = \arctan\frac{v_A}{v} = \arctan\frac{3}{4} \approx 36°54',$$

即B船向南偏东 36°54′方向行进.

(2) 设A船速度为 v'_A,在A船上看B船的速度为 v',其矢量关系如图1-16(b)所示,由于 $v'_A = 2v_A$，所以,很容易证明

$$v' = v_B = 5.0(\text{m/s}),\quad \theta' \approx 36°54',$$

即方向变为向南偏西 36°54′.

习题1

1.1　一人自原点出发,25 s内向东走30 m,又10 s内向南走10 m,再15 s内向正西北走18 m. 求:在这50 s内,(1) 平均速度的大小和方向;(2) 平均速率的大小.　[0.35 m/s,方向东偏北8.98°;1.16 m/s]

1.2　一质点沿直线运动,其运动学方程为 $x = 6t - t^2$(SI). 求:(1) 在 t 由0至4 s的时间间隔内,质点的位移大小;(2) 在 t 由0到4 s的时间间隔内质点走过的路程.　[8 m; 10 m]

1.3　一质点沿直线运动,其坐标 x 与时间 t 有如下关系:

$$x = Ae^{-\beta t}\cos\omega t\,(\text{SI})\qquad (A,\ \omega,\ \beta\text{皆为常数}).$$

求:(1) t 时刻质点的加速度;(2) 质点通过原点的时刻.

$$\left[Ae^{-\beta t}(\beta^2 - \omega^2)\cos\omega t + 2\beta\omega\sin\omega t;\ \frac{1}{2}(2n+1)\pi/\omega, n = 0, 1, 2, \cdots\right]$$

1.4　在 x-y 平面内有一运动质点,其运动学方程为 $\boldsymbol{r} = 10\cos 5t\boldsymbol{i} + 10\sin 5t\boldsymbol{j}$(SI). 求:(1) t 时刻的

速度 $\boldsymbol{v}$；(2) 切向加速度的大小 $\boldsymbol{a}_t$；(3) 质点运动的轨迹. [$-50\sin 5t\,\boldsymbol{i}+50\cos 5t\,\boldsymbol{j}$ m/s；0；圆]

1.5 在一个转动的齿轮上，一个齿尖 P 沿半径为 R 的圆周运动，其路程 s 随时间的变化规律为 $s=v_0t+\frac{1}{2}bt^2$，其中 v_0 和 b 都是正的常量. 求：t 时刻齿尖 P 的速度、加速度的大小.

[v_0+bt；$\sqrt{b^2+(v_0+bt)^4/R^2}$]

1.6 质点 P 在水平面内沿一半径为 $R=2$ m 的圆轨道转动. 转动的角速度 ω 与时间 t 的函数关系为 $\omega=kt^2$ (k 为常量). 已知 $t=2$ s 时，质点 P 的速度值为 32 m/s. 试求：$t=1$ s 时，质点 P 的速度与加速度的大小. [8 m/s；35.8 m/s^2]

1.7 一敞顶电梯以恒定速率 $v=10$ m/s 上升. 当电梯离地面 $h=10$ m 时，一小孩竖直向上抛出一球，球相对于电梯初速率 $v_0=20$ m/s. 求：(1) 从地面算起，球能达到的最大高度；(2) 抛出后再回到电梯上的时间. [55.9 m；4.08 s]

1.8 一球从高 h 处落向水平面，经碰撞后又上升到 h_1 处，如果每次碰撞后与碰撞前速度之比为常数，球在 n 次碰撞后还能升多高？ [$h_n=h(h_1/h)^n=h_1^n/h^{n-1}$]

1.9 一艘正在沿直线行驶的电艇，在发动机关闭后，其加速度方向与速度方向相反，大小与速度平方成正比，即 $\mathrm{d}v/\mathrm{d}t=-Kv^2$，$K$ 为常量，发动机关闭时的速度是 v_0. 如果电艇在关闭发动机后又行驶 x 距离，求此时的速度. [$v=v_0\exp(-Kx)$]

1.10 河水自西向东流动，速度为 10 km/h. 一轮船在水中航行，船相对于河水的航向为北偏西 30°，相对于河水的航速为 20 km/h. 此时风向为正西，风速为 10 km/h. 试求：在船上观察到的烟囱冒出的烟缕的飘向.（设烟离开烟囱后很快就获得与风相同的速度.） [南偏西 30°]

1.11 当一列火车以 10 m/s 的速率向东行驶时，若相对于地面竖直下落的雨滴在列车的窗子上形成的雨迹偏离竖直方向 30°，则雨滴相对于地面、列车的速率分别是多大？ [17.3 m/s；20 m/s]

1.12 一飞机驾驶员想往正北方向航行，而风以 60 km/h 的速度由东向西刮来，如果飞机的航速(在静止空气中的速率)为 180 km/h，试问：驾驶员应取什么航向？飞机相对于地面的速率为多少？试用矢量图说明. [170 km/h；取向北偏东 19.4°]

第2章　经典力学的守恒定律

牛顿运动定律是经典力学的基础. 虽然牛顿运动定律一般是对质点而言的,但这并不限制定律的广泛适用性,因为复杂的物体在很多情况下都可看做是质点的集合. 从牛顿运动定律出发可以导出刚体、流体、弹性体等的运动规律,从而建立起整个经典力学的体系.

牛顿在伽利略、笛卡尔等前人研究的基础上,在1687年发表的《自然哲学的数学原理》中提出了牛顿运动三定律. 他透过形形色色的机械运动的现象,抓住了惯性、加速度和作用力这三者的关系,以定量的形式揭示出运动的共同规律,完成了人类科学史上第一次大综合,建立了天体和地上物体机械运动的统一经典力学.

2.1　牛顿运动定律和惯性系

2.1.1　牛顿运动定律的表述及其应用

1. *牛顿第一定律*(Newton first law)

牛顿第一定律(又称惯性定律)可以表述为:**任何物体都保持静止或匀速直线运动状态,直到其他物体对它作用的力迫使它改变这种状态为止.**

牛顿第一定律引进了惯性和力两个重要的概念,该定律表明,一切物体都会保持运动状态不变,并且反抗外界改变其运动状态. 物体的这种固有属性称为**惯性**(inertia),其大小用质量来量度. 该定律还指明,力是一个物体对另一物体的作用,这种作用能迫使物体改变其运动状态,力是使物体产生加速度的原因.

牛顿第一定律是从大量实验事实中概括总结出来的,但它不能直接用实验来验证,因为世界上没有完全不受其他物体作用的"孤立"物体. 我们确信牛顿第一定律的正确性,是因为从它所导出的其他结果都和实验事实相符合. 从长期实践和实验中总结归纳出一些基本规律(常称为原理、公理、基本假设或定律等),虽不能用实验等方法直接验证,但以它们为基础导出的定理等都与实践相符合,因此人们公认这些基本规律的正确,并以此为基础研究其他有关问题,甚至建立新的学科. 这种科学的、唯物的研究问题的方法,在科学发展史中屡见不鲜. 如牛顿第一定律、能量守恒定律、热力学第二定律、爱因斯坦狭义相对论的两条基本假设等都属于这类基本规律.

实践也表明,若质点保持其运动状态不变,这时作用在质点上所有力的合力必定为零. 因此,在实际应用中,牛顿第一定律可以表述为:**任何质点,只要其他物体作用于它的所有力的合力为零,则该质点就保持其静止或匀速直线运动状态不变.**

该定律还涉及一类特殊的参考系,因为牛顿第一定律不可能对一切参考系成立.

例如,一物体若对地面参考系做匀速直线运动,并遵从牛顿第一定律,则从对地面参考系做加速运动的参考系看来,该物体就不再做匀速直线运动,也不遵守牛顿第一定律.由此可见,由于牛顿第一定律的存在,就将参考系分为两类:一类是物体运动遵从牛顿第一定律的参考系,称为**惯性参考系**(inertial frame);另一类是物体运动不遵从牛顿第一定律的参考系,称为**非惯性系**(noninertial frame).后面再专门讨论惯性系和非惯性系的问题.

2. 牛顿第二定律(Newton second law)

牛顿第二定律可表述为:**一个物体的动量随时间的变化率正比于这个物体所受的合力,其方向与所受的合力方向相同.**其数学表达式为

$$\sum_i \boldsymbol{F}_i = \frac{\mathrm{d}(m\boldsymbol{v})}{\mathrm{d}t}. \tag{2-1}$$

当质量 m 被视为常量,从而上式可改写为

$$\sum_i \boldsymbol{F}_i = m\frac{\mathrm{d}\boldsymbol{v}}{\mathrm{d}t} = m\boldsymbol{a}. \tag{2-2}$$

这就是大家熟悉的牛顿第二定律的通常表达式.在国际单位制中,质量的单位是 kg,加速度的单位是 $\mathrm{m/s^2}$,力的单位则是 N.

牛顿第二定律的数学表达式(2-2)是质点动力学的基本方程.因为该方程虽然只与受力物体的加速度有关,而与其位置和速度无直接的关系,但根据此方程所求出的加速度,可以进一步求出物体的速度与时间的关系以及位置与时间的关系,所以它也称为牛顿运动方程(Newton's equation of motion).

牛顿第二定律是关于物体运动规律的定量说明,是牛顿运动定律的核心部分.在第二定律中容易看出,在外力一定时,不同物体的加速度与其质量成反比.质量越大,加速度越小;质量越小,加速度就越大.这就是说,质量大的质点,改变其运动状态较难;质量小的质点,改变其运动状态较易.由此可见,质量是物体惯性大小的量度,又称为**惯性质量**(inertia mass).

牛顿第二定律是力的瞬时作用规律,它说明了物体所受合外力与物体获得的加速度之间的瞬时关系.力和加速度同时产生,同时变化,同时消失,它们之间具有瞬时性、同时性和同向性.

牛顿第二定律是矢量式,在应用该定律时,经常把力和加速度沿选定的坐标轴分解.在直角坐标系中,第二定律可写成分量式

$$\begin{cases} \sum_i F_{ix} = ma_x = m\dfrac{\mathrm{d}^2x}{\mathrm{d}t^2}, \\ \sum_i F_{iy} = ma_y = m\dfrac{\mathrm{d}^2y}{\mathrm{d}t^2}, \\ \sum_i F_{iz} = ma_z = m\dfrac{\mathrm{d}^2z}{\mathrm{d}t^2}. \end{cases} \tag{2-3}$$

在自然坐标系中为

$$\begin{cases} F_\tau = ma_\tau = m\dfrac{\mathrm{d}v}{\mathrm{d}t}, \\ F_\mathrm{n} = ma_\mathrm{n} = m\dfrac{v^2}{\rho}. \end{cases} \tag{2-4}$$

还应指出，牛顿第二定律也只适用于惯性参考系.

3. 牛顿第三定律(Newton third law)

牛顿第三定律，也称作用和反作用定律. 可表述为：**当物体 A 以力 $\boldsymbol{F}$ 作用于物体 B 时，物体 B 同时也以力 $\boldsymbol{F}'$ 作用在物体 A 上，力 $\boldsymbol{F}$ 和 $\boldsymbol{F}'$ 总是大小相等，方向相反，且在同一直线上.** 其数学表达式为

$$\boldsymbol{F} = -\boldsymbol{F}'. \tag{2-5}$$

牛顿第三定律指出物体间的作用是相互的，即力是成对出现的. 作用力与反作用力的性质相同，为同种性质的力；具有同时性，即同时存在，同时作用，同时消失；它们始终大小相等，方向相反，沿同一作用线分别作用在两个不同的物体上. 牛顿第三定律比牛顿第一、二定律前进了一步，由对单个质点的研究过渡到对两个以上质点的研究，它是由质点力学过渡到质点系力学的桥梁.

需要指出的是，作用力与反作用力相等而方向相反，是以力的传递不需要时间即传递速度无限大为前提的. 如果力的传递速度有限，作用力与反作用力就不一定相等了. 例如，电磁力以光速传递，但在较强电磁力作用下，粒子的运动速度可达很大，与光速可比拟，此时作用力与反作用力就不一定相等了. 在通常的力学问题中，物体的运动速度往往不大，即使力以有限的速度传递，但因传递速度比物体运动的速度大得多，所以牛顿第三定律总是适用的.

所有的物理定律都有自己的适用条件与适用范围. 牛顿运动定律也不例外. 具体表现在以下三方面.

(1) 牛顿运动定律仅适用于惯性参考系.

(2) 牛顿运动定律仅适用于物体速度比光速低得多的情况，不适用于接近光速的高速运动物体. 在高速情况下，必须应用相对论力学. 牛顿力学是相对论力学的低速近似.

(3) 牛顿运动定律一般仅适用于宏观物体，在微观领域($10^{-10} \sim 10^{-15}$ m)中，要应用量子力学，而牛顿力学是量子力学的宏观近似.

4. 牛顿运动定律的应用

通常将力学的问题分为两类：一类是已知力求运动；另一类是已知运动求力. 当然在实际问题中常常是二者兼有. 其中关键的是正确分析物体的受力情况，为此必须认清有关各种力的特点和作用方式. 在力学中最常见的三种力，即重力、弹性力和摩擦力.

下面用实例具体说明应用牛顿运动定律解题的方法，然后总结出解题的一般步骤.

例 2.1　质量为 m 的物体置于质量为 M、倾角为 θ 的一斜面体的斜面上. 在物体与斜面、斜面体与地面之间均无摩擦. 试求：这两个物体的加速度以及它们之间的相互作用力.

解　以地面为惯性参考系，并建立平面直角坐标系. 先隔离物体 m，受力分析如图2-1

所示.

由于 m 受到重力和支承力的作用,其加速度 $\boldsymbol{a}_1$ 沿 x 和 y 方向的分量分别为 a_{1x} 和 a_{1y}.

$$N_1\sin\theta = ma_{1x},$$
$$N_1\cos\theta - mg = m(-a_{1y}).$$

再隔离斜面体 M,进行受力分析如图 2-1所示. 则

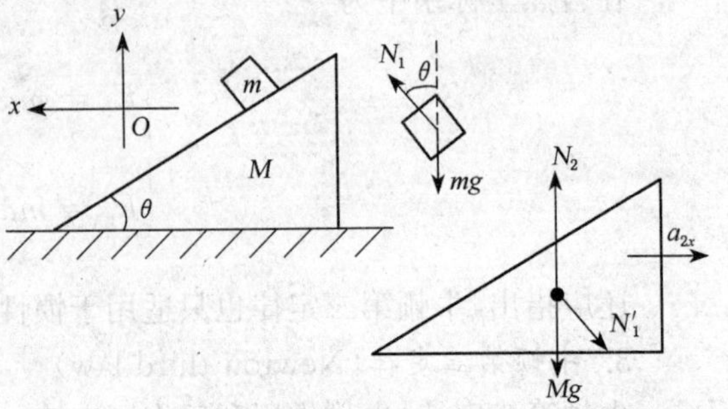

图 2-1

$$-N'_1\sin\theta = M(-a_{2x}),$$
$$N_2 - Mg - N'_1\cos\theta = 0,$$

又 $$N_1 = N'_1.\text{(牛顿第三定律)}$$

由于物体 m 只能沿斜面体 M 的斜面上下滑动,所以 a_{1x}, a_{1y} 和 a_{2x} 三者之间应满足一定的关系. 如果我们以斜面体 M 为参考系,则 m 相对于 M 的加速度的 x 分量和 y 分量分别为 $(a_{1x}-a_{2x})$ 和 a_{1y}. 于是

$$\tan\theta = \frac{a_{1y}}{a_{1x}-a_{2x}}.$$

解上述五个方程,可得

$$a_{1x} = \frac{Mg\sin\theta\cos\theta}{M+m\sin^2\theta},\quad a_{2x} = \frac{mg\sin\theta\cos\theta}{M+m\sin^2\theta},$$

$$a_{1y} = \frac{(m+M)g\sin^2\theta}{M+m\sin^2\theta},\quad N_1 = \frac{mMg\cos\theta}{M+m\sin^2\theta}.$$

例 2.2 当物体在流体中运动时,流体将会产生一种阻碍物体运动的力,称为黏滞力. 当物体的速率比较低时,黏滞力的大小一般与物体相对于流体的运动速率成正比,即 $\boldsymbol{f}_v = -\gamma\boldsymbol{v}$, 试求:这时物体在流体中竖直自由下落时的终极速度 v.

解 物体在流体中竖直自由下落时,受到重力 $m\boldsymbol{g}$ 向下,浮力 $\boldsymbol{f}$ 和黏滞力 $\boldsymbol{f}_v$ 向上的作用.

故运动方程为 $$m\boldsymbol{g} + \boldsymbol{f}_v + \boldsymbol{f} = m\boldsymbol{a}.$$

取竖直向下为 x 轴正方向,上式可写成

$$mg - f - f_v = m\frac{\mathrm{d}v}{\mathrm{d}t}.$$

终极速度就是物体在沉降中合力等于零时的速度,即

$$mg - f - f_v = 0,\quad \gamma v = mg - f,$$

所以 $$v = \frac{mg-f}{\gamma}.$$

应用牛顿运动定律解题的步骤如下：

(1) 确定研究对象. 在有关的问题中选定一个物体(当成质点)作为研究对象. 如果问题涉及几个物体，那就把各个物体分别地分离出来，加以分析，这种分析方法称为“隔离体法”.

(2) 分析力. 从力学中常见的三种力，即重力(gravity)、弹性力(elastic force)、摩擦力(frictional force)等着手，对各隔离体进行受力分析，并画简单的示意图表示各隔离体的受力情况. 这种图叫示力图.

(3) 分析物体的运动情况. 先选定参考系，然后在各物体上标出它相对参考系的加速度.

(4) 列方程. 根据题意建立合适的坐标系. 分别建立各隔离体的牛顿方程式(分量式).

(5) 解方程. 先进行文字运算，然后代入数据，统一用国际单位制进行数值运算并求得结果，必要时可作讨论.

2.1.2　惯性系与非惯性系

在前面描述物体的运动时，参考系的选择是可以任意的，那么在应用牛顿运动定律时，参考系的选择还能不能任意呢？也就是说牛顿运动定律是否对任意参考系都适用？用下面例子来进行讨论.

在火车车厢内的一个光滑的水平桌面上，放上一个小球. 当车厢相对地面以匀速直线前进时，这个小球相对桌面处于静止状态，而路基旁的人则看到小球随车厢一起做匀速直线运动. 这时，无论是以车厢还是以地面作为参考系，牛顿运动定律都是适用的，因为小球在水平方向不受外力作用，它保持静止或匀速直线运动状态. 但当车厢突然相对地面向前做加速度 $\boldsymbol{a}$ 的运动时，车厢内的乘客观测此小球不再静止，而相对桌面以加速度 $-\boldsymbol{a}$ 向后做加速运动. 这个现象，对站在路基旁的人来说，觉得这件事很自然，因为小球与桌面间非常光滑，它们之间的摩擦力可以忽略不计，因此，当桌面随车厢一起以加速度 $\boldsymbol{a}$ 向前运动时，小球在水平方向并没有受到外力的作用，所以它仍保持原来的运动状态，牛顿运动定律此时仍然是适用的. 然而对于坐在车厢内的观测者来说，这就很不好理解了，小球在水平方向上没有受到外力作用，但小球怎么会在水平方向上具有 $-\boldsymbol{a}$ 的加速度呢？由此可见，牛顿运动定律不是对任何的参考系都适用的. 我们把适用牛顿运动定律的参考系称为惯性参考系(inertial frame)，简称**惯性系**. 反之，就称为非惯性系(noninertial frame).

要确定一个参考系是不是惯性系，只能依靠观测和实验. 地球这个参考系能否看成是惯性系呢？生活实践和实验表明，地球可视为惯性系，但考虑到地球的自转和公转，所以地球又不是一个严格的惯性系. 然而，一般在研究地面上物体的运动时，由于地球对太阳的向心加速度和地面上物体对地心的向心加速度都是极其微小的，因此，可把地球看成近似程度相当好的惯性系.

*2.1.3　平动加速参考系中的惯性力

下面介绍一种常见的非惯性系，即做直线运动的加速参考系.

假设非惯性系 S' 相对于惯性系 S 以加速度 $\boldsymbol{A}$ 平动，则质点在 S' 系和 S 系中的加速度 $\boldsymbol{a}'$ 和 $\boldsymbol{a}$ 满足式(1-22)，即

$$a'' = a - A.$$

在惯性系 S 中,牛顿运动定律成立,有 $\boldsymbol{F} = m\boldsymbol{a}$. 在非惯性系 S''中,牛顿第二定律的上述表达式可写为

$$\boldsymbol{F} = m(\boldsymbol{a}'' + \boldsymbol{A})$$

或

$$\boldsymbol{F} - m\boldsymbol{A} = m\boldsymbol{a}''.$$

如果假设有一个虚拟的力 $\boldsymbol{F}_i = -m\boldsymbol{A}$,作用在质点上,则在非惯性系 S''上,牛顿第二定律又在形式上被恢复了. 即

$$\boldsymbol{F}'' = \boldsymbol{F} + \boldsymbol{F}_i = m\boldsymbol{a}''. \tag{2-6}$$

式(2-6)中的 $\boldsymbol{F}''$是质点在非惯性系 S''中所受到的总有效力,它是物体之间的相互作用力 $\boldsymbol{F}$ 与虚拟力 $\boldsymbol{F}_i$ 的合力. 常称这一假想的虚拟力为惯性力(inertial force),惯性力与物体之间相互作用的那种真实力不同. 惯性力是虚拟、假想的力,找不到相应的施力物体,也没有反作用力. 它仅仅是由参考系的非惯性性质所引起的,为解决问题的方便而虚拟的. 由于惯性力的引入,使能够利用相同形式的运动方程来描述物体在任何参考系(无论是惯性系还是非惯性系)中的运动. 惯性力的重要特征是,它的大小与物体的质量成正比. 这一特征使惯性力与引力类似,在广义相对论中还将讨论这个问题.

* 2.1.4 匀速转动参考系中的惯性离心力

另一种常见的非惯性系,即匀速转动参考系,如图 2-2 所示. 水平圆盘以匀角速度 ω 绕圆心的垂直轴转动,质量为 m 的小球用长为 R 的绳子与转轴相连,"静止"在圆盘上,由圆盘外的观测者看来,小球 m 以匀角速 ω 随盘转动,绳子施于小球的拉力提供了小球做匀速圆周运动所需要的向心力,即 $|\boldsymbol{F}| = \dfrac{mv^2}{R} = m\omega^2 R$. 若以圆盘为参考系,小球是静止的,但小球受到绳子施于的拉力,看来牛顿运动定律不适用,可见圆盘参考系是非惯性系.

在非惯性系中,由随圆盘一起转动的观测者看来,如图 2-2(b)所示,除了绳子的拉力 $\boldsymbol{F}$ 外,可以设想小球还受到了惯性离心力(inertial centrifugal force) $\boldsymbol{F}_i$ 的作用,$\boldsymbol{F}$ 和 $\boldsymbol{F}_i$ 大小相等,方向相反,使小球 m 得以"平衡". 于是,在圆盘非惯性系中的观测者可引进惯性离心力 $\boldsymbol{F}_i$,使牛顿第二定律在形式上仍然成立,得

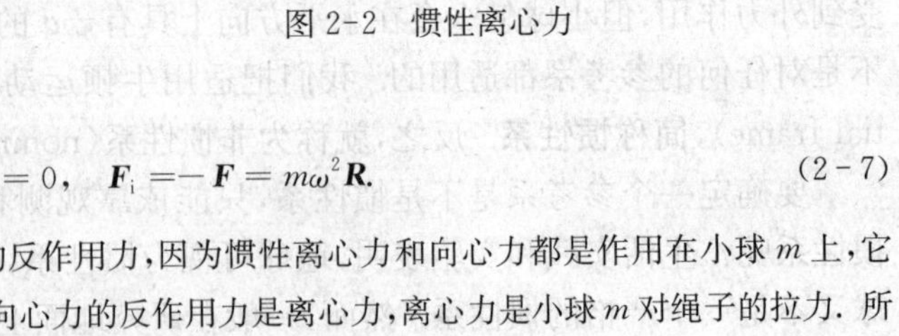

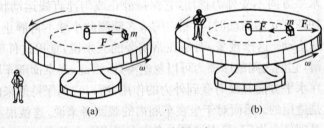

图 2-2 惯性离心力

$$\boldsymbol{F} + \boldsymbol{F}_i = 0, \quad \boldsymbol{F}_i = -\boldsymbol{F} = m\omega^2 \boldsymbol{R}. \tag{2-7}$$

必须指出,惯性离心力并不是向心力的反作用力,因为惯性离心力和向心力都是作用在小球 m 上,它们不可能是作用力与反作用力的关系. 而向心力的反作用力是离心力,离心力是小球 m 对绳子的拉力. 所以,切不可将惯性离心力同离心力相混淆.

2.2 动量定理和动量守恒定律

前面牛顿第二定律指出,在外力作用下,质点的运动状态要发生变化,获得加速度,这是一个瞬时关系. 然而力不仅作用于质点,而且更普遍地说是作用于质点系. 此外,力作用于质点或质点系往往会有一段时间,这就是下面要讨论的力对时间的累积作用.

2.2.1　冲量和质点的动量定理

大量实验表明，质点受力作用后，运动状态的改变极其复杂，不但与作用力的大小、方向有关，还与力作用时间的长短有关. 人们感兴趣的是力作用一段时间后所产生的总效果，即力对时间的累积作用.

一般情况下，作用在质点上的力是随时间的变化而变化的，即力是时间的函数，$\boldsymbol{F}=\boldsymbol{F}(t)$，那么对时间积分，即 $\int_{t_1}^{t_2}\boldsymbol{F}(t)\mathrm{d}t$ 称为**力的冲量**(impulse)，用符号 $\boldsymbol{I}$ 表示. 冲量是一矢量，在[SI]制中，它的单位是 N·s.

在一段时间内，力的作用将累积起来产生一个总效果，这一效果可直接由牛顿第二定律得出

$$\int_{t_1}^{t_2}\boldsymbol{F}(t)\mathrm{d}t=\int_{t_1}^{t_2}\frac{\mathrm{d}(m\boldsymbol{v})}{\mathrm{d}t}\cdot\mathrm{d}t=\int_{v_1}^{v_2}\mathrm{d}(m\boldsymbol{v})=\boldsymbol{P}_2-\boldsymbol{P}_1. \tag{2-8}$$

式中，$\boldsymbol{P}=m\boldsymbol{v}$. 式(2-8)说明，**在给定时间间隔内，合外力作用在质点上的冲量，等于质点在此时间内动量的增量**. 这就是**质点的动量定理**(theorem of momentum).

下面对动量定理作几点说明.

(1) 冲量 $\boldsymbol{I}$ 是矢量，$\int_{t_1}^{t_2}\boldsymbol{F}(t)\mathrm{d}t$ 是矢量函数的定积分. 因而冲量 $\boldsymbol{I}$ 的方向一般与 $\boldsymbol{F}(t)$ 的方向不同，除非 $\boldsymbol{F}(t)$ 的方向恒定不变，$\boldsymbol{I}$ 和 $\boldsymbol{F}(t)$ 的方向才一致.

由于质点动量定理是一矢量表达式，可用沿坐标轴的分量式表示. 例如，直角坐标系中

$$\begin{cases} I_x=\int_{t_0}^{t}F_x(t)\mathrm{d}t=P_x-P_{x0}, \\ I_y=\int_{t_0}^{t}F_y(t)\mathrm{d}t=P_y-P_{y0}, \\ I_z=\int_{t_0}^{t}F_z(t)\mathrm{d}t=P_z-P_{z0}. \end{cases} \tag{2-9}$$

(2) 冲量 $\boldsymbol{I}$ 是力的积累，是一种过程量，而动量是一种状态量. 质点的动量定理表示了一个质点的这种状态量的变化与有关的过程量——力的冲量的矢量关系. 冲量在已知函数关系式 $\boldsymbol{F}(t)$ 时可用积分计算，更多的是用前后动量的增量(矢量差)来计算，其方向也与受力质点的动量增量的方向一致.

(3) 在打击碰撞等实际问题中，物体相互作用的时间很短促，作用力变化很快，而且往往很大，这种力称为冲力(impulsive force). 为了对冲力的大小有个估计，将冲量对碰撞作用时间取平均，这种平均作用力称为平均冲力. 即

$$\overline{\boldsymbol{F}}(t)=\frac{\int_{t_1}^{t_2}\boldsymbol{F}(t)\mathrm{d}t}{t_2-t_1}=\frac{\boldsymbol{P}_2-\boldsymbol{P}_1}{t_2-t_1}. \tag{2-10}$$

(4) 在低速运动的牛顿力学范围内，质点的质量可视为是不改变的. 则质点的动量定

理可表示为 $\boldsymbol{I}=\int_{t_1}^{t_2}\boldsymbol{F}(t)\mathrm{d}t=m\boldsymbol{v}_2-m\boldsymbol{v}_1$，当质点运动的速度大到要用相对论处理时，质点的动量定理 $\boldsymbol{I}=\int_{t_1}^{t_2}\boldsymbol{F}(t)\mathrm{d}t=\boldsymbol{P}_2-\boldsymbol{P}_1$ 依然成立.

(5) 当质点同时受到多个力作用时，作用于该质点的合力在一段时间内的冲量等于各个分力在同一时间内冲量的矢量和，即

$$\boldsymbol{I}=\int_{t_0}^{t}\boldsymbol{F}_{合}\mathrm{d}t=\int_{t_0}^{t}\boldsymbol{F}_1\mathrm{d}t+\int_{t_0}^{t}\boldsymbol{F}_2\mathrm{d}t+\cdots+\int_{t_0}^{t}\boldsymbol{F}_n\mathrm{d}t=\boldsymbol{I}_1+\boldsymbol{I}_2+\cdots+\boldsymbol{I}_n.$$

(6) 对不同的惯性系，同一质点的动量是不同的，但动量的增量总是相同的. 又因为力 $\boldsymbol{F}(t)$ 及时间都与参考系无关，所以，在不同惯性系中同一力的冲量相等. 由此可知动量定理适用于所有的惯性系. 在非惯性系中，只有添加了惯性力的冲量之后动量定理才成立.

下面简要说明一下引入了动量、冲量的概念和质点的动量定理的物理意义. 从动量定理可知道，在相等的冲量作用下，不同质量的物体其速度变化是不相同的，但它们的动量的变化却是一样的，所以从过程角度来看，动量 $\boldsymbol{P}$ 比速度 $\boldsymbol{v}$ 能更恰当地反映物体的运动状态.

另外通过动量定理，只要能计算出合外力对质点作用的冲量，就能求出质点速度矢量的变化，或只需知道质点速度矢量的变化，就能求出合外力对质点作用的冲量，而无需去研究质点在每一时刻的运动情况，从而使问题的解决得以简化.

例 2.3 一质量为 $m=2.5\text{ g}$ 的小球，以初速 $v_1=20\text{ m/s}$ 与桌面法线成 $\alpha_1=45°$ 角射向桌面，然后沿与法线成 $\alpha_2=30°$ 角的方向，以 $v_2=18\text{ m/s}$ 的速度弹起，试求：(1) 小球所受到的冲量；(2) 如果碰撞时间为 0.01 s，桌面施于小球的平均冲力.

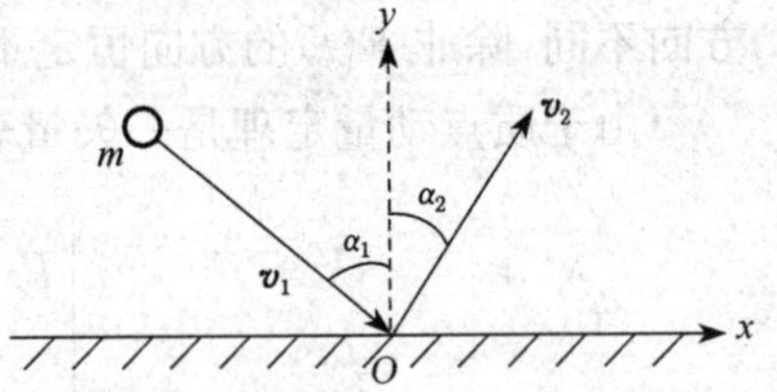

图 2-3

解 将小球 m 当作质点，据质点的动量定理 $\boldsymbol{I}=m\boldsymbol{v}_2-m\boldsymbol{v}_1$，如图 2-3 所示. 建立 xOy 直角坐标系，有

$$I_x=mv_2\sin\alpha_2-mv_1\sin\alpha_1,$$
$$I_y=mv_2\cos\alpha_2-(-mv_1\cos\alpha_1);$$
$$I_x=-1.29\times10^{-2}(\text{N}\cdot\text{s}),$$
$$I_y=7.4\times10^{-2}(\text{N}\cdot\text{s}),$$

所以 $I=\sqrt{I_x^2+I_y^2}=7.5\times10^{-2}(\text{N}\cdot\text{s})$.

冲量方向与 x 轴的夹角 $\alpha=\arctan\dfrac{I_y}{I_x}=99.9°$.

小球在撞击桌面的过程中，因受到重力 mg 和桌面的支承力 N，故合外力的冲量为 $\boldsymbol{I}=\int_{\Delta t}(m\boldsymbol{g}+\boldsymbol{N})\mathrm{d}t=m\boldsymbol{g}\Delta t+\boldsymbol{N}\Delta t$. 所以，桌面施于小球的平均冲力 $\overline{\boldsymbol{N}}=\dfrac{\boldsymbol{I}}{\Delta t}-m\boldsymbol{g}$，这是一个矢量式. 下面分别计算一下等式两侧矢量的大小，其中 $mg=2.5\times10^{-3}\times9.8=2.45\times10^{-2}\text{ N}$.

$|\boldsymbol{I}| = 7.5\times 10^{-2}\ \mathrm{N\cdot s}$，于是$\dfrac{|\boldsymbol{I}|}{\Delta t} = 7.5\ \mathrm{N}$，即 $mg \ll \dfrac{|\boldsymbol{I}|}{\Delta t}$，所以桌子施于小球的平均冲力为 $|\overline{\boldsymbol{N}}| = 7.5\ \mathrm{N}$，其方向与 x 轴夹角为 $99.9°$.

计算表明，撞击的时间越短，小球的重力越远小于相互作用的平均冲力. 在一般碰撞打击一类问题中，均指相互作用的时间甚短，所以，像重力、摩擦力等恒力相对于相互作用的平均冲力来说，可忽略不计.

2.2.2　质点系动量定理

上面讨论了质点的动量及其动量的变化与冲量的关系，在实际问题中，常遇到由几个或许多质点组成的系统，如机车和车厢，地球与月亮，一群带电粒子，等等，这种具有相互作用的质点的集合称为质点系. 质点系是一个重要的概念，因为不能用单个质点模型代替的某一研究对象，但可以设想为由许多部分组成，只要每个部分可以看成一个质点，那么整个对象就可以看成一个质点系. 这种做法不仅适用于由离散的质点组成的系统，也适合于质量连续分布的系统. 例如转动的刚体，其中各点的运动速度不一致，整个刚体不能用质点来代替，但如果将刚体划分为数量极多的微小部分——体元，各小体元的体积非常微小，都可看成质点，那么整个刚体就是一质点系. 又如在弯曲的管道中流动的一段液柱，其中各部分的运动速度不一致，这段液柱不能用质点来代替，但如果将液柱划分成众多的小体元，使每个体元都可看成质点，那么这段液柱也是一个质点系.

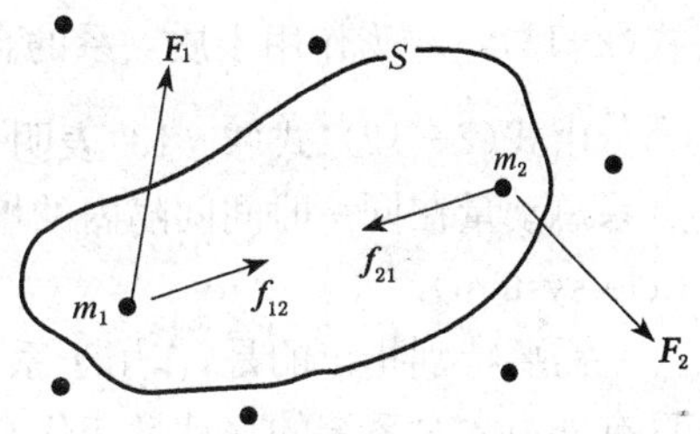

图 2-4　质点系的内力和外力

同一质点系内各质点间的相互作用力称为内力(internal force)，质点系以外的物体对质点系中任一质点的作用力统称为外力(external force). 内力和外力是相对于质点系的组成而言的. 现在讨论由两个质点组成的质点系的动量变化所遵循的规律. 如图 2－4 所示，在系统 S 内有两个质点，质量分别为 m_1 和 m_2. 设作用在质点上的外力分别为 $\boldsymbol{F}_1$ 和 $\boldsymbol{F}_2$，而两质点间相互作用的内力分别为 $\boldsymbol{f}_{12}$和 $\boldsymbol{f}_{21}$. 在 $\Delta t = t_2 - t_1$ 时间内，对这两个质点分别应用质点动量定理，可得到

$$\int_{t_1}^{t_2}(\boldsymbol{F}_1+\boldsymbol{f}_{12})\cdot \mathrm{d}t = m_1\boldsymbol{v}_1 - m_1\boldsymbol{v}_{10},$$

$$\int_{t_1}^{t_2}(\boldsymbol{F}_2+\boldsymbol{f}_{21})\cdot \mathrm{d}t = m_2\boldsymbol{v}_2 - m_2\boldsymbol{v}_{20}.$$

上面两式相加，有

$$\int_{t_1}^{t_2}(\boldsymbol{F}_1+\boldsymbol{f}_{12})\cdot \mathrm{d}t + \int_{t_1}^{t_2}(\boldsymbol{F}_2+\boldsymbol{f}_{21})\cdot \mathrm{d}t = (m_1\boldsymbol{v}_1 + m_2\boldsymbol{v}_2) - (m_1\boldsymbol{v}_{10} + m_2\boldsymbol{v}_{20}).$$

由牛顿第三定律可知：$\boldsymbol{f}_{12} = -\boldsymbol{f}_{21}$，所以系统内两质点间的内力之和 $\boldsymbol{f}_{12}+\boldsymbol{f}_{21} = 0$，故上式为

$$\int_{t_1}^{t_2}(\boldsymbol{F}_1+\boldsymbol{F}_2)\cdot \mathrm{d}t = (m_1\boldsymbol{v}_1 + m_2\boldsymbol{v}_2) - (m_1\boldsymbol{v}_{10} + m_2\boldsymbol{v}_{20}). \tag{2-11}$$

式(2-11)表明，作用于两质点组成系统的合外力的冲量等于系统内两质点动量之和的增

量. 将这个结果推广到由任意多个质点组成的质点系，设质点数目为 n，对第 i 个质点应用质点动量定理，有

$$\int_{t_1}^{t_2}(\boldsymbol{F}_i+\boldsymbol{f}_i)\cdot \mathrm{d}t=m_i\boldsymbol{v}_i-m_i\boldsymbol{v}_{i0}.$$

其中，$\boldsymbol{f}_i=\sum_{j\neq i}\boldsymbol{f}_{ij}$ 为质点系的其他质点对第 i 个质点的作用力的合力，即质点 i 所受的合内力.

对所有质点的动量定理表达式求和，便可得到

$$\int_{t_1}^{t_2}\left(\sum_i\boldsymbol{F}_i+\sum_i\boldsymbol{f}_i\right)\cdot \mathrm{d}t=\sum_{i=1}^{n}m_i\boldsymbol{v}_i-\sum_{i=1}^{n}m_i\boldsymbol{v}_{i0}.$$

由于内力总是成对的，且大小相等，方向相反，故其矢量和必为零，即 $\sum_i\boldsymbol{f}_i=0$.

则上式变为
$$\int_{t_1}^{t_2}\sum_i\boldsymbol{F}_i\mathrm{d}t=\sum_{i=1}^{n}m_i\boldsymbol{v}_i-\sum_{i=1}^{n}m_i\boldsymbol{v}_{i0} \tag{2-12}$$

或
$$\int_{t_1}^{t_2}\sum_i\boldsymbol{F}_i\mathrm{d}t=\boldsymbol{P}-\boldsymbol{P}_0. \tag{2-13}$$

式(2-13)左端为作用于质点系的合外力 $\sum_i\boldsymbol{F}_i$ 的冲量，而右端为质点系的总动量的增量.

由式(2-12)、式(2-13)表明，作用于质点系的合外力在某一时间间隔内的冲量等于质点系总动量在同一时间间隔内的增量，即为**质点系动量定理**(theorem of momentum of particle system).

需要特别指出的是，作用于系统的合外力是作用于系统内每一质点上的外力的矢量和，只有外力才对系统的总动量变化有贡献，而系统的内力(系统内各质点间的相互作用)是不能改变整个系统的总动量的，只能改变系统内各质点的动量.

质点系的动量定理和质点动量定理一样，也可将矢量式写成分量表达式. 在直角坐标系中有

$$\int_{t_0}^{t}\sum_i F_{ix}\mathrm{d}t=\sum_i m_i v_{ix}-\sum_i m_i v_{ix0},$$

$$\int_{t_0}^{t}\sum_i F_{iy}\mathrm{d}t=\sum_i m_i v_{iy}-\sum_i m_i v_{iy0},$$

$$\int_{t_0}^{t}\sum_i F_{iz}\mathrm{d}t=\sum_i m_i v_{iz}-\sum_i m_i v_{iz0}.$$

这说明，在任一时间间隔内，质点系的总动量在任一方向的增量，等于同一时间间隔内所有外力在该方向上的分力和作用于质点系的冲量，而与其他垂直方向上的冲量无关.

对于在无限小的时间间隔内. 质点系的动量定理可写成

$$\sum_i\boldsymbol{F}_i\cdot \mathrm{d}t=\mathrm{d}\boldsymbol{P}$$

或
$$\sum_i\boldsymbol{F}_i=\frac{\mathrm{d}\boldsymbol{P}}{\mathrm{d}t}. \tag{2-14}$$

式(2-14)表明,作用质点系的合外力等于质点系的总动量随时间的变化率. 当质点系受外力作用时,不能直接用牛顿运动定律得出系统整体以某一加速度运动的结论,因为系统中各质点的运动并不相同. 但系统总动量的增量仍等于外力的冲量. 另外,质点系的动量定理仍只适用于惯性系,要在非惯性系中应用,必须考虑惯性力的冲量.

例 2.4　一根长为 L,总质量为 m 的柔软绳索盘放在水平台面上. 用手将绳索的一端以恒定速率 v_0 向上提起,求:当提起高度为 y 时手的提力(图 2-5).

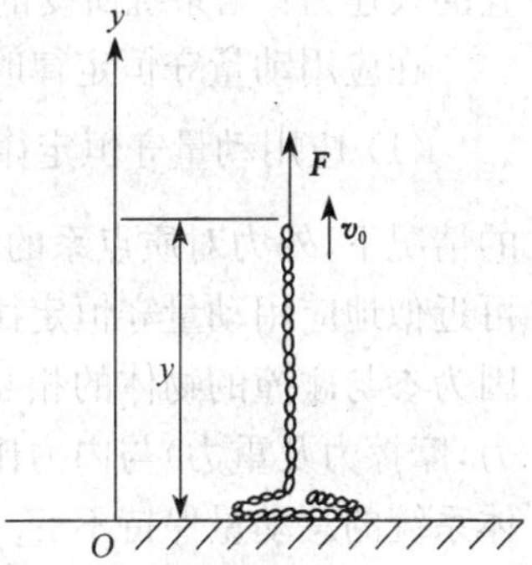

图 2-5

解　这是一个质点系问题,可用质点系动量定理求解. 以整个绳索为系统,它共受三个力,即重力 mg、台面支承力 N 和手的提力 F.

在这三个外力的共同作用下,系统的总动量在不断变化. 因系统的动量只有铅直方向分量,可取 y 轴坐标向上,在 t 时刻,当绳索提起 y 时系统的动量 $\boldsymbol{P}=\frac{m}{L}y\boldsymbol{v}_0$,在 $t+\mathrm{d}t$ 时刻,绳索提起 $y+\mathrm{d}y$ 高度,系统的动量为 $\boldsymbol{P}'=\frac{m}{L}(y+\mathrm{d}y)\boldsymbol{v}_0$,据质点系动量定理在 y 轴方向上的分量式,有

$$(F+N-mg)\mathrm{d}t=P'-P=\frac{m}{L}\mathrm{d}yv_0,$$

于是

$$F+N-mg=\frac{m}{L}v_0\frac{\mathrm{d}y}{\mathrm{d}t}.$$

因为 $\frac{\mathrm{d}y}{\mathrm{d}t}=v_0$,又因 N 只与剩在台面上的绳索质量有关,即

$$N=\frac{L-y}{L}mg,$$

因此得

$$F=mg+\frac{m}{L}v_0^2-\frac{L-y}{L}mg=\frac{y}{L}mg+\frac{m}{L}v_0^2.$$

2.2.3　动量守恒定律

对于单个质点,若合外力为零,则 $\frac{\mathrm{d}(m\boldsymbol{v})}{\mathrm{d}t}=0$ 或 $m\boldsymbol{v}=m\boldsymbol{v}_0$,质点动量守恒,即为惯性定律.

对于质点系,当系统不受合外力或所受的合外力为零时,系统的总动量的增量亦为零,即

$$\sum_i m_i\boldsymbol{v}_i-\sum_i m_i\boldsymbol{v}_{i0}=0\quad 或\quad \sum_i m_i\boldsymbol{v}_i=\sum_i m_i\boldsymbol{v}_{i0}.$$

这时系统的总动量保持不变,这就是**动量守恒定律**(law of conservation momentum).

它的表述为：当系统所受的合外力为零时，系统的总动量将保持不变.

在应用动量守恒定律时要注意以下几点.

(1) 应用动量守恒定律的条件是合外力为零，即 $\sum_i \boldsymbol{F}_i = 0$，但在外力相比内力小得多的情况下，外力对质点系的总动量变化影响甚微小，这时可认为近似满足守恒条件，也就是可近似地应用动量守恒定律. 如碰撞、打击、爆炸等这类问题，一般都可以这样来处理，这是因为参与碰撞的物体的相互作用时间很短，相互作用内力非常大，而一般的外力(如空气阻力，摩擦力及重力)与内力比较，可忽略不计，所以在碰撞过程的前后，可认为参与碰撞的物体系统的总动量保持不变.

(2) 动量守恒表示式是矢量关系式. 在实际问题中，常应用其沿坐标轴的分量式. 如在直角坐标系中

$$
\begin{aligned}
&\text{当}\sum_i F_{ix} = 0\text{时}, \quad &\sum_i m_i v_{ix} = \text{常量};\\
&\text{当}\sum_i F_{iy} = 0\text{时}, \quad &\sum_i m_i v_{iy} = \text{常量};\\
&\text{当}\sum_i F_{iz} = 0\text{时}, \quad &\sum_i m_i v_{iz} = \text{常量}.
\end{aligned}
\tag{2-15}
$$

由此可见，如果系统所受的外力矢量和并不为零，但合外力在某一坐标轴上的分量为零时，此时，系统的总动量虽不守恒，但在该坐标轴的总动量的分量守恒. 这点在处理某些问题时是很有用的.

(3) 在动量守恒定律中，系统的动量是守恒量或不变量. 由于动量是矢量，故系统的总动量不变是指系统内各物体动量的矢量和不变，而不是指其中某一个物体的动量不变. 此外，各物体的动量还必须都相对于同一惯性参考系.

(4) 动量守恒定律是物理学最普遍、最基本的定律之一，动量守恒定律虽然是从表述宏观物体运动规律的牛顿运动定律导出的，但近代的科学实验和理论分析都表明：在自然界中，大到天体间的相互作用，小到质子、中子、电子等微观粒子间的相互作用，都遵守动量守恒定律；而在原子、原子核等微观领域中，牛顿运动定律都是不适用的. 因此，动量守恒定律比牛顿运动定律更加基本，它与能量守恒定律一样，是自然界中最普遍、最基本的定律之一.

例 2.5 一个 1/4 圆弧滑槽的大物体其质量为 M，停在光滑的水平面上，另一质量为 m 的小物体自圆弧的顶点由静止下滑. 求当小物体 m 滑到底时，大物体 M 在水平面上移动的距离.

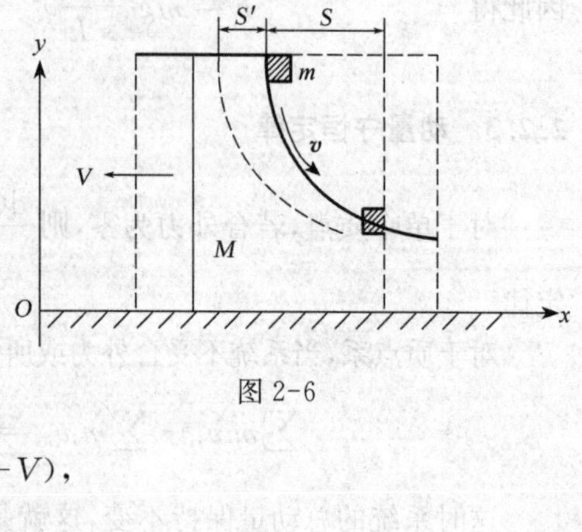

图 2-6

解 如图 2-6 所示，选取 xOy 直角坐标系，取 m 和 M 为系统，在 m 下滑的过程中，在水平方向上，系统所受的合外力为零，因此，水平方向上的总动量的分量守恒. 由于系统的初动量为零. 在任一时刻，m 和 M 的水平方向上的动量之和也为零. 如果 m 和 M 在任一时刻的速度分别为 $\boldsymbol{v}$ 和 V，则有

$$0 = mv_x + M(-V),$$

所以
$$mv_x = MV.$$

就整个下落的时间 t 对此式两边积分，有

$$m\int_0^t v_x \mathrm{d}t = M\int_0^t V\mathrm{d}t,$$

从图 2-6 中可看出，以 S 和 S' 分别表示 m 和 M 在水平方向上移动的距离，则有

$$S = \int_0^t v_x \mathrm{d}t, \quad S' = \int_0^t V\mathrm{d}t,$$

因而有 $mS = MS'$.

又因为位移的相对性，有 $S = R - S'$，将此关系代入上式，即可得 $S' = \dfrac{m}{m+M}R$.

值得注意的是，此距离值与弧形槽面是否光滑无关，只要 M 下面的水平面光滑就行了.

*2.2.4　质心及质心运动定理

质点系的总动量是由一个质点系内所有各个质点的动量的矢量和. 那么能否确定这样一个与质点系相关联的点，使质点系的总质量与这个点的速度之积等于质点系的总动量呢? 举例来说，有 N 个质点组成的质点系，其总动量为 $m_1\boldsymbol{v}_1 + m_2\boldsymbol{v}_2 + \cdots + m_N\boldsymbol{v}_N$，能否找到与质点系相关联的一个点 c，使

$$\sum_{i=1}^{N} m_i \boldsymbol{v}_c = m_1\boldsymbol{v}_1 + m_2\boldsymbol{v}_2 + \cdots + m_N\boldsymbol{v}_N.$$

为了确定这一个点 c，取定坐标原点 O，设这样一个点在 t 时刻的位矢为 $\boldsymbol{r}_c$，设质点系中各个质点在 t 时刻的位矢分别为 $\boldsymbol{r}_1, \boldsymbol{r}_2, \boldsymbol{r}_3, \cdots, \boldsymbol{r}_N$，由上式可得到

$$\sum_{i=1}^{N} m_i \frac{\mathrm{d}\boldsymbol{r}_c}{\mathrm{d}t} = m_1\frac{\mathrm{d}\boldsymbol{r}_1}{\mathrm{d}t} + m_2\frac{\mathrm{d}\boldsymbol{r}_2}{\mathrm{d}t} + \cdots + m_N\frac{\mathrm{d}\boldsymbol{r}_N}{\mathrm{d}t},$$

$$\frac{\mathrm{d}}{\mathrm{d}t}\Big(\sum_{i=1}^{N} m_i \boldsymbol{r}_c\Big) = \frac{\mathrm{d}}{\mathrm{d}t}(m_1\boldsymbol{r}_1 + m_2\boldsymbol{r}_2 + \cdots + m_N\boldsymbol{r}_N).$$

于是，便可得到
$$\boldsymbol{r}_c = \frac{m_1\boldsymbol{r}_1 + m_2\boldsymbol{r}_2 + \cdots + m_N\boldsymbol{r}_N}{\sum\limits_{i=1}^{N} m_i}$$

或
$$\boldsymbol{r}_c = \frac{\sum\limits_{i=1}^{N} m_i\boldsymbol{r}_i}{\sum\limits_{i=1}^{N} m_i}. \tag{2-16}$$

c 点称为**质点系的质量中心**，简称**质心**(centre of mass).

利用位矢沿直角坐标系各坐标轴的分量，便可求得质心坐标表示式

$$x_c = \frac{\sum\limits_{i=1}^{N} m_i x_i}{\sum\limits_{i=1}^{N} m_i}, \quad y_c = \frac{\sum\limits_{i=1}^{N} m_i y_i}{\sum\limits_{i=1}^{N} m_i}, \quad z_c = \frac{\sum\limits_{i=1}^{N} m_i z_i}{\sum\limits_{i=1}^{N} m_i}. \tag{2-17}$$

如果质点系的质量是连续分布的，式(2-17)可用积分代替

$$x_c = \frac{\int x\mathrm{d}m}{M}, \quad y_c = \frac{\int y\mathrm{d}m}{M}, \quad z_c = \frac{\int z\mathrm{d}m}{M}. \tag{2-18}$$

对于密度均匀且有对称中心的物体,如球体、圆柱体、长方体等,其质心与对称中心重合. 对于形状不规则的物体,一般可用实验来确定其质心的位置. 作为例子,下面计算一半径为 R 的匀质半圆薄板的质心位置.

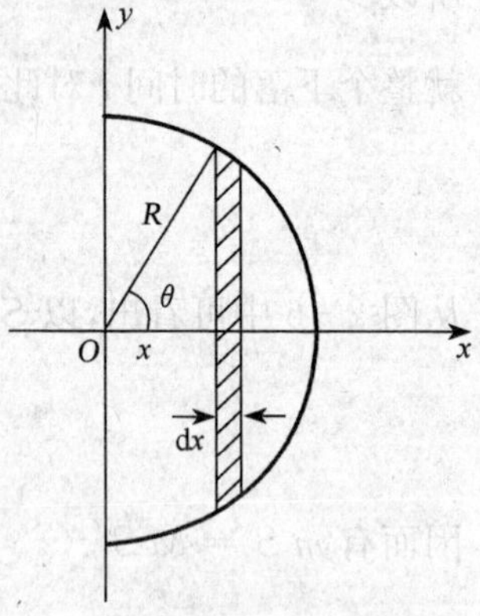

图 2-7　计算质心位置用图

取直角坐标系如图 2-7 所示. 在 z 方向上因板很薄,有 $z=0$,由于 y 方向对称分布,显然 $y_c=0$,这样仅需计算 x_c,取图 2-7 中所示的宽为 $\mathrm{d}x$ 的一细窄条,那么

$$\mathrm{d}m = \frac{M}{\frac{1}{2}\pi R^2} \cdot 2R\sin\theta \mathrm{d}x,$$

则
$$x_c = \frac{\int x\mathrm{d}m}{M} = \int \frac{4\sin\theta x\,\mathrm{d}x}{\pi R}.$$

因为 $x = R\cos\theta$, $\mathrm{d}x = -R\sin\theta\mathrm{d}\theta$, 则

$$x_c = \int_{\frac{\pi}{2}}^{0} \frac{-4R^2\cos\theta\sin^2\theta\mathrm{d}\theta}{\pi R} = -\frac{4R}{\pi}\int_{\frac{\pi}{2}}^{0}\sin^2\theta\cos\theta\mathrm{d}\theta = \frac{4R}{3\pi} \approx 0.42R.$$

质点系的质心不一定在其中的一个质点上,例如由两个质量相等的质点所组成的系统,它的质心就在这个质点的连线的中点. 匀质圆环的质心也不在环上.

引入质心概念后,可用质心的速度来表示质点系的总动量. 于是质点系的动量定理,可表达为

$$\int_{t_0}^{t} \sum_i \boldsymbol{F}_i \mathrm{d}t = \sum_i m_i \boldsymbol{v}_i - \sum_i m_i \boldsymbol{v}_{i0} = M\boldsymbol{v}_c - M\boldsymbol{v}_{c0},$$

相应的微分形式为
$$\sum_i \boldsymbol{F}_i \mathrm{d}t = M\mathrm{d}\boldsymbol{v}_c$$

或
$$\sum_i \boldsymbol{F}_i = M\frac{\mathrm{d}\boldsymbol{v}_c}{\mathrm{d}t} = M\boldsymbol{a}_c. \tag{2-19}$$

此结果表明,质心的运动等同于一个质点的运动,这个质点具有质点系总质量 M,它受到的外力为质点系所受的所有外力的矢量和. 这个结论称为**质心运动定理**(theorem of kinematic of centre-mass).

综上所述,可以得到以下结论.

(1) 质心在研究质点系的运动规律中,是一个非常重要的概念,它是一个有代表性的点,是系统的一个等效质点,这个点的运动,反映了系统的整体运动;质心的质量是系统的总质量,质心的速度是系统整体的速度,质心的动量是系统的总动量,质心的动量随时间的变化率是系统总动量随时间的变化率. 并且,不管系统外力的作用点如何,质心动量的时间变化率等于将所有外力平移到质心上的这些外力的矢量和.

(2) 系统内各个质点由于受内力和外力的作用,它们的运动情况可能是很复杂的,但系统内有一点(即质心),它的运动却相当简单,只由系统所受的合外力所决定. 例如一颗手榴弹可看成质点系,当它在空中运动时,将看到其又翻转又前进,其中各点运动情况相当复杂,但其质心 c 的运动轨迹为抛物线,由于系统合外力只是重力,故质心做抛体运动.

(3) 如果将参考系的坐标原点选在质点系的质心上,则以质心相当的速度作平移的参考系,则称为质心参考系. 质心参考系在讨论质点系的力学问题中,十分有用.

2.3　动能定理和机械能守恒定律

许多常见的力,如万有引力、弹簧的弹性力、库仑力等都表现为两物体间相对位置的函

数，由于物体运动，其位置将随时间的变化而变化，因此，作用力亦随时间的变化而变化. 但我们无法知道力随时间的变化关系，因而研究力的时间累积效应无助于问题的求解. 因此，我们要研究力对空间的累积作用.

2.3.1　功和质点的动能定理

在中学阶段，大家就已熟悉恒力做功的定义和简单的计算. 当一质点受恒力 $\boldsymbol{F}$ 作用并做直线运动时，此力做的功 A 等于力的大小、位移的大小和它们夹角的余弦的乘积，即 $A = |\boldsymbol{F}|\cdot|\Delta\boldsymbol{r}|\cos\theta$；根据矢量标积的定义，功(work)又可表达为 $\boldsymbol{F}$ 和 $\Delta\boldsymbol{r}$ 的标积(scalar product)，即 $A = \boldsymbol{F}\cdot\Delta\boldsymbol{r}$.

如果质点在外力作用下沿一曲线轨道运动，由 a 点移动到 b 点，如图 2-8 所示. 在此过程中，作用于质点上的力 $\boldsymbol{F}$ 的大小和方向随时间的变化都在变化，因而不能直接运用上面的公式计算 $\boldsymbol{F}$ 做的功. 但我们可以应用微积分的概念来计算.

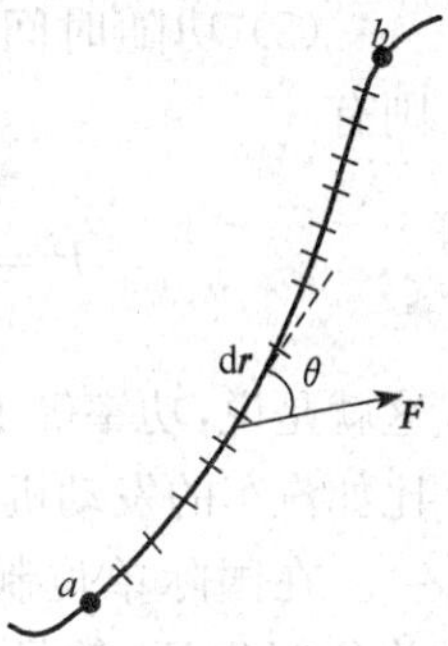

图 2-8　变力做功

首先将质点的运动轨迹分为 n 个小段，只要 n 足够大，即每一小段足够小，以便使任一小段都可以看做直线，质点在每一小段上受的力可以看成恒力. 这样，我们可运用前面的公式来计算第 i 小段上力对质点做的功，常称为元功，可表示为

$$\mathrm{d}A = \boldsymbol{F}\cdot\mathrm{d}\boldsymbol{r} = F\mathrm{d}r\cos\theta.$$

于是，质点从 a 点沿曲线轨迹移动到 b 点的过程中，变力 $\boldsymbol{F}$ 对质点做的功等于元功之总和，即

$$A = \int_a^b \boldsymbol{F}\cdot\mathrm{d}\boldsymbol{r}, \tag{2-20}$$

这就是计算功最一般的公式.

综上所述，从功的计算公式可得到关于功的以下几个结论.

(1) 功是标量，且有正负，其正负取决于力和位移间的夹角. 当 $0\leqslant\theta<\dfrac{\pi}{2}$ 时，$A>0$，称力对质点做正功；当 $\dfrac{\pi}{2}<\theta\leqslant\pi$ 时，$A<0$，称力对质点做负功；当 $\theta=\dfrac{\pi}{2}$ 时，$A=0$，称该力对质点不做功.

功是力沿质点运动轨迹进行线积分计算的，一般地说，功的值既与质点运动的始末位置有关，也与运动的路径有关.

(2) 若有几个力同时作用在质点上，则合力所做的功为

$$A = \int_a^b \Big(\sum_i \boldsymbol{F}_i\Big)\cdot\mathrm{d}\boldsymbol{r} = \int_a^b \boldsymbol{F}_1\cdot\mathrm{d}\boldsymbol{r} + \int_a^b \boldsymbol{F}_2\cdot\mathrm{d}\boldsymbol{r} + \cdots = A_1 + A_2 + \cdots.$$

上式表明，合力对质点所做的功，等于每个分力所做的功的代数和. 显然此结果是依据力的叠加原理得出的.

(3) 在直角坐标系中，$\boldsymbol{F}$ 和 $\mathrm{d}\boldsymbol{r}$ 都是坐标 x，y，z 的函数，即 $\boldsymbol{F}=F_x\boldsymbol{i}+F_y\boldsymbol{j}+F_z\boldsymbol{k}$，$\mathrm{d}\boldsymbol{r}=$

$\mathrm{d}x\,\boldsymbol{i}+\mathrm{d}y\boldsymbol{j}+\mathrm{d}z\,\boldsymbol{k}$，该力 $\boldsymbol{F}$ 做功也可表示为

$$A=\int_a^b(F_x\boldsymbol{i}+F_y\boldsymbol{j}+F_z\boldsymbol{k})\cdot(\mathrm{d}x\boldsymbol{i}+\mathrm{d}y\boldsymbol{j}+\mathrm{d}z\boldsymbol{k})$$

$$=\int_a^b(F_x\mathrm{d}x+F_y\mathrm{d}y+F_z\mathrm{d}z).$$

上式也是变力做功的另一数学表达式，与式(2-20)是等同的.

(4) 功也常用图示法来计算，如图 2-9 所示，曲线表示 $F\cos\theta$ 随路径变化的函数关系，曲线下的面积就等于变力所做功的代数值.

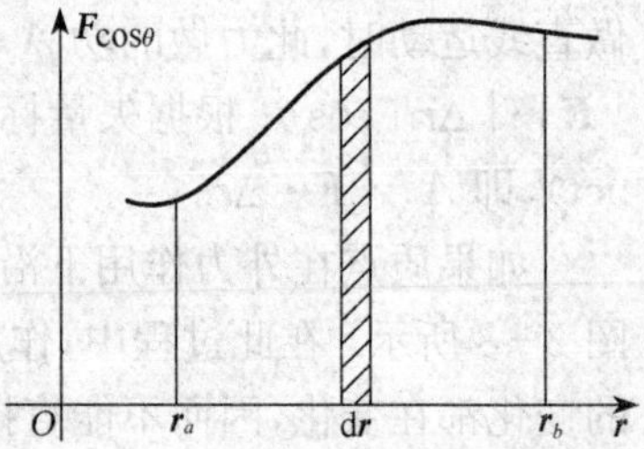

图 2-9　变力做功的图示

(5) 功随时间的变化率叫功率(power)，用 P 表示，则有

$$P=\frac{\mathrm{d}A}{\mathrm{d}t}=\frac{\boldsymbol{F}\cdot\mathrm{d}\boldsymbol{r}}{\mathrm{d}t}=\boldsymbol{F}\cdot\boldsymbol{v}.\qquad(2-21)$$

这就是说，功率等于力与质点速度的标积. 由此可知，当功率保特恒定时，力大则速度小. 比如汽车的发动机功率一定时，若要上坡需加大牵引力，则就得降低速度.

在国际单位制中，力的单位是 N，位移的单位是 m，所以功的单位是 N·m，把这个单位叫焦耳，符号是 J. 功率的单位是瓦特(W). 1 W 的功率就是 1 s 时间内做 1 J 的功.

下面讨论力对空间累积作用会使质点的运动状态发生如何变化？

一质量为 m 的质点在合外力 $\boldsymbol{F}$ 的作用下，自 a 点沿曲线轨迹移到 b 点，它在点 a 和点 b 的速率分别为 v_a 和 v_b. 设作用在位移 d$\boldsymbol{r}$ 上的合外力 $\boldsymbol{F}$ 和位移 d$\boldsymbol{r}$ 之间的夹角为 θ，于是，合外力 $\boldsymbol{F}$ 对质点所做的元功

$$\mathrm{d}A=\boldsymbol{F}\cdot\mathrm{d}\boldsymbol{r}=F\cos\theta\mathrm{d}r.$$

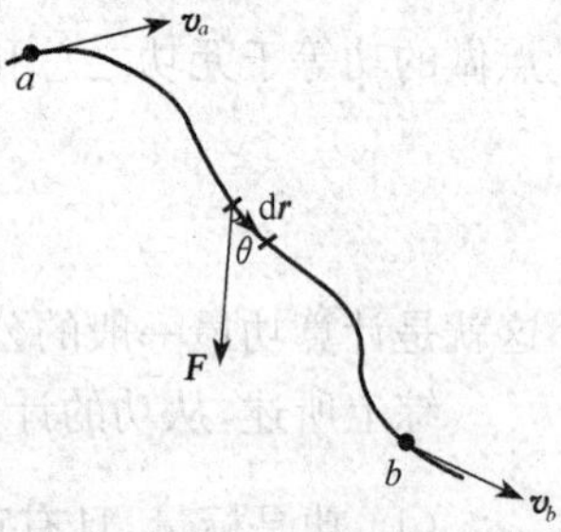

图 2-10　动能定理

如图 2-10 所示，由牛顿第二定律及切向加速度的定义，有

$$F\cos\theta=ma_\tau=m\frac{\mathrm{d}v}{\mathrm{d}t}.$$

那么，质点自 a 点移至 b 点这一过程中，合外力所做的总功为

$$A=\int_a^b\boldsymbol{F}\cdot\mathrm{d}\boldsymbol{r}=\int_{v_a}^{v_b}m\frac{\mathrm{d}v}{\mathrm{d}t}\cdot\mathrm{d}r=\int_{v_a}^{v_b}mv\mathrm{d}v,$$

积分有

$$A=\frac{1}{2}mv_b^2-\frac{1}{2}mv_a^2.\qquad(2-22)$$

式(2-22)表明，合外力对质点做功的结果，使得 $\frac{1}{2}mv^2$ 这个物理量获得了增量，而 $\frac{1}{2}mv^2$ 称为**动能**(kinetic energy)，用 E_k 表示. 式(2-22)称为**质点的动能定理**(theorem of kinetic energy). 它说明，**合外力在某一过程中对质点所做的功等于质点动能的增量.**

关于质点的动能定理还应说明以下几点.

(1) 功和动能之间的联系和区别. 只有合外力对质点做功,才能使质点的动能发生变化,功是能量变化的量度. 功是与在外力作用下质点的位置移动过程相联系的,故功是一个过程量. 而动能是质点在运动中具有的能量,由质点的质量与速度决定,是表征质点运动状态的一个物理量. 质点的运动状态确定时,速率就是确定的,动能也就是确定的,这可以说动能是质点运动状态的单值函数.

(2) 与牛顿第二定律一样,动能定理也适用于惯性系. 此外,在不同的惯性系中,质点的位移和速度是不同的,因此,功和动能都依赖于惯性系的选取.

(3) 动能的单位和量纲与功的单位和量纲是相同的.

例 2.6　一质量为 m 的小球系在绳子的一端,线的另一端固定在墙上的钉子上,线长为 l,先拉动小球使线保持水平静止,然后松手使小球下落,求绳摆下 θ 角时这个小球的速率.

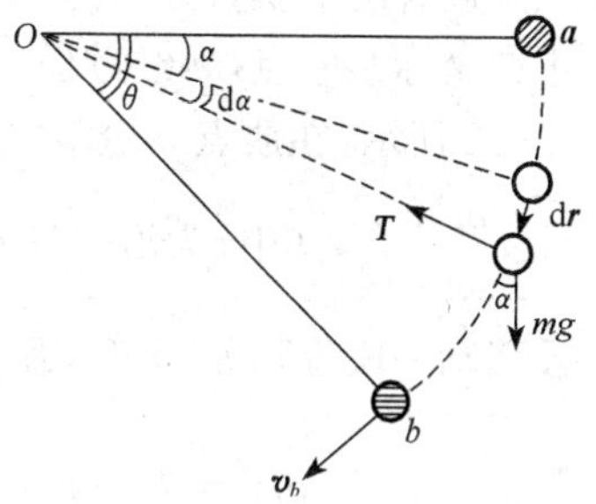

图 2-11

解　运用质点动能定理. 小球受力为 $m\boldsymbol{g}$ 和 $\boldsymbol{T}$,如图 2-11所示. 在小球由 a 落到 b 的过程中,合外力做的功为

$$A_{ab}=\int_a^b(\boldsymbol{T}+m\boldsymbol{g})\cdot\mathrm{d}\boldsymbol{r}=\int_a^b\boldsymbol{T}\cdot\mathrm{d}\boldsymbol{r}+\int_a^b m\boldsymbol{g}\cdot\mathrm{d}\boldsymbol{r}$$
$$=\int_a^b mg\,\mathrm{d}r\cos\alpha=\int_0^\theta mgl\cos\alpha\,\mathrm{d}\alpha=mgl\sin\theta.$$

因为
$$A_{ab}=\frac{1}{2}mv_b^2-\frac{1}{2}mv_a^2=\frac{1}{2}mv_b^2-0=\frac{1}{2}mv_b^2,$$

所以
$$v_b=\sqrt{2gl\sin\theta}.$$

例 2.7　一质量为 2.0 g 的弹丸,其在枪膛中所受到的合力为 $F=400\left(1-\frac{20}{9}x\right)$,其中,$x$ 的单位为 m,F 的单位为 N. 若开枪时弹丸处于 $x=0$ 处,枪膛的长度 $b=45\ \mathrm{cm}$,求:弹丸从枪口出射的速度.

解　在枪膛中合力所做的功为

$$A=\int_0^b F\cdot\mathrm{d}x=400\left(b-\frac{10}{9}b^2\right),$$

将 $b=45\ \mathrm{cm}=0.45\ \mathrm{m}$ 代入上式得　　$A=90(\mathrm{J})$.

根据动能定理
$$A=\frac{1}{2}mv^2-\frac{1}{2}mv_0^2,$$

式中,v_0 为开枪时弹丸的初速度,$v_0=0$,v 为弹丸从枪口出射的速度,所以

$$v=\sqrt{\frac{2A}{m}}=\sqrt{\frac{2\times 90}{2.0\times 10^{-3}}}=300(\mathrm{m/s}).$$

2.3.2 保守力、非保守力和势能

由于各种力在做功上具有不同的特征，可以从万有引力、重力、弹簧的弹性力以及摩擦力等力的做功特点出发，引出保守力和非保守力概念，由此再分别引述引力势能、重力势能和弹性势能.

1. *万有引力做功*

设有两个质量分别为 m 和 M 的质点，其中 M 质点静止在坐标系原点，m 经过任一路径由点 a 运动到点 b. 如图 2-12 所示，在质点 m 运动过程中所受的万有引力为 $\boldsymbol{f}=-G\dfrac{mM}{r^2}\hat{\boldsymbol{r}}$，其中 $\hat{\boldsymbol{r}}$ 为沿位矢 $\boldsymbol{r}$ 的单位矢量. 当质点 m 沿路径移动一段位移元 $\mathrm{d}\boldsymbol{r}$ 时，万有引力的元功为

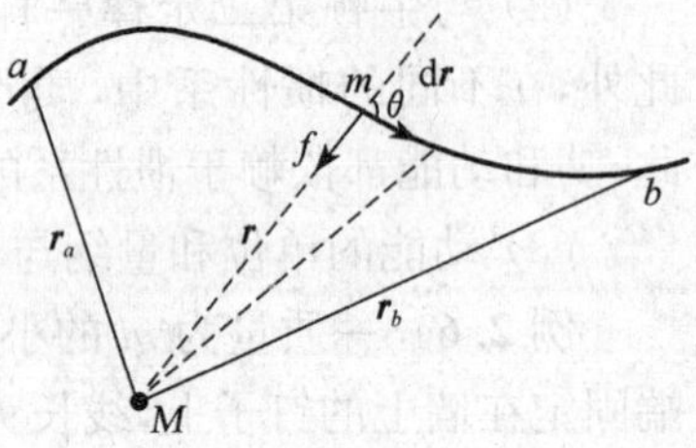

图 2-12　万有引力做功

$$\mathrm{d}A=\boldsymbol{f}\cdot\mathrm{d}\boldsymbol{r}=-G\frac{Mm}{r^2}\hat{\boldsymbol{r}}\cdot\mathrm{d}\boldsymbol{r}.$$

从图 2-12 中可看出，$\hat{\boldsymbol{r}}\cdot\mathrm{d}\boldsymbol{r}=|\hat{\boldsymbol{r}}||\mathrm{d}\boldsymbol{r}|\cos\theta=\mathrm{d}r$，

于是，上式为

$$\mathrm{d}A=-G\frac{Mm}{r^2}\mathrm{d}r.$$

那么，质点 m 从点 a 沿任一路径到达点 b 的过程中，万有引力做的功为

$$A_{ab}=\int_a^b\mathrm{d}A=\int_a^b-G\frac{Mm}{r^2}\mathrm{d}r=-\left[\left(-G\frac{Mm}{r_b}\right)-\left(-G\frac{Mm}{r_a}\right)\right]=GMm\left(\frac{1}{r_b}-\frac{1}{r_a}\right).\quad(2-23)$$

式(2-23)说明，当质点的质量 M 和 m 均给定时，在质点 m 由点 a 移动到点 b 的过程中，万有引力所做的功只与质点 m 的始末位置有关，而与质点移动的具体路径无关，这是万有引力做功的一个重要特征.

2. *重力做功*

当物体在地面附近运动时，重力将对物体做功. 设一质点质量为 m，由位置 a 沿某一路径到达位置 b(图2-13)，它所受的重力 $m\boldsymbol{g}$ 是恒力，而它的路径是曲线，质点运动过程中各段元位移与重力方向的夹角 θ 将不断变化.

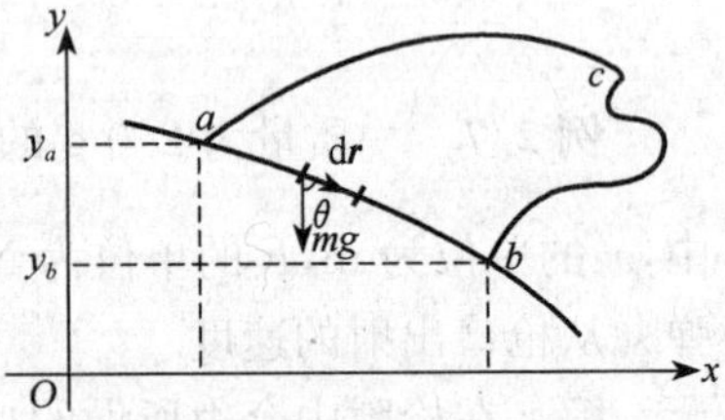

图 2-13　重力做功与路径无关

取任意的位移元 $\mathrm{d}\boldsymbol{r}$ 中，重力所做的功为

$$\mathrm{d}A=m\boldsymbol{g}\cdot\mathrm{d}\boldsymbol{r}.$$

若建立一直角坐标系，则

$$\mathrm{d}\boldsymbol{r}=\mathrm{d}x\,\boldsymbol{i}+\mathrm{d}y\boldsymbol{j},\quad \mathrm{d}A=-mg\boldsymbol{j}\cdot(\mathrm{d}x\,\boldsymbol{i}+\mathrm{d}y\boldsymbol{j})=-mg\,\mathrm{d}y.$$

那么，质点由点 a 移至点 b 的过程中，重力做的总功为

$$A=\int_a^b-mg\,\mathrm{d}y=-mgy\Big|_{y_a}^{y_b}=-(mgy_b-mgy_a).\quad(2-24)$$

若从点 a 沿另一路径 acb 到点 b，显然结果仍是一样的. 上述结果表明，重力做功只与质点的末位置有关，而与具体路径无关. 这是重力做功的一个重要特征.

3. 弹簧弹性力做功

如图 2-14 所示是在光滑水平面上放置一弹簧，弹簧的一端固定，另一端与一质量为 m 的物体相连接. 当弹簧在水平方向上不受外力作用时，它将不发生形变，此时物体位于点 O（即位于 $x=0$ 处），这个位置叫平衡位置，现以平衡位置为坐标原点，向右为 Ox 轴正向.

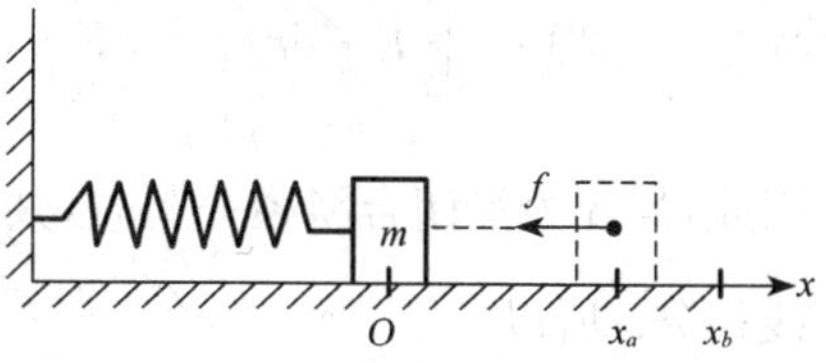

图 2-14　弹性力做功

若物体受到沿 Ox 轴正向的外力作用，由 x_a 移至 x_b，在其拉伸过程中，弹簧的弹性力 $\boldsymbol{f}=-kx\boldsymbol{i}$ 是变力，但在弹簧伸长 $\mathrm{d}x$ 时的弹性力 $\boldsymbol{f}$ 可近似看成是不变的. 于是，弹簧的弹性力在拉伸 $\mathrm{d}x$ 过程中所做的功为

$$\mathrm{d}A=\boldsymbol{f}\cdot\mathrm{d}\boldsymbol{x}=-kx\boldsymbol{i}\cdot\mathrm{d}\,x\boldsymbol{i}=-kx\,\mathrm{d}x.$$

那么，物体由 x_a 移至 x_b 的过程中，弹簧的弹性力所做的功就为

$$A=\int\mathrm{d}A=\int_{x_a}^{x_b}-kx\,\mathrm{d}x=-\left(\frac{1}{2}kx_b^2-\frac{1}{2}kx_a^2\right). \tag{2-25}$$

式(2-25)表明，在弹性限度内具有给定劲度系数 k 的弹簧，弹性力所做的功只由物体的始末位置（或者说，相应于始末位置的伸长量或压缩量）有关，而与物体移动的具体路径无关. 这一特征与万有引力做功和重力做功的特征是完全相同的.

4. 摩擦力做功

设一质点在粗糙的水平面上运动，其滑动摩擦力与质点的运动方向相反，可表示为

$$\boldsymbol{f}=-f\boldsymbol{\tau}.\ (\boldsymbol{\tau}\text{ 为运动方向单位矢量})$$

当质点从点 a 移动至点 b，摩擦力做功为

$$A=\int\mathrm{d}A=\int_a^b\boldsymbol{f}\cdot\mathrm{d}\boldsymbol{r}=\int_a^b-f\boldsymbol{\tau}\cdot\mathrm{d}s\boldsymbol{\tau}=-f\int_a^b\mathrm{d}s=-fs_{ab}.$$

显然，摩擦力做功就与其移动的路径 s_{ab} 有关，路径越长，摩擦力做的功也越大.

从上述对重力、万有引力和弹簧的弹性力做功以及摩擦力做功的具体讨论分析中可以看出，力可分为两类. 一类是，若力所做的功仅由始末位置决定而与所经路径无关，这种力就称为**保守力**(conservation force). 另一类是，若力所做的功不仅由始末位置决定而且与所经路径有关，这种力称为**非保守力**(non-conservative force). 除了重力、万有引力、弹簧的弹性力是保守力外，电荷间相互作用的库仑力和原子间相互作用的分子力也是保守力.

如何把各种保守力做功与路径无关这一特征用数学式表达出来呢？

如图 2-15 所示，设一质点在保守力作用下自点 a 沿路径 acb 到达点 b，或沿路径 adb 到达点 b，根据保守力做功与路径无关的特征，有

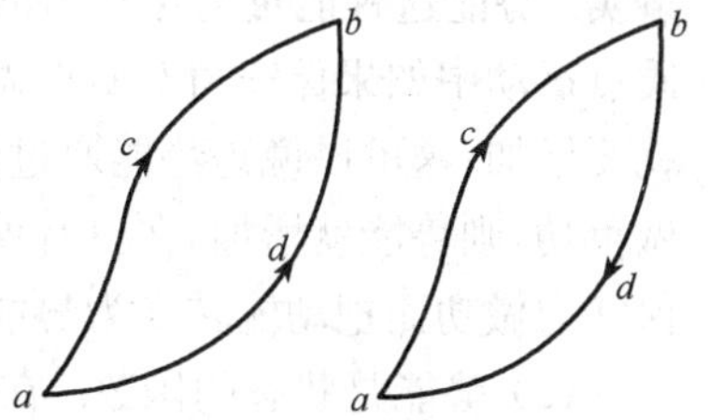

图 2-15　保守力做功

$$A_{ab}=\int_{acb}\boldsymbol{F}\cdot\mathrm{d}\boldsymbol{r}=\int_{adb}\boldsymbol{F}\cdot\mathrm{d}\boldsymbol{r}.$$

若质点沿 $acbda$ 闭合路径运动一周时，其保守力 $\boldsymbol{F}$ 对质点所做的功为

$$A=\oint_{L}\boldsymbol{F}\cdot\mathrm{d}\boldsymbol{r}=\int_{acb}\boldsymbol{F}\cdot\mathrm{d}\boldsymbol{r}+\int_{bda}\boldsymbol{F}\cdot\mathrm{d}\boldsymbol{r}=\int_{acb}\boldsymbol{F}\cdot\mathrm{d}\boldsymbol{r}-\int_{adb}\boldsymbol{F}\cdot\mathrm{d}\boldsymbol{r}=0.$$

因此，保守力沿闭合路径一周时，其所做的功为零. 式中积分符号 $\oint$ 表示沿闭合路径 L 的曲线积分. 所以

$$\oint_{L}\boldsymbol{F}\cdot\mathrm{d}\boldsymbol{r}=0 \tag{2-26}$$

是反映保守力做功特征的数学表达式.

然而，还有一些力做功与路径有关，如常见的摩擦力，磁场对电流作用的安培力，我们把这些做功与路径有关的力叫非保守力，对于非保守力来说，保守力做功的数学表达式是不适用的.

保守力做功只与质点的始末位置有关，因此可以说质点在保守力场中位于始末位置是处于两个不同的状态，在这两个状态之间存在着一个确定的差别，这种差别可用当质点的一个状态转变到另一个状态时，保守力对质点所做的功为一确定值来表明. 为了表明质点在不同位置的各个状态间的这种差别，可以认为，质点在保守力场中每一个位置时都存储着一种能量，这种能量与质点位置有关，故称为**势能**或**位能**(potential energy)，用 E_{p} 表示. 于是，三种势能分别为

重力势能 $E_{\mathrm{p}}=mgy$,

引力势能 $E_{\mathrm{p}}=-G\dfrac{Mm}{r}$,

弹性势能 $E_{\mathrm{p}}=\dfrac{1}{2}kx^{2}$.

前面的式(2-23)、式(2-24)和式(2-25)可统一写成

$$A=-(E_{\mathrm{p}b}-E_{\mathrm{p}a})=-\Delta E_{\mathrm{p}}. \tag{2-27}$$

式(2-27)表明，保守力对质点做的功等于质点势能增量的负值.

通过以下内容可加深对势能的理解.

(1) 势能这个概念是根据保守力的特点而引入的，它反映了自然界存在着保守力这一事实. 势能这种能量与保守力的功是紧密联系的，它通过保守力做功而发生变化. 例如，在质点运动中如果保守力对质点做了正功，则势能就减少，在只有保守力作用时，质点的动能就要增加，这可以说是势能通过保守力做功而转变为质点的动能. 反之，如果保守力对质点做负功，则势能就增加，在只有保守力作用时质点的动能就要减少. 这也可以说是质点克服保守力做功而把动能转变为势能.

(2) 势能是状态的函数. 在保守力作用下，只要质点的始末位置确定了，保守力的功也就确定了，而与具体所经过的路径无关. 所以说，势能是空间坐标的函数，亦即是状态的函

数，即

$$E_{\mathrm{p}} = E_{\mathrm{p}}(x, y, z).$$

(3) 势能具有相对性. 势能的值与势能零点的选取有关，但与参考系的选取无关.

(4) 势能是属于系统的. 势能是由于系统内各质点间具有保守力作用而拥有的，因而它是属于系统的，而不是属于其中个别质点的，例如，重力势能是属于地球与受重力作用的物体所组成的系统. 如果没有地球对物体的作用，也就谈不上重力做功和重力势能的问题，离开了地球作用范围的宇宙飞船，也就无所谓重力势能. 同样，对弹簧的弹性势能来说也是如此，它是属于物体与弹簧所组成的系统. 但为了叙述上的方便，常把系统等字省去，说成是物体的势能，其实应是属于系统的.

2.3.3　势能曲线及应用

从上述讨论可以看出，当坐标系和势能零点一经确定后，物体的势能便仅是坐标的函数，即 $E_{\mathrm{p}} = E_{\mathrm{p}}(x, y, z)$，按此函数作出的势能随坐标变化的曲线，称为势能曲线，如图 2-16所示.

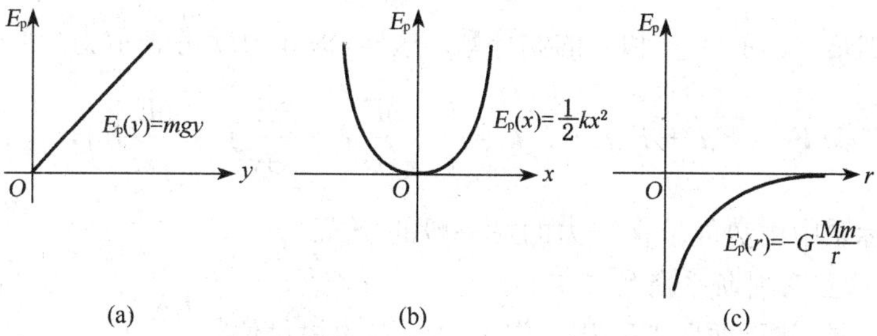

图 2-16　势能曲线

势能曲线的主要用途有以下两个方面.

1. 由势能曲线求与该势能相对应的保守力

根据势能曲线，可以确定相应于该势能的保守力是怎样随坐标的变化而变化的. 保守力做功等于势能增量的负值，即

$$A = -(E_{\mathrm{p}b} - E_{\mathrm{p}a}) = -\Delta E_{\mathrm{p}}.$$

可将上式写成微分形式 $\mathrm{d}A = -\mathrm{d}E_{\mathrm{p}}$. 如图 2-17 所示，当系统内的质点在保守力 $\boldsymbol{F}$ 作用下沿某一给定的 $\boldsymbol{l}$ 方向从 a 到 b 的微分位移 $\mathrm{d}\boldsymbol{l}$，以 $\mathrm{d}E_{\mathrm{p}}$ 表示从 a 到 b 的势能增量. 根据势能定义有

$$\begin{aligned}\mathrm{d}A_{ab} &= \boldsymbol{F}\cdot\mathrm{d}\boldsymbol{l} = F\cos\varphi\mathrm{d}l \\ &= F_l\mathrm{d}l - \mathrm{d}E_{\mathrm{p}} = F_l\mathrm{d}l.\end{aligned}$$

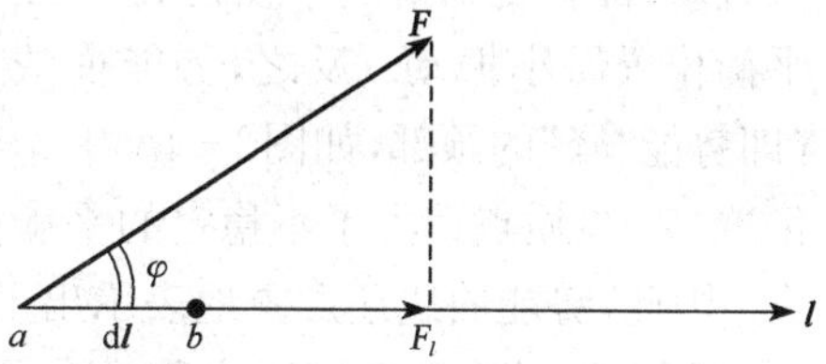

图 2-17　由势能曲线求保守力

由此可得

$$F_l = -\frac{\mathrm{d}E_{\mathrm{p}}}{\mathrm{d}l}. \tag{2-28}$$

式(2-28)说明,保守力沿某一给定的 $\boldsymbol{l}$ 方向的分量等于与此保守力相应的势能函数沿 $\boldsymbol{l}$ 方向的空间变化率的负值.

可以用引力势能公式验证式(2-28). 这时取 $\boldsymbol{l}$ 方向为从此质点到另一质点的位矢 $\boldsymbol{r}$ 的方向. 引力沿 $\boldsymbol{r}$ 方向的投影为

$$F_r=-\frac{\mathrm{d}}{\mathrm{d}r}\left(-\frac{GMm}{r}\right)=-G\frac{Mm}{r^2},$$

这实际上就是万有引力公式.

对于弹簧的弹性势能,可取 $\boldsymbol{l}$ 方向为伸长 x 的方向. 这样弹力沿伸长方向的投影就是 $F_x=-\frac{\mathrm{d}}{\mathrm{d}x}\left(\frac{1}{2}kx^2\right)=-kx$,这正是关于弹簧弹性力的胡克定律公式.

一般来讲,E_p 是位置坐标(x, y, z)的多元函数. 这时,式(2-28)中 $\boldsymbol{l}$ 的方向可依次取 x, y 和 z 轴的方向而得到,即

$$F_x=-\frac{\partial E_\mathrm{p}}{\partial x},\quad F_y=-\frac{\partial E_\mathrm{p}}{\partial y},\quad F_z=-\frac{\partial E_\mathrm{p}}{\partial z}.$$

式中的导数分别是 E_p 对 x, y 和 z 的偏导数. 这样,保守力就可表示为

$$\boldsymbol{F}=F_x\boldsymbol{i}+F_y\boldsymbol{j}+F_z\boldsymbol{k}=-\left(\frac{\partial E_\mathrm{p}}{\partial x}\boldsymbol{i}+\frac{\partial E_\mathrm{p}}{\partial y}\boldsymbol{j}+\frac{\partial E_\mathrm{p}}{\partial z}\boldsymbol{k}\right),\tag{2-29}$$

这是在直角坐标系中由势能求保守力的最一般的公式.

2. 求平衡位置及判断平衡的稳定性

所谓平衡位置,就是两质点间相互作用力为零的相对位置. 当两质点相对静止在这些位置上时,它们可继续保持相对静止状态.

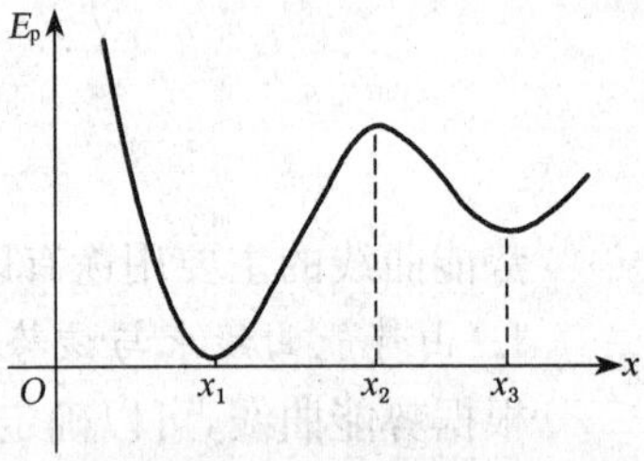

图 2-18　一维势能曲线

在一维情况下,平衡位置可由 $\frac{\partial E_\mathrm{p}}{\partial x}=0$ 求得. 在势能曲线图上,就是切线斜率为零的点. 在势能曲线上每一个局部的最低点(即势能"谷"或势阱的底部,如图 2-18 中的 x_1 和 x_3 处),都是稳定的平衡位置. 每当质点偏离了稳定的平衡位置时,都会受到指向平衡位置的力,即质点可以围绕这些平衡位置做小振动. 反之,势能曲线上每个局部的最高点(即势能"峰"的顶部,如图2-18 中 x_2 处),是不稳定的平衡位置. 一旦质点偏离了不稳定的平衡位置,质点就会远离而去. 因此,势能曲线还形象地表示出了系统的稳定性.

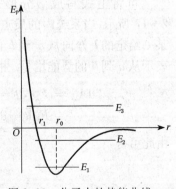

图 2-19　分子力的势能曲线

原子之间的相互作用力称为分子力(molecular force). 分子力是保守力,可以用势能表示. 描述分子力的势能曲线定性地如图 2-19 所示,其中横坐标代表原子中心之间的距离 r,纵坐标代表原子之间的相互作用势能. 在 r 小于某个距离 r_1 时,势能急剧上升,它使得原子彼此不能进一步靠

近. 在 $r=r_0$ 附近势能有个低谷或势阱,其最低点是个稳定的平衡位置,两个相对静止的原子在这个距离上结合在一起形成分子. 当原子的动能不大时,例如在总能量 $E=E_1<0$ 时,它们将围绕平衡位置做小振动,这相当于固体的情况. 在平衡位置附近不太大的范围内,势能曲线可以近似地看成是一段抛物线,这是胡克定律的特征. 因此,弹性力是这种分子力的宏观表现.

若原子的动能足够大,即当总能量 $E=E_3>0$ 时,则原子将自由地飞散. 而且,当能量增加时,最小逼近距离 $r_{\min}$ 的改变并不明显. 这时,原子的行为宛如刚球,只在偶然靠近的短时间内相互作用(碰撞),这相当于气体的情况. 因此,两个原子如以正的能量 E 相互碰撞是不能形成分子的,除非采用某种办法将能量损失得足够多以使 E 变为负值. 一般必须有第三个物体(或其表面)带走多余的能量,这也就是利用表面催化剂可以加速某种反应的基本原理.

用势能曲线分析保守力的方法,其优点是直观,而且很实用. 许多情况下,例如对一些实际电荷分布的静电场,或对原子或核内过程,能够从实验中推知的往往是电势或势能而不是力,而且常常也不可能用简单的解析式把势能函数表达出来. 这时,就需要用实验中确定的势能函数曲线来分析保守力的规律.

此外,在理论分析中也往往做一些关于势能函数的假定来研究问题,例如,对于金属中参与导电的电子,曾假定过一种简化模型,认为电子在金属内外具有图 2-20 所示的势能曲线. 这种势能曲线代表一个势阱,其中 x_1, x_2 是金属的边界,由 x_1 到 x_2 是金属内部. 从这条曲线可见,在金属内部电子处于势阱的平底部,由于 $\dfrac{dE_p}{dx}=0$, 电子受力为零;而在金属边界处,曲线急剧上升,表示这里有很大的力作用于电子,阻止它离开金属. 这个势能曲线表明,电子能在金属内部自由运动.

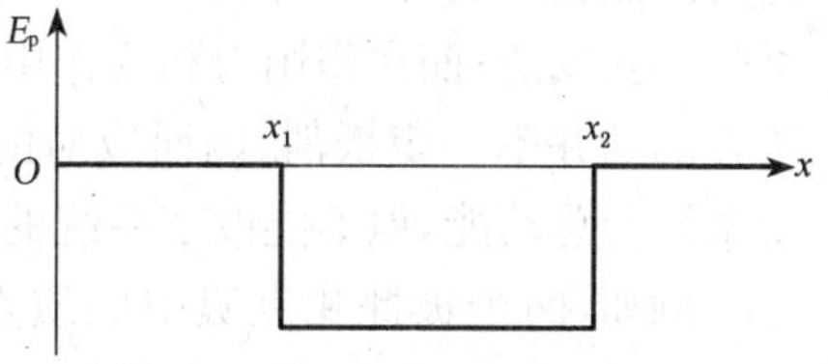

图 2-20　金属中导电电子的势能曲线

2.3.4　质点系的动能定理和功能原理

在许多实际问题中,需要研究由许多质点所组成的系统,这时系统内的质点,既受到系统内各质点之间相互作用的内力,又可能受到系统外的物体对系统内质点作用的外力. 系统的外力和内力的区分,视所取系统而异.

1. *质点系的动能定理*

设质点系由 N 个质点组成,作用于各个质点的力,既有来自系统外的外力,也有来自系统内各质点间相互作用的内力. 对第 i 个质点运用质点动能定理应有

$$A_i=\frac{1}{2}m_iv_i^2-\frac{1}{2}m_iv_{i0}^2.$$

式中,等式右方为第 i 个质点始末两态的动能;左方为合力对质点做的功,这个功既包含外力的功 A_i^{ex},也包含内力的功 A_i^{in}. 因此,可将功写成两项之和,即

$$A_i^{ex}+A_i^{in}=\frac{1}{2}m_iv_i^2-\frac{1}{2}m_iv_{i0}^2.$$

现对各个质点将上式累加可得

$$\sum_i A_i^{ex}+\sum_i A_i^{in}=\sum_i \frac{1}{2}m_iv_i^2-\sum_i \frac{1}{2}m_iv_{i0}^2.$$

这就是说,作用于质点系的一切外力做的功与一切内力做的功之代数和,在数值上等于质点系动能的增量,这就是**质点系动能定理**(theorem of kinetic energy of particle system). 它可写成

$$\sum_i A_i^{ex}+\sum_i A_i^{in}=\sum_i E_{ki}-\sum_i E_{ki0}. \qquad (2-30)$$

与质点动能定理一样,质点系动能定理也只在惯性系中成立.

比较质点系的动能定理与质点系动量定理可以看出,质点系的动量改变仅仅决定于系统的外力,而质点系的动能改变不仅和外力有关而且和内力也有关. 造成这一差别的原因,在质点系内部,根据牛顿第三定律内力总是成对出现且相等,而且作用力和反作用力作用的时间总是相等的,作用力和反作用力的冲量的矢量和恒为零,因而成对的内力对系统动量的贡献相互抵消;而在作用力和反作用力作用下,两质点的位移一般并不相同,作用力和反作用力的功并不一定抵消,因而成对的内力对系统动能的贡献一般并不抵消. 所以内力能改变系统的总动能,但不能改变系统的总动量,这是需要特别加以区别的.

例如,两个彼此相互吸引的质点 M_1,M_2 组成一个质点系,如图 2-21 所示. M_1 作用于 M_2 的力为 $\boldsymbol{F}_{21}$,M_2 作用于 M_1 的力为 $\boldsymbol{F}_{12}$. 显然,这一对内力的矢量和 $\boldsymbol{F}_{21}+\boldsymbol{F}_{12}=0$,但 M_1,M_2 相向移动 $\mathrm{d}s$ 时,这两个力都做正功,即这里一对内力功的和不为零,可见内力做功的总和一般并不为零. 又如,炮弹爆炸后,弹片四向飞散,它们的总动能显然比爆炸前增加了,这就是内力(火药的爆炸力)对各弹片做正功的结果. 再如,在荡秋千时,人靠内力做功使人和秋千组成的系统的动能增大,秋千越荡越高. 所有这些,都是内力做功的总和不等于零的常见例子.

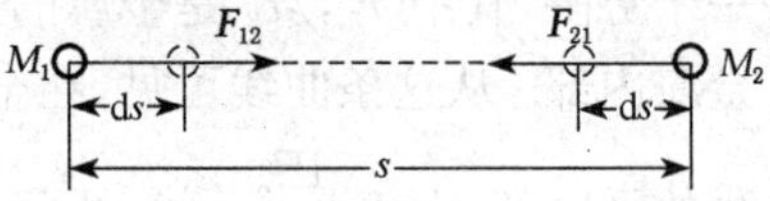

图 2-21

2. 质点系的功能原理

根据质点系的动能定理式(2-30),如将质点系内各质点相互作用的内力分成保守内力和非保守内力,则内力做的总功 $\sum_i A_i^{in}$ 又可分为保守内力做的总功和非保守内力做的总功,并分别表示为 $A_{保}^{in}$ 和 $A_{非保}^{in}$. 于是式(2-30)可写成

$$A_{外}+A_{保}^{in}+A_{非保}^{in}=\sum_i E_{ki}-\sum_i E_{ki0},$$

但根据式(2-27),$A_{保}^{in}=-\left(\sum_i E_{pi}-\sum_i E_{pi0}\right)$,代入上式,得

$$A_{外}+A_{非保}^{in}=\left(\sum_i E_{ki}+\sum_i E_{pi}\right)-\left(\sum_i E_{ki0}+\sum_i E_{pi0}\right). \qquad (2-31)$$

在力学中，动能和势能之和统称为机械能(mechanical energy)，若以 E_0 和 E 分别表示质点系的初机械能和末机械能，即 $E_0=\sum\limits_i E_{ki0}+\sum\limits_i E_{pi0}$；$E=\sum\limits_i E_{ki}+\sum\limits_i E_{pi}$，那么，式(2-31)可写成

$$A_{外}+A_{非保}^{in}=E-E_0. \tag{2-32}$$

此式表明，**质点系的机械能的增量等于外力做功与非保守内力做功之代数和**. 这就是**质点系的功能原理**(principle work-energy).

在应用质点系的功能原理时应当注意以下几点.

(1) 在功能原理中引入了势能项，而势能仅对质点系才有意义，故功能原理是属于质点系的规律. 它与质点系动能定理不同之处就是将保守内力做的功用势能差来代替. 所以在计算功时，千万要将保守内力做的功除外.

(2) 功能原理是从牛顿运动定律推导出的，只能适用于惯性系. 在非惯性系中必须添加惯性力做的功，才能使功能原理成立.

(3) 功总是与一个过程相联系，而动能和势能总是与质点或质点系的状态，即(相对)位置和速度相联系. 因而功是过程量，动能和势能是状态量. 在力学范围内，做功的过程总是与系统能量的改变相联系，功是能量变化与转换的一种量度. 而能量是代表系统在一定状态下所具有的做功本领，它和系统的状态有关.

例 2.8　如图 2-22 所示，一质量为 m 的子弹，以速度 v 水平地射入一静止放置在光滑水平面上的质量为 M 的木块. 子弹进入木块内一段距离 s_0 后停止在木块内，这时木块在水平面上的位移为 s，设木块与子弹间的摩擦力大小为 F_f. 问木块与子弹间的这对摩擦力各做了多少功?

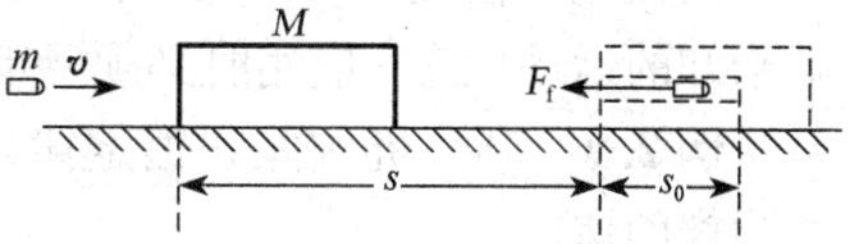

图 2-22

解　以 m 和 M 为所研究的系统，这时系统在水平方向上不受外力的作用，水平方向动量守恒. 以 V 表示子弹停止在木块内时子弹与木块共同的速度，则有

$$mv=(m+M)V,$$

由此可得

$$V=\frac{m}{m+M}v.$$

子弹受到的摩擦的力大小为 F_f，位移为 $s+s_0$，摩擦力 F_f 的方向与子弹位移的方向相反. 根据功能原理，子弹受到的摩擦力 F_f 所做的功为

$$A_f=-F_f(s+s_0)=\frac{1}{2}mV^2-\frac{1}{2}mv^2=\frac{1}{2}mv^2\left[\left(\frac{m}{m+M}\right)^2-1\right].$$

木块受到的摩擦力的力大小为 F_f，木块的位移为 s，摩擦力 F_f 的方向与木块位移的方向相同，所以木块受到的摩擦力 F_f 对木块所做的功为

$$A'_f=F_fs=\frac{1}{2}mV^2=\frac{1}{2}m\left(\frac{m}{m+M}\right)^2v^2.$$

若将上述两个功的表达式相加，则可得

$$-F_f s_0 = \frac{1}{2}(m+M)V^2 - \frac{1}{2}mv^2.$$

该式说明，木块对子弹的摩擦力 F_f 在木块内所做的功等于子弹与木块构成的系统在这一过程中总机械能的增量.

2.3.5 机械能守恒定律与能量守恒定律

从前面的质点系功能原理式(2-32)可看出，当 $A_{外}=0$，$A^{in}_{非保}=0$ 时，质点系统的动能和势能之和保持不变，则有 $E=E_0$，即

$$\sum_i E_{ki} + \sum_i E_{pi} = \sum_i E_{ki0} + \sum_i E_{pi0}. \tag{2-33}$$

其物理意义是：**当作用于质点系的外力不做功和非保守内力也不做功时，质点系的总机械能是守恒的**，这就是**机械能守恒定律**(law of conservation of mechanical energy).

在满足机械能守恒条件时($A_{外}=0$，$A^{in}_{非保}=0$)，质点系统内各质点的动能可以互相传递，系统的动能和势能之间也可以互相转化，但动能和势能之和却应是不变的，所以说，在机械能守恒定律中，机械能是不变量或守恒量. 而质点系内的动能和势能之间的转换则是通过质点系内的保守力做功来实现的.

机械能守恒定律常用来由已知运动状态(位置和速度)求解未知的运动状态. 应用时必须要审定条件.

例 2.9 利用机械能守恒定律再解例 2.6 中绳摆下 θ 角时小球的速度.

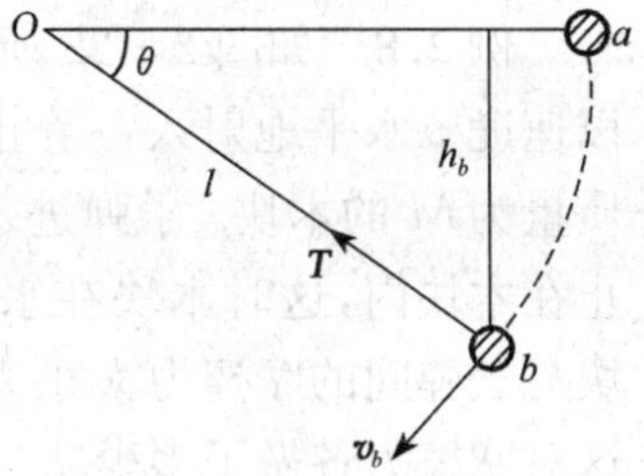

图 2-23

解 如图 2-23 所示，取小球和地球作为系统，设以绳的悬点 O 所在高度为重力势能零点并相对于地面参考系来描述小球的运动. 在小球下落的过程中，只有保守内力重力做功，而绳拉小球的外力 $\boldsymbol{T}$ 总垂直于小球的速度 $\boldsymbol{v}$，所以此外力不做功. 因此，系统的机械能守恒.

初态系统的机械能 $E_a = mgh_a + \frac{1}{2}mv_a^2 = 0$，

末态系统的机械能 $E_b = -mgh_b + \frac{1}{2}mv_b^2$.

由于 $h_b = l\sin\theta$，所以 $$E_b = -mgl\sin\theta + \frac{1}{2}mv_b^2 = E_a = 0,$$

由此可得 $$v_b = \sqrt{2gl\sin\theta}.$$

与以前得出的结果相同. 其解法没有用任何积分，只是进行代数的运算，因而计算大为简化. 这是因为用计算重力势能差代替用线积分去计算功的结果.

在机械运动中，能量有两种形式——动能和势能. 机械能守恒定律告诉我们，对于一个只有保守内力做功的系统，系统的动能和势能可以相互转化，但二者的总和保持不变. 如果系统不受外界作用，但内部有非保守力作用而且做功，则系统的机械能不再守恒. 大量实践

表明，这种情形在系统的机械能增减的同时，必然有其他形式的能量减增. 也就是说系统内部会发生机械能和其他形式能量的转化. 例如，在子弹射中木块的过程中，由于彼此摩擦，系统的机械能减少了，而与此同时，产生了木块被穿孔和子弹受碰撞挤压而留下的永久形变，木块和子弹的温度也升高了，出现了热现象. 在热现象的研究中，人们又发现了热运动形式的各种能量，而子弹射中木块中系统的机械能的减少则恰等于子弹和木块中这些能量的增加. 又如，在炮弹爆炸过程中，系统的机械能在没有外力做功的情形下增加了，但却消耗了炮弹内的炸药. 爆炸时，炸药的内部贮存的化学能释放出来转化为弹片的机械能和分子热运动的能量以及随爆炸时而产生的声能、光能等. 又如电磁现象中有电磁能，原子及核的运动中有原子能，等等. 总和起来说，物质运动的各种形式(机械的、热的、电磁的、分子原子内部及核内部的等等)都有相应的能量，在各种自然过程中人们发现，如果一个系统是孤立的，与外界没有能量交换，则系统内部各种形式的能量可以相互转化或由系统内一个物体传递给另一物体，但这些能量的总和保持不变，这就是说对一个与外界无任何联系的系统来说，系统内各种形式的能量是可以相互转换的，但是不论如何转换，能量既不能产生，也不能消失. 这一结论称为**能量守恒定律**(law of conservation of energy)，它是自然界的基本定律之一. 恩格斯充分肯定这一定律的重要性，他把**能量守恒定律**、细胞学说和进化论并列为 19 世纪的三大发现.

随着科学技术的发展，人们对物质运动的认识更加广泛、深入，然而这丝毫没有能动摇能量守恒定律的地位和正确性. 20 世纪初，放射性元素的 β 衰变实验曾使能量守恒定律经受了考验. 那时的实验测定表明，当放射性元素进行放出 β 粒子的衰变时，释放出来的 β 粒子的能量不等于按能量守恒定律计算的结果. 这一事实甚至使当时一些著名的物理学家们也对能量守恒定律发生了怀疑，但另外一些人则假定在衰变时一定还发出了一种当时尚未在实验中发现的粒子，是它带走了部分能量. 随着实验技术的发展，1956 年人们确实在实验中找到了这个粒子——中微子，也就更加坚定地证实了能量守恒定律. 迄今为止的实验证明，能量守恒定律不仅适用于宏观现象，而且还适用于分子、原子及至原子内部过程，也适用于相对论力学范围内的现象，不仅适用于物理学，而且适用于化学、生物学等各门自然科学，因而它是自然界的一条普遍的最基本的规律之一.

*2.3.6　两体碰撞

碰撞是自然界中经常发生的现象. 当两个质点或两个物体相互接近时，在较短的时间内通过相互作用，它们的运动状态发生了显著的变化，这一现象被称为碰撞(collision). 在宏观领域内，碰撞意味着两个物体的直接接触. 这种碰撞的特点是，相碰的物体在接触前和分离后没有相互作用，接触的时间很短，接触时的相互作用非常强烈. 因此，在接触的过程中可以忽略外力的作用，可认为两体系统的总动量是守恒的. 在微观领域内，粒子间的相互作用是非接触作用，如分子或原子相互接近时，由于双方很强的相互斥力，迫使它们在接触前就偏离了原来的运动方向而分开，这常称之为散射(scattering).

研究碰撞过程，可使我们获得许多关于碰撞物体相互作用特征的知识. 特别在微观领域，由碰撞的数据可获得关于微观粒子性质(力的作用范围、大小等)以及它们内部结构的信息.

为了简单起见，这里只讨论两小球的对心碰撞或正碰(direct impact). 在这种情况下，两球在碰撞前的速度在两球中心连线上，那么，碰撞后的速度也都在这一连线上. 用 $\boldsymbol{v}_{10}$ 和 $\boldsymbol{v}_{20}$ 分别表示两球在碰撞前的速度，$\boldsymbol{v}_1$ 和 $\boldsymbol{v}_2$ 分别表示在碰撞后的速度，m_1 和 m_2 分别为两球的质量. 应用动量守恒定律得

$$m_1\boldsymbol{v}_{10}+m_2\boldsymbol{v}_{20}=m_1\boldsymbol{v}_1+m_2\boldsymbol{v}_2.$$

在上式中，假定碰撞前后各个速度都沿着同一方向，如图 2－24 所示，均取正值. 则有

$$m_1 v_{10} + m_2 v_{20} = m_1 v_1 + m_2 v_2. \tag{2-34}$$

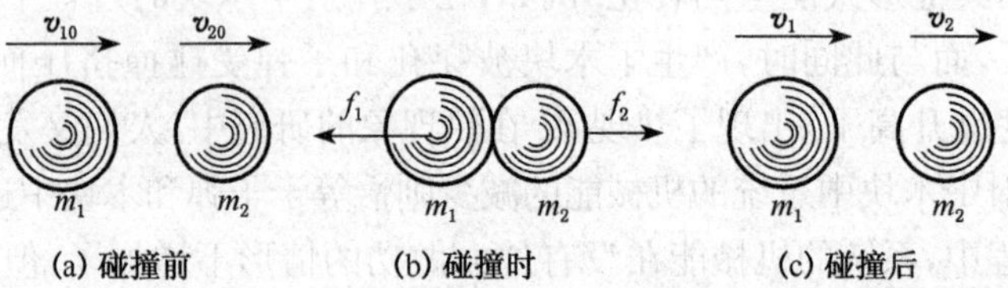

图 2-24　两球的对心碰撞

牛顿从实验中总结出一个碰撞定律：碰撞后两球的分离速度（$v_2 - v_1$），与碰撞前两球的接近速度（$v_{10} - v_{20}$）成正比，比值由两球的材料性质决定，即

$$e = \frac{v_2 - v_1}{v_{10} - v_{20}}. \tag{2-35}$$

通常把 e 称为恢复系数(coefficient of restitution). 如果 $e = 0$，则 $v_2 = v_1$，亦即两球碰撞后以同一速度运动，不再分离，这称为完全非弹性碰撞(perfect inelastic collision). 如果 $e = 1$，则分离速度等于接近速度，它称为完全弹性碰撞(perfect elastic collision)，常简称弹性碰撞，这是一种理想的情形. 可以证明，在完全弹性碰撞中，两球的机械能完全没有损失，而在一般情况下，两球在碰撞的过程中，机械能并不守恒，总有一部分机械能损失掉，转变为其他形式的能量，例如放出热量等. 我们把这种机械能有损失的碰撞称为非弹性碰撞，其 $0 < e < 1$.

由式(2-34)和式(2-35)联立，可得

$$v_1 = v_{10} - \frac{(1+e)m_2(v_{10} - v_{20})}{m_1 + m_2}, \quad v_2 = v_{20} + \frac{(1+e)m_1(v_{10} - v_{20})}{m_1 + m_2}. \tag{2-36}$$

利用上式讨论两种特殊情况.

1. 完全弹性碰撞

这时，令 $e = 1$，由式(2-36)得 $v_1 = \frac{(m_1 - m_2)v_{10} + 2m_2 v_{20}}{m_1 + m_2}$,

$$v_2 = \frac{(m_2 - m_1)v_{20} + 2m_1 v_{10}}{m_1 + m_2}. \tag{2-37}$$

(1) 当两球质量相等，即 $m_1 = m_2$，代入式(2-37)，得

$$v_1 = v_{20}, \quad v_2 = v_{10}.$$

这时，两球经过碰撞将交换彼此的速度. 例如，如果第二小球原为静止，则当第一小球与它相撞时，第一小球就停下来静止，并把速度传递给第二小球.

在原子核反应堆中，为使快中子变为慢中子，常使用质量尽量与中子相近的氘或石墨作减速剂，就是考虑到中子和这些氢原子核碰撞时彼此交换速度易于减速的缘故.

(2) 设 $m_1 \neq m_2$，质量为 m_2 的物体碰撞前静止不动，即 $v_{20} = 0$，则从式(2-36)可得

$$v_1 = \frac{(m_1 - m_2)v_{10}}{m_1 + m_2}, \quad v_2 = \frac{2m_1 v_{10}}{m_1 + m_2}.$$

如果 $m_2 \gg m_1$，那么 $\frac{m_1 - m_2}{m_1 + m_2} \approx -1, \quad \frac{2m_1}{m_1 + m_2} \approx 0,$

所以

$$v_1 \approx -v_{10}, \quad v_2 \approx 0.$$

即质量极大并且静止的物体，经碰撞后，几乎仍静止不动，而质量极小的物体，在碰撞前后的速度方向相

反，大小几乎不变. 皮球与地面的碰撞近似地就是这种情形，气体分子与器壁垂直地相碰撞时也是这种情形.

2. 完全非弹性碰撞

这时，$e=0$，由式(2-36)得

$$v_1 = v_2 = \frac{m_1 v_{10} + m_2 v_{20}}{m_1 + m_2}. \qquad (2-38)$$

3. 非完全弹性碰撞

在非完全弹性碰撞中，两球正碰后，小球不能完全恢复原状，而有一部分剩余形变，从而碰撞前后系统的功能不再相等，这时将有一部分动能转变为热能或其他形式的能量. 例如，两个涂蜡的铁球相碰，蜡将熔化并温度升高，表明动能转变为热运动能量. 两个微观粒子发生非完全弹性碰撞，损失的动能将转变为原子内部的能量. 天体间的碰撞则更为壮观，6 500 万年前直径约为 10 km 的小行星以 20 $km \cdot s^{-1}$ 的速度撞击墨西哥附近海域，压缩空气并产生高温与高压冲击波. 从而使地面岩石熔融、汽化，使海洋中微量元素增加，并使地壳产生深层断裂，地球磁场剧烈变化，部分海洋生物灭绝. 结果导致爬行动物时代的结束，哺乳动物时代的开始. 可见碰撞中能量转化的方式是多方面、多层次的.

牛顿总结了实验结果，提出**碰撞定律，在一维对心碰撞中，碰撞后两物体的分离速度 $v_2 - v_1$ 与碰撞前两物体的接近速度 $u_1 - u_2$ 成正比，比值由两物体的材料决定**. 即

$$e = \frac{v_2 - v_1}{u_1 - u_2}, \qquad (2-39)$$

式中，e 称为恢复系数. 如果 $e=1$，则分离速度等于接近速度，这是完全弹性碰撞. 如果 $e=0$，则 $v_1 = v_2 = v$，这是完全非弹性碰撞. 对于一般的非完全弹性碰撞有 $0<e<1$，可见，e 可以描述碰撞的性质. 通常 e 可通过实验方法测定.

2.4　角动量和角动量守恒定律

角动量(angular momentum)是物理学中一个重要的物理量. 在经典力学范围内，角动量遵从由牛顿运动定律派生出来的一些重要定理和推论. 角动量概念的建立和转动有密切联系，在研究物体的运动时，人们经常可以遇到质点或质点系绕某一确定点或轴线运动的情况. 例如，太阳系中行星绕太阳的公转，月球、人造地球卫星绕地球的运转，刚体的转动等. 在这类运动中也存在着某些共同的重要规律，例如，早在 16 世纪末至 17 世纪初，从当时对天体运动的观测中发现的开普勒第二定律中就体现了一条规律，行星在椭圆轨道的不同位置上运动的速度不同，近日点速率最大，动量最大，远日点速率最小，动量最小，这个特点如果用角动量及其规律很容易说明，特别是在有些过程中动量和机械能都不守恒，却遵从角动量守恒定律，这就为求解这类运动问题开辟了新途径.

2.4.1　质点的角动量

设一质量为 m 的质点，相对于参考系中某参考点 O 的位置矢量为 $\boldsymbol{r}$，其瞬时速度为 $\boldsymbol{v}$，如图 2-25 所示，我们定义，质点 m 相对于参考点 O 的角动量 $\boldsymbol{L}$ 为

$$\boldsymbol{L} = \boldsymbol{r} \times m\boldsymbol{v} = \boldsymbol{r} \times \boldsymbol{P}. \qquad (2-40)$$

式(2-40)表明，质点相对于 O 点的位置矢量 $\boldsymbol{r}$ 与其动量 $m\boldsymbol{v}$ 的矢量积称为**质点相对于 O 点**

的角动量. 由矢量积的定义可知,质点相对于某参考点的角动量是一个矢量,它的方向与 $\boldsymbol{r}$ 和 $m\boldsymbol{v}$ 所在的平面垂直,其指向可用右手螺旋法则确定,即用右手四指从 $\boldsymbol{r}$ 经小于 180°的角 φ 转向 $\boldsymbol{P}$(或 $\boldsymbol{v}$),则大拇指的指向为 $\boldsymbol{L}$ 的方向,如图 2-25(a)所示. $\boldsymbol{L}$ 的大小为

$$L = rmv\sin\varphi.$$

式中,φ 为位矢 $\boldsymbol{r}$ 和动量 $\boldsymbol{P}$(或 $\boldsymbol{v}$)之间的夹角. 如图 2-25(b)所示,角动量 $\boldsymbol{L}$ 的大小等于以 $\boldsymbol{r}$ 和 $m\boldsymbol{v}$ 作邻边的平行四边形面积. 即它的大小不仅和动量、位矢的大小有关,而且和它们的夹角有关,也就是与参考点 O 的选择有关. 因此在讲述质点的角动量时,必须指明是对哪一点的角动量.

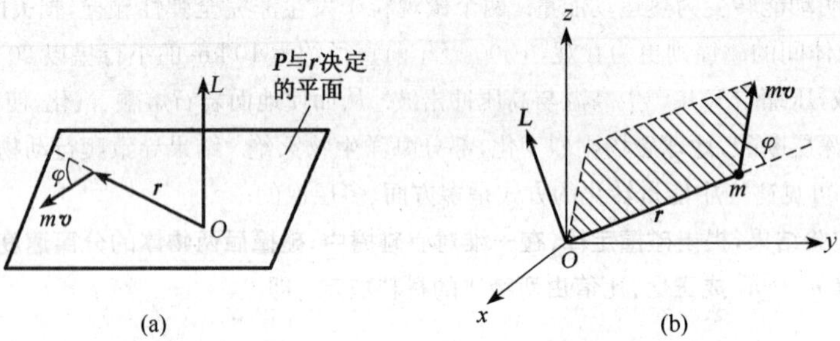

图 2-25　质点 m 对 O 点的角动量

在国际单位制中,角动量的单位是 $kg \cdot m^2/s$.

若质点 m 在 xy 平面内,绕 O 点做半径为 r 的圆周运动,其动量 $\boldsymbol{P} = m\boldsymbol{v}$ 时如图 2-26 所示,它对于圆心 O 的角动量大小为

$$L = r\,mv\sin\frac{\pi}{2} = r\,mv.$$

因为 $v = r\omega$,上式可写成 $$L = mr^2\omega.$$

其方向始终垂直于 xy 平面,沿 z 轴正向.

若质点做直线运动时,对空间某给定点也可能有角动量. 如图 2-27 所示,质点 m 在 yz 平面内平行 y 轴做直线运动,质点相对于原点 O 的角动量为 $\boldsymbol{L} = \boldsymbol{r} \times m\boldsymbol{v} = -rmv\sin\varphi\boldsymbol{i} = -mvd\boldsymbol{i}$.

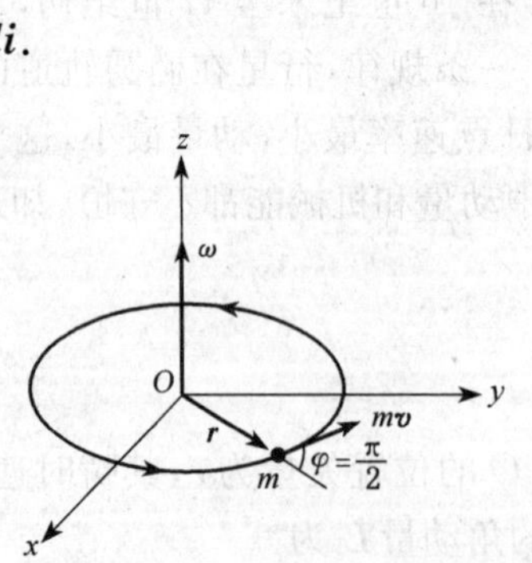

图 2-26　质点作圆周运动的角动量

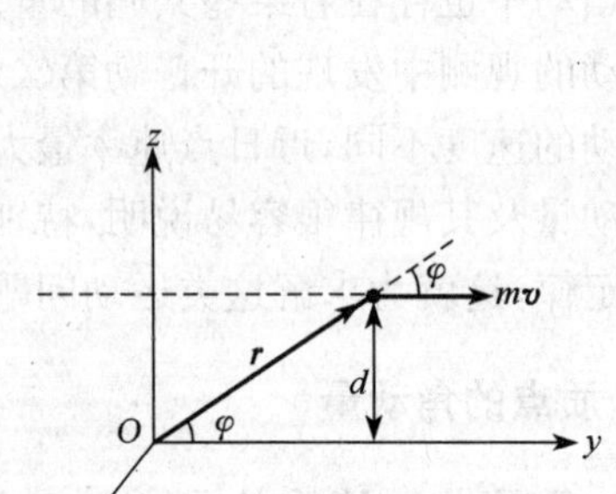

图 2-27　质点作直线运动的角动量

由此可看出,并非质点仅在做圆周运动时才具有角动量,质点做直线运动时,对于不在

此直线上的参考点也具有角动量. 另外,还可以看出,如果把参考点选在该直线上,则 $\sin\varphi=0$,质点对该点的角动量永远等于零.

在宏观现象中,物体的角动量可以取连续的数值. 但对于微观粒子则角动量(轨道角动量及自旋角动量)只能取一些确定的离散的量值,这称为角动量的量子化. 它是原子系统的基本特征之一.

2.4.2　力矩和质点的角动量定理

引起动量改变的原因是合外力,那么引起角动量改变的原因是什么呢?

现在来求角动量对时间的变化率,按照定义,一个质点对一给定参考点的角动量为 $\boldsymbol{L}=\boldsymbol{r}\times\boldsymbol{P}$,其随时间的变化率为

$$\frac{\mathrm{d}\boldsymbol{L}}{\mathrm{d}t}=\frac{\mathrm{d}}{\mathrm{d}t}(\boldsymbol{r}\times\boldsymbol{P})=\frac{\mathrm{d}\boldsymbol{r}}{\mathrm{d}t}\times\boldsymbol{P}+\boldsymbol{r}\times\frac{\mathrm{d}\boldsymbol{P}}{\mathrm{d}t}.$$

由于 $\frac{\mathrm{d}\boldsymbol{r}}{\mathrm{d}t}=\boldsymbol{v}$,而 $\boldsymbol{P}=m\boldsymbol{v}$,所以 $\left(\frac{\mathrm{d}\boldsymbol{r}}{\mathrm{d}t}\right)\times\boldsymbol{P}$ 为零. 又因为牛顿第二定律,$\frac{\mathrm{d}\boldsymbol{P}}{\mathrm{d}t}=\boldsymbol{F}$,所以得

$$\frac{\mathrm{d}\boldsymbol{L}}{\mathrm{d}t}=\boldsymbol{r}\times\boldsymbol{F}. \tag{2-41}$$

式(2-41)表明,质点对所选参考点的角动量的时间变化率与质点所受的力 $\boldsymbol{F}$ 有关,也与力的作用点的位矢 $\boldsymbol{r}$ 有关,由二者的矢量积 $\boldsymbol{r}\times\boldsymbol{F}$ 决定. 此矢量积称为合外力对固定点(即计算角动量 $\boldsymbol{L}$ 时的固定点)的**力矩**(moment of force),以 $\boldsymbol{M}$ 表示力矩,就有

$$\boldsymbol{M}=\boldsymbol{r}\times\boldsymbol{F}. \tag{2-42}$$

这样,式(2-41)就可写成

$$\boldsymbol{M}=\frac{\mathrm{d}\boldsymbol{L}}{\mathrm{d}t}. \tag{2-43}$$

因此式(2-41)、式(2-43)可表述为:**质点对某固定点的角动量的时间变化率等于质点所受的合外力对这一点的力矩**. 这个结论称为**质点的角动量定理**(theorem of angular momentum). 这里强调了必须相对于固定参考点,因为只有当参考点不动时,$\frac{\mathrm{d}\boldsymbol{r}}{\mathrm{d}t}$ 才表示为质点的速度,质点角动量定理才适用.

根据式(2-42),由矢量积的定义可知,力矩 $\boldsymbol{M}$ 的大小等于 $|rF\sin\alpha|$,即 $\boldsymbol{r}$ 和 $\boldsymbol{F}$ 作邻边的平行四边形的面积. 因为力矩依赖于受力点位置矢量 $\boldsymbol{r}$,所以同一个力对空间不同点的力矩不同. 为了明确表示力矩依赖于参考点的位置,把力矩矢量的起点画在参考点处,如图 2-28(a)所示. 其方向垂直于位矢 $\boldsymbol{r}$ 和力 $\boldsymbol{F}$ 所决定的平面,其指向用右手螺旋法则大拇指的指向确定,如图 2-28(b)所示.

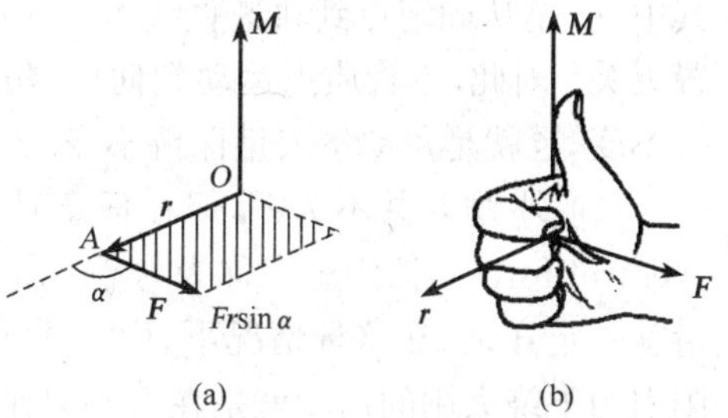

图 2-28　力矩矢量的方向

在国际单位制中,力矩的单位是 N·m.

将式(2-43)两边同乘以 $\mathrm{d}t$ 得　$\boldsymbol{M}\mathrm{d}t=\mathrm{d}\boldsymbol{L}$.

如果在 t_0 到 t 的有限时间内对上式再求积分，就有

$$\int_{t_0}^{t} \boldsymbol{M} \mathrm{d}t = \int_{L_0}^{L} \mathrm{d}\boldsymbol{L} = \boldsymbol{L} - \boldsymbol{L}_0. \tag{2-44}$$

式中，$\int_{t_0}^{t} \boldsymbol{M} \mathrm{d}t$ 称为合外力矩 $\boldsymbol{M}$ 在 t_0 到 t 时间内的冲量矩，其意义是**质点角动量的增量等于作用于质点的合外力矩的冲量矩**. 这就是质点角动量定理的积分形式. 式(2-43)为质点角动量定理的微分形式，不论微分形式还是积分形式的角动量定理，都可写成分量形式.

2.4.3 质点角动量守恒定律

由质点角动量定理的微分形式可知，当 $\boldsymbol{M} = 0$ 时，有 $\dfrac{\mathrm{d}\boldsymbol{L}}{\mathrm{d}t} = 0$，

即质点的角动量 $$\boldsymbol{L} = \boldsymbol{L}_0 = 常矢量.$$

这就是说，**当外力对固定参考点的合力矩为零时，质点对该点的角动量守恒**. 该定律称为**质点角动量守恒定律**(law of conservation of angular momentum). 角动量守恒定律和动量守恒定律一样，也是自然界的一条最基本的定律.

关于外力矩为零这一条件，有以下两种情况.

(1) 不受外力作用，即 $\boldsymbol{F} = 0$，质点做匀速直线运动，它对定点的角动量显然为常矢量. 如图 2-29 所示，以 SS' 表示质点运动的轨迹直线，质点运动经过任一点 C 时，它对于任一固定点 O 的角动量为

$$\boldsymbol{L} = \boldsymbol{r}_C \times m\boldsymbol{v}.$$

这一矢量的方向垂直于 $\boldsymbol{r}_C$ 和 $\boldsymbol{v}$ 所决定的平面，也就是固定点 O 与轨迹直线 SS' 所决定的平面. 质点沿 SS' 直线运动时，它对于 O 点的角动量在任一时刻总垂直这同一平面，所以它的角动量的方向不变. 这一角动量的大小为

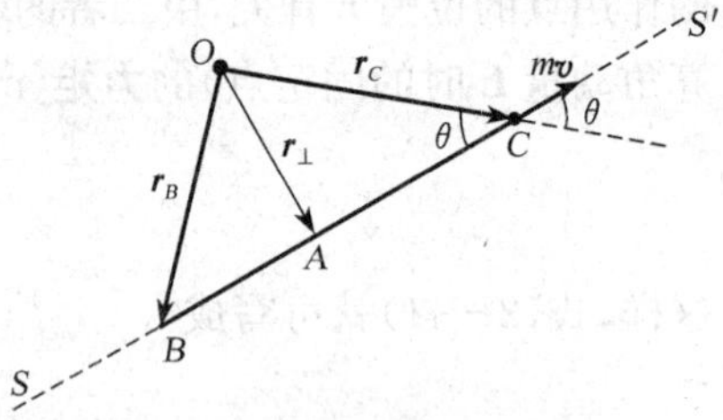

图 2-29 质点做匀速直线运动对固定点的角动量守恒

$$L = r_C m v \sin\theta = r_\perp \, mv.$$

其中，$r_\perp$ 是从固定点到轨迹直线 SS' 的垂直距离，它只有一个值，与质点在运动中的具体位置无关. 因此，不管质点运动到何处，角动量的大小也是不变的. 角动量的方向和大小都保持不变，也就是角动量矢量保持不变.

(2) 外力 $\boldsymbol{F}$ 并不为零，但在任意时刻外力始终指向或背向固定点. 这种力称为**有心力**(central force)，该固定点称为力心. 由于有心力对力心的力矩为零，质点对该力心的角动量就一定守恒(在这种情况下，由于质点受力不为零，它的动量并不守恒). 例如，行星在太阳引力下绕太阳的运动就是在有心力作用下的运动，日心即力心；地球卫星在地球引力作用下运动，地心即力心；电子在原子核静电力作用下运动，原子核即力心. 在这些情况下，我们可得出结论：行星在绕太阳的运动中，对太阳的角动量守恒；人造地球卫星绕地球运行时，它对地心的角动量守恒；电子绕原子核运动时，电子对原子核的角动量守恒.

质点在有心力作用下的运动是一种重要的运动形式. 有心力运动的上述特征既不能用动量也不能用能量概念来说明,但利用角动量守恒却给出了简洁而中肯的描述. 从这里我们也可以看到力学中引入角动量概念的必要性.

2.4.4　质点系的角动量定理

质点的角动量定理可以推广到质点系的情况. 对某一选定的固定参考点来说,每个质点的运动都遵守角动量定理. 取质点系中任一质点为第 i 个质点,设它所受到的系统外的物体的力为 $\boldsymbol{F}_i$,系统内所有其他质点对它的力为 $\boldsymbol{f}_i$,由质点的角动量定理,有

$$\frac{\mathrm{d}\boldsymbol{L}_i}{\mathrm{d}t} = \boldsymbol{r}_i + \boldsymbol{F}_i + \boldsymbol{r}_i \times \boldsymbol{f}_i.$$

把对质点系内所有质点的角动量定理式相加可得

$$\sum_i \frac{\mathrm{d}\boldsymbol{L}_i}{\mathrm{d}t} = \sum_i (\boldsymbol{r}_i \times \boldsymbol{F}_i) + \sum_i (\boldsymbol{r}_i \times \boldsymbol{f}_i).$$

把质点系中各质点对某固定参考点的角动量的矢量和称为质点系对该点的角动量,以 $\boldsymbol{L}$ 表示,$\boldsymbol{L} = \sum_i \boldsymbol{L}_i$,则上述求和方程左方的 $\sum_i \frac{\mathrm{d}\boldsymbol{L}_i}{\mathrm{d}t} = \frac{\mathrm{d}}{\mathrm{d}t}\left(\sum_i \boldsymbol{L}_i\right) = \frac{\mathrm{d}\boldsymbol{L}}{\mathrm{d}t}$ 表示质点系的角动量的时间变化率,方程右方的第一项 $\sum_i \boldsymbol{r}_i \times \boldsymbol{F}_i$ 是所有外力矩的矢量和,第二项 $\sum_i \boldsymbol{r}_i \times \boldsymbol{f}_i$ 则是所有内力矩的矢量和. 根据牛顿第三定律,质点系的内力总是成对出现,每一对内力大小相等,方向相反,作用在同一直线上. 因此它们对同一参考点的力矩的矢量和为零,如图 2-30 所示. 这样,求和方程变为

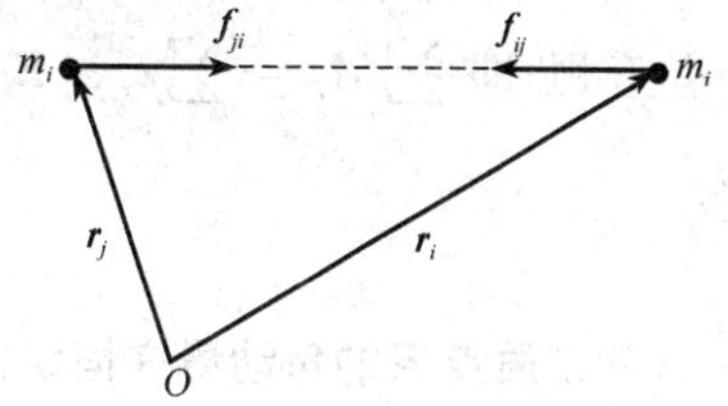

图 2-30　一对内力对 O 点的内力矩的矢量和为零

$$\frac{\mathrm{d}\boldsymbol{L}}{\mathrm{d}t} = \sum_i \boldsymbol{r}_i \times \boldsymbol{F}_i, \tag{2-45}$$

或写成

$$\sum_i \boldsymbol{M}_i = \frac{\mathrm{d}\boldsymbol{L}}{\mathrm{d}t}. \tag{2-46}$$

以上两式表明,质点系对于某固定参考点的角动量的时间变化率等于各质点所受外力对该点的力矩的矢量和,这就是**质点系的角动量定理**(theorem of angular momentum of particle system).

这个定理告诉我们,质点系的角动量的时间变化率只取决于质点系所受外力矩的矢量和,而与内力矩无关. 内力矩只能使系统内各质点的角动量改变,但不能改变质点系的总的角动量. 这样在某些动力学问题中利用这一结论便可以避开讨论复杂的内力矩,从而简化计算.

对质点系来说,其中的质点不一定都做平面运动,即使每一质点都做平面运动,各质点的轨道平面也不一定相同. 因此,一般地说,不可能像在单个质点情形那样通过选择位于轨道平面上的定点使角动量有恒定的方向,并把角动量定理简化为标量方程. 因此,应用式

(2-45)或式(2-46)时要充分注意它是一个矢量方程. 但根据矢量的正交分解,在直角坐标系中,式(2-46)可写成沿三个坐标轴的投影式

$$\begin{cases}\sum_i M_{ix}=\dfrac{\mathrm{d}L_x}{\mathrm{d}t},\\ \sum_i M_{iy}=\dfrac{\mathrm{d}L_y}{\mathrm{d}t},\\ \sum_i M_{iz}=\dfrac{\mathrm{d}L_z}{\mathrm{d}t}.\end{cases}\tag{2-47}$$

式(2-46)是质点系的角动量定理的微分形式,对其两边同乘以 $\mathrm{d}t$,然后积分,可得质点系的角动量定理的积分形式

$$\int_{t_0}^{t}\sum_i \boldsymbol{M}_i\mathrm{d}t=\boldsymbol{L}-\boldsymbol{L}_0.\tag{2-48}$$

式中,$\int_{t_0}^{t}\sum_i \boldsymbol{M}_i\mathrm{d}t$ 为外力矩在 t_0 到 t 时间内的总冲量矩. 其意义是质点系对给定点的总角动量的增量等于外力对该点的总冲量矩.

如果当质点系所受外力对某固定参考点的力矩矢量和为零,则质点系对该点的总角动量守恒,即 $\sum_i \boldsymbol{M}_i=\sum_i \boldsymbol{r}_i\times\boldsymbol{F}_i=0$ 时,则

$$\boldsymbol{L}=\sum_i \boldsymbol{L}_i=\text{常矢量},$$

这就是**质点系的角动量守恒定律**.

关于 $\sum_i \boldsymbol{M}_i=0$ 这一条件,一般有三种情况.

(1) 质点系不受外力,即 $\boldsymbol{F}_i=0$(孤立系统),显然质点系对某固定参考点的外力矩为零,质点系对该点的角动量守恒.

(2) 所有的外力都通过某固定参考点,但质点系所受的外力的矢量和未必为零,于是每个外力对该点的力矩皆为零,同样质点系对该点的角动量守恒.

(3) 每个外力的力矩不为零,但外力矩的矢量和为零. 例如,对重力场中的质点系,作用于各质点的重力对质心的力矩不为零,但所有重力对质心的力矩的矢量和却为零,那么质点系对质心的角动量守恒.

*2.4.5 质心系的角动量定理

如上所述,只有在角动量和力矩都是相对于惯性系中一固定参考点计算的情况下,或者说,只有在惯性系中,质点系的角动量定理才普遍成立. 对于非惯性系,如果在计算质点或质点系受力时要计及惯性力,也可以使用角动量定理,这时在外力矩中还应计入惯性力的力矩. 我们发现,在讨论质点系的运动时,如果选取质心参考系,则可以证明,无论质心系是否为惯性系,相对于质心的角动量定理的形式和惯性系中形式完全相同,这是质心系不同于其他参考系的一个特点.

下面先给出相对于惯性系中定点的角动量和相对于质心的角动量的关系,然后再导出应用质心参考系表述的角动量定理.

如图 2-31 所示，O 为惯性系中一定点，C 为质点系的质心，其位矢为 $\boldsymbol{r}_C$，速度为 $\boldsymbol{v}_C$. 质点 i 相对于 O 和 C 的位矢分别为 $\boldsymbol{r}_i$ 和 $\boldsymbol{r}'_i$. 相对于惯性系和质心系，质点 i 的速度分别为 $\boldsymbol{v}_i$ 和 $\boldsymbol{v}'_i$. 由伽利略速度变换可知

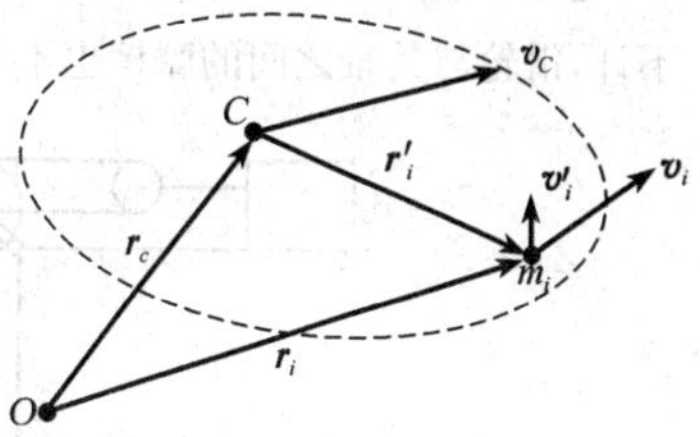

图 2-31　推导相对于质心的角动量

$$\boldsymbol{v}_i = \boldsymbol{v}_C + \boldsymbol{v}'_i.$$

质点系对 O 点的角动量为

$$\begin{aligned}\boldsymbol{L} &= \sum_i m_i \boldsymbol{r}_i \times \boldsymbol{v}_i = \sum_i m_i (\boldsymbol{r}_C + \boldsymbol{r}'_i) \times (\boldsymbol{v}_C + \boldsymbol{v}'_i) \\ &= \boldsymbol{r}_C \times (m\boldsymbol{v}_C) + \boldsymbol{r}_C \times \sum_i m_i \boldsymbol{v}'_i + \left(\sum_i m_i \boldsymbol{r}'_i \times \boldsymbol{v}_C + \sum_i m_i \boldsymbol{r}'_i \times \boldsymbol{v}'_i\right).\end{aligned}$$

由于 $m\boldsymbol{v}_C$ 是质点系的总动量或称“质心的动量”，上式中最后一个等号右侧的第一项可称为“质心相对于 O 点的角动量”. 由于质心系是零动量参考系，所以 $\sum_i m_i \boldsymbol{v}'_i = 0$；又由于此处质心参考系的原点就在质心上，所以 $\sum_i m_i \boldsymbol{v}'_i = 0$. 这样上式中右侧第二、第三项就都等于零. 第四项是在质心参考系中质点系的角动量，可以用 $\boldsymbol{L}_C$ 表示，即

$$\boldsymbol{L}_C = \sum_i m_i \boldsymbol{r}'_i \times \boldsymbol{v}'_i,$$

于是有

$$\boldsymbol{L} = \boldsymbol{r}_C \times \boldsymbol{P} + \boldsymbol{L}_C.$$

上式说明，质点系对惯性系中某定点的角动量等于质心对该点的角动量加上质点系对质心的角动量.

将上式 $\boldsymbol{L} = \boldsymbol{r}_C \times \boldsymbol{P} + \boldsymbol{L}_C$ 两边对时间求导，可得

$$\frac{\mathrm{d}\boldsymbol{L}}{\mathrm{d}t} = \boldsymbol{r}_C \times \frac{\mathrm{d}\boldsymbol{P}}{\mathrm{d}t} + \frac{\mathrm{d}\boldsymbol{L}_C}{\mathrm{d}t}.$$

对于定点 O，质点系所受的合外力矩为

$$\boldsymbol{M} = \sum_i \boldsymbol{r}_i \times \boldsymbol{F}_i = \sum_i (\boldsymbol{r}_C + \boldsymbol{r}'_i) \times \boldsymbol{F}_i = \boldsymbol{r}_C \times \sum_i \boldsymbol{F}_i + \sum_i \boldsymbol{r}'_i \times \boldsymbol{F}_i.$$

由质点系的角动量定理式(2-45)，可得

$$\boldsymbol{r}_C \times \sum_i \boldsymbol{F}_i + \sum_i \boldsymbol{r}'_i \times \boldsymbol{F}_i = \boldsymbol{r}_C \times \frac{\mathrm{d}\boldsymbol{P}}{\mathrm{d}t} + \frac{\mathrm{d}\boldsymbol{L}_C}{\mathrm{d}t}.$$

由质心运动定理式(2-19)可知，$\sum_i \boldsymbol{F}_i = \frac{\mathrm{d}\boldsymbol{P}}{\mathrm{d}t}$，在上式中消去相应的两项可得

$$\sum_i \boldsymbol{r}'_i \times \boldsymbol{F}_i = \frac{\mathrm{d}\boldsymbol{L}_C}{\mathrm{d}t}.$$

上式等号左侧是质点系中各质点所受的外力对质心的力矩的矢量和，可以用 $\boldsymbol{M}_C$ 表示. 于是

$$\boldsymbol{M}_C = \frac{\mathrm{d}\boldsymbol{L}_C}{\mathrm{d}t}. \tag{2-49}$$

这就是应用质心系表述的角动量定理. 它说明，质点系所受的对质心的合外力矩等于质心参考系中该质点系对质心的角动量的变化率. 定理的形式与惯性系中质点系的角动量定理形式完全相同.

习题 2

2.1　一质量为 1 kg 的物体，置于水平地面上，物体与地面之间的静摩擦系数为 0.20，滑动摩擦系数为 0.16，现对物体施一水平拉力 $F = t + 0.96$(SI)，则 2 s 末物体的速度大小是多大？　[0.89 m/s]

2.2 如图 2-32 所示，物体 A，B 质量相同，B 在光滑水平桌面上. 滑轮与绳的质量以及空气阻力均不计，滑轮与其轴之间的摩擦也不计. 系统无初速地释放，则物体 A 下落的加速度是多大？ [4 g/s]

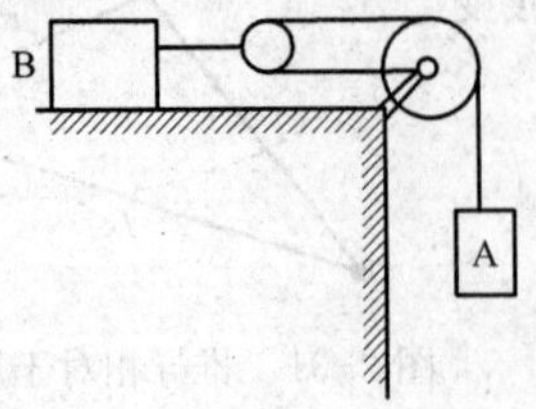

图 2-32

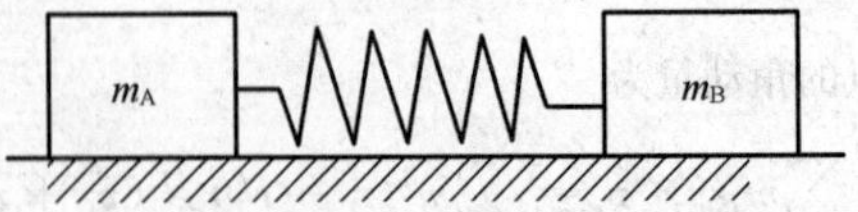

图 2-33

2.3 A，B 两木块质量分别为 m_A 和 m_B，且 $m_B = 2m_A$，二者用一轻弹簧连接后静止于光滑水平桌面上，如图 2-33 所示. 若用外力将两木块压近使弹簧被压缩，然后将外力撤去，则此后两木块运动动能之比 E_{kA}/E_{kB} 是多大？ [2]

2.4 一公路的水平弯道半径为 R，路面的外侧高出内侧，并与水平面夹角为 θ. 要使汽车通过该段路面时不引起侧向摩擦力，则汽车的速率大小为多大？

2.5 质量为 m 的质点在 $x-y$ 平面上运动，其位置矢量 $\boldsymbol{r} = a\cos\omega t\boldsymbol{i} + b\sin\omega t\boldsymbol{j}$ (SI)，设式中的 a，b，ω 均为正常量，且 $a > b$. 求：

(1) 质点在 $A(a, 0)$ 点和 $B(0, b)$ 点的动能；

(2) 质点所受到的作用力 $\boldsymbol{F}$ 以及当质点从 A 点运动到 B 点的过程中的分力 $\boldsymbol{F}_x$ 和 $\boldsymbol{F}_y$ 分别做的功.

$$\left[\frac{1}{2}mb^2\omega^2,\ \frac{1}{2}ma^2\omega;\ -m\omega^2(a\cos\omega t\boldsymbol{i} + b\sin\omega t\boldsymbol{j}),\ \frac{1}{2}ma^2\omega^2,\ -\frac{1}{2}mb^2\omega^2\right]$$

2.6 如图 2-34 所示，一光滑的滑道，质量为 M、高度为 h，放在一光滑水平面上，滑道底部与水平面相切. 质量为 m 的小物块自滑道顶部由静止下滑，求：

(1) 物块滑到地面时，滑道的速度；

(2) 物块下滑的整个过程中，滑道对物块所做的功. $\left[\sqrt{\dfrac{2m^2gh}{(m+M)M}};\ -\left(\dfrac{m}{m+M}\right)mgh\right]$

2.7 已知一质量为 m 的质点在 x 轴上运动，质点只受到指向原点的引力的作用，引力大小与质点离原点的距离 x 的平方成反比，即 $f = -k/x^2$，k 是比例常数. 设质点在 $x = A$ 时的速度为零，求质点在 $x = A/4$ 处的速度的大小. $[\sqrt{6k/(mA)}]$

2.8 质量为 m 的物体系于长度为 R 的绳子的一个端点上，在竖直平面内绕绳子另一端点(固定)做圆周运动. 设 t 时刻物体瞬时速度的大小为 v，绳子与竖直向上的方向成 θ 角，如图 2-35 所示. 求：

(1) t 时刻绳中的张力 T 和物体的切向加速度 a_t；

(2) 在物体运动过程中 a_t 的大小和方向. $[T = (mv^2/R) - mg\cos\theta,\ a_t = g\sin\theta]$

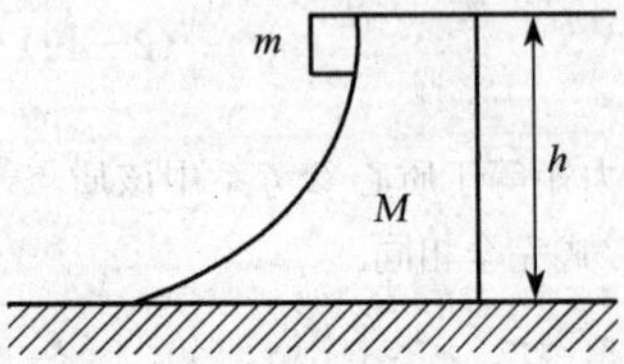

图 2-34

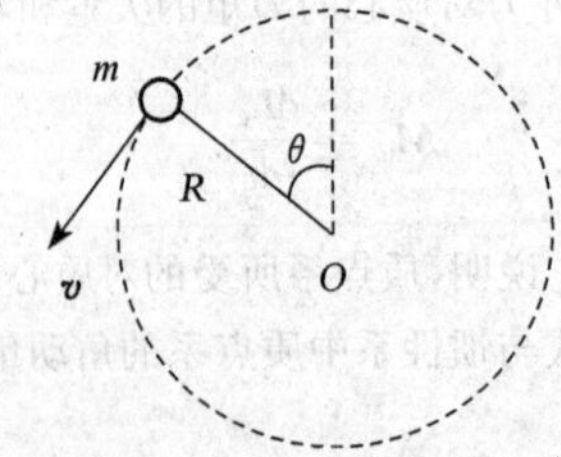

图 2-35

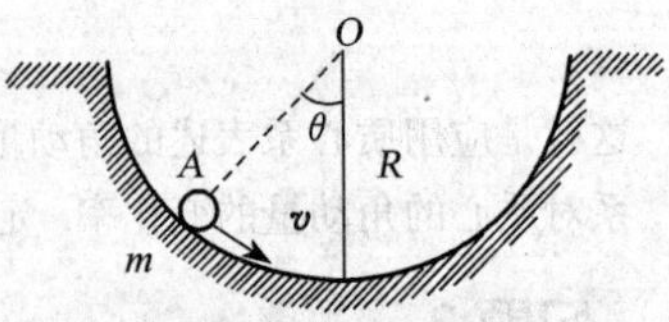

图 2-36

2.9 如图 2-36 所示，质量为 m 的钢球 A 沿着中心在 O、半径为 R 的光滑半圆形槽下滑. 当 A 滑到图示的位置时，其速率为 v，钢球中心与 O 的连线 OA 和竖直方向成 θ 角，求这时钢球对槽的压力和钢球的切向加速度. [$m(g\cos\theta+v^2/R)$；$g\sin\theta$]

2.10　一人造地球卫星绕地球做椭圆运动，近地点为 A，远地点为 B. A，B 两点距地心分别为 r_1 及 r_2. 设卫星质量为 m，地球质量为 M，万有引力常量为 G，求卫星在 A，B 两点处的引力势能之差 $E_{PB}-E_{PA}$，动能之差 $E_{kB}-E_{kA}$. $\left[GmM\left(\dfrac{r_2-r_1}{r_1r_2}\right),\ -GmM\left(\dfrac{r_2-r_1}{r_1r_2}\right)\right]$

2.11　地球的质量为 m，太阳的质量为 M，地心与日心的距离为 R，引力常量为 G，则地球绕太阳做圆周运动的轨道角动量 L 是多大？ [$m\sqrt{GMR}$]

2.12　已知地球质量为 M，半径为 R. 一质量为 m 的火箭从地面上升到距地面高度为 $2R$ 处. 求在此过程中，地球引力对火箭做的功. $\left[-\dfrac{2GMm}{3R}\right]$

2.13　一人在平地上拉一个质量为 M 的木箱匀速前进，如图 2-37 所示. 木箱与地面间的摩擦系数 $\mu=0.6$. 设此人前进时，肩上绳的支撑点距地面高度为 $h=1.5\,\text{m}$，不计箱高，问绳长 l 为多长时最省力？ [2.92 m]

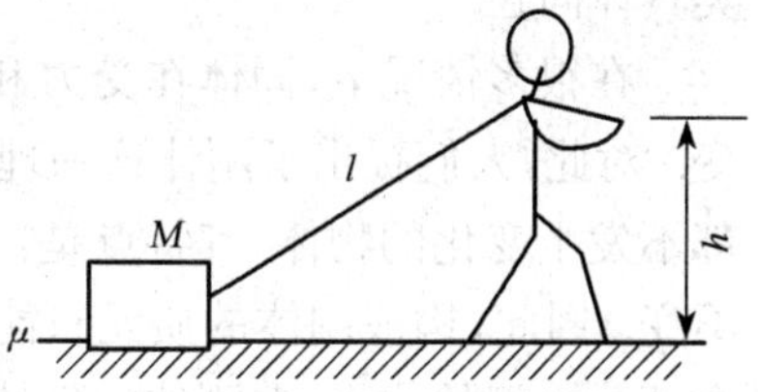

图 2-37

2.14　质量为 M 的人，手执一质量为 m 的物体，以与地平线成 α 角的速度 v_0 向前跳去. 当他达到最高点时，将物体以相对于人的速度 u 向后平抛出去. 试问：由于抛出该物体，此人跳的水平距离增加了多少？(略去空气阻力不计) $\left[\dfrac{muv_0\sin\alpha}{(m+M)g}\right]$

第 3 章　刚体力学简介

此前所讨论的是质点和质点系的力学规律，不涉及物体的形状、大小，对处理各类具体问题给出了普遍的原理. 然而在实际问题中，往往需要考虑物体的形状、大小以及它们的变化，于是问题可能变得相当复杂. 为了抓住问题的主要特点，于是提出了种种模型来处理各类具体问题.

在很多情况下，固体在受力和运动过程中变形很小，基本上保持原来的大小和形态不变. 对此，人们提出了刚体这一理想模型. 刚体(rigid body)就是在任何情况下形状和大小都不发生变化的物体，其特点是：在运动过程中，刚体的所有质元之间的相对距离始终保持不变. 因此，构成刚体的质元只能以非常受限制的方式彼此相对运动. 而且，作用在刚体各个部分之间的内力，在刚体的整体运动中不起作用.

本章在研究刚体力学规律时，首先对照牛顿定律导出地位与其相当的刚体定轴转动定律，并从力($\boldsymbol{F}$)和惯性(m)引进地位与其相当的转动中两个重要物理量：力矩 $\boldsymbol{M}$(moment of force torque)和转动惯量(moment of inertia)I. 进而讨论力矩对空间的累积作用规律——刚体定轴转动动能定理，以及力矩对时间的累积作用规律——角动量(angular momentum)定理和角动量守恒定律.

读者在本章将会遇到在中学从未涉及过的概念、定理、定律以及数学表述方法，估计会遇到难点. 但只要对照质点力学规律，触类旁通、加深理解，困难也是可以克服的. 本章的重点是刚体的定轴转动(fixed-axis rotation)，它将为理论力学中研究复杂的机械运动奠定基础.

3.1　刚体运动学

3.1.1　刚体及研究方法

当研究一个物体的运动时，如果必须考虑它的大小和形状，但可以不考虑它的形变时，从而引入一个新的理想模型——刚体. 所谓刚体，就是在任何情况下，其形状和大小都不发生变化的物体. 正像“质点”一样，“刚体”也是实际中并不存在的一种理想模型. 至于物体是否可以看成刚体，要由研究问题的性质决定，一个物体在这个问题中可以看成刚体，而再研究它的其他一些运动时，则又不一定能把它看成刚体了. 例如，在研究地球的自转对地面上物体运动的影响时可以把地球看做刚体，而在研究地壳中地震波的传播时就不能将地球看做刚体了.

刚体力学的研究方法，是把刚体分成许多微小的部分，每一部分都小到可以看做是质点，这些小部分称为刚体的“质元”. 因此，刚体可以看成是由无数质元组成的质点系. 但它与一般质点系又有不同，就是由于刚体不发生形变，所以各质元间的距离不发生变化，因此刚体是一个“不变质点系”．这样，就可以把质点的动力学规律用于每个质元，再考虑到刚体的特点，从而得到刚体整体所服从的力学规律．

3.1.2　刚体的平动和定轴转动

刚体运动的情况是多种多样的，有时又是很复杂的．在此只讨论最简单而又最基本的两种运动，即平动和绕定轴转动(fixed-axis rotation)．

1．平动

在运动过程中，如果刚体上的任意一条直线始终保持与其初始位置平行，或说刚体上各点有相同的速度和轨迹，则刚体的运动称为平动．如图3-1所示，车床上的刀架、汽缸中的活塞、平直轨道上的车厢等物体的运动都是平动．

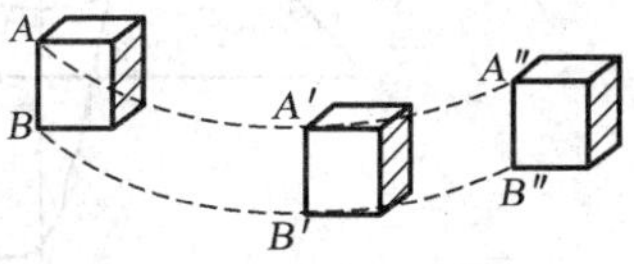

图3-1　刚体的平动

由于平动刚体中各点有相同的运动，所以刚体的平动可以由刚体中任意一点的运动来代表．常用刚体的质心的运动来代表整个刚体的平动．刚体平动的速度和加速度就是它质心的速度和加速度．这样，刚体平动的运动学问题归结为质点(刚体的质心)的运动学问题．

2．绕定轴转动

如果刚体运动时，其上各点都绕一条共同的直线做圆周运动，其直线相对所选参考系固定不动，则刚体的这种运动称为绕定轴转动，这一直线称为转轴．钻床上钻头的运动，门窗等的转动都是定轴转动．

刚体绕定轴转动时，具有下列特征．

(1) 刚体内某一直线上所有各点都保持固定不动，这条直线就是转轴．所以，轴不一定是平常所理解的一根实体轴．例如，混凝土搅拌机是一个两端开口的中空圆筒，它的轴线就是圆筒的中心线．

(2) 刚体内不在轴上的其他各点，如图3-2所示的A，B等点，都在通过各点，并垂直于轴的平面Ⅱ$_1$，Ⅱ$_2$，…内绕轴做圆周运动．圆心就是这些平面分别与轴的交点O_1，O_2等点，半径就是各点与轴的垂直距离(如图中的r_1，r_2等)．

(3) 由于刚体内各点所在位置不同，因此各点的轨迹半径不尽相同，在同一时间内，各点转过的圆弧长度$\overset{\frown}{AA'}$和$\overset{\frown}{BB'}$也不尽相同．但由于刚体内各点之间的相对位置不变，其中某点的半径扫过的角度，等于所有其他各点的半径扫过同样大小的角度(图3-2中的φ角)．

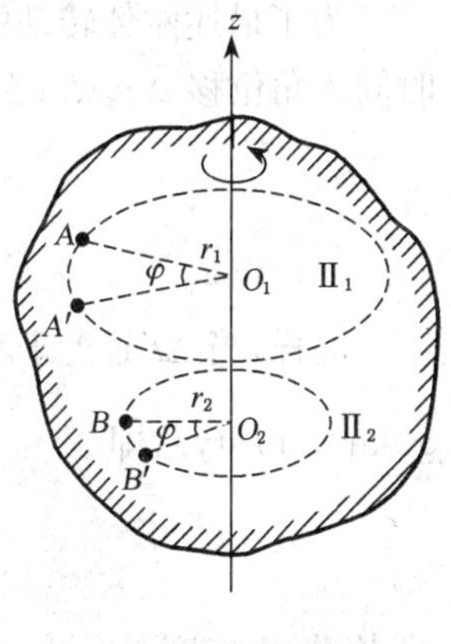

图3-2　刚体绕定轴转动的特征

3.1.3　描述刚体转动的物理量

1．角坐标φ

要描述刚体的运动，首先应当解决如何确定刚体的位置．在定轴转动的情况下，转轴在空间的位置以及刚体相对于转轴的位置是确定的．在刚体上任取一点P，过P点作垂直于转轴的垂线$\overline{OP}$(图3-3)，则当刚体转动时这垂线将在垂直于转轴的平面内转动，在这平面内

取一固定的坐标轴 Ox 作为参考方向,然后令$\overline{OP}$与 Ox 的夹角为 φ,则 φ 角即确定了做定轴转动的刚体在任一时刻的位置,称为刚体的角坐标或角位置(angular position). 并规定从 Ox 轴开始沿转动正方向量度的 φ 角为正,反之为负. 所以角坐标 φ 是一可正可负的代数量.

角坐标 φ 随时间 t 变化的函数关系 $\varphi=\varphi(t)$,就是刚体绕固定轴转动的运动方程.

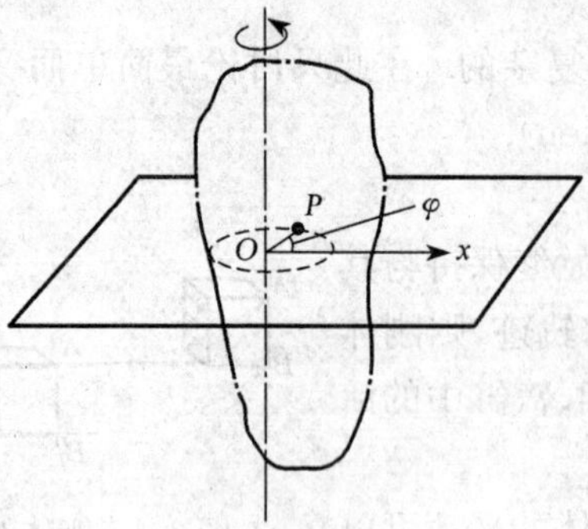

图 3-3　定轴转动刚体的角坐标

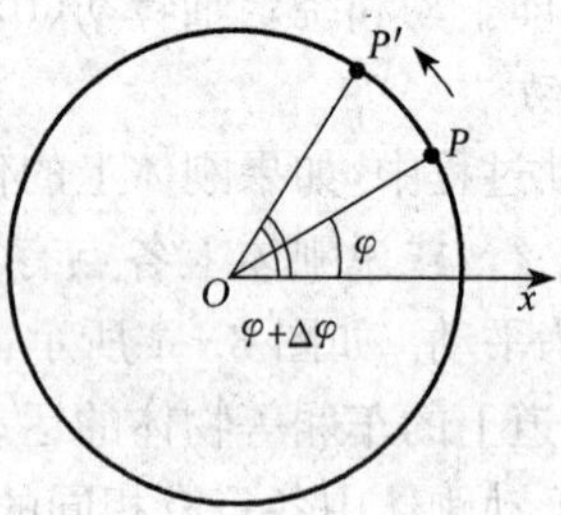

图 3-4　角坐标和角位移

2. 角位移 $\Delta\varphi$

刚体在转动过程中角坐标的变化用角位移来描述. 如图 3-4 所示,设 t 时刻刚体的角坐标为 φ, $t+\Delta t$ 时刻的角坐标为 $\varphi+\Delta\varphi$,则 $\Delta\varphi$ 称为在 Δt 时间内刚体的角位移(angular displacement),角位移和角坐标的大小都以弧度来度量,它们都是量纲为 1 的量.

显然,按照上述角坐标 φ 正负的规定, $\Delta\varphi>0$ 和 $\Delta\varphi<0$ 分别表示刚体的转动方向与所设转动正方向相同或相反.

3. 角速度 ω

为了描述刚体转动的快慢,引入角速度这一物理量. 类似质点的速度定义,若 t 到 $t+\Delta t$ 时间内角位移 $\Delta\varphi$,则 t 到 $t+\Delta t$ 时间内的平均角速度 $\overline{\omega}$ 为

$$\overline{\omega}=\frac{\Delta\varphi}{\Delta t}.$$

同样,当 Δt 趋近于零时,比值$\dfrac{\Delta\varphi}{\Delta t}$的极限定义为 t 时刻的瞬时角速度,简称角速度 ω(angular velocity),即

$$\omega=\lim_{\Delta t\to 0}\frac{\Delta\varphi}{\Delta t}=\frac{\mathrm{d}\varphi}{\mathrm{d}t}. \tag{3-1}$$

或者说,角速度是角坐标对时间的一阶导数或角坐标的时间变化率. 角速度的正负与角位移的正负相同.

刚体绕定轴转动时转轴在空间的方位是不变的,这时角速度的方向只有两种转动方向,可通过其正负就可以说明. 如果转轴在空间的方位是随时间的变化而变化的,则仅仅通过正负就不好显示出转动的方向了,故引入角速度矢量,用 $\boldsymbol{\omega}$ 表示.

角速度矢量是这样规定的:令 $\boldsymbol{\omega}$ 矢量的方向沿转动轴线并且与刚体绕轴线的转动方向组成右手螺旋,如图 3-5 所示. 可以证明,角速度矢量相加是服从平行四边形合成法则的.

设转轴为 z 轴,以 $\boldsymbol{e}_z$ 表示 z 轴的单位矢量,则角速度矢量可定义为

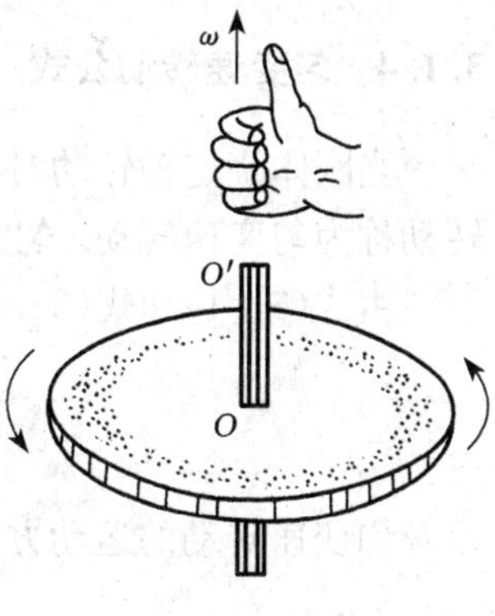

图 3-5　角速度 ω 方向的确定

$$\boldsymbol{\omega} = \frac{\mathrm{d}\varphi}{\mathrm{d}t}\boldsymbol{e}_z. \tag{3-2}$$

角速度的单位为 rad/s.

4. 角加速度 β

实际转动中,角速度发生变化的情况是很常见的,为了描述角速度的变化,我们还需要引入角加速度. 设于某时刻 t 刚体的角速度为 ω,在时刻 $t+\Delta t$ 刚体的角速度为 $\omega+\Delta\omega$,则角速度的增量 $\Delta\omega$ 与发生这一增量所用的时间 Δt 的比值称为刚体在 Δt 时间内的平均角加速度,用 $\bar{\beta}$ 表示为

$$\bar{\beta} = \frac{\Delta\omega}{\Delta t}.$$

当 Δt 趋近于零时,比值 $\frac{\Delta\omega}{\Delta t}$ 的极限定义为 t 时刻的刚体的瞬时角加速度(angular acceleration),即

$$\beta = \lim_{\Delta t\to 0}\frac{\Delta\omega}{\Delta t} = \frac{\mathrm{d}\omega}{\mathrm{d}t} = \frac{\mathrm{d}^2\varphi}{\mathrm{d}t^2}. \tag{3-3}$$

又可叙述为:刚体某时刻的角加速度为该时刻角速度随时间的变化率或角坐标对时间的二阶导数.

如果转轴在空间的方位是随时间的变化而变化的,还可以定义角加速度矢量 $\boldsymbol{\beta}$,有

$$\boldsymbol{\beta} = \lim_{\Delta t\to 0}\frac{\Delta\boldsymbol{\omega}}{\Delta t} = \frac{\mathrm{d}\boldsymbol{\omega}}{\mathrm{d}t}. \tag{3-4}$$

角加速度矢量的方向是角速度矢量的增量的极限方向. 一般地说,角加速度的方向与角速度的方向是不同的.

当刚体绕定轴转动时,设在时刻 t_1,角速度为 ω_1,在时刻 t_2,角速度为 ω_2,则 ω_1 和 ω_2 均在同一转轴线上,若规定 ω_1 的方向为正方向,且 ω_2 的方向与 ω_1 相同,如图 3-6(a)所示,且 $\omega_1<\omega_2$,那么 $\Delta\omega>0$,β 为正值,刚体做加速转动;如图 3-6(b) 所示,ω_2 的方向虽与 ω_1 相同,但 $\omega_1>\omega_2$,那么 $\Delta\omega<0$,β 为负值,刚体做减速转动.

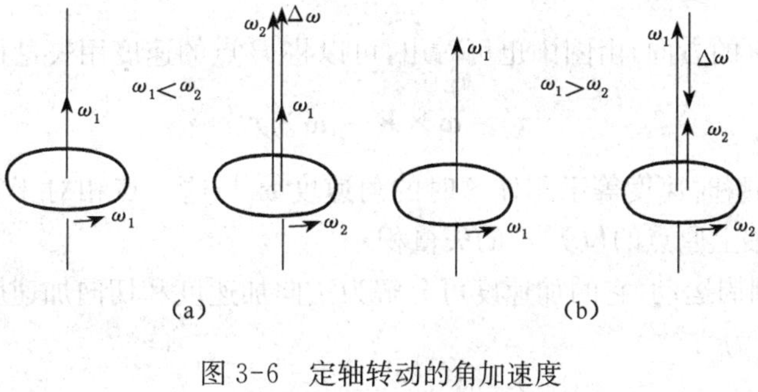

图 3-6　定轴转动的角加速度

角加速度的单位为 $\mathrm{rad/s^2}$.

3.1.4 匀变速转动公式

当刚体绕定轴转动时，如果在任意相等时间间隔 Δt 内，角速度的增量都相等，这种变速转动称为匀变速转动. 匀变速转动的角加速度为一恒量，即 $\beta =$ 恒量.

由式(3-1)和式(3-3)可求出匀变速转动的角速度随时间的变化规律为

$$\omega = \omega_0 + \beta t, \tag{3-5}$$

以及匀变速转动的运动方程为 $\varphi = \varphi_0 + \omega_0 t + \frac{1}{2}\beta t^2.$ (3-6)

以上二式联立，可得到匀变速转动角速度随角坐标的变化规律为

$$\omega^2 = \omega_0^2 + 2\beta(\varphi - \varphi_0). \tag{3-7}$$

3.1.5 角量和线量的关系

当刚体绕定轴转动时，刚体上各点都绕定轴做半径不同的圆周运动，有共同的角位移、角速度和角加速度. 因此，这些角量表示整个刚体的运动特性. 但由于各点到转轴的距离一般不同，即各点在不同半径的圆周上运动，在相同的时间内通过不同的弧长，因此各点沿圆周运动的瞬时速度的大小是不相同的. 常把刚体上某点的速度、加速度称为线量，线量是表示刚体上某点的运动特性.

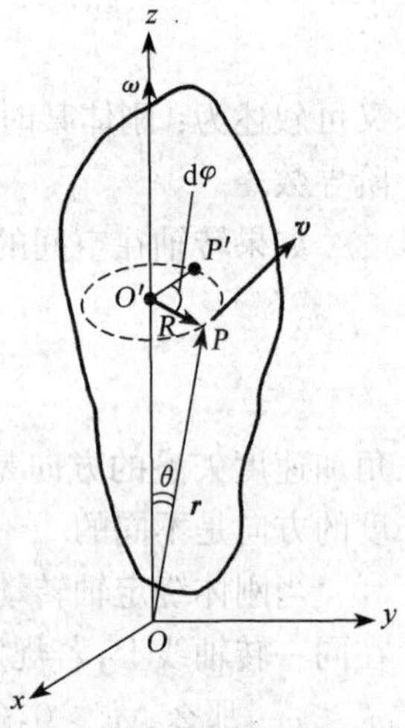

图 3-7 线速度与角速度的关系

下面讨论刚体中任一点的速度和加速度与刚体的角速度和角加速度的关系.

设刚体绕 z 轴转动(图 3-7)，P 点为刚体上任一点. $\boldsymbol{r}$ 是 P 点对位于转轴上的坐标原点 O 的位矢. $\boldsymbol{R}$ 是 P 点对它的转动中心 O' 的位矢. 在 t 到 $t+\mathrm{d}t$ 时间内，P 点沿以 R 为半径，O' 为圆心的圆周到达 P' 点，它所经过的路程为圆弧长 $\mathrm{d}s$，同时，刚体转过的角位移为 $\mathrm{d}\varphi$. 故 P 点的速率

$$v = \frac{\mathrm{d}s}{\mathrm{d}t} = \frac{R\mathrm{d}\varphi}{\mathrm{d}t} = R\omega = \omega r \sin\theta.$$

考虑到 $\boldsymbol{v}$, $\boldsymbol{\omega}$, $\boldsymbol{R}$, $\boldsymbol{r}$ 的方向，由图中也可看出，可以将 P 点的速度用矢量积的形式表示为

$$\boldsymbol{v} = \boldsymbol{\omega} \times \boldsymbol{R} = \boldsymbol{\omega} \times \boldsymbol{r}. \tag{3-8}$$

即刚体上任一点的瞬时速度等于刚体这时的角速度 $\boldsymbol{\omega}$ 与这一点相对于它的转动中心的位矢 $\boldsymbol{R}$(或相对于转轴上原点的位矢 $\boldsymbol{r}$)的矢量积.

由于 P 点做圆周运动，它的加速度可分解为法向加速度和切向加速度. 由质点运动学，法向加速度的大小为

$$a_{\mathrm{n}} = \frac{v^2}{R} = \omega^2 R = \omega v. \tag{3-9}$$

而切向加速度大小为　$$a_\tau = \frac{dv}{dt} = R\frac{d\omega}{dt} = R\beta. \tag{3-10}$$

由以上两式可看出，对一绕定轴转动的刚体，距轴越远处的各点，其切向加速度和法向加速度也越大.

例 3.1　一砂轮在电动机驱动下，以每分钟 1 800 转的转速绕定轴做逆时针转动，如图 3-8 所示. 关闭电源后，砂轮均匀地减速，经时间 $t = 15$ s 而停止转动，求：(1) 角加速度 β；(2) 到停止转动时，砂轮转过的圈数；(3) 关闭电源后 $t = 10$ s 时砂轮的角速度 ω，以及此时砂轮边缘上一点的速度和加速度. 设砂轮的半径为 $r = 25$ cm.

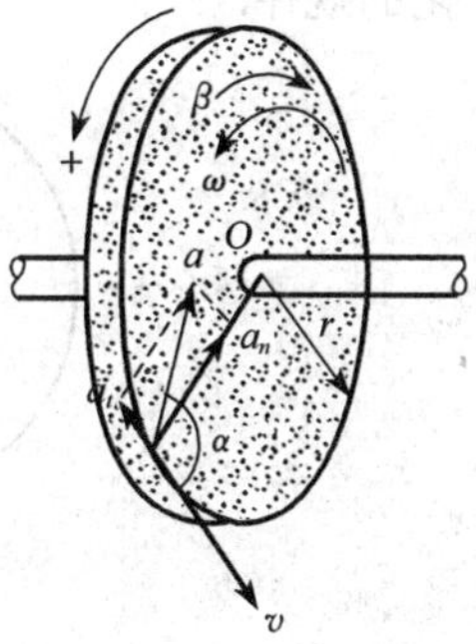

图 3-8

解　(1) 选定逆时针转向的角量取正值(图 3-8)，则由题设，初角速度 ω_0 为正，大小为

$$\omega_0 = 2\pi \times \frac{1\,800}{60} = 60\pi(\text{rad/s}).$$

按题意，在 $t = 15$ s 时，末角速度 $\omega = 0$，由匀变速转动的角速度公式(3-5)，即得

$$\beta = \frac{\omega - \omega_0}{t} = \frac{0 - 60\pi}{15} = -4\pi = -12.57(\text{rad/s}^2).$$

β 为负值，即 β 与 ω_0 异号，表明砂轮做匀减速转动.

(2) 砂轮从关闭电源到停止转动，其角位移 $\Delta\varphi = \varphi - \varphi_0$，及转数 N 分别为

$$\varphi - \varphi_0 = \omega_0 t + \frac{1}{2}\beta t^2 = 60\pi \times 15 + \frac{1}{2}(-4\pi) \times 15^2 = 450\pi(\text{rad}).$$

$$N = \frac{\varphi - \varphi_0}{2\pi} = \frac{450\pi}{2\pi} = 225(\text{圈}).$$

(3) 在时刻 $t = 10$ s 时砂轮的角速度是

$$\omega = \omega_0 + \beta t = 20\pi = 62.8(\text{rad/s}).$$

ω 的转向与 ω_0 相同.

在时刻 $t = 10$ s 时，砂轮边缘上一点的速度 $\boldsymbol{v}$ 的大小为 $v = r\omega = 0.25 \times 20\pi = 15.7$ m/s，其方向如图 3-8 所示，相应的切向加速度和法向加速度分别为

$$a_t = r\beta = 0.25 \times (-4\pi) = -3.14(\text{m/s}^2),$$

$$a_n = r\omega^2 = 0.25 \times (20\pi)^2 = 9.87 \times 10^2(\text{m/s}^2).$$

边缘上该点的加速度为 $\boldsymbol{a} = \boldsymbol{a}_t + \boldsymbol{a}_n$；$\boldsymbol{a}_t$ 的方向与 $\boldsymbol{v}$ 的方向相反(为什么?)，$\boldsymbol{a}_n$ 的方向指向砂轮的圆心 O，$\boldsymbol{a}$ 的大小为

$$|\boldsymbol{a}| = \sqrt{a_t^2 + a_n^2} = 9.88 \times 10^2(\text{m/s}^2).$$

$\boldsymbol{a}$ 的方向由 $\boldsymbol{a}$ 与 $\boldsymbol{v}$ 的夹角 α 表示(图 3-8)为

$$\alpha = \pi + \arctan \frac{9.87 \times 10^2}{-3.14} = 90.18°.$$

例 3.2 有一半径为 R 的圆盘绕其几何中心轴转动，$t=0$ 时，圆盘的角速度为 ω_0，使其边缘上任一点速度的方向与加速度的方向之间的夹角 θ 保持不变，求角速度 ω 随时间 t 变化的规律.

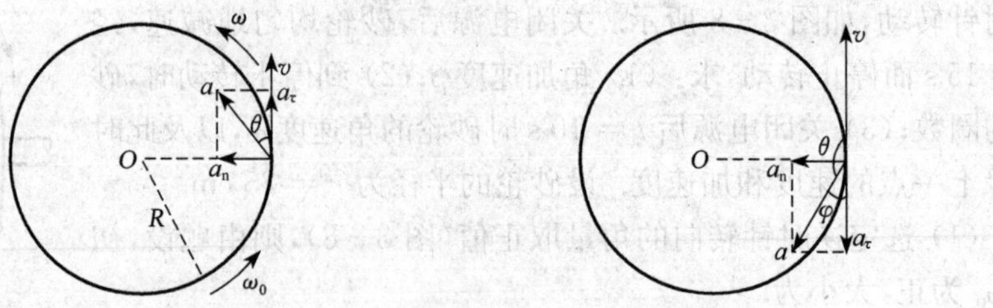

(a) (b)

图 3-9

解 圆盘边缘上任一点速度的方向即为其在该点的切向速度的方向. 现根据角速度是增大的还是减小分别进行讨论.

(1) 当圆盘作加速转动时，其切向速度 v 的方向与其切向加速度 a_τ 的方向相同，如图 3-9(a)所示，这时速度 v 的方向与加速度 a 的方向之间的夹角为切向加速度 a_τ 的方向与加速度 a 方向之间的夹角 θ，设圆盘转动的角加速度为 β，则有

$$a_\tau = R\beta, \quad a_n = R\omega^2, \quad \tan\theta = \frac{a_n}{a_\tau} = \frac{\omega^2}{\beta}, \quad \omega^2 = \beta\tan\theta = \tan\theta\frac{d\omega}{dt}.$$

由此得
$$\frac{d\omega}{\omega^2} = \cot\theta dt.$$

对上式两边积分得
$$\int_{\omega_0}^{\omega} \frac{d\omega}{\omega^2} = \cot\theta \int_0^t dt,$$

由此得
$$\frac{1}{\omega_0} - \frac{1}{\omega} = t\cot\theta.$$

则有
$$\omega = \frac{\omega_0}{1 - \omega_0 t\cot\theta}.$$

(2) 当圆盘作减速转动时，a_τ 的方向与 v 的方向相反，这时 v 的方向与加速度 a 的方向的夹角为 θ，而 a_τ 的方向与加速度 a 的方向的夹角为 φ，$\theta + \varphi = 180°$，如图 3-9(b)所示，这时有

$$a_\tau = -R\beta, \quad a_n = R\omega^2, \quad \tan\theta = -\tan\varphi = -\frac{a_n}{a_\tau} = \frac{\omega^2}{\beta},$$

由此得
$$\omega^2 = \beta\tan\theta = \tan\theta\frac{d\omega}{dt}.$$

即有
$$\frac{d\omega}{\omega^2}=\cot\theta dt,$$
对该式积分可得
$$\int_{\omega_0}^{\omega}\frac{d\omega}{\omega^2}=\cot\theta\int_0^t dt,$$
由此得
$$\frac{1}{\omega_0}-\frac{1}{\omega}=t\cot\theta,$$
则有
$$\omega=\frac{\omega_0}{1-\omega_0 t\cot\theta}.$$

上述讨论表明，不论圆盘是做加速转动还是做减速转动，只要使其边缘上任一点速度的方向与加速度的方向之间的夹角 θ 保持不变，圆盘角速度 ω 随时间 t 变化的规律就有相同的表达式.

3.2 刚体动力学

从本节开始研究刚体绕固定轴转动的动力学规律.

3.2.1 刚体绕定轴转动时对转轴的角动量

由于刚体可以看成由无数质元组成的质点系，而且各质元间的距离不变. 首先研究质点对某轴的角动量，如图 3-10 所示，设 m 质点对转轴上任一点的角动量为 $\boldsymbol{L}=\boldsymbol{r}\times m\boldsymbol{v}$.

应当指出的是，虽然质点 m 相对于 Oz 轴上的不同参考点的角动量是不相等的，但这些角动量在该轴线上的投影却是相等的. 取 S 面与 Oz 轴垂直，则质点 m 对于 O 点的角动量在 z 轴上的投影应是以 $\boldsymbol{r}$ 及 $m\boldsymbol{v}$ 为邻边的平行四边形的面积在 S 面上的投影面积. 因而有
$$L_z=P_\perp r\sin\alpha=rP_\perp\sin\alpha.$$

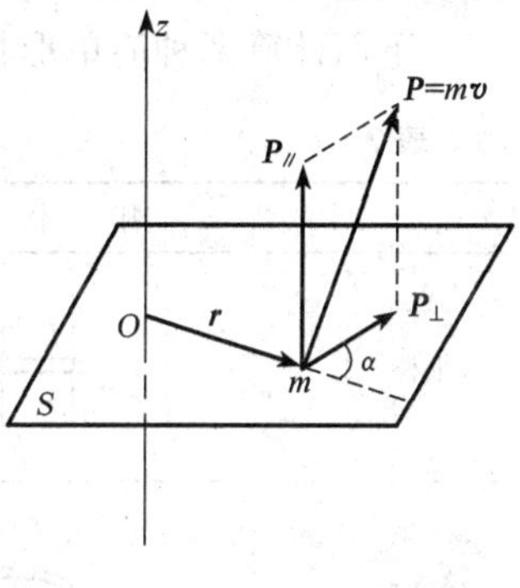

图 3-10　质点对 Oz 轴的角动量

把质点对某转轴上任意一点的角动量 $\boldsymbol{L}$ 在该转轴上的投影，称为质点对某转轴的角动量，若某转轴为 Oz 轴，便用 L_z 表示.

刚体绕定轴转动时，刚体上每一个质点都以相同的角速度绕轴 Oz 做圆周运动，于是对第 i 个质点有
$$L_{zi}=m_iv_ir_i=m_ir_i^2\omega.$$
那么，刚体上所有质点对轴 Oz 的角动量，即刚体绕定轴转动时对转轴的角动量为
$$L_z=(\sum_i m_ir_i^2)\omega. \tag{3-11}$$
式(3-11)右方括号内为刚体所有质点质量与其到转轴线垂直距离平方的乘积之和，为刚体绕轴 Oz 的转动惯量，并用 I_z 表示. 于是刚体对定轴(Oz 轴)的角动量可写为
$$L_z=I_z\omega. \tag{3-12}$$

3.2.2　转动惯量

如上所述，刚体对一定轴的转动惯量等于各质点质量与其到转轴垂直距离平方的乘积之和，即

$$I_z=\sum_i m_i r_i^2.$$

实际上，刚体的质量是连续分布的，为了精确地表示刚体的转动惯量，应将上式中质点质量 m_i 改为质量微分 $\mathrm{d}m$，将求和运算变为积分运算，即

$$I_z=\int_m r^2\mathrm{d}m. \qquad (3-13)$$

积分应对刚体全部体积，若用 ρ 表示刚体的体密度，用 $\mathrm{d}V$ 表示体积微分，则 $\mathrm{d}m=\rho\mathrm{d}V$，代入式(3-13)，得

$$I=\int_V r^2\rho\mathrm{d}V. \qquad (3-14)$$

由转动惯量的定义可知，刚体的转动惯量等于刚体中各质元的质量和它离转轴垂直距离的二次方的乘积的总和，因此转动惯量的大小不仅和刚体的总质量有关而且和质量相对于转轴的分布有关．形状、大小相同的均匀刚体总质量越大，转动惯量越大；总质量相同的刚体质量分布离轴越远，转动惯量越大．

由于转动惯量和刚体质量相对于转轴的分布有关，同一刚体对于不同的转轴有不同的转动惯量，因此，说到刚体转动惯量的大小时必须指明是对哪个轴而言的．在国际单位制中转动惯量的单位以 $\mathrm{kg\cdot m^2}$ 表示．表 3-1 为常见刚体的转动惯量．

下面计算两种简单形状刚体的转动惯量．

表 3-1　　　　**常见刚体的转动惯量**

刚体		转轴	转动惯量
细棒	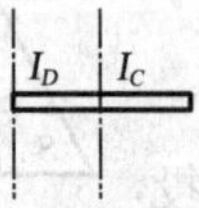	通过中心与棒垂直	$I_C=\frac{1}{12}ml^2$
		通过端点与棒垂直	$I_D=\frac{1}{3}ml^2$
细圆环	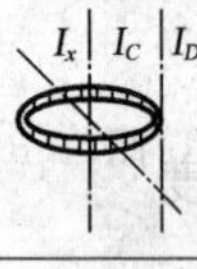	通过中心与环面垂直	$I_C=mR^2$
		通过边缘与环面垂直	$I_D=2mR^2$
		直径	$I_x=I_y=\frac{1}{2}mR^2$
薄圆盘	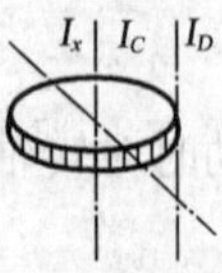	通过中心与盘面垂直	$I_C=\frac{1}{2}mR^2$
		通过边缘与盘面垂直	$I_D=\frac{3}{2}mR^2$
		直径	$I_x=I_y=\frac{1}{4}mR^2$
空心圆柱	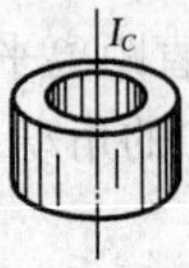	对称轴	$I_C=\frac{1}{2}m(R_2^2+R_1^2)$

（续表）

刚　　体		转　　轴	转动惯量
球壳	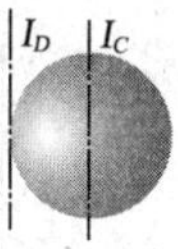	中心轴	$I_C = \frac{2}{3}mR^2$
		切线	$I_D = \frac{5}{3}mR^2$
球体	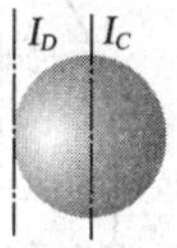	中心轴	$I_C = \frac{2}{5}mR^2$
		切线	$I_D = \frac{7}{5}mR^2$
立方体	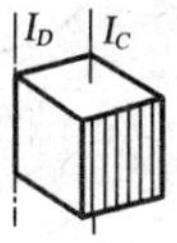	中心轴	$I_C = \frac{1}{6}ml^2$
		棱边	$I_D = \frac{2}{3}ml^2$

注：表中列出几种密度均匀的形状规则的刚体对某些转轴的转动惯量，供计算时参考.

例 3.3　有一质量为 m，长为 l 的均匀细长棒，求：通过棒中心并与棒垂直的轴的转动惯量.

解　建坐标 Ox，如图 3-11 所示，原点 O 在杆的中心. 在棒上任取一元段 dx，离转轴垂直距离为 x，设棒的线密度为 λ，则元段 λdx 的质量为 $dm = \lambda dx$.

根据式(3-13)，故得

$$I_0 = \int_m r^2 dm = \int_{-l/2}^{l/2} x^2 \lambda dx = \frac{1}{12}\lambda l^3.$$

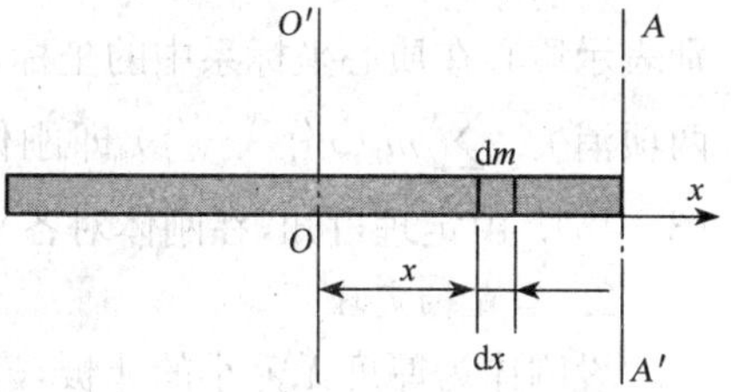

图 3-11

因细长棒质量 $m = \lambda l$，故此细长棒对过棒中心并与棒垂直的轴的转动惯量为

$$I_0 = \frac{1}{12}ml^2.$$

如以通过棒的端点且平行于 OO' 的 AA' 轴为转轴，用同样的方法，可计算出棒对 AA' 为转轴的转动惯量为 $\frac{1}{3}ml^2$，它比转轴为 OO' 时的转动惯量要大，试说明原因.

例 3.4　一质量为 m，半径为 R 的均匀圆盘，求：通过盘中心 O 并与盘面垂直的轴的转动惯量.

解　设圆盘的质量面密度为 σ，如图 3-12 所示，在圆盘上取一半径为 r、宽度为 dr 的圆环，圆环的面积为 $2\pi r dr$，此圆环质量元 $dm = \sigma\pi 2r dr$，由式(3-13)可求得通过盘面中心 O，垂直盘面的轴的转动惯量为

$$I_0 = \int_m r^2 dm = \int_0^R r^2 \sigma \cdot 2\pi r dr = 2\pi\sigma \frac{1}{4}R^4 = \frac{1}{2}mR^2.$$

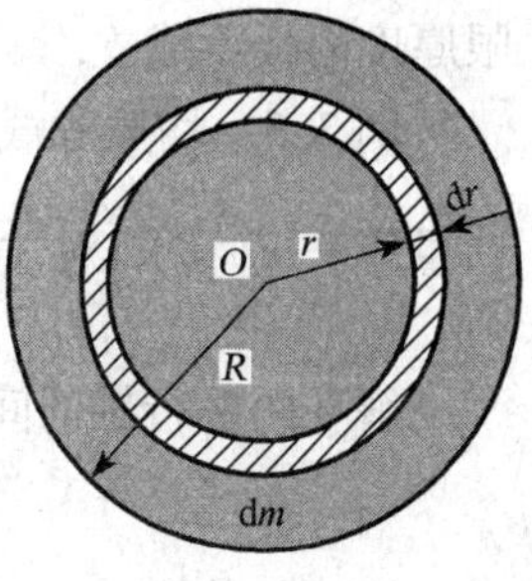

图 3-12

在以上两个例子中转轴都是通过刚体质心的对称轴，如果把转轴平移，转动惯量如何变化？下面的定理可以回答这个问题.

1. 平行轴定理

刚体转动惯量与轴的位置有关. 若二轴平行，其中一轴过质心，则刚体对二轴转动惯量的关系为

$$I = I_C + md^2. \qquad (3-15)$$

式中，m 为刚体质量；I_C 为刚体对过质心轴的转动惯量；I 为对另一平行轴的转动惯量；d 为两轴的垂直距离. 式(3-15)称为**平行轴定理**. 现证明如下.

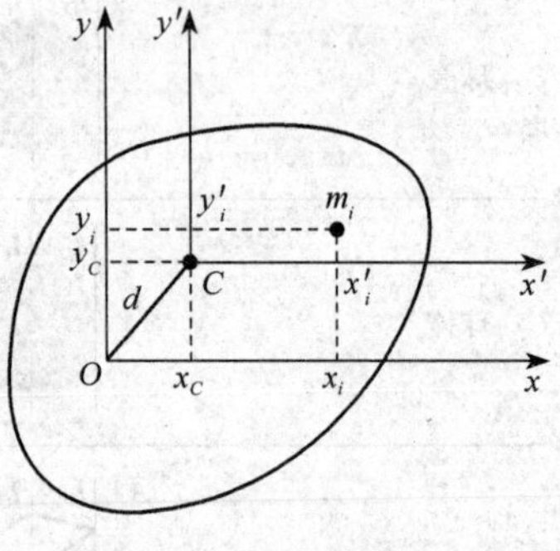

图 3-13　平行轴定理

图 3-13 中，Oz 与 Cz' 轴与纸面垂直，带撇坐标系表示质心坐标系，刚体对 Oz 轴的转动惯量为

$$\begin{aligned} I &= \sum m_i(x_i^2 + y_i^2) = \sum m_i[(x'_i + x_C)^2 + (y'_i + y_C)^2] \\ &= \sum m_i(x'^2_i + y'^2_i) + 2x_C \sum m_i x'_i + 2y_C \sum m_i y'_i + (x_C^2 + y_C^2)\sum m_i. \end{aligned}$$

用 m 表示刚体总质量. 根据质心坐标式，有 $\sum m_i x'_i = m x'_C$，$\sum m_i y'_i = m y'_C$，x'_C 和 y'_C 分别表示质心在质心坐标系中的坐标，因这一坐标系原点正在质心，故 $x'_C = y'_C = 0$，上式中间两项消失. $\sum m_i(x'^2_i + y'^2_i)$ 即刚体对 C'_z 轴的转动惯量 I_C，而 $x_C^2 + y_C^2 = d^2$. 于是得式(3-15). 由定理可知，在刚体对各平行轴的不同转动惯量中，对质心轴的转动惯量最小.

2. 垂直轴定理

设刚体为厚度无穷小的薄板，建立坐标系 $Oxyz$，z 轴与薄板垂直，xOy 坐标面在薄板平面内，如图 3-14 所示. 刚体对 z 轴的转动惯量为

$$I_z = \sum m_i r_i^2 = \sum m_i x_i^2 + \sum m_i y_i^2.$$

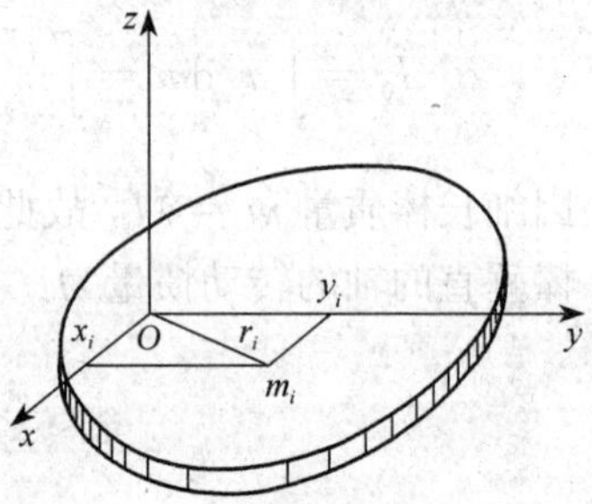

图 3-14　垂直轴定理

等号右方两部分顺次表示刚体对 x 和 y 轴的转动惯量，即

$$I_z = I_x + I_y. \qquad (3-16)$$

因此，无穷小厚度的薄板对一与它垂直的坐标轴的转动惯量，等于薄板对板面内另二直角坐标轴的转动惯量之和，称**垂直轴定理**. 注意本定理对于有限厚度的板不成立.

例 3.5　均质等截面细杆质量为 m，长为 l，已知其对于过中心且与杆垂直之轴的转动惯量为 $\frac{1}{12}ml^2$，求：对过端点且与杆垂直之轴的转动惯量.

解　两平行轴的间距为 $d = \frac{1}{2}l$，根据平行轴定理，得

$$I = I_C + md^2 = \frac{1}{12}ml^2 + m\left(\frac{1}{2}l\right)^2 = \frac{1}{3}ml^2.$$

3.2.3　刚体定轴转动的转动定理

用推导质点系对于某固定参考点的角动量定理的方法，可推得质点系对某轴线 z 的角动量定理

$$\sum_i M_{zi} = \frac{\mathrm{d}L_z}{\mathrm{d}t}.$$

即质点系对某轴线 z 的角动量对时间的变化率等于质点系所受的外力对该轴线的力矩的代数和.

由于刚体绕定轴转动时对定轴的角动量 $L_z = I_z\omega$，代入上式得

$$M_z = \frac{\mathrm{d}}{\mathrm{d}t}(I_z\omega). \tag{3-17}$$

由于定轴，刚体对定轴的转动惯量 I_z 是不变的，故有

$$M_z = I_z\frac{\mathrm{d}\omega}{\mathrm{d}t} = I_z\beta.$$

写成矢量式

$$\boldsymbol{M} = \boldsymbol{I}\beta. \tag{3-18}$$

式(3-18)表明，**刚体绕定轴转动时，刚体对该定轴的转动惯量与角加速度的乘积在数量上等于诸外力对此定轴的力矩的代数和. 这就是刚体定轴转动的转动定理.**

式(3-18)与一维直线运动的牛顿第二定律 $f = ma$ 是对应的，这时合外力矩 $\sum_i M_{zi}$ 与合外力 f 相对应，转动惯量 I_z 与质量 m 相对应，角加速度 β 与加速度 a 相对应，它们都说明运动状态的变化和外界作用的瞬时关系. 即某时刻的合外力矩将引起该时刻的刚体转动状态的改变，亦即使刚体获得角加速度，当合外力矩为零时，角加速度也为零，则刚体处于静止或匀速转动状态. 若合外力矩为一恒量，则刚体做匀角变速转动；若合外力矩是变化的，则刚体将做变角加速转动，这时上述转动定理的表达式(3-18)实际上是一个微分方程，即

$$M_z = I_z\frac{\mathrm{d}\omega}{\mathrm{d}t} = I_z\frac{\mathrm{d}^2\varphi}{\mathrm{d}t^2}. \tag{3-19}$$

例 3.6　一细绳绕在半径为 R 的定滑轮边缘，定滑轮的质量为 m_1，滑轮与轴承间的摩擦不计，今用恒力 $\boldsymbol{F}$ 拉绳的下端[图 3-15(a)]或悬挂一重量 $W = F$ 的物体[图 3-15(b)]，使滑轮由静止开始转动，分别求滑轮在这两种情况下的角加速度.

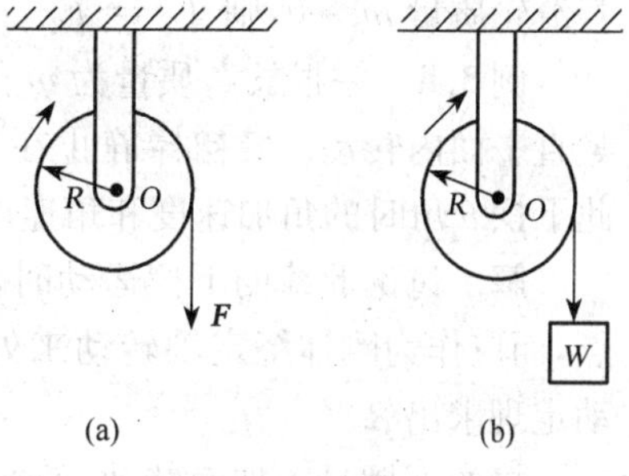

图 3-15

解　定滑轮当做均匀圆盘，则 $I_0 = \frac{1}{2}m_1R^2$，运用刚体定轴转动的转动定理，对于轴 O 有

$$FR = I\beta = \frac{1}{2}m_1R^2\beta.$$

所以
$$\beta=\frac{2F}{m_1R}.$$

对于图 3－15(b)所示，画出隔离图. 根据刚体定轴转动定理可写出

$$TR=I\beta=\frac{1}{2}m_1R^2\beta.$$

又对物体 m_2，由牛顿第二定律，沿竖直方向，有

$$W-T=m_2a.$$

滑轮和物体的运动还有一个关系 $a=R\beta$，联立解以上三式，可得

$$\beta=\frac{2Fg}{(m_1g+2F)R}.$$

例 3.7 如图 3－16 所示的装置叫阿特伍德(Atwood)机，用一细绳跨过定滑轮，而在绳的两端各悬质量为 m_1 和 m_2 的物体，其中 $m_1>m_2$，求：它们的加速度及绳两端的张力 T_1 和 T_2. 设绳不可伸长，质量可忽略，它与滑轮之间无相对滑动；滑轮的半径为 R，质量为 m，且分布均匀.

解 分别隔离 m_1，m_2 和滑轮如图 3－16 所示，对 m_1 和 m_2 有

$$m_1g-T_1=m_1a_1,\quad T_2-m_2g=m_2a_2.$$

对滑轮，合外力矩为 T_1R-T_2R，故有

$$(T_1-T_2)R=I\beta=\frac{1}{2}mR^2\beta.$$

由于绳子不可伸长，且不打滑，因此

$$a_1=a_2=R\beta,$$

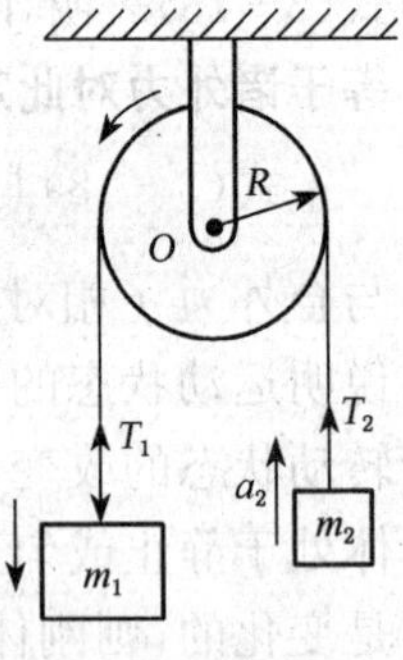

图 3-16

上述方程联立求解可得

$$a_1=a_2=\frac{2(m_1-m_2)g}{m+2(m_1+m_2)},\quad T_1=\frac{(m+4m_2)m_1g}{m+2(m_1+m_2)},\quad T_2=\frac{(m+4m_1)m_2g}{m+2(m_1+m_2)}.$$

若滑轮质量 $m\to 0$，则 $T_1=T_2$.

例 3.8 一根长 l，质量为 m 的均匀细直棒，其一端有一固定的光滑水平轴，因而可以在竖直平面内转动. 最初棒静止在水平位置. 求：它由此下摆 θ 角时的角加速度和角速度.

解 讨论此棒的下摆运动时，不能再把它看成质点，而应作为刚体绕定轴转动来处理. 这需要应用转动定理求出 β.

棒的下摆是一加速转动，所受外力矩即重力对转轴 O 的力矩. 取棒上一小圆，其质量为 $\mathrm{d}m$(图 3－17). 在棒下摆任意角度 θ 时，它所受的重力

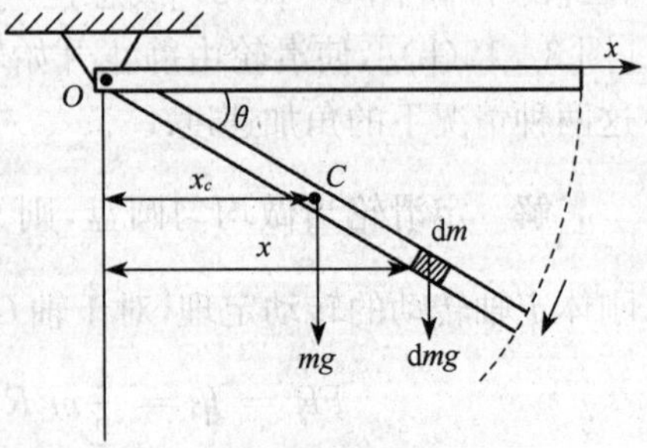

图 3-17

对轴 O 的力矩为 $x\mathrm{d}mg$，其中 x 是 $\mathrm{d}m$ 对轴 O 的水平坐标. 整个棒受的重力对轴 O 的力矩为

$$M=\int x\mathrm{d}mg=g\int x\mathrm{d}m.$$

由质心的定义，$\int x\mathrm{d}m=mx_C$，其中 x_C 是质心对于轴 O 的 x 坐标. 因而可得

$$M=mgx_C.$$

这一结果说明重力对整个棒的合力矩就和全部重力集中作用于质心所产生的力矩一样.

由于
$$x_C=\frac{1}{2}l\cos\theta,$$

所以有
$$M=\frac{1}{2}mgl\cos\theta.$$

代入转动定理可得细直棒的角加速度为

$$\beta=\frac{M}{I}=\frac{\frac{1}{2}mgl\cos\theta}{\frac{1}{3}ml^2}=\frac{3g\cos\theta}{2l}.$$

为求棒的角速度，仍用转动定理 $M=I\beta=I\frac{\mathrm{d}\omega}{\mathrm{d}t}$，由此

$$M\mathrm{d}t=I\mathrm{d}\omega.$$

两边都乘以 ω，并利用上面 $M=\frac{1}{2}mgl\cos\theta$，可得

$$\frac{1}{2}mgl\cos\theta\omega\mathrm{d}t=I\omega\mathrm{d}\omega.$$

由于 $\omega\mathrm{d}t=\mathrm{d}\theta$，所以有
$$\frac{1}{2}mgl\cos\theta\mathrm{d}\theta=I\omega\mathrm{d}\omega.$$

两边积分有
$$\int_0^\theta\frac{1}{2}mgl\cos\theta\mathrm{d}\theta=\int_0^\omega I\omega\mathrm{d}\omega,$$

得
$$\frac{1}{2}mgl\sin\theta=\frac{1}{2}I\omega^2.$$

由此可得 $\omega=\sqrt{mgl\sin\theta/I}=\sqrt{3g\sin\theta/l}$.

3.2.4　刚体定轴转动的角动量定理

根据刚体定轴转动的转动定理式(3-18)，可以得到

$$M_z\mathrm{d}t=I_z\mathrm{d}\omega.$$

两边积分得
$$\int_0^t M_z \mathrm{d}t = \int_{\omega_0}^{\omega} I_z \mathrm{d}\omega = I_z\omega - I_z\omega_0. \tag{3-20}$$

式中，$\int_0^t M_z \mathrm{d}t$ 是合外力矩在一段时间内的积累，称为冲量矩，它等于角动量的增量. 这就是刚体定轴转动的角动量定理. 在国际单位制中，冲量矩的单位是 m·N·s.

例 3.9 如图 3-18 所示，一质量为 m 的子弹以水平速度 v_0 射入一静止悬于顶端长棒的下端，穿出后速度损失 3/4，求：子弹穿出后棒的角速度 ω. 已知棒长为 l，质量为 M.

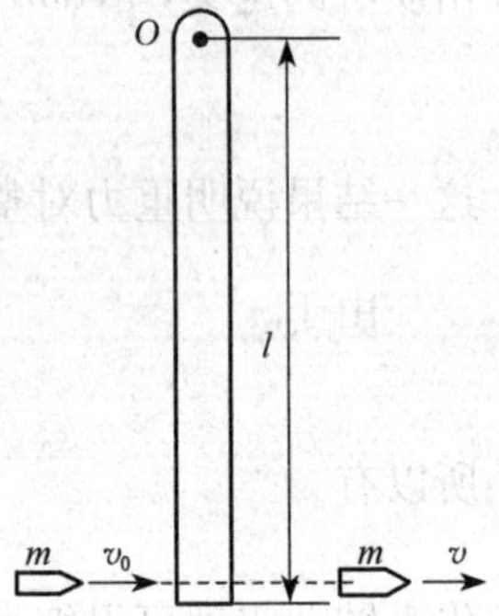

图 3-18

解 这是一个质点与刚体发生碰撞的过程，因为这一过程时间极短，可以认为过程中棒一直在竖直位置. 对棒和子弹组成的系统，外力是两者的重力及轴 O 处的作用力. 碰撞时这些外力对 O 轴的力矩为零，因此系统对 O 轴的总角动量守恒. 有

$$mv_0 l = mvl + \frac{1}{3}Ml^2\omega.$$

又因为 $v = \frac{1}{4}v_0$，故 $\omega = \dfrac{m\frac{3}{4}v_0 l}{\frac{1}{3}Ml^2} = \dfrac{9mv_0}{4Ml}$.

由式(3-17)或式(3-20)可知，当外力对某转轴的力矩之和为零时，则刚体对该轴的角动量将保持不变. 即刚体在绕定轴的转动过程中，当 $\sum_i M_{iz} = 0$ 时，$L_z = I_z\omega =$ 常量，这就是刚体定轴转动的角动量守恒定律. 如果在转动过程中转动惯量 I_z 保持不变，则刚体以恒定的角速度转动；如果物体绕定轴转动时，它对轴的转动惯量是可变的，则在满足角动量守恒的条件下，物体的角速度 ω 随转动惯量 I_z 的改变而变，但二者的乘积 $I_z\omega$ 却保持不变. 当 I_z 变大时，ω 变小；I 变小时，ω 变大. 例如，图 3-19 所示的实验演示. 设一人站在能绕竖直轴转动的转台上，两臂平伸，各握一个很重的哑铃，并让她转动起来. 当她收拢双臂时，人和转台转速加快. 如再伸出两臂，转速又将变慢. 在该过程中，由于没有外力矩作用(人的双臂用力时为内力，转轴摩擦力矩很小可略去)，转台和人组成系统角动量守恒. 花样滑冰运动员表演时，如欲在原地绕其自身飞快旋转，需先伸开两臂以增大转动惯量 I_0，使其初始角速度 ω_0 较小，然后再将两臂突然收拢，使转动惯量 I_0 尽量减小，由于运动员的重力和地面支承力沿铅直方向相互抵消，对轴的合外力矩为零，故运动员的角动量守恒，从而就可获得较大的旋转角速度.

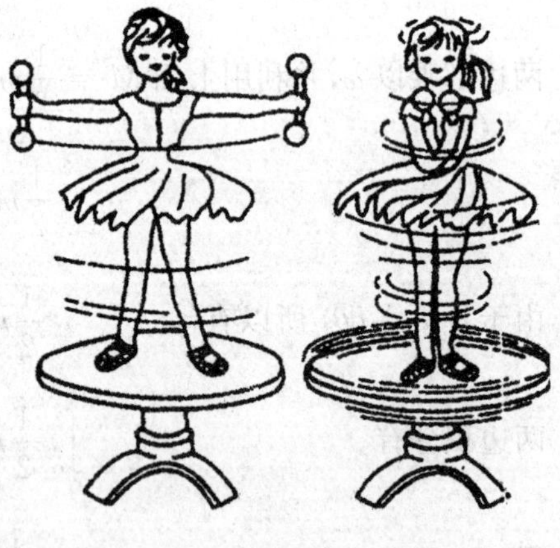
图 3-19 角动量守恒演示

当定轴转动系统由多个物体组成时，同样由质点系角动量定理可得，若质点系所受的外

力，对该定轴的力矩代数和为零时，则转动系统的 $L_z = \sum_i I_i\omega_i =$ 常量. 也就是在转动过程中系统内一个物体的角动量发生了某一改变，则另一物体的角动量必然有一个与之等值反号的改变量，因而总角动量保持不变.

3.2.5　刚体定轴转动的动能定理

运动质点具有动能，绕固定轴转动的刚体同样具有动能，按照把刚体视为不变质点系的观点，刚体转动动能应等于各质元动能之和. 设绕定轴转动的刚体中任意质元的质量为 m_i，速度为 v_i，各质元做圆周运动离轴的垂直距离为 r_i，则 $v_i = r_i\omega$，故整个刚体的动能为

$$E_k = \sum_i \frac{1}{2}m_i v_i^2 = \frac{1}{2}\sum_i m_i(r_i\omega)^2 = \frac{1}{2}\left(\sum_i m_i r_i^2\right)\omega^2 = \frac{1}{2}I\omega^2.$$

因此，定轴转动的刚体的动能可写成　$E_k = \dfrac{1}{2}I\omega^2.$　(3-21)

刚体由于转动而具有的动能，所以又称刚体的转动动能. 它等于刚体对转轴的转动惯量与角速度平方的乘积之半. 这与质点动能的表达式 $\frac{1}{2}mv^2$ 也是相对应的.

以下从刚体定轴转动的角动量定理推出刚体转动的动能定理.

根据

$$M_z = I_z\frac{d\omega}{dt},$$

将上式左右两边都乘以角位移 $d\varphi$，得

$$M_z d\varphi = I_z\frac{d\omega}{dt}d\varphi = I_z\frac{d\varphi}{dt}d\omega = I_z\omega d\omega.$$

若刚体在合外力矩作用下角速度由 ω_0 变为 ω，相应地，角坐标由 φ_0 变为 φ，将上式两边分别作定积分，于是得

$$\int_{\varphi_0}^{\varphi} M_z d\varphi = \int_{\omega_0}^{\omega} I_z\omega d\omega = \frac{1}{2}I_z\omega^2 - \frac{1}{2}I_z\omega_0^2. \qquad (3-22)$$

左边积分即为合外力矩的功，如图 3-20 所示，以 $\boldsymbol{F}$ 表示作用在刚体上 P 点的外力，当刚体绕定轴 O(垂直于纸面)有一角位移 $d\varphi$ 时，力 $\boldsymbol{F}$ 做的元功为

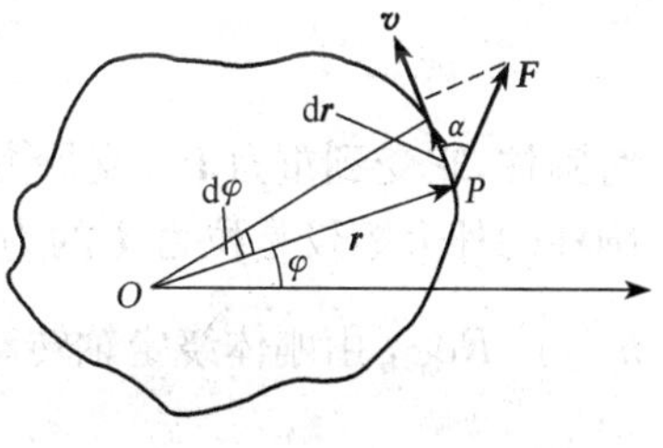

图 3-20　外力矩对刚体做的功

$$dA = \boldsymbol{F}\cdot d\boldsymbol{r} = |\boldsymbol{F}|\cos\alpha\cdot|d\boldsymbol{r}| = Fr\cos\alpha d\varphi.$$

由于 $F\cos\alpha$ 是力 $\boldsymbol{F}$ 沿 $d\boldsymbol{r}$ 方向的分量，因而垂直于 $\boldsymbol{r}$ 的方向，所以 $Fr\cos\alpha$ 就是力对转轴的力矩 M_z，因此有

$$dA = M_z d\varphi,$$

即力对转动刚体做的元功等于相应的力矩和角位移的乘积.

对于有限的角位移，力做的功应该用积分

$$A=\int_{\varphi_0}^{\varphi} M_z \mathrm{d}\varphi. \tag{3-23}$$

此式就叫外力矩的功.

若刚体受有许多外力 $\boldsymbol{F}_1, \boldsymbol{F}_2, \cdots, \boldsymbol{F}_n$ 作用,这些外力都在垂直于轴的平面上,则当刚体在转过角位移 $\mathrm{d}\varphi$ 的过程中,各力作用点 $P_1, P_2, \cdots, P_n$ 的位矢都扫过相同的 $\mathrm{d}\varphi$ 角. 各外力的力矩做功之代数和就是这些外力的合力矩所做的功

$$\sum_i A_i=\int_{\varphi_0}^{\varphi} M_{z1}\mathrm{d}\varphi+\int_{\varphi_0}^{\varphi} M_{z2}\mathrm{d}\varphi+\cdots+\int_{\varphi_0}^{\varphi} M_{zn}\mathrm{d}\varphi=\int_{\varphi_0}^{\varphi}\sum_i M_{zi}\mathrm{d}\varphi.$$

应注意,力矩做功实质上仍是力所做的功. 只是由于在刚体转动的情况下,这个功在形式上不用力与位移之乘积表示,而是用力矩与角位移的乘积来表示而已.

所以式(3-22)说明,合外力矩对一个绕固定轴转动的刚体所做的功等于刚体转动动能的增量. 这一定理与质点的动能定理类似,称之为**刚体定轴转动的动能定理**.

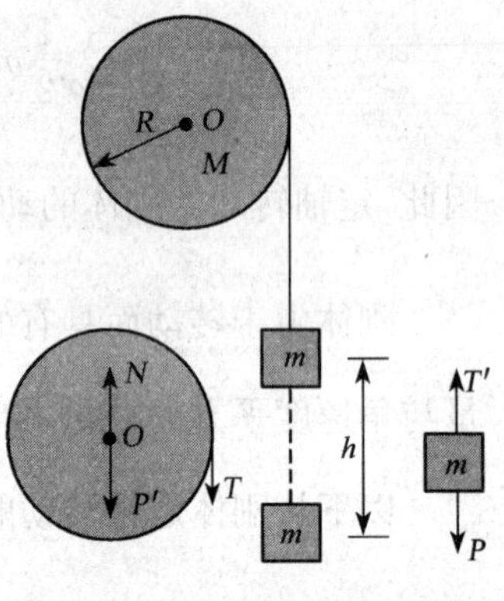

图 3-21

例 3.10 如图 3-21 所示装置,一质量为 M,半径为 R 的圆柱,可绕一无摩擦的水平轴 O 转动. 绳索一端在圆柱的边缘上,另一端悬挂质量为 m 的物体. 问:物体 m 由静止下落高度 h 时,其速率为多少? 并设绳的质量可忽略,且不可伸长.

解 可用两种方法求解.

方法 1 用质点和刚体转动动能定理. 对于物体 m,可视为质点,重力 P 做正功 mgh,绳的拉力 T' 做负功 $-T'h$,质点动能由零增至 $\frac{1}{2}mv^2$,按质点动能定理有

$$mgh-T'h=\frac{1}{2}mv^2-\frac{1}{2}mv_0^2.$$

对圆柱,它受到重力 $\boldsymbol{P}'$、支持力 $\boldsymbol{N}$ 和拉力 $\boldsymbol{T}$ 的作用. 由于 $\boldsymbol{P}'$ 和 $\boldsymbol{N}$ 的通过转轴 O,故作用于圆柱的外力矩仅是拉力 $\boldsymbol{T}$ 的力矩. 当物体 m 下落高度 h 时,圆柱的转角由 φ_0 改变为 φ,且 $h=\int_{\varphi_0}^{\varphi} R\mathrm{d}\varphi$,由刚体绕定轴转动的动能定理可得拉力 $\boldsymbol{T}$ 的力矩所做的功为

$$\int_{\varphi_0}^{\varphi} TR\mathrm{d}\varphi=R\int_{\varphi_0}^{\varphi} T\mathrm{d}\varphi=\frac{1}{2}I\omega^2-\frac{1}{2}I\omega_0^2.$$

物体 m 和圆柱由静止开始,有 $v_0=0$, $\omega_0=0$,还有 $v=R\omega$,于是上面二式联立可得

$$v=2\sqrt{\frac{mgh}{M+2m}}.$$

方法 2 用质点系机械能守恒定律. 将物体 m、圆柱 M、绳及地球视为质点系. 因为绳的拉力对圆柱体转轴的力矩功为 Th,绳的拉力对物体 m 下落做负功 $-Th$,故非保守内力做功的代数和为零. 又不计一切阻力,故非保守内力不做功,只有保守内力重力做功,故质

点系机械能守恒.

若选物体 m 下落 h 后的位置为重力势能零点,则得机械能守恒方程式

$$mgh=\frac{1}{2}mv^2+\frac{1}{2}I\omega^2.$$

将 $I=\frac{1}{2}MR^2$, $\omega=\frac{v}{R}$ 代入上式,可求出　　$v=2\sqrt{\frac{mgh}{M+2m}}$.

例 3.11　如图 3-22 所示,一均匀细棒,可绕通过其端点并与棒垂直的水平轴转动. 已知棒长为 l,质量为 m,开始时棒处于水平位置. 令棒由静止下摆,求:摆至竖直位置时,棒的角速度.

解　求棒的角速度有两种方法.

方法 1　运用刚体定轴转动的动能定理,设棒由水平位置下落到任一位置 OA'(图 3-22),由于题设不计摩擦力,轴对棒的支承力 $\boldsymbol{N}$ 作用于棒和轴的接触面,且通过 O 点. 在棒的下落过程中,支承力 $\boldsymbol{N}$ 的大小和方向是随时改变的,但对轴 O 的力矩等于零,对棒不做功. 只有重力在棒下落的过程中做功,但重力 mg 的力臂是变化的,所以重力矩是一个变力矩,大小等于 $mg\cdot\frac{l}{2}\cos\varphi$, 重力矩所做的元功为

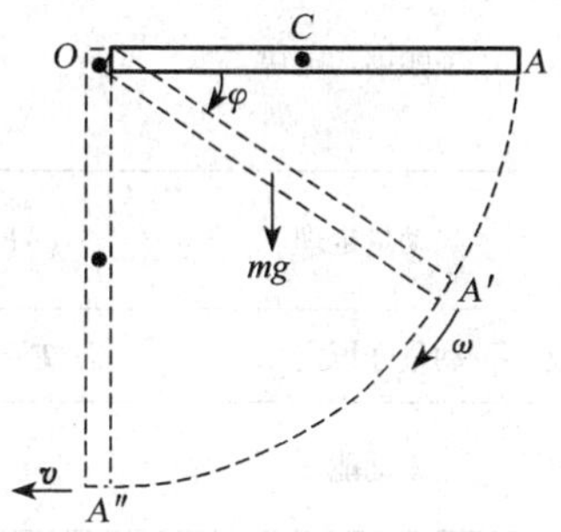

图 3-22

$$\mathrm{d}A=mg\,\frac{l}{2}\cos\varphi\mathrm{d}\varphi,$$

而在棒从水平位置下落到竖直位置的过程中,重力矩所做的功为

$$A=\int_0^{\frac{\pi}{2}}mg\,\frac{l}{2}\cos\varphi\mathrm{d}\varphi=mg\,\frac{l}{2}.$$

据刚体定轴转动功能定理,有

$$mg\,\frac{l}{2}=\frac{1}{2}I\omega^2-0,$$

所以

$$\omega=\sqrt{\frac{mgl}{I}}=\sqrt{\frac{3g}{l}}.$$

方法 2　运用机械能守恒定律. 若在刚体定轴转动过程中,只有重力做功,其他非保守力均不做功,则刚体在重力场中的机械能守恒,即有 $mg\,\frac{l}{2}=\frac{1}{2}I\omega^2$, 刚体的重力势能等于把刚体全部质量集中于质心处的一个质点所具有的重力势能. 很明显方法 2 要简便得多.

以上讨论了刚体定轴转动时的有关物理量和规律,必须注意规律形式和研究思路的类比方法. 把质点运动与刚体定轴转动的一些重要物理量和重要公式类比成表 3-2.

表 3-2　　质点运动与刚体定轴转动对照表

质点运动		刚体定轴转动	
速度	$v=\frac{\mathrm{d}\boldsymbol{r}}{\mathrm{d}t}$	角速度	$\omega=\frac{\mathrm{d}\varphi}{\mathrm{d}t}$
加速度	$\boldsymbol{a}=\frac{\mathrm{d}\boldsymbol{v}}{\mathrm{d}t}$	角加速度	$\beta=\frac{\mathrm{d}\omega}{\mathrm{d}t}$
力	$\boldsymbol{F}$	力矩	M
质量	m	转动惯量	$I=\int r^2\mathrm{d}m$
动量	$\boldsymbol{p}=m\boldsymbol{v}$	角动量	$L=I\omega$
牛顿第二定律	$\boldsymbol{F}=m\boldsymbol{a}$ $\boldsymbol{F}=\frac{\mathrm{d}\boldsymbol{p}}{\mathrm{d}t}$	转动定律	$M=I\beta$ $M=\frac{\mathrm{d}L}{\mathrm{d}t}$
动量定理	$\int\boldsymbol{F}\mathrm{d}t=m\boldsymbol{v}_2-m\boldsymbol{v}_1$	角动量定理	$\int M\mathrm{d}t=I\omega_2-I\omega_1$
动量守恒定律	$\boldsymbol{F}=0$；$m\boldsymbol{v}=$ 恒矢量	角动量守恒定律	$M=0$；$I\omega=$ 恒量
动能	$\frac{1}{2}mv^2$	转动动能	$\frac{1}{2}I\omega^2$
功	$A=\int\boldsymbol{F}\cdot\mathrm{d}\boldsymbol{r}$	力矩的功	$A=\int M\mathrm{d}\varphi$
动能定理	$A=\frac{1}{2}mv_2^2-\frac{1}{2}mv_1^2$	转动动能定理	$A=\frac{1}{2}I\omega_2^2-\frac{1}{2}I\omega_1^2$

*3.2.6　刚体的进动和回转效应

众所周知，玩具陀螺不转动时，由于受到重力矩的作用，便会发生倾倒．但当陀螺急速旋转时，尽管同样也受到重力矩的作用，却不会倒下来．这时可看到，陀螺在绕本身对称轴线转动的同时，其对称轴还将绕竖直轴 Oz 回转，如图 3-23 所示．这种回转现象称为进动．

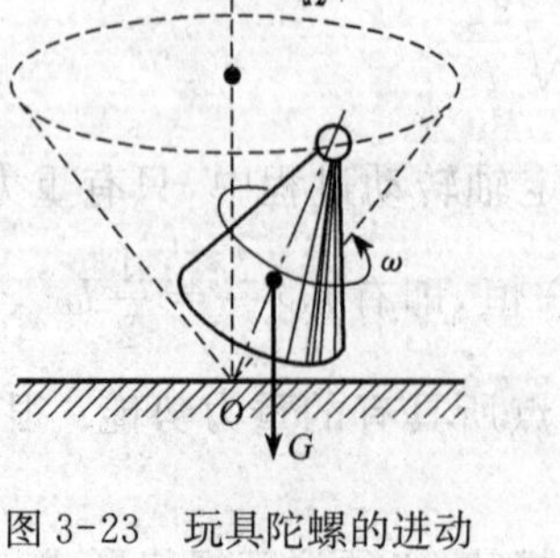

图 3-23　玩具陀螺的进动

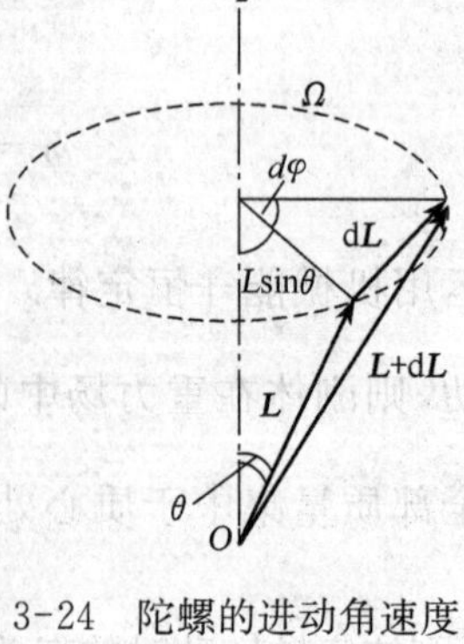

图 3-24　陀螺的进动角速度 Ω

初看起来，回转效应有些不可思议．为什么陀螺在重力矩的作用下，当急速旋转时就不会倾倒呢？其实，这不过是机械运动矢量性的一种表现. 在平动情况中，如质点所受外力方向与原有的运动方向不一致时，那么，质点最后运动的方向既不是外力的方向，也不是原有的运动方向，实际的运动方向是由上述两个方向共同决定的. 在转动中，也有类似情况. 本来急速旋转的刚体，在与它的转动方向不同的外力矩作用下，也不是沿外力矩的方向转动，而会出现进动现象. 当急速旋转的陀螺在倾斜状态时，因它自转的角速度远大于进动的角速度，可把陀螺对 O 点的角动量 $\boldsymbol{L}$ 看做它对本身对称轴的角动量. 由于重力对 O 点产生一力矩，其方向垂直于转轴和重力所组成的平面. 根据角动量定理，在极短时间 $\mathrm{d}t$ 内，陀螺的角动量将增加 $\mathrm{d}\boldsymbol{L}$，其方向与外力矩的方向相同. 因外力矩的方向垂直于 $\boldsymbol{L}$，所以 $\mathrm{d}\boldsymbol{L}$ 的方向也与 $\boldsymbol{L}$ 垂直，结果使 $\boldsymbol{L}$ 的大小不变而方向发生变化，如图 3 - 24 所示. 因此，陀螺的自转轴将从 $\boldsymbol{L}$ 的位置转到 $\boldsymbol{L}+\mathrm{d}\boldsymbol{L}$ 的位置上，从陀螺的顶部向下看，其自转轴的回转方向是逆时针的. 这样，陀螺就不会倒下，而沿一锥面转动，亦即绕竖直轴 Oz 作进动.

以下来计算进动的角速度，即陀螺自转轴绕竖直轴 Oz 转动的角速度. 在 $\mathrm{d}t$ 时间内，角动量 $\boldsymbol{L}$ 的增量 $\mathrm{d}\boldsymbol{L}$ 从图 3-24 可知

$$\mathrm{d}L = L\sin\theta\mathrm{d}\varphi = I\omega\sin\theta\mathrm{d}\varphi.$$

式中，ω 为陀螺自转的角速度；$\mathrm{d}\varphi$ 为自转轴在 $\mathrm{d}t$ 时间内绕 Oz 轴转动的角度；θ 为自转轴与 Oz 轴的夹角. 于是，由角动量定理有

$$\mathrm{d}L = M\mathrm{d}t.$$

以此代入上式得

$$M\mathrm{d}t = I\omega\sin\theta\mathrm{d}\varphi.$$

按定义，进动的角速度 $\Omega = \dfrac{\mathrm{d}\varphi}{\mathrm{d}t}$，所以

$$\Omega = \frac{M}{I\omega\sin\theta}. \tag{3-24}$$

由此可知，进动角速度 Ω 与外力矩成正比，与陀螺自转的角动量成反比. 因此，当陀螺自转角速度很大时，进动角速度较小；而在陀螺自转角速度很小时，进动角速度却增大.

在力学中将绕对称轴高速旋转的刚体统称为回转仪，而把回转仪在外力矩作用下产生进动的效应称为回转效应. 回转效应在实践中有广泛的应用. 例如，飞行中的子弹或炮弹，将受到空气阻力的作用，阻力的方向是逆着弹道的，而且一般又不作用在子弹或炮弹的质心上，这样，阻力对质心的力矩就可能使弹头翻转. 为了保证弹头着地而不翻转，常利用枪膛和炮筒中来复线的作用，使子弹或炮弹绕自己的对称轴高速旋转. 由于回转效应，空气阻力的力矩使子弹或炮弹的自转轴绕弹道方向进动，这样，子弹或炮弹的自转轴就将与弹道方向始终保持不太大的偏离，再没有翻转的可能.

但是，任何事物都是一分为二的，回转效应有时也引起有害的作用. 例如，在轮船转弯时，由于回转效应，涡轮机的轴承将受到附加的力，这在设计和使用中是必须考虑的.

进动的概念在微观领域中也常用到. 如原子中的电子同时参与绕核运动与电子本身的自旋，都具有角动量，在外磁场中，电子将以外磁场方向为轴线做进动. 这是从物质的电结构来说明物质磁性的理论依据.

习题 3

3.1　可绕水平轴转动的飞轮，直径为 1.0 m，一条绳子绕在飞轮的外周边缘上. 如果飞轮从静止开始做匀角加速运动且在 4 s 内绳被展开 10 m，则飞轮的角加速度是多大？　[2.5 rad/s^2]

3.2　一飞轮以 600 r/min 的转速旋转，转动惯量为 2.5 kg · m^2，现加一恒定的制动力矩使飞轮在 1 s 内停止转动，则该恒定制动力矩是多大？　[157 N · m]

3.3　光滑的水平桌面上有长为 $2l$、质量为 m 的匀质细杆，可绕通过其中点 O 且垂直于桌面的竖直固定轴自由转动，转动惯量为 $\frac{1}{3}ml^2$，起初杆静止. 有一质量为 m 的小球在桌面上正对着杆的一端，在垂直于杆长的方向上，以速率 v 运动，如图 3 - 25 所示. 当小球与杆端发生碰撞后，就与杆粘在一起随杆转动. 求：

这一系统碰撞后的转动角速度. $\left[\dfrac{3v}{4l}\right]$

3.4 如图 3-26 所示，一静止的均匀细棒，长为 L、质量为 M，可绕通过棒的端点且垂直于棒长的光滑固定轴 O 在水平面内转动，转动惯量为 $\frac{1}{3}ML^2$. 一质量为 m、速率为 v 的子弹在水平面内沿与棒垂直的方向射出并穿出棒的自由端，设穿过棒后子弹的速率为 $\frac{1}{2}v$，则此时棒的角速度是多大? $\left[\dfrac{3mv}{2ML}\right]$

3.5 如图 3-27 所示，一质量为 m 的匀质细杆 AB，A 端靠在光滑的竖直墙壁上，B 端置于粗糙水平地面上而静止. 杆身与竖直方向成 θ 角，则 A 端对墙壁的压力是多大? $\left[\dfrac{1}{2}mg\tan\theta\right]$

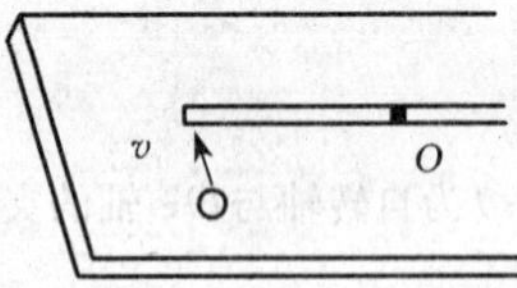

图 3-25

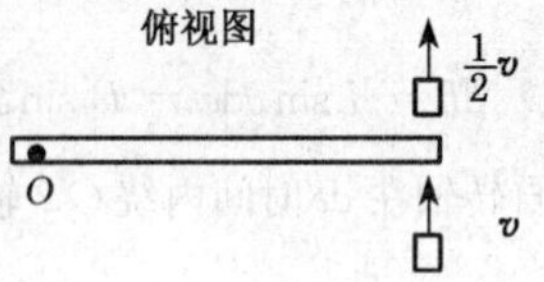

图 3-26

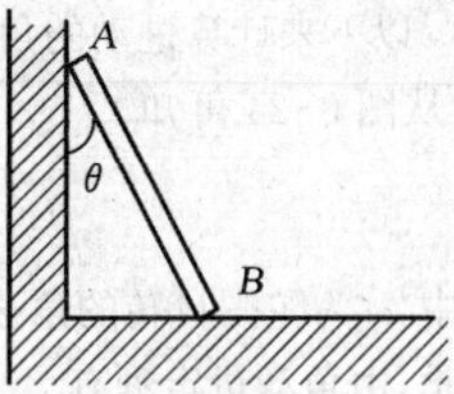

图 3-27

3.6 一长为 l，质量可以忽略的直杆，可绕通过其一端的水平光滑轴在竖直平面内做定轴转动，在杆的另一端固定着一质量为 m 的小球. 现将杆由水平位置无初转速地释放. 求：(1) 杆刚被释放时的角加速度 β_0；(2) 杆与水平方向夹角为 60°时的角加速度 β. $[g/l;\ g/(2l)]$

3.7 一个能绕固定轴转动的轮子，除受到轴承的恒定摩擦力矩 M_r 外，还受到恒定外力矩 M 的作用. 若 $M = 20\ \mathrm{N \cdot m}$，轮子对固定轴的转动惯量为 $J = 15\ \mathrm{kg \cdot m^2}$. 在 $t = 10\ \mathrm{s}$ 内，轮子的角速度由 $\omega = 0$ 增大到 $\omega = 10\ \mathrm{rad/s}$，求摩擦力矩 M_r. $[5.0\ \mathrm{N \cdot m}]$

3.8 一做定轴转动的物体，对转轴的转动惯量 $J = 3.0\ \mathrm{kg \cdot m^2}$，角速度 $\omega_0 = 6.0\ \mathrm{rad/s}$. 现对物体加一恒定的制动力矩 $M = -12\ \mathrm{N \cdot m}$，当物体的角速度减慢到 $\omega = 2.0\ \mathrm{rad/s}$ 时，物体已转过的角度 $\Delta\theta$ 是多大? $[4.0\ \mathrm{rad}]$

3.9 花样滑冰运动员绕通过自身的竖直轴转动，开始时两臂伸开，转动惯量为 J_0，角速度为 ω_0. 然后她将两臂收回，使转动惯量减少为 $\frac{1}{3}J_0$. 这时它转动的角速度变为多大? $[3\omega_0]$

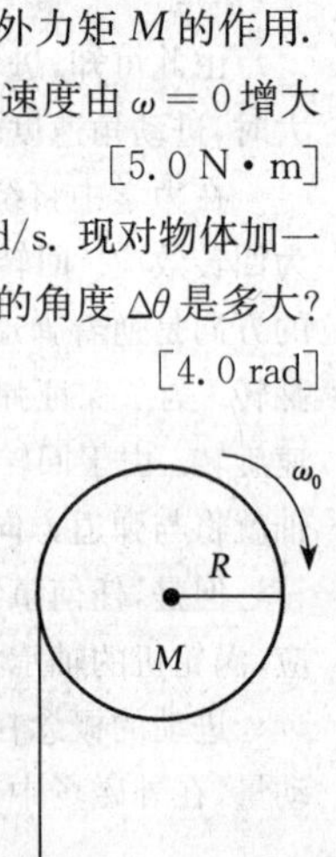

图 3-28

3.10 一轴承光滑的定滑轮，质量为 $M = 2.00\ \mathrm{kg}$，半径为 $R = 0.100\ \mathrm{m}$，一根不能伸长的轻绳，一端固定在定滑轮上，另一端系有一质量为 $m = 5.00\ \mathrm{kg}$ 的物体，如图 3-28所示. 已知定滑轮的转动惯量为 $J = \frac{1}{2}MR^2$，其初角速度 $\omega_0 = 10.0\ \mathrm{rad/s}$，方向垂直纸面向里. 求：

(1) 定滑轮的角加速度的大小和方向；

(2) 定滑轮的角速度变化到 $\omega = 0$ 时，物体上升的高度；

(3) 当物体回到原来位置时，定滑轮的角速度的大小和方向.

$[81.7\ \mathrm{rad/s^2}$，垂直纸面向外；$6.12\times10^{-2}\ \mathrm{m}$；$\omega = 10.0\ \mathrm{rad/s}$，垂直纸面向外$]$

第2篇　电磁学

电磁学的研究对象是电磁场的规律以及物质的电学和磁学性质.电磁学的内容按性质来分,主要包括"场"和"路"两部分.鉴于中学物理对"路"有较多的讨论,本书则偏重于从"场"的观点来进行阐述."场"不同于实物物质,它具有空间分布,又是一个连续分布,同时还是一个矢量分布,而对矢量场的基本特性及其描述方法是引入"通量"和"环流"两个概念及其相应的通量定理和环路定理.这样的对象从概念到描述方法对初学者来说都是崭新而困难的.在力学、热学中,微积分、矢量分析主要是作为一种描述物理规律的语言出现的,而在电磁学中,则要把它们作为一种工具来解决具体问题,这是在学习电磁学时要特别注意的问题.

现在,电磁理论已在工业生产、科技研究及日常生活等方面有极其广泛的应用,也已成为人类深入认知物质世界的理论基础.

第4章 真空中的静电场

相对于某惯性系静止的电荷在真空中所激发的是电磁场的特殊状态——真空中的静电场(electric field). 它的基本性质和规律是本章研究的主要问题. 4.1 节主要介绍电荷的性质及其相互作用的规律——库仑定律；4.2 节主要引入"场"的概念，并讨论电场的性质；4.3 节和 4.4 节主要介绍研究电场的两个定理：高斯定理和环路定理，对以后学习磁场的研究也有借鉴意义.

4.1 静电的基本现象

4.1.1 电荷和电荷守恒定律

物体能产生电磁现象，现在归因于物体带上了**电荷**(electric charge)以及这些电荷的运动，通过对电荷(包括静止的和运动的电荷)的各种相互作用和效应的研究，人们认识到电荷的基本性质有以下几方面.

1. *摩擦起电，两种电荷*

大家知道，用丝绸摩擦过的玻璃棒和用毛皮摩擦过的胶木棒都具有吸引小物体的性质，就说它们带了电，或者说它们有了电荷，带电的物体叫**带电体**，使物体带电称为起电，用摩擦的方法使物体带电称为**摩擦起电**(electrilication by friction).

实验指出，两根用毛皮摩擦过的胶木棒互相排斥，两根用丝绸摩擦过的玻璃棒也互相排斥，而用毛皮摩擦过的胶木棒与用丝绸摩擦过的玻璃棒却互相吸引. 这表明，胶木棒上的电荷不同于玻璃棒上的电荷. 实验证明，所有其他物体，无论用什么方法起电，所带的电荷或者与玻璃棒上的电荷相同，或者与胶木棒上的电荷相同. 因此，自然界中只存在**两种电荷**，而且，**同种电荷互相排斥，异种电荷互相吸引**.

物体所带电荷的多少，称为**电量**(electric quantity)，测量电量的最简单的仪器是验电器，其构造如图 4-1(a)所示. 在玻璃瓶上安装橡胶塞，塞中插一根金属杆，杆的上端有一金属球，下端有一对悬挂的金箔(或铝箔). 当带电体和金属杆上端的小球接触时，就有一部分电荷传到金属杆下端的两块金箔上. 它们就因带同种电荷互相排斥而张开，所带电荷越多，张角就越大. 为了便于定量地测量电荷的多少，还可以不挂金箔，而在金属杆上安装一根可以偏转的金属指针，并在杆的下端装一个弧形标度尺来量度指针偏转的角度[图 4-1(b)]，这样的仪器叫静

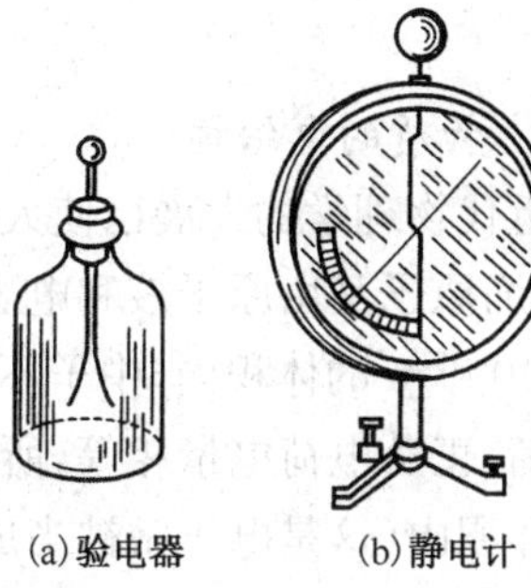

(a)验电器 (b)静电计

图 4-1 验电器和静电计示意图

电计.

如果静电计原已带电，再把同种电荷加到上面，指针的偏转角就会增大，把异种电荷逐渐加上去，就会看到指针偏转角开始缩小，减到零之后，又复张开，这时它所带的是后加上去的那种电荷. 这些事实表明，两种电荷像正数和负数一样，同种的放在一起，互相增加，异种的放在一起互相抵消. 为了区别两种电荷，我们把其中的一种（用丝绸摩擦过的玻璃棒上所带的电荷）称为**正电荷**（以“+”号表示），另一种（毛皮摩擦过的胶木棒上所带的电荷）称为**负电荷**（以“−”号表示），电荷的正负本来是相对的，把两种电荷中的哪一种称为“正”，哪一种称为“负”带有一定的任意性，上述命名法历史上是由美国物理学家富兰克林（B. Franklin，1706—1790）首先提出的，国际上一直沿用至今.

电量常用 Q 和 q 表示，在国际单位制(SI)中，它的单位为库仑，简记作 C，正电荷的电量取正值，负电荷的电量取负值，一个带电体所带总电量为其所带正负电量的代数和. 正、负电荷互相完全抵消的状态称为中和，下面我们将从物质的微观结构看到，任何不带电的物体并不意味着其中根本没有电荷，而是其中具有等量异号的电荷，以致其整体处在中和状态，所以对外不显电性.

实验表明：摩擦起电还有一个重要的特点，就是相互摩擦的两个物体是同时带电的，而且所带的电荷等量异号.

2. 感应起电

另一种重要的起电方法是**感应起电**（**静电感应**）. 如图 4-2 所示，取一对由玻璃柱支柱着的金属柱体 A 和 B，它们起初彼此接触，且不带电. 当我们把另一个带电的金属球 C 移近时，将发现 A 和 B 都带了电，靠近 C 的柱体 A 带的电荷与 C 异号，较远的柱体 B 带的电荷与 C 同号[图 4-2(a)]，这种现象叫静电感应(electrostatic induction)，如果先把 A，B 分开，然后移去 C，则发现 A，B 上仍保持一定的电荷[图 4-2(b)]，最后如果让 A，B 重新接触，它们所带电荷就会全部消失[图 4-2(c)]，这表明 A，B 重新接触前所带的电荷是等量异号的.

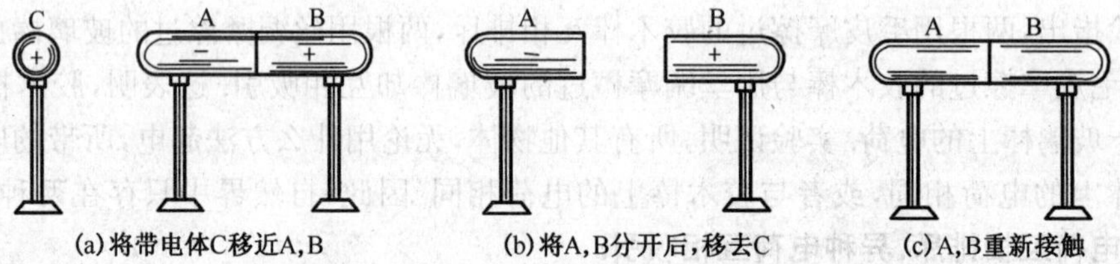

(a) 将带电体C移近A，B　(b) 将A，B分开后，移去C　(c) A，B重新接触

图 4-2　静电感应

3. 物质的电结构

近代物理学的发展已使人们对带电现象的本质有了深入的了解，物质是由分子、原子组成的，而原子又由原子核和电子组成；原子核中有质子和中子，质子带正电，电荷集中在半径约为 10^{-15} m 的体积内，中子不带电，但中子内部也有电荷，只是靠近中心为正电荷，靠外为负电荷，正负电荷电量相等，所以对外不显电性. 电子带负电，电荷集中在半径小于 10^{-18} m 的小体积内（这是电子常被当成一个无内部结构而有有限质量和电量的“点”的原因）. 一个质子所带的电量和一个电子所带的电量数值相等，符号相反，也就是说，如果用 e 代表一个质子的电量，则一个电子的电量就是 $-e$.

通过高能电子束散射实验可测出质子和中子内部的电荷分布，如图 4-3 所示.

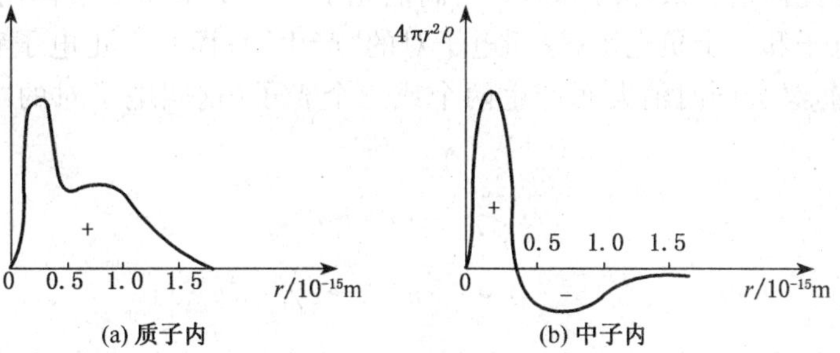

图 4-3　电荷分布

物质内部固有地存在着电子和质子这两类基本电荷正是各种物体带电过程的内在根据. 由于正常情况下，物体中任何一部分所包含的电子总数和质子的总数是相等的，所以对外不显电性. 但是，如果在一定的外因作用下，物体（或其中一部分）得到或失去一定数量的电子，使得电子的总数和质子的总数不再相等，物体就呈现电性，所以宏观带电体所带电荷种类的不同根源就在于组成它们的微观粒子所带电荷种类的不同.

两种不同质料的物体互相摩擦之后所以都会带电是因通过摩擦，每个物体中都有一些电子脱离了原子的束缚，跑到另一物体上去了，但是不同材料的物体彼此向对方转移的电子数目往往不等，所以总体上讲，一个物体失去电子，另一个物体得到了电子，结果失去电子的物体带正电，得到电子的物体就带负电. 因此，摩擦起电实际上就是通过摩擦作用，使电子从一个物体转移到另一个物体的过程. 感应起电虽然在起电方法上有所不同，但本质仍然是由电子从物体的一部分转移到另一部分造成的.

4. 电荷守恒定律

鉴于以上对摩擦起电、感应起电以及对物质电结构的分析，我们知道，在无论用什么方法使宏观物体带电的过程中，电荷既没有被创造，也没有被消灭，它们只是从一个物体转移到另一个物体，或者从物体的这一部分转移到另一部分. 在这些变化过程中，正负电荷总是同时出现，且两种电荷的量值一定相等. 例如，当玻璃棒被丝绸摩擦时，棒上呈现正电荷，实验测定，丝绸上呈现等量的负电荷. 而当两种等量异号电荷相遇时，则互相中和，物体就不带电了. 因此，**在一个与外界没有电荷交换的系统内，无论进行怎样的物理过程，系统内正、负电荷量的代数和总是保持不变.** 这就是由实验总结出来的**电荷守恒定律**（law of conservation of charge），这是物理学中重要的基本定律之一.

宏观物体的带电、电中和以及物体内的电流等现象实质上是由于微观带电粒子在物体内运动的结果，因此，电荷守恒定律不仅在宏观过程中成立，也在微观物理过程中得到精确验证. 在这些过程中，电荷守恒实际上也就是在各种变化中，系统内粒子的总**电荷数守恒**. 例如，在典型的放射性衰变过程中

$$^{238}_{92}\mathrm{U} \rightarrow {}^{234}_{90}\mathrm{Th} + {}^{4}_{2}\mathrm{He}.$$

具有放射性的铀核$^{238}_{92}\mathrm{U}$具有 92 个质子（即它的原子序数 $Z=92$），此铀核发射一个 α 粒子（即$^{4}_{2}\mathrm{He}$；$Z=2$）而自发地蜕变为 $Z=90$ 的钍核$^{234}_{90}\mathrm{Th}$，在这个过程中，蜕变前的电荷量总和（$+92e$）就与蜕变后的电荷量总和相同.

现代物理研究已表明，在粒子的相互作用过程中，电荷是可以产生和消失的，然而电

荷守恒并未因此而遭到破坏.例如,一个高能光子与一个重原子核作用时,该光子可以转化为一个正电子和一个负电子(这叫电子对的"产生");而一个正电子和一个负电子在一定条件下相遇,又会同时消失而产生两个或三个光子(这叫电子对的"湮灭"),其反应可表示为

$$\gamma \longrightarrow e^{+} + e^{-},$$

$$e^{+} + e^{-} \longrightarrow 2\gamma.$$

在已观察到的各种过程中,正负电荷总是成对出现或成对消失.由于光子不带电,正负电子又各带有等量异号电荷,所以这种电荷的产生和消失并不改变系统中的电荷数的代数和,因而电荷守恒仍然保持有效.

5. 电荷的量子化

到目前为止的所有实验表明,在自然界中,电荷总是以一个**基本单元**的整数倍出现,电荷量的这种只能取分立的、不连续量值的特性称为电荷的**量子化**(charge quantization).这个基本单元或称电荷的量子就是电子或质子所带的电荷量,常以 e 表示,经测定为

$$e = 1.602 \times 10^{-19}\,\mathrm{C}.$$

电荷具有基本单元的概念最初是根据电解现象中通过溶液的电量和析出物质质量之间的关系提出的.法拉第、阿累尼乌斯(Arrhenius, 1859—1927)等都为此做过重要贡献.他们的结论是:一个离子的电量只能是一个基元电荷的电量的整数倍,直到 1890 年斯通尼(John. stone stoney, 1826—1911)才引入**"电子"**(electron)这一名称来表示带有负的基元电荷的粒子,其后,1913 年密立根(Robert Anolvews Millikan, 1868—1953)设计了有名的油滴实验,直接测定了此基元电荷的量值.现在已知道许多微观粒子所带的电荷量只能是 ne, n 取正负整数,称为**电荷数**.近代物理从理论上预言基本粒子由若干种**夸克**或反夸克组成,每一个夸克可能带有 $\pm\frac{1}{3}e$ 或 $\pm\frac{2}{3}e$ 的电量,然而至今单独存在的夸克尚未在实验中发现,不过今后即使真的发现了自由夸克,仍不会改变电荷量子化的结论.

量子化是微观世界的一个基本概念,在今后我们会看到,在微观世界中,能量和角动量也是量子化的.由于我们在本书中绝大部分内容讨论电磁现象的宏观规律,所涉及的电荷常常远远大于基元电荷,在这种情况下,我们将只从平均效果上考虑,认为电荷是连续地分布在带电体上,而忽略电荷的量子性所引起的微观起伏,尽管如此,在阐明某些宏观现象的微观本质时,还是要从电荷的量子性出发.

*6. 电荷的相对论不变性

在前面我们知道,一个物体的质量与它的运动状态有关,当某静止质量为 m_0 的物体以速度 v 运动时,其相对论质量 $m = \dfrac{m_0}{\sqrt{1 - v^2/c^2}}$,那么一个电荷的电量与它的运动状态是否有关呢?

实验证明,一个电荷的电量与它的运动状态无关.较为直接的实验例子是比较氢分子和氦原子的电中性,氢分子和氦原子都有两个电子作为核外电子,这些电子的运动状态相差不大.氢分子还有两个质子,它们是作为两个原子核在保持相对距离约为 0.7 Å(1 Å$=10^{-10}$ m)的情况下转动的,如图 4-4(a)所示.氦原子中也有两个质子,但它们组成一个原子核,两个质子紧密束缚在一起运动,如图 4-4(b)所示.氦原子中两个质子的能量比氢分子中两个质子的能量大得多(100 万倍的数量级),因而二者的运动状态有显著的差

别. 如果电荷的电量与运动状态有关，氢分子中质子的电量就应该与氦原子中质子的电量不同，但二者的电子的电量是相同的. 因此，二者就不可能都是电中性的. 但是实验证实，氢分子和氦原子都是精确的电中性的，它们内部正、负电荷在数量上相对差异都小于 $1/10^{20}$. 这就说明，质子的电量是与其运动状态无关的.

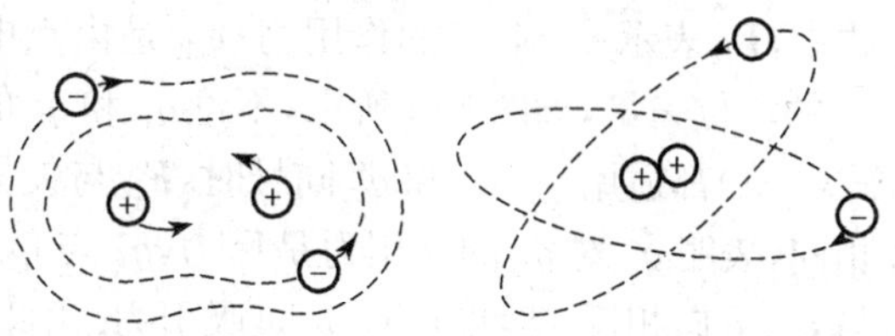

(a)氢分子结构　　(a)氦原子结构

图 4-4　氢分子和氦原子结构示意

还有其他实验，也证明电荷的电量与其运动状态无关. 另外，根据这一结论导出的大量结果都与实验结果相符合，这也反过来证明了这一结论的正确性.

由于在不同参照系中观察，同一电荷的运动状态不同，所以**电荷的电量与其运动状态无关**这一性质也可表述为：**在不同的参照系内观察，同一带电粒子的电量不变——即电荷的相对论不变性.**

4.1.2　库仑定律

在发现电现象后的 2 000 多年的长时期内，人们对电的认识一直停留在定性阶段，从 18 世纪中叶开始，不少人着手研究电荷之间的定量规律，研究静止电荷之间相互作用的理论叫**静电学**，它是以 1785 年法国科学家库仑(Charles Augustin de Coulomb, 1736—1806)通过实验总结出的库仑定律为基础的.

1. 点电荷

根据静电实验可以了解到，物体带电后的主要特征就是带电体之间存在相互作用的电性力(静止电荷之间的相互作用叫静电力)，进一步的研究知道，对于任意两个带电体之间的这种电性力与带电体的形状、大小和电荷分布、相对位置以及周围介质等都有关系，要用实验直接确定电性力对这些因素的依赖关系是困难的，但是，当带电体本身的线度比起它们之间的距离来充分小时，相互作用力的大小只决定于它们所带的电量以及相互之间的距离，也就是说，带电体的几何形状以及电荷在其中的分布情况的影响可以忽略不计，可以把带电体所带的电荷看成是集中在一"点"上，根据这一事实，可抽象出**点电荷**的概念，即**当带电体的线度 d 比起它与其他带电体之间的距离 r 来充分小时($r \gg d$)，则带电体为点带电体，简称点电荷.**

所谓"充分小"是指在测量的精度范围之内，带电体的大小和几何形状的任意改变，都不会引起相互作用的改变，因此，点电荷是一个抽象的模型，只具有相对的意义，它类似于力学中的质点概念. 一个带电体能否看成一个点电荷，必须根据具体情况来决定，它本身不一定是很小的带电体.

2. 库仑定律

库仑定律(Coulomb law)是 1785 年，库仑从扭秤实验结果总结出的关于真空中点电荷之间相互作用的静电力所服从的基本规律，可表述如下：**相对于惯性系观察，自由空间(或真空)中两个静止的点电荷之间的作用力(斥力或吸力，统称库仑力)的大小与它们的带电量 q_1 和 q_2 的乘积成正比，与它们之间距离 r_{12}(或 r_{21})的平方成反比，作用力的方向沿着它们的连线，同号电荷相斥，异号电荷相吸，**这一规律用矢量公式表示为

$$\boldsymbol{F}_{12}=k\frac{q_1q_2}{r_{12}^2}\boldsymbol{e}_{r12}. \tag{4-1}$$

式中，$\boldsymbol{F}_{12}$表示 q_2 对 q_1 的作用力；$\boldsymbol{e}_{r12}$是由点电荷 q_2 指向 q_1 的单位矢量，如图 4-5 所示，不论 q_1 和 q_2 的正负如何，式(4-1)都适用. 当 q_1 和 q_2 同号时，$\boldsymbol{F}_{12}$与矢量 $\boldsymbol{e}_{r12}$的方向相同，表明 q_2 对 q_1 的作用力是斥力，q_1 与 q_2 异号时，$\boldsymbol{F}_{12}$与 $\boldsymbol{e}_{r12}$ 方向相反，表明 q_2 对 q_1 是吸引力. 由此式还可以看出，两个静止的点电荷之间的相互作用力符合牛顿第三定律，即

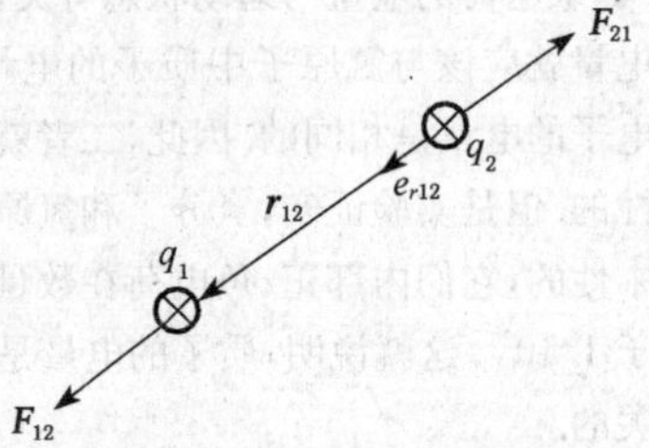

图 4-5　两个点电荷之间的作用力

$$\boldsymbol{F}_{12}=-\boldsymbol{F}_{21}. \tag{4-2}$$

式(4-1)中的单位矢量 $\boldsymbol{e}_{r12}$ 表示两个静止的点电荷之间的作用力沿着它们连线的方向. 对于本身没有任何方向特征的静止点电荷来说，也只可能是这样，因为自由空间是各向同性的(我们也只能这样认为或假定)，对于两个静止的点电荷来说，只有它们的连线才具有唯一确定的方向. 由此可知，库仑定律反映了自由空间的各向同性，也就是空间对于转动的对称性.

k 为比例系数，其数值和单位决定于式中各量采用什么单位，可由实验确定.

在国际单位制(SI 制，在电磁学中也叫 MKSA 制)中有四个基本量：长度、质量、时间和电流强度，长度以米(m)为单位，质量以千克(kg)为单位，时间以秒(s)为单位，电流强度以安培(A)为单位(安培是由载流导线之间的相互作用力来定义的，将在以后章节里详细介绍)，其他各物理量的单位都可以从这些单位导出. 例如，力的单位 1 牛顿=1 千克·米/秒^2 (1 N=1 kg·m/s^2)，电量的单位 1 库仑(C)的定义是当导线中通有 1 A 的稳恒电流时，1 s 内通过导线横截面的电量，即 1C=1A·s. 这样在库仑定律的表达式中，如果力的单位用牛顿(N)，电量的单位用库仑(C)，距离单位用米(m)，则由于其中所有物理量的单位都已选定，比例系数 k 的数值通过实验测定为

$$k=8.987\,5\times10^9\ \mathrm{N\cdot m^2/C^2}\approx 9.0\times10^9\ \mathrm{N\cdot m^2/C^2}.$$

通常令 $k=\dfrac{1}{4\pi\varepsilon_0}$，$\varepsilon_0$ 称为**真空中的介电常数**(也称真空电容率；以后还会看到，它与后来引入的常量 μ_0——**真空中的磁导率**合在一起与自然界另一重要常量——真空中的**光速** c 有着密切的关系，$\varepsilon_0\mu_0=\dfrac{1}{c^2}$)，将测定的 k 值代入可得到

$$\varepsilon_0=\frac{1}{4\pi k}\approx 8.85\times10^{-12}\ \mathrm{C^2/(N\cdot m^2)}.$$

于是，真空中库仑定律式(4-1)就写成

$$\boldsymbol{F}_{12}=\frac{1}{4\pi\varepsilon_0}\frac{q_1q_2}{r_{12}^2}\boldsymbol{e}_{r12}. \tag{4-3}$$

从形式上看，由于 4π 因子的引入，使得式(4-3)比式(4-1)复杂，但它会使由库仑定律导出的定理和一些常用公式的形式简化. 因此，我们把库仑定律表示式中引入“4π”因子的做法称为单位制的有理化. 这一点，在以后的学习过程中读者将会逐步认识到.

实验证实，点电荷放在空气中时，其相互作用的电力和在真空中相差极小，故式(4-3)的库仑定律对空气中的点电荷亦成立.

库仑定律是关于一种基本力的定律，它的正确性不断经历着实验的考验. 设定律分母中 r_{12} 的指数为 $2+\alpha$，人们曾设计了各种实验来确定(一般是间接地)α 的上限. 1773 年卡文迪许的静电实验给出 $|\alpha| \leqslant 0.02$. 约百年后麦克斯韦的类似实验得出 $|\alpha| \leqslant 5\times10^{-5}$. 1971 年威廉斯等人改进实验得出 $|\alpha| \leqslant |12.7\pm3.11|\times10^{-16}$. 这些都是在实验室范围($10^{-3}\sim10^{-1}$ m)内得到的结果. 对于很小的范围，卢瑟福的 α 粒子散射实验(1910)证实小到 10^{-15} m 的范围，现代高能电子散射实验进一步证实小到 10^{-17} m 的范围，库仑定律仍然精确地成立. 大范围的结果是通过人造地球卫星研究地球磁场时得到的，它给出库仑定律精确地适用于大到 10^{7} m 的范围，因此一般就认为在更大的范围内库仑定律仍然有效.

令人感兴趣的是，现代量子电动力学理论指出，库仑定律中分母 r_{12} 的指数与光子的静止质量有关：如果光子的静止质量为零，则该指数严格地为 2. 现在实验给出光子的静止质量上限为 10^{-48} kg，这差不多相当于 $|\alpha| \leqslant 10^{-16}$.

例 4.1 试比较氢原子中电子和原子核(质子)之间的静电力和万有引力.

解 在氢原子中电子和原子核之间的距离 $r=0.529\times10^{-10}$ m，而原子核和电子的直径在 10^{-15} m 以下，因此可以把电子和氢原子核看做点电荷.

电子带的电荷为 $-e$，氢原子核带的电荷为 $+e$，$e=1.6\times10^{-19}$ C，故它们之间的静电力为引力，大小为

$$F_e = \frac{e^2}{4\pi\varepsilon_0 r^2} = 9.0\times10^9\times\frac{(1.6\times10^{-19})^2}{(0.529\times10^{-10})^2} = 8.2\times10^{-8}\ (\mathrm{N}).$$

电子的质量 $m_e=9.1\times10^{-31}$ kg，氢原子核的质量 $m=1.67\times10^{-27}$ kg，故它们之间的万有引力的大小为

$$F_G = G\frac{m_e m}{r^2} = 6.67\times10^{-11}\times\frac{9.1\times10^{-31}\times1.67\times10^{-27}}{(0.529\times10^{-10})^2} \approx 3.6\times10^{-47}\ (\mathrm{N}).$$

故静电引力和万有引力之比

$$\frac{F_e}{F_G} = 2.3\times10^{39}.$$

由此可见，在原子内部静电力远远大于万有引力，因此在处理电子和质子之间的相互作用时，只需考虑静电力，万有引力可以忽略不计. 而在电子结合成分子，原子或分子组成液体或固体时，它们的结合力在本质上也都属于电性力.

例 4.2 卢瑟福(E. Rutherford, 1871—1937)在他的 α 粒子散射实验中发现，α 粒子具有足够高的能量，使它能达到与金原子核的距离为 2×10^{-14} m 的地方. 试计算在这一距离时，α 粒子所受金原子核的斥力的大小.

解 α 粒子所带电量为 $2e$，金原子核所带电量为 $79e$，由库仑定律可得此斥力为

$$F = \frac{2e\times79e}{4\pi\varepsilon_0 r^2} = \frac{4.0\times10^9\times2\times79\times(1.6\times10^{-19})^2}{(2\times10^{-14})^2} = 91\ (\mathrm{N}).$$

此力相当于 10 kg 物体所受的重力，这个例子说明，在原子尺度内，电力是非常强的.

3. 电力的叠加原理

库仑定律只讨论两个静止的点电荷间的作用力，当考虑两个以上的静止的点电荷之间的作用时，就必须补充另一个实验事实，两个点电荷之间的作用力并不因第三个点电荷的存在而有所改变. 如图 4-6 所示，两个点电荷 q_1，q_2 对第三个点电荷 q_0 的作用力 $\boldsymbol{F}$ 等于 q_1 和 q_2 单独存在时对 q_0 所施静电力 $\boldsymbol{F}_{01}$ 和 $\boldsymbol{F}_{02}$ 之和，即

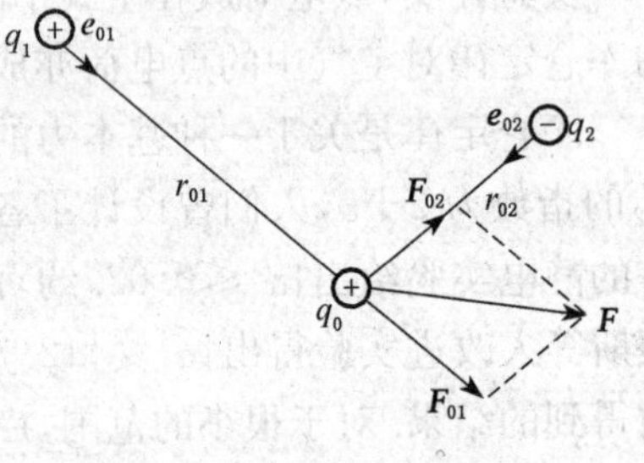

图 4-6　静电力叠加原理

$$\boldsymbol{F}=\boldsymbol{F}_{01}+\boldsymbol{F}_{02}=\frac{q_0q_1}{4\pi\varepsilon_0 r_{01}^2}\boldsymbol{e}_{01}+\frac{q_0q_2}{4\pi\varepsilon_0 r_{02}^2}\boldsymbol{e}_{02}.$$

式中，$\boldsymbol{e}_{01}$ 和 $\boldsymbol{e}_{02}$ 分别表示从点电荷 q_1 和 q_2 指向 q_0 的单位矢量.

这样，**当 n 个静止的点电荷 q_1，q_2，…，q_n 同时存在时施于某一点电荷 q_0 的力就等于各点电荷单独存在时施于该电荷静电力的矢量和，这称为静电力的叠加原理**，q_0 受到总静电力可表示为

$$\boldsymbol{F}=\boldsymbol{F}_{01}+\boldsymbol{F}_{02}+\cdots+\boldsymbol{F}_{0n}=\sum_{i=1}^{n}\boldsymbol{F}_{0i}. \tag{4-4}$$

由库仑定律式(4-3)可进一步写为

$$\boldsymbol{F}=\sum_{i=1}^{n}\frac{1}{4\pi\varepsilon_0}\frac{q_0q_i}{r_{0i}^2}\boldsymbol{e}_{0i}. \tag{4-5}$$

式中，r_{0i} 为 q_0 与 q_i 之间的距离；$\boldsymbol{e}_{0i}$ 为从点电荷 q_i 指向 q_0 的单位矢量.

库仑定律与电力的叠加原理是关于静止电荷相互作用的两个基本实验定律，应用它们原则上可解决静电学中的全部问题.

4.2　静电场的描述

库仑定律指出了两个静止的点电荷在真空中的相互作用力，然而，并没有告诉我们电荷之间的这种静电力究竟是怎么传递的. 围绕着这个问题，历史上曾有过长期的争论. 一种观点认为，静电力不需要任何媒介，也不需要时间，就能够由一个物体立即作用到相隔一定距离的另一个物体上，这种观点称为超距作用观点；另一种观点认为，静电力也是近距作用的，静电力是通过一种充满在空间的弹性媒质——“以太”来传递的.

近代物理学的发展证明，“超距作用”的观点是错误的，静电力的传递虽然速度很快(约 3×10^8 m/s——光速)，但并非不需时间，而历史上持“近距作用”观点的人所假定的那种“弹性以太”也是不存在的. 实际上，静电力是通过电场来作用的.

4.2.1　电场和电场强度

1. 电场

近代物理学的发展告诉我们：凡是有电荷的地方，四周就存在着**电场**(electric field)，即任何电荷都在自己周围的空间激发电场，而电场的基本性质是，它对于处在其中的任何其他电荷都有作用力，称为**电场力**，因此，电荷与电荷之间是通过电场发生相互作用的. 具体地

图 4-7　电荷间的相互作用通过电场

讲，在图 4-7 中，当物体 1 带电时，物体 1 上的电荷就在周围空间激发一个电场，当物体 2 带电时，物体 2 上的电荷也在周围空间激发一个电场，带电体 2 所受的力 $\boldsymbol{F}_{21}$ 是 1 的场施加给它的，带电体 1 所受的力 $\boldsymbol{F}_{12}$ 是 2 的场施加给它的. 因此，电荷之间的相互作用是通过电场来传递的，相互作用力就是电场力. 用一个图示来概括，则为

$$\text{电荷} \Longleftrightarrow \text{电场} \Longleftrightarrow \text{电荷}.$$

电场虽然不像由原子、分子组成的实物那样看得见、摸得着，但近代科学的发展证明，它具有一系列物质属性，如具有能量、动量，能施于电荷作用力等，因而能被我们所感觉，所以，电场是一种客观存在，是物质存在的一种形式，电场只是普遍存在的电磁场的一种特殊情形，电磁场的物质性在它处于迅速变化的情况下（即在电磁波中）才能更加明显地表现出来，可以脱离电荷和电流独立存在，具有自己的运动规律. 关于这个问题，我们将以后章节中详细讨论，本节只讨论相对于观察者静止的电荷在其周围空间产生的电场——**静电场**（electrostatic field）.

值得注意的是，在学习电场中所遇到的处理问题的方法，其中不少对研究磁场、其他场都适用，它们有相当的普遍意义，所以它是学好电磁场理论很重要的基础.

2. 电场强度矢量 $\boldsymbol{E}$

设相对于惯性参考系，在真空中有一固定不动的带电体 Q（称**场源电荷**），如图 4-8 所示，将另一电荷 q_0（称为**试探电荷**或**检验电荷**）移至该带电体周围的 $P(x, y, z)$ 点（称为**场点**）处并保持静止，通过测量 q_0 在带电体 Q 激发的电场中不同点的受力情况来定量地描述电场.

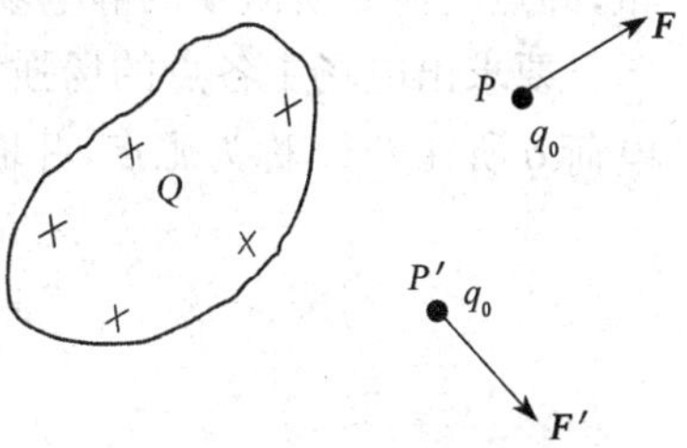

图 4-8　用试探电荷测场强

为了保证测量的准确性，试探电荷 q_0 所带电量 q_0 必须充分小，以至引进它之后，几乎不影响原来场的分布，同时要求试探电荷的几何线度必须充分小，即可把它看成点电荷以保证反映空间各点的电场性质.

实验表明，在电场中不同的点，q_0 所受电场力的大小和方向一般是不同的，在电场中任一固定场点 P，试探电荷 q_0 所受的电场力 $\boldsymbol{F}$ 大小与试探电荷的带电量 q_0 成正比，即 $F \propto q_0$，而 $\boldsymbol{F}$ 的方向不变；若把 q_0 换成等量异号电荷，则力的大小不变，方向相反. 因此，对于电场中任一固定场点，$\boldsymbol{F}/q_0$ 的大小方向都与 q_0 无关.

由此可见，试探电荷在电场中某点所受到的电场力不仅与试探电荷所在点的电场性质有关，而且与试探电荷本身的电量有关. 但是，比值 $\boldsymbol{F}/q_0$ 却与试探电荷本身无关，只取决于带电体 Q 的结构（包括总电量以及电荷分布）和电荷 q_0 所处的位置 (x, y, z)，即与试探电荷所在点的电场的性质有关. 因此，我们把这个比值 $\boldsymbol{F}/q_0$ 作为描述静电场中给定场点的客观性质的一个物理量，称为**电场强度**（electric field strength），简称**场强**，用 $\boldsymbol{E}$ 来表示，于是就有定义

$$\boldsymbol{E} = \frac{\boldsymbol{F}}{q_0}. \tag{4-6}$$

式(4-6)表明，电场中任一点的电场强度是一矢量，其大小等于单位正电荷在该点所受的电

场力的大小，其方向与正电荷在该处所受电场力方向一致. 在电场中各点的 $\boldsymbol{E}$ 可以各不相同，因此一般地说，$\boldsymbol{E}$ 是空间坐标的矢量函数（更一般它还是时间的函数），记作 $\boldsymbol{E}(\boldsymbol{r})$，在直角坐标系中则记为$\boldsymbol{E}(x, y, z)$，所有这些场强的集合形成一矢量场（vector field）. 如果电场中空间各点的 $\boldsymbol{E}$ 大小方向都相同，这种电场就叫均匀电场.

在国际单位制中，场强的单位是牛顿/库仑（N/C），以后可证，这个单位与伏特/米（V/m）等价，即

$$1\ \mathrm{V/m} = 1\ \mathrm{N/C}.$$

在场源电荷是静止的参考系中观察到的电场叫**静电场**，静电场对电荷的作用力叫**静电力**. 在已知静电场中各点场强 $\boldsymbol{E}$ 的条件下，由式(4-6)直接求得置于其中的任意点处的静止的点电荷 q_0 受的力为

$$\boldsymbol{F} = q_0 \boldsymbol{E}. \tag{4-7}$$

4.2.2 场强叠加原理

1. 静止的点电荷的电场

要讨论在场源电荷静止的参考系中电场强度的分布，先讨论一个静止点电荷的场强分布，即点电荷 q 所激发的静电场中各点的电场强度矢量 $\boldsymbol{E}$.

要求出电场中各点的场强，只要求出其中任意一点 P 的场强即可，把场源电荷——点电荷 q 所在处 O 称为**源点**，并取为原点，要研究的任意点 P 就是场点，如图 4-9(a)所示.

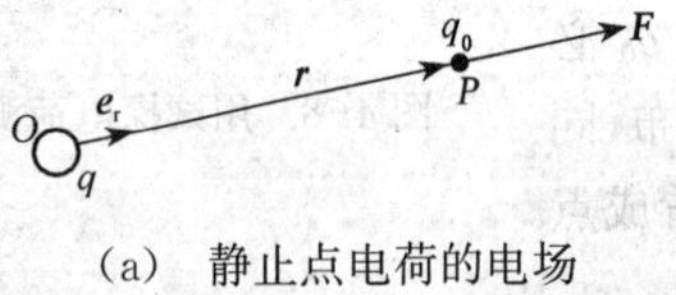

(a) 静止点电荷的电场

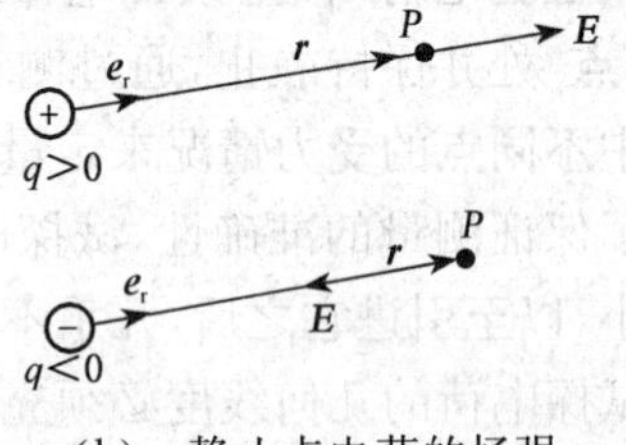

(b) 静止点电荷的场强

图 4-9 静止点电荷的电场和场强

设想把一试探电荷 q_0 放在 P 点，根据库仑定律，q_0 受到的电场力为

$$\boldsymbol{F} = \frac{1}{4\pi\varepsilon_0}\frac{q_0 q}{r^2}\boldsymbol{e}_{\mathrm{r}} = \frac{q q_0}{4\pi\varepsilon_0 r^3}\boldsymbol{r}.$$

其中，$\boldsymbol{e}_{\mathrm{r}}$ 是从场源电荷 q 指向点 P 的单位矢量；$\boldsymbol{r}$ 是从 q 指向 P 点的矢径. 由场强定义式(4-6)，P 点的场强为

$$\boldsymbol{E} = \frac{\boldsymbol{F}}{q_0} = \frac{q}{4\pi\varepsilon_0 r^2}\boldsymbol{e}_{\mathrm{r}} = \frac{q\boldsymbol{r}}{4\pi\varepsilon_0 r^3}. \tag{4-8}$$

这就是点电荷场强的分布公式. 不论 q 是正电荷还是负电荷，此式都成立. 当 $q>0$ 时，P 点的场强沿矢径 $\boldsymbol{r}$ 方向背离源点；当 $q<0$ 时，P 点场强沿矢径 $\boldsymbol{r}$ 方向指向源点，如图 4-9(b)所示.

从式(4-8)可知，静止点电荷的电场具有球对称性. 在各向同性的自由空间内，一个本身无

任何方向特征的点电荷的电场分布必然具有这种对称性. 因为对任一场点来说，只有从点电荷指向它的矢径方向具有唯一确定的意义，而且距点电荷等远的各场点，场强的大小应该相等. 且 $\boldsymbol{E}$ 的大小与 r^2 成反比，当 $r\to\infty$ 时，$E\to 0$，这也是必然的结果，因为从场的观点看，库仑定律就是点电荷的场强规律.

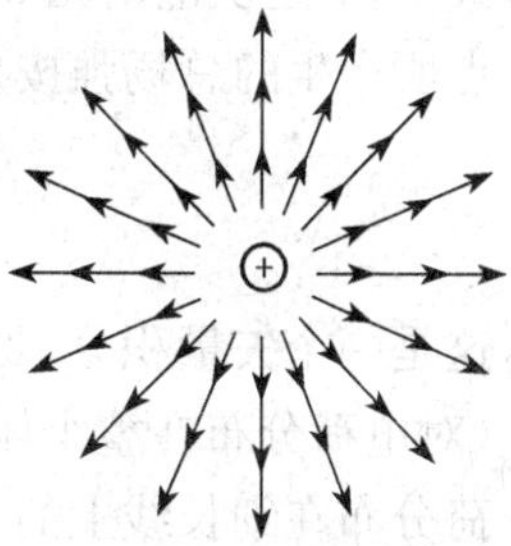

图 4-10　正点电荷产生的场强分布

在图 4-10 中用许多小箭头来描绘一个正点电荷产生的电场分布，箭头指向该点场强的方向，箭头的长短表示场强的大小. 从这里可以看到，描绘电场的分布不能靠单个矢量，而是在空间每一点都要有一个矢量，这些矢量的总体就是矢量场，用数学的语言来说，矢量场是空间坐标的一个矢量函数. 学习场的内容时，读者应该特别注意这一点，即我们的着眼点往往不是个别地方的场强，而是求它与空间坐标的函数关系. 这是我们现在与过去学习中所碰到问题的最大不同.

2. 场强叠加原理

如果电场是由 n 个点电荷 $q_1, q_2, \cdots, q_n$ 共同激发的(这些电荷的总体称为**电荷系**)，根据电场力的叠加原理，试探电荷 q_0 在电荷系的电场中某点 P 处所受的力等于各个点电荷单独存在时对 q_0 作用的力的矢量和，即

$$\boldsymbol{F}=\boldsymbol{F}_1+\boldsymbol{F}_2+\cdots+\boldsymbol{F}_n=\sum_{i=1}^{n}\boldsymbol{F}_i.$$

两边同除 q_0，得

$$\frac{\boldsymbol{F}}{q_0}=\frac{\boldsymbol{F}_1}{q_0}+\frac{\boldsymbol{F}_2}{q_0}+\cdots+\frac{\boldsymbol{F}_n}{q_0}=\sum_{i=1}^{n}\frac{\boldsymbol{F}_i}{q_0}.$$

按场强的定义，$\dfrac{\boldsymbol{F}_i}{q_0}$是点电荷 q_i 单独存在时在 P 点产生的电场强度 $\boldsymbol{E}_i$，上式可写成

$$\boldsymbol{E}=\boldsymbol{E}_1+\boldsymbol{E}_2+\cdots+\boldsymbol{E}_n=\sum_{i=1}^{n}\boldsymbol{E}_i. \tag{4-9}$$

式(4-9)表明：**点电荷系所产生的电场在任一点的场强等于每个点电荷单独存在时在该点所产生的电场强度的矢量和.** 这个结论称为**电场强度叠加原理**(简称**场强叠加原理**).

点电荷系在空间任一点的场强如图 4-11(a)所示. 将点电荷场强公式(4-8)代入式(4-9)，可得到点电荷系 $q_1, q_2, \cdots, q_n$ 的电场中任一点的场强为

$$E=\frac{q_1}{4\pi\varepsilon_0 r_1^2}\boldsymbol{e}_{r_1}+\frac{q_2}{4\pi\varepsilon_0 r_2^2}\boldsymbol{e}_{r_2}+\cdots+\frac{q_n}{4\pi\varepsilon_0 r_n^2}\boldsymbol{e}_{r_n}=\sum_{i=1}^{n}\frac{q_i\boldsymbol{e}_{r_i}}{4\pi\varepsilon_0 r_i^2}=\sum_{i=1}^{n}\frac{q_i}{4\pi\varepsilon_0 r_i^3}\boldsymbol{r}_i. \tag{4-10}$$

式中，r_i 为 q_i 到场点的距离；$\boldsymbol{r}_i$ 为从 q_i 指向场点的矢径；$\boldsymbol{e}_{r_i}$ 为 $\boldsymbol{r}_i$ 的单位矢量.

带电体在空间任一点的场强如图 4-11(b)所示. 若场源电荷是连续分布的带电体，则可认为该带电体是由许多无限小的电荷元 $\mathrm{d}q$ 组成的，而每个电荷元都可以当作点电荷处理，设其中任一电荷元 $\mathrm{d}q$ 在 P 点产生的场强为 $\mathrm{d}\boldsymbol{E}$，按式(4-8)有

$$\mathrm{d}\boldsymbol{E}=\frac{\mathrm{d}q}{4\pi\varepsilon_0 r^2}\boldsymbol{e}_r. \tag{4-11}$$

式中，r 是从电荷元 $\mathrm{d}q$ 到场点 P 的距离；而 $\boldsymbol{e}_r$ 是这一方向上的单位矢量. 整个带电体在 P 点所产生的总场强按叠加原理可用积分计算为

$$\boldsymbol{E}=\int \mathrm{d}\boldsymbol{E}=\int_{(\text{电荷分布})}\frac{\mathrm{d}q}{4\pi\varepsilon_0 r^2}\boldsymbol{e}_r. \tag{4-12}$$

这是一个矢量积分，要把它做出来当然要根据带电体的几何形状，电荷分布情况，取好 $\mathrm{d}q$（对电荷分布在整个体积内，则 $\mathrm{d}q=\rho\mathrm{d}V$；对电荷分布在极薄的表面层的，则 $\mathrm{d}q=\sigma\mathrm{d}S$；对电荷分布在细长线上的，则 $\mathrm{d}q=\lambda\mathrm{d}l$，其中 ρ，σ，λ 又分别为电荷的体密度、面密度、线密度，在静电场情况下，它们一般是空间坐标的函数，只有在电荷均匀分布时，它们才为常数)，然后标量化——在具体合适的坐标系下先把各个分量计算出来，再进行叠加得到 $\boldsymbol{E}$. 下面举例说明.

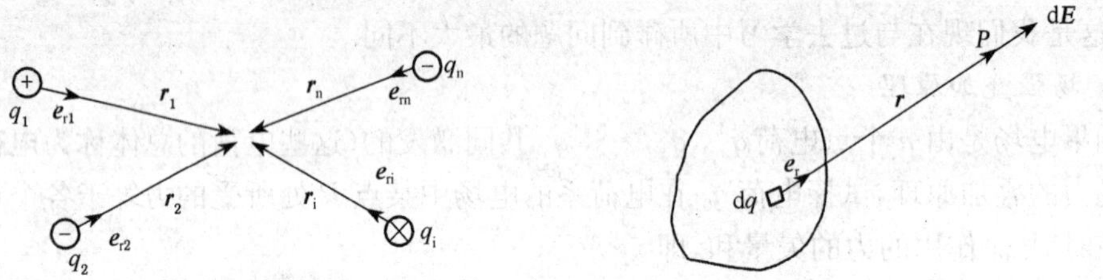

（a）点电荷系　　（b）带电体

图 4-11　点电荷系和带电体在空间任一点的场强

3. 场强的计算举例

例 4.3　如图 4-12(a)所示，一对等量异号点电荷 $\pm q$，其距离为 l，求两电荷延长线上一点 P 和中垂线上一点 P' 的场强，P 和 P' 到两点电荷连线中点 O 的距离都是 $r(r\gg l)$.

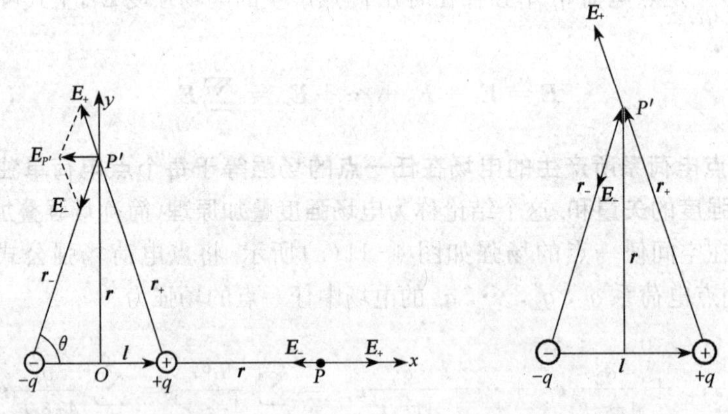

（a）　　（b）

图 4-12　电偶极子的电场

解　(1) P 点场强. 根据场强叠加原理，P 点场强 $\boldsymbol{E}_P$ 等于 $+q$ 和 $-q$ 单独存在时在 P 点产生的场强 $\boldsymbol{E}_+$ 和 $\boldsymbol{E}_-$ 的矢量和，在如图坐标系下，按点电荷场强公式(4-8)，可得

$$\boldsymbol{E}_+=\frac{q}{4\pi\varepsilon_0}\frac{1}{\left(r-\dfrac{l}{2}\right)^2}\boldsymbol{i},\qquad \boldsymbol{E}_-=\frac{q}{4\pi\varepsilon_0}\frac{1}{\left(r+\dfrac{l}{2}\right)^2}(-\boldsymbol{i}),$$

$$\boldsymbol{E}_P=\boldsymbol{E}_{+}+\boldsymbol{E}_{-}=(E_{+}-E_{-})\boldsymbol{i}=\frac{q}{4\pi\varepsilon_0}\left[\frac{1}{\left(r-\frac{l}{2}\right)^2}-\frac{1}{\left(r+\frac{l}{2}\right)^2}\right]\boldsymbol{i}$$

$$=\frac{q}{4\pi\varepsilon_0}\frac{2rl}{\left(r^2-\frac{l^2}{4}\right)^2}\boldsymbol{i}\approx\frac{q}{4\pi\varepsilon_0}\frac{2l}{r^3}\boldsymbol{i}.（由于 r\gg l） \tag{4-13}$$

读者可证：把 P 点放到左边，$\boldsymbol{E}_P$ 还会是这个表达式，但 $+q$ 和 $-q$ 换位置，则 $\boldsymbol{E}_p$ 方向反过来，由向右变为向左.

(2) P'点的场强. 同理，$\boldsymbol{E}_P{}'=\boldsymbol{E}_{+}+\boldsymbol{E}_{-}$，但由于此时$\pm q$ 到 P'点距离都是$\sqrt{r^2+\frac{l^2}{4}}$，因此

$$E_{+}=E_{-}=\frac{q}{4\pi\varepsilon_0\left(r^2+\frac{l^2}{4}\right)}.$$

由于 $\boldsymbol{E}_{+}$ 与 $\boldsymbol{E}_{-}$ 方向不同，如图 4-12(a)所示，为求二者的矢量和，在如图坐标下，先求分量

$$E_y=E_{+y}+E_{-y}=0,\quad E_x=E_{+x}+E_{-x}=2E_{+x}=-2E_{+}\cos\theta.$$

由图 4-12(a)可看出 $\cos\theta=\dfrac{\frac{l}{2}}{\sqrt{r^2+\frac{l^2}{4}}}$，故总场强 $\boldsymbol{E}_{P'}$ 为

$$\boldsymbol{E}_{P'}=-2E_{+}\cos\theta\boldsymbol{i}=\frac{1}{4\pi\varepsilon_0}\frac{ql}{\left(r^2+\frac{l^2}{4}\right)^{\frac{3}{2}}}(-\boldsymbol{i})\approx\frac{ql}{4\pi\varepsilon_0 r^3}(-\boldsymbol{i}).（方向向左） \tag{4-14}$$

以上是在坐标下先求分量再求 $\boldsymbol{E}_{P'}$，实际上求 $\boldsymbol{E}_{P'}$ 时直接用矢量做更简单.

如图 4-12(b)所示，设$+q$ 和$-q$ 到 P'处的矢量分别为 $\boldsymbol{r}_{+}$ 和 $\boldsymbol{r}_{-}$，由式(4-8)，$\pm q$ 在 P'处的场强 $\boldsymbol{E}_{+}$ 和 $\boldsymbol{E}_{-}$ 分别为

$$\boldsymbol{E}_{+}=\frac{q\boldsymbol{r}_{+}}{4\pi\varepsilon_0 r_{+}^3},\quad \boldsymbol{E}_{-}=\frac{q\boldsymbol{r}_{-}}{4\pi\varepsilon_0 r_{-}^3}.$$

当 $r\gg l$ 时，$r_{+}=r_{-}\approx r$，则

$$\boldsymbol{E}_{P'}=\boldsymbol{E}_{+}+\boldsymbol{E}_{-}\approx\frac{q}{4\pi\varepsilon_0 r^3}(\boldsymbol{r}_{+}-\boldsymbol{r}_{-}).$$

设 $\boldsymbol{l}$ 表示从负电荷指向正电荷的矢量线段，则 $\boldsymbol{r}_{+}-\boldsymbol{r}_{-}=-\boldsymbol{l}$，

$$E_{P'}\approx\frac{-q\boldsymbol{l}}{4\pi\varepsilon_0 r^3}.$$

这种表示把中垂线上任意 P'点的场强大小和方向表示得更加简洁明了.

需要说明的是：①本题考虑的是一种由一对等量异号点电荷组成的带电体系，当所考虑的场点到它们的距离 r 比它们之间的距离 l 大得多时，就把这种带电体系称为**电偶极子**(electric dipole)——它是电磁学中一个重要的带电模型.

② 电偶极子的场强与距离 r 的三次方成反比，这比点电荷的场强公式随 r 的平方递减的速度快得多.

③ 电偶极子的场强只与 q 和 $\boldsymbol{l}$ 的乘积有关,例如将 q 增大一倍而 l 减少一半,电偶极子产生的场强不变,所以 q 和 $\boldsymbol{l}$ 的乘积反映了电偶极子本身的特征,称为电偶极子的**电矩**(或**电偶极矩**),以 $\boldsymbol{p}_e$ 表示电矩(electric moment),则 $\boldsymbol{p}_e=q\boldsymbol{l}$,其中 $\boldsymbol{l}$ 的方向是由 $-q$ 指向 $+q$. 这样电偶极子的场强公式(4-13),式(4-14)可改写为

$$\begin{aligned}&\text{在延长线上}\qquad \boldsymbol{E}\approx\frac{2\boldsymbol{p}_e}{4\pi\varepsilon_0 r^3}.\\&\text{在中垂线上}\qquad \boldsymbol{E}\approx\frac{-\boldsymbol{p}_e}{4\pi\varepsilon_0 r^3}.\end{aligned}\tag{4-15}$$

例 4.4 一根带电直棒,如果我们限于考虑离棒的距离比棒的截面尺寸大得多的地方的电场,则该带电直棒可以看成一条带电直线. 今设一均匀带电直线,长为 L,带电总量为 Q,求带电直线中垂线上任一点的场强(图 4-13).

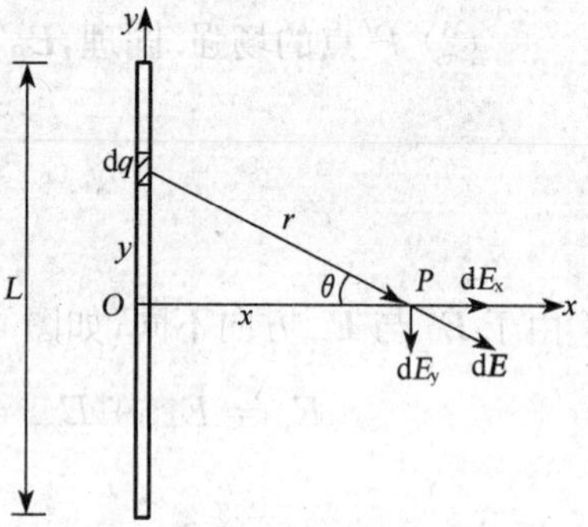

图 4-13 带电直线中垂线上的电场

解 建立如图 4-13 所示坐标系,O 为杆上中点,中垂线上任一点为 P,离 O 点距离为 x,依题意带电直线的线电荷密度 $\lambda=Q/L$,在带电直线上任取一长为 $\mathrm{d}l$ 的电荷元,其电量 $\mathrm{d}q=\lambda\mathrm{d}l=\lambda\mathrm{d}y$,在 P 点的场强根据式(4-11)得到

$$\mathrm{d}\boldsymbol{E}=\frac{\mathrm{d}q}{4\pi\varepsilon_0 r^2}\boldsymbol{e}_r,$$

大小为

$$\mathrm{d}E=\frac{\mathrm{d}q}{4\pi\varepsilon_0 r^2}.$$

在坐标系下的分量分别为 $\mathrm{d}E_x$, $\mathrm{d}E_y$,由于电荷分布对于 OP 直线的对称性,所以全部电荷在 P 点的场强沿 y 方向的分量为零,即

$$E_y=\int\mathrm{d}E_y=0.$$

因而 P 点的总场强 $\boldsymbol{E}$ 应沿 x 轴方向,并且

$$E=E_x=\int\mathrm{d}E_x.$$

现在

$$\mathrm{d}E_x=\mathrm{d}E\cos\theta=\frac{\lambda\mathrm{d}y}{4\pi\varepsilon_0 r^2}\frac{x}{r}=\frac{\lambda x\mathrm{d}y}{4\pi\varepsilon_0(x^2+y^2)^{\frac{3}{2}}}.$$

注意:积分是对电荷分布,从而积分时,上式中 x 是常数,y 从 $-L/2$ 积到 $+L/2$,所以

$$E=E_x=\int_{-\frac{L}{2}}^{\frac{L}{2}}\frac{\lambda x}{4\pi\varepsilon_0}\frac{\mathrm{d}y}{(x^2+y^2)^{\frac{3}{2}}}=2\int_0^{\frac{L}{2}}\frac{\lambda x}{4\pi\varepsilon_0}\frac{\mathrm{d}y}{(x^2+y^2)^{\frac{2}{3}}}=\frac{\lambda L}{4\pi\varepsilon_0 x\left(x^2+\frac{L^2}{4}\right)^{\frac{1}{2}}}.$$

讨论:① $\lambda>0$,电场方向垂直于带电直线指向背离直线的一方;$\lambda<0$,电场方向垂直于带电直线指向直线的一方.

② 当 $x\ll L$,即场点在带电直线中部近旁区域内,则

$$E\approx\frac{\lambda}{2\pi\varepsilon_0 x}.\tag{4-16}$$

此时相对于距离 x，可将该带电直线看成"无限长"，因此可以说，在一无限长带电直线周围任意点的场强与该点到带电直线距离成反比.

③ 当 $x \gg L$ 时，即在远离带电直线的区域内，则

$$E \approx \frac{\lambda L}{4\pi\varepsilon_0 x^2} = \frac{Q}{4\pi\varepsilon_0 x^2}.$$

此结果告诉我们，此时带电直线可看成一个点电荷.

例 4.5　求均匀带电圆环轴线上任一点 P 的场强，设圆环半径为 R，带电量为 $+q$，P 点到环心的距离为 x.

解　如图 4-14 所示，在圆环上任取一长度元 $\mathrm{d}l$，$\mathrm{d}l$ 上的电量

$$\mathrm{d}q = \lambda \mathrm{d}l = \frac{q}{2\pi R}\mathrm{d}l.$$

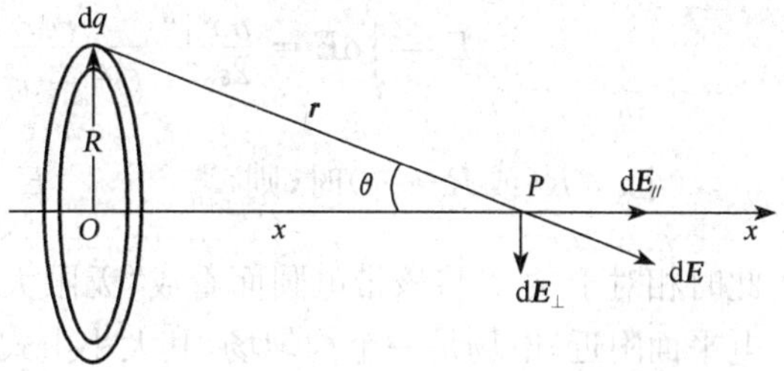

图 4-14　均匀带电圆环轴上的电场

该电荷元可看成点电荷，它在 P 点产生的场强

$$\mathrm{d}E = \frac{\mathrm{d}q}{4\pi\varepsilon_0 r^2} = \frac{1}{4\pi\varepsilon_0}\frac{R}{2\pi R}\frac{\mathrm{d}l}{r^2}.$$

方向如图所示，整个圆环在 P 点产生的电场就是这样一系列电荷元在 P 点产生的场强的叠加，但每个电荷元在 P 点产生的场强的方向不同，从对称性分析可看出，圆环上全部电荷的 $\mathrm{d}\boldsymbol{E}_{\perp}$（$\mathrm{d}\boldsymbol{E}$ 沿垂直轴线上的分量）的矢量和为零，只有平行于轴线的分量 $\mathrm{d}\boldsymbol{E}_{/\!/}$ 对最后的结果有贡献，因此积分只需计算平行轴的分量

$$E = E_{/\!/} = \int \mathrm{d}E_{/\!/} = \int \mathrm{d}E\cos\theta.$$

其中，$\cos\theta = \dfrac{x}{r}$，$r^2 = x^2 + R^2$，它们对 P 点来说都是常量，积分遍及整个圆环，因此积分上下限应为 0 到 $2\pi R$，于是

$$E = \int_0^{2\pi R} \mathrm{d}E\cos\theta = \frac{1}{4\pi\varepsilon_0}\frac{q}{2\pi R}\frac{x}{(R^2+x^2)^{\frac{3}{2}}}\int_0^{2\pi R}\mathrm{d}l = \frac{1}{4\pi\varepsilon_0}\frac{qx}{(R^2+x^2)^{\frac{3}{2}}}. \tag{4-17}$$

方向沿轴线向外. 对于环心 O 来说

$$x = 0,\quad \boldsymbol{E} = 0.$$

当 $x \gg R$ 时，$(x^2+R^2)^{\frac{3}{2}} \approx x^3$，则　$E \approx \dfrac{q}{4\pi\varepsilon_0 x^2}.$

此结果又一次说明，远离环心处的电场也相当于一个点电荷 q 所产生的电场.

例 4.6　求半径为 R 的均匀带电圆面（在考虑离带电板的距离比板的厚度大得多的地方的电场，则该板就可以看成一个带电平面）在轴线上任一点的场强，设总电量为 q，如图 4-15 所示.

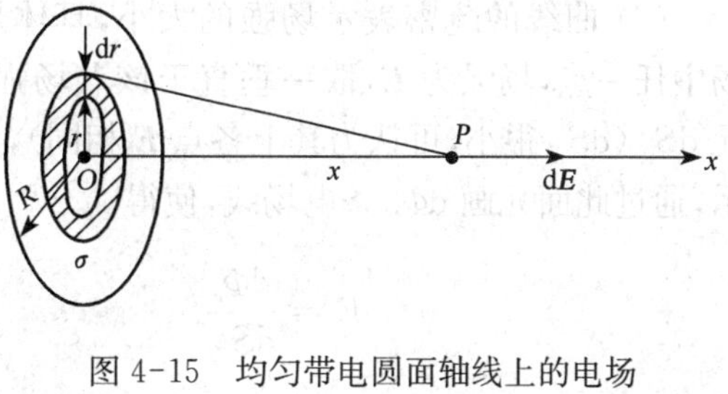

图 4-15　均匀带电圆面轴线上的电场

解 根据题意,带电面密度 $\sigma=\frac{q}{\pi R^2}$,带电圆面可看成许多同心的带电细环组成,取一半径为 r,宽度为 $\mathrm{d}r$ 的细圆环,它的带电量 $\mathrm{d}q=\sigma 2\pi r\mathrm{d}r$,利用上例的结果式(4-17),此圆环电荷在 P 点的场强大小为

$$\mathrm{d}E=\frac{x\mathrm{d}q}{4\pi\varepsilon_0(r^2+x^2)^{\frac{3}{2}}}=\frac{x\sigma 2\pi r\mathrm{d}r}{4\pi\varepsilon_0(r^2+x^2)^{\frac{3}{2}}}.$$

方向沿着轴线($q>0$,沿轴线指向远方;$q<0$,沿轴线指向圆心),由于组成圆面的各圆环的电场 $\mathrm{d}\boldsymbol{E}$ 的方向都相同,所以 P 点的场强为

$$E=\int\mathrm{d}E=\frac{\sigma x}{2\varepsilon_0}\int_0^R\frac{r\mathrm{d}r}{(r^2+x^2)^{\frac{3}{2}}}=\frac{\sigma}{2\varepsilon_0}\left[1-\frac{x}{(R^2+x^2)^{\frac{1}{2}}}\right].$$

当 $x\ll R$(或 $R\to\infty$)时,则 $$E=\frac{\sigma}{2\varepsilon_0}.\tag{4-18}$$

此时相对于 x,可将该带电圆面看成“无限大”带电平面. 因此可以说,在一无限大的均匀带电平面附近,电场是一个均匀场,其大小由式(4-18)给出,方向为当 $\sigma>0$ 时,垂直板面向外;当 $\sigma<0$ 时,垂直板面指向板面,这是一个重要的结果,请读者要记住.

当 $x\gg R$ 时,则

$$(R^2+x^2)^{-\frac{1}{2}}=\frac{1}{x}\left(1-\frac{R^2}{2x^2}+\cdots\right)\approx\frac{1}{x}\left(1-\frac{R^2}{2x^2}\right),$$

$$E\approx\frac{\sigma}{2\varepsilon_0}\frac{R^2}{2x^2}=\frac{\sigma\pi R^2}{4\pi\varepsilon_0 x^2}=\frac{q}{4\pi\varepsilon_0 x^2}.$$

这一结果再次说明,在远离带电圆面处的电场也相当于一个点电荷的电场.

4.3 真空中静电场的高斯定理

4.3.1 电场线与电通量

1. 电场线

电场中每一点的场强 $\boldsymbol{E}$ 都有一定的大小和方向,为了形象地描绘电场在空间的分布,使电场有一个比较直观的图像,通常引入**电场线**(electric field line)的概念,画电场线图. 电场线是按下述规定在电场中画出的一系列假想的曲线.

(1) 曲线上每一点的切线方向表示该点场强的方向.

(2) 曲线的疏密表示场强的大小,具体规定为:在电场中任一点,场强为 $\boldsymbol{E}$,取一垂直于该点场强方向的面积元 $\mathrm{d}S_\perp$($\mathrm{d}S_\perp$ 很小,可认为其上各点 $\boldsymbol{E}$ 相同),如图 4-16 所示,通过此面元画 $\mathrm{d}\Phi_e$ 条电场线,使得

$$E=\frac{\mathrm{d}\Phi_e}{\mathrm{d}S_\perp}.\tag{4-19}$$

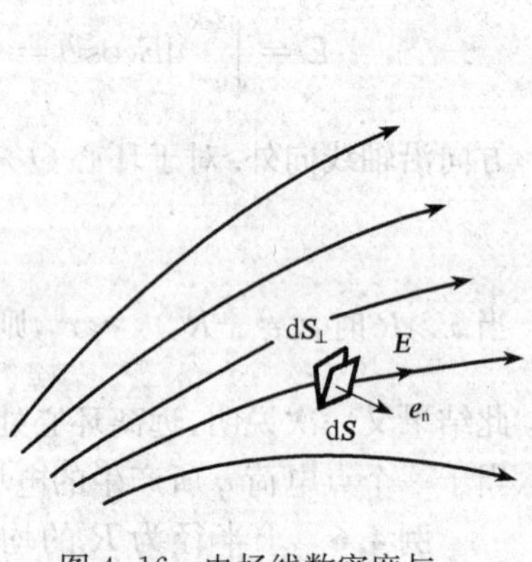

图 4-16 电场线数密度与场强大小的关系

这就是说，电场中每一点上，穿过与场强方向垂直的单位面积上的电场线的根数，即该点**电场线的数密度**与该点场强大小相等. 从而场强较大的地方，电场线较密，场强较小的地方，电场线较疏. 这样，电场线的疏密就形象地反映了电场中场强大小的分布.

电场线可以借助于一些实验方法显示出来. 例如，在水平玻璃板上撒些细小的石膏晶粒，或在油上浮些草籽，加上外电场后，它们就会沿电场线排列起来，在图 4-17 中每幅电场线图之旁都附上了由实验方法显示的电场线照片.

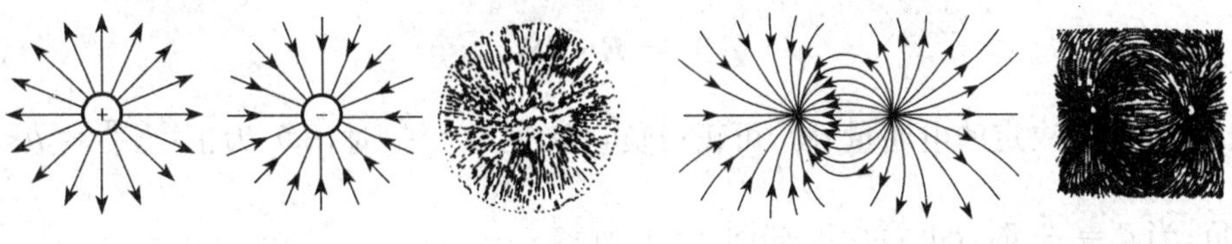

(a) 点电荷的电场线　　(b) 一对等量异号点电荷的电场线

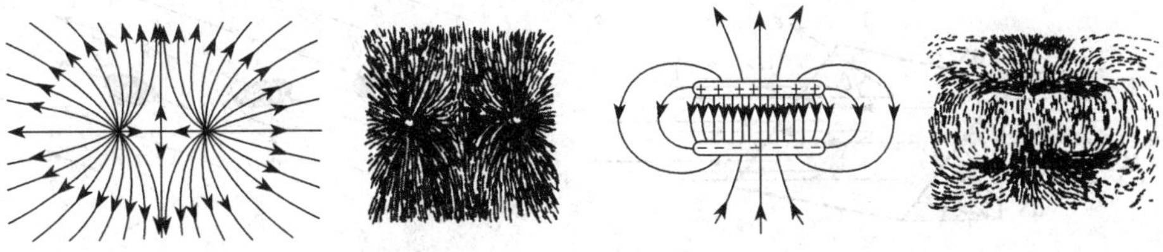

(c) 一对等量同号点电荷的电场线　　(d) 一对等量异号带电平行板的电场线

图 4-17　几种静止的电荷系的电场线图

从这些电场线图可以看出，静电场的电场线有如下性质.

(1) 电场线起于正电荷(或来自无限远处)，终止于负电荷(或伸向无限远处)，不会在没有电荷的地方中断(场强为零的奇异点除外).

(2) 静电场中，电场线不形成闭合曲线.

(3) 在没有电荷处，两条电场线不会相交.

前二条是静电场场强 $\boldsymbol{E}$ 这一矢量场性质的反映，可用精确的数学形式表述成一个定理，即高斯定理，我们将在后面介绍时再详谈，而最后一条则是电场中每一点的场强只能有一个确定方向的必然结果.

必须注意到，虽然在电场中每一点，正电荷受力方向和通过该点的电场线方向相同，但是，在一般情况下，电场线并不是一个正电荷在场中运动的轨迹.

2. 电通量

通量(flux)Φ 是任何矢量场都具有的一种性质，它总是与一个假想的面有关，这个面可以是闭合面，也可以是开口面，对于电场来说，**电通量**(electric flux)Φ_e 是用假想面所切割的电场线数目来度量的.

如图 4-18 所示，以 dS 表示电场中某一个设想的面元，其上场强 $\boldsymbol{E}$ 可认为是均匀的，通过此面元的电场线的条数就定义为通过这一面元的电通量 $d\Phi_e$，为了求出它，考虑此面元在垂直于场强方向的投影 $dS_\perp$，很明显，通过 dS 和 $dS_\perp$ 的电场线的条数是一样的. 由图 4-18 可知，$dS_\perp = dS\cos\theta$，将此关系代入式(4-19)，可得通过 dS 的电场线的条数或 dS 的电场强度通量或 $\boldsymbol{E}$ 通量——电通量 $d\Phi_e$，即

$$d\Phi_e = EdS_\perp = EdS\cos\theta. \tag{4-20}$$

为了同时表示出面元的方位，我们利用面元的法向单位矢量 $\boldsymbol{e}_n$，这时面元就用矢量面元 $d\boldsymbol{S} = dS\boldsymbol{e}_n$ 表示，由图 4-18 可以看出，dS 和 $dS_\perp$ 两面元之间的夹角也等于电场 $\boldsymbol{E}$ 和 $\boldsymbol{e}_n$ 之间的夹角，由矢量点积的定义，可得

$$\boldsymbol{E}\cdot d\boldsymbol{S} = \boldsymbol{E}\cdot\boldsymbol{e}_n dS = EdS\cos\theta.$$

将此式与式(4-20)比较可得用矢量点积表示的通过面元 $d\boldsymbol{S}$ 的电通量的公式为

$$d\Phi_e = \boldsymbol{E}\cdot d\boldsymbol{S}. \tag{4-21}$$

注意，由此式决定的电通量 $d\Phi_e$ 可正可负，当 $0\leqslant\theta<\frac{\pi}{2}$ 时，$d\Phi_e$ 为正；当 $\frac{\pi}{2}<\theta\leqslant\pi$ 时，$d\Phi_e$ 为负；当 $\theta=\frac{\pi}{2}$ 时，$d\Phi_e$ 为零，如图 4-19 所示.

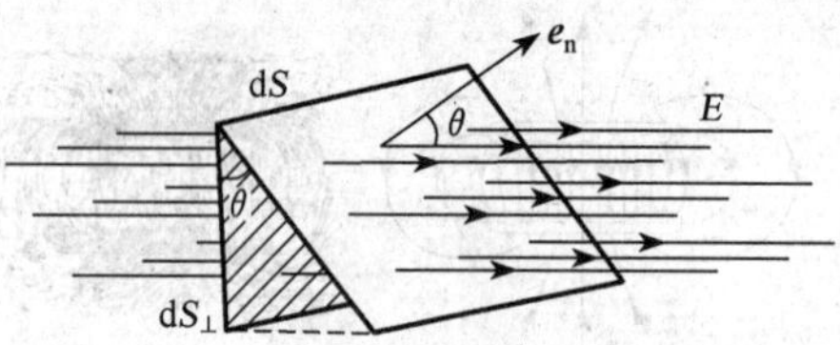

图 4-18　通过 dS 的电通量

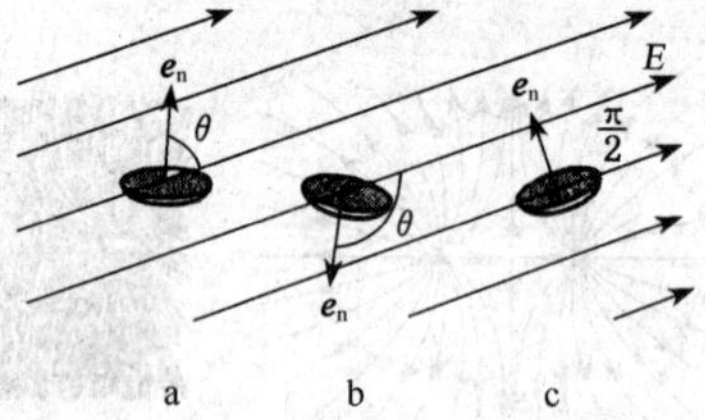

图 4-19　通过面元的电通量的正负

为了求出任意曲面 S 的电通量(图 4-20)，可将曲面 S 分割成许多小面元 dS，先计算通过每一小面元的电通量，然后对整个 S 面上所有面元的电通量相加，用数学表示为

$$\Phi_e = \iint_S d\Phi_e = \iint_S \boldsymbol{E}\cdot d\boldsymbol{S}. \tag{4-22}$$

这样的积分在数学上叫**面积分**，积分号下脚标 S 表示此积分遍及整个曲面. 显然，如果是在均匀电场中取一平面，平面法向 $\boldsymbol{e}_n$ 与 $\boldsymbol{E}$ 成 θ 角，则通过这一平面的电通量

$$\Phi_e = ES\cos\theta.$$

这是中学时期已熟悉的公式，实际上它是式(4-22)的特殊情况.

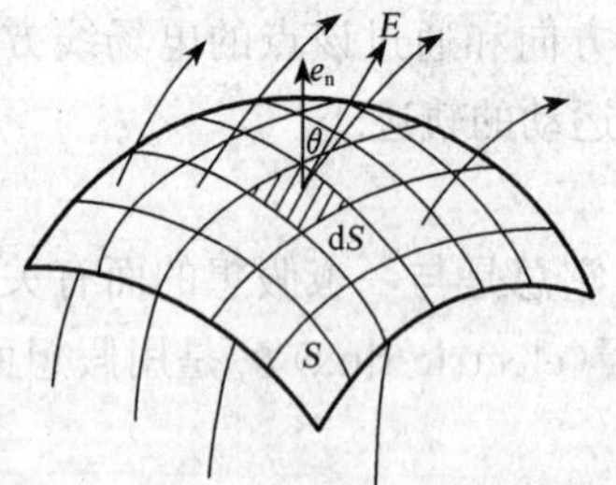

图 4-20　通过任意曲面的电通量

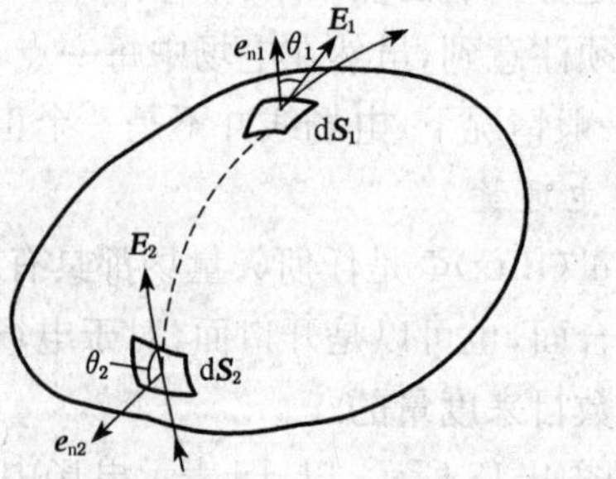

图 4-21　通过封闭曲面的电通量

通过一个封闭曲面 S 的电通量(图 4-21)，可表示为

$$\Phi_e = \oiint_S \boldsymbol{E}\cdot d\boldsymbol{S}. \tag{4-23}$$

式中，$\oiint_S$ 表示沿整个封闭曲面进行积分.

对于不闭合的曲面，面上各处法向单位矢量的正向可以任意取这一侧或那一侧，对于闭合曲面，由于它使整个空间分成内外两部分，所以一般规定自内向外的方向为各处面元法向的正方向，即**外法向为正**. 这样，当电场线从内部穿出时(图 4-21 中面元 $d\boldsymbol{S}_1$ 处)，即 $0 \leqslant \theta < \frac{\pi}{2}$，$d\Phi_e$ 为正；当电场线由外面穿入时(图 4-21 中面元 $d\boldsymbol{S}_2$ 处)，即 $\frac{\pi}{2} < \theta \leqslant \pi$，$d\Phi_e$ 为负，因此通过整个封闭曲面的电通量 Φ_e 就等于穿出与穿入封闭面的电场线的条数之差，也就是净穿出封闭曲面的电场线的总条数.

4.3.2　静电场的高斯定理及应用

1. 静电场的高斯定理

静电场是由静止电荷 Q 激发的，这个场的性质既可由空间每点的场强 $\boldsymbol{E}$ 来描述，也可由电通量 Φ_e 来描述某一区域的情况，这些量就必然有某种联系. 高斯(K. F. Gauss，1777—1856)，著名的德国物理学家和数学家(在实验物理和理论物理及数学方面都做出了很多贡献)，导出了电磁学的一条重要规律——**高斯定理**(Gauss theorem). 它是用电通量表示的电场和场源电荷关系的定律，给出通过任一封闭面的电通量与封闭面内部所包围的电荷的关系，比式(4-10)与式(4-11)给出的场源电荷和它们的电场分布的关系有更普遍的理论意义. 下面利用电通量的概念，根据库仑定律和场强叠加原理来导出这个关系.

首先，讨论一个静止的点电荷 $q(>0)$ 的电场，以 q 所在点为中心，取任意长度 r 为半径作一球面 S 包围这个点电荷 q，如图 4-22(a)所示. 根据库仑定律，球面上任一点的电场强度 $\boldsymbol{E}$ 的大小都是 $\frac{q}{4\pi\varepsilon_0 r^2}$，方向都沿着各点的矢径 $\boldsymbol{r}$ 的方向，处处与球面垂直，根据式(4-23)，可得通过该球面的电通量为

$$\Phi_e = \oiint_S \boldsymbol{E} \cdot d\boldsymbol{S} = \oiint_S \frac{q}{4\pi\varepsilon_0 r^2} dS = \frac{q}{4\pi\varepsilon_0 r^2} \oiint_S dS = \frac{q}{4\pi\varepsilon_0 r^2} 4\pi r^2 = \frac{q}{\varepsilon_0}.$$

显然，如果 $q < 0$，只需注意 $\boldsymbol{E}$ 的方向与球面外法向即矢径 $\boldsymbol{r}$ 反向，则上述 $\Phi_e = -\frac{|q|}{\varepsilon_0}$.

该结果表明，通过闭合球面上的电通量只与它所包围的电荷的电量有关，而与所取球面的半径无关. 这意味着，对以点电荷 q 为中心的任意球面来说，通过它的电通量都一样，都等于 $\frac{q}{\varepsilon_0}$. 用电场线的图像来说，这表示通过各球面的电场线的总条数相等，或者说，**从点电荷 q 发出的电场线连续地延伸到无限远处.**

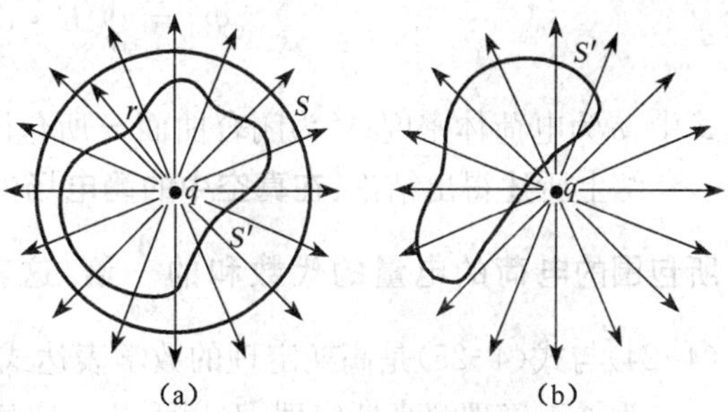

图 4-22　说明高斯定理用图

现在设想另一个任意的封闭面 S'，S' 与球面 S 包围同一个点电荷 q，如图 4-22(a)

所示，由于电场线的连续性，可以得出通过 S 和 S' 的电场线数目是一样的，因此通过任意形状的包围点电荷 q 的封闭曲面的电通量都等于$\frac{q}{\varepsilon_0}$.

如果闭合面 S' 不包围点电荷 q，如图 4-22(b)所示，则由电场线的连续性可得出，由这一侧进入 S' 的电场线条数一定等于从另一侧穿出 S' 的电场线条数，所以净穿出闭合曲面 S' 的电场线的总条数为零，亦即通过 S' 面的电通量为零，用公式表示为

$$\Phi_e = \oiint_S \boldsymbol{E} \cdot \mathrm{d}\boldsymbol{S} = 0.$$

以上是关于单个点电荷的电场的结论，对于一个由点电荷系 $q_1, q_2, \cdots, q_n$ 等组成的电荷系来说，在它们电场中的任一点的场强是各个点电荷(或电荷元)所产生的场强的叠加，由场强叠加原理，可得

$$\boldsymbol{E} = \boldsymbol{E}_1 + \boldsymbol{E}_2 + \cdots + \boldsymbol{E}_n.$$

其中，$\boldsymbol{E}_1, \boldsymbol{E}_2, \cdots, \boldsymbol{E}_n$ 为单个点电荷产生的电场，$\boldsymbol{E}$ 是总场强. 这时通过任意封闭曲面 S 的电通量为

$$\begin{aligned}\Phi_e &= \oiint_S \boldsymbol{E} \cdot \mathrm{d}\boldsymbol{S} = \oiint_S \boldsymbol{E}_1 \cdot \mathrm{d}\boldsymbol{S} + \oiint_S \boldsymbol{E}_2 \cdot \mathrm{d}\boldsymbol{S} + \cdots + \oiint_S \boldsymbol{E}_n \cdot \mathrm{d}\boldsymbol{S} \\ &= \Phi_{e_1} + \Phi_{e_2} + \cdots + \Phi_{e_n}.\end{aligned}$$

其中，$\Phi_{e_1}, \Phi_{e_2}, \cdots, \Phi_{e_n}$ 为单个点电荷的电场通过封闭曲面的电通量. 由上述关于单个点电荷的结论可知，当 q_i 在封闭曲面内时，$\Phi_{e_i} = \frac{q_i}{\varepsilon_0}$；当 q_i 在封闭曲面之外时，$\Phi_{e_i} = 0$. 由此可知 n 个点电荷中，如有 k 个在封闭面内，$n-k$ 个在封闭面外，则有

$$\Phi_e = \oiint_S \boldsymbol{E} \cdot \mathrm{d}\boldsymbol{S} = \frac{1}{\varepsilon_0}(q_1 + q_2 + \cdots + q_k),$$

即

$$\Phi_e = \oiint_S \boldsymbol{E} \cdot \mathrm{d}\boldsymbol{S} = \frac{1}{\varepsilon_0}\sum q_{\mathrm{int}}. \tag{4-24}$$

式中，$\sum q_{\mathrm{int}}$ 表示在封闭面内的电量的代数和.

如果是在连续分布的带电体产生的电场中，则式(4-24)可写成

$$\Phi_e = \oiint_S \boldsymbol{E} \cdot \mathrm{d}\boldsymbol{S} = \frac{1}{\varepsilon_0}\iiint_V \rho \mathrm{d}V. \tag{4-25}$$

式中，ρ 为电荷体密度；V 为闭合曲面 S 所包围的体积，闭合曲面 S 习惯上被称为**高斯面**.

综上所述得出结论：**在真空中的静电场内，通过任意封闭曲面的电通量等于该封闭曲面所包围的电荷的电量的代数和的$\frac{1}{\varepsilon_0}$倍**. 这就是表征静电场的普遍性质的高斯定理，式(4-24)与式(4-25)是高斯定理的数学表达式.

为了正确理解高斯定理，对以下几点应特别注意.

(1) 高斯定理表达式左方的场强 $\boldsymbol{E}$ 是曲面上各点的场强，它是由**全部电荷**(既包括封闭

面内又包括封闭面外的）共同产生的合场强，并非只由封闭面内的电荷 $\sum q_{\text{int}}$ 所产生，因此如果高斯面内的电荷的代数和为零，并不意味着高斯面上的场强处处为零.

（2）通过封闭曲面的总电通量只决定于它所包围的电荷，即只有封闭曲面**内部的电荷**才对这一总电通量有贡献，封闭面外部电荷对这一总电通量无贡献.

（3）封闭面内的电荷有正有负，方程右边 $\sum q_{\text{int}}$ 是面内所包围的电荷的代数和，因此，$\sum q_{\text{int}} = 0$ 并不说明封闭面内一定没有电荷分布，只能说明穿过这一封闭面的总电通量为零.

（4）从高斯定理可看出，当封闭面内的电荷为正时，$\Phi_{\text{e}} > 0$，表示有电场线从正电荷发出并穿出封闭面；当封闭面内的电荷为负时，$\Phi_{\text{e}} < 0$，表示有电场线穿进封闭面而终止于负电荷. 因此高斯定理说明电场线起发于正电荷，终止于负电荷. 反映了静电场的两大基本特征之一——**静电场是有源场，场源就是电荷.**

（5）在这里高斯定理虽然是由库仑定律（已暗含了空间的各向同性）和叠加原理导出的，实际上在电场强度定义之后，也可由高斯定理结合空间的各向同性而导出库仑定律. 这说明，对静电场来说，库仑定律和高斯定理并不互相独立，而是用不同的形式来表示电场与场源电荷关系的同一客观规律. 但是，在物理含义上它们并不完全相同，二者具有“相逆”的意义：库仑定律使我们在电荷分布已知时，能求出场强的分布；而高斯定理使我们在电场强度分布已知时，能求出任意区域内的电荷. 尽管如此，当电荷分布具有某种对称性时，也可用高斯定理求出该种电荷系统的电场分布，而且，这种方法在数学上比用库仑定律简便得多. 此外，库仑定律只适用于静止电荷和静电场，而高斯定理不但适用于静止电荷和静电场，也适应于运动电荷和迅速变化的电磁场.

最后必须指出：单靠高斯定理描述静电场是不完备的，只有和反映静电场的另一特性的定理——静电场的安培环路定理结合起来，才能完整地描述静电场.

2. 利用高斯定理求静电场的分布

一般情况下，在一个参考系中，当静止的电荷分布给定时，从高斯定理只能求出通过某一封闭面的电通量，并不能把电场中各点的场强确定下来，但是当这电荷分布具有某些特殊的对称性，从而使相应的电场分布也具有一定的对称性时，靠选择合适的高斯面，以便使积分 $\oint_S \boldsymbol{E} \cdot \mathrm{d}\boldsymbol{S}$ 中的 $\boldsymbol{E}$ 能以标量形式从积分号内提出来时，就可利用高斯定理方便地求出场强分布. 下面举几个例子，它们都是要求求出在场源电荷静止的参考系内自由空间中的电场分布.

例 4.7 试用高斯定理求出点电荷 q 静止的参考系中，自由空间内的电场分布.

解 由于自由空间是均匀而且各向同性的，因此，点电荷的电场应具有以该点电荷为中心的球对称性，即各点的场强方向应从点电荷引向各点的矢径方向，并且在距点电荷等远的所有各点上，场强的数值应该相等，据以上对称性分析，可以选择一个以点电荷所在点为球心、半径为 r 的球面为高斯面 S. 通过 S 面的电通量为

$$\Phi_{\text{e}} = \oiint_S \boldsymbol{E} \cdot \mathrm{d}\boldsymbol{S} = \oiint_S E\mathrm{d}S = E\oiint_S \mathrm{d}S.$$

最后的积分就是半径为 r 的球面的总面积 $4\pi r^2$，所以

$$\Phi_e = E \cdot 4\pi r^2.$$

S 面内所包围的电荷为 q，由高斯定理得出 $\qquad E \cdot 4\pi r^2 = \dfrac{q}{\varepsilon_0}.$

由此得出

$$E = \frac{q}{4\pi\varepsilon_0 r^2}.$$

由于 $\boldsymbol{E}$ 的方向沿径向，所以此结果用矢量式表示为

$$\boldsymbol{E} = \frac{q}{4\pi\varepsilon_0 r^2}\boldsymbol{e}_r = \frac{q}{4\pi\varepsilon_0 r^3}\boldsymbol{r}.$$

这就是点电荷的场强公式.

若将另一电荷 q_0 放在距电荷 q 为 r 的一点上，则由电场强度定义可求出 q_0 受的力为

$$\boldsymbol{F} = q_0\boldsymbol{E} = \frac{q_0 q}{4\pi\varepsilon_0 r^2}\boldsymbol{e}_r = \frac{q_0 q}{4\pi\varepsilon_0 r^3}\boldsymbol{r}.$$

这正是库仑定律. 这样，我们就由高斯定理导出了库仑定律.

例 4.8 求均匀带电球面的电场分布. 已知球面半径为 R，带电总量为 Q(设 $Q>0$).

解 如图 4-23 所示，设 O 点为球心，在球面外任取一点 P，P 点到 O 点的距离为 r，如求出 P 点的场强，也就知道了球面外电场的分布.

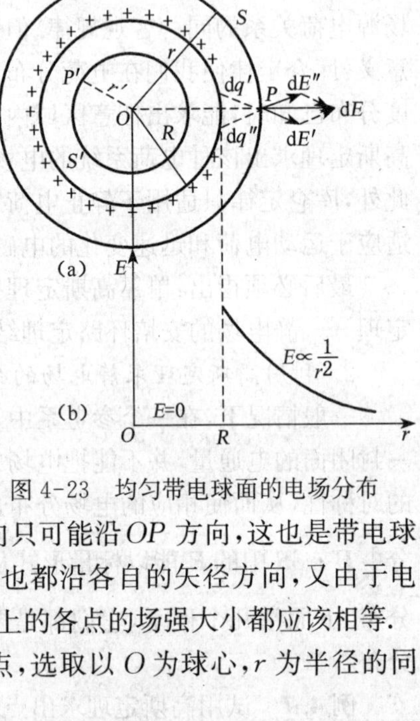

图 4-23 均匀带电球面的电场分布

(1) 对称性分析. 由于自由空间各向同性和电荷分布对于 O 点球对称性，从而电荷分布对 OP 直线对称. 而任何一对对称的电荷元 dq' 和 dq'' 在 P 点的合场强方向沿 OP 方向，所以带电球面上所有电荷在 P 点的合场强 $\boldsymbol{E}$ 的方向也必然沿 OP 方向(实际上在自由空间各向同性和电荷分布的球对称时，在 P 点唯一可能的确定方向就是矢径 $\boldsymbol{OP}$ 方向，因而此处场强 $\boldsymbol{E}$ 的方向只可能沿 OP 方向，这也是带电球面在自由空间转动不变性的要求)，其他各点的电场方向也都沿各自的矢径方向，又由于电荷分布的球对称性，在以 O 为球心的与 P 点在同一球面上的各点的场强大小都应该相等.

(2) 选取高斯面. 根据场强分布具有球对称性的特点，选取以 O 为球心，r 为半径的同心球面 S 作为高斯面，P 点在高斯面上.

(3) 计算通过高斯面的电通量. 由于 S 上各点场强大小都和 P 点场强 E 相等，球面各处外法向 $\boldsymbol{e}_r$ 与该处的 $\boldsymbol{E}$ 同向，所以 $\cos\theta = 1$ $(Q>0)$. 根据电通量的定义式(4-23)，通过 S 的电通量为

$$\Phi_e = \oint\!\!\!\oint_S \boldsymbol{E}\cdot d\boldsymbol{S} = \oint\!\!\!\oint_S E\,dS\cos\theta = E\oint\!\!\!\oint_S dS = E\cdot 4\pi r^2.$$

(4) 根据高斯定理求 $\boldsymbol{E}$. 由 $\Phi_e = \dfrac{1}{\varepsilon_0}\sum q_{int}$，此球面包围的电荷为

$$\sum q_{\text{int}} = Q.$$

由此得出
$$E \cdot 4\pi r^2 = \frac{Q}{\varepsilon_0},\quad E = \frac{Q}{4\pi\varepsilon_0 r^2}\quad (r > R).$$

考虑 $\boldsymbol{E}$ 的方向，可得电场强度的矢量式为

$$\boldsymbol{E} = \frac{Q}{4\pi\varepsilon_0 r^2}\boldsymbol{e}_{\text{r}} = \frac{Q}{4\pi\varepsilon_0 r^3}\boldsymbol{r}\quad (r > R). \tag{4-26a}$$

显然，$Q > 0$，$\boldsymbol{E}$ 方向沿径向向外；$Q < 0$，$\boldsymbol{E}$ 方向沿径向向里.

对球面内部任一点 P'，则以上对称性分析同样适用，过 P' 点作半径为 r' 的同心球面为高斯面 S'，通过 S' 的电通量为

$$\Phi_{\text{e}} = 4\pi r'^2 \cdot E.$$

但由于此 S' 面内没有电荷，根据高斯定理，应有　$E \cdot 4\pi r'^2 = 0$，

即
$$\boldsymbol{E} = 0\quad (r < R). \tag{4-26b}$$

结论是：均匀带电球面在外部空间产生的电场，其分布就像球面上的电荷全部集中在球心时所形成的一个点电荷在该区的场强分布，均匀带电球面内部的场强处处为零.

图 4-23(b) 中的 E-r 曲线，表明了场强大小随距离的变化而变化，场强值在球面上 $(r = R)$ 是不连续的.

例 4.9　求均匀带电球体的电场分布，已知球半径为 R，所带总电量为 Q，如图 4-24 所示. 铀核可视为带有 $92e$ 的均匀带电球体，半径为 7.4×10^{-15} m，求其表面的电场强度.

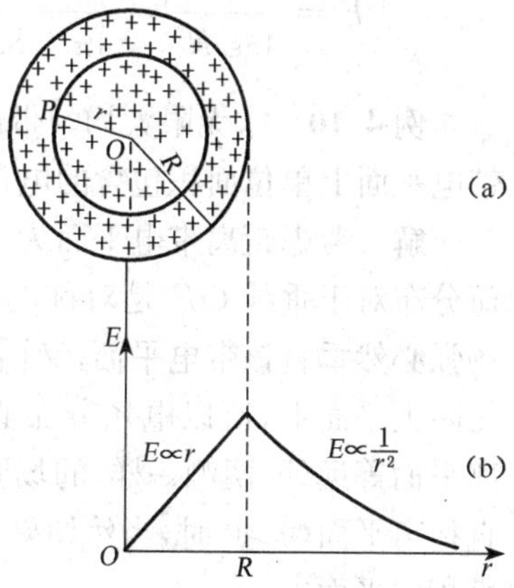

图 4-24　均匀带电球体的电场分布

解　设想均匀带电球体是由一层层同心带电球面组成，这样上例中关于场强方向和大小的分析在本例中也适用，因此可直接得出：在球体外部的场强分布和所有电荷都集中到球心时产生的电场一样，即

$$\boldsymbol{E} = \frac{Q}{4\pi\varepsilon_0 r^2}\boldsymbol{e}_{\text{r}} = \frac{Q}{4\pi\varepsilon_0 r^3}\boldsymbol{r}\quad (r \geqslant R). \tag{4-27a}$$

对于球体内任一点的场强，可以通过球内 P' 点作一半径为 r $(r < R)$ 的同心球面 S' 为高斯面，通过 S' 的电通量仍为

$$\Phi_{\text{e}} = 4\pi r^2 E.$$

此球面内包围的电荷 $\left(\text{因为均匀，密度 } \rho = \dfrac{Q}{\frac{4}{3}\pi R^3}\right)$

$$\sum q_{\text{int}} = \frac{Q}{\frac{4}{3}\pi R^3} \cdot \frac{4}{3}\pi r^3 = \frac{Qr^3}{R^3}.$$

由此利用高斯定理可得 $$E=\frac{Q}{4\pi\varepsilon_0 R^3}r\quad (r\leqslant R).$$

这表明,在均匀带电体内部各点的场强的大小与矢径大小成正比,考虑到 $\boldsymbol{E}$ 的方向,球内电场强度也可用矢量式表示为

$$\boldsymbol{E}=\frac{Q}{4\pi\varepsilon_0 R^3}\boldsymbol{r}\quad (r\leqslant R).\tag{4-27b}$$

以 ρ 表示体电荷密度,则上式可改写成 $$\boldsymbol{E}=\frac{\rho}{3\varepsilon_0}\boldsymbol{r}\quad (r\leqslant R).\tag{4-27c}$$

均匀带电球体的 E-r 曲线示于图 4-24(b)中,由图可知,在球体表面上场强的大小是连续的且是最大值.

由式(4-27a)或式(4-27b)可得铀核表面电场强度为

$$E=\frac{92e}{4\pi\varepsilon_0 R^2}=\frac{92\times 1.6\times 10^{-19}}{4\pi\times 8.85\times 10^{-12}\times(7.4\times 10^{-15})^2}=2.4\times 10^{21}\,(\mathrm{N/C}).$$

例 4.10 求无限大均匀带电平面的电场分布,已知带电平面上单位面积包含的电荷即面电荷密度为 σ.

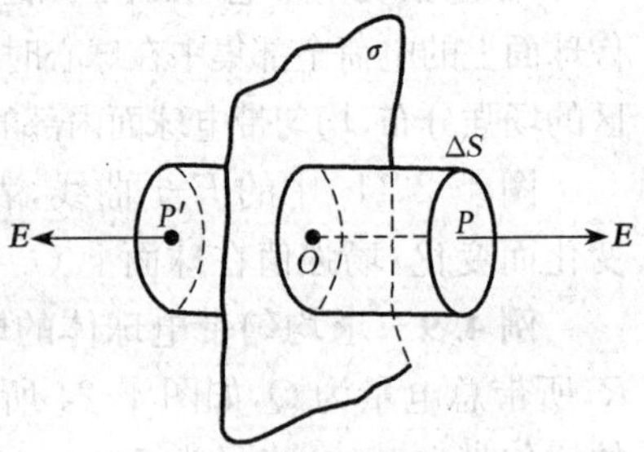

图 4-25 无限大均匀带电平面的电场分析

解 考虑距离带电平面为 r 的 P 点场强 $\boldsymbol{E}$,由于电荷分布对于垂线 OP 是对称的(图 4-25),所以 P 点的场强必然垂直该带电平面,又由于电荷均匀分布在一个无限大平面上,所以电场分布必然对该平面对称,而且离平面等远处(两侧一样)的场强大小都相等,方向都垂直指离平面($\sigma>0$ 时,当然如果 $\sigma<0$,各点场强方向都垂直指向平面).

依这种对称性取一其轴垂直于带电平面的圆筒式的封闭面作为高斯面 S,带电平面平分此圆筒,而 P 点位于它的一个底上.

由于圆筒侧面上各点的 $\boldsymbol{E}$ 与其外法向垂直,两底面上的各点 $\boldsymbol{E}$ 与其外法线平行,以 ΔS 表示一个底的面积,则

$$\Phi_\mathrm{e}=\oiint_S \boldsymbol{E}\cdot\mathrm{d}\boldsymbol{S}=\int_{\text{侧面}}E\mathrm{d}S\cos\frac{\pi}{2}+\int_{\text{左底}}E\mathrm{d}S+\int_{\text{右底}}E\mathrm{d}S.$$

由于高斯面 S 在带电平面上截出的面积也是 ΔS,所以 S 包围的电量 $\sum q_{\mathrm{int}}=\sigma\Delta S$.

由高斯定理给出 $$\Phi_\mathrm{e}=2E\Delta S=\frac{\sigma\Delta S}{\varepsilon_0},$$

从而 $$E=\frac{\sigma}{2\varepsilon_0}.\tag{4-28}$$

式(4-28)表明,无限大均匀带电平面两侧的电场是均匀场,这一结果与本章例 4.6 结果式(4-18)相同.

应用本例题的结果和场强叠加原理,读者可以证明,一对电荷密度等值异号的无限大均

匀带电的平行平面间的场强大小为

$$E=\frac{\sigma}{\varepsilon_0},$$

其方向从带正电平面指向带负电平面；而在两个平行平面外部空间各点的场强为零，在实验室里，常利用这样的一对带电的平板组成平行板电容器(忽略边缘效应)获得均匀电场.

例 4.11 求无限长均匀带正电圆柱面的电场分布，设圆柱面的半径为 R，电荷面密度为 σ.

解 由于电荷分布的轴对称，电场也具有轴对称性，即离开圆柱面轴线等距离各点的场强大小相等，方向都垂直于圆柱面而向外，如图 4-26(b)所示. 考虑离圆柱面轴线距离为 $r(r>R)$ 的 P 点，取高斯面 S 为与无限长圆柱面共轴，半径为 r(即过 P 点)，高度为 l[图 4-26(a)]的封闭圆柱面，S 分为三个部分：上下底面与侧面，在上下底面上各点 $\boldsymbol{E}$ 与底面的外法向垂直，侧面上各点的 $\boldsymbol{E}$ 处处与侧面的外法向平行，$\boldsymbol{E}$ 的大小处处相等，因此通过 S 的电通量

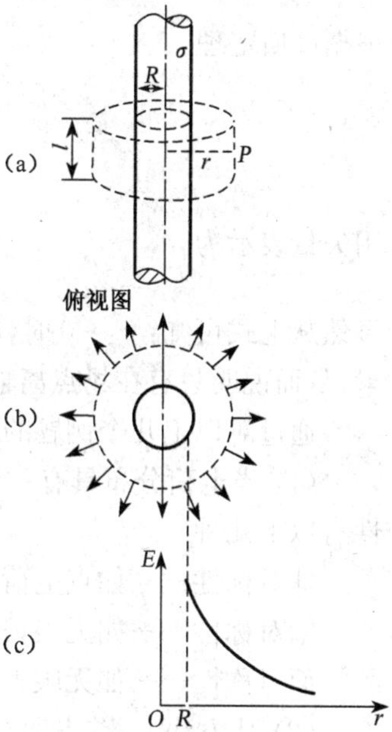

图 4-26 带正电圆柱面的电场分布

$$\begin{aligned}\Phi_e&=\oiint_S \boldsymbol{E}\cdot d\boldsymbol{S}\\&=\int_{上底}EdS\cos\frac{\pi}{2}+\int_{下底}EdS\cos\frac{\pi}{2}+\int_{侧面}EdS\\&=E\int_{侧面}dS=E\cdot 2\pi rl.\end{aligned}$$

此封闭内 $$\sum q_{int}=\sigma\cdot 2\pi Rl.$$

根据高斯定理 $$E\cdot 2\pi rl=\frac{1}{\varepsilon_0}\sigma\cdot 2\pi Rl,$$

从而 $$E=\frac{R\sigma}{\varepsilon_0 r}\quad(r>R). \tag{4-29}$$

如果令 $\lambda=2\pi R\cdot\sigma$ 表示带电圆柱面单位长度的电量，则

$$E=\frac{\lambda}{2\pi\varepsilon_0 r}\quad(r>R).$$

考虑 $\boldsymbol{E}$ 的方向，用矢量式表示为 $$\boldsymbol{E}=\frac{\lambda}{2\pi\varepsilon_0 r}\boldsymbol{e}_r\quad(r>R). \tag{4-30}$$

式中，$\boldsymbol{e}_r$ 表示径向单位矢量，此结果与本章例 9.4 的式(4-16)相同. 说明无限长均匀带电圆柱面外的场强分布与无限长均匀带电细棒的场强分布是相同的.

仿照上面的分析，可求得带电圆柱面内的场强处处为零，即

$$\boldsymbol{E}=0\quad(r<R). \tag{4-31}$$

E-r 曲线如图 4-26(c)所示.

如果电荷均匀分布在整个圆柱体内，则在 $r<R$ 的圆柱体内的场强 $\boldsymbol{E}$ 不再为零，因为在这种情况下，高斯面 S 内所包围的电荷的电量

$$\sum q_{\text{int}}=\frac{\lambda l}{\pi R^2}\cdot\pi r^2.$$

根据高斯定理

$$\oint \boldsymbol{E}\mathrm{d}\boldsymbol{S}=\frac{1}{\varepsilon_0}\sum q_{\text{int}}.$$

$$2\pi r l E=\frac{\lambda l}{R^2}\frac{r^2}{\varepsilon_0}.$$

用矢量表示为

$$\boldsymbol{E}=\frac{\lambda}{2\pi\varepsilon_0 R^2}\boldsymbol{r}\quad(r<R).\tag{4-32}$$

显然从上式可知：$r\to 0$ 时，$E\to 0$，不会得出由式(4-16)给出的 $r\to 0$ 时，$E\to\infty$ 的错误结果，从而说明只有在场点离轴线很远时，带电圆柱体才能看成带电直线.

通过对以上几个例题的分析可以看出以下几点.

(1) 当电荷分布具有一定对称性时，用高斯定理才能方便地求出场强分布，典型的对称性有以下几种.

球对称性——如点电荷，均匀带电球面或球体等.

轴对称性——如无限长均匀带电直线，无限长均匀带电圆柱体或圆柱面等.

面对称性——如无限大均匀带电平面或平板，若干个无限大均匀带电平面等.

(2) 从方法上，首先做对称性分析，由电荷分布的对称性判断场强的大小，方向分布的对称性，其次是取一个合适的高斯面，取高斯面的原则是：使高斯面上场强处处相等，都等于待求场强，且场强处处与高斯面外法向平行或者垂直.

4.4 静电场环路定理和电势

电荷在电场中会受到电场力的作用，我们引入场强 $\boldsymbol{E}$ 直接描述电场力的性质，再从 $\boldsymbol{E}$ 的通量通过高斯定理揭示静电场是有源场这一基本特性，这一节我们从电荷在电场中移动时，电场力要对它做功的特点入手，导出反映静电场另一特性的环路定理，揭示静电场是一个保守力场，然后在此基础上引入描述静电场做功性质的另一个物理量——电势.

4.4.1 静电场的环路定理

1. 静电场的保守性

从研究静电场力做功的性质来研究静电场的性质，首先从库仑定律和场强叠加原理出发，证明**静电场是保守场**.

如图 4-27 所示，静止点电荷 q 位于 O 点，设想在 q 产生的电场中，把另一电荷 q_0 从 P_1 点经任意路径 L 移到 P_2 点，q_0 受的静电场力所做的功为

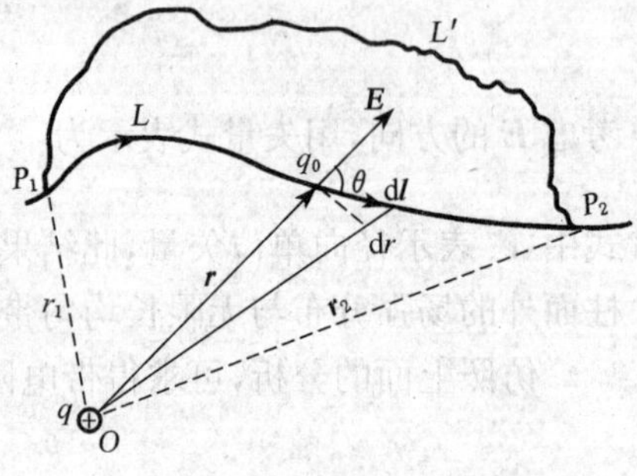

图 4-27 静电场力做功与路径无关

$$A_{12}=\int_{(P_1)}^{(P_2)}\boldsymbol{F}\cdot \mathrm{d}\boldsymbol{l}=\int_{(P_1)}^{(P_2)}q_0\boldsymbol{E}\cdot \mathrm{d}\boldsymbol{l}=q_0\int_{(P_1)}^{(P_2)}\boldsymbol{E}\cdot \mathrm{d}\boldsymbol{l}. \tag{4-33}$$

上式两侧同除 q_0，得到

$$\frac{A_{12}}{q_0}=\int_{(P_1)}^{(P_2)}\boldsymbol{E}\cdot \mathrm{d}\boldsymbol{l}. \tag{4-34}$$

式(4-34)中等号右侧的积分 $\int_{(P_1)}^{(P_2)}\boldsymbol{E}\cdot \mathrm{d}\boldsymbol{l}$ 叫**电场强度 $\boldsymbol{E}$ 沿任意路径 L 的线积分**，它表示在电场中从 P_1 点到 P_2 点沿 L 移动单位正电荷时电场力所做的功. 由于这一积分只由 q 的电场强度 $\boldsymbol{E}$ 的分布决定，而与被移动的电荷的电量无关，所以这一线积分是可以用来说明电场本身的性质的.

对于静止点电荷 q 产生的静电场，其电场强度公式为

$$\boldsymbol{E}=\frac{q}{4\pi\varepsilon_0 r^2}e_{\mathrm{r}}=\frac{q}{4\pi\varepsilon_0 r^3}\boldsymbol{r}.$$

将上式代入式(4-33)中，得到静电场力对 q_0 做的功

$$A_{12}=q_0\int_{(P_1)}^{(P_2)}\frac{q}{4\pi\varepsilon_0 r^3}\boldsymbol{r}\cdot \mathrm{d}\boldsymbol{l}.$$

由图 4-27 可知，$\boldsymbol{r}\cdot\mathrm{d}\boldsymbol{l}=r\cos\theta\mathrm{d}l$，式中 θ 是 $\boldsymbol{r}$ 的方向与 $\mathrm{d}\boldsymbol{l}$ 方向之间的夹角，而 $\mathrm{d}l\cos\theta=\mathrm{d}r$，代入上式可得

$$A_{12}=q_0\int_{(P_1)}^{(P_2)}\frac{q}{4\pi\varepsilon_0 r^3}\boldsymbol{r}\cdot \mathrm{d}\boldsymbol{l}=q_0\int_{r_1}^{r_2}\frac{q}{4\pi\varepsilon_0 r^2}\mathrm{d}r=\frac{q_0 q}{4\pi\varepsilon_0}\left(\frac{1}{r_1}-\frac{1}{r_2}\right). \tag{4-35}$$

式中，r_1 和 r_2 分别表示从点电荷 q 到起点和终点的距离，所以此结果说明在静止点电荷 q 的电场中，**静电场力对场中被移动电荷做的功与积分路径无关，只与起点和终点的位置有关**(从 P_1 到 P_2 经 L 和 L' 一样，如图 4-27 所示)，**且与被移动电荷的电量 q_0 成正比**.

显然，场强 $\boldsymbol{E}$ 的线积分

$$\int_{(P_1)}^{(P_2)}\boldsymbol{E}\cdot \mathrm{d}\boldsymbol{l}=\frac{A_{12}}{q_0}=\frac{q}{4\pi\varepsilon_0}\left(\frac{1}{r_1}-\frac{1}{r_2}\right) \tag{4-36}$$

就与 q_0 和积分路径都无关，而只与积分路径的起点和终点位置有关. 实际上，式(4-36)说的就是在静止的点电荷的电场中，移动单位正电荷时，静电场力所做的功只取决于被移动电荷的起点和终点的位置，而与移动的路径无关.

对于由许多静止的点电荷 q_1，q_2，…，q_n 组成的电荷系，由场强叠加原理可得到电场强度 $\boldsymbol{E}$ 的线积分为

$$\begin{aligned}\int_{(P_1)}^{(P_2)}\boldsymbol{E}\cdot \mathrm{d}\boldsymbol{l}&=\int_{(P_1)}^{(P_2)}(\boldsymbol{E}_1+\boldsymbol{E}_2+\cdots+\boldsymbol{E}_n)\cdot \mathrm{d}\boldsymbol{l}\\&=\int_{(P_1)}^{(P_2)}\boldsymbol{E}_1\cdot \mathrm{d}\boldsymbol{l}+\int_{(P_1)}^{(P_2)}\boldsymbol{E}_2\cdot \mathrm{d}\boldsymbol{l}+\cdots+\int_{(P_1)}^{(P_2)}\boldsymbol{E}_n\cdot \mathrm{d}\boldsymbol{l}.\end{aligned}$$

因为上述等式右侧每一项线积分都与路径无关，只取决于被移动电荷的始末位置，所以总电场 $\boldsymbol{E}$ 的线积分也具有这一特点.

当然,当一电荷 q_0 在这样的静电场中经任意路径 L 从 P_1 移动到 P_2 时,静电场力做的总功

$$A_{12}=\int_{(P_1)}^{(P_2)} q_0\boldsymbol{E}\cdot \mathrm{d}\boldsymbol{l}=q_0\int_{(P_1)}^{(P_2)}(\boldsymbol{E}_1+\boldsymbol{E}_2+\cdots+\boldsymbol{E}_n)\cdot \mathrm{d}\boldsymbol{l}$$
$$=q_0\int_{(P_1)}^{(P_2)}\boldsymbol{E}_1\cdot \mathrm{d}\boldsymbol{l}+q_0\int_{(P_1)}^{(P_2)}\boldsymbol{E}_2\cdot \mathrm{d}\boldsymbol{l}+\cdots+q_0\int_{(P_1)}^{(P_2)}\boldsymbol{E}_n\cdot \mathrm{d}\boldsymbol{l}$$
$$=\sum_{i=1}^{n}q_0\int_{(P_1)}^{(P_2)}\boldsymbol{E}_i\cdot \mathrm{d}\boldsymbol{l}.$$

利用式(4-35),即得

$$A_{12}=\sum_{i=1}^{n}\frac{q_0 q_i}{4\pi\varepsilon_0}\left(\frac{1}{r_{i1}}-\frac{1}{r_{i2}}\right). \tag{4-37}$$

式中,r_{i1} 和 r_{i2} 分别是 q_i 到 P_1 和 P_2 点的距离,如图9-28所示,这个功也是与路径无关的.

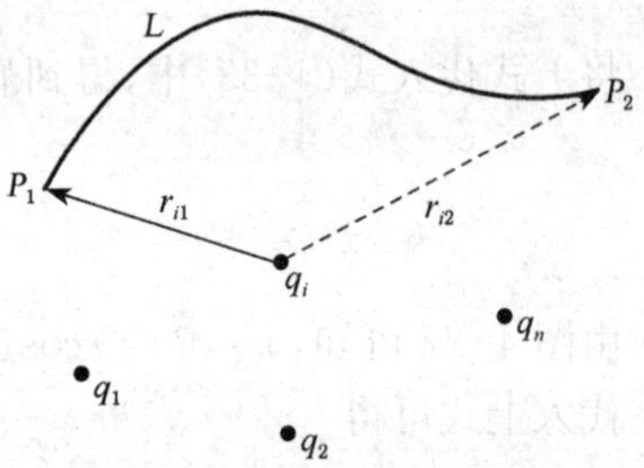

图 4-28　点电荷系产生的静电场力做功与路径无关

对于静止的连续带电体,可将其看做无数电荷元的集合,因而它的电场对场中被移动的电荷做的功以及场强的线积分同样具有这样的特点.

因此得到的结论是:**对任何静电场,电场强度的线积分 $\int_{(P_1)}^{(P_2)}\boldsymbol{E}\cdot \mathrm{d}\boldsymbol{l}$ 都只取决于起点 P_1 和终点 P_2 的位置而与连接 P_1 和 P_2 点间的路径无关.** 静电场的这一特性叫**静电场的保守性**,它描述的是:**静电场力对场中被移动电荷做的功与路径无关,只决定于其初末位置的特点,说明静电场力是保守力.**

2. 静电场的环路定理

静电场的保守性还可以用另一种形式来表述.如图 4-29 所示,在静电场中,取一任意闭合路径 L,考虑场强 $\boldsymbol{E}$ 沿此闭合路径的线积分,在 L 上任取两点 P_1 和 P_2,它们把 L 分成 L_1 和 L_2 两段,沿 L 环路的线积分为

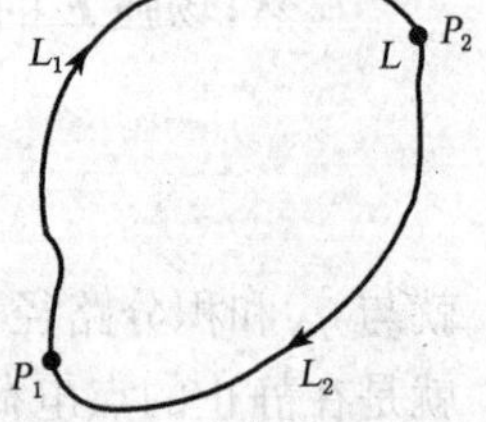

图 4-29　静电场的环路定理

$$\oint_L \boldsymbol{E}\cdot \mathrm{d}\boldsymbol{l}=\int_{L_1(P_1)}^{(P_2)}\boldsymbol{E}\cdot \mathrm{d}\boldsymbol{l}+\int_{L_2(P_2)}^{(P_1)}\boldsymbol{E}\cdot \mathrm{d}\boldsymbol{l}$$
$$=\int_{L_1(P_1)}^{(P_2)}\boldsymbol{E}\cdot \mathrm{d}\boldsymbol{l}-\int_{L_2(P_1)}^{(P_2)}\boldsymbol{E}\cdot \mathrm{d}\boldsymbol{l}.$$

由于场强的线积分与路径无关,所以上式最后的两个积分值相等,即

$$\oint_L \boldsymbol{E}\cdot \mathrm{d}\boldsymbol{l}=0. \tag{4-38}$$

式(4-38)说明:**在静电场中,场强的沿任意闭合路径的线积分(也称为场强 $\boldsymbol{E}$ 的环流)恒等于零.** 这就是静电场的保守性的另一种说法,称为**静电场的环路定理**(circuital theorem of electrostatic field).

任何力场,只要具备场强的环流为零的特性,就称为**保守力场**或**势场**,从而静电场的环路定理揭示静电场是保守场. 在数学上也把这类场称为**无旋场**(irrotational field). 它的力线就是非闭合的.

之前我们曾经指出:在静电场中电场线不形成闭合曲线,总是有头有尾,这一结论现在可以根据静电场的环路定理,用反证法证明. 因为如果静电场中有一根电场线是闭合曲线,就可以取它为积分环路,在这环路中的每一小段 $\mathrm{d}\boldsymbol{l}$ 上,$\boldsymbol{E}\cdot\mathrm{d}\boldsymbol{l}=E\cos\theta\mathrm{d}l=E\mathrm{d}l$ 都是正值(要么都是负值),于是整个环路积分的数值不可能等于零,这与静电场的环路定理矛盾,所以静电场中电场线不可能是闭合的.

4.4.2　电势差和电势

1. 电势差和电势的概念

静电场的保守性——场强的线积分 $\int_{(P_1)}^{(P_2)}\boldsymbol{E}\cdot\mathrm{d}\boldsymbol{l}$ 只取决于起点 P_1 和终点 P_2 的位置,而与路径无关. 这一事实告诉我们:对静电场来说,存在着一个由电场中各点的位置所决定的标量函数. 此函数在 P_1 和 P_2 两点的数值之差就等于从 P_1 点到 P_2 点电场强度沿任意路径的线积分,也就等于从 P_1 点到 P_2 点移动单位正电荷时静电场力所做的功. 这个函数叫**电场的电势**(electric potential)或电位,以 U_1 和 U_2 分别表示电场中 P_1 和 P_2 点的电势,定义公式为

$$U_1-U_2=\int_{(P_1)}^{(P_2)}\boldsymbol{E}\cdot\mathrm{d}\boldsymbol{l}. \tag{4-39}$$

式中,U_1-U_2 称为 P_1 和 P_2 两点间的**电势差**(electric potential difference),也叫该两点间的**电压**,记作 U_{12},即

$$U_{12}=U_1-U_2. \tag{4-40}$$

由于静电场的保守性,在一定的静电场中,对于给定的两点 P_1 和 P_2,其电势差具有完全确定的值,是绝对的.

从以上讨论可知,电势差总是相对电场中的两点而言的,式(4-39)只能给出静电场中任意两点的电势差,而不能确定任一点的电势值 U,为了给出静电场中各点的电势值,需要预先选定一个参考位置,并指定它的电势为零,这一参考位置叫**电势零点(或零势点)**,以 P_0 表示电势零点,由式(4-39)可得静电场中任意一点 P 的电势为

$$\boldsymbol{U}_P=\int_{(P)}^{(P_0)}\boldsymbol{E}\cdot\mathrm{d}\boldsymbol{l}. \tag{4-41}$$

即 P 点的电势等于将单位正电荷自 P 点沿任意路径移到电势零点时静电场力所做的功,当然也是场强 $\boldsymbol{E}$ 从该点沿任意路径到零势点的线积分.

电势零点的选择,原则上是任意的,但在实际问题中视方便计算和便于比较电场中各点电势的高低而定,一般当电荷只分布在有限区域时,电势零点通常选在无限远处,即 $U_\infty=0$,这样式(4-41)就可以写成

$$\boldsymbol{U}_P=\int_{(P)}^{\infty}\boldsymbol{E}\cdot\mathrm{d}\boldsymbol{l}. \tag{4-42}$$

当电荷分布在无限大空间中时,选有限远处某点 P_0 为零势点. 在实用中,也常取地球的电势为零电势,这样,任何导体接地后,就认为它的电势为零. 在电子仪器中,常取机壳或公共地线的电势为零,各点的电势值就等于它们与公共地线或机壳之间的电势差,只要测出这些电势差的数值,就很容易判断仪器工作是否正常.

由式(4-41)可明显看出,电场中各点电势的大小与电势零点的选择有关,它只有相对的意义,相对于不同的电势零点,电场中同一点的电势可以有不同的值. 因此,在具体说明各点电势数值时,必须事先明确电势零点在何处,而一旦电势零点选定后,电场中所有各点的电势值就由式(4-41)唯一确定,由此确定的电势一般是空间坐标的标量函数,即 $U = U(\boldsymbol{r})(= U(x,\ y,\ z)$, 在直角坐标下). 相对于电势零点来说,其他点的电势值可以比它高,也可以比它低,从而电势值 U 可正可负. 有绝对意义的是电势差.

电势和电势差具有相同的单位,在国际单位制中,电势的单位是焦耳/库仑(J/C),称为伏特(V),即

$$1\ \mathrm{V} = 1\ \mathrm{J/C}.$$

当电场中电势分布已知时,利用电势差定义式(4-41),可以很方便地计算出点电荷在静电场中移动时电场力做的功,由式(4-33)和式(4-41)可知,电荷 q_0 从 P_1 点移到 P_2 点时静电场力做的功,其计算式为

$$A_{12} = q_0\int_{(P_1)}^{(P_2)} \boldsymbol{E}\cdot \mathrm{d}\boldsymbol{l} = q_0(U_1 - U_2). \tag{4-43}$$

实际上,由于静电场是保守场,在静电场中移动电荷时,静电场力做功与路径无关,所以任一电荷在静电场中一定位置时,它与静电场作为一个系统就具有一定的**静电势能(简称电势能)**. 电荷 q_0 在静电场中移动时,它的电势能的减少就等于静电场力做的功,以 W_1 和 W_2 分别表示电荷 q_0 在静电场中 P_1 点和 P_2 点时具有的电势能,就应该有

$$A_{12} = W_1 - W_2.$$

将上式和式(4-43) $\quad A_{12} = q_0(U_1 - U_2) = q_0U_1 - q_0U_2$

对比,显然有 $W_1 = q_0U_1$, $W_2 = q_0U_2$, 或者,一般地取

$$\boldsymbol{W}_{\mathrm{e}} = q_0U. \tag{4-44}$$

这就是说,一个电荷在电场中某点的电势能等于它的电量与电场中该点电势的乘积. 在电势零点处,电荷的电势能为零.

应该指出,一个电荷在外电场中的电势能是属于该电荷与产生电场的电荷系所共有的,是一种相互作用能.

国际单位制中,电势能的单位就是一般能量的单位焦耳(J). 还有一种常用的能量单位名称为电子伏(eV),1 eV 表示 1 个电子通过电势差为 1 V 的电场时所获得的动能.

$$1\ \mathrm{eV} = 1.60\times 10^{-19}\ (\mathrm{J}).$$

2. *点电荷的电势公式*

利用式(4-42),可求出静止点电荷 q 所产生的静电场中任一点 P 的电势.

点电荷是个有限带电体,故我们选无穷远处为电势零点,因为场强的线积分与路径无关,所以在积分计算中,可以选取一条最便于计算的路径,即沿矢径的直线(一条电场线),如

图 4-30 所示，于是有

$$U_P=\int_{(P)}^{\infty}\boldsymbol{E}\cdot\mathrm{d}\boldsymbol{l}=\int_{r_P}^{\infty}E\mathrm{d}r=\frac{q}{4\pi\varepsilon_0}\int_{r_P}^{\infty}\frac{\mathrm{d}r}{r^2}=\frac{q}{4\pi\varepsilon_0 r_P}.$$

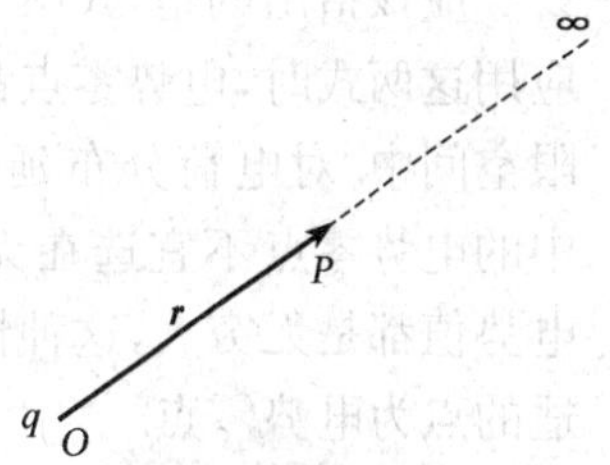

图 4-30　点电荷的电势

式中，r_P 是从点电荷 q 到 P 点的距离，由于 P 点任意，U_P 和 r_P 的下标可略去，于是得到

$$U=\frac{q}{4\pi\varepsilon_0 r}.\tag{4-45}$$

这就是在真空中静止的点电荷的电场中各点电势的公式. 此式中视 q 的正负，电势 U 可正可负. 在正电荷的电场中，各点电势均为正值，离电荷越远的点，电势越低；在负电荷的电场中，各点电势均为负值，离电荷越远的点，电势越高.

4.4.3　电势叠加原理

1. 电势叠加原理

如果场源电荷系由若干个带电体组成，它们各自分别产生的电场为 $\boldsymbol{E}_1$，$\boldsymbol{E}_2$，…，由场强叠加原理知道总场强 $\boldsymbol{E}=\boldsymbol{E}_1+\boldsymbol{E}_2+\cdots$. 根据定义公式(4-41)，它们的电场中某点 P 的电势应为

$$U=\int_{(P)}^{(P_0)}\boldsymbol{E}\cdot\mathrm{d}\boldsymbol{l}=\int_{(P)}^{(P_0)}(\boldsymbol{E}_1+\boldsymbol{E}_2+\cdots)\cdot\mathrm{d}\boldsymbol{l}=\int_{(P)}^{(P_0)}\boldsymbol{E}_1\cdot\mathrm{d}\boldsymbol{l}+\int_{(P)}^{(P_0)}\boldsymbol{E}_2\cdot\mathrm{d}\boldsymbol{l}+\cdots.$$

再由定义式(4-41)可知，上式最后面一个等号右侧的每一积分分别是各带电体单独存在时产生的电场在 P 点的电势 U_1，U_2，…. 因此就有

$$U=\sum U_i.\tag{4-46}$$

式(4-46)称为**电势叠加原理**. 它表示**一个电荷系的电场中任一点的电势等于每一个带电体单独存在时在该点所产生的电势的代数和.**

如果电场是由 n 个点电荷 q_1，q_2，…，q_n(其中有正电荷，也有负电荷)组成的场源电荷系共同产生的，如图 4-31 所示，这时将点电荷电势公式(4-45) 代入式(4-46)，可得点电荷系的电场中 P 点的电势为

$$U=\sum\frac{q_i}{4\pi\varepsilon_0 r_i}.\tag{4-47}$$

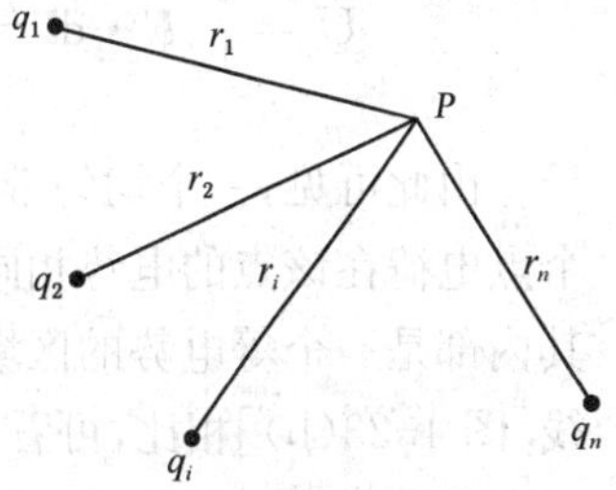

图 4-31　电势叠加原理

式中，$\dfrac{q_i}{4\pi\varepsilon_0 r_i}$是点电荷系中某个点电荷 q_i 单独存在时在 P 点产生的电势；r_i 是点电荷 q_i 离 P 点的距离.

对一个电荷连续分布的带电体，可以设想它由许多电荷元 $\mathrm{d}q$ 所组成，将每个电荷元都当成点电荷，就可以由式(4-47)得出用叠加原理求电势的积分公式为

$$U=\int\frac{\mathrm{d}q}{4\pi\varepsilon_0 r}.\tag{4-48}$$

积分遍及整个带电体. 因为电势是标量，这里的积分是标量积分，式(4-48)是求代数和.

应该指出的是,式(4-47)和式(4-48)都是以点电荷的电势公式(4-45)为基础的,所以应用这两式时,电势零点都已选定在无限远处,即 $U_\infty=0$. 从而要求带电体都是分布在有限空间中. 对电荷分布延伸到无限远处的带电体产生的电场中的电势零点不宜选在无穷远处,否则会导致场中任一点的电势值都是无穷大,这种情况只能根据具体问题,在场中选合适的点为电势零点.

2. 电势计算举例

根据前面的讨论,当电荷分布已知时,计算电势的方法有两种:一是利用电势的定义式(4-41),先求场强分布,再用场强的线积分求电势分布;二是利用点电荷的电势公式(4-45)和电势叠加原理式(4-47)或式(4-48)求电势分布. 下面通过例子具体介绍这两种方法.

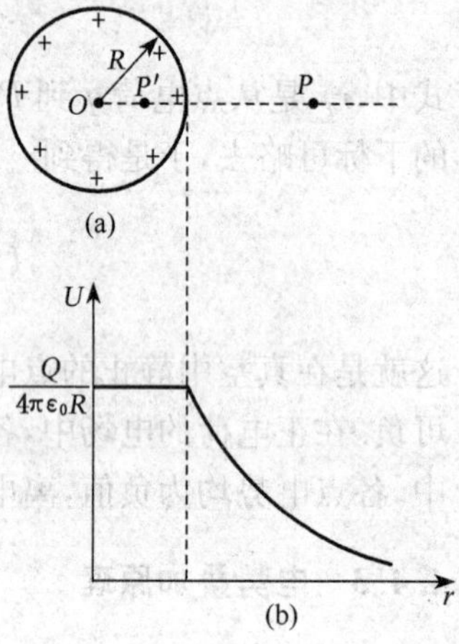

图 4-32　均匀带电球面的电势

例 4.12　求均匀带电球面的电场中的电势分布,已知球面的半径为 R,带电总量为 Q,如图 4-32(a)所示.

解　利用高斯定理,我们易求得(参见例 4.7)

$$\boldsymbol{E}=\begin{cases}\dfrac{Q}{4\pi\varepsilon_0 r^2}\boldsymbol{e}_r & (r>R),\\ 0 & (r<R).\end{cases}$$

根据电势的定义,选 $U_\infty=0$,沿半径方向积分,则球外任一离球心 O 为 r 处的 P 点的电势依式(4-41)为

$$U=\int_P^\infty \boldsymbol{E}\cdot d\boldsymbol{l}=\frac{1}{4\pi\varepsilon_0}\int_r^\infty \frac{Q}{r^2}dr=\frac{1}{4\pi\varepsilon_0}\left[-\frac{Q}{r}\right]_r^\infty=\frac{Q}{4\pi\varepsilon_0 r}\quad (r\geqslant R).\tag{4-49}$$

球面内离球心为 r 处的任一点 P' 的电势为

$$U=\int_{P'}^\infty \boldsymbol{E}\cdot d\boldsymbol{l}=\int_r^R 0\cdot dr+\int_R^\infty \frac{Q}{4\pi\varepsilon_0 r^2}dr=\frac{Q}{4\pi\varepsilon_0 R}(\text{常数})\quad (r\leqslant R).\tag{4-50}$$

由此可见,一个均匀带电球面在球外任一点的电势和把全部电荷看做集中于球心的一个点电荷在该点的电势相同,球面内任一点的电势应与球面上的电势相等,故均匀带电球面其内部是一个等电势的区域. 电势 U 随距离 r 的变化关系如图 4-32(b)所示,与场强 E-r 曲线[图 4-23(b)]相比,可看出,球面 $(r=R)$ 处场强不连续,而电势是连续的.

此例说明,如果已知场强分布,我们可以根据电势的定义用场强的线积分求电势,但应该注意的是,被积式中的场强 $\boldsymbol{E}$ 不是指的待求的那一点的场强,而是从待求点到电势零点(此例就是无穷远处)的积分路径上的场强,如果积分路径上的不同范围内场强分布规律不同,就应该分段积分,在本例中,对球面内一点求电势时,积分就是分两段进行的.

此题也可由式(4-48)求出,读者可试一试.

例 4.13　求无限长均匀带电直线的电场中的电势分布.

解　无限长均匀带电直线周围的场强大小为

$$E=\frac{\lambda}{2\pi\varepsilon_0 r}.$$

方向垂直于带电直线，如果仍选无限远处作为电势零点，则由 $\int_{(P)}^{\infty}\boldsymbol{E}\cdot \mathrm{d}\boldsymbol{l}$ 沿一条电场线积分的结果将得出空间各点的电势值都为无穷大值而失去意义，这时我们可选某一距带电直线为 r_0 处的 P_0 点(图 4-33)为电势零点，则距带电直线为 r 的 P 点的电势为

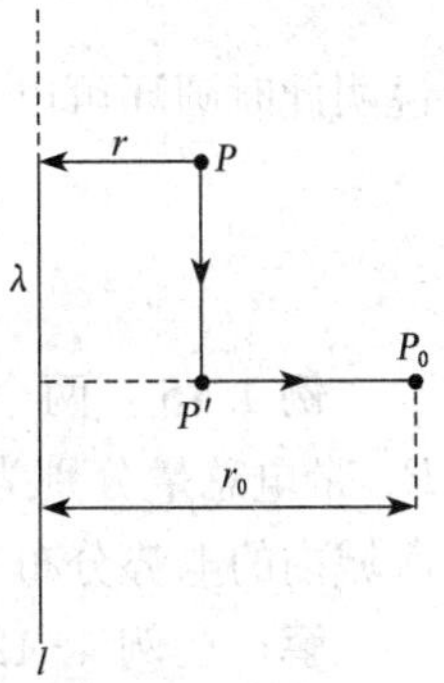

图 4-33　均匀带电直线的电势分布的计算

$$U=\int_{(P)}^{(P_0)}\boldsymbol{E}\cdot \mathrm{d}\boldsymbol{l}=\int_{(P)}^{(P')}\boldsymbol{E}\cdot \mathrm{d}\boldsymbol{l}+\int_{(P')}^{(P_0)}\boldsymbol{E}\cdot \mathrm{d}\boldsymbol{l}.$$

式中，积分路径 PP' 段与带电直线平行，即与场强方向垂直，所以式中 $\boldsymbol{E}\perp \mathrm{d}\boldsymbol{l}$，使上式等号右侧第一项积分为零，而 $P'P_0$ 段与带电直线垂直，即与场强方向平行，所以

$$U=\int_{(P')}^{(P_0)}\boldsymbol{E}\cdot \mathrm{d}\boldsymbol{l}=\int_{r}^{r_0}\frac{\lambda}{2\pi\varepsilon_0 r}\mathrm{d}r=-\frac{\lambda}{2\pi\varepsilon_0}\ln r+\frac{1}{2\pi\varepsilon_0}\ln r_0.$$

这一结果一般可以表示为

$$U=-\frac{\lambda}{2\pi\varepsilon_0}\ln r+C. \tag{4-51}$$

式中，C 为与电势零点的位置有关的常数. 如本题中选离直线 $r_0=1\ \mathrm{m}$ 处为电势零点，则上式中 $C=0$，这样可很方便地得到离直线距离为 r 的点的电势

$$U=-\frac{\lambda}{2\pi\varepsilon_0}\ln r.$$

当 $\lambda>0$，$r>1\ \mathrm{m}$ 处，U 为负值，这些地方的电势比 $r=1\ \mathrm{m}$ 处的点的电势低；在 $r<1\ \mathrm{m}$ 处，U 为正值. 这个例题的结果再次表明，在静电场中只有两点的电势差有绝对的意义，而各点的电势值都只有相对的意义. 此外，当电荷的分布扩展到无限远处时，电势零点不能再选在无穷远处. 但此题也不能选 $r=0$ 处为电势零点，因为 $\ln 0$ 无意义.

例 4.14　一半径为 R 的均匀带电细圆环，所带总电量为 Q，求在圆环轴线上任意 P 点的电势.

解　如图 4-34 所示，以 x 表示从环心到 P 点的距离，在圆环上任取长为 $\mathrm{d}l$ 的一小段，它的电量为

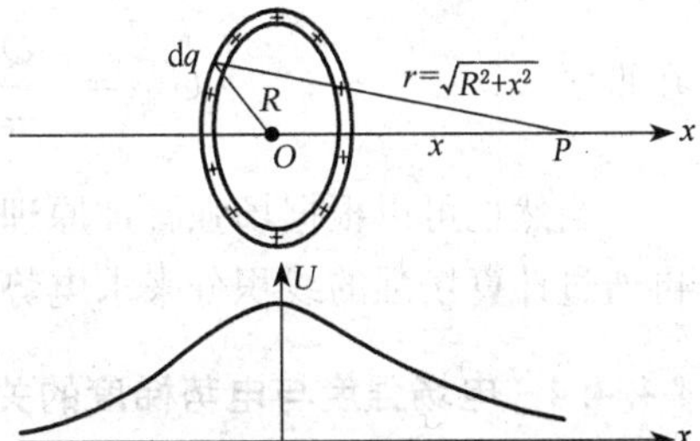

图 4-34　均匀带电圆环轴线上的电势分布

$$\mathrm{d}q=\lambda \mathrm{d}l=\frac{Q}{2\pi R}\mathrm{d}l.$$

它到 P 点的距离为　$r=\sqrt{R^2+x^2}$.

由式(4-48)可得，P 点的电势为

$$U=\int\frac{\mathrm{d}q}{4\pi\varepsilon_0 r}=\frac{1}{4\pi\varepsilon_0 r}\int_q \mathrm{d}q=\frac{Q}{4\pi\varepsilon_0 r}=\frac{Q}{4\pi\varepsilon_0\sqrt{R^2+x^2}}.$$

若 P 点与 O 点相距极远,即 $x \gg R$,则

$$U=\frac{Q}{4\pi\varepsilon_0 x}.$$

说明此时圆环可以看成点电荷. 若 P 点位于环心 O 处时, $x=0$, 则

$$U=\frac{Q}{4\pi\varepsilon_0 R}.$$

例 4.15 两个均匀带电同心球壳,半径分别为 R_a 和 R_b,带电总量分别为 Q_a 和 Q_b,求图 4-35 中,Ⅰ,Ⅱ,Ⅲ三个区域内的电势分布.

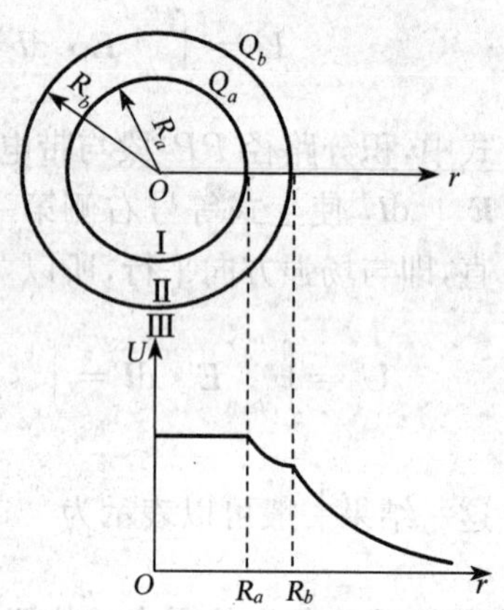

图 4-35

解 在例 4-12 中,我们已经求出一个均匀带电球壳的电势分布为

$$U=\begin{cases}\dfrac{Q}{4\pi\varepsilon_0 r} & (r\geqslant R),\\ \dfrac{Q}{4\pi\varepsilon_0 R} & (r\leqslant R).\end{cases}\qquad (U_\infty=0)$$

两个均匀带电球壳的总的电势分布等于各个球壳单独存在时电势的叠加,根据电势叠加原理,我们可以把两个球壳看做是两组电荷系,在叠加时可以先分别把每一组叠加起来,再把得到的结果叠加起来.

由于两个球壳是同心的,所以

在Ⅰ区 $$U_{\mathrm{I}}=\frac{Q_a}{4\pi\varepsilon_0 R_a}+\frac{Q_b}{4\pi\varepsilon_0 R_b}=\frac{1}{4\pi\varepsilon_0}\left(\frac{Q_a}{R_a}+\frac{Q_b}{R_b}\right);$$

在Ⅱ区 $$U_{\mathrm{II}}=\frac{Q_a}{4\pi\varepsilon_0 r}+\frac{Q_b}{4\pi\varepsilon_0 R_b}=\frac{1}{4\pi\varepsilon_0}\left(\frac{Q_a}{r}+\frac{Q_b}{R_b}\right);$$

在Ⅲ区 $$U_{\mathrm{III}}=\frac{Q_a}{4\pi\varepsilon_0 r}+\frac{Q_b}{4\pi\varepsilon_0 r}=\frac{1}{4\pi\varepsilon_0}\left(\frac{Q_a}{r}+\frac{Q_b}{r}\right).$$

当然也可以根据场强叠加原理,由单个均匀带电球壳的场强分布先求出总的场强分布,再通过计算场强的线积分来求电势.

*4.4.4 电场强度与电势梯度的关系

电场强度和电势都是用来描述同一静电场中各点性质的物理量,二者之间有密切的关系,式(4-41)、式(4-42)指明了二者之间的积分形式的关系,本小节将着重研究二者之间的微分形式关系,即点点对应关系. 为了对这种关系有比较直观的认识,首先介绍电势的图示法.

1. 等势面

前面曾介绍过,电场中各点 $\boldsymbol{E}$ 的分布情况可以用电场线形象地表示出来,与此类似,电场中各点 U 的分布情况也可以形象地用等势面描绘出来.

一般说来,静电场中各点有各自的电势值,但总有一些点的电势值彼此相等,把在电场中电势相等的点所组成的曲面称为**等势面**. 不同的电荷分布的电场具有不同形状的等势面. 为了直观地比较电场中各点

的电势，画等势面时，使相邻两等势面的电势差为常数，从而形象地反映出电场中电势的分布情况. 如图 4-36 所示，给出了一些带电体系的等势面和电场线图，其中实线表示电场线，虚线代表等势面与纸面的交线. 图 4-36(a)表示一个正点电荷的电场线与等势面，它的等势面是以点电荷为球心的一组同心球面(越靠外越稀)；图 4-36(b)中画出了均匀带正电圆盘的电场的等势面；图 4-36(c)中画出了等量异号电荷的电场的等势面.

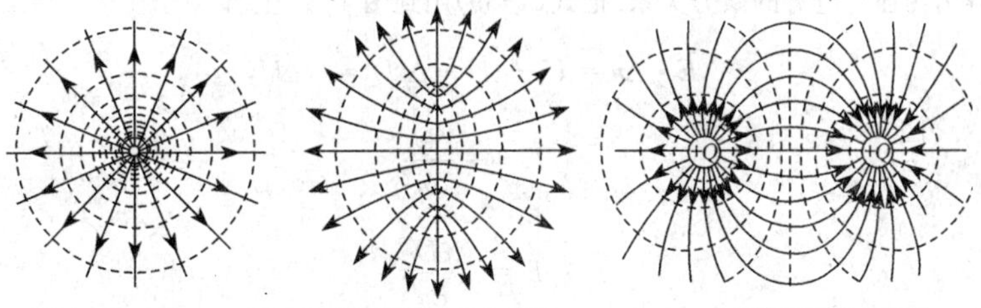

(a) 正点电荷　　(b) 均匀带正电圆盘　　(c) 等量异号电荷对

图 4-36　几种电荷分布的电场线与等势面

从这些带电体系的等势面图可以看出，等势面具有下列基本性质.

(1) 等势面与电场线处处正交；

(2) 电场线总是由电势值高的等势面指向电势值低的等势面；

(3) 等势面密集处场强大，等势面稀疏处的场强小.

等势面的概念在实际问题中也很有用，主要是因为在实际遇到的很多带电问题中等势面(或等势线)的分布容易通过实验条件描绘出来，并由此可以分析电场的分布.

2. 电势梯度

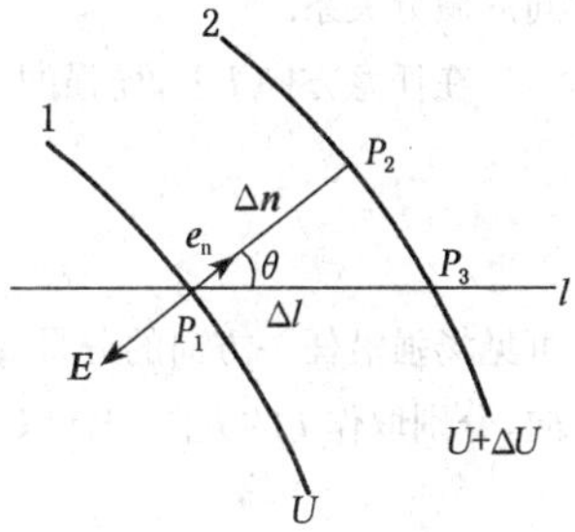

图 4-37　电势的空间变化率

如图 4-37 所示，取两个电势分别为 U 和 $U+\Delta U$ 的邻近等势面，并设 $\Delta U>0$，作等势面 1 上任意一点 P_1 的法线，它与等势面 2 交于 P_2 点，规定指向电势升高的方向为这法线的正方向，并以 $\boldsymbol{e}_n$ 表示法线上单位矢量，这样，线段 $\overline{P_1P_2}=\Delta n$，是两个等势面之间的垂直距离，再在两个面之间取任意方向的线段 $\overline{P_1P_3}=\Delta l$，则

$$\Delta n=\Delta l\cos\theta .$$

θ 是 $\overline{P_1P_2}$ 与 $\overline{P_1P_3}$ 之间的夹角，因而

$$\frac{\Delta U}{\Delta l}=\frac{\Delta U}{\Delta n}\cos\theta .$$

在 $\Delta n\to 0$ 的极限下，有

$$\frac{\partial U}{\partial l}=\frac{\partial U}{\partial n}\cos\theta . \tag{4-53}$$

式中，$\frac{\partial U}{\partial n}=\lim\limits_{\Delta n\to 0}\frac{\Delta U}{\Delta n}$，$\frac{\partial U}{\partial l}=\lim\limits_{\Delta l\to 0}\frac{\Delta U}{\Delta l}$，分别是电势沿法线方向 $\boldsymbol{e}_n$ 和其余方向 $\Delta\boldsymbol{l}$ 的变化率.

式(4-53)表明，电势沿法线方向的变化率最大，沿其余方向的变化率等于它乘以 $\cos\theta$，这正是一个矢量的投影和它的绝对值的关系，从而该式也可理解为 $\Delta\boldsymbol{l}$ 方向上的电势变化率 $\frac{\partial U}{\partial l}$ 是矢量 $\frac{\partial U}{\partial n}\boldsymbol{e}_n$ 在 $\Delta\boldsymbol{l}$ 方向上的分量，这一矢量 $\frac{\partial U}{\partial n}\boldsymbol{e}_n$ 定义为 P_1 点处的**电势梯度矢量**，梯度(gradient)常用 grad 或 ∇ 算符表示，即有

$$\mathrm{grad}U=\nabla U=\frac{\partial U}{\partial n}\boldsymbol{e}_n . \tag{4-54}$$

上式表明:**电场中任一点的电势梯度是一矢量,其方向与该点电势增加率最大的方向相同,其大小等于沿该方向的电势增加率.** 沿其余方向的增加率是电势梯度在该方向上的投影.

电势梯度的单位是伏特/米(V/m).

3. 场强与电势梯度

由前面的讨论可知,电势是场强的线积分,由式(4-41)给出了二者的积分关系,现在有了电势梯度的概念,就容易得出场强与电势的微分关系.把式(4-39)用到图4-37上有

$$E \cdot \Delta n = U - (U + \Delta U) = -\Delta U,$$

得

$$E = -\frac{\Delta U}{\Delta n}.$$

取极限有

$$E = -\frac{\partial U}{\partial n},$$

即

$$\boldsymbol{E} = -\frac{\partial U}{\partial n}\boldsymbol{e}_{\mathrm{n}} = -\nabla U. \tag{4-55}$$

矢量式(4-55)表明:**静电场中任一点的电场强度矢量等于该点电势梯度矢量的负值.** 负号表示该点场强方向和该点电势梯度的方向相反,也就是**场强恒垂直于等势面且指向电势降低的方向.** 这就是场强与电势之间的微分关系.

在任意方向 $\boldsymbol{l}$ 上,场强的分量

$$E_l = -(\mathrm{grad}U)_l = -\frac{\partial U}{\partial n}\cos\theta = -\frac{\partial U}{\partial l}. \tag{4-56}$$

可见场强沿任一方向的分量等于电势沿该方向空间变化率的负值,如果把直角坐标系中的 x, y, z 轴的方向,分别取作 $\boldsymbol{l}$ 的方向,电势 U 表成坐标 x, y, z 的函数,就可得到场强沿三个方向的分量分别为

$$E_x = -\frac{\partial U}{\partial x}, \quad E_y = -\frac{\partial U}{\partial y}, \quad E_z = -\frac{\partial U}{\partial z}. \tag{4-57}$$

将式(4-57)写成矢量式为

$$\boldsymbol{E} = -\left(\frac{\partial U}{\partial x}\boldsymbol{i} + \frac{\partial U}{\partial y}\boldsymbol{j} + \frac{\partial U}{\partial z}\boldsymbol{k}\right). \tag{4-58}$$

由此可见,∇算符在直角坐标中定义为 $\nabla = \boldsymbol{i}\frac{\partial}{\partial x} + \boldsymbol{j}\frac{\partial}{\partial y} + \boldsymbol{k}\frac{\partial}{\partial z}$,在极坐标系,球坐标系中,$\nabla$有另外的表达式,从而场强与电势梯度有另外的具体表达式,读者有兴趣可参考一些电磁学的书籍.

电势梯度的单位是伏/米(V/m),由式(4-55)可知,场强的单位也可用伏/米(V/m),它与场强的另一单位牛顿/库仑(N/C)等价.

在实际应用中.场强和电势梯度之间的关系很重要,当我们计算场强时,常常先计算电势分布,再利用场强与电势梯度的关系求出场强.

习题 4

4.1 如图4-38所示,一长为10 cm的均匀带正电细杆,其电荷为 1.5×10^{-8} C,试求在杆的延长线上距杆的端点5 cm处的 P 点的电场强度. [1.8×10^{4} N/m;沿 x 轴正向]

4.2 带电细线弯成半径为 R 的半圆形,电荷线密度为 $\lambda = \lambda_0 \sin\phi$,式中 λ_0 为一常数,ϕ 为半径 R 与 x 轴所成的夹角,如图4-39所示.试求环心 O 处的电场强度. $\left[\boldsymbol{E} = E_x\boldsymbol{i} + E_y\boldsymbol{j} = -\frac{\lambda_0}{8\varepsilon_0 R}\boldsymbol{j}\right]$

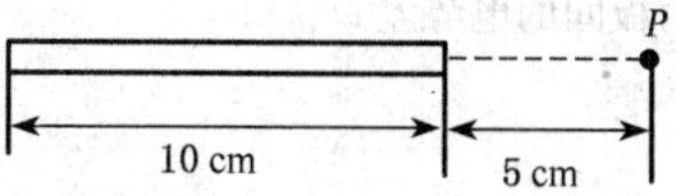

图 4-38

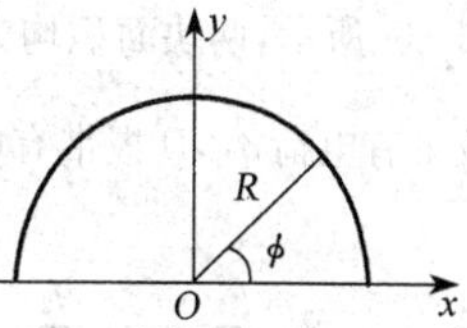

图 4-39

4.3　真空中两条平行的“无限长”均匀带电直线相距为 a，其电荷线密度分别为 $-\lambda$ 和 $+\lambda$. 试求：

(1) 在两直线构成的平面上，两线间任一点的电场强度(选 Ox 轴如图 4-40 所示，两线的中点为原点).

(2) 两带电直线上单位长度之间的相互吸引力.

$$\left[= \frac{2a\lambda}{\pi\varepsilon_0 (a^2 - 4x^2)};\ F = \lambda E = \lambda^2/(2\pi\varepsilon_0 a) \right]$$

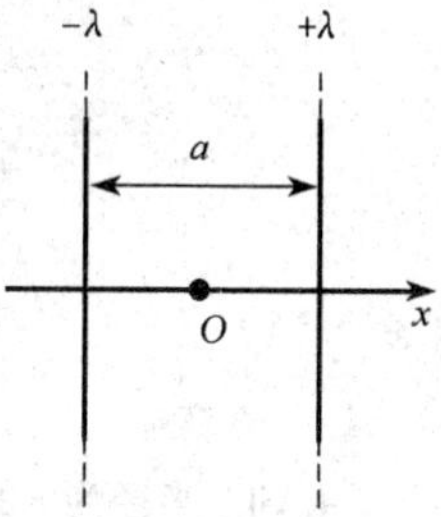

图 4-40

4.4　实验表明，在靠近地面处有相当强的电场，电场强度 $\boldsymbol{E}$ 垂直于地面向下，大小约为 100 N/C；在离地面 1.5 km 高的地方，$\boldsymbol{E}$ 也是垂直于地面向下的，大小约为 25 N/C. 试问：

(1) 假设地面上各处 $\boldsymbol{E}$ 都是垂直于地面向下，试计算从地面到此高度大气中电荷的平均体密度；

(2) 假设地表面内电场强度为零，且地球表面处的电场强度完全是由均匀分布在地表面的电荷产生，求地面上的电荷面密度.(已知：真空介电常量 $\varepsilon_0 = 8.85 \times 10^{-12}\ \mathrm{C^2 \cdot N^{-1} \cdot m^{-2}}$)

$[4.43 \times 10^{-13}\ \mathrm{C/m^3};\ -8.9 \times 10^{-10}\ \mathrm{C/m^3}]$

4.5　有一边长为 a 的正方形平面，在其中垂线上距中心 O 点 $\dfrac{a}{2}$ 处，有一电荷为 q 的正点电荷(图 4-41)，求通过该平面的电场强度通量.

$\left[\dfrac{q}{6\varepsilon_0}\right]$

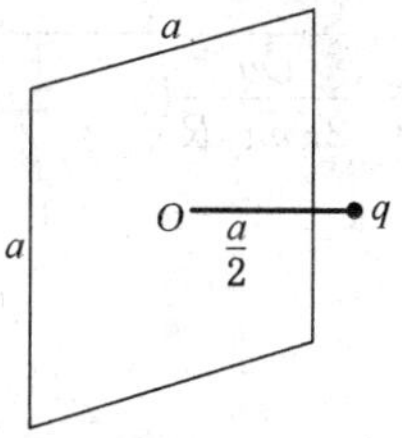

图 4-41

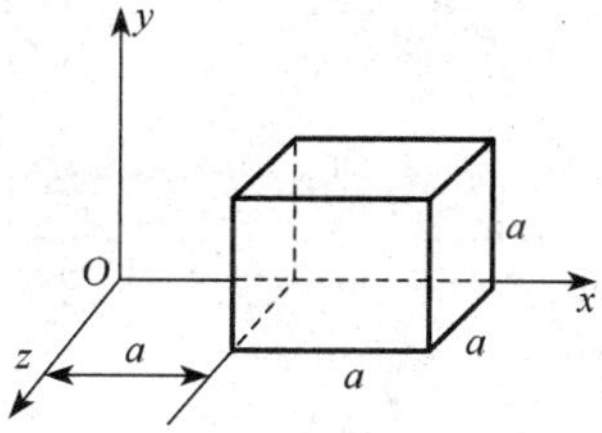

图 4-42

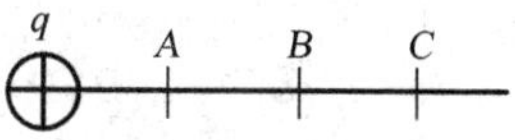

图 4-43

4.6　真空中一立方体形的高斯面，边长 $a = 0.1$ m，位于如图 4-42 所示位置. 已知空间的场强分布为：$E_x = bx,\ E_y = 0,\ E_z = 0$. 常量 $b = 1\,000\ \mathrm{N/(C \cdot m)}$. 试求通过该高斯面的电通量以及高斯面包围的净电荷.

$[1\ \mathrm{N \cdot m^2/C};\ 8.85 \times 10^{-12}\ \mathrm{C}]$

4.7　求下列各带电体的场强分布.

(1) 半径为 R 的均匀带电球面；

(2) 半径为 R 的均匀带电球体；

(3) 半径为 R、电荷体密度 $\rho = Ar$(A 为常数)的非均匀带电球体；

(4) 半径为 R、电荷体密度 $\rho = \dfrac{A}{r}$(A 为常数)的非均匀带电球体.

4.8　如图 4-43 所示，一点电荷 $q = 10^{-9}$ C，A，B，C 三点分别距离该点电荷 10 cm，20 cm，30 cm. 若选 B 点的电势为零，求 A，C 点的电势.

$[45\ \mathrm{V};\ -15\ \mathrm{V}]$

4.9 如图 4-44 所示，两块面积均为 S 的金属平板 A 和 B 彼此平行放置，板间距离为 d(d 远小于板的线度)，设 A 板带有电荷 q_1，B 板带有电荷 q_2，求 AB 两板间的电势差 U_{AB}. $\left[\dfrac{q_1-q_2}{2\varepsilon_0 S}d\right]$

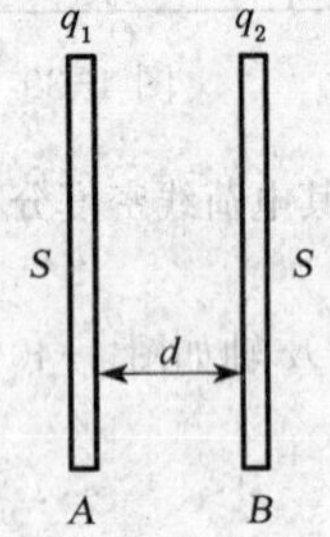

图 4-44

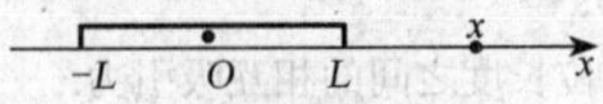

图 4-45

4.10 半径为 r 的均匀带电球面 1，带有电荷 q，其外有一同心的半径为 R 的均匀带电球面 2，带有电荷 Q，求此两球面之间的电势差 U_1-U_2. $\left[\dfrac{q}{4\pi\varepsilon_0}\left(\dfrac{1}{r}-\dfrac{1}{R}\right)\right]$

4.11 已知某静电场的电势分布为 $U=8x+12x^2y-20y^2$ (SI)，求场强分布 $\boldsymbol{E}$.

$[(-8-24xy)\boldsymbol{i}+(-12x^2+40y)\boldsymbol{j}\text{(SI)}]$

4.12 如图 4-45 所示，长度为 $2L$ 的细直线段上，均匀分布着电荷 q. 对于其延长线上距离线段中心为 x 处($x>L$)的一点，求：

(1) 电势 U(设无限远处为电势零点)；

(2) 利用电势梯度求该点场强 $\boldsymbol{E}$. $\left[\dfrac{1}{4\pi\varepsilon_0}\dfrac{q}{x^2-L^2}\boldsymbol{i}\right]$

4.13 一半径为 R 的均匀带电细圆环，带有电荷 Q，水平放置. 在圆环轴线的上方离圆心 R 处，有一质量为 m、带电荷为 q 的小球. 当小球从静止下落到圆心位置时，求它的速度 v.

$$\left[\sqrt{2gR-\frac{Qq}{2\pi m\varepsilon_0 R}\left(1-\frac{1}{\sqrt{2}}\right)}\right]$$

第 5 章　有导体和电介质时的静电场

前面讨论了真空中的静电场,在本章将讨论有导体和电介质时的静电场,也就是要讨论物质与电场的相互影响及其相互作用规律. 物质按其电性质可分为导体、绝缘体(也称为电介质)、半导体、超导体. 5.1 节和 5.2 节主要介绍导体和电介质与电场的相互作用规律. 5.3 节讨论静电场的能量问题.

5.1　有导体存在时的静电场

导体(conductor)的电结构特征是在其内部有大量的可以自由移动的电荷. 将导体放到电场中,导体要受电场的影响,影响来源于导体内部的自由电荷由于受电场力作用而在导体内部重新分布;反过来,自由电荷重新分布后的导体对电场也有影响. 本节将讨论这种相互影响的规律. 作为基础知识,只讨论各向同性的均匀的金属导体与电场的相互影响. 在讨论之前,有必要对几个有关金属导体的术语给出明确的意义.

(1) 带电导体. 总电量不为零的导体称为**带电导体**,也就是带电导体的净电荷不为零. 若净电荷为正,则说导体带正电;若净电荷为负,则说导体带负电.

(2) 中性导体. 总电量为零的导体称为**中性导体**,也称为不带电导体.

(3) 孤立导体. 与其他物体距离足够远的导体称为**孤立导体**. 这里的"足够远"是指其他物体上的电荷在该导体上激发的场强小到可以忽略. 因此,物理上就可以说孤立导体之外没有其他物体.

5.1.1　导体的静电平衡

当导体中的电荷没有宏观定向移动,该导体处于**静电平衡**(electrostatic equilibrium)状态. **静电平衡的条件**是导体内部场强处处为零.

这个平衡条件的必要性(充分性的证明要用到静电场边值问题的唯一性定理,超出本课程的范围,故从略)可论证如下: 如果导体内部的电场 $\boldsymbol{E}$ 不处处为零,则在 $\boldsymbol{E} \neq 0$ 的地方自由电荷将会移动,亦即导体没有达到静电平衡. 换句话说,当导体达到静电平衡时,其内部场强必定处处为零.

上述平衡条件只有在导体内部的电荷除静电场力外不受其他力的情况下才成立,如果电荷还受其他力(如由化学原因引起的所谓"化学力"等,统称为非静电力),平衡条件应改为导体内部的电荷所受的合力为零. 所以在有非静电力的情况下,为了静电平衡,导体内部某些点的场强恰恰不能为零,以便与非静电力抵消. 本节的讨论只限于导体内部不存在非静电力时的静电平衡问题.

前面的讨论未涉及导体从非平衡态趋于平衡态的过程,这样的过程通常很复杂,下面只定性说明一下：当把一个中性金属导体放入静电场 $\boldsymbol{E}_0$ 中，在最初极短暂的时间内（约 10^{-6} s 的数量级），导体内会有电场存在，这个电场将驱使导体内的自由电子相对于金属晶格点阵做宏观的定向运动，从而引起导体中正负电荷重新分布，结果使导体的一端带正电荷，另一端带负电荷，这就是静电感应现象. 导体两端的正、负电荷将产生一个附加电场 $\boldsymbol{E}'$，$\boldsymbol{E}'$ 与 $\boldsymbol{E}_0$ 叠加的结果，使导体内、外的电场都发生重新分布. 在导体内部 $\boldsymbol{E}'$ 的方向与外加电场 $\boldsymbol{E}_0$ 相反，导体两端的正、负电荷积累到一定程度时，$\boldsymbol{E}'$ 的数值就会大到足以把 $\boldsymbol{E}_0$ 完全抵消. 当导体内部的总电场 $\boldsymbol{E}=\boldsymbol{E}_0+\boldsymbol{E}'$ 处处为零时，自由电荷便不再移动，导体两端正、负电荷不再增加，于是达到了静电平衡.

导体的静电平衡状态可以由于外部条件的变化而受到破坏，但在新的条件下又将达到新的平衡.

从静电平衡条件出发，可以直接导出导体在静电平衡时有以下两点性质.

(1) 导体是个等势体，导体表面是个等势面. 因导体内任意两点 P，Q 之间的电势差为 $U_{PQ}=\int_{(P)}^{(Q)}\boldsymbol{E}\cdot\mathrm{d}\boldsymbol{l}$，而 $\boldsymbol{E}=0$，所以 $U_{PQ}=U_P-U_Q=0$，即 $U_P=U_Q$，导体内部任意两点的电势相等，则导体是个等势体，从而导体表面是个等势面.

(2) 导体外紧邻导体表面的各点的场强与导体表面垂直. 因为电力线处处与等势面正交，而导体表面是等势面，所以导体外紧邻导体表面的各点的场强必与导体表面垂直.

5.1.2 静电平衡时导体上的电荷分布

1. 静电平衡时导体上的电荷分布的规律

利用高斯定理和电荷守恒定律容易证明，处于静电平衡的导体上的电荷有以下分布规律.

(1) 导体内无净电荷，净电荷只可能分布在导体表面.

这一规律可以用高斯定理证明，在导体内部围绕任意 P 点作一个小封闭曲面 S，如图 5-1 所示. 由于静电平衡时导体内部场强处处为零，因此通过此封闭曲面的电通量必然为零. 由高斯定理可知，此封闭曲面所包围的电量的代数和为零. 由于这个封闭曲面很小，而且 P 点是导体内任意一点，所以在整个导体内部无净电荷，净电荷只可能分布在导体表面上.

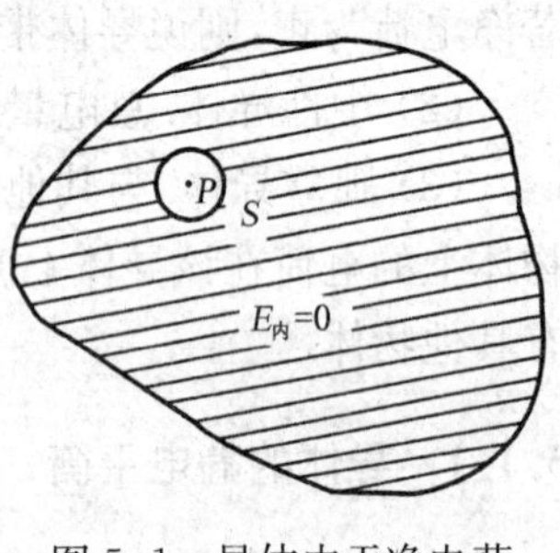

图 5-1　导体内无净电荷

(2) 表面上各处的面电荷密度与当地表面紧邻处的场强大小成正比.

这个规律也可以用高斯定理证明，为此，在导体表面紧邻处取一点 P，以 $\boldsymbol{E}$ 表示该处的场强，如图 5-2 所示. 过 P 点作一个平行于导体表面的小面元 ΔS，以 ΔS 为底，以过 P 点的导体表面的法线为轴作一个圆筒，圆筒的另一底面 $\Delta S'$ 在导体的内部. 由于导体内部的场强为零，而导体外表面紧邻处的场强又与表面垂直，所以通过圆筒的电通量就是通过 ΔS 面的电通量，即等于 $E\Delta S$，以 σ 表示导体表面上 P 点附近的面电荷密度，则圆筒包围的电荷就是 $\sigma\Delta S$. 根据高斯定理可得

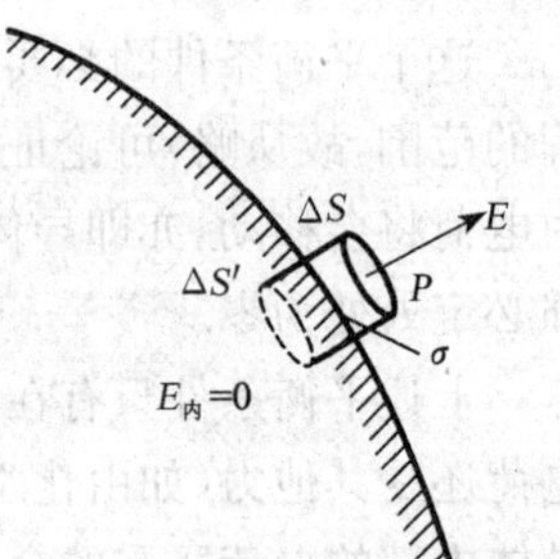

图 5-2　导体表面电荷面密度与场强的关系

$$E\Delta S=\frac{\sigma\Delta S}{\varepsilon_0},$$

由此得
$$\sigma=\varepsilon_0 E. \tag{5-1}$$

式(5-1)说明：处于静电平衡的导体表面上各处的面电荷密度与当地表面紧邻处的场强大小成正比.

利用式(5-1)可以由导体表面某处的面电荷密度 σ 求出当地表面紧邻处的场强 E 来. 但在理解式(5-1)时应注意，导体表面紧邻处的场强不仅仅是由当地导体表面上的电荷产生的，而是由所有电荷(包括该导体上的全部电荷和导体之外存在的其他电荷)产生的.

(3) 孤立导体表面各处的面电荷密度与各处表面的曲率有关，曲率越大的地方，面电荷密度越大.

式(5-1)只给出导体表面上每一点的电荷面密度与紧邻处场强的对应关系，它并不能告诉我们在导体表面上电荷究竟怎样分布. 定量研究这个问题是比较复杂的，这不仅与这个导体的形状有关，还和它附近有什么样的其他带电体有关. 但是对于孤立导体来说，电荷的分布有如下定性的规律：在孤立导体上面电荷密度的大小与表面的曲率有关. 导体表面凸出而尖锐的地方(曲率较大)，电荷就比较密集，面电荷密度 σ 较大；表面较平坦的地方(曲率较小)，σ 较小；表面凹进去的地方(曲率为负)，σ 更小.

以上规律可利用图 5-3 所示的实验演示出来. 带电导体 A 表面上 P 点特别尖锐，而 Q 点凹进去. 以带有绝缘柄的金属球 B 接触尖端 P 后，再与验电器 C 接触，则金属箔张开较显著. 用手接触小球 B 和验电器 C 以除去其上的电荷后，使 B 与导体凹进处 Q 附近接触，再接触验电器 C，这时，发现验电器 C 几乎不张开. 这表明 Q 处电荷比 P 处少得多.

根据式(5-1)可知，孤立导体表面附近的场强分布也有同样的规律，即尖端的附近场强大，平坦的地方次之，凹进去的地方最弱[参见图 5-3(b)中电力线的疏密程度].

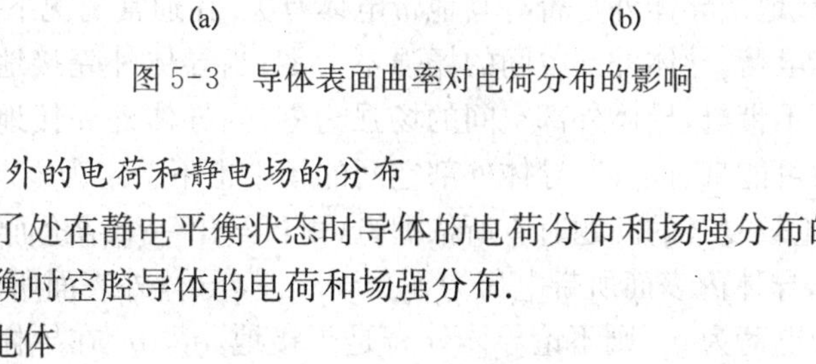

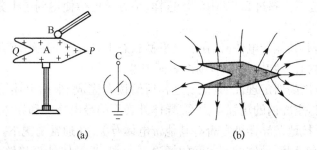

图 5-3　导体表面曲率对电荷分布的影响

2. 空腔导体内外的电荷和静电场的分布

上面我们讨论了处在静电平衡状态时导体的电荷分布和场强分布的规律，现在我们再来定性讨论静电平衡时空腔导体的电荷和场强分布.

(1) 腔内无带电体

当空腔内没有其他带电体时，导体内表面上处处没有电荷，电荷只能分布在导体外表面；空腔内场强处处为零，或者说，空腔内部电势处处相等.

为了证明上述结论，在导体内、外表面之间取一闭合曲面 S，将空腔包围起来，如图 5-4

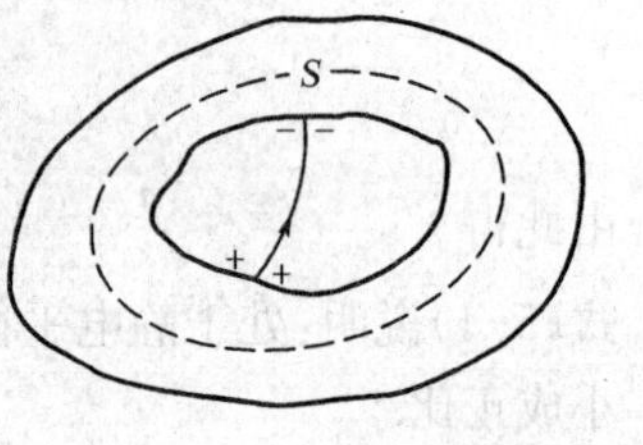

图 5-4　证明导体空腔的性质

所示. 由于闭合面 S 完全处于导体内部，根据平衡条件，其上场强处处为零，因此没有电通量通过它. 再根据高斯定理，在 S 内部(即导体内表面上)电荷的代数和为零.

进一步还需证明，在导体内表面上各处的面电荷密度为零. 利用反证法，假定内表面上 σ 并不处处为零，由于电荷的代数和为零，则必然有些地方 $\sigma>0$，有些地方 $\sigma<0$. 根据电力线的性质，从内表面 $\sigma>0$ 的地方发出的电力线，不会在空腔内中断，只能终止于内表面上某个 $\sigma<0$ 的地方. 如果存在这样一条电力线，电场强度沿此电力线的积分必不为零. 也就是说，这电力线的两个端点之间有电势差. 但是这根电力线的两端都在同一导体上，静电平衡条件要求这两点的电势相等. 因此上述结论与平衡条件相违背. 由此可见，达到静电平衡时，空腔导体内表面上 σ 必须处处为零.

根据式(5-1)，内表面附近 $E_n=\dfrac{\sigma}{\varepsilon_0}=0$，且电力线既不可能起、止于内表面，又不可能在空腔内有端点或形成闭合线. 所以空腔内不可能有电力线和电场，即空腔内场强处处为零. 没有电场就没有电势差，故空腔内各点的电势处处相等.

电荷只分布在导体外表面的结论，是建立在高斯定理的基础上的，而高斯定理又是由库仑平方反比律推导出来的. 相反，如果点电荷之间的相互作用力偏离了平方反比律，即

$$f\propto\frac{1}{r^{2\pm\delta}}.$$

其中，δ 称为平方反比律的指数的偏差，简称指数偏差，且 $\delta\neq0$，则高斯定理将不成立，从而导体上的电荷也不完全分布在外表面上. 用实验方法来研究导体内部是否确实没有电荷，可以比库仑扭秤实验远为精确地验证平方反比律. 卡文迪许和麦克斯韦以及 1971 年威廉斯等人都是利用这一原理做实验来验证的. 目前在实验仪器灵敏度所允许的范围内可以肯定，指数偏差 δ 即使有，也不会超过 2.7×10^{-16}. 这样，平方反比律便得到了十分精确的实验验证.

(2) 腔内有带电体

当导体空腔内有其他带电体时，在静电平衡状态下，导体内表面所带电荷与腔内电荷的代数和为零. 如腔内有一物体带电 q，则内表面带电 $-q$.

此结论也可以用高斯定理证明，证明过程留给读者完成. 根据上述结论，当一导体空腔内有带电体存在时，空腔内的场强不为零. 导体外表面的带电情况和导体外部空间的场强分布与导体外壳是否接地及导体外是否有其他带电体有关. 在通常情况下，当导体外壳不接地时，导体外表面带有电荷，导体外部空间的场强不为零；当导体外壳接地而导体外无其他带电体时，导体外表面不带电，导体外部空间的场强为零；当导体外壳接地而导体外有其他带电体时，导体外表面可能带有电荷，导体外部空间的场中也不一定为零.

为使读者在讨论较复杂的问题时有所依据，这里再给出一个结论而不作证明. 设空腔内带电体的电荷为 q_1，导体内表面所带电荷为 $q_2(=-q_1)$，导体外表面所带电荷为 q_3，导体外有带电体存在，所带电荷为 q_4. 则不论导体外壳是否接地，q_1，q_2 在导体内壁之外任一点的合场强为零，q_3，q_4 在导体外壁之内任一点的合场强为零.

3. 导体存在时静电场的分析与计算

导体放入静电场中时，电场会影响导体上电荷的分布，同时，导体上的电荷分布也会影

响电场的分布.这种相互影响将一直进行到达到静电平衡时为止,这时导体上的电荷分布以及周围的电场就不再改变了.这时的电荷和电场的分布可以根据静电场的基本规律、电荷守恒以及导体静电平衡条件加以分析和计算.下面举两个例子来具体说明这种分析方法.

例 5.1 一个半径为 R_1 的金属球 A,带有总电荷 q_1,在它外面有一个同心的金属球壳 B,其内外半径分别为 R_2 和 R_3,带有总电荷 q.试求此系统的电荷及电场分布以及球与壳之间的电势差.如果用导线将球和壳连接一下,结果又将如何?

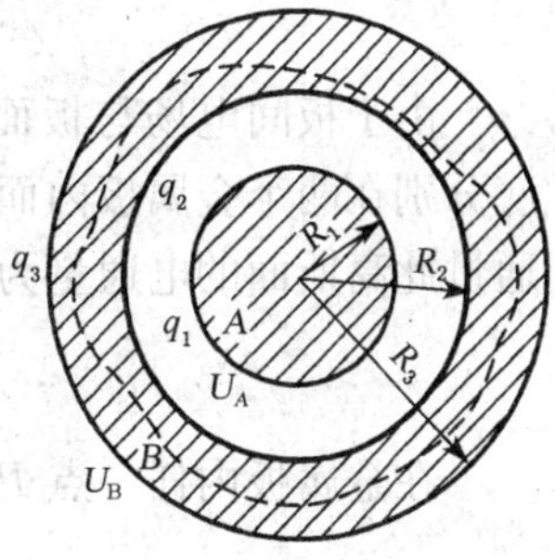

图 5-5

解 导体球和壳内的电场应为零,而电荷均匀分布在它们的表面上.以 q_2 和 q_3 分别表示在球壳内外表面上的总电荷(图 5-5),则在壳内做一个高斯面(图中虚线所示),根据高斯定理就可以求得

$$q_1 + q_2 = 0,$$

因此

$$q_2 = -q_1.$$

由于导体球壳上的总电荷守恒,有 $q_2 + q_3 = q$,因而可得

$$q_3 = q - q_2 = q + q_1.$$

知道了三个球面上的电荷分布,就可以用作同心球面作为高斯面的方法求出空间的场强分布为

$$E = \begin{cases} 0 & (r < R_1), \\ \dfrac{q_1}{4\pi\varepsilon_0 r^2} & (R_1 < r < R_2), \\ 0 & (R_2 < r < R_3), \\ \dfrac{q+q_1}{4\pi\varepsilon_0 r^2} & (r > R_3). \end{cases}$$

球与壳之间的电势差为

$$U_{AB} = \int_{(A)}^{(B)} \boldsymbol{E} \cdot \mathrm{d}\boldsymbol{l} = \int_{R_1}^{R_2} \frac{q_1}{4\pi\varepsilon_0 r^2}\mathrm{d}r = \frac{q_1}{4\pi\varepsilon_0}\left(\frac{1}{R_1} - \frac{1}{R_2}\right).$$

如果用导线将球和球壳连接一下,则壳的内表面和球表面的电荷会完全中和而使两个表面都不带电,两者之间的电场变为零,二者之间的电势差也变为零.在球壳的外表面上电荷仍保持为 $q + q_1$,而且均匀分布,它外面的电场分布也不会改变,而仍为 $\dfrac{q+q_1}{4\pi\varepsilon_0 r^2}$.

例 5.2 有一块大金属平板,面积为 S,带有总电量 Q,今在其近旁平行地放置第二块大金属平板,此板原来不带电.求:(1) 静电平衡时,金属板上的电荷分布及周围空间的电场分布;(2) 如果把第二块金属板接地,情况又如何?(忽略金属板的边缘效应)

解 (1) 由于静电平衡时导体内部无净电荷,所以电荷只能分布在两金属板的表面上.

不考虑边缘效应，这些电荷都可当作是均匀分布的. 设四个表面上的面电荷密度分别是 σ_1，σ_2，σ_3 和 σ_4，如图 5-6 所示. 由电荷守恒可知

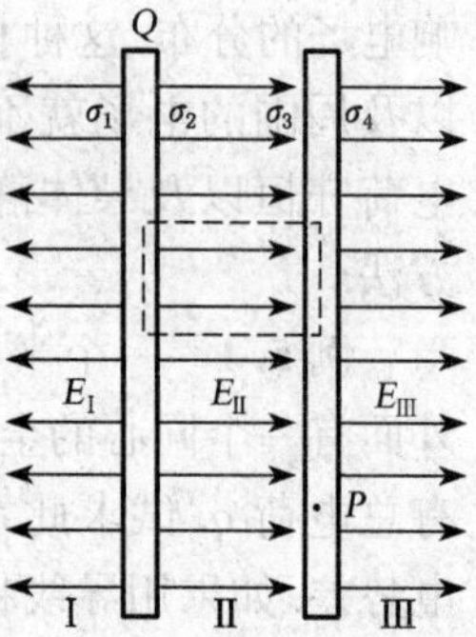

图 5-6

$$\sigma_1+\sigma_2=\frac{Q}{S},\quad \sigma_3+\sigma_4=0.$$

由于板间电场与板面垂直，且板内的电场为零，所以选一个两底分别在两个金属板内而侧面垂直于板面的封闭面作为高斯面，则通过此高斯面的电通量为零. 根据高斯定理就可以得出

$$\sigma_2+\sigma_3=0.$$

在金属板内任一点 P 的场强应该是四个带电面产生的电场叠加，因而有

$$E_P=\frac{\sigma_1}{2\varepsilon_0}+\frac{\sigma_2}{2\varepsilon_0}+\frac{\sigma_3}{2\varepsilon_0}+\frac{\sigma_4}{2\varepsilon_0}.$$

由于静电平衡时，导体内各处的场强为零，所以 $E_P=0$，因而有

$$\sigma_1+\sigma_2+\sigma_3-\sigma_4=0.$$

将以上四个关于 σ_1，σ_2，σ_3 和 σ_4 的方程联立求解，可得

$$\sigma_1=\frac{Q}{2S},\quad \sigma_2=\frac{Q}{2S},\quad \sigma_3=-\frac{Q}{2S},\quad \sigma_4=\frac{Q}{2S}.$$

根据无限大带电平面的场强公式 $E=\dfrac{\sigma}{2\varepsilon_0}$ 和场强的叠加原理可求得电场分布如下：

在Ⅰ区 $\qquad E_{\text{I}}=\dfrac{Q}{2\varepsilon_0 S}$， 方向向左；

在Ⅱ区 $\qquad E_{\text{II}}=\dfrac{Q}{2\varepsilon_0 S}$， 方向向右；

在Ⅲ区 $\qquad E_{\text{III}}=\dfrac{Q}{2\varepsilon_0 S}$， 方向向右.

(2) 如果把第二块金属板接地(图 5-7)，它就和大地连成一体. 金属板右表面上的电荷就会消失. 因而 $\sigma_4=0$. 则根据电荷守恒及导体平衡条件可得

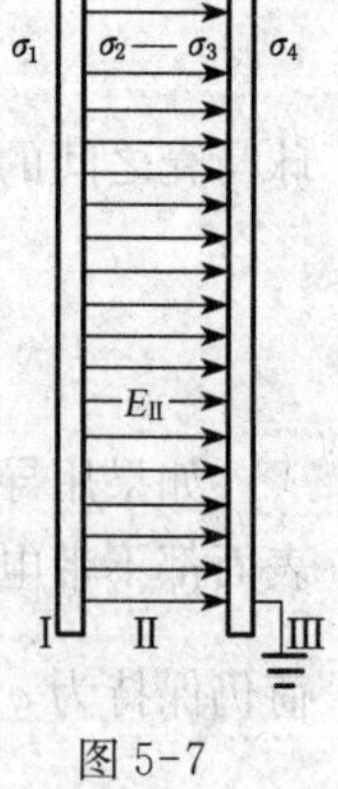

图 5-7

$$\sigma_1+\sigma_2=\frac{Q}{S},\quad \sigma_2+\sigma_3=0,\quad \sigma_1+\sigma_2+\sigma_3=0.$$

可解出电荷分布 $\quad \sigma_1=0,\quad \sigma_2=\dfrac{Q}{S},\quad \sigma_3=-\dfrac{Q}{S},\quad \sigma_4=0.$

则电场分布为 $\qquad E_{\text{I}}=E_{\text{III}}=0,\quad E_{\text{II}}=\dfrac{Q}{\varepsilon_0 S}$， 方向向右.

和未接地之前相比，接地之后电荷分布、电场分布都发生了改变.

5.1.3　静电现象的应用

导体静电平衡时的电荷分布规律和电场分布规律在技术上有很多重要应用，这里仅就以下几个方面加以说明.

1. 静电透镜

当带电体系中各个导体的形状、大小、相对位置和带电量确定了之后，各导体的电荷分布以及空间各点的电场分布都会唯一地确定下来. 因此可以说，导体对电场的分布能够起到调整和控制的作用. 而静电透镜就是通过这种控制作用来实现电子聚焦的.

如图 5-8 所示，平面电极 K 的电势为 120 V，在它的前面放置一块中央带有圆孔的平行金属板 G，并将它的电势控制在 30 V. 这样一来，空间各处的等势面的形状被这控制电极调整后如图所示，在圆孔上等势面向右侧凸起(图中等势面可用实验方法测得).

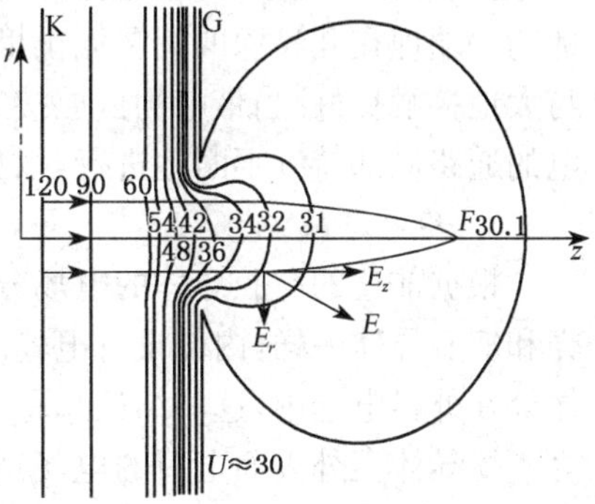

图 5-8　静电透镜

根据电力线处处与等势面正交的规律，可知在圆孔附近电力线向外发散，或者说场强具有垂直于中心线(z 轴)的分量 E_r.

设想从金属电极 K 的中心发射出一束电子. 因为电子带负电，当它经过圆孔后，电场的 E_r 分量就使电子受到向 z 轴集中的电场力，结果使电子束在某点 F 会聚起来. 这个带孔金属板对电子束的作用，就好像一个凸透镜对光束的作用一样，可以达到聚焦的目的. 这种方法称为静电聚焦，带孔金属板 G 称为静电透镜. 在示波器、电视显像管中都需要使电子束聚焦，以便在荧光屏上形成清晰的光点，这时常常采用静电透镜来达到这目的. 当然实际中用的静电透镜并不限于单个带孔的金属板，它们可以有各种各样而比较复杂的结构.

2. 尖端放电

导体尖端附近的电场特别强，它会导致一个重要的结果，就是尖端放电. 如图 5-9 所示，在一个导体尖端附近放一根点燃的蜡烛. 当不断地给导体充电时，火焰就像被风吹动一样朝背离尖端的方向偏斜. 这就是尖端放电引起的后果. 在尖端附近强电场作用下，空气中残留的离子会发生激烈的运动. 在激烈运动的过程中它们和空气分子相碰时，会使空气分子电离，从而产生了大量新的离子，这就使空气变得易于导电. 与尖端上电荷异号的离子受到吸引而趋向尖端，最后与尖端上的电荷中和. 与尖端上电荷同号的离子受到排斥而飞向远方，蜡烛火焰的偏斜就是受到这种离子流形成的“电风”吹动的结果. 上述实验中，需要不断地给导体充电，是为了防止尖端上的电荷因不断与异号的离子中和而逐渐消失，使得“电风”持续一段时间，以便于观察. 尖端放电时，在它周围往往

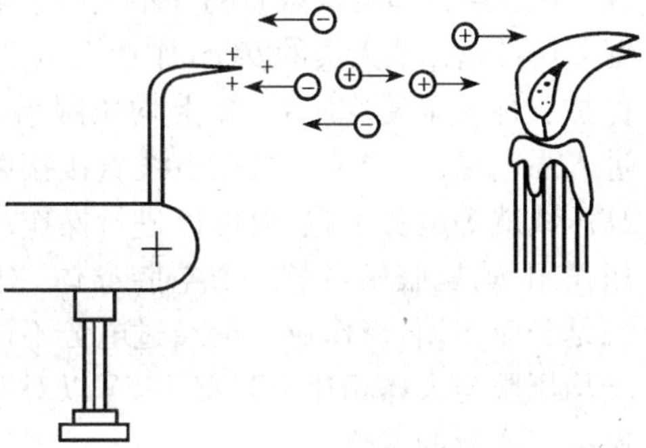
图 5-9　尖端放电

隐隐地笼罩着一层光晕，称为“电晕”，在黑暗中看得特别明显. 在夜间高压输电线附近往往会看到这种现象. 由于输电线附近的离子与空气分子碰撞时会使分子处于激发状态，从而产生光辐射，形成电晕.

高压输电线附近的电晕放电浪费了很多电能，把电能消耗在气体分子的电离和发光过程中，这是应尽量避免的，为此高压输电线表面应做得极光滑，其半径也不能过小. 此外，一些高压设备的电极常常做成光滑的球面也是为了避免尖端放电漏电.

尖端放电也有可以利用的一面，最典型的就是避雷针. 当带电的云层接近地表面时，由于静电感应使地上物体带异号电荷，这些电荷比较集中地分布在突出的物体(如高大的建筑物、烟囱、大树)上. 当电荷积累到一定程度，就会在云层和这些物体之间发生强大的火花放电，这就是雷击现象. 为了避免雷击，可在建筑物上安装避雷针，用粗铜缆将避雷针通地，通地的一端埋在几尺深的潮湿泥土里或接到埋在地下的金属板(或金属管)上，以保持避雷针与大地接触良好. 当带电的云层接近时，放电就通过避雷针和通地粗铜缆导体这条最易于导电的通路局部持续不断地进行，以免损坏建筑物.

3. 静电屏蔽

根据前述的空腔导体的电场分布规律，在静电平衡状态下，空腔内无其他带电体的导体壳和实心导体一样，内部没有电场. 只要达到了静电平衡状态，不管导体壳本身带电或是导体处在外界电场中，这一结论总是对的. 这样，导体壳的表面就“保护”了它所包围的区域，使之不受导体壳外表面电荷的电场或外界电场的影响，这个现象称为**静电屏蔽**(electrostatic shielding).

静电屏蔽现象在实际中有重要的应用. 例如，为了使一些精密的电磁测量仪器不受外界电场的干扰，通常在仪器外面加上金属罩. 实际上金属罩不一定要严格封闭，甚至用金属网做成的外罩就能起到相当好的屏蔽作用.

工作中有时要使一个带电体不影响外界，这时可以把带电体放在接地的金属壳或金属网内，就可以达到目的. 因为接地导体壳外面的场强恒为零.

大家都知道，接触高压电是很危险的. 怎样才能在不停电的条件下检修和维护高压线呢？原来对人体构成威胁的并不是由于电势高造成的，而是由于电势梯度大造成的. 为了保证高压带电作业人员的安全，作业人员全身穿戴金属丝网制成的衣、帽、手套和鞋子. 这种保护服称为金属均压服. 穿上均压服后，作业人员就可以用绝缘软梯和通过瓷瓶串逐渐进入强电场区. 当手与高压电线直接接触时，在手套与电线之间发生火花放电之后，人和高压线就等电势了，从而可以进行操作. 均压服在带电作业中有以下作用：一是屏蔽和均压作用，均压服相当于一个空腔导体，对人体起到电屏蔽作用，它减弱达到人体的电场；二是分流作用，当作业人员经过电势不同的区域时，要承受一个幅值较大的脉冲电流，由于均压服与人体相比电阻很小，可以对此电流分流，使绝大部分电流流经均压服. 这样就保证了作业的安全.

5.2 电容和电容器

5.2.1 孤立导体的电容

假设一个孤立导体带电 q，它将具有一定的电势 U. 理论和实验都表明，随着 q 的增加，

U 将按比例地增加. 这样一个比例关系可以写成

$$\frac{q}{U}=C. \tag{5-2}$$

式中,C 与导体的尺寸和形状有关,它是一个与 q, U 无关的常数,称之为孤立导体的**电容**(capacitance),它的物理意义是使导体每升高单位电势所需的电量. 电容的单位应是库仑/伏特,也称为法拉,简称法,用 F 表示.

$$1\,\mathrm{F}=\frac{1\,\mathrm{C}}{1\,\mathrm{V}}.$$

法拉这个单位太大,常用微法(记作 μF)、皮法(记作 pF)等单位.

$$1\,\mu\mathrm{F}=10^{-6}\,\mathrm{F},\quad 1\,\mathrm{pF}=10^{-12}\,\mathrm{F}.$$

为了帮助读者了解电容的意义,可以打个比喻. 如图 5-10 所示三个盛水容器,当向各容器灌水时,容器内水面便升高. 可以看到,对(a),(b),(c)三个容器来说,为使它们的水面都增加一个单位的高度,需要灌入的水量是不同的. 使容器中的水面每升高一个单位高度所需要灌入的水量是由容器本身的性质(即它的截面积)所决定的. 导体的"电容"与此类似,若一个导体的电容比另一个大,就表示当每升高一个单位电势时,该导体上面所需要增加的电量比另一个多.

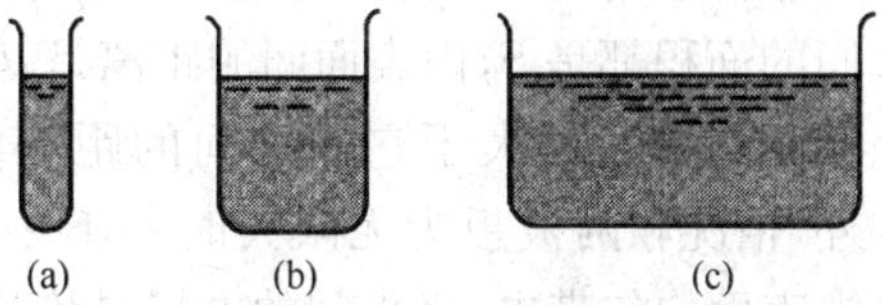

图 5-10　水容器的比喻

例 5.3　求半径为 R 的孤立导体球的电容.

解　当导体球带电 q 时,取无穷远处为电势零点,则导体球的电势为

$$U=\frac{q}{4\pi\varepsilon_0 R}.$$

所以导体球的电容　$$C=\frac{q}{U}=4\pi\varepsilon_0 R.$$

由此可看出,孤立导体球的电容只与其半径有关.

5.2.2　电容器及其电容

电容器(capacitor)是一种常用的电学和电子学元件,它由两个隔开的金属导体组成. 电容器工作时,它的两个金属板 A, B 的相对的两个表面上总是分别带上等量异号的电荷 $+Q$ 和 $-Q$,这两个表面(或两个金属板)分别称为电容器的正极板和负极板,当正、负极板之间的电势差为 U_{AB} 时,比值 $\dfrac{Q}{U_{AB}}$ 定义为电容器的**电容**. 用 C 表示电容器的电容,就有

$$C=\frac{Q}{U_{AB}}. \tag{5-3}$$

电容器的电容与两极板的尺寸、形状和相对位置有关,与 Q 及 U_{AB} 无关. 电容器的电容的物理意义是当电容器的正、负极板之间的电势差每升高一个单位时在极板上所需要增加的

电量.

通常电容器的两金属极板之间还夹有一层绝缘介质(叫电介质,见下节).绝缘介质也可以是空气或真空.按两极板间所用的绝缘介质来分,有真空电容器、空气电容器、云母电容器、纸质电容器、油浸纸介电容器、陶瓷电容器、涤纶电容器、电解电容器、聚四氟乙烯电容器、钛酸钡电容器等;按其电容的可变与否来分,有可变电容器、半可变电容器或微调电容器、固定电容器等;从几何形状上来分,有平行板电容器、球形电容器、圆柱形电容器等.

通过推导电容器电容公式,可以看出电容的大小是由哪些因素决定的.在以下的计算中暂不考虑绝缘介质,即认为极板间是空气或真空.

1. 平行板电容器

实际常用的绝大多数电容器可看成是由两块彼此靠得很近的平行金属板组成的平行板电容器.设它们的面积都是S,内表面间的距离是d(图5-11).在极板面的线度远大于它们之间的距离时,除边缘部分外,情况和两极板为无限大时差不多.这时两极板的内表面均匀带电,极板间的电场是均匀的.

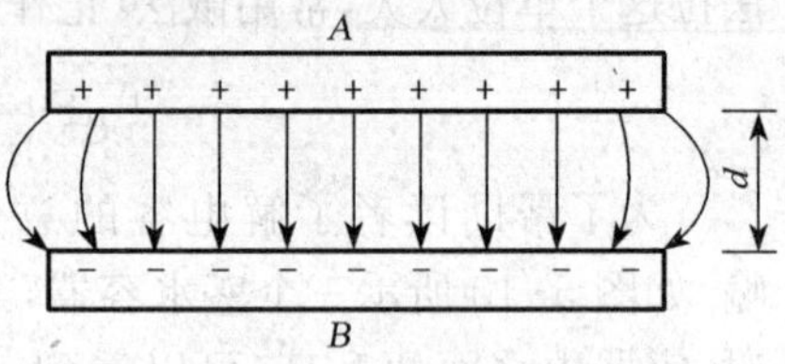

图5-11 平行板电容器

设两极板A, B的带电量分别是$\pm Q$,则电荷面密度分别是$\pm\sigma=\pm\frac{Q}{S}$.极板之间的场强为$E=\frac{\sigma}{\varepsilon_0}$,电势差为

$$U_{AB}=\int_A^B \boldsymbol{E}\cdot \mathrm{d}\boldsymbol{l}=Ed=\frac{\sigma d}{\varepsilon_0}=\frac{Qd}{\varepsilon_0 S}.$$

从而按照电容的定义式(5-3),则有 $C=\frac{Q}{U_{AB}}=\frac{\varepsilon_0 S}{d}.$ (5-4)

这便是平行板电容器的电容公式.此式表明,电容C正比于极板面积S,反比于极板间距d.它指明了加大电容器电容的途径:首先必须使电容器极板的间距小,但是由于工艺的困难,这有一定的限度;其次要加大极板的面积,这势必要加大电容器的体积.为了得到体积小电容大的电容器,需要选择适当的绝缘介质,这个问题留待下节讨论.

2. 球形电容器

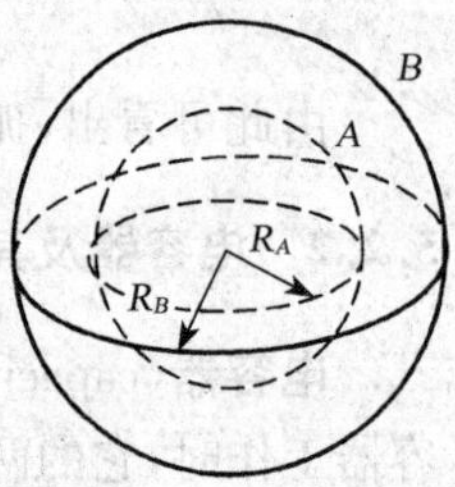

图5-12 球形电容器

如图5-12所示,电容器由两个同心导体球壳A, B组成,设半径分别为R_A和R_B($R_A<R_B$).设A, B分别带电荷$\pm Q$,利用高斯定理可求出两导体之间的电场强度$E=\frac{1}{4\pi\varepsilon_0}\frac{Q}{r^2}$,方向沿半径由$A$指向$B$.

A, B之间的电势差为

$$U_{AB}=\int_A^B \boldsymbol{E}\cdot \mathrm{d}\boldsymbol{l}=\int_{R_A}^{R_B}\frac{1}{4\pi\varepsilon_0}\frac{Q}{r^2}\mathrm{d}r=\frac{Q}{4\pi\varepsilon_0}\left(\frac{1}{R_A}-\frac{1}{R_B}\right)=\frac{Q}{4\pi\varepsilon_0}\frac{R_B-R_A}{R_AR_B}.$$

于是球形电容器的电容为
$$C=\frac{Q}{U_{AB}}=\frac{4\pi\varepsilon_0 R_A R_B}{R_B-R_A}. \tag{5-5}$$

3. 圆柱形电容器

如图 5-13 所示，电容器由两个同轴的金属圆筒 A，B 组成，其半径分别为 R_A 和 R_B($R_A<R_B$)，长度为 L，当 $L\gg R_B-R_A$ 时，两端的边缘效应可以忽略，计算场强分布时可以把圆筒看成是无限长的. 设 A，B 分别带正、负电荷，利用高斯定理可知，两筒之间的电场强度为 $E=\dfrac{\lambda}{2\pi\varepsilon_0 r}$，其中 λ 是每个电极在单位长度内电量的绝对值，场的方向垂直于轴沿半径由 A 指向 B. A，B 之间的电势差为

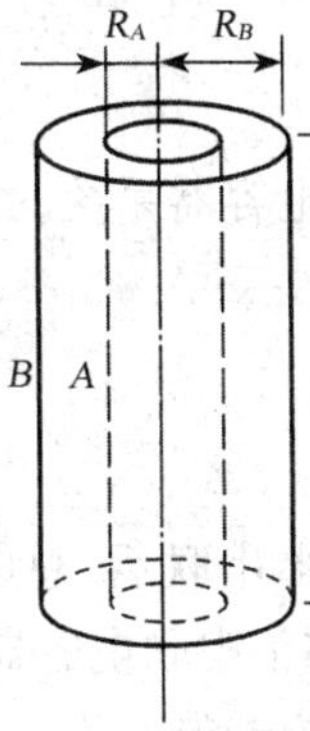

图 5-13　圆柱形电容器

$$U_{AB}=\int_A^B \boldsymbol{E}\cdot d\boldsymbol{l}=\int_{R_A}^{R_B}\frac{1}{2\pi\varepsilon_0}\frac{\lambda}{r}dr=\frac{\lambda}{2\pi\varepsilon_0}\ln\frac{R_B}{R_A}.$$

在柱形电容器每个电极上的总电量为 $Q=\lambda L$，故柱形电容器的电容为
$$C=\frac{Q}{U_{AB}}=\frac{2\pi\varepsilon_0 L}{\ln\dfrac{R_B}{R_A}}. \tag{5-6}$$

从以上三例归纳出计算电容的步骤是：首先，设电容器两极板分别带电荷 $\pm Q$，计算电容器两极板间的场强分布，从而计算出两极板间的电势差 U_{AB} 来；其次，所得的 U_{AB} 必然与 Q 成正比，利用电容的定义 $C=\dfrac{Q}{U_{AB}}$ 求出电容，它一定与 Q 无关，完全由电容器本身的性质(如几何形状、尺寸等)所决定.

5.2.3　电容器的串并联

电容器的性能规格中有两个主要指标：一是它的电容量；二是它的耐压能力. 使用电容器时，两极板所加的电压不能超过所规定的耐压值，否则电容器内的电介质有被击穿的危险，即电介质失去绝缘性质，电容器就损坏了. 在实际应用中，当遇到单独一个电容器在电容的数值或耐压能力方面不能满足要求时，可以把几个电容器串联或并联起来使用.

1. 串联

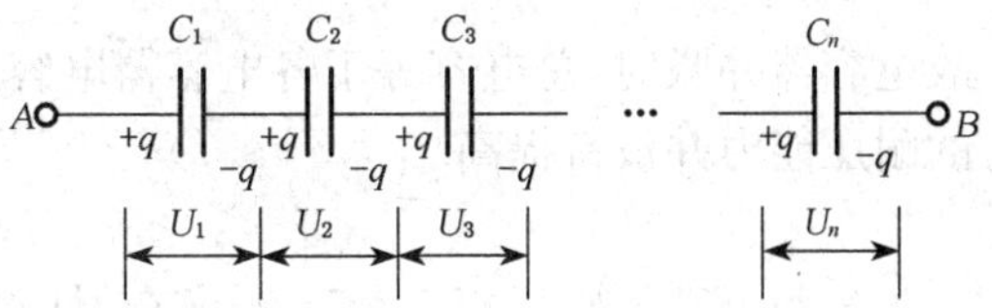

图 5-14　电容器的串联

如图 5-14 所示，其中每个电容器的一个极板只与另一个电容器的一个极板相连接，把电源接到这个电容器组合的两端 A，B 上，这时每个电容器都带有相等的电量 Q，每个电容器上的电压为
$$U_1=\frac{Q}{C_1},\ U_2=\frac{Q}{C_2},\ U_3=\frac{Q}{C_3},\ \cdots,\ U_n=\frac{Q}{C_n}.$$

这表明，电容器串联时，电压与电容成反比地分配在各电容器上. 整个串联电容器组两端的电压等于每一个电容器两极板上电压之和，即

$$U=U_1+U_2+U_3+\cdots+U_n=Q\Big(\frac{1}{C_1}+\frac{1}{C_2}+\frac{1}{C_3}+\cdots+\frac{1}{C_n}\Big).$$

而整个电容器系统的总电容 $C=\dfrac{Q}{U}$，由此得出

$$\frac{1}{C}=\frac{1}{C_1}+\frac{1}{C_2}+\frac{1}{C_3}+\cdots+\frac{1}{C_n}=\sum\frac{1}{C_i}. \tag{5-7}$$

即电容器串联后，总电容的倒数是各电容器电容的倒数之和，总电容比每个电容器电容都小，而整个串联电容器组的耐压能力提高了. 例如，两个电容相等的电容器串联后，总电容为每个电容器的一半，分配在每一电容器上的电压也为总电压的一半，因此，这个串联电容器组的耐压能力为每一个电容器的两倍.

2. 并联

如图 5-15 所示，其中每一个电容器有一个极板接到共同点 A，而另一极板则接到另一共同点 B. 接上电源后，每一个电容器两极板上的电压都等于 A，B 两点间的电压，即并联时加在各电容器上的电压是相同的，设为 U. 但是分配在每个电容器上的电量不同，它们分别是

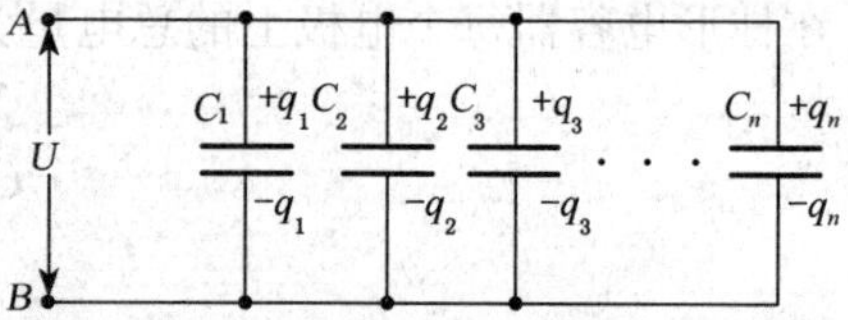

图 5-15　电容器的并联

$$Q_1=C_1U,\ Q_2=C_2U,\ Q_3=C_3U,\ \cdots,\ Q_n=C_nU.$$

这表明，电容器并联时，电量与电容成正比地分配在各个电容器上. 所有电容器上的总电量

$$Q=Q_1+Q_2+Q_3+\cdots+Q_n=(C_1+C_2+C_3+\cdots+C_n)U.$$

整个电容器系统的总电容 $C=\dfrac{Q}{U}$，由此得出

$$C=C_1+C_2+C_3+\cdots+C_n=\sum C_i. \tag{5-8}$$

故电容器并联时，总电容等于各电容器电容之和. 并联后总电容增加了，但整个电容器系统的耐压能力并没有提高.

5.3　有电介质时的静电场

上面讨论了导体的静电特性，本节将讨论**电介质**(dielectric)的静电特性. 电介质是电阻率很大、导电能力很差的物质，就是通常所说的**绝缘体**(insulator)，其主要特征在于它的原子或分子中的电子和原子核的结合力很强，电子处于束缚状态. 在一般条件下，电子不能挣脱原子核的束缚，因而在电介质内部能做宏观运动的电子极少，导电能力也就极弱. 通常，为

了突出电场与电介质相互影响的主要方面，在静电问题中总是忽略电介质的微弱导电性，认为在电介质内没有可以自由移动的电荷，即把它看作理想的绝缘体. 当电介质处在电场中时，在电介质中，不论是原子中的电子，还是分子中的离子，或是晶格点阵上的带电粒子，在电场作用下都会在原子大小的范围内移动，当达到静电平衡时，在电介质表面层或在体内会出现极化电荷；而同时，空间的电场也由于受到电介质的影响而发生了改变. 下面就研究电场与电介质的相互作用，从而说明电介质的某些性质.

5.3.1　电介质及其极化机制

1. 无极分子和有极分子电介质

电介质中每个分子都是一个复杂的带电系统，有正电荷，也有负电荷. 它们分布在一个线度为 10^{-10} m 的数量级的体积内，而不是集中在一点，但是，当考虑这些电荷在离分子较远处所产生的电场时，或是考虑一个分子受外电场的作用时，都可以认为其中的正电荷集中于一点，这一点叫正电荷的"重心". 而负电荷也集中于另一点，这一点叫负电荷的"重心". 对于中性分子，由于其正电荷和负电荷的电量相等，所以一个分子就可以看成是一个由正、负点电荷相隔一定距离所组成的电偶极子. 在讨论电场中的电介质的行为时，可认为电介质是由大量的这种微小的电偶极子所组成的.

以 q 表示一个分子中的正电荷或负电荷的电量的数值，以 $\boldsymbol{l}$ 表示从负电荷重心指到正电荷重心的矢量距离，则这个分子的电偶极矩是

$$\boldsymbol{p}_e = q\boldsymbol{l}. \tag{5-9}$$

按照电介质的分子内部的电结构的不同，可以把电介质分子分为两大类：**无极分子**(nonpolar molecule)和**有极分子**(polar molecule).

有一类分子，如氦(He)、氢(H_2)、氮(N_2)、氧(O_2)、二氧化碳(CO_2)、甲烷(CH_4)等，在正常情况下它们内部的电荷分布具有对称性，因而正、负电荷的重心重合，这类分子叫**无极分子**. 由于每个无极分子的等效电偶极矩等于零，电介质整体也是呈电中性的.

另一类分子，如盐酸(HCl)、水(H_2O)、一氧化碳(CO)等，在正常情况下，它们内部的电荷分布是不对称的，因而其正、负电荷的重心不重合，这类分子称为**有极分子**. 每个有极分子的电偶极矩不等于零，也就是说每个有极分子具有**固有电偶极矩**(intrinsic electric dipole moment). 由于分子的无规则热运动，各个分子的电偶极矩的方向是杂乱无章地排列的，所以不论是从电介质的整体来看，还是从电介质的某一小体积(其中包含有大量分子)来看，其中所有分子的电偶极矩的矢量和平均说来等于零，电介质也是呈电中性的.

2. 电介质极化的微观机制

基于无极分子和有极分子的电结构不同，它们在外电场中的变化过程也不相同.

(1) 无极分子的位移极化

当无极分子电介质处在外电场中时，在电场力作用下分子中的正、负电荷重心将发生相对位移，形成一个电偶极子，这时分子所具有的电偶极矩称为**感应电偶极矩**(induction electric dipole moment)，其方向总是和外电场的方向相同. 显然，外电场越强，正、负电荷重心相对移动的距离就越大，则感应电偶极矩也越大. 在实际可以得到的电场中，感应电偶极矩比有极分子的固有电偶极矩小得多，约为后者的 10^{-5}.

对于一块电介质整体来说，由于电介质中每一个分子都形成了电偶极子，它们在电介质中将作如图 5-16 所示的排列. 在电介质内部，相邻电偶极子的正、负电荷相互靠近，如果电介质是均匀的，则在它们内部处处仍然保持电中性，但是在电介质的两个和外电场相垂直的表面层里（厚度为分子等效电偶极矩的轴长），将分别出现正电荷和负电荷. 这些电荷不能离开电介质，也不能在电介质内自由移动，我们称之为**极化电荷**（polarization charge）或**束缚电荷**（bound charge）. 对于不均匀电介质，甚至在其内部某些区域也会出现极化电荷. 这种在外电场作用下，在电介质中出现极化电荷的现象称为**电介质的极化**. 外电场越强，电介质两表面上出现的极化电荷也越多，电介质被极化的程度越高；当外电场撤去后，分子的正、负电荷重心又重合在一起，电介质表面上的极化电荷也随之消失. 由于无极分子电介质的极化来源于其分子的正、负电荷重心的相对位移，所以常称为**位移极化**（displacement polarization）.

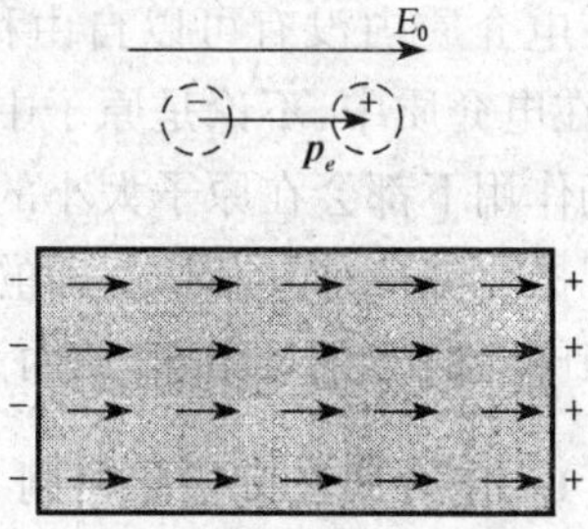

图 5-16　位移极化

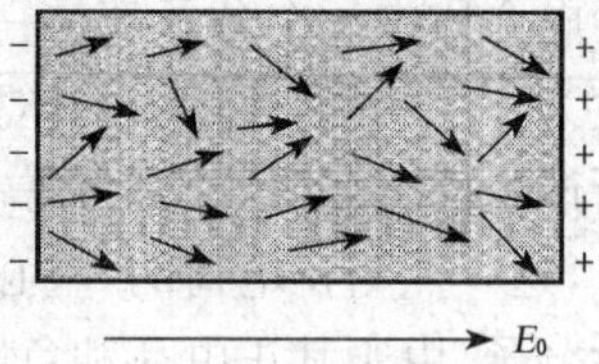

图 5-17　取向极化

（2）有极分子的取向极化

对于有极分子电介质来说，每个分子本来就等效于一个电偶极子，它在外电场作用下，将受到力矩的作用，使分子的电偶极矩转向外电场的方向，如图 5-17 所示. 但是，分子无规则热运动和分子之间的碰撞都会破坏分子电偶极矩沿电场方向的取向排列，因此有极分子电介质的极化程度取决于外电场的强弱和电介质的温度，外电场愈强且温度愈低，分子电偶极矩沿电场方向取向排列的概率也愈大. 在热平衡时，分子电偶极矩沿电场方向的分布遵守玻尔兹曼分布律. 这样，大量分子电偶极矩的统计平均便在沿外电场方向出现一附加的电偶极矩. 在宏观上，则在电介质与外电场垂直的两表面上出现极化电荷. 当外电场撤去后，由于分子的无规则热运动而使分子的电偶极矩又变成杂乱无章的，电介质仍呈中性. 有极分子电介质的极化来源于有极分子的固有电偶极矩转向外电场的方向. 所以称为**取向极化**. 一般说来，分子在取向极化的同时还会产生位移极化，但是，对有极分子电介质来说，在静电场作用下，取向极化的效应比位移极化的效应强得多，因而其主要的极化机制是取向极化.

5.3.2　电介质的极化规律

1. 电介质中的静电场

由于电介质与外电场的相互作用和相互影响，最后达到静电平衡时在电介质上出现一定分布的极化电荷，极化电荷也会在空间激发电场. 为了区别极化电荷，把激发外电场的原有电荷称为**自由电荷**，并用 $\boldsymbol{E}_0$ 表示自由电荷所激发的电场，而用 $\boldsymbol{E}'$ 表示极化电荷所激发的电场. 那么，空间任一点的合场强应是上述两类电荷所激发场强的矢量和，即

$$\boldsymbol{E}=\boldsymbol{E}_0+\boldsymbol{E}'. \tag{5-10}$$

在电介质的外部空间，两个场叠加的结果，使得有一些区域的合场强 $\boldsymbol{E}$ 增强（和 $\boldsymbol{E}_0$ 相比），

有一些区域的合场强减弱. 在电介质内部，从宏观上讲，情况是比较简单的，$\boldsymbol{E}'$处处和外电场 $\boldsymbol{E}_0$ 的方向相反，其后果是使合电场比原来的 $\boldsymbol{E}_0$ 减弱. 而决定电介质极化程度的不是原来的外电场 $\boldsymbol{E}_0$，而是电介质内实际的电场 $\boldsymbol{E}$. $\boldsymbol{E}$ 减弱了，电极化程度 $\boldsymbol{P}$ 也将减弱. 所以极化电荷在电介质内部的附加场 $\boldsymbol{E}'$ 总是起着减弱极化的作用，故称为退极化场.

2. 电极化强度

上面从分子的电结构出发，定性说明了两类电结构不同的电介质的极化过程，这两类电介质极化的微观过程虽然不同，但宏观的效果却是相同的，都是在电介质的两个相对表面上出现了异号的极化电荷，在电介质内部有沿电场方向的电偶极矩. 因此下面从宏观上描述电介质的极化现象时，就不分为两类电介质来讨论了.

在电介质内任取一物理无限小的体积元 ΔV，当没有外电场时，这体积元中所有分子的电偶极矩的矢量和 $\sum \boldsymbol{p}_i = 0$. 但是，在外电场的影响下，由于电介质的极化，$\sum \boldsymbol{p}_i$ 将不等于零. 外电场愈强，被极化的程度愈大，$\sum \boldsymbol{p}_i$ 的值也愈大. 因此取单位体积内分子电偶极矩的矢量和，即

$$\boldsymbol{P} = \frac{\sum \boldsymbol{p}_i}{\Delta V}. \tag{5-11}$$

作为量度电介质极化程度的物理量，称为该点（ΔV 所包围的一点）的**电极化强度**（electric polarization）. 在国际单位制中，电极化强度的单位是 $\mathrm{C/m^2}$.

电介质的极化是电场和介质分子相互作用的过程，外电场引起电介质的极化，而电介质极化后出现的极化电荷也要激发电场并改变空间的电场分布，重新分布的电场反过来再影响电介质的极化，直到静电平衡时，电介质便处于一定的极化状态，而空间的电场也具有一定的分布. 因此，电介质中任一点的极化强度 $\boldsymbol{P}$ 与该点的合场强 $\boldsymbol{E}$ 有关. 对于不同的电介质，$\boldsymbol{P}$ 和 $\boldsymbol{E}$ 的关系（极化规律）是不同的. 实验证明，对于大多数常见的各向同性电介质，$\boldsymbol{P}$ 与 $\boldsymbol{E}$ 的方向相同，矢量上成简单的正比关系. 在国际单位制中，这个关系可以写成

$$\boldsymbol{P} = \chi_e \varepsilon_0 \boldsymbol{E}. \tag{5-12}$$

式中，比例常数 χ_e 称为介质的**电极化率**（etectric susceptibility），它与场强 $\boldsymbol{E}$ 无关，与电介质的性质有关，其单位为 1. 如果是均匀电介质，则介质中各点的 χ_e 值相同；如果是不均匀电介质，则 χ_e 是电介质各点位置的函数，电介质中不同点的 χ_e 值不同.

前面已经提到过，在被极化了的电介质中，由于分子电偶极子的规则排列，会在局部区域出现未被抵消的极化电荷. 对于均匀电介质，其极化电荷只集中在表面层里或在两种不同电介质的界面层里. 电介质极化后产生的一切宏观效果就是通过这些电荷来体现的，因此电介质的极化程度的强弱，必定和极化电荷之间有内在的联系. 下面来研究极化电荷与电极化强度之间的关系.

为了便于说明问题，以均匀的无极分子电介质的位移极化为例，在电介质内部取某一小面元 $\mathrm{d}\boldsymbol{S}$，现考虑因极化而穿过此面元的极化电荷. 设电场 $\boldsymbol{E}$ 的方向（也就是 $\boldsymbol{P}$ 的方向）和 $\mathrm{d}\boldsymbol{S}$ 的正法线$\boldsymbol{e}_n$的方向成 θ 角，如图 5-18 所示. 由于电场 $\boldsymbol{E}$ 的作用，分子的正、负电荷的重心将沿电场方向分离. 为简单起见，假定负电荷不动，而正电荷沿 $\boldsymbol{E}$ 的方向发生位移 $\boldsymbol{l}$. 在面元 $\mathrm{d}\boldsymbol{S}$ 的后侧取一斜高为 l，底面积为 $\mathrm{d}S$ 的体积元 $\mathrm{d}V$. 由于电场 $\boldsymbol{E}$ 的作用，此体积元内所有分子

的正电荷重心将越过 d$\boldsymbol{S}$ 到前面去. 以 q 表示每个分子的正电荷量，以 n 表示电介质单位体积内的分子数，则由于极化而穿过 d$\boldsymbol{S}$ 面的总电荷为

$$\begin{aligned} \mathrm{d}q' &= qn\mathrm{d}V = qnl\,\mathrm{d}S\cos\theta \\ &= np\,\mathrm{d}S\cos\theta = P\mathrm{d}S\cos\theta = \boldsymbol{P}\cdot\mathrm{d}\boldsymbol{S}. \end{aligned} \tag{5-13}$$

因此，d$\boldsymbol{S}$ 面上因极化而越过单位面积的电荷为

$$\sigma' = \frac{\mathrm{d}q'}{\mathrm{d}S} = P\cos\theta = \boldsymbol{P}\cdot\boldsymbol{e}_n = P_n. \tag{5-14}$$

这一关系式虽然是利用无极分子电介质推出的，但对有极分子电介质同样适用.

在上述论证中，如果 d$\boldsymbol{S}$ 刚好处在电介质的表面上，而$\boldsymbol{e}_n$是其外法线方向，则式(5-14)中的 σ'就是因极化而在电介质表面上显露出的极化电荷面密度，而式(5-14)也就是极化电荷面密度与电极化强度的定量关系.

电介质内部的极化电荷可以根据式(5-13)求出. 假设电介质内部任一封闭曲面 S(图5-19). 通过整个封闭曲面向外移出的电荷应为

$$q'_{出} = \oint\!\!\!\oint_S \mathrm{d}q' = \oint\!\!\!\oint_S \boldsymbol{P}\cdot\mathrm{d}\boldsymbol{S}.$$

因为电介质是中性的，根据电荷守恒，由于极化而在封闭面内留下的多余的电荷，即极化电荷，应为

$$q'_{内} = -q'_{出} = -\oint\!\!\!\oint_S \boldsymbol{P}\cdot\mathrm{d}\boldsymbol{S}. \tag{5-15}$$

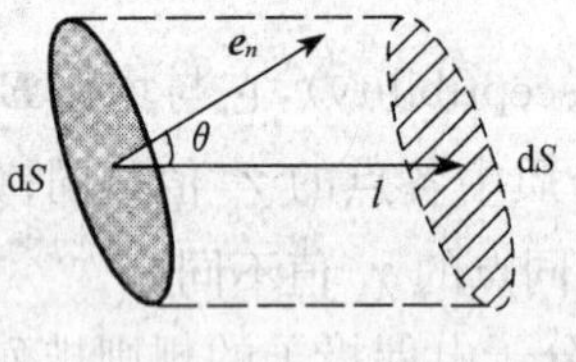

图 5-18　穿过面元 d$\boldsymbol{S}$ 的极化电荷

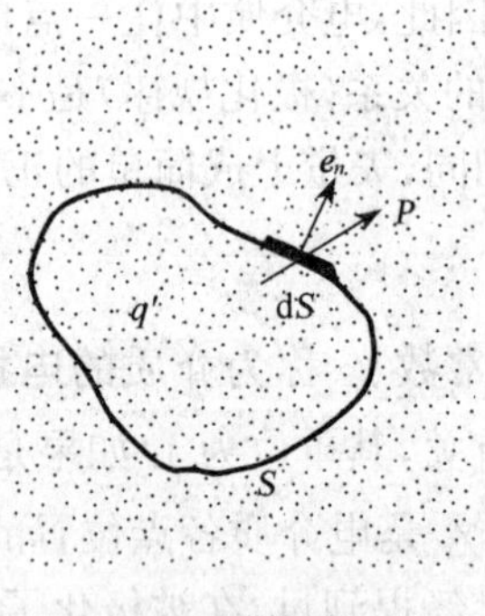

图 5-19　极化电荷的产生

这就是电介质内由于极化而产生的极化电荷与电极化强度的关系：封闭面内的极化电荷等于通过该封闭面的电极化强度通量的负值.

5.3.3　有介质时的高斯定理　电位移

1. 有介质时的高斯定理

现在，把真空中的静电场的基本定理推广到有电介质存在的静电场中去. 根据前面的讨论，电介质的极化过程不过是使原来电中性的物体中有些区域出现过剩的极化电荷. 有理由相信，静止的极化电荷和静止的自由电荷所激发的静电场应是具有共同性质的，即它们都满

足静电场的基本定理.

首先,极化电荷的场也是有势场,所以有电介质存在时,场强的环路定理仍然成立,即

$$\oint_L \boldsymbol{E} \cdot \mathrm{d}\boldsymbol{l} = 0. \tag{5-16}$$

式中,$\boldsymbol{E}$ 是所有电荷(自由电荷和极化电荷)所激发的静电场中各点的合场强.

其次,考察高斯定理.在电场中任作一闭合曲面 S,那么,通过该面的 $\boldsymbol{E}$ 通量等于它所包围的电荷量的$\frac{1}{\varepsilon_0}$,即

$$\oiint_S \boldsymbol{E} \cdot \mathrm{d}\boldsymbol{S} = \frac{1}{\varepsilon_0} \sum q. \tag{5-17}$$

式中,$\sum q$ 为处于该闭合曲面内所有正、负电荷量的代数和.在电介质存在的情况下,在 $\sum q$ 中既有自由电荷,又有极化电荷,为具体起见,上式可写为

$$\oiint_S \boldsymbol{E} \cdot \mathrm{d}\boldsymbol{S} = \frac{1}{\varepsilon_0}\left(\sum q_0 + \sum q'\right). \tag{5-18}$$

式中,$\sum q_0$ 表示 S 面内自由电荷量的代数和;$\sum q'$ 表示 S 面内极化电荷量的代数和.根据式(5-15),$\sum q' = -\oiint_S \boldsymbol{P} \cdot \mathrm{d}\boldsymbol{S}$,将此式代入式(5-18),整理后可得

$$\oiint_S (\varepsilon_0 \boldsymbol{E} + \boldsymbol{P}) \cdot \mathrm{d}\boldsymbol{S} = \sum q_0.$$

一般把 $\varepsilon_0 \boldsymbol{E} + \boldsymbol{P}$ 定义为**电位移**(electric displacement)**矢量** $\boldsymbol{D}$,即

$$\boldsymbol{D} = \varepsilon_0 \boldsymbol{E} + \boldsymbol{P}, \tag{5-19}$$

则上式变为

$$\oiint_S \boldsymbol{D} \cdot \mathrm{d}\boldsymbol{S} = \sum q_0. \tag{5-20}$$

引进电位移 $\boldsymbol{D}$ 后,式(5-20)中就只包含自由电荷,极化电荷不再明显地出现在式中,式(5-20)就是高斯定理在电介质中的推广,称为**有电介质时的高斯定理**(或 **$\boldsymbol{D}$ 的高斯定理**).

为了对电位移 $\boldsymbol{D}$ 的描述形象化起见,可仿照电场线方法,在有电介质的静电场中作电位移线,使线上每一点的切线方向和该点电位移 $\boldsymbol{D}$ 的方向相同,并规定在垂直于电位移线的单位面积上通过的电位移线数目等于该点的电位移 $\boldsymbol{D}$ 的量值.这样,式(5-20)就表示:通过电介质中任一闭合曲面的电位移通量等于该面所包围的自由电荷量的代数和.$\boldsymbol{D}$ 的单位是 $\mathrm{C/m^2}$.

从式(5-20)还可看出,电位移线是从正的自由电荷出发,终止于负的自由电荷,这与电场线不一样,电场线起止于各种正、负电荷,包括自由电荷和极化电荷.

2. $\boldsymbol{D}$, $\boldsymbol{E}$, $\boldsymbol{P}$ 三矢量之间的关系

由式(5-19)定义的电位移矢量 $\boldsymbol{D}$ 说明它与场强 $\boldsymbol{E}$ 和电极化强度 $\boldsymbol{P}$ 有关,但它和场强 $\boldsymbol{E}$(单位正电荷所受的力)及电极化强度 $\boldsymbol{P}$(单位体积的电偶极矩)不同,$\boldsymbol{D}$ 没有明显的物理意义.

引进 $\boldsymbol{D}$ 的优点在于计算通过任一闭合曲面的电位移通量时，可以不考虑极化电荷的分布. 但必须指出，通过闭合曲面的电位移通量只和曲面内的自由电荷有关，并不是说电位移 $\boldsymbol{D}$ 仅决定于自由电荷的分布，它和极化电荷的分布也是有关的，式(5-19)正是说明了这一点.

式(5-19)是电位移矢量的定义式，无论对各向同性电介质还是各向异性电介质都是适用的.

对于各向同性电介质，$\boldsymbol{P}$ 与 $\boldsymbol{E}$ 的关系满足式(5-12)，将式(5-12)代入式(5-19)后，得

$$\boldsymbol{D}=\varepsilon_0\boldsymbol{E}+\boldsymbol{P}=\varepsilon_0\boldsymbol{E}+\chi_e\varepsilon_0\boldsymbol{E}=\varepsilon_0(1+\chi_e)\boldsymbol{E}=\varepsilon_0\varepsilon_r\boldsymbol{E}.$$

式中，$\varepsilon_r=1+\chi_e$ 为电介质的相对介电常数，其数值大于 1；对于真空，其值等于 1. 进一步令 $\varepsilon=\varepsilon_0\varepsilon_r$，$\varepsilon$ 称为介质的绝对介电常数，简称为**介电常数**(dielectric constant). 则上式可写为

$$\boldsymbol{D}=\varepsilon\boldsymbol{E}. \tag{5-21}$$

式(5-21)说明在各向同性的电介质中，电位移等于场强的 ε 倍.

利用 $\varepsilon_r=1+\chi_e$，则

$$\boldsymbol{P}=\varepsilon_0(\varepsilon_r-1)\boldsymbol{E}. \tag{5-22}$$

如果是各向异性电介质，如石英晶体等，$\boldsymbol{P}$ 与 $\boldsymbol{E}$，$\boldsymbol{D}$ 与 $\boldsymbol{E}$ 的方向一般并不相同，电极化率 χ_e 也不能只用一个数值来表示，这时式(5-21)就失去意义，但式(5-19)仍旧适用.

3. 有电介质存在时静电场的分析和计算

当各向同性均匀电介质和自由电荷的分布具有一定对称性时，空间的电场分布和极化电荷分布可利用 $\boldsymbol{D}$ 的高斯定理求出来. 具体方法是：利用 $\boldsymbol{D}$ 的高斯定理，由自由电荷的分布求出 $\boldsymbol{D}$ 的分布；然后用式(5-21)求出 $\boldsymbol{E}$ 的分布；再由式(5-12)和式(5-13)求出极化电荷的分布. 下面举例说明.

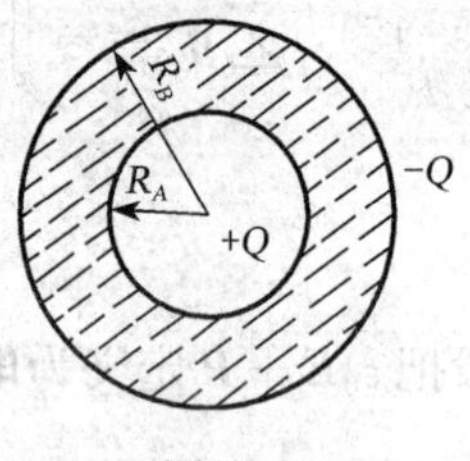

图 5-20

例 5.4 如图 5-20 所示，在球形电容器的两个同心导体球壳 A，B 之间填充相对介电常数为 ε_r 的各向同性均匀电介质，设 A，B 的半径分别为 R_A 和 $R_B(R_A<R_B)$，分别带电荷 $+Q$ 和 $-Q$. 求空间的电场分布、极化电荷分布和电容.

解 由自由电荷 $\pm Q$ 和电介质分布的球对称性可知，$\boldsymbol{E}$ 和 $\boldsymbol{D}$ 的分布也具有球对称性. 显然，内球壳 A 的内部和外球壳 B 的外部空间各点的 $\boldsymbol{E}$ 和 $\boldsymbol{D}$ 都等于零. 为了求出在介质内距球心距离为 r 处的电位移矢量 $\boldsymbol{D}$，可以作一个半径为 r 的同心球面作为高斯面，则通过此高斯面的 $\boldsymbol{D}$ 通量为

$$\oiint_S \boldsymbol{D}\cdot d\boldsymbol{S}=D\cdot 4\pi r^2.$$

由 $\boldsymbol{D}$ 的高斯定理可知

$$D\cdot 4\pi r^2=Q,$$

由此得

$$D=\frac{Q}{4\pi r^2}.$$

考虑到 $\boldsymbol{D}$ 的方向沿径向向外，可将 $\boldsymbol{D}$ 的分布写成

$$\boldsymbol{D}=\begin{cases}0, & r<R_A,\\ \dfrac{Q}{4\pi r^2}\boldsymbol{e}_r, & R_A<r<R_B,\\ 0, & r>R_B.\end{cases}$$

根据 $\boldsymbol{D}=\varepsilon\boldsymbol{E}$，可得到 $\boldsymbol{E}$ 的分布为

$$\boldsymbol{E}=\begin{cases}0, & r<R_A,\\ \dfrac{Q}{4\pi\varepsilon r^2}\boldsymbol{e}_r, & R_A<r<R_B,\\ 0, & r>R_B.\end{cases}$$

再由 $\boldsymbol{P}=\chi_e\varepsilon_0\boldsymbol{E}=\varepsilon_0(\varepsilon_r-1)\boldsymbol{E}$ 和 $\sigma'=\boldsymbol{P}\cdot\boldsymbol{e}_n$，可得到在贴近内球壳 A 的电介质表面上的极化电荷面密度 σ_A' 和在贴近外球壳 B 的电介质表面上的极化电荷面密度 σ_B'，分别为

$$\sigma_A'=-\frac{\varepsilon_r-1}{4\pi\varepsilon_r R_A^2}Q,\quad \sigma_B'=\frac{\varepsilon_r-1}{4\pi\varepsilon_r R_B^2}Q.$$

在贴近内球壳 A 的电介质表面上的极化电荷 q_A' 和在贴近外球壳 B 的电介质表面上的极化电荷 q_B' 分别为

$$q_A'=\sigma_A'\cdot 4\pi R_A^2=-\frac{\varepsilon_r-1}{\varepsilon_r}Q,\quad q_B'=\sigma_B'\cdot 4\pi R_B^2=\frac{\varepsilon_r-1}{\varepsilon_r}Q.$$

从上述结果可看出，在球形电容器的两极板之间填充电介质后，场强减弱到真空时的 ε_r 分之一. 这减弱的原因是介质表面上出现了极化电荷. 两极板之间的电势差为

$$U_{AB}=\int_A^B\boldsymbol{E}\cdot\mathrm{d}\boldsymbol{l}=\int_{R_A}^{R_B}\frac{1}{4\pi\varepsilon}\frac{Q}{r^2}\mathrm{d}r=\frac{Q}{4\pi\varepsilon}\left(\frac{1}{R_A}-\frac{1}{R_B}\right)=\frac{Q}{4\pi\varepsilon}\frac{R_B-R_A}{R_AR_B}.$$

于是球形电容器的电容为

$$C=\frac{Q}{U_{AB}}=\frac{4\pi\varepsilon R_AR_B}{R_B-R_A}=\varepsilon_rC_0.$$

式中，C_0 是两极板之间为真空时的电容. 从上式可得出：在两极板之间填充电介质之后，电容器的电容增大到真空时的 ε_r 倍.

5.3.4　电介质在电容器中的作用

前面已提到，电容器的主要指标有两个：电容量和耐压能力. 在电容器中加入电介质，往往对提高电容器这两方面的性能都有好处.

1. 增大电容量，减小体积

从例 5.4 的计算结果可知，电介质可以使电容增大到两极板间为真空时的 ε_r 倍. 用相同尺寸的电容器，其中电介质的 ε_r 越大，电容量就越大. 另外，相同电容量的电容器，ε_r 越大，体积就越小.

表 5-1 给出了一些电介质的相对介电常数和介电强度值. 如表中所示，一般的电介质材

料，ε_r 多半在 10 以内. 特别引人注意的是一类称为铁电体的物质，如钛酸钡($BaTiO_3$)陶瓷，其 ε_r 值可达几千. 在钛酸钡薄片两面镀上金属电极而做成的陶瓷电容器可与晶体管配套，在电子线路小型化方面起着重要的作用.

表 5-1　　电介质的相对介电常数和介电强度

电介质	相对介电常数 ε_r	介电强度/(10^6 V/m)	电介质	相对介电常数 ε_r	介电强度/(10^6 V/m)
真空	1	∞	绝缘用瓷	5.7～68	6～20
空气	1.000 59	3	电容器纸	3.7	16～40
纯水	80	—	电木	7.6	16
云母	3.7～7.5	80～200	硅油	2.5	15
玻璃	5～10	5～13	钛酸钡	10^3～10^4	3

2. 提高耐压能力

对提高电容器耐压能力起关键作用的是电介质的介电强度. 电介质在通常条件下是不导电的，但在很强的电场中它们的绝缘性能会遭到破坏，这称为电介质的击穿. 一种电介质材料所能承受的最大电场强度，称为这种电介质的介电强度，或击穿场强. 表 5-1 第三栏给出了介电强度的数值. 可以看出，表中多数材料的介电强度比空气高，它们对提高电容器的耐压能力有利.

提高耐压能力的问题不仅在电容器有，它在电缆中更为突出. 在电缆周围的场强是不均匀的，一般是靠近导线的地方最强. 在电压升高时，总是在电场最强的地方首先击穿. 因而电缆外总包着多层绝缘材料，各层材料的介电常数和介电强度也不相同. 很显然，合理地配置各绝缘层，在电场最强的地方使用介电常数和介电强度大的材料，可以使场强的分布均匀，提高所承受的电压.

5.4　静电场的能量

电荷之间都存在着相互作用的电场力，当电荷之间相对位置变化时，电场力要做功，而且，这功与变化的路径无关，这表示电荷之间具有相互作用能(电势能). 带电体系之所以具有电势能，是因为任何物体的带电过程都可以看做是电荷之间的相对迁移过程，在迁移电荷的过程中，外界必须消耗能量以克服电场力而做功. 例如，用电池对电容器充电时就消耗电池中的化学能. 根据能量转化和守恒定律，外界所提供的能量转化为带电体系的静电能. 当带电系统的电荷减少时，或改变它们之间的相对位置时，静电能就可以转化为其他形式的能量. 例如，当已充电的电容器放电时，它所储存的电能就会转化为热、光、声等形式的能量.

5.4.1　带电体系的静电能

1. 点电荷间的相互作用能

先来计算两个相距 r 的点电荷 q_1 和 q_2 的相互作用能. 假设 q_1 在空间的 A 点不动，而 q_2 在无限远处，这时它们之间的相互作用力等于零. 通常把处于这种状态的电荷的静电势能规定为零. 当把 q_2 从无限远处移到与 A 点相距 r 的 B 处，则 q_2 所受的电场力 $\boldsymbol{F}_2$ 做的功为

$$A=\int_{(\infty)}^{(B)}\boldsymbol{F}_2\cdot \mathrm{d}\boldsymbol{l}=\int_{(\infty)}^{(B)}\frac{q_1q_2}{4\pi\varepsilon_0 r^2}\boldsymbol{e}_{\mathrm{r}}\cdot \mathrm{d}\boldsymbol{l}=-\frac{q_1q_2}{4\pi\varepsilon_0}\int_{\infty}^{r}\frac{\mathrm{d}l}{r^2}=-\frac{q_1q_2}{4\pi\varepsilon_0}\int_{\infty}^{r}\frac{\mathrm{d}r}{r^2}=-\frac{q_1q_2}{4\pi\varepsilon_0 r}.$$

则 q_1 和 q_2 相距 r 时的相互作用能(等于电场力所做功的负值)为

$$W_{12}=\frac{q_1q_2}{4\pi\varepsilon_0 r}.$$

由于 q_1 在 B 点处产生的电势 $U_2=\dfrac{q_1}{4\pi\varepsilon_0 r}$，所以上式可写为

$$W_{12}=q_2U_2,$$

又由于 q_2 在 A 点处产生电势，所以 W_{12} 又可写为

$$W_{12}=q_1U_1.$$

合并以上两式，可将 W_{12} 写成对称的形式

$$W_{12}=\frac{1}{2}(q_1U_1+q_2U_2).$$

再来求三个点电荷 q_1，q_2 和 q_3 组成的电荷系(图 5-21)的**相互作用能**(interaction energy)，以 r_{12}，r_{23}，r_{31} 分别表示它们两两之间的距离. 假设 q_1 在 A 点不动，q_2 和 q_3 在无限远处，先将 q_2 从无限远处移到与 q_1 相距 r_{12} 的 B 点，根据上面的讨论，这时 q_2 所受的电场力做功为

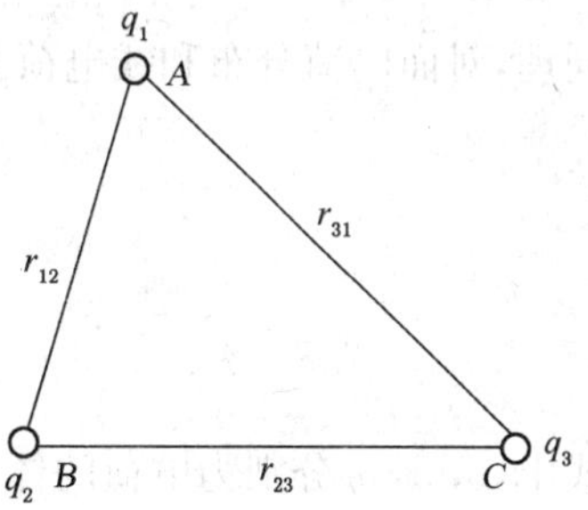

图 5-21　三个点电荷组成的电荷系

$$A_2=-\frac{q_1q_2}{4\pi\varepsilon_0 r_{12}}.$$

再让 q_1 和 q_2 不动，将 q_3 从无限远处移到与 q_1 相距 r_{31}、与 q_2 相距 r_{23} 的 C 点，则在这一移动过程中，q_3 所受的电场力做功

$$A_3=\int\boldsymbol{F}_3\cdot \mathrm{d}\boldsymbol{l}=\int(\boldsymbol{F}_{31}+\boldsymbol{F}_{32})\cdot \mathrm{d}\boldsymbol{l}=\int\boldsymbol{F}_{31}\cdot \mathrm{d}\boldsymbol{l}+\int\boldsymbol{F}_{32}\cdot \mathrm{d}\boldsymbol{l}.$$

将库仑力公式代入，可得
$$A_3=-\frac{q_3q_1}{4\pi\varepsilon_0 r_{31}}-\frac{q_3q_2}{4\pi\varepsilon_0 r_{32}}.$$

电荷系的相互作用能等于电场力所做总功的负值，即

$$\begin{aligned}W_{\mathrm{e}}&=-(A_2+A_3)=\frac{q_1q_2}{4\pi\varepsilon_0 r_{21}}+\frac{q_3q_2}{4\pi\varepsilon_0 r_{32}}+\frac{q_3q_1}{4\pi\varepsilon_0 r_{31}}\\&=\frac{1}{2}\left[q_1\left(\frac{q_2}{4\pi\varepsilon_0 r_{21}}+\frac{q_3}{4\pi\varepsilon_0 r_{31}}\right)+q_2\left(\frac{q_1}{4\pi\varepsilon_0 r_{21}}+\frac{q_3}{4\pi\varepsilon_0 r_{32}}\right)+q_3\left(\frac{q_2}{4\pi\varepsilon_0 r_{32}}+\frac{q_1}{4\pi\varepsilon_0 r_{31}}\right)\right]\\&=\frac{1}{2}(q_1U_1+q_2U_2+q_3U_3).\end{aligned}$$

式中，U_1，U_2 和 U_3 分别为 q_1，q_2 和 q_3 所在处由其他电荷所产生的电势.

上面的结果很容易推广到由 n 个点电荷组成的电荷系，该电荷系的相互作用能（简称互能）为

$$W_e = \frac{1}{2}\sum_{i=1}^{n} q_i U_i. \tag{5-23}$$

式中，U_i 为 q_i 所在处由 q_i 以外的其他电荷所产生的电势.

式(5-23)不管是真空还是有电介质时都是正确的. 当有电介质存在时，q_i 仍是自由点电荷，而 U_i 则应改为有电介质时的电势.

2. 电荷连续分布时的静电能

根据上面的讨论，可以把上述方法推广到电荷连续分布的情况. 以体电荷分布为例，设想不断把体电荷元 $\rho \mathrm{d}V$ 从无限远处移到物体上，这时只要把式(5-23)中的求和改为积分形式，就得到电荷为体分布时的静电能

$$W_e = \frac{1}{2}\iiint_V \rho U \mathrm{d}V. \tag{5-24}$$

同理，对面电荷分布和线电荷分布，其静电能分别为

$$W_e = \frac{1}{2}\iint_S \sigma U \mathrm{d}S, \tag{5-25}$$

$$W_e = \frac{1}{2}\int_L \eta U \mathrm{d}\boldsymbol{l}. \tag{5-26}$$

式中，ρ，σ，η 分别为电荷的体密度、面密度和线密度，U 是所有电荷在体积元 $\mathrm{d}V$、面积元 $\mathrm{d}S$ 和长度元 $\mathrm{d}\boldsymbol{l}$ 所在处激发的电势，积分遍及电荷分布的区域.

以上三式是由式(5-23)推广而来的，但它们在物理意义上是有差别的. 由于已将电荷无限分割为电荷元，而电荷元在本身所在处所激发的电势为一无限小量，故以上三式中的电势也包括了电荷元在内的所有电荷在该处所激发的电势. 因此，由它们算出的能量不但包括了各个带电体之间的相互作用能，也包含着每一个带电体自身各部分电荷之间的相互作用能（称为该带电体的自能. 如果空间中只有一个带电体，则用上面三式算出的就是自能），而在式(5-23)中却没有考虑每一个点电荷的自能. 为了区别起见，我们把式(5-24)、式(5-25)和式(5-26)所表示的能量称为**静电能**.

3. 电容器储能

如果把一个已充电的电容器两极板用导线短路而放电，可见到放电的火花. 放电火花的热能和光能必然是由充了电的电容器中储存的电能转化而来. 那么电容器储存的电能又是从哪里来的呢？下面将看到，在电容器充电的过程中电源必须做功，才能克服静电场力把电荷从一个极板搬运到另一个极板上. 此能量以电势能的形式储存在电容器中，放电时就把这部分电能释放出来.

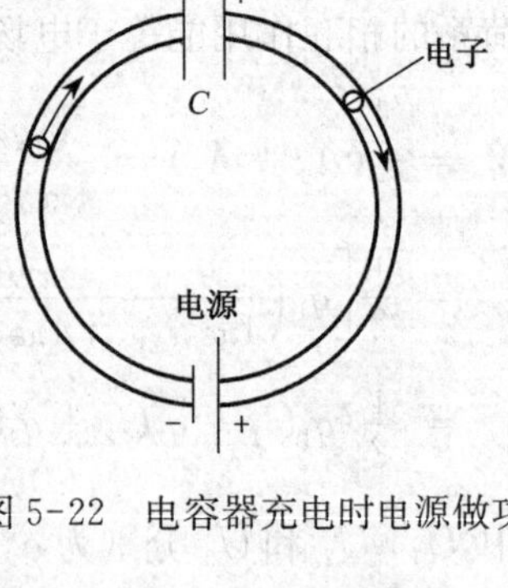

图 5-22　电容器充电时电源做功

试分析一下电容器的充电过程，如图 5-22 所示. 电子从电容器一个极板被拉到电源，并从电源推到另一个

极板去. 这时被拉出了电子的极板带正电，推上电子的极板带负电. 如此逐渐进行下去，设充电完毕时电容器极板上所带电量的绝对值为 Q. 完成这个过程要靠电源做功，从而消耗了电池储存的化学能，使之转化为电容器储存的电能.

设在充电过程中某一瞬间电容器极板上带电量的绝对值为 q，极板间电压为 u. 这里电压 u 是指正极板电势 U_+ 减负极板电势 U_-，若这时电源把 $-\mathrm{d}q$ 的电量从正极板搬运到负极板，则电池所做的功应等于电量 $-\mathrm{d}q$ 从正极板迁移到负极板后电势能的增加量，即

$$(-\mathrm{d}qU_-)-(-\mathrm{d}qU_+)=\mathrm{d}q(U_+-U_-)=u\mathrm{d}q.$$

继续充电时要继续做功，此功不断地积累为电容器的电势能. 所以在整个充电过程中储存于电容器的电能总量应由下列积分计算，即

$$W_\mathrm{e}=\int_0^Q u\mathrm{d}q.$$

其中，积分下限 0 表示充电开始时电容器每一极板上电量为零，上限 Q 表示充电结束时电容器每一极板上电量的绝对值. 将 u 与 q 的关系式 $u=\dfrac{q}{C}$ 代入上式，得

$$W_\mathrm{e}=\int_0^Q \frac{q}{C}\mathrm{d}q=\frac{1}{2}\frac{Q^2}{C}. \tag{5-27}$$

这就是计算**电容器储能的公式**. 利用 $Q=CU$，则可写成

$$W_\mathrm{e}=\frac{1}{2}CU^2, \tag{5-28}$$

$$W_\mathrm{e}=\frac{1}{2}QU. \tag{5-29}$$

式中，Q 和 U 都是充电完毕时的最后值.

在实际中电容器充电后的电压值是给定的，这时用式(5-28)来讨论储能的问题较为方便. 该公式表明，在一定电压下电容 C 大的电容器储能多. 在这个意义上说，电容 C 是电容器储能本领大小的标志. 对同一个电容器来讲，电压越高储能越多. 但不能超过电容器的耐压值，否则就会把里面的电介质击穿而毁坏了电容器.

5.4.2　电场的能量和能量密度

前面所给的计算静电能的公式都是与电量和电势联系在一起的. 这容易给人一个印象，似乎静电能集中在电荷上，对于电容器来说，似乎集中在极板表面. 但是，物体或电容器带电的过程也就是建立电场的过程，这说明带电系统的静电能总是和电场的存在相联系的. 下面将以平行板电容器为例，来说明其电能又可以用场强来表示.

设平行板电容器的极板面积为 S，两极板间距为 d，当电容器极板上所带电量的绝对值为 Q 时，极板间的电势差 $U=Ed$，已知 $C=\dfrac{\varepsilon S}{d}$，将这些关系式代入式(5-28)中，得

$$W_\mathrm{e}=\frac{1}{2}CU^2=\frac{1}{2}\varepsilon E^2Sd=\frac{1}{2}\varepsilon E^2V.$$

从这里可看出，静电能可以用表征电场性质的场强 E 来表示，而且和电场所分布的体积 $V=Sd$ 成正比.

那么电容器的电能究竟是储存在极板上还是储存在极板之间的电场中呢？这个问题需要用实验来回答. 然而在稳恒状态下的实验还不能回答，因为在稳恒状态下，电荷和电场总是同时存在、相伴而生的，我们无法分辨电能是和电荷相联系，还是和电场相联系. 以后将会看到，随着时间变化的电场和磁场将以一定的速度在空间传播，形成电磁波. 在电磁波中电场可以脱离电荷而传播到很远的地方. 电磁波携带能量，已是近代无线电技术中人所共知的事实了. 这就直接证实了能量储存于电场中的观点. 所以静电能也称为**静电场能量**(energy of electrostatic field). 能量是物质固有的属性之一，它不能与物质分割开来. 静电场具有能量的结论，证明静电场是一种特殊形态的物质.

根据上述讨论，电容器的电能是储存在电场中的. 由于平行板电容器中电场是均匀分布的，所储藏的静电场能量也应该是均匀分布的，因此电场中每单位体积的能量，即**电场能量密度**(energy density of electric field)为

$$w_e=\frac{W_e}{V}=\frac{1}{2}\varepsilon E^2=\frac{1}{2}DE. \tag{5-30}$$

能量密度的单位为 J/m^3. 式(5-30)虽然是从均匀电场的特例中导出的，但可以证明它是一个普遍适用的公式，在非均匀电场和变化的电场中仍然是正确的，只是此时的能量密度是逐点改变的.

要计算任一带电系统整个电场中所储存的能量，只要将电场所占空间分成许多体积元 dV，然后把这许多体积元中的能量累加起来，也就是求如下的积分

$$W_e=\iiint_V w_e dV=\iiint_V \frac{1}{2}DE dV. \tag{5-31}$$

式中，w_e 是和每一个体积元 dV 相对应的能量密度，积分区域遍及整个电场分布空间 V.

习题 5

5.1 在竖直放置的无限大均匀带电平面(电荷面密度为 σ)的右侧放置一个与之平行的无限大导体平板，导体板左、右两表面的感应电荷面密度是多少？ [$-\sigma/2$, $+\sigma/2$]

5.2 如图 5-23 所示，把一块原来不带电的金属板 B，移近一块已带有正电荷 Q 的金属板 A，平行放置. 设两板面积都是 S，板间距离是 d，忽略边缘效应. 求：

(1) 当 B 板不接地时，两板间电势差 U_{AB}；

(2) B 板接地时两板间电势差 U'_{AB}. [$Qd/(2\varepsilon_0 S)$；$Qd/(\varepsilon_0 S)$]

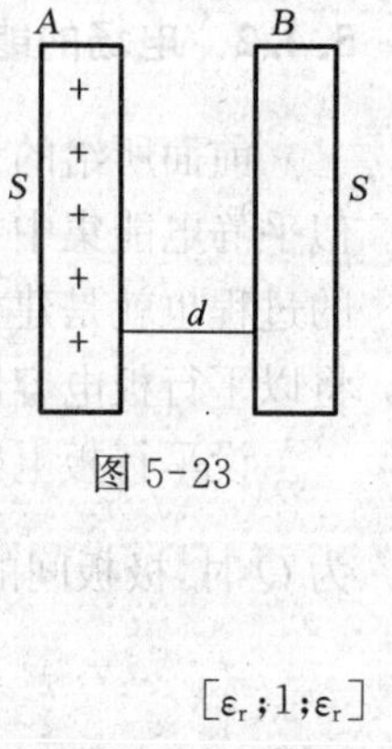

图 5-23

5.3 一电容为 C 的电容器，极板上带电量 Q，若使该电容器与另一个完全相同的不带电的电容器并联，求该电容器组的静电能 W_e. [$Q^2/4C$]

5.4 一平行板电容器，充电后与电源保持连接，然后使两极板间充满相对介电常量为 ε_r 的各向同性均匀电介质，这时求：

(1) 两极板上的电荷是原来的几倍？

(2) 电场强度是原来的几倍？

(3) 电场能量是原来的几倍？ [ε_r；1；ε_r]

5.5 半径为 $R_1=1.0$ cm 的导体球，带有电荷 $q=1.0\times10^{-10}$ C，球外有一个内外半径分别为 $R_2=3.0$

cm，$R_3=4.0$ cm 的同心导体球壳，壳上带有电荷 $Q=11\times10^{-10}$C，试计算：(1)两球的电势 U_1 和 U_2；(2)用导线把球和球壳接在一超后，U_1 和 U_2 分别是多少？(3) 若外球接地，U_1 和 U_2 为多少？

[3.3×10^2V，2.7×10^2V，2.7×10^2V，60V]

5.6　如图 5-24 所示，平板电容器极板面积为 S，间距为 d，板间有两层厚度各为 d_1 和 d_2，介电常数各为 ε_1 和 ε_2 的电介质，则其电容 C 为多少？如果 $d_1=d_2=\frac{d}{2}$，则此时电容又为多少？

$$\left[\frac{\varepsilon_1\varepsilon_2 S}{d_1\varepsilon_2+d_2\varepsilon_1},\ \frac{2\varepsilon_1\varepsilon_2 S}{d(\varepsilon_1+\varepsilon_2)}\right]$$

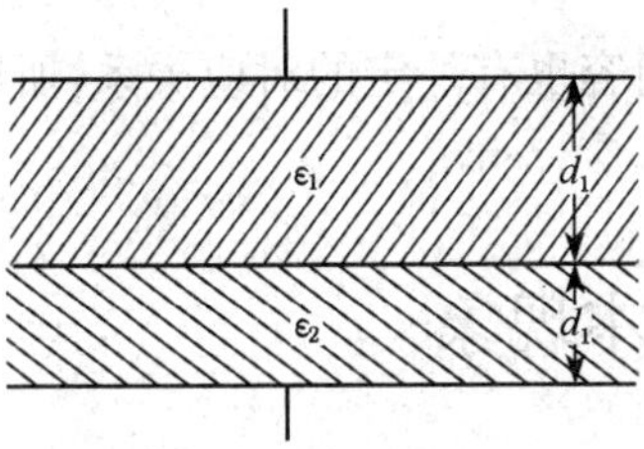

图 5-24

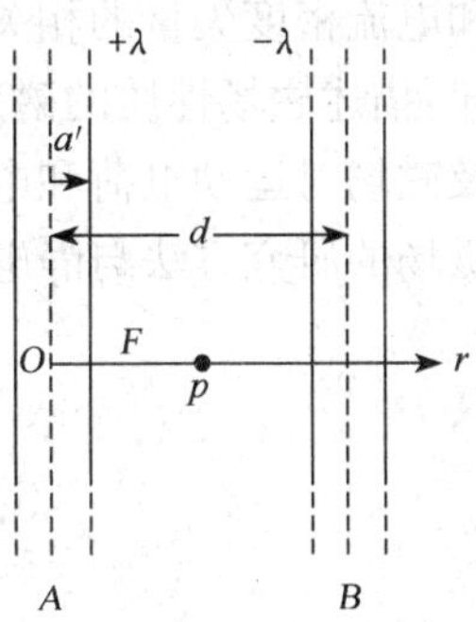

图 5-25

5.7　如图 5-25 所示，试计算两根带异号电荷的圆柱形无限长平行直导线单位长度的电容，假设导线的半径为 α，相隔距离为 d，电荷均匀分布，且 $d\gg\alpha$.

$$\left[\frac{\pi\varepsilon_0}{\ln\frac{d}{\alpha}}\right]$$

5.8　在一平行板电容器的两极上，带有等值异号电荷，两板间的距离为 5.0 mm，充以 $\varepsilon_r=3$ 的介质，介质中的电场强度为 1.0×10^5 V·m^{-1}，求：(1)介质中的电位移矢量；(2)平板上的自由电荷面密度；(3)介质中的极化强度；(4)介质面上的极化电荷面密度；(5)平板上自由电荷及介质面上极化电荷所产生的那一部分电场强度.

5.9　一导体球，带电 $q=1.0\times1^{-8}$C，半径 $R=10.0$ cm，球外有两种均匀电介质，一种介质 $\varepsilon_{r_2}=5.0$，其厚度为 $d=10.0$ cm，另一种介质为空气 $\varepsilon_{r_2}=1.00$ 充满其余整个空间，求：(1)空间电场强度和电位移的分布；(2)空间电势分布.

5.10　一平板电容器的两极板间有两层均匀电介质，一层电介质 $\varepsilon_{r_1}=4.0$，厚度 $d_1=2.0$ mm，另一层电介质的 $\varepsilon_{r_2}=2.0$，厚度 $d_2=3.0$ mm，极板面积 $S=40$ cm^2，两极板间电压为 200 V，则每层电介质中的电场能量密度为多少？每层介质中的总能量为多少？用公式 $\frac{1}{2}qU$ 计算，电容器的总能量为多少？

[5.0×10^4 V·m^{-1}，8.85×10^{-7}V·m^{-2}；8.88×10^{-8}J，2.66×10^{-7}]

5.11　一半径为 a 的球体，均匀带电，总电量为 Q，试证其电势能为 $\frac{1}{4\pi\varepsilon_2}\ \frac{3Q^2}{5a}$.　[略]

第 6 章　真空中的稳恒磁场

前面我们研究了静电场的一些相关概念、性质和规律. 本章我们将研究磁场：首先在介绍恒定电流和电流密度矢量的相关概念和性质；进而重点研究由恒定电流产生的稳恒磁场的性质和规律：描述磁场性质的磁感应强度、毕奥-萨伐尔；反映磁场性质的高斯定理和安培环路定理以及磁场对运动电荷和电流的作用.

本章对磁场的研究方法与静电场类似，基本内容也有一定的对应关系，所以学习时要注意类比.

6.1　磁的基本现象

磁现象的发现要比电现象早得多，据历史记载，约在公元前 600 年人们就发现天然磁石吸铁的现象，它的化学成分是 Fe_3O_4. 另外的“天然磁石”是地球本身，它对罗盘的磁针有取向作用. 尽人皆知，我国古代的四大发明就有磁性指南器——指南针. 现在所用的磁铁多半是人工制成，如用铁、钴、镍等合金制成条形、马蹄形或针形，再放到通有电流的线圈中去磁化就得到暂时或**永久磁铁**. 无论是天然磁石，还是人造磁铁都具有吸引铁、钴、镍等物质的特性，这种性质称为**磁性**(magnetism).

6.1.1　早期磁现象

早期人们利用磁铁进行实验，发现以下一些基本的磁现象.

现象一：条形磁铁或磁针的两端磁性特别强，称为**磁极**(magnetic pole). 如图 6-1 所示，磁极吸引的铁屑特别多，而中部几乎无磁性.

现象二：如果把条形磁铁或磁针悬挂或支撑起来，使之能够在水平面内自由转动，磁铁最终会自动转向南北方向，指北的一极称**北极**(用 N 表示)，指南的一极称为**南极**(用 S 表示)，磁铁的这种特性称为指向性，如图 6-2 所示.

图 6-1　磁极

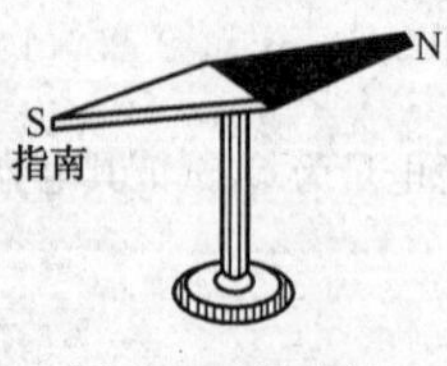

图 6-2　指南针

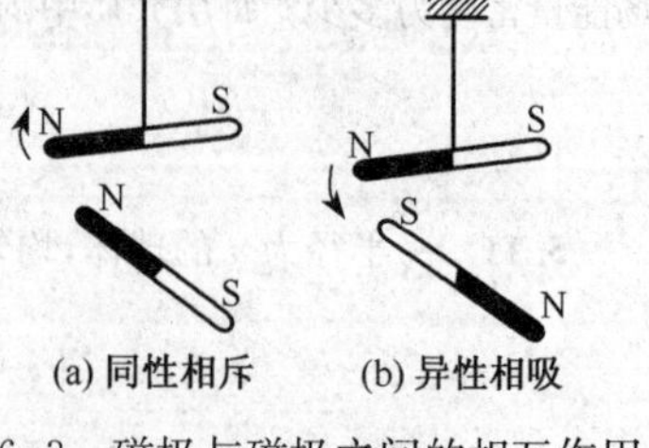

图 6-3　磁极与磁极之间的相互作用

现象三：磁极与磁极之间有相互作用，**同性磁极互相排斥**，**异性磁极互相吸引**，如图 6-3 所示. 由此可以推想，地球本身是一个大磁铁，它的 N 极位于地理南极的附近，它的 S 极位于地理北极附近. 1750 年，米歇尔(J. Michell)用扭秤实验证得两磁极之间的相互作用力与两磁极间距离平方成反比. 虽然两磁极之间的相互作用力的规律与两个点电荷之间的相互作用力相似，但两者有一个重要的区别，那就是自然界中正负电荷可以独立存在，如电子、质子，但却不存在独立的 N 极和 S 极. 任一磁铁，不管把它分割得多小，每一小块磁铁仍然具有 N 极和 S 两极(近代理论认为，可能有单独磁极存在，这种具有磁南极或磁北极的粒子，称为磁单极子，但至今尚未有重复实验观察到这种粒子).

在历史上很长一段时期里，磁学和电学的研究一直彼此独立地发展着，人们曾认为磁与电是两类截然分开的现象. 直到 19 世纪初，一系列重要的发现才打破了这个界限. 电流的磁效应的发现，使人们认识到磁现象起源于电荷的运动，电与磁之间存在不可分割的联系.

6.1.2　近期磁现象

1. 电流(运动电荷)对磁极有相互作用

1819—1820 年间，丹麦科学家奥斯特发表了自己多年研究的成果，这便是著名的奥斯特实验. 他的实验装置如图 6-4 所示，小磁针用支架支撑起来后可在水平面内自由旋转，如果周围没有其他磁性物质，小磁针仅受到地磁场的作用，一头指北，一头指南，若在小磁针附近放置一根通有电流的导线，小磁针将不再指南北，而发生偏转，最后达到一个新的平衡位置. 这一实验事实说明，电流对磁极有相互作用.

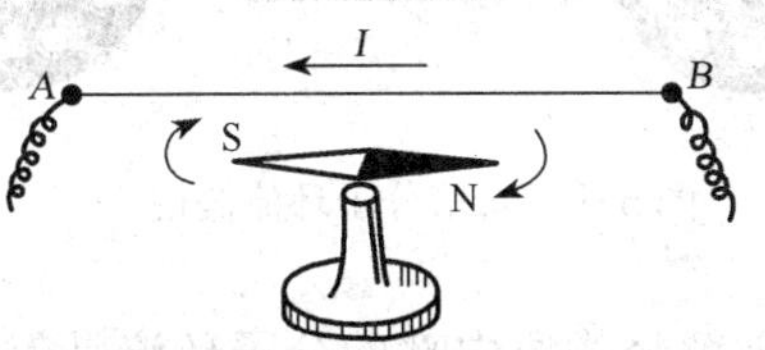

图 6-4　奥斯特实验图

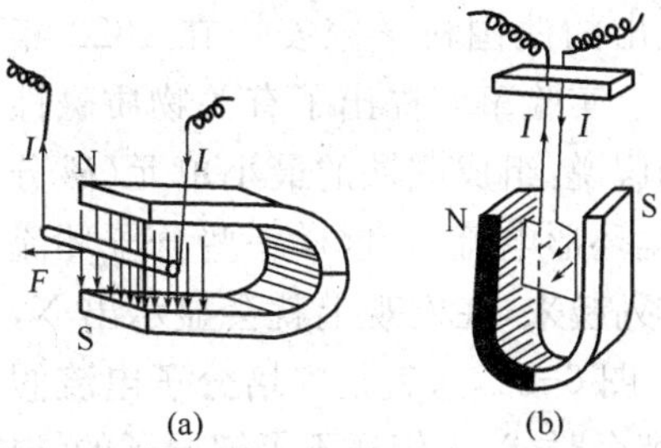

图 6-5　磁铁对载流导线的作用

2. 磁铁对电流也有相互作用

1820 年，安培发现一段水平的载流直导线悬挂在马蹄形磁铁两极间，通电流后，导线就会移动；载流的线圈在马蹄形磁铁之间会发生旋转，这都表明，磁铁可以对载流导线施加作用力，如图 6-5 所示.

3. 电流与电流之间有相互作用

两根细直导线平行地悬挂起来，当电流通过导线时，便可发现它们之间有相互作用，当电流方向相同时，它们相互吸引，当电流方向相反时，它们互相排斥，如图 6-6 所示.

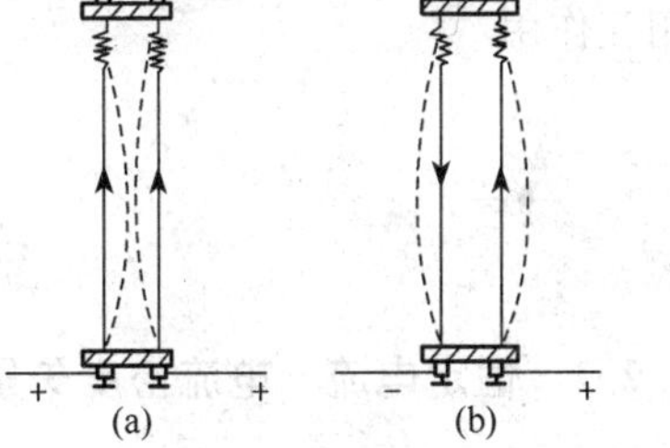

图 6-6　平行电流之间相互作用的演示

下面一个实验表明，一个载流线圈的行为很像一块磁铁，如图 6-7 所示，将一个螺线管通过一对浸在小水银杯 A，B 中的支点悬挂起来，这样，既可通过支柱将电流通过螺线管,螺线管又可在水平面内自由偏转.接通电流后,用一根磁棒的某个极分别去接近螺线管的两端,会发现,螺线管一端受到吸引,另一端受到排斥.如果把磁棒的极性换一下,则螺线管原来受吸引的一端变为受排斥,原来受排斥的一端变为受吸引.这表明:螺线管本身就像一条磁棒那样,一端相当于N极,另一端相当于S极.螺线管的极性和电流方向的关系,可用图6-8所示的**右手定则**来描述,用右手握住螺线管,弯曲的四指沿电流回绕方向,将拇指伸直,这时拇指便指向螺线管的N极.

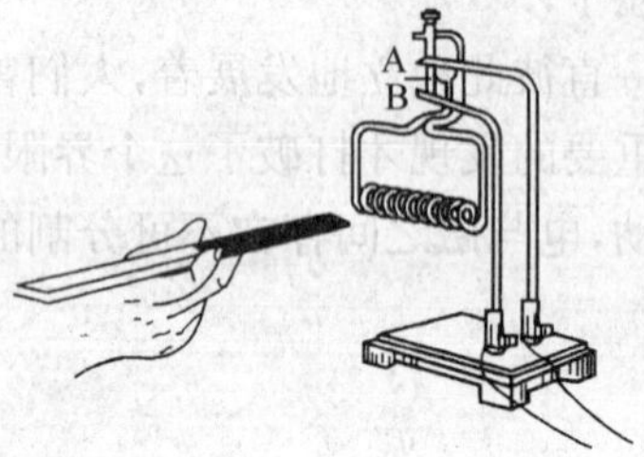

图6-7　螺线管与磁铁相互作用时显示出N, S极

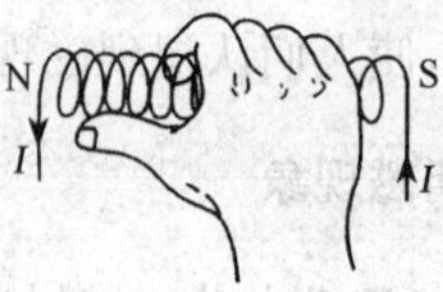

图6-8　确定载流螺线管极性的右手定则

根据这一系列类似的实验可总结出两电流之间的作用力和两磁铁之间的作用力,磁铁与电流之间的作用力遵从相似的规律,启发人们提出这样的问题:磁铁和电流在磁现象中作用相似,它们之间哪一个是根本的?是否在本源上一致?

4. 物质磁性的电本质

杰出的法国科学家安培在1822年根据以上实验事实提出了有关物质磁性本质的假说:组成磁铁的最小单元(磁分子)就是环形电流,若这样一些分子环流定向排列起来,在宏观上就会显示出N, S极来(图6-9),这就是安培**分子电流**假设.在那个时代,人们还不了解原子的结构,因此不能解释物质内部的分子环流是怎样形成的.现在,近代物理学告诉我们:一切物质都是由分子、原子组成的,原子又是由带正电的原子核和绕核旋转的带负电的电子组成的,电子不仅绕核旋转,而且还有自旋.原子、分子等微观粒子内电子的这些运动形成了等效的"分子环流"(也称分子电流),这便是物质磁性的基本来源.

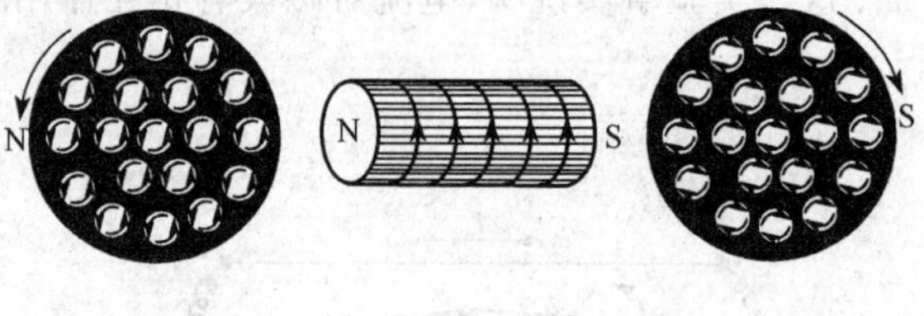

图6-9　安培分子环流假说

这样,无论是导线中的电流(传导电流),还是磁铁,它们的本源都是一个,即电荷的运动,也就是说,上面讲到的各个实验中出现的磁现象都可归为运动着的电荷(即电流)之间的相互作用.

6.2 恒定电流

6.2.1　恒定电流　电流密度矢量

电荷的定向运动形成电流(electric current),从微观上看,电流实际上是带电粒子的定向运动,形成电流的带电粒子统称为**载流子**(carrier).在金属导体(第一类导体)中,载流子是自由电子(free electron),电流是自由电子相对于晶体点阵做定向流动形成的;在电解质溶液(第二类导体)中,电流是由正、负离子做定向流动形成的,这些电流都称为**传导电流**.此外,带电物体整体在空间的机械运动也可以形成电流,称为**运流电流**,本书只讨论传导电流.它产生的条件一是存在可以自由移动的电荷(自由电荷),二是存在电场(超导例外).

由于在一定电场中,正负电荷总是沿着相反方向运动,而且,在电流的一些效应(如磁效应、热效应)中,正电荷沿某一方向的运动和等量的负电荷反方向运动所产生的效果大部分相同(6.6.3 节中要讲的霍尔效应除外).为了分析问题方便起见,习惯上总是把电流看作是正电荷的定向流动形成的,从而规定正电荷流动的方向为电流的方向,这样,在导体中电流的方向总是沿着电场的方向.

为了描述电流的强弱,引进**电流强度**的概念,单位时间内通过导体任一横截面的电量,称为电流强度 I,即

$$I=\frac{\Delta q}{\Delta t}.$$

式中,Δq 是在时间间隔 Δt 内通过任一横截面的电量.上式定义的是在 Δt 时间内的平均电流强度,当 $\Delta t\rightarrow 0$ 时

$$I=\lim_{\Delta t\rightarrow 0}\frac{\Delta q}{\Delta t}=\frac{\mathrm{d}q}{\mathrm{d}t}. \tag{6-1}$$

表示某一时刻的瞬时电流强度,它是一个标量.

在国际单位制中,规定电流强度为基本量,单位为安培(A),简称安,其定义在后面介绍,在电磁测量中和电子学中,还有毫安(mA)和微安(μA),它们之间的关系为

$$1\mathrm{mA}=10^{-3}\mathrm{A},\quad 1\mu\mathrm{A}=10^{-6}\mathrm{A}.$$

用电流强度的概念描述的是通过导体某个横截面的电流的整体特征,这种描述是笼统的.在解决一般电路问题时利用 I 的概念就可以了,但实际上还常常遇到大块导体中产生的电流,如在有些地质勘探中利用的大地中的电流.在这种情况下,为了描述导体中各处电荷定向运动的情况以及电流的分布情况,引入**电流密度矢量**(current density)的概念.

先考虑一种最简单的情况,即只有一种载流子,它们带的电量都是 q,都以同一种速度 $\boldsymbol{v}$ 沿同一方向运动.设想在导体内有一小面积 $\mathrm{d}\boldsymbol{S}$(它是矢量,大小为 $\mathrm{d}S$,方向用它的法线方向表示),它的正法线方向 $\boldsymbol{e}_\mathrm{n}$ 与 $\boldsymbol{v}$ 成 θ 角(图 6-10).在 $\mathrm{d}t$ 时间内通过 $\mathrm{d}S$ 面的载流子应是在底面积为 $\mathrm{d}S$,斜长为 $v\mathrm{d}t$ 的斜柱体内的所有载流子.此斜柱体的体积为 $v\mathrm{d}t\cos\theta\mathrm{d}S$,以 n 表示单位体积内这种载流子的数目,则单位时间内通过 $\mathrm{d}S$ 的电量,也就是通过 $\mathrm{d}S$ 的电流强度 $\mathrm{d}I$ 为

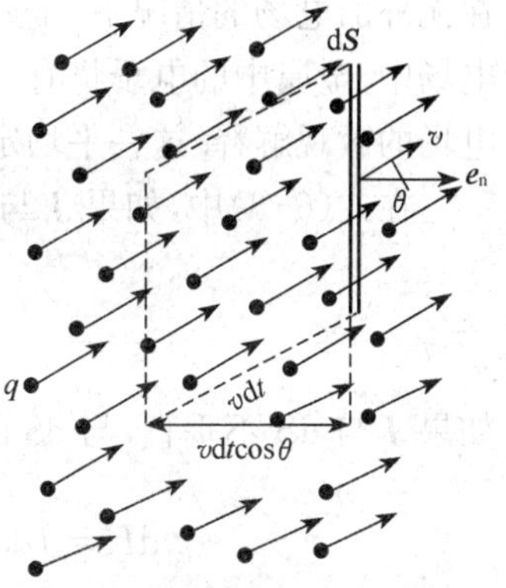

图 6-10　电流密度

$$\mathrm{d}I=\frac{q\cdot n\cdot v\mathrm{d}t\cos\theta\mathrm{d}S}{\mathrm{d}t}=qnv\cos\theta\mathrm{d}S.$$

令 $\mathrm{d}\boldsymbol{S}=\mathrm{d}S\boldsymbol{e}_\mathrm{n}$,上式可写成

$$\mathrm{d}I = qn\boldsymbol{v} \cdot \mathrm{d}\boldsymbol{S}.$$

引入矢量 $\boldsymbol{J}$,并定义
$$\boldsymbol{J} = qn\boldsymbol{v}, \tag{6-2}$$
则上式可写成
$$\mathrm{d}I = \boldsymbol{J} \cdot \mathrm{d}\boldsymbol{S}. \tag{6-3}$$

这样定义的 $\boldsymbol{J}$ 就叫小面积 $\mathrm{d}\boldsymbol{S}$ 处的**电流密度矢量**.由此定义可知,对于正载流子,电流密度矢量的方向与载流子运动的方向相同,亦即该处电流的方向;对于负载流子,电流密度矢量的方向与载流子的运动方向相反.

实际的导体中可能有几种载流子,以 n_i, q_i 和 $\boldsymbol{v}_i$ 分别表示第 i 种载流子的数密度、电量和速度,以 $\boldsymbol{J}_i$ 表示这种载流子形成的电流密度矢量,则通过 $\mathrm{d}\boldsymbol{S}$ 面的电流强度应为

$$\mathrm{d}I = \sum q_i n_i \boldsymbol{v}_i \cdot \mathrm{d}\boldsymbol{S} = \sum \boldsymbol{J}_i \cdot \mathrm{d}\boldsymbol{S}.$$

以 $\boldsymbol{J}$ 表示总电流密度矢量,它是各种载流子的电流密度的矢量和,即 $\boldsymbol{J} = \sum \boldsymbol{J}_i$,则上式可写成

$$\mathrm{d}I = \boldsymbol{J} \cdot \mathrm{d}\boldsymbol{S}.$$

这一公式和只有一种载流子时的式(6-3)一样.

金属中只有一种载流子,即自由电子,但各自由电子的速度不同,设电子的电量为 $-e$,单位体积内以速度 $\boldsymbol{v}_i$ 运动的电子的数目为 n_i,则

$$J = \sum \boldsymbol{J}_i = -\sum n_i e \boldsymbol{v}_i = -e\sum n_i \boldsymbol{v}_i.$$

以 $\langle \boldsymbol{v} \rangle$ 表示平均速度,则由平均值的定义可得

$$\langle \boldsymbol{v} \rangle = \frac{\sum n_i \boldsymbol{v}_i}{\sum n_i} = \frac{\sum n_i \boldsymbol{v}_i}{n}.$$

式中,n 为单位体积内的总电子数,利用平均速度,则金属中的电流密度矢量可表示为

$$\boldsymbol{J} = -ne\langle \boldsymbol{v} \rangle. \tag{6-4}$$

在无外加电场的情况下,金属中的电子做无规则热运动,$\langle \boldsymbol{v} \rangle = 0$,所以不产生电流;在外加电场中,金属中的电子将有一个平均定向速度 $\langle \boldsymbol{v} \rangle$,由此形成了电流,这就是形成电流需要电场的微观解释.这一平均定向速度称为**漂移速度**.

在式(6-3)中,如果 $\boldsymbol{J}$ 与 $\mathrm{d}S$ 垂直[图 6-11(a)],则

$$\mathrm{d}I = J\mathrm{d}S, \quad \boldsymbol{J} = \frac{\mathrm{d}I}{\mathrm{d}S}\boldsymbol{e}_{n_0}. \tag{6-5a}$$

如果 $\boldsymbol{J}$ 与 $\mathrm{d}S$ 不垂直,与 $\mathrm{d}\boldsymbol{S}$ 的法线方向 $\boldsymbol{e}_n$ 成 θ 角[图 6-11(b)],则

$$\mathrm{d}I = J\mathrm{d}S\cos\theta = J\mathrm{d}S_\perp, \quad \boldsymbol{J} = \frac{\mathrm{d}I}{\mathrm{d}S\cos\theta}\boldsymbol{e}_{n_0} = \frac{\mathrm{d}I}{\mathrm{d}S_\perp}e_{n_0}. \tag{6-5b}$$

式中,$\boldsymbol{e}_{n_0}$ 为 $\mathrm{d}S_\perp = \mathrm{d}S\cos\theta$ 的法向单位矢量,即该处电流的方向.

从上面的讨论,式(6-5)给出电流密度矢量 $\boldsymbol{J}$ 的宏观定义[式(6-2)是 $\boldsymbol{J}$ 的一种微观定

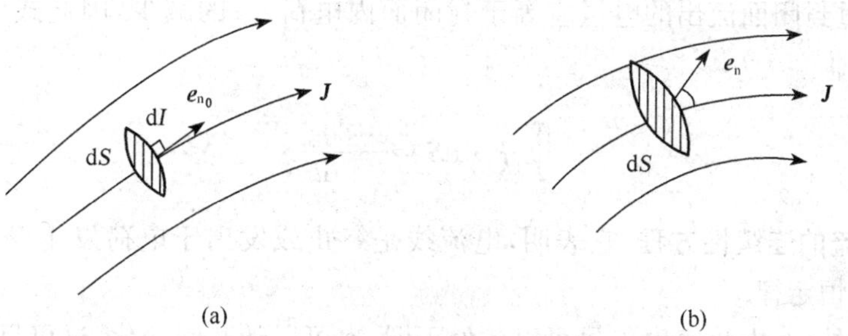

图 6-11　电流密度矢量

义]:即**电流密度 $\boldsymbol{J}$ 是一个矢量,这矢量在导体中各点的方向代表该点电流的方向,其数值等于通过该点单位垂直截面的电流强度,即单位时间里通过单位垂直截面上的电量**. 这样,电流密度矢量的国际单位为安培/米^2($\mathrm{A/m^2}$).

有了电流密度矢量的概念,就可以描述大块导体中的电流分布情况,在大块导体中每一点都有一个确定的电流密度矢量,不同点的 $\boldsymbol{J}$ 可能各不相同,所有各点的 $\boldsymbol{J}$ 的集合构成一个矢量场(与静电场类似),称为**电流场**,电流场可以用**电流线**来描绘. 所谓电流线是人为画出的一组曲线,线上各点的切线方向都与该点的电流密度矢量方向一致,并且线的疏密与电流密度矢量的大小成正比(类似中学讲过的电力线、磁力线).

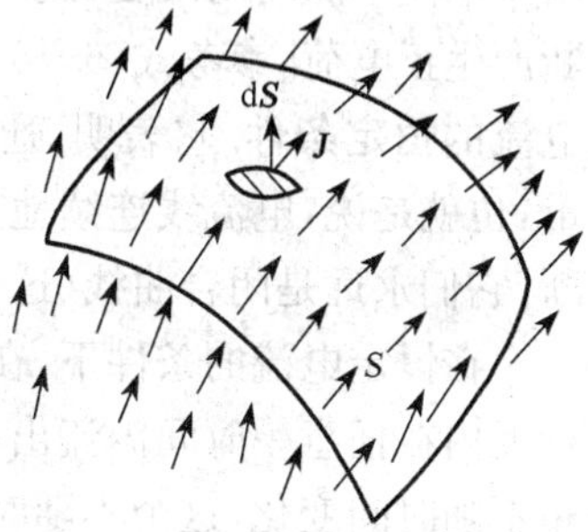

图 6-12　通过任一曲面的电流

式(6-3)给出通过小面积 $\mathrm{d}\boldsymbol{S}$ 上的电流强度. 通过导体中任意一个有限曲面 S 上的电流应为通过它的各面积的电流的代数和(图 6-12),即

$$I=\int_S \mathrm{d}I=\int_S \boldsymbol{J}\cdot\mathrm{d}\boldsymbol{S}=\int J\cos\theta\mathrm{d}S. \tag{6-6}$$

由此可见,在电流场中,通过某一面积的电流强度就是通过该面积的**电流密度矢量的通量**(这是用数学语言对矢量场 $\boldsymbol{J}$ 和它的通量 I 的描述),I 的直观意义就是通过导体截面的电流线的根数. 所以 I 是一个代数量,不是矢量.

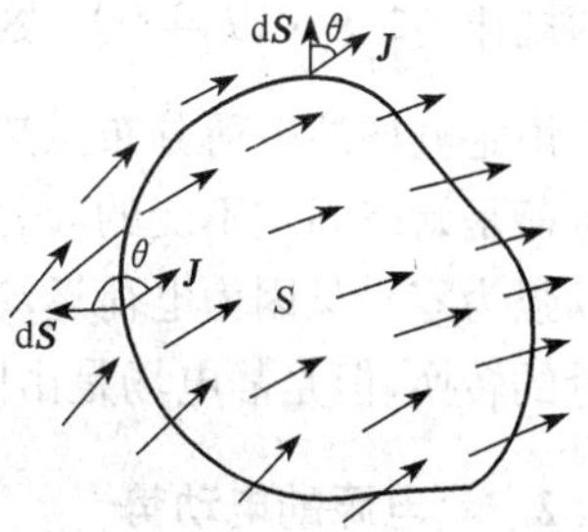

图 6-13　通过封闭曲面的电流,电流的连续性原理

6.2.2　电流的连续性原理　恒定电流的条件

设想在导体内任取一封闭曲面 S(图 6-13),并规定曲面的**外法线**方向为正,根据式(6-6),通过这个封闭曲面 S 的总电流为

$$I=\oint_S \boldsymbol{J}\cdot\mathrm{d}\boldsymbol{S}. \tag{6-7}$$

式中,$\oint_S$ 表示对整个封闭曲面积分. 根据 $\boldsymbol{J}$ 的意义可知,这一公式实际上表示通过封闭面 S 向外净流出的电流,也就是在单位时间内从封闭面内向外流出的正电荷的电量. 根据电荷

守恒定律，通过封闭面流出的电量应等于封闭面内电荷 q_{int} 的减少，因此式(6-7)应该等于 q_{int} 的减少率，即

$$\oiint_S \boldsymbol{J} \cdot \mathrm{d}\boldsymbol{S} = -\frac{\mathrm{d}q_{\mathrm{int}}}{\mathrm{d}t}. \tag{6-8}$$

式(6-8)叫**电流的连续性方程**，它表明，电流线是终止或发出于电荷发生变化的地方，它的实质是电荷守恒定律.

在大块导体中，电流密度矢量可以各处不同，也可以随时间变化，这里只讨论恒定电流. 恒定电流是指导体内各处电流密度矢量都不随时间变化的电流.

恒定电流有一个很重要的性质，就是通过任一封闭曲面的恒定电流为零，即

$$\oiint_S \boldsymbol{J} \cdot \mathrm{d}\boldsymbol{S} = 0. \tag{6-9}$$

如果不是这样，那么设流出某一封闭曲面的净电流大于零，即有正电荷从封闭面内流出，又由于电流不随时间改变，这一流出将永不休止，这意味着封闭面内有无穷多的正电荷或能不断产生正电荷[参考式(6-8)]. 根据电荷守恒定律，这都是不可能的，因此式(6-9)称为恒定电流的**恒定条件**. 它表明，通过任一封闭曲面一侧流入的电量必然等于从另一侧流出的电量，也就是说，电流线连续地穿过任一封闭曲面，因此恒定电流的电流线不可在任何地方中断，它们永远是闭合曲线(这也是为什么稳恒电路必须是闭合的原因).

在恒定电流的条件下，在导体内各处都作一封闭面，根据以上的分析，导体内任一小体积元内在任意一时间内流出和流入的电量相等，总电量不随时间改变，从而导体内电荷的分布不随时间变化，这个不随时间改变的电荷分布产生不随时间变化的电场，这种电场叫**恒定电场**. 导体内恒定的不随时间改变的电荷分布就像固定的静止电荷分布一样，因此恒定电场与静电场有许多相似之处，如它们都服从高斯定理 $\left(\oiint_S \boldsymbol{E} \cdot \mathrm{d}\boldsymbol{S} = \frac{\sum q_{\mathrm{int}}}{\varepsilon_0}\right)$ 和环路积分为零的规律 $\left(\oint_L \boldsymbol{E} \cdot \mathrm{d}\boldsymbol{l} = 0\right)$. 尽管如此，恒定电场和静电场还是有重要区别的，其根本原因是产生恒定电场的电荷分布虽然不随时间改变，但这种分布总伴随电荷的运动，而产生静电场的电荷是始终固定不变的，因此即使在导体内部，恒定电场也不等于零(静电场中导体内部的场强为零). 又因为电荷运动时，恒定电场力是要做功的，因此恒定电场的存在总要伴随着能量的转换，但是静电场是由固定电荷产生的，所以维持静电场不需要能量的转换.

6.2.3 电源的电动势

要在导体中产生恒定电流，必须使导体两端的电势差保持不变. 怎样才能保持电势差不变呢？可考察一个带电的电容器，它的正负极板之间存在电势差. 如果用一根导线将两极接通时，导线中将有电流通过，正电荷将由电势较高的正极板通过导线迁移到电势较低的负极板，如图 6-14 所示. 然而，随着这种电荷迁移的进行，正负极板上所带电荷会逐渐减少，使两极的电势差逐渐减小，电流强度也逐渐减小，最后两极板上所带电荷为零，两极的电势相等，电流即终止. 要使电容器两极板的电势差维持不变，必须不断地逆着电场的方向把正电荷从负极板移动到正极板上，显然这种移动过程是不能靠静电力来完成的，只能靠非静电力来完

成，如图 6-15 所示. 非静电力在移动正电荷的过程中，要克服静电力而做功，把其他形式的能量转化为电势能. 所以要得到稳恒电流，必须有非静电力的作用，将其他形式的能量转化为电能. 凡是具有将其他形式的能量转化为电能的装置称为电源，如电池、发电机、热电偶等都是电源.

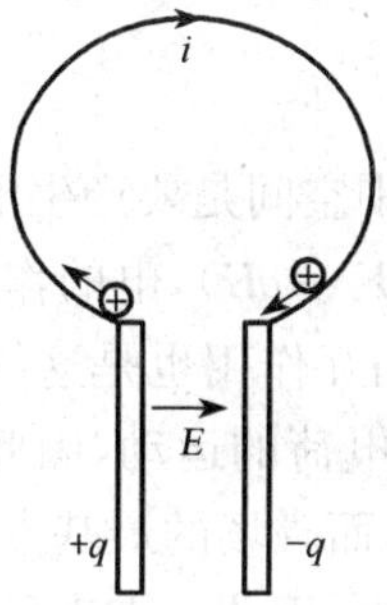

图 6-14　电容器放电时产生的电流

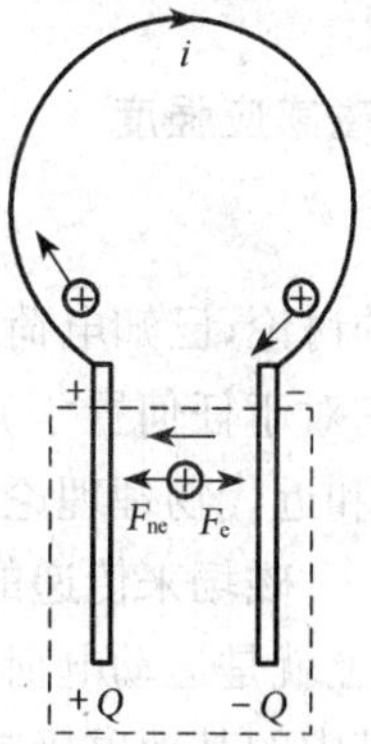

图 6-15　非静电力克服静电力移动电荷

电源都有正负两极，通常把电源内部正负两极之间的电路称为内电路；电源外部正负两极之间的电路称为外电路. 当内、外电路连接成闭合电路时，正电荷由正极流出，经过外电路到负极，再经过内电路回到正极. 这样，电荷在电源的作用下，在闭合电路中持续不断地流动而形成恒定电流.

电源在移动正电荷的过程中要对正电荷做功. 设在 $\mathrm{d}t$ 的时间内，电源将正电荷 $\mathrm{d}q$ 从负极移到正极所做的功为 $\mathrm{d}A$，则电源的**电动势**(electomotive force)ε 可定义为

$$\varepsilon=\frac{\mathrm{d}A}{\mathrm{d}q}. \tag{6-10}$$

即电源的电动势等于电源把单位正电荷从负极经内电路移动到正极时所做的功. 电动势的大小取决于电源本身的性质，与外电路无关. 电动势的单位与电势相同，即伏特. 按照定义，电动势是标量，然而，为了便于讨论相应的问题，常规定电动势的方向：在电源内部由负极指向正极，也就是电源内部电势升高的方向为电动势的方向.

在闭合电路中有恒定电流时，电路中会出现稳恒电场. 稳恒电场与静电场一样，也服从环流定理：$\oint_L \boldsymbol{E}\cdot\mathrm{d}\boldsymbol{l}=0$. 在电源内部，电荷不仅受到稳恒电场的作用力，而且还受到非静电力的作用，与这种非静电力相对应的场称为“非静电性场”，其场强用 $\boldsymbol{E}_\mathrm{k}$ 表示，它表示单位正电荷所受到的非静电力. 则电源电动势可表示为

$$\varepsilon=\int_{(-)}^{(+)}\boldsymbol{E}_\mathrm{k}\cdot\mathrm{d}\boldsymbol{l}. \tag{6-11}$$

上面的讨论只涉及电动势存在于“电源内部”的情形，今后我们会遇到电动势存在于整个闭合电路的情况，这时就无法区分“电源内部”和“电源外部”. 于是，电动势可表示为

$$\varepsilon=\oint_L \boldsymbol{E}_\mathrm{k}\cdot\mathrm{d}\boldsymbol{l}. \tag{6-12}$$

即电动势等于非静电性场强 $\boldsymbol{E}_k$ 沿闭合电路 L 上的环流. 这是电动势的又一表述方法,它比式(6-11)更具有普适性.

6.3 稳恒磁场的描述

6.3.1 磁场和磁感应强度

1. *磁场*

通过上面的讨论,已知电荷(不论是静止或运动)在其周围空间是要产生电场的,而电场的基本性质是它对于任何置于其中的其他电荷施加作用力($\boldsymbol{F}_e=q\boldsymbol{E}$),电的作用是通过电场来传递的. 实验和近代物理理论也证明,磁极或电流之间的相互作用也是这样,不过它是通过另外一种场——**磁场**来传递的. 而一切磁现象又都起源于电荷的运动,因此也就是说,磁极或电流,本质上就是运动电荷在周围空间要产生一个磁场,而磁场的最基本的性质之一是它对任何置于其中的其他磁极或电流,即运动电荷施加作用力. 用图示来表示,则有

$$\text{运动电荷}\Longleftrightarrow\text{磁场}\Longleftrightarrow\text{运动电荷}.$$

应该注意的是,在电磁场中,静止电荷只受到电力的作用,它本身只激发静电场,而运动电荷除受到电力以外,还受到**磁力**(也称**磁场力**,因为是通过磁场而作用的)的作用,这样运动电荷除了在周围空间激发电场外,还要产生磁场. 磁场也是物质的一种形态,它只对运动电荷施加作用,对静止电荷则毫无影响. 因此,通过实验分别测定电荷静止和运动时受的力,可以把磁场从电磁场中区分出来. 生产、实验中最有实际意义的是电荷在导体中做恒定流动,即上节中谈到的导体中的恒定电流——不随时间变化的运动的电荷分布,它在其周围空间将产生不随时间变化的磁场,称为**恒定磁场**,本书中大部分讨论的是这种磁场.

最后必须指明,这里所说的静止和运动都是相对某一特定的惯性系而言的,同一客观存在的场,它在某一参考系中表现为电场,而在另一参考系中却可能同时表现为电场和磁场.

2. *磁感应强度矢量* $\boldsymbol{B}$

电流(运动电荷)在周围空间产生磁场,为了描述磁场的特性,我们采用与研究静电场类似的方法. 在描述电场时,是用电场对试探电荷的电场力来表征电场的特性,并用电场强度 $\boldsymbol{E}$ 来对电场各点作定量描述. 仿此,磁场对外的重要表现是:磁场对引入场中的运动试探电荷、载流导体或永久磁体有磁力的作用,因此也可用磁场对运动试探电荷(一切磁现象的本源)的作用来描述磁场,并由此引进**磁感应强度矢量** $\boldsymbol{B}$ 作为描述磁场中各点特性的物理量,其地位与电场中的电场强度矢量 $\boldsymbol{E}$ 相当($\boldsymbol{B}$ 矢量本应叫磁场强度矢量,但由于历史原因,这个名称已用于 $\boldsymbol{H}$ 矢量).

实验发现:

(1) 当运动试探电荷 q_0 以同一速率 v 沿不同方向通过磁场中某点 P 时,电荷所受磁力的大小是不同的,但磁力的方向却总是与电荷运动方向($\boldsymbol{v}$)垂直.

(2) 在磁场中 P 点存在一个特定方向,当电荷 q_0 沿这一特定方向(或其反方向)运动时,电荷所受的磁力为零——这个方向称为**零力线**. 这个特定方向与运动试探电荷无关,它反映出磁场本身的一个性质. 因此我们定义:**某点 P 处磁场的方向是沿着运动试探电荷通**

过该点时不受磁力的方向(至于磁场的指向到底是哪一方,下面另行规定).

(3) 运动试探电荷在 P 点沿着与磁场方向垂直的方向运动时,所受到的磁力最大,如图 6-16 所示(为简便起见,这里只考虑正电荷).而且这个最大磁力 F_m 正比于运动试探电荷的电量 q_0,也正比于运动的速率 v,但比值 $\frac{F_m}{q_0 v}$ 在 P 点具有确定的值而与运动试探电荷的 $q_0 v$ 值的大小无关.

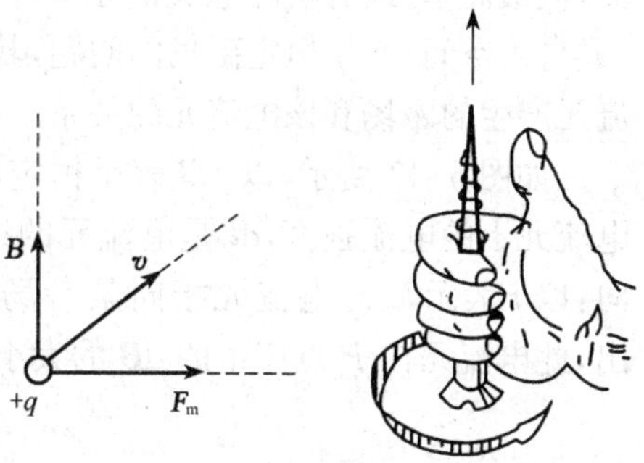

图 6-16　$\boldsymbol{B}$, $\boldsymbol{F}_m$, $\boldsymbol{v}$ 的方向关系
(对正电荷而言)

由此可见,比值 $\frac{F_m}{q_0 v}$ 反映该点磁场强弱的性质,这样从运动试探电荷所受磁力的特征,可引入描述磁场中给定点的客观性质的基本物理量——磁感应强度矢量(magnetic induction),用 $\boldsymbol{B}$ 表示,其大小定义为

$$B=\frac{F_m}{q_0 v}. \tag{6-13}$$

方向为该点磁场的方向——即运动试探电荷在该点不受磁力的方向,到底指向哪一方呢?

根据实验发现:磁力 $\boldsymbol{F}$ 总是垂直于 $\boldsymbol{B}$ 和 $\boldsymbol{v}$ 组成的平面,大小正比于 $q_0 Bv\sin\alpha$(α 是 $\boldsymbol{B}$ 和 $\boldsymbol{v}$ 之间的夹角).这样可根据最大磁力 $\boldsymbol{F}_m\left(\alpha=\frac{\pi}{2}\right)$ 和 $\boldsymbol{v}$ 的关系($\boldsymbol{F}_m\perp\boldsymbol{v}$)确定 $\boldsymbol{B}$ 的方向如下:由正电荷所受力 $\boldsymbol{F}_m$ 的方向,按右手螺旋法则,四指沿小于 π 的角度转向正电荷运动速度 $\boldsymbol{v}$ 的方向,此时大拇指所指的方向便是该点 $\boldsymbol{B}$ 的方向,这样确定的磁场方向即 $\boldsymbol{B}$ 的方向和用小磁针的 N 极来确定的磁场方向是一致的,于是有

$$\boldsymbol{B}=\frac{\boldsymbol{F}_m\boldsymbol{v}}{q_0 v^2}. \tag{6-14}$$

在国际单位制中,$\boldsymbol{B}$ 的单位为牛顿・秒/(库・米)[N・s/(C・m)],称为特斯拉(Tesla),记作 T. $\boldsymbol{B}$ 的过去常用单位是高斯(Gauss),记作 Gs,在数值上的关系为

$$1\text{T}=10^4\text{Gs}.$$

地球表面的磁场在赤道处约为 0.3×10^{-4} T,在两极处约为 0.6×10^{-4} T,人体心脏激发的磁场约为 3×10^{-10} T,超导磁体能激发高达 25T 的磁场,大型的电磁铁能激发大于 2T 的恒定磁场,而脉冲星表面的磁场约为 10^8 T,某些原子核附近的磁场可达 10^4 T.

产生磁场的运动电荷或电流可称为**磁场源**.实验指出,在有若干个磁场源的情况下,它们产生的磁场服从叠加原理,以 $\boldsymbol{B}_i$ 表示第 i 个磁场源在某处产生的磁场,则在该处的总磁场 $\boldsymbol{B}$ 为

$$\boldsymbol{B}=\sum\boldsymbol{B}_i.$$

6.3.2　毕奥-萨伐尔定律

1. 定律的内容

在前面,从运动电荷在磁场中受到磁场力的作用给出了描述磁场性质的物理量 $\boldsymbol{B}$ 的定

义，但最简单、最有实际意义的是导体中恒定电流在真空中(或自由空间)产生恒定磁场的问题，其规律的基本形式是电流元产生的磁场和该电流元的关系.

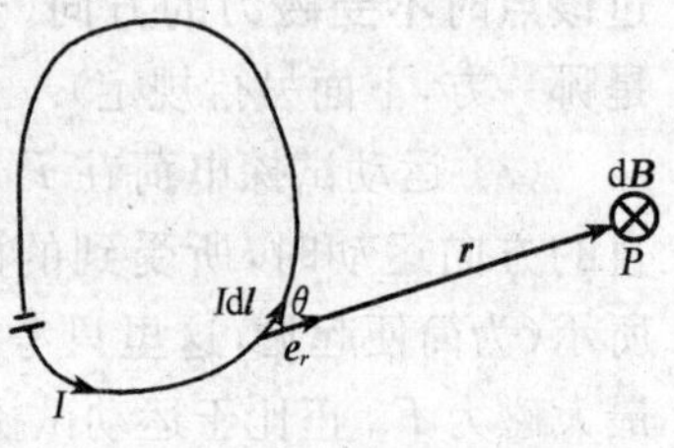

图 6-17　毕奥-萨伐尔定律

如图 6-17 所示，以 $I\mathrm{d}\boldsymbol{l}$ 表示恒定电流的一**电流元**，I 是电流元上的电流强度，$\mathrm{d}\boldsymbol{l}$ 是电流元的线元，其方向沿电流方向：以 $\boldsymbol{r}$ 表示从此电流元指向某一场点 P 的矢径，实验给出，此电流元在 P 点产生的 $\mathrm{d}\boldsymbol{B}$ 的大小为

$$\mathrm{d}B = k\frac{I\mathrm{d}l\sin\theta}{r^2}.$$

$\mathrm{d}\boldsymbol{B}$ 的方向为　　　$\mathrm{d}\boldsymbol{B} \parallel I\mathrm{d}\boldsymbol{l}\times\boldsymbol{e}_r.$

式中，θ 是 $I\mathrm{d}\boldsymbol{l}$ 与 $\boldsymbol{r}$ 之间的夹角；$\boldsymbol{e}_r$ 为沿矢径 $\boldsymbol{r}$ 方向的单位矢量. 图 6-17 表示 P 点与 $I\mathrm{d}\boldsymbol{l}$ 都在纸平面时的情形. 根据数学上叉乘的定义，写成矢量式为

$$\mathrm{d}\boldsymbol{B} = k\frac{I\mathrm{d}\boldsymbol{l}\times\boldsymbol{e}_r}{r^2}.$$

式中，比例系数 k 取决于所采用的单位，在国际单位制中，令 $k=\frac{\mu_0}{4\pi}$，μ_0 称为**真空磁导率**，其大小规定为

$$\mu_0 = 4\pi\times10^{-7}\,\mathrm{N/A^2} = 4\pi\times10^{-7}\,(\mathrm{T\cdot m/A}).$$

($\mathrm{N/A^2}$ 这个单位也是 H/m，H 是电感的单位亨利)所以

$$\mathrm{d}\boldsymbol{B} = \frac{\mu_0}{4\pi}\frac{I\mathrm{d}\boldsymbol{l}\times\boldsymbol{e}_r}{r^2} = \frac{\mu_0}{4\pi}\frac{I\mathrm{d}\boldsymbol{l}\times\boldsymbol{r}}{r^3}. \tag{6-15}$$

式(6-15)称为**毕奥-萨伐尔定律**(Biot-Savart law)，它是计算真空中恒定电流产生磁场的基本公式，其地位与点电荷的场强规律相当. 任意载流导线在 P 点的磁感应强度 $\boldsymbol{B}$ 依叠加原理，等于所有电流元在 P 点产生的 $\mathrm{d}\boldsymbol{B}$ 的矢量叠加，即

$$\boldsymbol{B} = \int\mathrm{d}\boldsymbol{B} = \int_{\text{电流分布}}\frac{\mu_0}{4\pi}\frac{I\mathrm{d}\boldsymbol{l}\times\boldsymbol{r}}{r^3}. \tag{6-16}$$

必须指出，毕奥-萨伐尔定律是 1820 年首先由毕奥、萨伐尔在大量实验的基础上经过科学抽象得出的结果，它不能用实验直接加以验证. 因为单独的电流元不存在，但当我们把式(6-16)应用到各种形状的电流分布时，计算得到的总磁感应强度和实验测得的结果相符，从而间接证明了式(6-16)的正确性，同时也证明了和场强 $\boldsymbol{E}$ 一样，磁感应强度 $\boldsymbol{B}$ 也遵守叠加原理.

2. 毕奥-萨伐尔定律的应用

下面举例说明如何用毕奥-萨伐尔定律求电流的磁场分布.

例 6.2　直线电流的磁场. 如图 6-18 所示，导电回路中通有电流 I，求长为 L 的直线段的电流在它周围某点 P 处的磁感应强度；P 点到导线的垂直距离为 r.

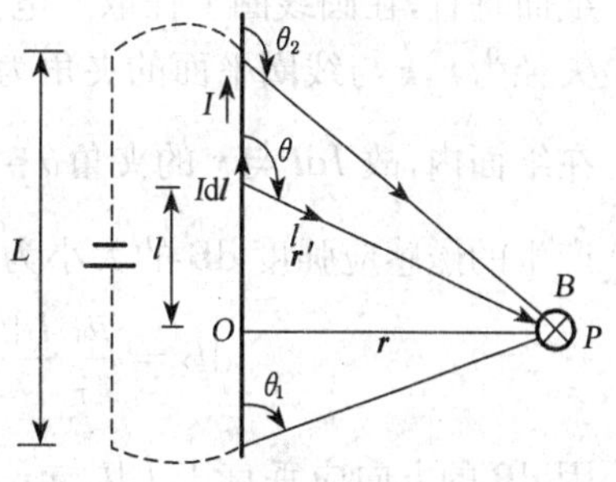

图 6-18　直线电流的磁场

解　以 P 点到直导线上的垂足为原点 O，选坐标如图 6-18 所示. 由毕奥-萨伐尔定律，L 段上任意一电流元 $I\mathrm{d}\boldsymbol{l}$ 在 P 点所产生的磁感应强度为

$$\mathrm{d}\boldsymbol{B} = \frac{\mu_0}{4\pi}\frac{I\mathrm{d}\boldsymbol{l}\times\boldsymbol{r}'}{r'^3}.$$

$\mathrm{d}\boldsymbol{B}$ 的方向由 $I\mathrm{d}\boldsymbol{l}\times\boldsymbol{r}'$ 决定为垂直纸面向内，在图中用⊗表示（如果垂直纸面向外，则用⊙表示），$\mathrm{d}\boldsymbol{B}$ 的大小为

$$\mathrm{d}B = \frac{\mu_0}{4\pi}\frac{I\mathrm{d}l\sin\theta}{r'^2}.$$

式中，r' 为电流元到 P 点的距离，由于直导线上所有电流元在 P 点的磁感应强度的方向相同，所以合磁感应强度也在这个方向上，它的大小等于上式 $\mathrm{d}B$ 的标量积分，即

$$B = \int_L \mathrm{d}B = \int_L \frac{\mu_0}{4\pi}\frac{I\mathrm{d}l\sin\theta}{r'^2}.$$

式中，积分变量为 l, r' 和 θ 都是 l 的函数，为了便于计算，统一积分变量到 θ 上，由图 6-18 可知

$$r' = \frac{r}{\sin\theta},\quad l = -r\mathrm{cott}\,\theta,\quad \mathrm{d}l = \frac{r\mathrm{d}\theta}{\sin^2\theta}.$$

把以上关系代入上式，可得

$$B = \frac{\mu_0}{4\pi}\frac{I}{r}\int_{\theta_1}^{\theta_2}\sin\theta\mathrm{d}\theta.$$

由此得

$$B = \frac{\mu_0 I}{4\pi r}(\cos\theta_1 - \cos\theta_2). \tag{6-17}$$

式中，θ_1 和 θ_2 分别是直导线电流的进端和出端到 P 点矢径之夹角，$\boldsymbol{B}$ 的方向是垂直纸面向里.

讨论：(1)若导线 L 无限长（即场点离导线比较近），则 $\theta_1 = 0$, $\theta_2 = \pi$，由式(6-17)可得

$$B = \frac{\mu_0 I}{2\pi r}.$$

上式表明，无限长载流直导线周围的磁感应强度 B 与导线到场点的距离成反比，与电流成正比.

(2) 直导线产生的 $\boldsymbol{B}$ 的方向遵从右手定则，大拇指表示电流方向，四指表示磁感应强度 $\boldsymbol{B}$ 的方向.

例 6.3　圆电流的磁场. 一圆形载流导线，电流强度为 I，半径为 R，求圆形导线轴线上的磁场分布.

解　如图 6-19(a)所示，P 点为轴线上距离圆心 O 点为 r_0 的任意一点，圆线圈平面与

纸面垂直，在圆线圈上任取一电流元 $Id\boldsymbol{l}$，它到 P 点的矢径为 $\boldsymbol{r}$，$\boldsymbol{r}$ 与线圈平面的夹角为 α，由 $Id\boldsymbol{l}$ 垂直纸面，$\boldsymbol{r}$ 在纸面内，故 $Id\boldsymbol{l}$ 与 $\boldsymbol{r}$ 的夹角 $\theta=\frac{\pi}{2}$，所以 $Id\boldsymbol{l}$ 在 P 点产生的磁感应强度 $d\boldsymbol{B}$ 的大小为

$$dB=\frac{\mu_0}{4\pi}\frac{Idl}{r^2}. \tag{6-18}$$

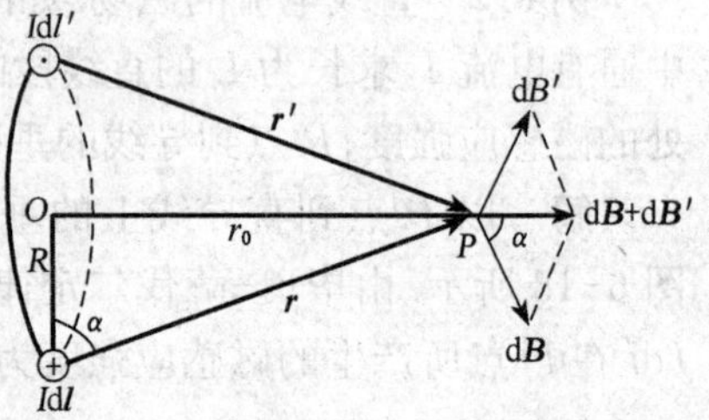

图 6-19(a)　圆电流轴线上的磁场

因 $d\boldsymbol{B}$ 的方向应垂直于 $Id\boldsymbol{l}$ 与 $\boldsymbol{r}$ 组成的平面，所以 $d\boldsymbol{B}$ 在纸平面内，并与 $\boldsymbol{r}$ 垂直，如图 6-22(a)所示，$d\boldsymbol{B}$ 与轴线的夹角也为 α.

根据圆线圈的轴对称性，若在 $Id\boldsymbol{l}$ 的对称位置取电流元 $Id\boldsymbol{l}'$，则 $Id\boldsymbol{l}'$ 在 P 点所产生的 $d\boldsymbol{B}'$ 的大小与 $d\boldsymbol{B}$ 的大小相等，方向与 $d\boldsymbol{B}$ 的方向对称，与轴线夹角 α，所以 $d\boldsymbol{B}$ 与 $d\boldsymbol{B}'$ 在垂直于轴线上的分量互相抵消，在沿轴线方向的分量互相加强，合矢量 $d\boldsymbol{B}+d\boldsymbol{B}'$ 沿轴线方向，整个线圈可以分割成许多对这样的电流元，因此总磁感应强度 $\boldsymbol{B}$ 沿轴线方向，有

$$B=\oint_L dB\cos\alpha.$$

其中，$dB=\frac{\mu_0 I}{4\pi r^2}dl$，因 $r^2=R^2+r_0^2$，$\cos\alpha=\frac{R}{r}=\frac{R}{\sqrt{R^2+r_0^2}}$ 均为常数，所以

$$B=\frac{\mu_0}{4\pi}\frac{IR}{(R^2+r_0^2)^{\frac{3}{2}}}\oint_L dl.$$

由于 $\oint_L dl$ 的积分值是 $2\pi R$，所以

$$B=\frac{\mu_0}{4\pi}\frac{2\pi R^2 I}{(R^2+r_0^2)^{\frac{3}{2}}}. \tag{6-19}$$

方向沿轴线，其指向与圆电流的电流流向符合右手螺旋法则，即四指表示电流方向，大拇指所指方向为轴线上 $\boldsymbol{B}$ 的方向.

讨论：(1)在圆心处，$r_0=0$，因此

$$B=\frac{\mu_0 I}{2R}=\frac{\mu_0}{4\pi}\frac{2\pi I}{R}. \tag{6-20}$$

(2) 一段载流圆弧导线在圆心产生的磁感应强度 B 为

$$B=\frac{\mu_0}{4\pi}\frac{\varphi I}{R}. \tag{6-21}$$

式中，φ 是圆弧对圆心所张的圆心角，如图 6-19(b)所示. 方向也是沿轴线方向并遵从右手定则.

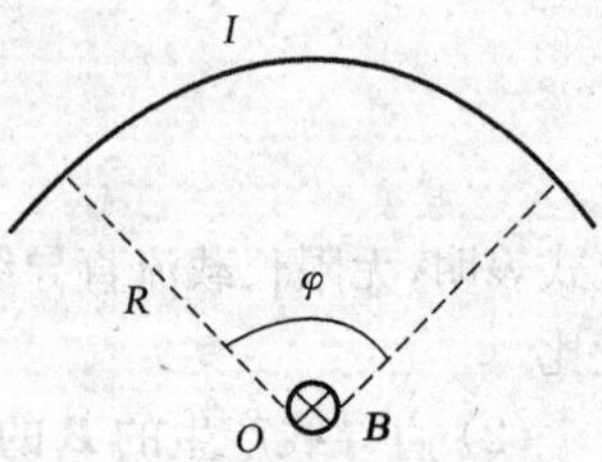

图 6-19(b)　一段载流圆弧导线在圆心产生的磁感应强度方向的确定

(3) 在远离线圈处，即 $r_0\gg R$ 时，$r\approx r_0$，因此

$$B\approx\frac{\mu_0}{4\pi}\frac{2\pi R^2 I}{r_0^3}=\frac{\mu_0}{4\pi}\frac{2IS}{r_0^3}.$$

式中，$S=\pi R^2$ 为圆线圈的面积，引入

$$\boldsymbol{P}_{\mathrm{m}}=IS\boldsymbol{e}_{\mathrm{n}}. \tag{6-22}$$

式中，$\boldsymbol{e}_{\mathrm{n}}$ 为载流线圈平面的法线方向的单位矢量[线圈中电流流向满足右手螺旋定则，即四指表示电流方向，大拇指指向为线圈平面的法向，如图 6-19(c)所示]，则上式写成矢量式

$$\boldsymbol{B}\approx\frac{\mu_0}{4\pi}\frac{2\boldsymbol{P}_{\mathrm{m}}}{r_0^3}. \tag{6-23}$$

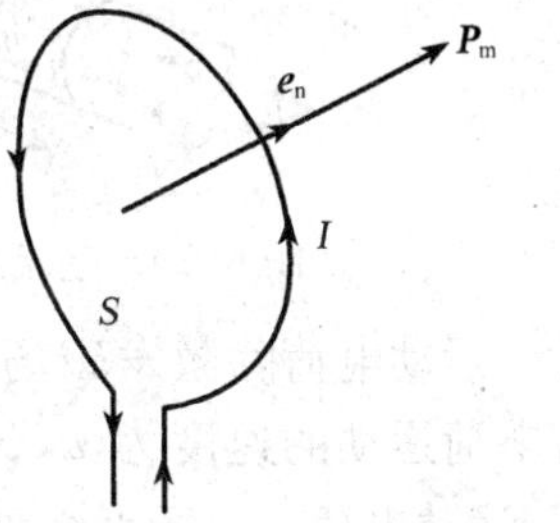

图 6-19(c)　载流线圈平面的法线方向和磁矩 $\boldsymbol{P}_{\mathrm{m}}$ 方向的确定

式(6-23)与电偶极子在轴线上产生的场强 $\boldsymbol{E}=\dfrac{1}{4\pi\varepsilon_0}\dfrac{2\boldsymbol{P}}{r^3}$ 相似，所以我们把式(6-22)定义的 $\boldsymbol{P}_{\mathrm{m}}$ 称为载流线圈的**磁矩**，它的大小等于 IS，它的方向为线圈平面的法线方向.

如果线圈有 N 匝，则场强加强 N 倍，这时线圈磁矩定义为

$$\boldsymbol{P}_{\mathrm{m}}=NIS\boldsymbol{e}_{\mathrm{n}}. \tag{6-24}$$

根据磁矩 $\boldsymbol{P}_{\mathrm{m}}$ 的定义，载流为 I 的圆线圈在轴线上的磁感应强度 $\boldsymbol{B}$ 的大小[式(6-19)]与方向可用矢量表示为

$$\boldsymbol{B}=\frac{\mu_0}{4\pi}\frac{2\boldsymbol{P}_{\mathrm{m}}}{(R^2+r_0^2)^{\frac{3}{2}}}=\frac{\mu_0\boldsymbol{P}_{\mathrm{m}}}{2\pi r^3}. \tag{6-25}$$

6.3.3　运动电荷的磁场

按照经典电子理论，导体中的电流实际上就是大量带电粒子的定向运动，因此我们可以从毕奥-萨伐尔定律出发导出一个运动电荷激发的磁场.

设在导体的单位体积内有 n 个可以做自由运动的带电粒子，单个粒子带有的电量 q(设 $q>0$)，以速度 $\boldsymbol{v}$($v\ll c$，非相对论的)沿电流元 $I\mathrm{d}\boldsymbol{l}$ 方向做匀速运动而形成导体中的电流，如图 6-20 所示. 如果电流元的截面为 S，那么单位时间内通过截面 S 的电荷量为 $qnSv$，即

$$I=qnSv.$$

注意到 $I\mathrm{d}\boldsymbol{l}$ 的方向和 $\boldsymbol{v}$ 相同，在电流元 $I\mathrm{d}\boldsymbol{l}$ 内有 $\mathrm{d}N=nS\mathrm{d}l$ 个带电粒子以速度 $\boldsymbol{v}$ 运动着，由式(6-15)可以得每一个以 $\boldsymbol{v}$ 运动的电荷在空间任意 P 点激发的磁感应强度 $\boldsymbol{B}$ 为

$$\boldsymbol{B}=\frac{\mathrm{d}\boldsymbol{B}}{\mathrm{d}N}=\frac{\mu_0}{4\pi}\frac{qSn\boldsymbol{v}\times\boldsymbol{r}\mathrm{d}l}{nS\mathrm{d}lr^3}=\frac{\mu_0}{4\pi}\frac{q\boldsymbol{v}\times\boldsymbol{r}}{r^3}, \tag{6-26}$$

大小为

$$B=\frac{\mu_0}{4\pi}\frac{qv\sin\theta}{r^2}. \tag{6-27}$$

式中，$\boldsymbol{r}$ 是运动电荷所在点指向场点的矢径，$\boldsymbol{B}$ 的方向垂直于 $\boldsymbol{v}$ 与 $\boldsymbol{r}$ 所确定的平面，如果运动电荷 $q>0$，那么 $\boldsymbol{B}$ 的指向符合右手螺旋关系；如果 $q<0$，那么 $\boldsymbol{B}$ 的指向与之相反(图 6-21).

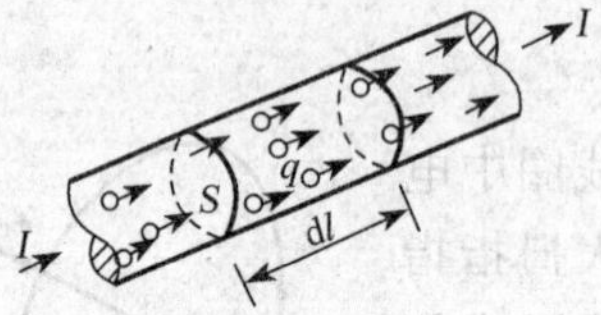

图 6-20　电流元中的运动电荷

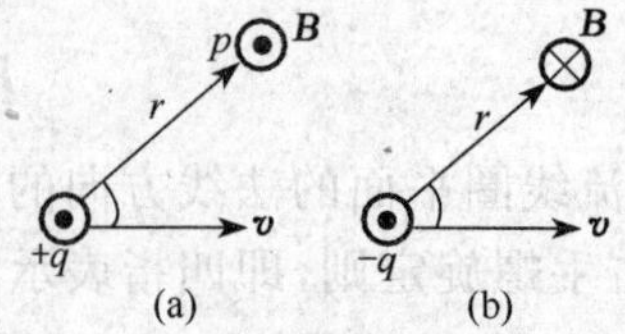

图 6-21　运行电荷的磁场方向

运动电荷除激发磁场外，同时还在其周围空间激发电场. 如若电荷运动的速度为 $\boldsymbol{v}(v\ll c)$，在不考虑相对论效应时，实验表明，运动电荷 q 存场点 p 所产生的电场强度仍可用电荷的瞬时位置指向场点的矢量 $\boldsymbol{r}$ 表示(图 6-22)，即仍为

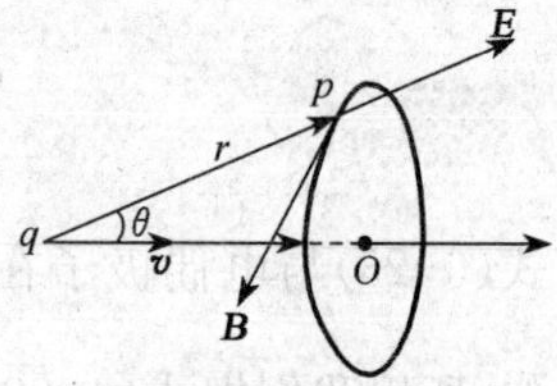

图 6-22　运动电荷的电场和磁场

$$\boldsymbol{E}=\frac{1}{4\pi\varepsilon_0}\frac{q}{r^3}\boldsymbol{r}. \tag{6-28}$$

由此，式(6-26)可以写成

$$\boldsymbol{B}=\mu_0\varepsilon_0\boldsymbol{v}\times\boldsymbol{E}=\frac{1}{c^2}\boldsymbol{v}\times\boldsymbol{E}. \tag{6-29}$$

上式中利用了关系式 $c=\dfrac{1}{\sqrt{\varepsilon_0\mu_0}}$(真空中的光速). 式(6-29)表明，运动电荷所激发的电场和磁场是紧密地联系着的. 必须指出的是：其一，一个运动电荷所激发的电磁场不再是恒定场；其二，当运动电荷的速度接近光速时，式(6-26)和式(6-28)都必须加以修正，但式(6-29)在一切速度下都是适用的.

6.4　磁场的高斯定理

6.4.1　磁感应线　磁通量

1. *磁感应线*

我们曾借助于电场线来反映静电场的分布情况，同样，为了形象地描绘磁场 $\boldsymbol{B}$ 的分布，在此引入**磁感应线**的概念. 磁感应线是一组有方向的曲线，其上任意一点的切线方向与该点磁场方向(即 $\boldsymbol{B}$ 的方向)一致，并在线上用箭头标出，曲线的疏密表示磁场的强弱. 规定：通过磁场中某点处垂直于 $\boldsymbol{B}$ 矢量的单位面积上的磁感应线的数目 $\dfrac{\mathrm{d}\Phi_{\mathrm{m}}}{\mathrm{d}S_{\perp}}$ 等于该点 $\boldsymbol{B}$ 矢量的数值，有

$$B=\frac{\mathrm{d}\Phi_{\mathrm{m}}}{\mathrm{d}S_{\perp}}. \tag{6-30}$$

因此，磁场较强的地方，磁感应线较密；反之，磁感应线较疏. 磁感应线可借助小磁针或铁屑显示出来，如果在有磁场的空间里水平放置一块玻璃板，上面撒有一些铁屑，这些铁屑就会被磁场磁化，成为小磁针，轻轻敲动玻璃板，铁屑就会沿磁感应线排列起来. 如图 6-23 所示的是几种不同形状的电流所产生的磁场的磁感应线图.

由这几种典型的磁感应线图可以看出磁感应线具有如下特性.

(1) 磁感应线是无头无尾的闭合曲线(这与静电场的电场线不同).

(2) 磁感应线与电流线相互套连,磁感应线的环绕方向与电流流向形成右手螺旋(或右手定则)关系,如图 6-23(a)、(c)、(e)所示.

2. *磁感应通量(磁通量)*

完全仿照静电场中对电通量的定义,来定义**磁感应通量**(magnetic flux)Φ_m. 在设想的曲面上任取面元 d$\boldsymbol{S}$,如图 6-24 所示,法向 $\boldsymbol{e}_n$ 与该点磁感应强度 $\boldsymbol{B}$ 的夹角为 θ,则通过面积元 dS 的磁通量为

$$d\Phi_m = B\cos\theta dS = BdS_{\perp}, \qquad (6-31)$$

写成矢量形式为　$d\Phi_m = \boldsymbol{B}\cdot d\boldsymbol{S}.$　　(6-32)

结合式(6-30)知其直观意义是:沿 d$\boldsymbol{S}$ 的方向穿过面元的磁感应线的根数.

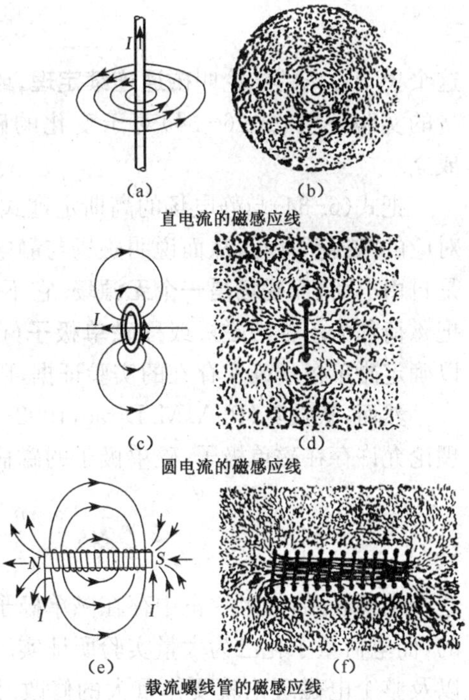

图 6-23　几种不同电流分布的磁感应线图

对于整个曲面 S,通过它的磁通量为

$$\Phi_m = \iint_S \boldsymbol{B}\cdot d\boldsymbol{S}. \qquad (6-33)$$

磁通量的单位为特斯拉·米^2(T·m^2),称为韦伯(Wb),因 1 Wb = 1 T·m^2,所以磁感应强度 $\boldsymbol{B}$ 的单位也常用 1 Wb/m^2 来表示.

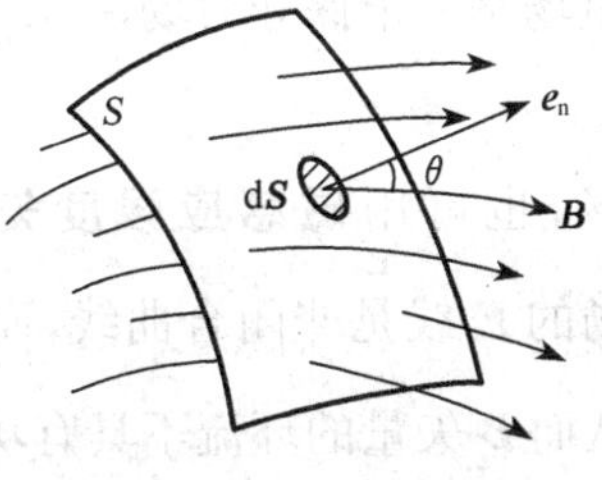

图 6-24　磁通量

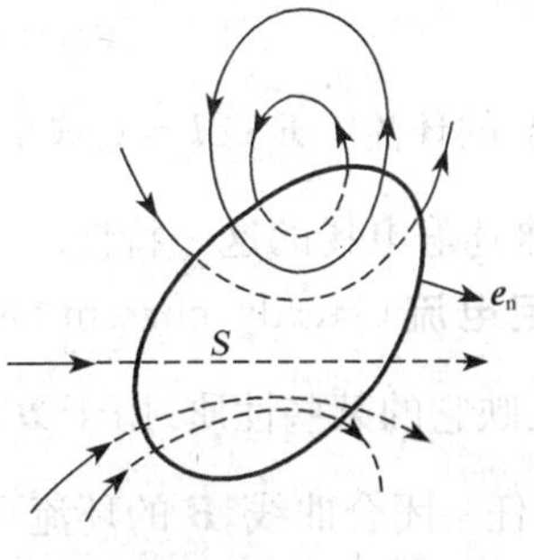

图 6-25　磁场的高斯定理

6.4.2　磁场的高斯定理

如果在磁场中任取一封闭曲面 S,并规定外法线为正,则磁感应线从封闭面穿出处的磁通量为正,穿入处的磁通量为负,而磁感应线是无头无尾的闭合曲线. 因此,从封闭面 S 某处穿进的磁感应线必定要从另一处穿出,如图 6-25 所示,所以**通过任一封闭曲面的总磁通量恒等于零**,即

$$\oiint_S \boldsymbol{B} \cdot \mathrm{d}\boldsymbol{S} = 0. \tag{6-34}$$

这个关于磁场的结论叫**磁通连续定理，或磁场的高斯定理**，它是电磁场的一条基本规律. 大量的实验证明，式(6-34)对于变化的磁场仍然成立，而此时毕奥-萨伐尔定律却已不再成立.

把式(6-34)与静电场的高斯定理式相比，可知磁通连续反映了自然界中没有与电荷相对应的"**磁荷**"存在，从而说明磁场与静电场是两类不同性质的场，静电场是有源场，其场源是自由电荷，而**磁场是一个无源场**. 它不是由磁荷产生的，而是由运动电荷产生的. 通常人们把磁荷称为单独的磁极或称**磁单极子**(magnetic monopole). 迄今为止，人们还没有发现可以确定磁单极子确实存在的实验证据，因此认为磁场的高斯定理式(6-34)是普遍成立的.

然而，狄拉克(P. A. M. Dirac，1902—1984)在1931年就从理论上指出过已有的量子化理论允许存在磁单极子，磁单极子的磁荷 q_m 与任意一个粒子的电荷 q 之间满足关系式

$$qq_m = \frac{n}{2}, \quad n = 0, 1, 2, \cdots.$$

这个结果表明，如果宇宙中存在磁单极子，即使只有一个，理论上就要求电荷一定是量子化的，而电荷量子化已为大量实验所证实. 显然，如果在实验中找到磁单极子，磁场的高斯定理以及整个电磁理论就要作重大的修改. 因此，寻找磁单极子的实验研究有着重要的理论意义，尽管在1975年和1982年分别有实验室宣称他们探测到了磁单极子，但都还没有得到科学界的公认.

6.5 磁场的安培环路定理

6.5.1 磁场的安培环路定理

从场强 $\boldsymbol{E}$ 的环流 $\oint_L \boldsymbol{E} \cdot \mathrm{d}\boldsymbol{l} = 0$ 这个特性知道静电场是一个保守力场，并由此引入电势这个物理量来描述静电场的这一特性.

对由**恒定电流**(steady current)所产生的磁场，也可用**磁感应强度矢量 $\boldsymbol{B}$ 的环流** $\oint_L \boldsymbol{B} \cdot \mathrm{d}\boldsymbol{l}$ 来反映它的某些性质. 由于 $\boldsymbol{B}$ 线不像静电场的 $\boldsymbol{E}$ 线是非闭合曲线，而是闭合曲线，可以预知：对任一闭合曲线，$\boldsymbol{B}$ 的环流可以不为零. 从而 $\boldsymbol{B}$ 矢量的环流不具有功的意义. 虽然磁场不能引入对应电势的物理量，但它的规律将揭示磁场的另一个重要特征——磁场是有旋场(rotational field).

$\oint_L \boldsymbol{B} \cdot \mathrm{d}\boldsymbol{l} = \oint_L B\mathrm{d}l\cos\theta$ 一般不等于零，那么它与哪些因素有关，等于什么呢?

下面通过无限长直载流导线周围磁场的特例来具体计算 $\boldsymbol{B}$ 沿任一闭合路径的线积分.

已知长直载流导线周围的磁感应线是一组以导线为中心的同心圆[图 6-26(a)]，在垂直于导线的平面内任意作一包围电流的闭合环线 L[图 6-26(b)]，线上任一点 P 的磁感应强度为

$$B=\frac{\mu_0 I}{2\pi r}.$$

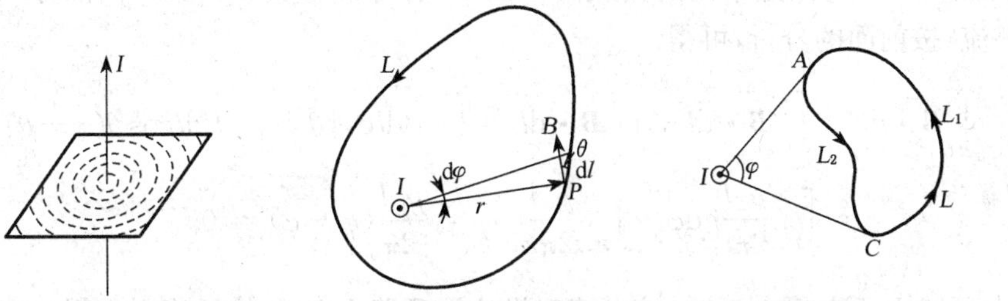

(a) 长直载流导线周围的磁感应线　(b) 与导线垂直的平面内任一包围电流的闭合环线　(c) 与导线垂直的平面内任一不包围电流的闭合环线

图 6-26　安培环路定理

式中，I 为导线中的电流；r 为该点离开导线的距离. 在路径上任一点 P 处，$\mathrm{d}\boldsymbol{l}$ 与 $\boldsymbol{B}$ 的夹角为 θ，它对电流通过点所张的角为 $\mathrm{d}\varphi$，由于 $\boldsymbol{B}$ 垂直于矢径 $\boldsymbol{r}$，因而 $|\mathrm{d}\boldsymbol{l}|\cos\theta$ 就是 $|\mathrm{d}\boldsymbol{l}|$ 在垂直于 $\boldsymbol{r}$ 方向上的投影 $r\mathrm{d}\varphi$，所以

$$\boldsymbol{B}\cdot\mathrm{d}\boldsymbol{l}=Br\mathrm{d}\varphi.$$

沿闭合路径 L 的 $\boldsymbol{B}$ 的环流为

$$\oint_L \boldsymbol{B}\cdot\mathrm{d}\boldsymbol{l}=\oint_L B\cos\theta\mathrm{d}l=\oint_L Br\mathrm{d}\varphi=\oint_L\frac{\mu_0 I}{2\pi r}r\mathrm{d}\varphi=\frac{\mu_0 I}{2\pi}\oint\mathrm{d}\varphi.$$

沿整个路径一周积分 $\oint\mathrm{d}\varphi=2\pi$，所以

$$\oint_L \boldsymbol{B}\cdot\mathrm{d}\boldsymbol{l}=\mu_0 I. \tag{6-35}$$

如果电流的方向相反（或者环路 L 的绕向反过来，电流方向不变），仍按图 6-26(b)所示的路径 L 的方向进行积分时，由于 $\boldsymbol{B}$ 的方向与图示方向相反（或是 $\mathrm{d}\boldsymbol{l}$ 方向反过来），则有

$$\begin{aligned}\oint_L \boldsymbol{B}\cdot\mathrm{d}\boldsymbol{l}&=\oint_L B\cos(\pi-\theta)\mathrm{d}l=\oint_L -B\cos\theta\mathrm{d}l=-\oint Br\mathrm{d}\varphi\\&=-\oint_L\frac{\mu_0 I}{2\pi r}r\mathrm{d}\varphi=-\frac{\mu_0 I}{2\pi}\oint_L\mathrm{d}\varphi=-\mu_0 I.\end{aligned}$$

如果闭合路径 L 不在垂直于导线的平面内，则可将 L 上每一段线元 $\mathrm{d}\boldsymbol{l}$ 分解为在垂直于直导线平面内的分矢量 $\mathrm{d}\boldsymbol{l}_{/\!/}$ 与垂直于此平面的分矢量 $\mathrm{d}\boldsymbol{l}_{\perp}$ （$\mathrm{d}\boldsymbol{l}_{\perp}\perp\boldsymbol{B}$），所以

$$\begin{aligned}\oint_L \boldsymbol{B}\cdot\mathrm{d}\boldsymbol{l}&=\oint_L \boldsymbol{B}\cdot(\mathrm{d}\boldsymbol{l}_{\perp}+\mathrm{d}\boldsymbol{l}_{/\!/})=\oint_L B\cos\frac{\pi}{2}\mathrm{d}l_{\perp}+\int_L B\cos\theta\mathrm{d}l_{/\!/}\\&=0\pm\oint Br\mathrm{d}\varphi=\pm\oint\frac{\mu_0 I}{2\pi r}r\mathrm{d}\varphi=\pm\mu_0 I.\end{aligned}$$

由此可见，积分的结果与电流的方向、环路的绕向都有关，如果对于电流的正负作如下的规定：**即电流方向与环路 L 的绕行方向符合右手螺旋关系时，此电流为正，否则为负.** 这样 $\boldsymbol{B}$

的环流值可以统一地用式(6-35)来表示.

如果环路 L 不包围电流[图 6-26(c)]，L 为在垂直于直导线平面内的任一不围绕导体的闭合环路，从导线与上述平面的交点作 L 的切线，将 L 分成 L_1 和 L_2 两部分，沿图示方向取 $\boldsymbol{B}$ 的环流，按前面的分析，可得

$$\oint_L \boldsymbol{B}\cdot \mathrm{d}\boldsymbol{l}=\int_{L_1}\boldsymbol{B}\cdot \mathrm{d}\boldsymbol{l}+\int_{L_2}\boldsymbol{B}\cdot \mathrm{d}\boldsymbol{l}=\int_{L_1}B\mathrm{d}l\cos\theta+\int_{L_2}B\mathrm{d}l\cos\theta(\pi-\theta)$$
$$=\int_{L_1}\frac{\mu_0 I}{2\pi r}r\mathrm{d}\varphi-\int_{L_2}\frac{\mu_0 I}{2\pi r}r\mathrm{d}\varphi=\frac{\mu_0 I}{2\pi}(\varphi-\varphi)=0.$$

可见，闭合环路 L 不包围电流时，该电流对沿这一环路 L 的 $\boldsymbol{B}$ 的环流无贡献.

如果有 n 根载流导线，通过的电流分别为 $I_1, I_2, \cdots, I_k, I_{k+1}, \cdots, I_n$，其中 $I_1, \cdots, I_k$ 穿过环路 L，$I_{k+1}, \cdots, I_n$ 不穿过环路，则环路 L 上总磁感应强度 $\boldsymbol{B}$ 的环流，根据磁场的叠加原理和上面的分析，应有

$$\oint_L \boldsymbol{B}\cdot \mathrm{d}\boldsymbol{l}=\oint_L \boldsymbol{B}_1\cdot \mathrm{d}\boldsymbol{l}+\cdots+\oint_L \boldsymbol{B}_k\cdot \mathrm{d}\boldsymbol{l}+\oint_L \boldsymbol{B}_{k+1}\cdot \mathrm{d}\boldsymbol{l}+\cdots+\oint \boldsymbol{B}_n\cdot \mathrm{d}\boldsymbol{l}$$
$$=\mu_0 I_1+\cdots+\mu_0 I_k+0+\cdots+0=\mu_0\sum_{i=1}^{k}I_{\text{int}}.$$

式中，I_{int} 有正有负，求和是代数和.

以上结果虽然是从长直载流导线的磁场的特例导出的，但其结论具有普遍性，对任意的闭合恒定电流，上述 $\boldsymbol{B}$ 的环路积分和电流的关系仍然成立. 这样，再根据磁场叠加原理可得到，当有若干个闭合恒定电流存在时，沿任一闭合路径 L 的合磁场 $\boldsymbol{B}$ 的环路积分应为

$$\oint_L \boldsymbol{B}\cdot \mathrm{d}\boldsymbol{l}=\mu_0\sum I_{\text{int}}. \tag{6-36}$$

式中，$\sum I_{\text{int}}$ 是环路 L 所包围的电流的代数和. 此式表达了电流与它所产生的磁场之间的普遍规律，称为**安培环路定理**(Ampere circuital theorem)，可表达如下.

在恒定电流的磁场中，磁感应强度 $\boldsymbol{B}$ 沿任何闭合环路 $\boldsymbol{L}$ 的线积分(亦称 $\boldsymbol{B}$ 的环流)等于环路 $\boldsymbol{L}$ 所包围的电流强度的代数和的 $\boldsymbol{\mu_0}$ 倍.

其中，电流的正负按我们的规定取值，即电流方向与环路 L 的绕行方向符合右手螺旋关系时，此电流取正，否则为负.

这里特别要注意闭合路径 L“包围”的电流的意义. 对于闭合的恒定电流来说，只有与 L 相铰链的电流，才算被 L 包围的电流. 在图 6-27(a)中，电流 I_1，I_2 被回路 L 所包围，而且 I_1 为正，I_2 为负；I_3 和 I_4 没有被 L 所包围，它们对沿 L 的 $\boldsymbol{B}$ 的环路积分无贡献.

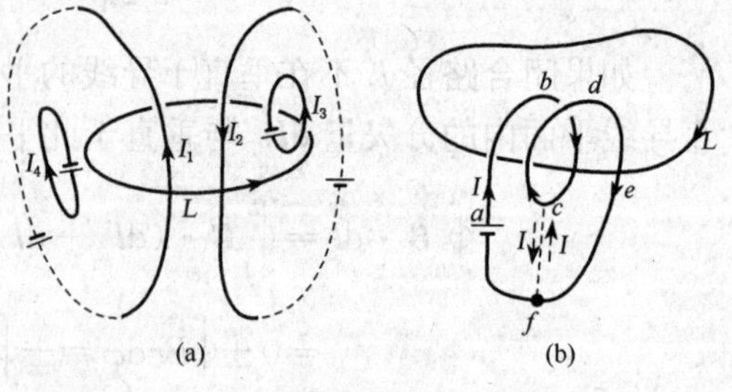

图 6-27　电流回路与 L 铰链

如果电流回路为螺旋形，而积分环路 L 与数匝电流铰链，则可作如下处理. 如图 6-27(b)所示，设电流有 2 匝，L 为积分路径. 可以

设想将 cf 用导线连接起来，并想象在这一段导线中有两支方向相反、大小都等于 I 的电流流通. 这样的两支电流不影响原来的电流和磁场的分布. 这时 $abcfa$ 组成了一个电流回路，$cdefc$ 也组成了一个电流回路，对 L 计算 $\boldsymbol{B}$ 的环路积分时，应有

$$\oint_L \boldsymbol{B} \cdot \mathrm{d}\boldsymbol{l} = \mu_0(I+I) = \mu_0 \cdot 2I.$$

如果电流在螺线管中流通，而积分环路 L 与 N 匝线圈铰链，则同理可得

$$\oint_L \boldsymbol{B} \cdot \mathrm{d}\boldsymbol{l} = \mu_0 NI.$$

此外应该强调指出，安培环路定理表达式中右端 $\sum I_{\text{int}}$ 中包括闭合路径 L 所包围的电流的代数和，但在左端的 $\boldsymbol{B}$ 却代表空间所有电流产生的磁感应强度的矢量和，其中也包括那些不被 L 所包围的电流产生的磁场，只不过后者对沿 L 的 $\boldsymbol{B}$ 的环路积分无贡献罢了.

还应该指出的是，安培环路定理中的电流都应该是闭合恒定电流，对于一段恒定电流的磁场(如电流元、有限长直载流导线). 安培环路定理不成立(对于图 6-26 中讨论的无限长直电流，可以认为是在无穷远处闭合的). 对于变化电流的磁场，式(6-36)的定理形式也不成立，其推广的形式在 9.1 节讨论.

6.5.2　利用安培环路定理求磁场的分布

正如利用高斯定理可以方便地计算某些具有对称性的带电体的电场分布一样，利用安培环路定理也可以方便地计算出某些具有一定对称性的载流导线的磁场分布.

利用安培环路定理求磁场分布一般包含两步：首先根据电流分布的对称性分析磁场的对称性，然后再利用安培环路定理计算磁感应强度的数值和方向. 此过程中决定性的技巧是选取合适的闭合环路(称**安培环路**)，保证环路 L 上的 $\boldsymbol{B}$ 在大小上是常数，方向能判断，以便使积分 $\oint_L \boldsymbol{B} \cdot \mathrm{d}\boldsymbol{l}$ 中的 $\boldsymbol{B}$ 能以标量形式从积分号内提出来. 下面举例说明.

例 6.4　求无限长均匀载流圆柱导体内外的磁场分布，设圆柱形导体的半径为 R，通过的电流强度为 I.

解　“均匀”一方面表示导体的截面积均匀，另一方面表示电流沿截面均匀分布，电流密度处处相同. 这样由于电流具有轴对称性，因此 $\boldsymbol{B}$ 分布也有同样的对称性. 首先 $\boldsymbol{B}$ 的大小只与场点到轴线的垂直距离有关，如图 6-28(b)所示，在通过任意场点 P，而与圆柱轴线垂直的平面上，以圆柱轴线通过之点 O 为圆心，以 $\overline{OP}(=r)$ 为半径作一圆周为安培环路 L，则 L 上各点 $\boldsymbol{B}$ 的大小处处相等；其次，因为导体是无限长的，所有电流元都互相平行，根据毕-萨定律，每一电流元激发的磁场方向都必须与电流元的方向垂直，所以总场 $\boldsymbol{B}$ 的方向一定在与导线相垂直的导体的横截面内. 为了进一步分析 B 的方向，以 $\overline{OP}$ 为对称轴，取导体横截面上的一对面元为 $\mathrm{d}S'$ 和 $\mathrm{d}S''$ 的无限长电流，它们在 P 点产生的磁场分别为 $\mathrm{d}\boldsymbol{B}'$ 和 $\mathrm{d}\boldsymbol{B}''$. 显然，它们对于安培环路 L 在 P 点的切线是对称的，从而合矢量 $\mathrm{d}\boldsymbol{B} = \mathrm{d}\boldsymbol{B}' + \mathrm{d}\boldsymbol{B}''$ 一定沿着 L 在 P 点的切线方向. 由叠加原理可知，P 点的总磁感应强度 $\boldsymbol{B}$ 也一定沿 L 的切线方向，并且遵从右手法则，即所选的安培圆环路就是一条磁感应线. 当 P 点在导体内部时，以上分析同样适用，因此有

$$\oint_L \boldsymbol{B} \cdot \mathrm{d}\boldsymbol{l} = \oint_L B \mathrm{d}l \cos 0^\circ = B \oint_L \mathrm{d}l = B 2\pi r.$$

根据安培环路定理
$$\oint_L \boldsymbol{B} \cdot \mathrm{d}\boldsymbol{l} = \mu_0 \sum I_{\text{int}},$$

有
$$B = \frac{\mu_0}{2\pi r} \sum I_{\text{int}}.$$

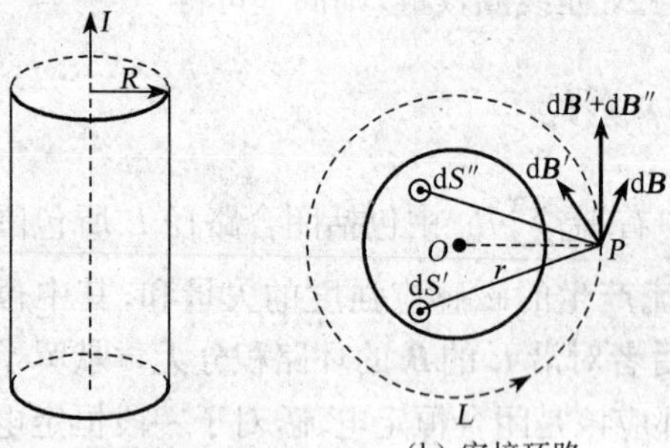

(a) 无限长均匀载流圆柱体　　(b) 安培环路

图 6-28(a),(b)　无限长圆柱形电流的磁场分布

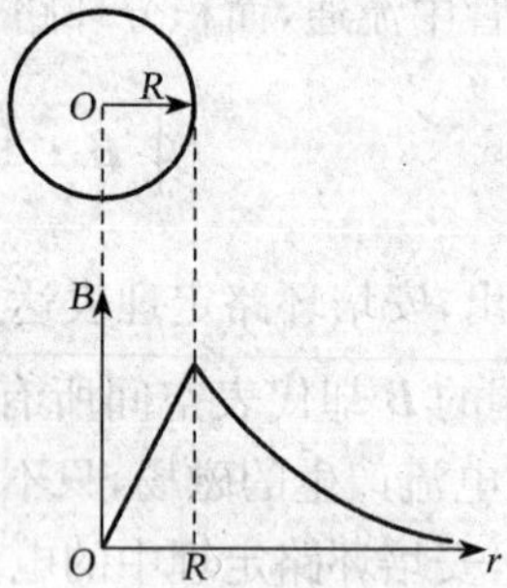

(c)

图 6-28(c)　B-r 曲线（电流沿圆柱形导体截面均匀分布时）

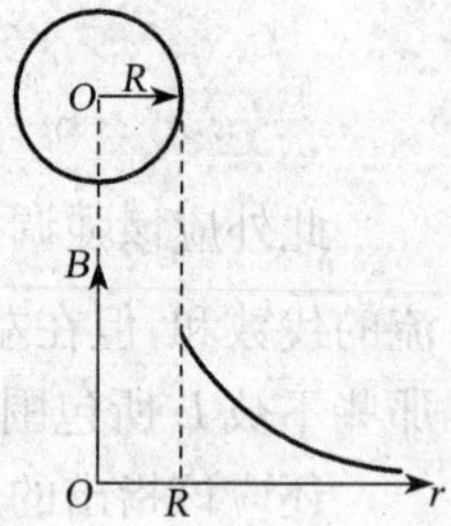

(d)

图 6-28(d)　B-r 曲线（电流均匀分布在圆柱形导体的表面层时）

当 $r > R$（P 点在导线外部）时

$$\sum I_{\text{int}} = I, \quad B = \frac{\mu_0 I}{2\pi r}, \quad r > R. \tag{6-37}$$

当 $r < R$（P 点在导线内部）时，导线中的电流只有一部分通过环路 L，因为导线中的电流密度为 $\frac{I}{\pi R^2}$，所以

$$\sum I_{\text{int}} = \frac{I}{\pi R^2} \pi r^2 = \frac{r^2}{R^2} I, \quad B = \frac{\mu_0 I}{2\pi R^2} r, \quad r < R. \tag{6-38}$$

B-r 曲线如图 6-28(c)所示，任何实际的导线总有一定的横截面积，因而通过导线的电流并不是线电流，不能把 $B = \frac{\mu_0 I}{2\pi r}$ 无条件地应用到一根导线激发的磁场上，只有在导体外部 $B \propto \frac{1}{r}$，磁场分布与全部集中在轴线上的情形一样，但在导体内部时，$B \propto r$，$r = 0$ 时，$B = 0$ 而不会趋于无穷大.

如果电流均匀分布在圆柱形导体的表面层时，则在 $r < R$ 的区域内，穿过安培环路的电流此时为零. 从而由安培环路定理给出

$$B 2\pi r = 0, \quad B = 0.$$

在 $r > R$ 的区域内的情况仍然同上

$$B = \frac{\mu_0 I}{2\pi r}, \quad r > R.$$

在这种情况下，B-r 曲线如图 6-28(d)所示，可以看到，磁感应强度的大小在筒壁($r=R$)处有个跃变.

例 6.5　求通电螺绕环的磁场分布，如图 6-29 所示的环状螺线管叫螺绕环，设环管的轴线半径为 R，环上均匀密绕 N 匝线圈，线圈中通有电流 I.

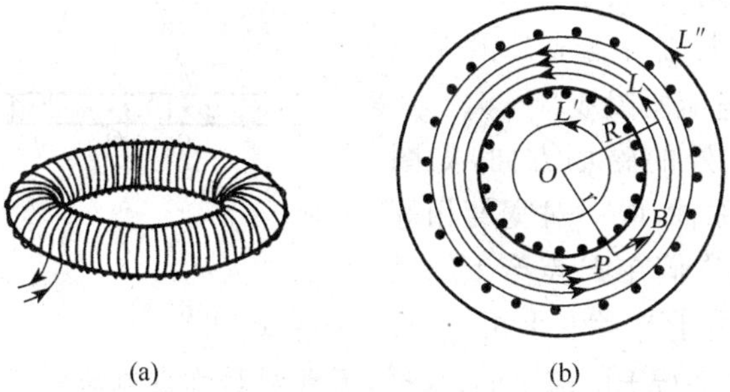

图 6-29　通电螺绕环的磁场分布

解　根据电流分布的对称性，与螺绕环共轴的圆周上各点 $\boldsymbol{B}$ 的大小相等，方向沿圆周的切线方向，选在环管内顺着环管的半径为 r 的圆周为安培环路 L，则

$$\oint_L \boldsymbol{B} \cdot \mathrm{d}\boldsymbol{l} = B \cdot 2\pi r.$$

由于电流穿过环路 L 共 N 次，该环路所包围的电流为 NI，所以根据安培环路定理给出

$$B \cdot 2\pi r = \mu_0 NI,$$

由此得

$$B = \frac{\mu_0 NI}{2\pi r}. \quad (\text{在环管内}) \tag{6-39}$$

在环管横截面半径比环半径 R 小得多的情况下，可忽略从环心到管内各点的 r 的区别，而取 $r=R$，这样就有

$$B = \mu_0 \frac{N}{2\pi R} I = \mu_0 n I. \tag{6-40}$$

式中，$n = \dfrac{N}{2\pi R}$ 为螺绕环单位长度上的匝数. $\boldsymbol{B}$ 的方向与电流流向成右手螺旋关系.

对于管外任一点，过该点作一与螺绕环共轴的圆周为安培的环路 L' 和 L''，由于这时 $\sum I_{\text{int}} = 0$，所以有

$$B = 0. \quad (\text{在管外}) \tag{6-41}$$

上述三式的结果说明，密绕螺绕环的磁场集中在管内，外部无磁场. 这也和用铁粉显示的通电螺绕环的磁场分布图像一致，环内的磁感应线是与螺绕环共轴的圆，在同一条磁感应线上，$\boldsymbol{B}$ 的大小处处相等，$\boldsymbol{B}$ 的方向遵从右手定则. 如果螺绕环的半径 R 趋于无穷大，而维持单位长度的匝数 n 和环管横截面的半径不变，则环内的磁场是均匀的. 从物理实质上来说，这样的螺绕环就是无限长螺线管，这就证明了在无限长螺线管内部磁场是均匀的，其大小由式(6-40)表示. 其外部磁场为零.

例 6.6 无限大平面电流的磁场分布，如图6-30所示，一无限大导体薄平板垂直于纸面放置，其中有方向指向读者的电流流通，面电流密度（即通过与电流方向垂直的单位长度的电流）到处均匀，大小为 j.

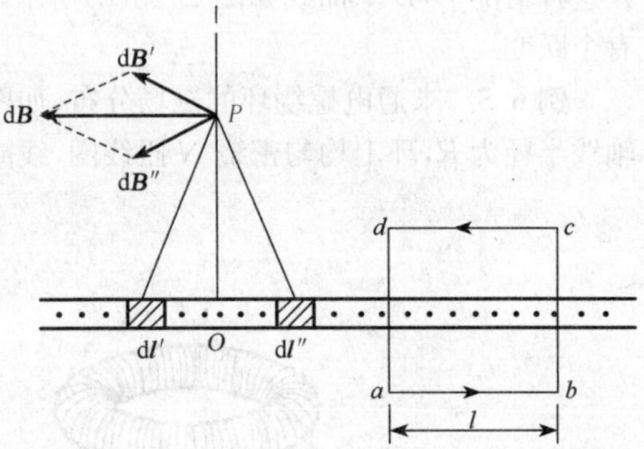

图 6-30 无限大平面电流磁场

解 无限大平面电流可看成是由无限多根平行排列的长直电流所组成.

先分析任一点 P 处的磁场方向，如图6-30所示，以$\overline{OP}$为对称轴，取一对宽度相等的长直电流 $\mathrm{d}l'$和 $\mathrm{d}l''$，它们在 P 点产生的磁场分别为 $\mathrm{d}\boldsymbol{B}'$和 $\mathrm{d}\boldsymbol{B}''$，由于二者大小相等，其合磁场 $\mathrm{d}\boldsymbol{B}$ 的方向一定平行于电流平面，这样，无数对对称直电流在 P 点的总磁场方向也一定平行于电流平面，但在该平面两侧 $\boldsymbol{B}$ 的方向相反，又由于电流平面无限大，故与电流平面等距离的各点的 $\boldsymbol{B}$ 的大小应相等.

根据以上所述磁场分布的特点，可以作矩形回路 $abcda$，图中 ab，cd 两边与电流平面平行，而bc和 da 两边被电流平面等分，该回路所包围的电流为 jl. 由安培环路定理有

$$\begin{aligned}\oint_L \boldsymbol{B}\cdot\mathrm{d}\boldsymbol{l} &= \int_a^b B\mathrm{d}l\cos 0^\circ + \int_b^c B\mathrm{d}l\cos\frac{\pi}{2} + \int_c^d B\mathrm{d}l\cos 0^\circ + \int_d^a B\mathrm{d}l\cos\frac{\pi}{2}\\ &= B\int_a^b \mathrm{d}l + B\int_c^d \mathrm{d}l = Bl + Bl = 2Bl = \mu_0 jl,\end{aligned}$$

由此得

$$B = \frac{\mu_0 j}{2}. \tag{6-42}$$

这个结果说明，在无限大均匀平面电流的两侧的磁场都为均匀磁场，并且大小一样，但方向相反. 式(6-42)也可由毕奥-萨伐尔定律得出，读者可试一试.

6.6 磁场对运动电荷的作用

6.6.1 洛伦兹力

观察一个实验现象. 如图 6-31 所示是一个阴极射线管，当在它的两个电极间加上高电压时，阴极就会发射电子，而且电子在电场的作用下沿直线射到阳极上，这样的电子束称为**阴极射线**. 由于电子束本身不能被肉眼看到，为了便于观察，在管中放置了荧光屏，在电子射中的地方将发出荧光，这样就可以看到电子运动的径迹. 当在垂直于电子运动的方向上加一磁场(图 6-31)，这时可以观察到电子运动的径迹向下弯曲，表明电子受到了磁场施予的向下的作用力；如果磁场反向，那么电子运动的径迹就向上弯曲，说明磁场对运动电子的作用力也反向了. 在图 6-32 中，电子的速度 $\boldsymbol{v}$、磁感应强度 $\boldsymbol{B}$ 和电子所受的力 $\boldsymbol{F}$ 三个矢量彼此垂直，如果将磁场在水平面内偏转一个角度，使 $\boldsymbol{B}$ 不再垂直 $\boldsymbol{v}$，则电子束的偏转将会变小.

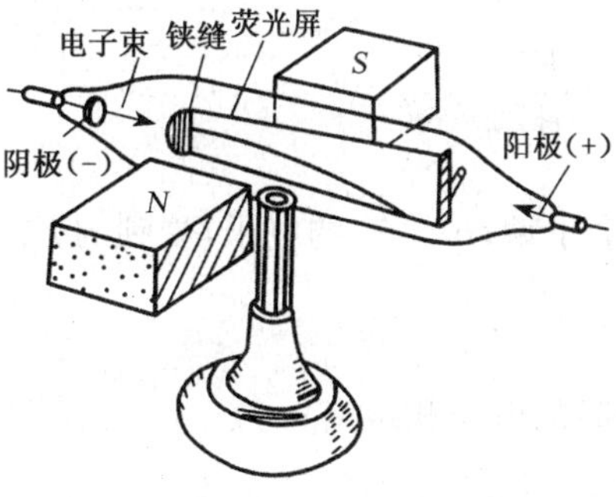

图 6-31　磁场使阴极射线偏转的演示

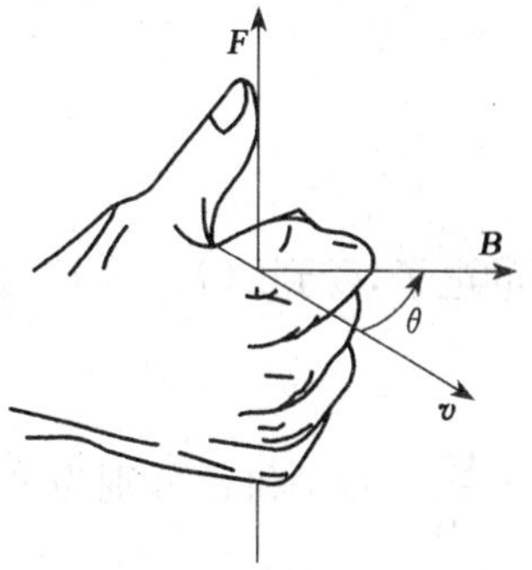

图 6-32　洛伦兹力的方向

实验证明，磁场对运动电荷有作用力，称为**洛伦兹力**. 它的大小 F 与带电粒子的电量 q，粒子的运动速率 v，磁感应强度的大小 B 以及 $\boldsymbol{v}$ 与 $\boldsymbol{B}$ 之夹角 θ 的正弦函数 $\sin\theta$ 成正比，即

$$F \propto |q| vB\sin\theta.$$

在国际单位制中，上式就可以写成

$$F = |q| vB\sin\theta. \tag{6-43}$$

考虑到 $\boldsymbol{F}$ 的方向，将式(6-43)表示成矢量式，有

$$\boldsymbol{F} = q\boldsymbol{v} \times \boldsymbol{B}. \tag{6-44}$$

由于 q 可以是正电荷也可以是负电荷，所以洛伦兹力的方向有以下两种情况.

(1) 若 $q > 0$，则 $\boldsymbol{F} \parallel \boldsymbol{v} \times \boldsymbol{B}$，如图 6-32 所示；

(2) 若 $q < 0$，则 $\boldsymbol{F} \parallel (-\boldsymbol{v} \times \boldsymbol{B})$.

显然，洛伦兹力的方向与运动电荷的速度方向总是垂直的，因此洛伦兹力永远不对运动电荷做功. 它只改变带电粒子的运动方向，而不改变带电粒子的速率和动能，这是洛伦兹力的一个重要特征.

例 6.7　如图 6-33 所示为一滤速器的原理图，K 为电子枪，由枪中沿 KA 方向射出的电子速率大小不一. 当电子通过方向相互垂直的均匀电场和磁场后，只有一定速率的电子能够沿直线前进通过小孔 S，设产生均匀电场的平行板间的电压为 300 V，间距 5 cm，垂直纸面的均匀磁场的磁感应强度为 6×10^{-2} T，求：(1)磁场的指向应该向里还是向外？(2)速率为多大的电子才能通过小孔 S？

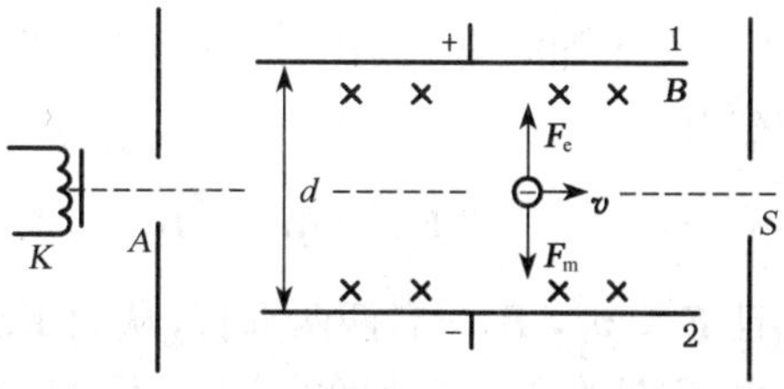

图 6-33　滤速器

解　(1) 平行板产生的电场强度 $\boldsymbol{E}$ 方向向下，使带负电的电子受到力 $\boldsymbol{F}_e = -e\boldsymbol{E}$，方向向上. 如果没有磁场，电子束将向上偏转，为了使电子能够穿过小孔 S，所加的磁场施于电子束的洛伦兹力必须向下，这就要求 $\boldsymbol{B}$ 的方向垂直纸面向里.

(2) 电子受到的洛伦兹力 $\boldsymbol{F}_m = -e(\boldsymbol{v}\times\boldsymbol{B})$，它的大小 $F_m = evB$，与电子的速率 v 有关，因此只有那些速率的大小刚好使得 F_m 与电场力 F_e 相抵消的电子可以沿直线 KA 通过小孔 S，这样，能通过小孔 S 的电子的速率 v 应满足

$$F_m = F_e, \quad \text{即} \quad evB = eE.$$

由此得

$$v = \frac{E}{B}.$$

这样 $v > \frac{E}{B}$ 的电子,受到的 $F_m > F_e$,从而会下偏;$v < \frac{E}{B}$ 的电子,受到的 $F_m < F_e$,从而会上偏.

因为 $E = \frac{U_{12}}{d}$ (U_{12} 和 d 分别为平行板间的电压和距离),故

$$v = \frac{U_{12}}{Bd}.$$

上式表明,能通过滤速器的粒子的速率与它的电荷及质量无关.将 $U_{12} = 300$ V, $B = 0.06$ T, $d = 0.05$ m 代入上式,得

$$v = \frac{300}{0.06 \times 0.05} = 10^5 (\mathrm{m/s}).$$

即只有速率为 10^5 m/s 的电子可以通过小孔 S.

6.6.2 带电粒子在磁场中的运动

1. 带电粒子在匀强磁场中的运动

设有一均匀磁场,磁感应强度为 $\boldsymbol{B}$,一电量为 q,质量为 m 的粒子,以初速 $\boldsymbol{v}_0$ 进入磁场中运动,分三种情况讨论.

(1) 如果 $\boldsymbol{v}_0 \parallel \boldsymbol{B}$,则由于作用于带电粒子的洛伦兹力

$$\boldsymbol{F}_m = q\boldsymbol{v}_0 \times \boldsymbol{B} = 0,$$

从而带电粒子不受磁场的影响,进入磁场后仍做匀速直线运动 $\boldsymbol{v} = \boldsymbol{v}_0$.

(2) 如果 $\boldsymbol{v}_0 \perp \boldsymbol{B}$,如图 6-34 所示,此时粒子所受的洛伦兹力

$$\boldsymbol{F}_m = q\boldsymbol{v}_0 \times \boldsymbol{B}, \quad f_m = qv_0B,$$

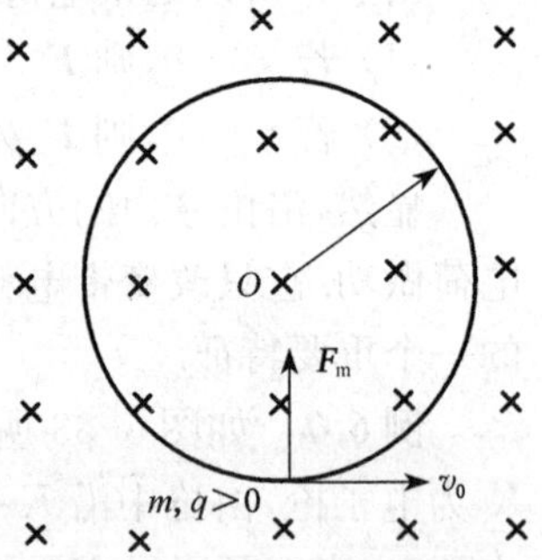

图 6-34 带电粒子在均匀磁场中作圆周运动($\boldsymbol{v}_0 \perp \boldsymbol{B}$)

且 $\boldsymbol{F}_m$, $\boldsymbol{v}_0$, $\boldsymbol{B}$,三者两两垂直,从而 $\boldsymbol{F}_m$ 对带电粒子来说是法向力,它只改变粒子速度的方向,不改变速度的大小.因为 $\boldsymbol{F}_m$ 也与磁场方向垂直,所以粒子将在垂直于磁场平面内做匀速圆周运动,而圆周运动就有一个绕向问题,在磁场和带电粒子的初速度给定的条件下,粒子沿顺时针方向绕行还是沿逆时针方向,取决于粒子带的是正电荷还是负电荷.在图 6-34 的情况下,如果粒子带正电,粒子做逆时针绕行(图 6-34 画的就是这种情况),如果是电子,将做顺时针绕行.

根据牛顿第二定律,其法向方程(注意 $v = v_0$)

$$qv_0B = \frac{mv^2}{R},$$

从而可得带电粒子做圆周运动的半径——**回转半径** R 为

$$R=\frac{mv}{qB}. \tag{6-45}$$

带电粒子绕行一周，走过的路程为 $2\pi R$，绕行速率 v 恒定，所用的时间——**回转周期** T 为

$$T=\frac{2\pi R}{v}=\frac{2\pi m}{qB}. \tag{6-46}$$

回转频率为

$$f=\frac{1}{T}=\frac{qB}{2\pi m}. \tag{6-47}$$

由上述三式可知：在磁场 $\boldsymbol{B}$ 给定时，对**荷质比** $\frac{m}{q}$ 一定的粒子，回转半径 R 与粒子速率成正比，但回转周期，频率与粒子速度无关，这说明速率大的带电粒子回转半径大（转大圈），速率小的带电粒子回转半径小（转小圈），但是它们各自绕行一周所用的时间相同，这一特点是磁聚焦和回旋加速器的理论基础.

(3) 初速 $\boldsymbol{v}_0$ 与 $\boldsymbol{B}$ 斜交成 θ 角，如图 6-35 所示，这时把粒子的初速度分解为平行 $\boldsymbol{B}$ 和垂直于 $\boldsymbol{B}$ 的两个分量为

$$v_{/\!/}=v_0\cos\theta,$$

$$v_{\perp}=v_0\sin\theta.$$

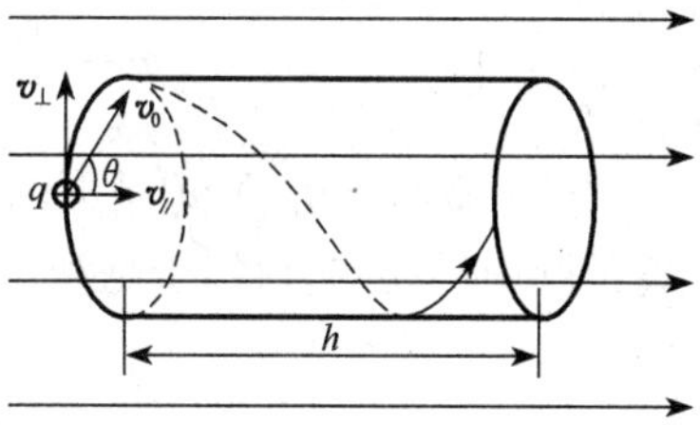

图 6-35　带电粒子在匀强磁场中运动$(\boldsymbol{v}_0\cdot\boldsymbol{B})=\theta$

在平行于 $\boldsymbol{B}$ 的方向上，粒子不受洛伦兹力，因而在这个方向上，粒子做匀速直线运动；在垂直于 $\boldsymbol{B}$ 的方向上，粒子受到垂直于 $\boldsymbol{B}$ 和 $\boldsymbol{v}_\perp$ 方向的洛伦兹力 $f_\perp=v_\perp Bq$，因而粒子在垂直于 $\boldsymbol{B}$ 的平面内做匀速率圆周运动，将两个方向的运动合成，得知带电粒子的运动轨迹是一个轴线沿磁场方向的螺旋线，螺旋线的半径为

$$R=\frac{mv_\perp}{qB}=\frac{mv_0\sin\theta}{qB}. \tag{6-48}$$

回旋周期为

$$T=\frac{2\pi R}{v_\perp}=\frac{2\pi m}{qB}.$$

与式(6-46)同，从而**螺距** h（螺旋线上相邻两个圆周的对应点之间的距离）为

$$h=v_{/\!/}T=v_0\cos\theta\frac{2\pi m}{qB}. \tag{6-49}$$

由此可见，带电粒子回旋一周所前进的距离 h 与 $v_\perp$ 无关.

如果在均匀磁场中某点 A 处，引入一发射角不太大的带电粒子束，其中粒子的速度又大致相同，则这些粒子沿磁场方向的分速度大小几乎一样，因而其轨迹有几乎相同的螺距，这样，经过一个回旋周期后，这些粒子将重新合聚穿过另一点 A'，如图 6-36 所示. 这种发散

粒子束汇聚到一点的现象称为**磁聚焦**. 它广泛地应用于真空电子器件中. 特别是电子显微镜中,它起了与光学仪器中的透镜类似的作用.

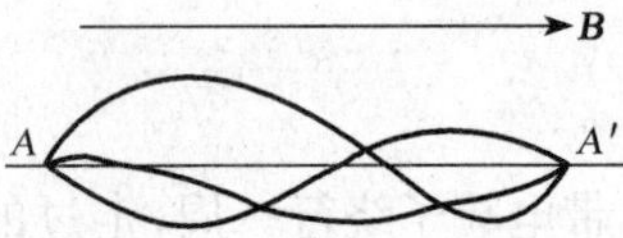

图 6-36 磁聚焦

例 6.8 一种质谱仪(mass spectrometer)的构造原理如图6-37 所示,离子源 P 所产生的离子,经过狭缝 S_1 和 S_2 之间的加速电场加速后射入滤速器,滤速器中的电场强度 $\boldsymbol{E}$ 和磁感应强度 $\boldsymbol{B}$ 都垂直于速度 $\boldsymbol{v}$,且 $\boldsymbol{E}\perp\boldsymbol{B}$,通过滤速器后的离子接着进入均匀磁场 $\boldsymbol{B}_0$ 中,它们沿着半圆周运动而达到记录它们的照相底片上形成谱线. 如果测得谱线 A 到入口处 S_0 的距离为 x,试证明与此谱线相应的离子的质量为

$$m=\frac{qB_0Bx}{2E}.$$

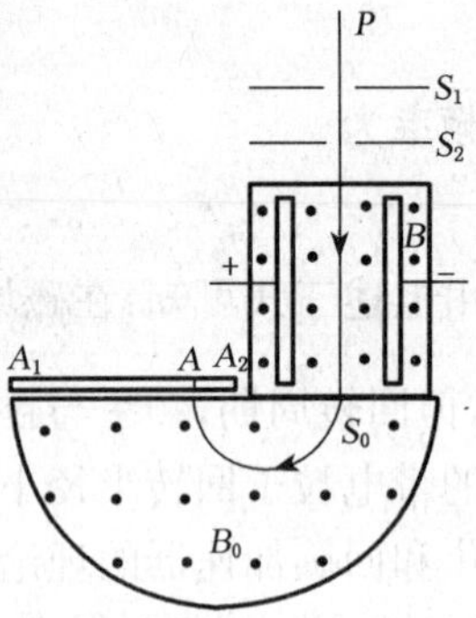

图 6-37 质谱仪示意图

证明 (1) 根据例 6.7 可证通过滤速器的离子的速率为

$$v=\frac{E}{B}.$$

(2) 质谱分析. 所记录下的该离子在底片上的谱线 A 到入口处 S_0 的距离 x,恰好等于离子圆周运动的直径,于是利用式(6-45)可得

$$x=2R=\frac{2mv}{qB_0}=\frac{2mE}{qB_0B},\quad m=\frac{qB_0Bx}{2E}.$$

对于质谱仪来说,电场 $\boldsymbol{E}$ 和磁场 $\boldsymbol{B}$, $\boldsymbol{B}_0$ 都是固定的,当每个离子所带的电量 q 相同时,由 x 的大小就可以确定离子的质量 m. 通常的元素都有若干个质量不同的同位素,在上述质谱仪的感光片上会形成若干条谱线. 由谱线的位置,可以确定同位素的质量.

例 6.9 回旋加速器(cyclotron)是获得高速粒子的一种装置,其基本原理就是利用了回旋频率与粒子速率无关的性质. 如图 6-38 所示,回旋加速器的核心部分是两个 D 形盒,它们是密封在真空中的两个半圆形金属的空盒,放在电磁铁两极之间的强大磁场中,磁场的方向垂直于 D 形盒的底面. 两个 D 形盒之间留有狭缝,中心附近放置离子源. 在两个 D 形盒之间接有交流电源,它在缝隙里形成一个交变电场用以加速带电粒子,试分析回旋加速器的基本工作原理.

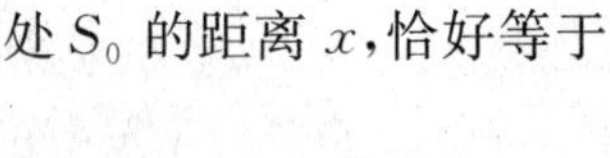

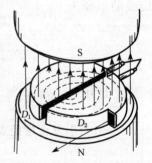

图 6-38 回旋加速器示意图

解 设想正当 D_2 电极的电势高于 D_1 时,从离子源发出一个带正电的离子,它在缝隙中被加速,以速率 v_1 进入 D_1 内部. 由于电屏蔽效应,在每个 D 形盒的内部电场很弱,只受到均匀磁场的作用,离子绕过回旋半径为 $R_1=\frac{mv_1}{qB}$ 的半个圆周后又回到缝隙. 如果这时的电场恰好反向,即交变电场的周期恰

好为 $T=\frac{2\pi m}{qB}$，则正离子又将被加速，以更大的速率 v_2 进入 D_2 盒内，绕过回转半径为 $R_2=\frac{mv_2}{qB}$ 的半个圆周后再次回到缝隙. 虽然 $R_2>R_1$，但绕过半个圆周所用的时间却都是一样的，它们都等于式(6-46)所决定的回旋周期 T 的一半，即 $\frac{T}{2}=\frac{\pi m}{qB}$. 所以尽管离子的速率和回旋半径一次比一次增大，只要缝隙中的交变电场以不变的回旋周期 $T=\frac{2\pi m}{qB}$ 往复变化，则不断被加速的离子就会沿着螺旋轨迹逐渐趋近 D 形盒的边缘，用致偏电极可将已达到预期速率的离子引出，供实验用.

设 D 形盒的半径为 R，则根据式(6-45)，离子所获得的最终速率为

$$v_{\max}=\frac{qBR}{m}.$$

它受到磁感应强度 B 以及 D 形盆半径 R 的限制. 要使离子获得很高的能量，就要加大加速器电磁铁的重量和 D 形盒的直径. 例如，在能量达到 10 MeV 以上的回旋加速器中，B 的数量级为 1 T，D 形盒的直径在 1 m 以上.

由于相对论效应，当粒子的速率很大时，$\frac{q}{m}$ 已不再是常量 $\left(m=\frac{m_0}{\sqrt{1-v^2/c^2}}\right)$，从而回旋周期 T 将随粒子的速率增大而增大，这时若仍保持交变电场的周期不变，就不能保持与回旋运动同步，粒子经过缝隙时也就不能始终得到加速. 对于同样的动能，质量越小的粒子，速度越大，相对论效应就越显著. 例如，2 MeV 的氘核的相对论性质量只比静止质量大 0.01%，而 2 MeV 的电子的相对论性质量约为其静质量的 5 倍，因此，回旋加速器更适合加速较重的粒子，如氘核等. 但是，即使对于这些较重的粒子，用回旋加速器来加速，所获得的能量也还是受到了相对论效应的限制.

对上述相对论效应，可以用实验方法进行补偿. 一种设计称为同步加速器(synchrotron)，它是使磁场具有某种分布，从而在半径不同的地方，尽管粒子的质量不同，但回旋频率都保持不变；另一种设计称为同步回旋加速器(synchrocyclotron)，它保持磁场不变，改变施加在 D 形电极上交变电压的频率，从而使粒子的运动与所施加的电压在每一时刻都保持共振.

人们认识微观世界的层次越深入，要求加速的粒子的能量就越高. 例如，将电子从原子中打出来，大约要 10 eV 的能量；将核子从原子核中打出来，大约要 8 MeV 的能量；为产生 π 介子和 K 介子，则需要质子具有几亿到几十亿电子伏的能量. 从 1931 年劳伦斯(E. O. Lawrence，1901—1958)的第一台 0.08 MeV，到现在的 5×10^5 MeV，回旋加速器的能量大约每隔 10 年提高一个数量级，而能量的每次重大提高，都带来了对粒子的新发现和新知识. 例如，1983 年发现的 $W^{\pm}$ 和 Z^0 粒子，就是对电弱统一理论的有力支持.

2. 带电粒子在非均匀磁场中的运动

从式(6-48)可知，带电粒子在均匀磁场中可绕磁感应线做螺旋运动，螺旋线半径 R 与磁感应强度 B 成反比，与 $\sin\theta$ 成正比，所以在非均匀磁场中，速度方向不同的带电粒子也要做螺旋运动，但半径和螺距都将不断发生变化，当带电粒子在向磁场较强的方向运动时，螺旋线的半径将随着 $\boldsymbol{B}$ 的增加而不断地减小，如图 6-39 所示. 同时，这带电粒子在非均匀磁

场中受到洛伦兹力,恒有一指向磁场较弱的方向上的分力,此分力阻止带电粒子向磁场较强的方向运动,最终有可能使粒子前进的速度逐渐减小到零,并继而沿反方向前进.强度逐渐增加的磁场能使粒子发生“反射”,因此把这种磁场分布称为**磁镜**.

可以用两个电流方向相同的线圈产生一个中间弱、两端强的磁场,如图 6-40 所示.这一磁场区域的两端就形成两个磁镜,平行于磁场方向的速度分量不太大的带电粒子将被约束在两个磁镜间的磁场内来回运动而不能逃脱.这种能约束带电粒子的磁场分布叫**磁瓶**.在现代研究受控热核反应的实验中,需要把很高温度的等离子体限制在一定区域内,在这样的高温下,所有固体材料都将化为气体,上述磁约束就成了达到这种目的的常用方法之一.

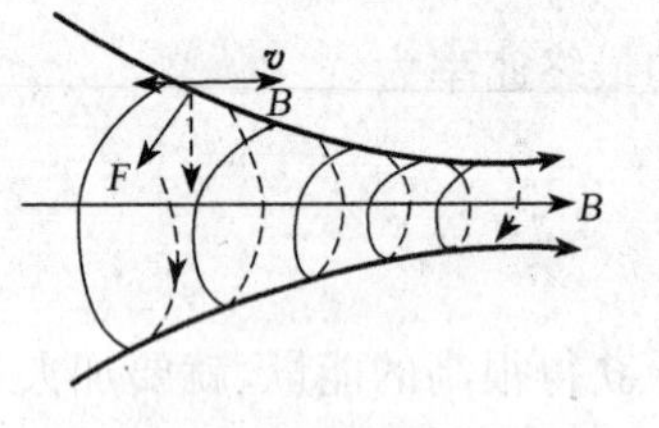

图 6-39　会聚磁场中做螺旋运动的带正电粒子掉向逆转

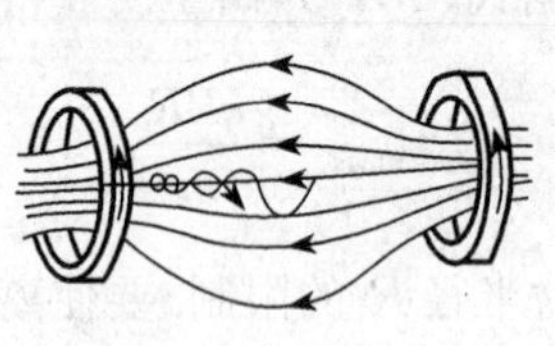

图 6-40　磁瓶

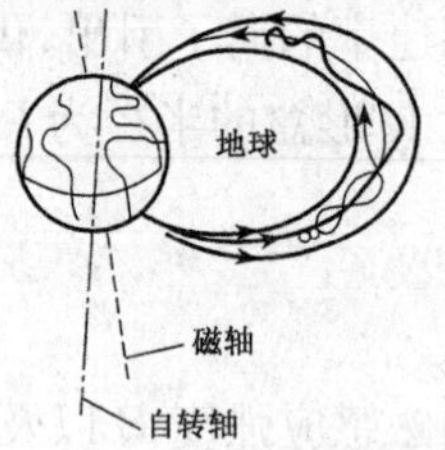

图 6-41　地磁场的捕集作用

磁约束也存在于宇宙空间中,地球的磁场是一个不均匀的磁场,从赤道到地磁的两极磁场逐渐增强,因此地磁场是一个天然的磁捕集器.它能捕获宇宙线中的电子和质子形成一个带电粒子区域.这一区域叫**范阿仑辐射带**(图 6-41),它有两层,内层在地面上空 800～4 000 km处,外层在 60 000 km 处,在范阿仑辐射带中的带电粒子就围绕地磁场的磁感应线做螺旋运动而在靠近两极处被反射回来.这样,带电粒子就在范阿仑带中来回振荡直到由于粒子间的碰撞而被逐出为止.有时,太阳黑子活动使宇宙中高能粒子剧增,这些高能粒子在地磁感应线的引导下,在地球北极附近进入大气层时将使大气激发,然后辐射发光,从而出现美妙的北极光.

6.6.3　霍尔效应

如果空间中既有静电场,又有磁场,那么一个电量为 q、质量为 m 的粒子以速度 $\boldsymbol{v}$ 运动时,受到的作用力将是

$$\boldsymbol{F} = q\boldsymbol{E} + q\boldsymbol{v} \times \boldsymbol{B}. \tag{6-50}$$

式(6-50)叫**洛伦兹关系式**.当粒子的速度 v 远小于光速 c 时,根据牛顿第二定律,带电粒子的运动方程(忽略重力)为

$$q\boldsymbol{E} + q\boldsymbol{v} \times \boldsymbol{B} = m\frac{\mathrm{d}\boldsymbol{v}}{\mathrm{d}t}. \tag{6-51}$$

一般情况下,求解这一方程是困难的.但我们经常遇到的利用电磁力来控制带电粒子运动的例子,所用的电场和磁场分布都具有某种对称性.例如,磁聚焦、回旋加速器、质谱仪等生产科研中的仪器都具有这种对称性,从而使我们能简单地求解问题,读者可以参阅有关书籍对这些问题的具体研究.我们下面要谈的霍尔效应也是一种比较简单的带电粒子在电磁场中运动的例子.

如图 6-42(a)所示,将一宽和厚分别为 b 和 d 的导电板(金属导体或半导体),放在垂直于它的磁场 $\boldsymbol{B}$ 中,当有与 $\boldsymbol{B}$ 互相垂直的恒定电流 I 通过时,在导体板的 AA' 两侧会产生一个横向电势差 $U_{AA'}$,这种在磁场中的载流导体上出现**横向电势差**的现象称为**霍尔效应**,它是 24 岁的研究生霍尔在 1879 年发现的,这样产生的电势差称为**霍尔电势差(或称霍尔电压)**U_{H}.

通过实验,可以测出霍尔电势差与电流强度 I 和外磁场的磁感应强度 $\boldsymbol{B}$ 等物理量之间的关系,在磁场不太强时,霍尔电势差与 I 和 B 成正比,与材料的厚度 d 成反比,即

$$U_{\mathrm{H}}=U_{\mathrm{AA'}}=k\frac{IB}{d}. \tag{6-52}$$

式中,比例系数 k 称为材料的**霍尔系数**.

霍尔效应的出现是由于导体中的载流子(可以是带正电荷的,也可以是带负电荷的)在磁场中受洛伦兹力的作用而发生横向偏移的结果. 以金属窄条导体为例,导体中的电流是自由电子($-e$)在外加电场 $\boldsymbol{E}$ 作用下做定向运动(漂移速度为 $\boldsymbol{v}$)形成的,其运动方向与电流的流向正好相反. 设电子定向运动的平均速度即漂移速度为 $\boldsymbol{v}$,与外加的磁场 $\boldsymbol{B}$ 的方向垂直,这些自由电子受到的洛伦兹力为

$$\boldsymbol{F}_{\mathrm{m}}=-e\boldsymbol{v}\times\boldsymbol{B}.$$

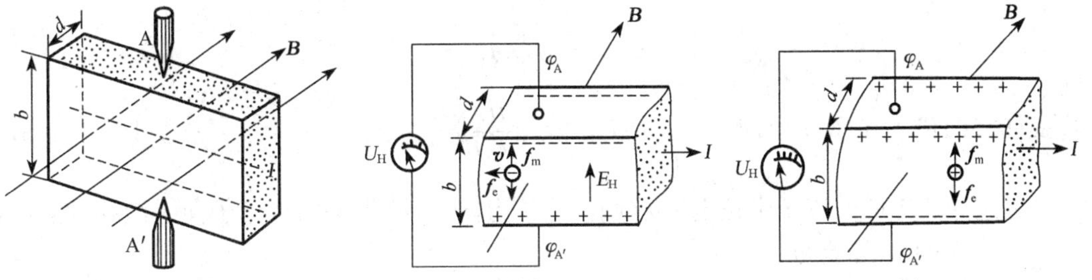

图 6-42　霍尔效应

大小 $F_{\mathrm{m}}=evB$,方向向上[图 6-42(b)],从而使自由电子除宏观的定向运动外,还将向上漂移. 当它们跑到窄条的顶部时,由于表面有限,它们不能脱离金属而就聚集在窄条的顶部,从而在金属窄条顶部就有多余的负电荷的积累,同时窄条底部就会缺少电子显示出有多余的正电荷的积累,结果这些多余的正负电荷在导体内部形成方向向上的横向附加电场 $\boldsymbol{E}_{\mathrm{H}}$——**霍尔电场**,这电场给自由电子的电场力

$$\boldsymbol{f}_{\mathrm{e}}=-e\boldsymbol{E}_{\mathrm{H}},$$

方向向下. 随着顶部和底部多余电荷的增多,这一电场也迅速增大使得这两个力达到平衡时,电子不再有横向漂移运动,结果在金属窄条上下两侧形成一恒定的电势差,由于 $f_{\mathrm{e}}=F_{\mathrm{m}}$,所以

$$eE_{\mathrm{H}}=evB.$$

从而可得产生的横向电场的大小为

$$E_{\mathrm{H}}=vB. \tag{6-53}$$

由于横向电场 E_{H} 的出现,在导体横向两侧出现横向电势差,即霍尔电压为

$$U_H = \varphi_A - \varphi_{A'} = -E_H b = -vBb. \tag{6-54}$$

要导出式(6-52)，就要分析带电粒子 q 的平均定向速率 v 与 I 和 d 的关系. 如图 6-43 所示，在导体内与电流重叠的方向上取一单位横截面积 $S=1$，每秒钟能通过 S 的电荷，取决于以 S 为底，以长 $\Delta l = v\Delta t$ 为高的圆柱体内带电粒子的个数，设导体内单位体积的带电粒子个数为 n，则 Δt 时间穿过 S 的电子数为

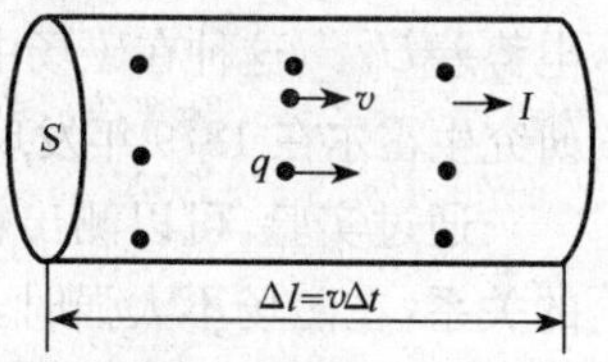

图 6-43 导体中 I 与带电粒子漂移速度 $\boldsymbol{v}$ 的关系

$$n\Delta lS = nv\Delta tS.$$

每个带电粒子的电量为 q，所以导体中单位时间内通过单位横截面积的电荷——即导体中的电流密度矢量的大小 J 为

$$J = \frac{qn\Delta lS}{\Delta tS} = qnv.$$

从而导体内的电流强度 I 与漂移速度 $\boldsymbol{v}$ 的关系为

$$I = JS = qnvS. \tag{6-55}$$

在此，带电粒子是电子，电量为 e，$S = bd$，由此得

$$v = \frac{I}{enbd}. \tag{6-56}$$

将式(6-56)代入式(6-54)，得

$$U_H = -\frac{IB}{ned}. \tag{6-57a}$$

如果导体中的载流子带正电荷 q，则洛伦兹力向上，使带电的载流子向上漂移[图 6-42(c)]，这时霍尔电势差为

$$U_H = \frac{IB}{nqd}. \tag{6-57b}$$

比较式(6-52)和式(6-57)可以得到霍尔系数

$$k = -\frac{1}{ne} \quad 或 \quad k = \frac{1}{nq}.$$

霍尔系数的正负取决于载流子的正负性质，因此，实验测定霍尔电势差或霍尔系数，不仅可以判定载流子的正负，还可以测定载流子的浓度，即单位体积的载流子数 n. 例如，半导体材料就是利用这个方法判定它是空穴型的(p 型——载流子为带正电的空穴)，还是电子型的(n 型——载流子是带负电的自由电子). 不过 1879 年霍尔发现霍尔效应时，人们还不知道金属的带电结构，甚至还未发现电子. 近年来，霍尔效应的应用非常广泛，利用半导体材料已制成了多种霍尔元件，广泛应用于测量场，测量交直流电路中的电流、功率、压力、转速以及转换和放大电信号等. 在自动控制和计算技术等方面，霍尔效应的应用也越来越多.

磁流体发电(magnete hydrodynamic generating，简称 generation MHD)所依据的就是等离子体的霍尔效应(即除了固体中有霍尔效应外，在导电流体中也会产生霍尔效应)，将工作气体加热到很高的温度，使其充分电离，然后以很高的速度通过垂直磁场，等离子体中的

正、负离子在洛伦兹力的作用下，分别偏转到导管两侧的电极上，使两极之间产生一电势差，只要等离子体连续通过磁场，便可以连续不断地输出电能. 这种发电方式由于没有机械转动部分造成的损耗，可以提高效率，但至今仍处于研制阶段.

应该指出：对于金属来说，由于是电子导电，如图 6-42(b)所示的情况下测出的霍尔电压应该显示底部电势高于顶部电势. 但是实际上有些金属却给出了相反的结果，好像在这些金属中的载流子带正电似的，这种“反常”的霍尔效应，以及正常的霍尔效应都只能用金属中电子的量子理论才能圆满地解释.

*6.6.4 量子霍尔效应

由式(6-57b)可得
$$\frac{U_H}{I}=\frac{B}{nqd}. \tag{6-57c}$$

这一比值具有电阻的量纲，因而被定义为**霍尔电阻** R_H. 此式表明，霍尔电阻应正比磁场 B. 1980 年，在研究半导体在极低温度下和强磁场中的霍尔效应时，德国物理学家克里青(Klaus von Klitzing)发现霍尔电阻和磁场的关系并不是线性的，而是有一系列台阶式的改变，如图 6-44 所示(该图数据是在 1.39 K 的温度下取得的，电流保持在 25.52 μA 不变). 这一效应叫量子霍尔效应，克里青因此获得 1985 年诺贝尔物理学奖.

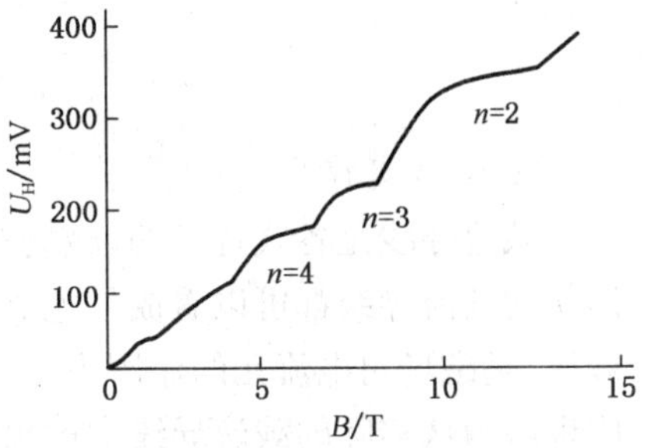

图 6-44 量子霍尔效应

量子霍尔效应只能用量子理论解释，该理论指出
$$R_H=\frac{U_H}{I}=\frac{R_k}{n},\quad n=1,2,3,\cdots. \tag{6-58}$$

式中，R_k 称为克里青常量，它和基本常量 h 和 e 有关，即
$$R_k=\frac{h}{e^2}=25\,813(\Omega). \tag{6-59}$$

由于 R_k 的测定值可以准确到 10^{-10}，所以量子霍尔效应被用来定义电阻的标准. 从 1990 年开始，“欧姆”就根据霍尔电阻精确地等于 25 812.80 Ω 来定义了.

克里青当时的测量结果显示，式(6-58)中的 n 为整数. 其后美籍华裔物理学家崔琦(D. C. Tsui，1939—)和施特默(H. L. Stömer，1949—)等人研究量子霍尔效应时，发现在更强的磁场(如 20 T 甚至 30 T)下，式(6-58)中的 n 可以是分数，如 1/3，1/5，1/2，1/4 等，这种现象叫**分数量子霍尔效应**，这一发现和理论研究使人们对宏观量子现象的认识更深入了一步. 崔琦、施特默和劳克林(R. B. Laughlin，1950—)等人也因此而获得了 1998 年诺贝尔物理学奖.

6.7 磁场对电流的作用

导线中的电流是由其中的载流子定向移动形成的，当把载流导线置于磁场中时，这些运动的载流子就要受到洛伦兹力的作用，其结果将表现为载流导线受到磁力——安培力的作用.

6.7.1 安培力及安培定律

1. 安培力

磁场对载流导线有作用力可以用一个实验来证实.

如图 6-45 所示，把一段直导线水平地悬挂在竖直方向的磁场中，当有电流通过导线时，载流导线会摆动起来. 在磁感应强度 $\boldsymbol{B}$ 的方向恒定时，导线的运动方向与导线中的电流强度的方向有关[图 6-45(a)，(b)]；当导线中电流的方向一定时，导线的运动方向与 $\boldsymbol{B}$ 的方向有关[图6-45(a)，(c)]. 载流导线在磁场中运动的现象，反映出磁场对载流导线有作用力. 作用力的方向与电流相对于磁场的方向有关，通常将磁场对电流的作用力称为**安培力**.

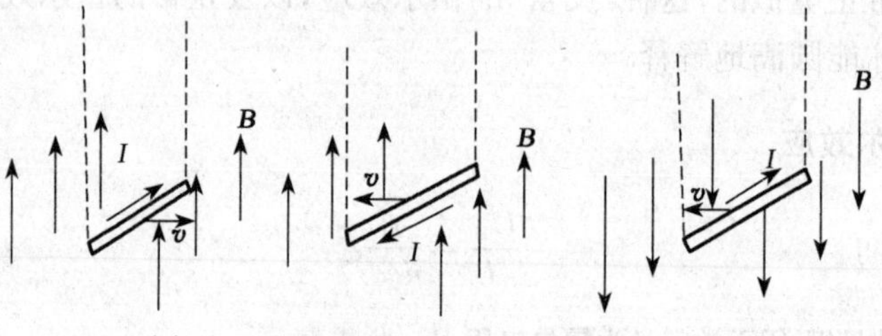

图 6-45　安培力

2. 安培定律

载流导线是各式各样的，磁场对不同形状的载流导线的作用各不相同. 然而，无论什么形状的载流导线都可以看成是电流元的集合，所以，作为反映磁场对载流导线的作用的基本规律，是磁场对电流元的作用规律. 由于孤立的电流元不存在，所以我们下面讨论的电流元应理解为从实际的载流导线中截出的一小段.

如图 6-46 所示，$I\mathrm{d}\boldsymbol{l}$ 为一电流元，所在处的外磁场的磁感应强度为 $\boldsymbol{B}$，安培对大量的实验进行了总结，发现磁场对电流元的作用力大小正比于电流强度 I、线元长度 $\mathrm{d}l$ 和电流元 $I\mathrm{d}\boldsymbol{l}$ 引向 $\boldsymbol{B}$ 的角度 φ 的正弦 $\sin\varphi$，即有

$$\mathrm{d}f \propto I\mathrm{d}lB\sin\varphi.$$

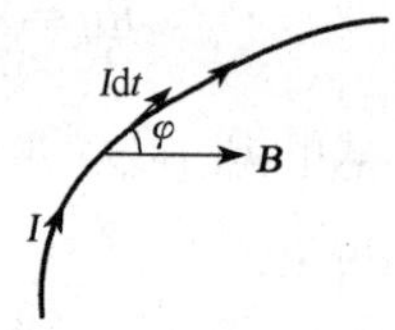

图 6-46　安培定律

$\mathrm{d}\boldsymbol{f}$ 的方向平行于电流元与外磁场 $\boldsymbol{B}$ 的叉乘积方向，即

$$\mathrm{d}\boldsymbol{f} \parallel I\mathrm{d}\boldsymbol{l}\times\boldsymbol{B}.$$

亦即 $\mathrm{d}\boldsymbol{f}$ 垂直于 $I\mathrm{d}\boldsymbol{l}$ 与 $\boldsymbol{B}$ 构成的平面，按右手螺旋关系，图 6-46 中电流元所受到的安培力是垂直纸面向里的. 综上所述，在国际单位制下，可得磁场对电流元的作用力的矢量表达式为

$$\mathrm{d}\boldsymbol{f} = I\mathrm{d}\boldsymbol{l}\times\boldsymbol{B}. \tag{6-60}$$

式(6-60)称为**安培定律**.

磁场对一段载流导线的作用力　$\boldsymbol{f} = \int\mathrm{d}\boldsymbol{f} = \int I\mathrm{d}\boldsymbol{l}\times\boldsymbol{B}.$　(6-61)

式中，$\boldsymbol{B}$ 为各电流元所在处的"当地 $\boldsymbol{B}$".

例 6.10　求图 6-47 所示诸情况下处于均匀磁场中的载流直导线所受的安培力.

解　(a) 由于是载流直导线，所以磁场对每一电流元的作用力均为 $I\mathrm{d}\boldsymbol{l}\times\boldsymbol{B}$(包括大小和方向)，对 $\mathrm{d}\boldsymbol{f}$ 的矢量积分直接变为对 $\mathrm{d}l$ 求代数和，即

$$f = IlB\sin\varphi,\quad(\text{方向垂直纸面向里})$$

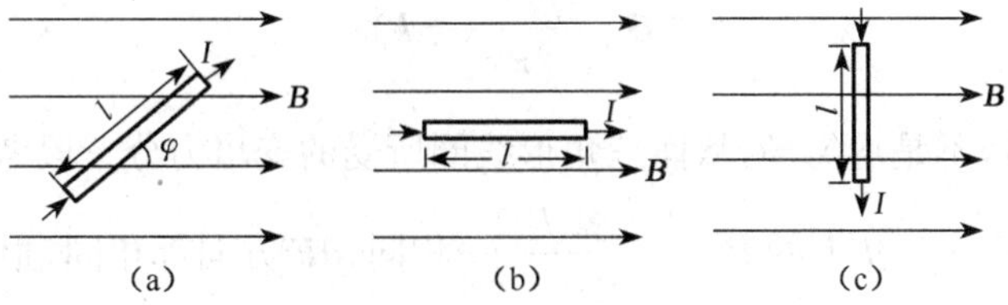

图 6-47

或
$$\boldsymbol{f}=I\boldsymbol{l}\times\boldsymbol{B}.$$

(b) 由于载流直导线与 $\boldsymbol{B}$ 平行，从而使电流元与 $\boldsymbol{B}$ 之间的夹角为零，即 $\sin\varphi=0$，所以磁场施于载流导线的安培力等于零.

(c) 由于电流元 $I\mathrm{d}\boldsymbol{l}$ 与 $\boldsymbol{B}$ 相互垂直，即 $\varphi=\dfrac{\pi}{2}$，$\sin\dfrac{\pi}{2}=1$，所以

$$f=IlB.$$

方向垂直于纸面朝外，这时载流导线所受的安培力最大.

例 6.11　如图 6-48 所示，在均匀磁场 $\boldsymbol{B}$ 中有一段弯曲导线 ab，通有电流 I，求此段导线受的安培力.

解　根据式(6-61)，所求力

$$\boldsymbol{f}=\int_a^b I\mathrm{d}\boldsymbol{l}\times\boldsymbol{B}=I\left(\int_a^b\mathrm{d}\boldsymbol{l}\right)\times\boldsymbol{B}.$$

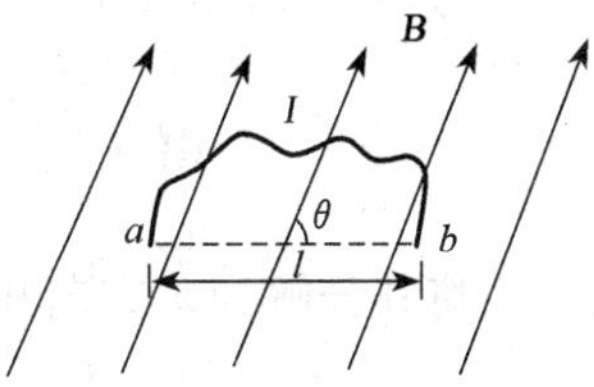

图 6-48

式中，积分是各段矢量长度元 $\mathrm{d}\boldsymbol{l}$ 的矢量和，它等于从 a 到 b 的矢量直线段 $\boldsymbol{l}$，因此得

$$\boldsymbol{f}=I\boldsymbol{l}\times\boldsymbol{B}.$$

这说明，整个弯曲导线受的安培力的总和等于从起点到终点连成的直导线通过相同的电流时受的安培力(这样一个闭合载流线圈在均匀磁场中所受的合外力为零)，在图示情况下，$\boldsymbol{l}$ 与 $\boldsymbol{B}$ 的方向均与纸面平行，因而 $f=IlB\sin\theta$(方向垂直纸面向外).

例 6.12　如图 6-49 所示，在载流为 I_1 的长直导线旁边有一三角形线圈，载流为 I_2，且线圈平面与长直导线在纸平面内，求线圈所受的合力.

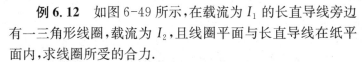

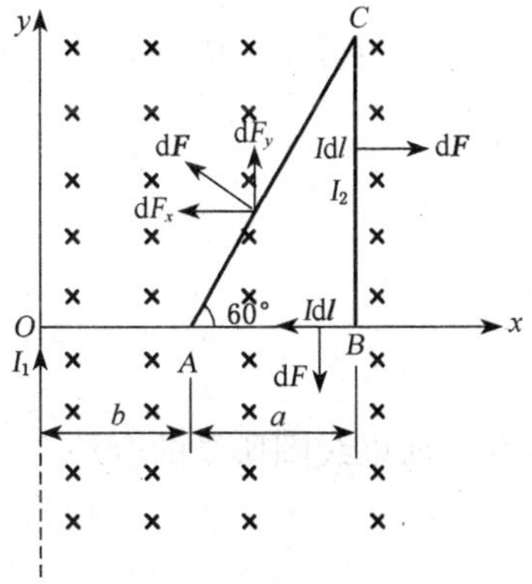

图 6-49

解　依题意，无限长载流直导线在空间激发的磁场的磁感应强度

$$B=\frac{\mu_0 I_1}{2\pi x}.$$

方向垂直纸面向里，如图 6-49 所示.

$$\boldsymbol{B}=\frac{\mu_0 I_1}{2\pi x}(-\boldsymbol{k})$$

由于 B 是 x 的函数,不是均匀场,从而三角形线圈所受的安培力分三段考虑.

对 BC 边:因每一 $I_2\mathrm{d}\boldsymbol{l}$ 上的 $B=\dfrac{\mu_0 I_1}{2\pi(a+b)}$ 相同,$\mathrm{d}\boldsymbol{F}$ 方向都相同,根据式(6-61)可得

$$\boldsymbol{F}_{BC}=I_2\,\overline{BC}B\boldsymbol{i}=I_2\sqrt{3}a\,\frac{\mu_0 I_1}{2\pi(a+b)}\boldsymbol{i}=\frac{\mu_0 I_1 I_2}{2\pi(a+b)}\sqrt{3}a\boldsymbol{i}.$$

对 AB 边:不同 $I_2\mathrm{d}\boldsymbol{l}=I_2\mathrm{d}x(-\boldsymbol{i})$ 处的 $\boldsymbol{B}$ 的大小不同,但方向都相同,所以

$$\begin{aligned}\boldsymbol{F}_{AB}&=\int\mathrm{d}\boldsymbol{F}_{AB}=\int_A^B I_2\,\mathrm{d}\boldsymbol{l}\times\boldsymbol{B}=\int_b^{a+b}I_2\,\mathrm{d}x\,\frac{\mu_0 I_1}{2\pi x}(-\boldsymbol{i})\times(-\boldsymbol{k})\\&=\int_b^{a+b}\frac{\mu_0 I_1 I_2}{2\pi}\frac{\mathrm{d}x}{x}(-\boldsymbol{j})=-\frac{\mu_0 I_1 I_2}{2\pi}\ln\frac{a+b}{b}\boldsymbol{j}.\end{aligned}$$

对 AC 边:电流元 $I\mathrm{d}\boldsymbol{l}$ 受的安培力

$$\mathrm{d}\boldsymbol{F}_{AC}=I_2\mathrm{d}\boldsymbol{l}\times\boldsymbol{B}=\frac{\mu_0 I_1 I_2}{2\pi x}\mathrm{d}l.\quad(\text{方向垂直于}AC\text{边向上})$$

将其分解为 x 方向和 y 方向的分力

$$\mathrm{d}F_{xAC}=-\mathrm{d}F_{AC}\sin 60^\circ=-\frac{\mu_0 I_1 I_2}{2\pi x}\sin 60^\circ\mathrm{d}l,$$

$$\mathrm{d}F_{yAC}=\mathrm{d}F_{AC}\cos 60^\circ=\frac{\mu_0 I_1 I_2}{2\pi x}\cos 60^\circ\mathrm{d}l.$$

从图可知,$\mathrm{d}l\cos 60^\circ=\mathrm{d}x$,$\mathrm{d}l\sin 60^\circ=\mathrm{d}x\tan 60^\circ$,则

$$f_{xAC}=-\frac{\mu_0 I_1 I_2}{2\pi}\tan 60^\circ\int_b^{a+b}\mathrm{d}\,\frac{x}{x}=-\frac{\mu_0 I_1 I_2}{2\pi}\sqrt{3}\ln\frac{a+b}{b},$$

$$f_{yAC}=\frac{\mu_0 I_1 I_2}{2\pi}\int_b^{b+a}\frac{\mathrm{d}x}{x}=\frac{\mu_0 I_1 I_2}{2\pi}\ln\frac{a+b}{b}.$$

所以线圈所受的合外力

$$F_x=F_{xAC}+F_{BC}=\frac{\mu_0 I_1 I_2}{2\pi}\sqrt{3}\left(\frac{a}{a+b}-\ln\frac{a+b}{b}\right),$$

$$F_y=F_{yAC}+F_{AB}=\frac{\mu_0 I_1 I_2}{2\pi}\left(\ln\frac{a+b}{b}-\ln\frac{a+b}{b}\right)=0.$$

所以 $$\boldsymbol{F}=F_x\boldsymbol{i}=\frac{\sqrt{3}\mu_0 I_1 I_2}{2\pi}\left(\frac{a}{a+b}-\ln\frac{a+b}{b}\right),\quad \boldsymbol{i}\neq 0.$$

这与闭合线圈在均匀场中所受合外力为零的情况不同.

3. 安培力与洛伦兹力的关系

将洛伦兹力公式 $\boldsymbol{F}=q\boldsymbol{v}\times\boldsymbol{B}$ 和安培力公式 $\mathrm{d}\boldsymbol{f}=I\mathrm{d}\boldsymbol{l}\times\boldsymbol{B}$ 相比较，可以看出它们在形式上很相似(图 6-50). 公式中的 $q\boldsymbol{v}$ 与 $I\mathrm{d}\boldsymbol{l}$ 对应，这不是偶然的，因为这两种力本质上是相同的. 载流导线在磁场中所受的安培力实际上是作用在各个自由电子上的洛伦兹力的宏观表现. 洛伦兹力将载流导体中的自由电子加速，使电子的定向动量增大，电子运动过程中与导体的结晶点阵相互碰撞，把定向动量传递给结晶点阵，在宏观上就表现为导线受到安培力，即洛伦兹力是对运动电荷在磁场中受到作用的微观描述，安培力是对它的宏观描述. 因此，两个公式可以互相推导. 考虑一截面积为 S，长度为 $\mathrm{d}\boldsymbol{l}$，通有电流 I 的电流元 $I\mathrm{d}\boldsymbol{l}$，设导线的单位体积内有 n 个载流子，每一个载流子的电荷都是 q，为简单起见，认为各载流子都以漂移速度 $\boldsymbol{v}$ 运动. 由于每一个载流子受的洛伦兹力都是 $q\boldsymbol{v}\times\boldsymbol{B}$，在 $\mathrm{d}l$ 段中有 $n\mathrm{d}lS$ 个载流子，从而这些载流子受的力的总和为

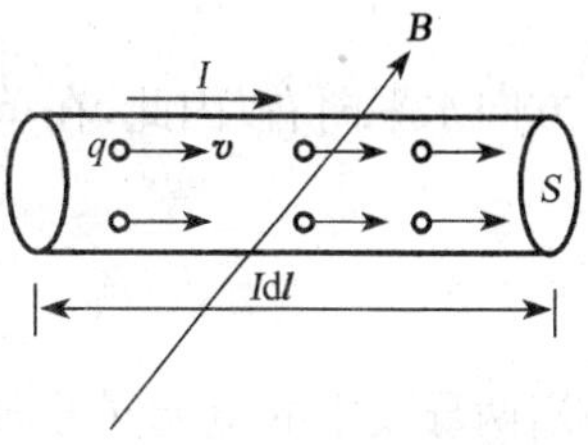

图 6-50　安培力与洛伦兹力

$$\mathrm{d}\boldsymbol{f}=nS\mathrm{d}lq\boldsymbol{v}\times\boldsymbol{B}.$$

由于 $q\boldsymbol{v}$ 的方向与 $\mathrm{d}\boldsymbol{l}$ 方向相同，所以 $q\mathrm{d}l\boldsymbol{v}=|q|v\mathrm{d}\boldsymbol{l}$，利用这一关系，上式就可写成

$$\mathrm{d}\boldsymbol{f}=nSv|q|\mathrm{d}\boldsymbol{l}\times\boldsymbol{B}.$$

又由于 $nSv|q|=I$ [参见式(6-55)]正是通过 $\mathrm{d}\boldsymbol{l}$ 的电流强度，所以由洛伦兹力公式推导出了安培定律

$$\mathrm{d}\boldsymbol{f}=I\mathrm{d}\boldsymbol{l}\times\boldsymbol{B}.$$

反过来，由安培定律也可推导出洛伦兹力公式，读者可自己试一试.

6.7.2　平行无限长载流直导线的相互作用力

在两根平行放置的无限长直导线上取相互对应的一部分，当两根导线中都通有电流时，发现它们之间有相互作用力，随着两根导线中电流的相对方向的改变，这对作用力可以是吸引力，也可以是排斥力.

设两根导线间的垂直距离为 a，其中电流强度分别为 I_1 和 I_2(同向)，如图 6-51 所示. 根据毕奥-萨伐尔定律，导线 1 在导线 2 处产生的磁感应强度为

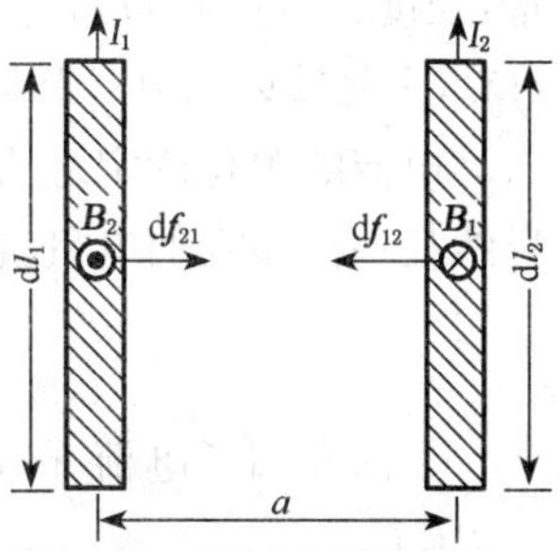

图 6-51　平行直导线间的相互作用

$$B_1=\frac{\mu_0 I_1}{2\pi a}.$$

方向按右手定则可知，在 I_2 处 B_1 的方向垂直纸面向里，即与导线 2 垂直，根据式(6-60)，导线 2 的一段 $\mathrm{d}l_2$ 受到的力的大小为

$$\mathrm{d}f_{12}=I_2\mathrm{d}l_2B_1=\frac{\mu_0 I_1 I_2}{2\pi a}\mathrm{d}l_2,$$

方向水平向左. 同理，可得导线 1 的一段 $\mathrm{d}l_1$ 受的力的大小为

$$\mathrm{d}f_{21}=\frac{\mu_0 I_1 I_2}{2\pi a}\mathrm{d}l_1,$$

方向水平向右.因此,在单位长度导线上的相互作用力大小为

$$f=\frac{\mathrm{d}f_{12}}{\mathrm{d}l_2}=\frac{\mathrm{d}f_{21}}{\mathrm{d}l_1}=\frac{\mu_0 I_1 I_2}{2\pi a}=\frac{\mu_0}{4\pi}\frac{2I_1 I_2}{a}.$$

当两导线中的电流同方向时,其间磁相互作用力是吸引力,电流反方向时,读者可验证其间作用力是排斥力.

如果两导线中的电流相等,即 $I_1=I_2=I$,则

$$f=\frac{\mu_0 I^2}{2\pi a}\quad 或\quad I=\sqrt{\frac{2\pi a f}{\mu_0}}=\sqrt{\frac{af}{2\times 10^{-7}}}(\mathrm{A}).$$

取 $a=1\,\mathrm{m}$, $f=2\times 10^{-7}\,\mathrm{N/m}$,则 $\quad I=1\,\mathrm{A}$.

这就是国际单位制中"安培"单位的定义,即载有等量电流,相距 1 m 的两根平行的无限长直导线,当每米长度上所受安培力为 2×10^{-7} N 时,每根导线中的电流强度定义为 1 A.

实验中根据上述定义来测量时,当然不能用两个电流元,而是用闭合回路.载流回路之间相互作用力可用式(6-61)求出.回路的形状采用一对平行固定圆线圈 A,B 和一个动线圈 C,它们之间的作用力用图 6-52 所示的天平来称量,这种用来测量载流导线受磁场作用力的天平称为**安培秤(或电流秤)**.

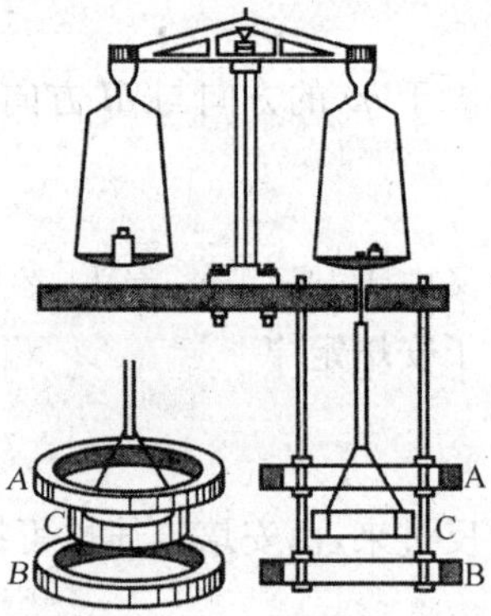

图 6-52　安培秤

在国际单位制中,在电磁学的范围内,有四个基本的物理量:长度、质量、时间和电流强度.这四个基本量的基本单位为米(m),千克(kg),秒(s)和安培(A).

电流的单位确定之后,电量的单位也就确定了.在通有 1 A 电流的导线中,每秒钟通过导线任一横截面的电量就定义为 1 C,即

$$1\,\mathrm{C}=1\,\mathrm{A}\cdot\mathrm{s}.$$

上面介绍了电流单位安培的规定,它利用了平行载流直导线单位长度上受力 $f=\frac{\mu_0}{4\pi}\frac{2I_1 I_2}{a}$ 这一关系式.此式中有比例常数 μ_0(真空磁导率).只有 μ_0 有了确定的值,电流的单位才可能确定[上面定义"安培"时就是在 $\mu_0=4\pi\times 10^{-7}\,(\mathrm{N/A^2})$ 下做的],因此 μ_0 的值需要事先规定.国际单位制中规定了

$$\mu_0=\frac{4\pi\times 10^{-7}\,\mathrm{N}}{\mathrm{A}^2}=12.566\,370\,614\cdots\times 10^{-7}\,(\mathrm{N/A^2}).$$

由于是人为规定的,不依赖于实验,所以它是精确的.

在真空中的光速值,目前也是规定的,即

$$c=299\,792\,458(\mathrm{m/s}).$$

这一数值也是精确的，与实验无关.

由电磁学理论知，c 与 ε_0 和 μ_0 有的关系为 $\quad c^2=\dfrac{1}{\mu_0\varepsilon_0}$.

因此
$$\varepsilon_0=\frac{1}{\mu_0 c^2}=8.854\,187\,817\cdots\times10^{-12}(\mathrm{F/m}).$$

由于 c，μ_0 的值是规定的，不依赖于实验，ε_0 值也是精确的而不依赖于实验.

6.7.3　载流线圈在均匀磁场中所受的力矩

前面讨论了磁场施予载流导线的安培力，对一个载流闭合线圈，磁场的作用是怎样的呢？

为了今后叙述方便，作出规定：用右旋单位法线矢量 $\boldsymbol{e}_\mathrm{n}$ 来描绘一个载流线圈在空间的取向，即用右手四指弯曲代表线圈中电流的回绕方向，伸直的拇指就代表线圈平面的法线矢量 $\boldsymbol{e}_\mathrm{n}$ 的指向，如图 6-53 所示. 这样一来，只用一个矢量 $\boldsymbol{e}_\mathrm{n}$ 就可表示出线圈平面在空间的取向，又可表示出其中电流的回绕方向.

如图 6-54(a)所示，一个载流线圈，半径为 R，电流为 I，放在一均匀磁场中，磁感应强度 $\boldsymbol{B}$ 水平向右，初时刻线圈平面法线 $\boldsymbol{e}_\mathrm{n}$ 与磁场 $\boldsymbol{B}$ 的方向夹角为 θ，下面来求此线圈所受的磁场力和力矩.

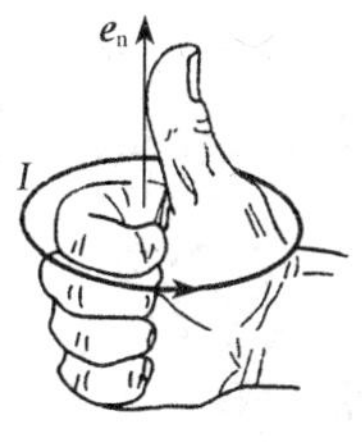

图 6-53　规定线圈法线方向的右手定则

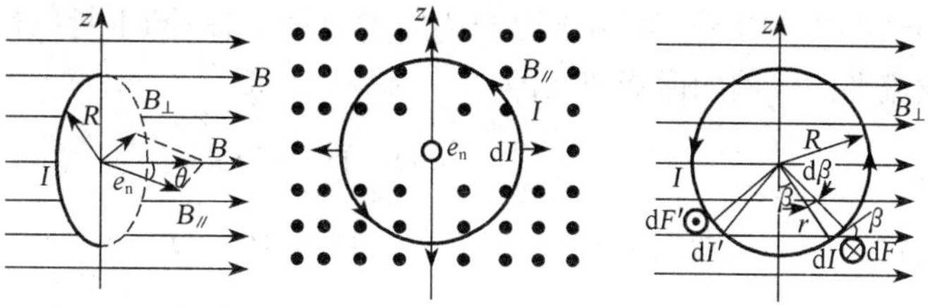

(a)　(b)　(c)

图 6-54　载流线圈受的力和力矩

为了求线圈受磁场的作用，可以将磁场 $\boldsymbol{B}$ 分解为与 $\boldsymbol{e}_\mathrm{n}$ 平行的 $\boldsymbol{B}_{/\!/}$ 和与 $\boldsymbol{e}_\mathrm{n}$ 垂直的 $\boldsymbol{B}_\perp$ 两个分量分别考虑它们对线圈的作用力.

$\boldsymbol{B}_{/\!/}$ 分量对线圈的作用力如图 6-54(b)所示，各段 $\mathrm{d}\boldsymbol{l}$ 相同的电流元所受的力大小相等，方向都在线圈平面内沿径向向外，由于这种对称性，线圈受这一磁场分量的合力为零，合力矩也为零.

$\boldsymbol{B}_\perp$ 分量对线圈的作用如图 6-54(c)所示，右半圈上一电流元 $I\mathrm{d}\boldsymbol{l}$ 受的磁场力的大小为

$$\mathrm{d}f=I\mathrm{d}lB_\perp\sin\beta.$$

此力的方向垂直纸面向里，和它对称的左半圆上的电流元 $I\mathrm{d}\boldsymbol{l}'$ 受的磁场力的大小和 $I\mathrm{d}\boldsymbol{l}$ 受的一样，但力的方向相反，垂直纸面向外，且不在一条直线上. 对于右半和左半线圈的各对称的电流元作同样分析，可知此线圈受 $\boldsymbol{B}_\perp$ 分量的合力为零. 但由于 $I\mathrm{d}\boldsymbol{l}$ 与 $I\mathrm{d}\boldsymbol{l}'$ 受的磁力不在一条直线上，所以对线圈产生一个力矩，$I\mathrm{d}\boldsymbol{l}$ 受的力对线圈 z 轴产生的力矩的大小为

$$\mathrm{d}M=\mathrm{d}f\cdot r=I\mathrm{d}lB_\perp\sin\beta\cdot r.$$

由于 $dl = Rd\beta$, $r = R\sin\beta$(df 离转轴 z 的垂直距离),所以

$$dM = IR^2 B_\perp \sin^2\beta d\beta.$$

方向由 $\boldsymbol{r}\times d\boldsymbol{f}$ 决定为 z 轴正向,线圈左半部与之对称的电流元受力 $d\boldsymbol{f}' = -d\boldsymbol{f}$,但 $\boldsymbol{r}' = -\boldsymbol{r}$,从而 $\boldsymbol{r}'\times d\boldsymbol{f}'$ 决定的对于 z 轴的力矩方向也是 z 轴正向,所以 $\boldsymbol{B}_\perp$ ($B_\perp = B\sin\theta$) 分量对整个线圈的合力矩

$$M = 2M_{右} = 2\int_0^\pi IR^2 B_\perp \sin^2\beta d\beta = \pi R^2 IB_\perp = \pi R^2 IB\sin\theta = SIB\sin\theta.$$

式中,$S = \pi R^2$ 为线圈围绕的面积,方向 z 轴正向. 在此力矩的作用下,线圈要绕 z 轴按反时针方向(俯视)转动.

综合上面得出的 $\boldsymbol{B}_{/\!/}$ 与 $\boldsymbol{B}_\perp$ 对载流线圈的作用,可得它们的总效果是:均匀磁场对载流线圈的合力为零,$\sum \boldsymbol{F}_i = 0$,而力矩为

$$M = ISB\sin\theta. \tag{6-62}$$

根据 $\boldsymbol{e}_n$ 和 $\boldsymbol{B}$ 的方向,以及 $\boldsymbol{M}$ 的方向,上式可用矢量叉乘积表示为

$$\boldsymbol{M} = IS\boldsymbol{e}_n \times \boldsymbol{B} = (IS\boldsymbol{e}_n)\times\boldsymbol{B}. \tag{6-63}$$

式(6-63)中的 $IS\boldsymbol{e}_n$ 整体作为一个矢量,反映着线圈本身的磁学性质,也就是我们之前定义的载流平面线圈的磁矩 $\boldsymbol{P}_m$,即

$$\boldsymbol{P}_m = IS\boldsymbol{e}_n. \tag{6-64}$$

因此式(6-63)可改写为

$$\boldsymbol{M} = \boldsymbol{P}_m \times \boldsymbol{B}. \tag{6-65}$$

此力矩力图使 $\boldsymbol{e}_n$ 的方向,也就是磁矩 $\boldsymbol{P}_m$ 的方向转向与外加磁场方向一致.

从式(6-65)可知,当 $\boldsymbol{P}_m$ 与 $\boldsymbol{B}$ 方向一致时,$\boldsymbol{M} = 0$,此时线圈不再受磁力矩的作用,线圈处于稳定平衡状态;当外界干扰使线圈稍有偏转时,磁场的力矩会使它回到原来的状态. 当然,当 $\boldsymbol{P}_m$ 与 $\boldsymbol{B}$ 反方向时,$\boldsymbol{M} = 0$,但此时线圈处于非稳定平衡状态,因为此时外界对线圈的轻微扰动就会使它在力矩的作用下偏离这个状态,转到 $\boldsymbol{P}_m$ 与 $\boldsymbol{B}$ 同方向为止.

需要指出的是,式(6-65)虽然是根据一个单匝的圆线圈的特例导出的,但可以证明这个结论对任意形状的单匝载流平面线圈都适用,式(6-64)已是一个对任意形状载流线圈都可定义的式子. 当线圈为 N 匝时,式(6-64)应变为

$$\boldsymbol{P}_m = NIS\boldsymbol{e}_n. \tag{6-66}$$

这样式(6-65)的形式不变.

在非均匀磁场中,载流线圈除受到磁力矩作用外,还受到磁力的作用(见例 6.12),情况是比较复杂的,不作进一步的讨论了.

另外值得注意的是,不只是载流线圈有磁矩,原子、电子、质子等微观粒子也有磁矩. 磁矩是粒子本身的特征之一.

由式(6-64)知,磁矩的单位是 $A\cdot m^2$,由式(6-65)知,磁矩的单位是 $N\cdot m/T$(或J/T). 读者可验证,这两个单位是完全等同的.

6.7.4　磁力的功

载流导线或载流线圈在磁场内受到磁力或磁力矩的作用.因此,当导线或线圈的位置与方位发生改变时,磁力就做了功,下面从一些特殊情况出发,建立磁力做功的一般公式.

1. *载流导线在磁场 **B** 中运动时磁力的功*

设有一匀强磁场,磁感应强度 $\boldsymbol{B}$ 垂直纸面向外,如图 6-55 所示,磁场中有一载流的闭合回路 $abcda$(设在纸面上),导线 ab 长为 l,可沿水平方向滑动,假定 ab 滑动时,电路中电流强度 I 保持不变,按安培定律,载流导线在磁场中所受的安培力 $\boldsymbol{F}$ 在纸面上,方向向右,大小为

$$F = IBl.$$

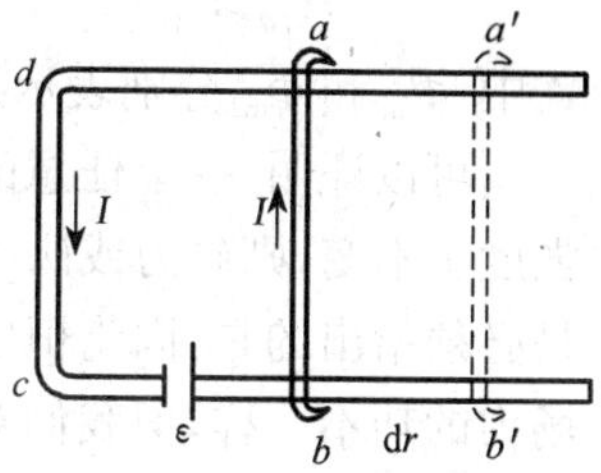

图 6-55　磁力所做的功

导线 ab 在 $\boldsymbol{F}$ 的作用下从初始位置 ab 向力的方向移动,当移到位置 $a'b'$ 时,磁力 $\boldsymbol{F}$ 所做的功

$$\begin{aligned} A &= \int_{(ab)}^{(a'b')} \boldsymbol{F}\cdot \mathrm{d}\boldsymbol{r} = \int_{(a)}^{(a')} IBl\,\mathrm{d}r = IBl\,\overline{aa'} \\ &= IBl[\overline{\mathrm{d}a'} - \overline{\mathrm{d}a}] = I[Bl\,\overline{\mathrm{d}a'} - Bl\,\overline{\mathrm{d}a}] \\ &= I[\Phi_{\mathrm{tm}} - \Phi_{\mathrm{om}}] = I\Delta\Phi_{\mathrm{m}}. \end{aligned}$$

式中,$\Phi_{\mathrm{tm}} = Bl\,\overline{da'}$,$\Phi_{\mathrm{om}} = Bl\,\overline{da}$ 分别是导线在初始位置 ab 和在终了位置 $a'b'$ 时,通过回路的磁通量

$$\Delta\Phi_{\mathrm{m}} = \Phi_{\mathrm{tm}} - \Phi_{\mathrm{om}}$$

是磁通量的增量,从而可知导线在磁场中运动时,磁力所做的功

$$A = I\Delta\Phi_{\mathrm{m}}. \tag{6-67}$$

这一关系说明:当载流导线在磁场中运动时,如果电流保持不变,磁力做的功等于电流乘以通过回路所环绕的面积内磁通量的增量,也可以说磁力所做的功等于电流乘以载流导线在移动中所切割的磁感应线根数.

2. *载流线圈在磁场内转动时磁力所做的功*

设有一载流线圈在均匀磁场内转动,设法使线圈中的电流 I 不变,如图 6-56 所示,线圈转过极小的角度 $\mathrm{d}\theta$,使 $\boldsymbol{e}_{\mathrm{n}}$ 与 $\boldsymbol{B}$ 之间的夹角增到 $\theta + \mathrm{d}\theta$,根据式(6-62),磁力矩为

$$M = BIS\sin\theta.$$

所以磁力矩所做的功

$$\begin{aligned} \mathrm{d}A &= -M\mathrm{d}\theta = -BIS\sin\theta\mathrm{d}\theta \\ &= BIS\mathrm{d}(\cos\theta) = I\mathrm{d}(BS\cos\theta). \end{aligned}$$

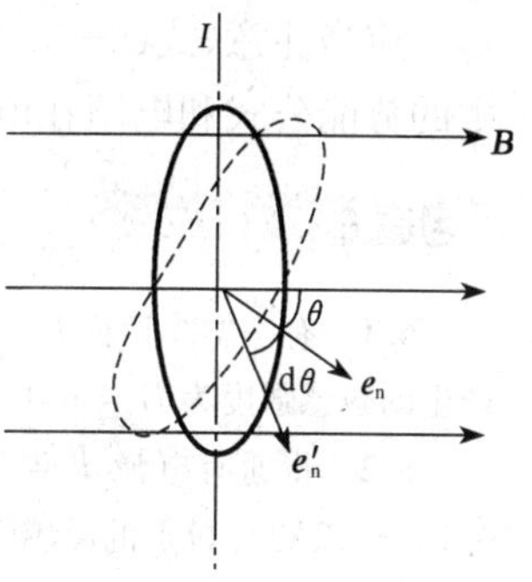

图 6-56　磁力矩的功

式中,负号表示磁力矩做正功时使 θ 减小.因为 $BS\cos\theta$ 表示通过线圈的磁通量,故 $\mathrm{d}(BS\cos\theta)$ 就表示线圈转过 $\mathrm{d}\theta$ 后磁通量的

增量 $d\Phi_m$，所以上式也可以写成

$$dA = Id\Phi_m. \tag{6-68}$$

当上述载流线圈从 θ_1 转到 θ_2 时，按上式积分后得磁力矩所做的总功

$$A = \int_{\theta_1}^{\theta_2} -Md\theta = \int_{\Phi_{m1}}^{\Phi_{m2}} Id\Phi_m = I(\Phi_{m2} - \Phi_{m1}) = I\Delta\Phi_m. \tag{6-69}$$

式中，Φ_{m1} 和 Φ_{m2} 分别表示线圈在 θ_1 和 θ_2 时通过线圈的磁通量.

可以证明，一个任意的闭合电流回路在磁场中改变位置或形状时，只要保持回路中电流强度 I 不变，则磁力或磁力矩做的功都可按 $A = I\Delta\Phi_m$ 计算，这是磁力做功的一般表示. 但是必须指出的是：因为恒定磁场不是保守力场，因此磁力的功不等于磁场能的减少(与静电场力的功不一样，但我们对有的问题也可以采用与静电场引进电势能的相同做法来讨论，见下面的例 6.13). 此外，洛伦兹力是永远不做功的，所以归根结底，磁力所做的功是消耗电源的能量来完成的，这个问题将在以后章节中详细讨论.

例 6.13 求磁矩为 $\boldsymbol{P}_m$ 的载流线圈在均匀磁场中转动时，外力做的功.

解 磁矩为 $\boldsymbol{P}_m$ 的载流线圈在均匀磁场中受到磁力矩的作用，可以引入磁矩在均匀磁场中的势能的概念.

以 θ 表示 $\boldsymbol{P}_m$ 与 $\boldsymbol{B}$ 之间的夹角，如图 6-57 所示，此夹角由 θ_1 增大到 θ_2 的过程中，外力需克服磁力矩做功为

$$A_{外} = \int_{\theta_1}^{\theta_2} Md\theta = \int_{\theta_1}^{\theta_2} P_m B\sin\theta d\theta$$
$$= P_m B(\cos\theta_1 - \cos\theta_2).$$

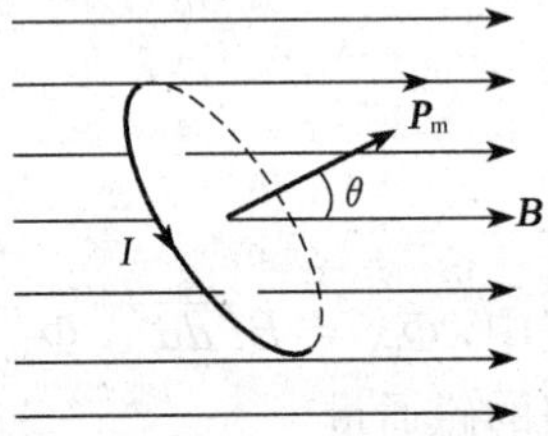

图 6-57　均匀磁场中的磁矩

此功应该等于磁矩 $\boldsymbol{P}_m$ 在磁场中势能的增量，通常以磁矩方向与磁场方向垂直，即 $\theta_1 = \pi/2$ 时的位置为势能为零的位置. 这样，由上式可得在均匀磁场中，当磁矩与磁场方向夹角为 $\theta(\theta = \theta_2)$ 时，磁矩的势能为

$$W_m = -P_m B\cos\theta = -\boldsymbol{P}_m \cdot \boldsymbol{B}. \tag{6-70}$$

上式给出，当磁矩与磁场平行时，势能有极小值 $-P_m B$(按能量最小原理，这是线圈为什么在此状态时是稳定平衡的原因)，当磁矩与磁场反平行时，势能有极大值 $P_m B$.

应当注意，式(6-65)的磁力矩公式和电力矩公式形式上相同. 式(6-70)的磁矩在磁场中的势能公式和电矩在电场中的势能公式形式也相同.

习题 6

6.1 有一螺线管长 $L = 20$ cm，半径为 $r = 2$ cm，导线中通有 $I = 5$ A 的电流，若在螺线管轴线中点处产生的磁感强度为 $B = 6.16\times10^{-3}$ T，试求该螺线管每单位长度有多少匝？ [1.00×10^3 m^{-1}]

6.2 将通有电流 $I = 5.0$ A 的无限长导线折成如图 6-58 所示形状，已知半圆环的半径为 $R = 0.10$ m，求圆心 O 点的磁感强度.

$$\left[B = \frac{\mu_0 I}{4\pi R} + \frac{\mu_0 I}{4R} = 2.1\times10^{-5}\ \text{T}，向里\right]$$

6.3 将一根无限长导线弯成如图 6-59 所示形状，设各线段都在同一平面内(纸面内)，其中第二段是

半径为 R 的四分之一圆弧，其余为直线. 导线中通有电流 I，求图中 O 点处的磁感强度.

$$\left[B=\frac{\mu_0 I}{8R}+\frac{\mu_0 I}{2\pi R}=\frac{\mu_0 I}{2R}\left(\frac{1}{4}+\frac{1}{\pi}\right),\text{方向}\otimes\right]$$

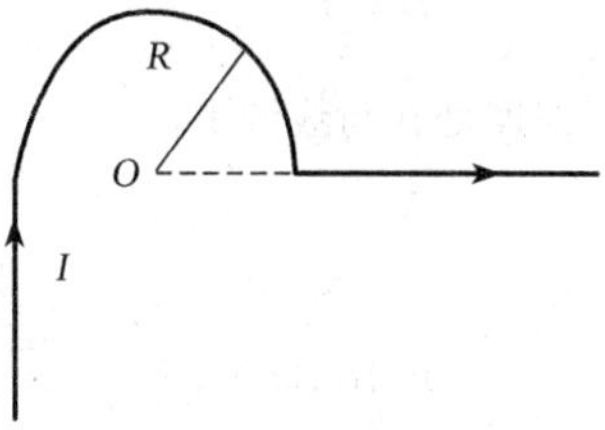

图 6-58

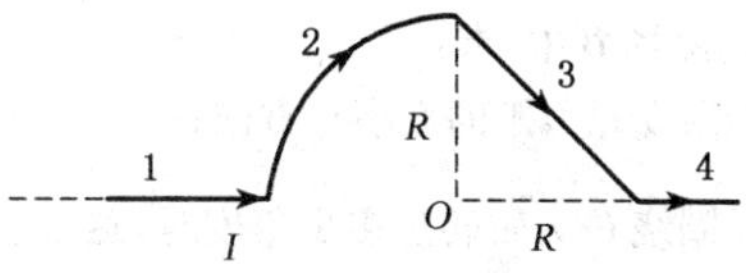

图 6-59

6.4　有一根很长的同轴电缆，由两个同轴圆筒状导体组成，这两个圆筒状导体的尺寸如图 6-60 所示，在这两导体中，有大小相等而方向相反的电流 I 流过. 求：(1) 内圆筒导体内各点($r<a$)的磁感应强度 B；(2) 两导体之间($a<r<b$)的 B；(3) 外圆筒导体内($b<r<c$)的 B；(4) 电缆外($r>c$)各点的 B.

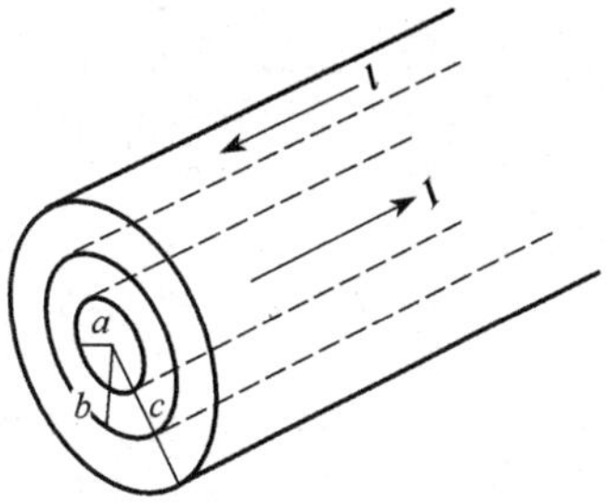

图 6-60

6.5　磁场中某点处的磁感强度为 $\boldsymbol{B}=0.40\boldsymbol{i}-0.20\boldsymbol{j}$(SI)，一电子以速度 $\boldsymbol{v}=0.50\times10^6\boldsymbol{i}+1.0\times10^6\boldsymbol{j}$(SI) 通过该点，求作用于该电子上的磁场力 $\boldsymbol{F}$.（基本电荷 $e=1.6\times10^{-19}$ C）　[$0.80\times10^{-13}\boldsymbol{k}$(N)]

6.6　一质点带有电荷 $q=8.0\times10^{-10}$ C，以速度 $v=3.0\times10^5$ m/s 在半径为 $R=6.00\times10^{-3}$ m 的圆周上，做匀速圆周运动. 求：

(1) 该带电质点在轨道中心所产生的磁感强度 B；

(2) 该带电质点轨道运动的磁矩 p_m($\mu_0=4\pi\times10^{-7}$ H·m^{-1}).

[6.67×10^{-7} T；7.20×10^{-7} A·m^2]

6.7　截面积为 S，截面形状为矩形的直的金属条中通有电流 I. 金属条放在磁感强度为 $\boldsymbol{B}$ 的匀强磁场中，$\boldsymbol{B}$ 的方向垂直于金属条的左、右侧面. 如图 6-61 所示情况下，求：

(1) 金属条的上侧面将积累的是什么电荷？

(2) 载流子所受的洛伦兹力 f_m.

（金属中单位体积内载流子数为 n）　$\left[\text{负}；\frac{IB}{nS}\right]$

6.8　如图 6-62 所示，半径为 a，带正电荷且线密度是 λ(常量)的半圆以角速度 ω 绕轴 $O'O''$ 匀速旋转. 求：

(1) O 点的 $\boldsymbol{B}$；

(2) 旋转的带电半圆的磁矩 $\boldsymbol{p}_m$.（积分公式 $\int_0^\pi \sin^2\theta\mathrm{d}\theta=\frac{1}{2}$）　$\left[\frac{\mu_0\omega\lambda}{8},\text{向上}；\frac{\pi\omega\lambda a^3}{4},\text{向上}\right]$

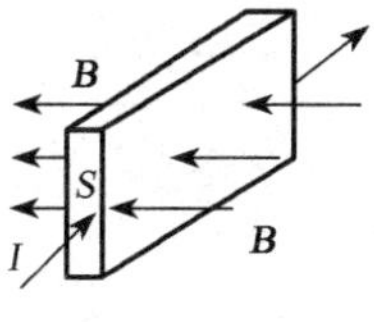

图 6-61

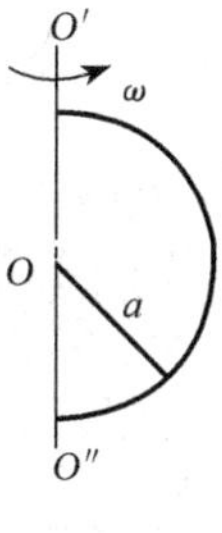

图 6-62

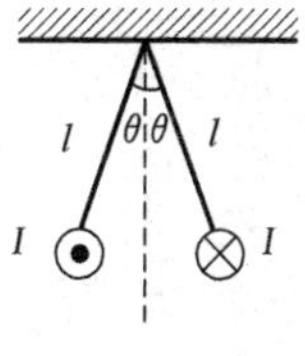

图 6-63

6.9 两长直平行导线，每单位长度的质量为 $m=0.01\ \mathrm{kg/m}$，分别用 $l=0.04\ \mathrm{m}$ 长的轻绳，悬挂于天花板上，如截面图 6-63 所示. 当导线通以等值反向的电流时，已知两悬线张开的角度为 $2\theta=10^\circ$，求电流 I.（$\tan 5^\circ=0.087$）
$$\left[I=\sqrt{\frac{4\pi l\sin\theta mg\tan\theta}{\mu_0}}=17.2\ \mathrm{A}\right]$$

6.10 如图 6-64 所示，半圆形线圈（半径为 R）通有电流 I. 线圈处在与线圈平面平行向右的均匀磁场 $\boldsymbol{B}$ 中. 求：

(1) 线圈所受磁力矩的大小与方向；

(2) 把线圈绕 OO' 轴转过多少角度时，磁力矩恰为零？ $\left[\frac{1}{2}\pi R^2 IB，向上；\frac{\pi}{2}\right]$

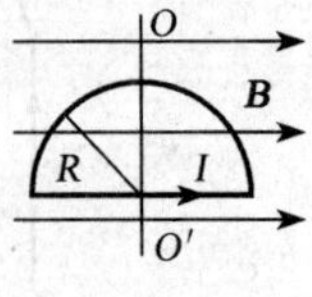

图 6-64

第 7 章　有磁介质时的磁场

上一章我们讨论了稳恒磁场的规律. 当稳恒磁场中存在磁介质时,由于磁场与磁介质的相互作用,将使磁介质磁化而出现附加磁场,从而使磁介质内外的磁场发生变化. 本章主要讨论磁介质磁化的微观机制以及对磁场的影响,重点讨论磁介质中磁场的场量之间关系以及有磁介质时磁场的安培环路定理. 最后讨论铁磁质的性质和应用.

7.1　磁场中的磁介质

在 5.2 节和 5.3 节中讨论了电场和电介质之间的相互作用,电介质在电场的作用下发生极化并激发附加电场,从而使电介质中的电场强度小于真空中电场强度. 与此相似,放在磁场中的磁介质也要和磁场发生相互作用,结果也会使磁介质和磁场发生相应的改变,在本节中就来讨论这个问题.

7.1.1　磁介质及其磁化机制

1. *磁介质*

所谓磁介质,是指在考虑物质受磁场的影响或它对磁场的影响时,把它们统称为**磁介质**(magnetic medium).

任何物质(实物)都是由分子、原子组成的,而分子或原子中每一个电子都在不停地同时参与两种运动: 环绕原子核的轨道运动和自旋运动,而原子核也有自旋运动. 这些运动都形成微小的圆电流. 一个小圆电流所产生的磁场或它受磁场的作用都可以用它的**磁偶极矩**(简称**磁矩**)来说明. 以 I 表示电流,S 表示圆面积,则一个圆电流的磁矩为

$$\boldsymbol{P}_{\mathrm{m}} = IS\,\boldsymbol{e}_n.$$

其中,$\boldsymbol{e}_n$为圆面的正法线方向,它与电流流向满足右手螺旋关系.

下面用一个简单的模型来估算原子内电子轨道运动的磁矩的大小. 假设电子在半径为 r 的圆周上以恒定的速率 $\boldsymbol{v}$ 绕原子核运动. 电子轨道运动的周期就是$\dfrac{2\pi r}{v}$. 由于每个周期内通过轨道上任一截面的电量为一个电子的电量 e,因此,沿着圆形轨道的电流就是

$$I = \frac{e}{2\pi r/v} = \frac{ev}{2\pi r}.$$

而电子轨道运动的磁矩大小为

$$p_{\mathrm{m}} = IS = \frac{ev}{2\pi r}\pi r^2 = \frac{evr}{2}.$$

以氢原子为例，在常态下，电子与原子核的距离为 $r=0.53\times10^{-10}$ m，电子轨道运动的速率 $v=2.2\times10^{6}$ m/s，代入上式可求得电子的**轨道磁矩**(orbital magnetic moment)大小为

$$p_m=\frac{evr}{2}=\frac{1.6\times10^{-19}\times2.2\times10^{6}\times0.53\times10^{-10}}{2}=0.93\times10^{-23}(\mathrm{A\cdot m^2}).$$

实验证明，电子的**自旋磁矩**(spin magnetic moment)和这一轨道磁矩同数量级，为

$$p_s=0.927\times10^{-23}(\mathrm{A\cdot m^2}).$$

在一个分子中有许多电子和若干个核，一个分子的磁矩是其中所有电子的轨道磁矩和自旋磁矩以及核的自旋磁矩的矢量和. 有些分子在正常情况下，其磁矩的矢量和为零，由这些分子组成的物质称为**抗磁质**(diamagnetic medium)，如水银、铜、铋、硫、氯、金、银、铅、锌等都属于抗磁质. 有些分子在正常情况下其磁矩的矢量和不为零，而是具有一定的值，这个值称为分子的**固有磁矩**(intrinsic magnetic moment). 由这些分子组成的物质称为**顺磁质**(paramagnetic medium)，如锰、铬、铂、氮等都是顺磁质. 还有一类磁介质，如铁、钴、镍等，称为**铁磁质**(ferromagnetic material). 铁磁质是顺磁质的一种特殊情况，它们的分子或原子之间的相互作用使它们具有很强的磁性. 有关铁磁质的详细讨论见后，下面主要讨论抗磁质和顺磁质与磁场相互作用的问题.

2. *磁介质磁化的微观机制*

(1) 进动与附加磁矩

将物质放入一外磁场 $\boldsymbol{B}_0$ 中，在外磁场作用下，电子的轨道磁矩和自旋磁矩以及原子核的自旋磁矩都要受到磁力矩的作用. 以电子的轨道运动为例，如图 7-1(b)、(c)所示，电子做轨道运动时，具有一定的角动量，以 $\boldsymbol{L}$ 表示此角动量，它的方向与电子运行的方向满足右手螺旋关系. 由于电子带负电，其轨道磁矩 $\boldsymbol{P}_m$ 的方向和角动量 $\boldsymbol{L}$ 的方向相反.

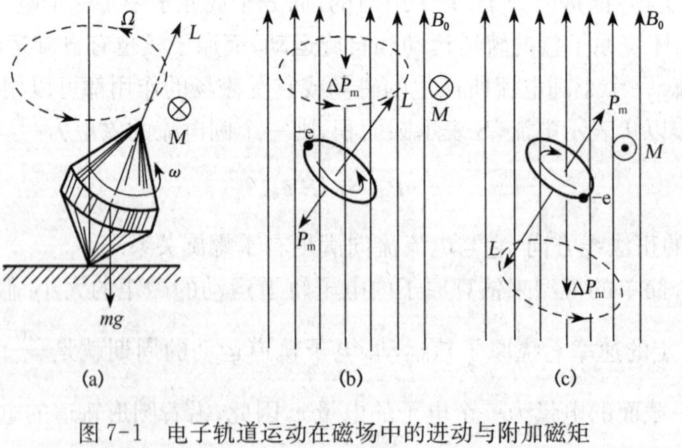

图 7-1 电子轨道运动在磁场中的进动与附加磁矩

当分子处于磁场 $\boldsymbol{B}_0$ 中时，电子由于其轨道磁矩要受到磁场的力矩作用，这一力矩为 $\boldsymbol{M}=\boldsymbol{P}_m\times\boldsymbol{B}_0$，在图 7-1(b)所示的时刻，电子轨道运动所受的磁力矩方向垂直于纸面向里. 具有角动量的运动物体在力矩作用下是要发生进动的，正如图 7-1(a)所示高速旋转着的陀螺，在重力矩作用下其角动量 $\boldsymbol{L}$ 以重力方向为轴线所做的进动一样. 在图 7-1(b)中做轨道运动的电子，由于受到磁力矩的作用，它的角动量 $\boldsymbol{L}$ 也要绕与磁场 $\boldsymbol{B}_0$ 平行的方向的轴

进动.

可以证明：不论电子原来的磁矩与磁场方向之间的夹角是何值，在磁场 $\boldsymbol{B}_0$ 中，角动量 $\boldsymbol{L}$ 进动的转向总是和 $\boldsymbol{B}_0$ 的方向一样满足右手螺旋关系，如图 7-1(b)、(c)所示. 电子的进动也相当于一个圆电流，因为电子带负电，这种等效电流的磁矩的方向永远与 $\boldsymbol{B}_0$ 的方向相反. 因进动而产生的等效电流的磁矩称为**附加磁矩**，用 $\Delta\boldsymbol{P}_m$ 表示. 对电子及原子核的自旋，外磁场也产生相同的效果.

因此，在外磁场的力矩作用下，一个分子内的所有电子和原子核都产生与外磁场方向相反的附加磁矩，这些附加磁矩的矢量和称为该分子在外磁场中所产生的**感应磁矩**(induced magnetic moment). 感应磁矩的方向总是和外磁场的方向相反的.

(2) 抗磁质的磁化

在抗磁质中，每个原子或分子中所有电子的轨道磁矩和自旋磁矩以及原子核的自旋磁矩的矢量和等于零. 在外磁场 $\boldsymbol{B}_0$ 中，每个分子都要产生一个感应磁矩，且外磁场越强，所产生的感应磁矩越大. 由于感应磁矩要激发一个附加磁场，其方向与外磁场方向相反(这种现象称为抗磁质的磁化)，它对外磁场起着抵消的作用，所以抗磁质磁化后使磁介质中的磁场 $\boldsymbol{B}$ 稍小于 $\boldsymbol{B}_0$.

(3) 顺磁质的磁化

顺磁质分子具有固有磁矩，在通常情况下，由于分子热运动，各个分子固有磁矩的方向无规则排列，其磁作用相互抵消，所以整个顺磁质物体不显示磁性. 当顺磁质放入磁场中时，其分子固有磁矩就要受到磁场的力矩的作用. 这力矩力图使分子的磁矩的方向转向与外磁场方向一致，当然分子的热运动会使各个分子的磁矩的这种取向不可能完全整齐. 外磁场越强，温度越低，分子磁矩的排列也越整齐，这些排列较整齐的分子磁矩要产生一个与外磁场同方向的附加磁场，这种现象称为顺磁质的磁化. 所以顺磁质对外磁场起着增强的作用. 也就是说，顺磁质磁化后使磁介质中的磁场 $\boldsymbol{B}$ 大于 $\boldsymbol{B}_0$.

应当指出，顺磁质的分子在外磁场中也要产生感应磁矩，但是在实验室通常能获得的磁场中，一个分子所产生的感应磁矩要比分子的固有磁矩小得多，所以顺磁质分子的感应磁矩和固有磁矩相比，前者的效果是可以忽略不计的.

7.1.2　磁介质的磁化规律

1. 磁化电流

根据上面的讨论，一块均匀顺磁质放到外磁场中时，它的分子的固有磁矩要沿着磁场方向取向[图 7-2(a)]. 一块均匀抗磁质放到外磁场中时，它的分子要产生感应磁矩[图 7-2(b)]. 考虑和这些磁矩相对应的小圆电流，可以发现在磁介质内部各处总是有相反的电流流过，它们的磁作用相互抵消了. 但在磁介质表面上，这些小圆电流的外面部分未被抵消，它们都沿着相同的方向流动，这些表面上的小圆电流的总效果相当于在磁介质表面上有一层电流

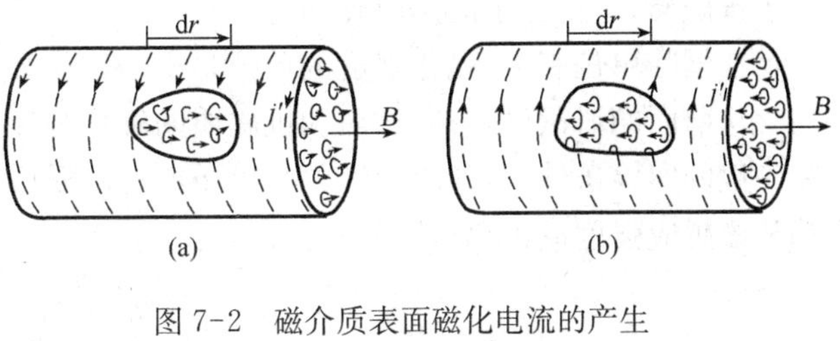

图 7-2　磁介质表面磁化电流的产生

流过. 这种电流叫**磁化电流**(magnetization current),也叫**束缚电流**(bound current). 在图 7-2 中,其面电流密度用 j' 表示. 磁化电流是分子内的电荷运动一段段接合而成的,不同于导体中自由电荷定向移动而形成的**传导电流**,相比之下,导体中的传导电流可称作**自由电流**(free current).

一块非均匀的磁介质放入磁场中时,除了在其表面要形成面磁化电流之外,在其内部还可以产生体磁化电流.

由于顺磁质分子的固有磁矩在磁场中的定向排列或抗磁质分子在磁场中进动产生了感应磁矩,因而在磁介质的内部或表面上出现磁化电流的现象称为磁介质的磁化. 顺磁质的磁化电流的方向与磁介质中外磁场的方向满足右手螺旋关系,它产生的磁场要加强磁介质中的磁场. 抗磁质的磁化电流的方向与磁介质中外磁场的方向满足左手螺旋关系,它产生的磁场要减弱磁介质中的磁场. 这就是两种磁介质对磁场影响不同的原因.

2. *磁介质中磁场*

将磁介质放到磁场中时,由于磁场的作用,在磁介质中要出现磁化电流,而磁化电流产生的附加磁场反过来又影响磁场的分布. 这样,磁介质中的磁场 $\boldsymbol{B}$ 就可以写成

$$\boldsymbol{B}=\boldsymbol{B}_0+\boldsymbol{B}'. \tag{7-1}$$

式中,$\boldsymbol{B}_0$ 为真空中的磁场的磁感应强度,它可当作是某一自由电流所激发的;$\boldsymbol{B}'$ 是磁化了的磁介质所激发的附加磁感应强度. 对于各向同性顺磁质,$\boldsymbol{B}'$ 与 $\boldsymbol{B}_0$ 方向相同,$B>B_0$;对于各向同性抗磁质,$\boldsymbol{B}'$ 与 $\boldsymbol{B}_0$ 方向相反,$B<B_0$;而对于铁磁质来讲,$B\gg B_0$.

3. *磁化强度*

磁介质磁化后,在一个小体积元 ΔV 内的各个分子的磁矩的矢量和都将不等于零. 顺磁质分子的固有磁矩排列得越整齐,它们的矢量和就越大. 抗磁质分子所产生的感应磁矩越大,它们的矢量和也越大. 因此可以用单位体积内分子磁矩的矢量和来表示磁介质磁化的程度. 单位体积内分子磁矩的矢量和就称为磁介质的**磁化强度**(magnetization intensity). 以 $\sum \boldsymbol{P}_{mi}$ 表示小体积元 ΔV 内磁介质的所有分子的磁矩的矢量和,以 $\boldsymbol{M}$ 表示磁化强度,则有

$$\boldsymbol{M}=\frac{\sum \boldsymbol{P}_{mi}}{\Delta V}. \tag{7-2}$$

式中,$\boldsymbol{P}_{mi}$ 为小体积元 ΔV 内磁介质的某个分子的磁矩,对于顺磁质,是指分子的固有磁矩;对于抗磁质,是指分子的感应磁矩.

在国际单位制中,磁化强度的单位是安/米(A/m),其量纲与面电流密度的相同.

从前面的讨论可知,顺磁质和抗磁质的磁化强度都随外磁场的增强而增大. 实验证明,在一般的实验条件下,各向同性的顺磁质或抗磁质(以及铁磁质在一定条件下)的磁化强度都和磁感应强度成正比,其关系可表示为

$$\boldsymbol{M}=\frac{\mu_r-1}{\mu_0\mu_r}\boldsymbol{B}. \tag{7-3}$$

式中,μ_r 称为磁介质的**相对磁导率**(relative permeability)(此式和电极化强度与电场强度的关系式相比显得复杂些,这是由于历史的原因造成的). μ_r 的量纲为 1,对于抗磁质,其值略

小于 1；对于顺磁质，其值略大于 1；对于铁磁质，其值远大于 1. 常见的磁介质的相对磁导率如表 7-1 所示.

表 7-1　几种磁介质的相对磁导率

磁　介　质		相对磁导率
抗	铋(293 K)	$1-16.6\times10^{-5}$
磁	汞(293 K)	$1-2.9\times10^{-5}$
质	铜(293 K)	$1-1.0\times10^{-5}$
$\mu_r<1$	氢(气体)	$1-3.98\times10^{-5}$
顺	氧(液体，90 K)	$1+769.9\times10^{-5}$
磁	氧(气体，293 K)	$1+344.9\times10^{-5}$
质	铝(293 K)	$1+1.65\times10^{-5}$
$\mu_r>1$	铂(293 K)	$1+26\times10^{-5}$
铁		
磁	纯　铁	5×10^3(最大值)
质	硅　钢	7×10^2(最大值)
$\mu_r\gg1$	坡莫合金	1×10^5(最大值)

由于磁介质的磁化电流是磁介质磁化的结果，所以磁化电流与磁化强度之间一定存在某种定量关系. 下面来寻求这一关系.

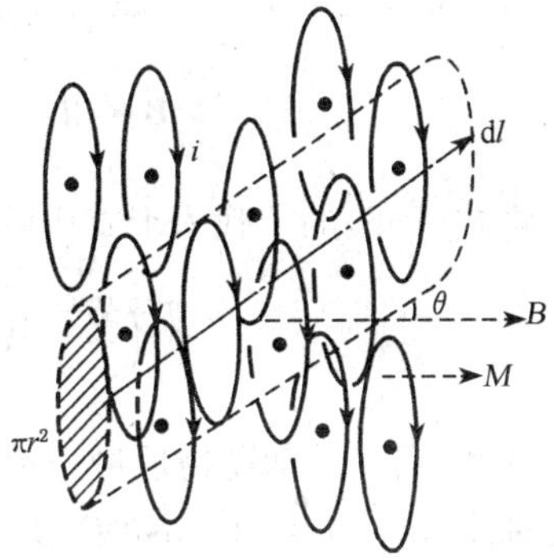

图 7-3　磁化电流与磁化强度

考虑磁介质内部一长度元 d$\boldsymbol{l}$，它和磁场 $\boldsymbol{B}$ 的方向之间的夹角为 θ. 由于磁化，分子磁矩要沿 $\boldsymbol{B}$ 的方向排列，因而等效分子电流的平面将转到与 $\boldsymbol{B}$ 垂直的方向. 设每个分子的分子电流为 i，它所环绕的圆周半径为 r，则与 d$\boldsymbol{l}$ 铰链的(即套住 d$\boldsymbol{l}$ 的)分子电流的中心都将位于以 d$\boldsymbol{l}$ 为轴线、以 πr^2 为底面积的斜柱体内(图7-3). 以 n 表示单位体积内的分子数，则与 d$\boldsymbol{l}$ 铰链的总分子电流为

$$\mathrm{d}I' = n\pi r^2 \mathrm{d}l\cos\theta \cdot i.$$

由于 $\pi r^2 i = p_{\mathrm{m}}$，为一个分子的磁矩，$np_{\mathrm{m}}$ 为单位体积内的分子磁矩的矢量和，即磁化强度 M，所以有

$$\mathrm{d}I' = M\cos\theta \mathrm{d}l = \boldsymbol{M}\cdot\mathrm{d}\boldsymbol{l}. \tag{7-4}$$

如果 d$\boldsymbol{l}$ 是磁介质表面上沿表面的一个长度元，则 dI'将表现为面磁化电流. dI'/dl 称为面磁化电流密度，以 j'表示面磁化电流密度，则由式(7-4)可得

$$j' = M\cos\theta = M_l. \tag{7-5}$$

即面磁化电流密度等于该表面处磁介质的磁化强度沿表面的分量. 当 $\theta=0$，即磁化强度 $\boldsymbol{M}$ 与表面平行时，$j'=M$，磁化电流与 $\boldsymbol{M}$ 垂直.

在磁介质内与任意闭合路径 L 铰链的(闭合路径 L 包围的)总磁化电流，它应等于与 L 上各长度元铰链的磁化电流的和，即

$$I' = \oint_L \mathrm{d}I' = \oint_L \boldsymbol{M}\cdot\mathrm{d}\boldsymbol{l}. \tag{7-6}$$

上式表明,闭合路径 L 所包围的总磁化电流等于磁化强度沿该闭合路径的环流.

7.1.3　有磁介质时的安培环路定理　磁场强度

1. 有磁介质时的安培环路定理

磁介质放入磁场中时,由于磁化在磁介质中要出现磁化电流,而空间中的磁场分布也会发生相应的改变. 但系统平衡后(磁介质磁化后),空间中的磁场还是稳恒磁场,所以第 6 章所述的真空中稳恒磁场的基本规律可以推广到有磁介质时的情况中来. 首先磁场的高斯定理的形式与前相同,即

$$\oiint_S \boldsymbol{B} \cdot \mathrm{d}\boldsymbol{S} = 0. \tag{7-7}$$

高斯定理表明:不管是在真空中,还是在磁介质中,磁感应强度通过任意闭合曲面的通量恒等于零. 也就是说,磁场是无源场. 下面再来推导安培环路定理的推广形式.

如图 7-4 所示,载流导体和磁化了的磁介质组成的系统可当做由一定的自由电流 I_0 和磁化电流 $I'(j')$ 分布组成的电流系统,所有这些电流产生一磁场分布 $\boldsymbol{B}$. 安培环路定理可写成

$$\oint_L \boldsymbol{B} \cdot \mathrm{d}\boldsymbol{l} = \mu_0 \left(\sum I_{0内} + I'_{内} \right).$$

将式(7-6)的 I' 代入上式中的 $I'_{内}$,整理后可得

$$\oint_L \left(\frac{\boldsymbol{B}}{\mu_0} - \boldsymbol{M} \right) \cdot \mathrm{d}\boldsymbol{l} = \sum I_{0内}.$$

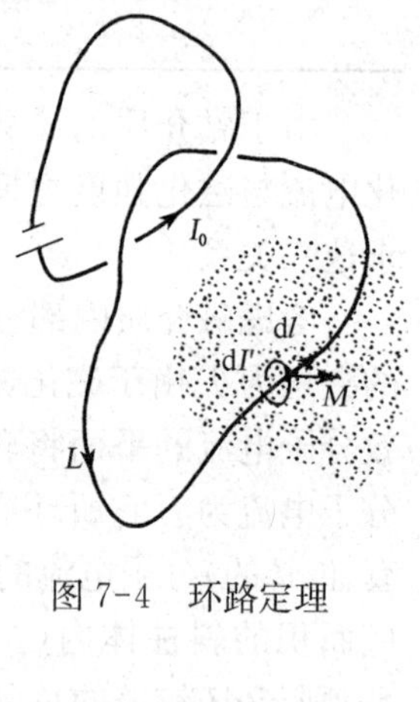

图 7-4　环路定理

在此,引入一辅助物理量表示积分号内括号中的合矢量,称为**磁场强度**(magnetic intensity),并以 $\boldsymbol{H}$ 表示,即定义

$$\boldsymbol{H} = \frac{\boldsymbol{B}}{\mu_0} - \boldsymbol{M}. \tag{7-8}$$

则式(7-8)就可简洁地表示为　$\oint_L \boldsymbol{H} \cdot \mathrm{d}\boldsymbol{l} = \sum I_{0内}.$　(7-9)

上式说明,沿任意闭合路径磁场强度的环流等于该闭合路径所包围的自由电流的代数和. 这就是有磁介质存在时的安培环路定理,也称为 **$\boldsymbol{H}$ 的环路定理**. 在没有磁介质的情况下,$\boldsymbol{M}=0$,式(7-9)还原为真空中磁场的安培环路定理.

2. $\boldsymbol{H}$, $\boldsymbol{B}$, $\boldsymbol{M}$ 三矢量之间的关系

式(7-8)是磁场强度的定义式,在国际单位制中磁场强度 $\boldsymbol{H}$ 的单位是 A/m. 式(7-8)也表示了磁介质中任一点处磁感应强度 $\boldsymbol{B}$、磁场强度 $\boldsymbol{H}$ 和磁化强度 $\boldsymbol{M}$ 之间的普遍关系,不论何种磁介质都能适用. 通常将式(7-8)改写成

$$\boldsymbol{B} = \mu_0 \boldsymbol{H} + \mu_0 \boldsymbol{M}. \tag{7-10}$$

对于各向同性的磁介质,将式(7-3)代入式(7-10)中整理后可得

$$\boldsymbol{B} = \mu_0 \mu_r \boldsymbol{H} = \mu \boldsymbol{H}. \tag{7-11}$$

式中，$\mu=\mu_0\mu_r$ 称为磁介质的**磁导率**(permeability).

将式(7-11)代入式(7-10)中可得

$$\boldsymbol{M}=(\mu_r-1)\boldsymbol{H}=\chi_m\boldsymbol{H}. \tag{7-12}$$

式中，$\chi_m=\mu_r-1$ 称为磁介质的**磁化率**(susceptibility).

磁介质的磁化率 χ_m、相对磁导率 μ_r、磁导率 μ 都是描述磁介质磁化特性的物理量. 对于各向同性的磁介质，它们都是常量，χ_m 和 μ_r 的单位都是 1；μ 的单位与 μ_0 相同，都是 N/A^2. 这三个常量由于具有关系式：$\mu=\mu_0\mu_r$ 和 $\chi_m=\mu_r-1$，所以只要知道三个量中的任一个量，则其余的两个量就可确定，也就是磁介质的性质就完全清楚了.

对于抗磁质，由于 $\mu_r<1$，所以 $\chi_m<0$；而对于顺磁质，由于 $\mu_r>1$，所以 $\chi_m>0$. 在表 7-1 中的第三列中数字 1 后面的数值就是该磁介质的磁化率.

对于铁磁质来说，铁磁质中任一点处的 $\boldsymbol{H}$, $\boldsymbol{B}$, $\boldsymbol{M}$ 三矢量之间的关系仍采用式(7-8)，但是实验发现，铁磁质中 $\boldsymbol{B}$ 与 $\boldsymbol{H}$ 以及 $\boldsymbol{M}$ 与 $\boldsymbol{H}$ 之间并没有线性的正比关系，甚至不存在单值关系. 这样虽然在形式上仍引用式(7-11)和式(7-12)，但式中铁磁质的磁化率 χ_m、相对磁导率 μ_r、磁导率 μ 都不是常量. 在本节后面的内容中将从实验出发讨论铁磁质的磁化特性，并介绍形成这种独特性质的内在机制.

为了能形象地表示出磁场中磁场强度 $\boldsymbol{H}$ 的分布，类似于用磁感应线描述磁感应强度 $\boldsymbol{B}$ 分布的方法，也可以引入 $\boldsymbol{H}$ 线来描述磁场. $\boldsymbol{H}$ 线与 $\boldsymbol{H}$ 矢量的关系规定如下：$\boldsymbol{H}$ 线上任一点的切线方向和该点 $\boldsymbol{H}$ 矢量的方向相同，$\boldsymbol{H}$ 线的密度(即在与 $\boldsymbol{H}$ 矢量垂直的单位面积上通过的 $\boldsymbol{H}$ 线数目)和该点的 $\boldsymbol{H}$ 矢量的大小相等. 从式(7-11)可见，在各向同性的均匀磁介质中，通过任何截面的磁感应线的数目是通过同一截面 $\boldsymbol{H}$ 线的 μ 倍.

顺便强调一下，在描述磁介质磁化和电介质极化时，分别引进了三个矢量：$\boldsymbol{H}$, $\boldsymbol{B}$, $\boldsymbol{M}$ 和 $\boldsymbol{D}$, $\boldsymbol{E}$, $\boldsymbol{P}$. 一定要注意它们的对应关系，磁化强度 $\boldsymbol{M}$ 和电极化强度 $\boldsymbol{P}$ 对应，它们描述了介质被磁化或极化的程度；磁感应强度 $\boldsymbol{B}$ 和电场强度 $\boldsymbol{E}$ 对应，它们是描述磁场和电场的基本物理量；磁场强度 $\boldsymbol{H}$ 和电位移 $\boldsymbol{D}$ 对应，它们是描述介质中的磁场和电场的辅助物理量. 名称问题是由于历史原因造成的，一定要理解物理量的物理意义.

3. *有磁介质存在时磁场的分析与计算*

当各向同性均匀磁介质和自由电流的分布具有一定对称性时，空间的磁场分布和磁化电流分布可利用 $\boldsymbol{H}$ 的环路定理求出来. 具体方法是：利用 $\boldsymbol{H}$ 的环路定理，由自由电流的分布求出 $\boldsymbol{H}$ 的分布；然后用式(7-11)求出 $\boldsymbol{B}$ 的分布；再由式(7-12)或式(7-3)以及式(7-5)求出磁化电流的分布.

例 7.1　一无限长直螺线管，单位长度上的匝数为 n，螺线管内充满相对磁导率为 μ_r 的均匀磁介质. 给螺线管通以电流 I，求管内磁感应强度和磁介质表面的面磁化电流密度.

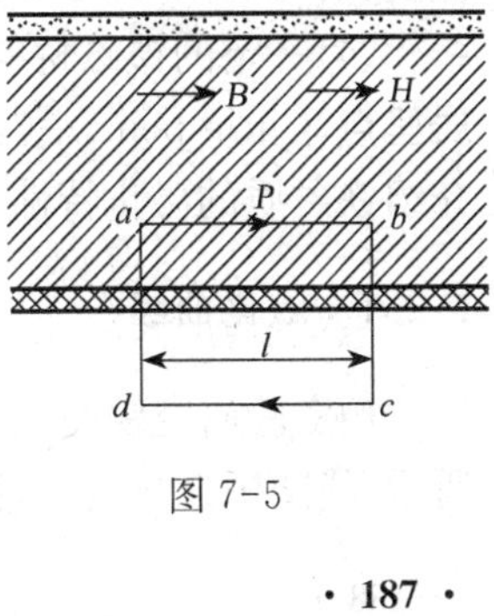

图 7-5

解　如图 7-5 所示，由于螺线管无限长，所以管外的磁场为零，管内磁场均匀而且 $\boldsymbol{B}$ 与 $\boldsymbol{H}$ 均与管的轴线平行. 过管内任一点 P 作一矩形回路 $abcda$，其中 ab, cd 两边与管的轴线平行，长为 l，cd 在管外. 磁场强度 $\boldsymbol{H}$ 沿此回路 L 的环流为

$$\oint_L \boldsymbol{H}\cdot d\boldsymbol{l}=\int_{ab}\boldsymbol{H}\cdot d\boldsymbol{l}+\int_{bc}\boldsymbol{H}\cdot d\boldsymbol{l}+\int_{cd}\boldsymbol{H}\cdot d\boldsymbol{l}+\int_{da}\boldsymbol{H}\cdot d\boldsymbol{l}=Hl.$$

此回路所包围的自由电流为 nlI. 根据 $\boldsymbol{H}$ 的环路定理,有

$$Hl=nlI,$$

由此得

$$H=nI.$$

再利用式(7-11),管内的磁感应强度为

$$B=\mu_0\mu_r H=\mu_0\mu_r nI.$$

上式表明,螺线管内有磁介质时,其磁感应强度是真空时的 μ_r 倍. 对于顺磁质和抗磁质, $\mu_r\approx 1$, 磁感应强度变化不大. 而对于铁磁质,由于 $\mu_r\gg 1$, 所以其磁感应强度比真空时可增大到千百倍以上.

在磁介质的表面上存在着磁化电流,它的方向与螺线管轴线垂直. 以 j' 表示这种磁化电流面密度,则由式(7-3)和式(7-5)可得

$$j'=(\mu_r-1)nI.$$

由此结果可看出: 对于抗磁质,有 $\mu_r<1$,从而 $j'<0$,说明磁化电流方向和传导电流方向相反;对于顺磁质,有 $\mu_r>1$,从而 $j'>0$, 说明磁化电流方向和传导电流方向相同;对于铁磁质,有 $\mu_r\gg 1$, 磁化电流方向和传导电流方向也相同,而且磁化电流面密度比传导电流面密度(nI)大得多,因而可以认为这时的磁场基本上是由铁磁质表面的磁化电流产生的.

7.2 铁 磁 质

在各类磁介质中,应用最广泛的是铁磁性物质. 在 20 世纪初期,铁磁性材料主要用在电机制造业和通信器件中,而随着电子计算机和信息科学的发展,铁磁性材料已广泛应用于信息的储存和记录等方面. 因此,对铁磁性材料磁化性能的研究,无论在理论上还是应用上都有重要的意义. 铁磁质有下列一些特殊的性质.

(1) 能产生特别强的附加磁场,使铁磁质中的磁感应强度远大于真空时的磁感应强度,主要原因是其相对磁导率 μ_r 很大.

(2) 铁磁质中的磁化强度 $\boldsymbol{M}$ 和磁感应强度 $\boldsymbol{B}$ 的方向不总是平行的,大小也不是简单的正比关系,也就是说,铁磁质的磁导率 μ 不是常量,而是与磁场强度 $\boldsymbol{H}$ 有复杂的函数关系.

(3) 磁化强度随外磁场而变,其变化落后于外磁场的变化,而且在外磁场停止作用后,铁磁质仍能保留部分磁性.

(4)一定的铁磁材料存在一特定的临界温度,在此温度时其磁性发生突变,该温度称为**居里点**(Curie point). 当温度在居里点以上时,铁磁质转化为顺磁质. 下面从实验出发,简单介绍铁磁质的磁化特性.

7.2.1 磁化曲线

用实验研究铁磁质的磁化特性时通常把铁磁质试样做成环状,外面绕上线圈,如图 7-6 所示. 线圈中通电流后,铁磁质在电流产生的磁场的作用下被磁化. 当此励磁电流为 I 时,环

中的磁场强度 H 为

$$H=\frac{NI}{2\pi r}.$$

式中，N 为环上线圈的总匝数，r 为环的平均半径. 这时环内的磁感应强度 B 可以用另外的方法测出，于是可得一组对应的 H 和 B 的值，改变电流 I，可以依次测得多组 H 和 B 的值，这样就可以用这些对应值绘出一条 H-B 关系曲线，这样的曲线叫**磁化曲线**(magnetization curve)，它表示了试样的磁化特点.

如果从试样完全没有磁性开始，逐渐增大电流 I，从而逐渐增大 H 时，所得到的磁化曲线叫**起始磁化曲线**(initial magnetization curve)，如图 7-7 所示. H 较小时，B 随 H 成正比地增大，H 再增大时 B 就开始急剧地但也约成正比地增大，接着增大变慢，当 H 增大到某一值后再增大时，B 就几乎不再随 H 增大而增大了，这时铁磁质试样达到了一种**磁饱和**(magnetic saturation)状态.

根据 $\mu_r=\dfrac{B}{\mu_0 H}$，可以求出不同 H 值时的 μ_r 值，μ_r 随 H 变化的关系曲线也对应地画在图 7-7中.

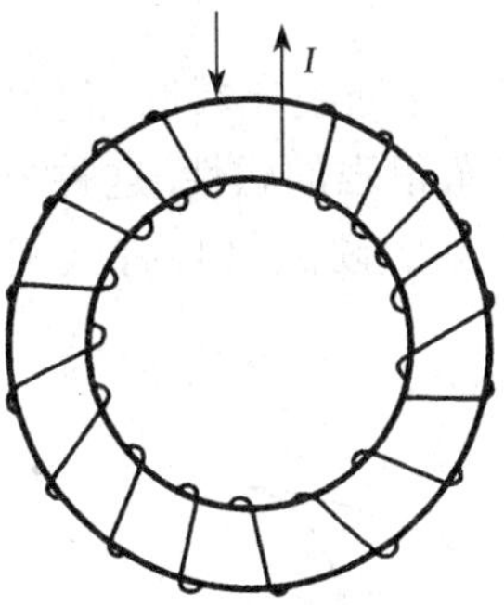

图 7-6　环状铁芯

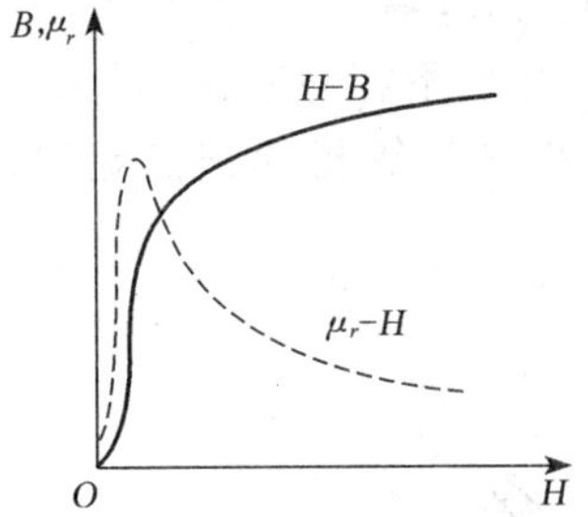

图 7-7　起始磁化曲线和 μ_r 随 H 的变化曲线

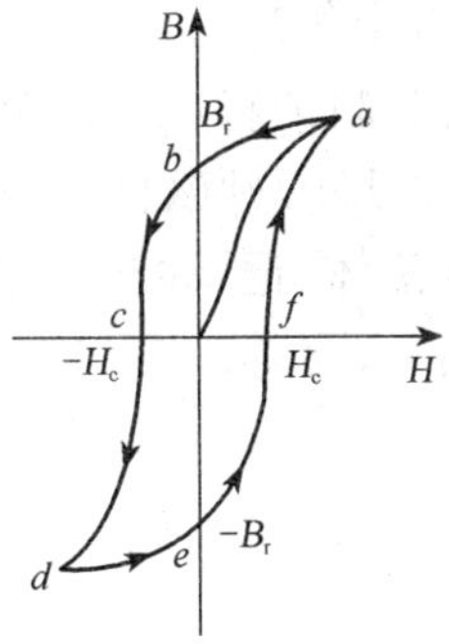

图 7-8　磁滞回线

实验证明，各种铁磁质的起始磁化曲线都是“不可逆”的，即当铁磁质达到磁饱和后，如果再慢慢地减小 H 的值时，铁磁质中的 B 并不沿着起始磁化曲线逆向逐渐减小，而是减小得比原来增加时要慢，如图 7-8 所示 ab 段. 当 $H=0$ 时，B 并不等于 0，而是还保持一定的值. 这种现象叫**磁滞效应**. H 恢复到零时铁磁质内仍保留的磁化状态叫**剩磁**(remanent magnetization)，相应的磁感应强度常用 B_r 表示.

要想把剩磁完全消除，必须改变电流的方向，从而使铁磁质中的磁场强度也反向，当逐渐增大这反向电流使反向磁场强度增大到 $-H_c$ 时，$B=0$(图 7-8 中 bc 段). 使铁磁质中的 B 完全消失的 H_c 值叫铁磁质的**矫顽力**(coercive force).

再继续增大反向电流以增大反向磁场强度 H，可以使铁磁质达到反向的磁饱和状态(cd 段). 将反向电流(亦即反向磁场强度)逐渐减小到零，铁磁质会达到 $-B_r$ 所代表的反向剩磁状态(de 段). 把电流改变为原来的方向并逐渐增大，铁磁质又会经过 H_c 而回到原来的饱和状态(efa 段). 这样，磁化曲线就形成了一条闭合曲线(即图 7-8 中的 $abcdefa$)，这一闭合曲线叫**磁滞回线**(hysteresis loop). 由磁滞回线可以看出,铁磁质的磁化状态并不能由励磁电流或 H 值单值地确定,它还取决于该铁磁质此前的磁化历史.

实验指出,当铁磁质在交变磁场的作用下被反复磁化时,它会发热. 因为铁磁质反复磁化时其内部的分子的状态不断改变,致使分子振动加剧,温度升高. 使分子振动加剧的能量来源于产生磁化场的电流的电源,这部分能量转变成热量而散失掉. 这样,在铁磁质被反复磁化的过程中就要损耗能量,这称为**磁滞损耗**(hysteresis loss). 理论和实验都证明,磁滞回线所包围的面积越大,磁滞损耗也越大. 在电器设备中这种损耗的危害性很大,必须尽量使之减小.

7.2.2 软磁材料和硬磁材料

不同的铁磁质的磁滞回线的形状不同,表示它们具有不同的磁化性能,也就是具有不同的剩磁 B_r 和矫顽力 H_c. 在工程技术上常根据磁滞回线的不同,可以将铁磁性材料分为**软磁材料**(soft ferromagnetic material)和**硬磁材料**(hard ferromagnetic material).

软磁材料的特点是:矫顽力小($H_c < 100$ A/m),磁滞损耗低. 其磁滞回线比较瘦,成细长条形[图 7-9(a)]. 软磁材料容易磁化,也容易退磁,适用于交变磁场,可用来制造变压器、继电器、电磁铁、电机以及各种高频电磁元件的铁芯. 常见的软磁材料有纯铁、硅钢、坡莫合金等.

硬磁材料的特点是:矫顽力大,剩磁 B_r 也大. 因而其磁滞回线比较胖,包围的面积较大[图 7-9(b)]. 硬磁材料经磁化后不容易退磁,而仍能保留很强的磁性. 这种材料适用于制作永久磁体、记录磁带以及电子计算机的记忆元件. 常见的硬磁材料有碳钢、钨钢、铝钢、铝镍钴合金等.

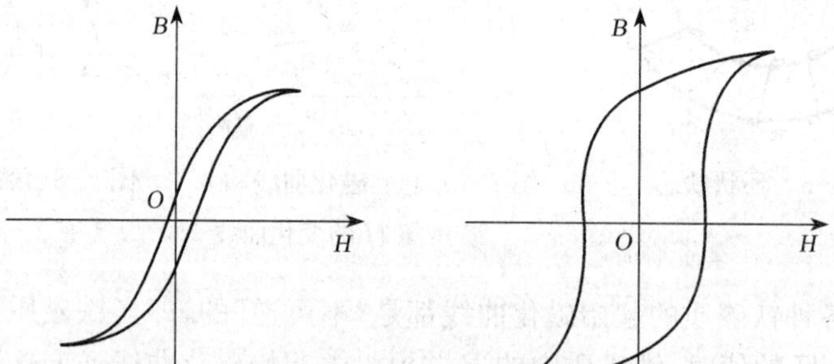

图 7-9　软磁材料和硬磁材料的磁滞回线

此外,铁磁性材料中还有一类材料叫铁氧体材料,它在电子技术中有很广泛的应用.

7.2.3 磁畴理论

铁磁质是一种特殊的顺磁质,然而铁磁质的磁化特性不能用一般的顺磁质的磁化理论来解释,因为铁磁质元素的单个原子和顺磁质元素的单个原子相比,并不具有任何特殊磁性. 例如,铁原子和铬原子的结构大致相同,但铁是典型的铁磁质,而铬是普通的顺磁质. 在技术上甚至还可以用非铁磁性物质来制成具有铁磁性的合金. 另一方面,铁磁质总是固相的，这说明了铁磁性是一种与固体的结构状态有关的性质. 在现代，解释铁磁质磁性起源的理论称为磁畴理论，以下简单介绍其主要观点.

在铁磁质中，相邻原子的电子之间存在着很强的交换耦合作用，这种相互作用促使相邻原子中的电子的自旋磁矩平行地排列起来，形成一个自发磁化达到饱和状态的微小区域(线度约为 10^{-4} m)，这些区域称为**磁畴**(magnetic domain). 在每个磁畴中，所有原子的磁矩全都沿着一个方向排列整齐. 在未磁化的铁磁质中，各磁畴的磁矩的取向是无规则的[图 7-10(a)]，因而整块铁磁质在宏观上没有明显的磁性. 当在铁磁质内加上外磁场并逐渐增大时，那些磁矩方向和外磁场方向相近的磁畴逐渐扩大，而方向相反的磁畴逐渐缩小[图 7-10(b)]. 最后当外磁场增大到一定程度后，所有磁畴的磁矩方向也都指向同一个方向了，这时铁磁质就达到了磁饱和状态. 当外磁场再逐渐减弱到零时，已被磁化的铁磁质内的各个磁畴由于受到阻碍它们转向的摩擦阻力的作用，使它们不能逆着原来的磁化规律恢复到原来的状态，从而使铁磁质内仍留有部分磁性，即表现为剩磁现象.

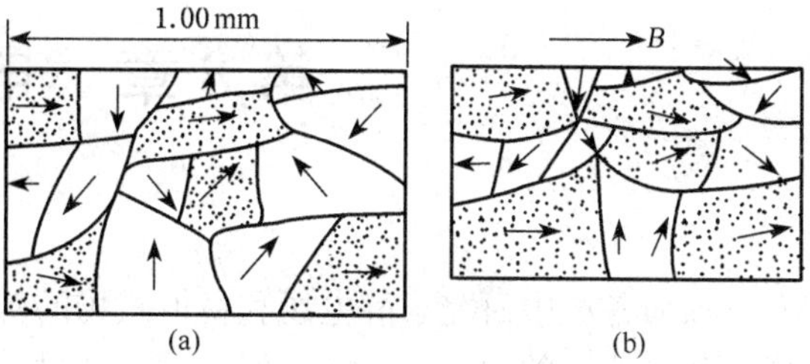

图 7-10　磁畴及其在外磁场作用下的变化

根据磁畴理论的观点，可解释高温和振动的去磁作用. 磁畴的形成是原子中电子的自旋磁矩的自发有序排列，而在高温情况下，分子的热运动则要破坏磁畴内磁矩的有规则排列，当温度达到临界温度时，磁畴全部被破坏，铁磁质也就变为普通的顺磁质了.

习题 7

7.1　一个绕有 500 匝导线的平均周长 50 cm 的细环，载有 0.3 A 电流时，铁芯的相对磁导率 μ_r 为 600，$\mu_0 = 4\mu \times 10^{-7}\ \mathrm{T \cdot m \cdot A^{-1}}$. 求：(1)铁芯中的磁感强度 B；(2)铁芯中的磁场强度 H.

[0.226 T；300 A/M]

7.2　长直电缆由一个圆柱导体和一共轴圆筒状导体组成，两导体中有等值反向均匀电流 I 通过，其间充满磁导率为 μ 的均匀磁介质. 在介质中离中心轴距离为 r 的某点处，求：(1)磁场强度的大小 H；(2)磁感强度的大小 B.

[$I/(2\pi r)$；$\mu I/(2\pi r)$]

7.3　螺绕环中心周长 $l = 10$ cm，环上均匀密绕线圈 $N = 200$ 匝，线圈中通有电流 $I = 100$ mA. 求：

(1) 管内的磁感应强度 B_0 和磁场强度 H_0；

(2) 若管内充满相对磁导率 $\mu_r = 4\,200$ 的磁性物质，则管内的 H 和 B 是多少?

(3) 磁性物质内由磁化电流产生的 B' 是多少?

[200 A/m，2.5×10^{-4} T；200 A/m，1.05 T；1.05 T]

7.4　如图 7-11 所示，一同轴长电缆由两导体组成，内层是半径为 R_1 的圆柱形导体，外层是内、外半径分别为 R_2 和 R_3 的圆筒，两导体上电流等值反向，均匀分布在横截面上，导体磁导率均为 μ_1，两导体中间充满不导电的磁导率为 μ_2 的均匀介质，求各区域中磁感应强度 B 值分布.

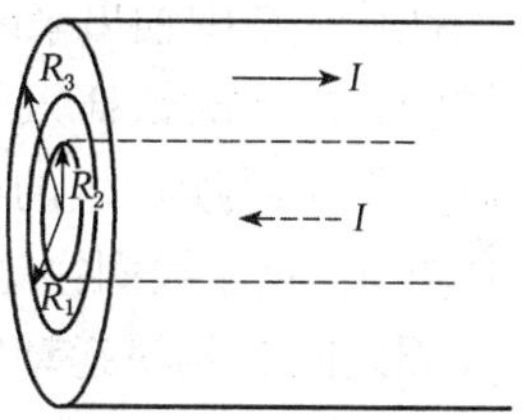

图 7-11

第 8 章　电 磁 感 应

前面各章中研究了静电场和稳恒磁场的基本规律,在表达这些规律的公式中,电场和磁场是各自独立的、互不相关的. 但是,激发电场和磁场的源——电荷和电流却是相互关联的,这就可以联想到电场和磁场之间也一定存在着相互联系、相互制约的关系.

电磁感应现象的发现,不仅阐明了变化磁场能够激发电场这一关系,还进一步揭示了电与磁的内在联系,促进了电磁理论的发展.

本章主要讨论电磁感应现象及其基本规律,并介绍磁场的能量.

8.1　电磁感应定律

8.1.1　电磁感应现象

在 1820 年奥斯特通过实验发现了电流的磁效应后,人们自然想到,既然能够从电得到磁,那么能不能从磁产生电? 或者说能否用磁来产生电流? 从 1822 年起,英国科学家法拉第就开始对这一问题进行了不懈的实验研究. 经过多次的失败和十余年的努力,终于在 1831 年取得了成功,发现了电磁感应现象. 接着他又做了许多这方面的实验,其实验可分为两类: 一类是当磁铁与线圈有相对运动时,线圈中产生了电流;另一类是当一个线圈中电流发生改变时,在它附近的其他线圈中也产生了电流. 法拉第将这些现象与静电感应类比,称之为"**电磁感应**"(eletro-magnetic induction)现象. 电磁感应现象中在线圈里所产生的电流称为**感应电流**(induction current).

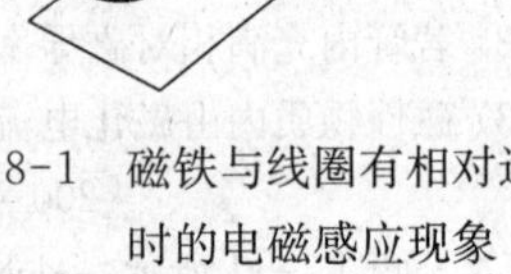

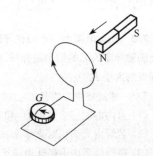

图 8-1　磁铁与线圈有相对运动时的电磁感应现象

如图 8-1 所示,一线圈与电流计连接成闭合回路,当一条形磁铁的 N 极(或 S 极)插入静止的线圈中时,可以观察到电流计指针发生偏转,表明线圈中有感应电流通过. 当插入线圈中的磁铁静止不动时,电流计指针不偏转,而如果把磁铁从线圈中抽出来时,电流计指针又发生偏转,但这时偏转的方向与磁铁插入线圈中时的相反. 这表明,磁铁从线圈中抽出时所产生的感应电流的方向与磁铁插入时所产生的感应电流的方向相反. 当磁铁静止,而让线圈接近或远离磁铁时,也可以观察到上述现象. 实验表明,只有当磁铁与线圈之间有相对运动时,线圈中才会出现感应电流,且相对运动的速度越大,产生的感应电流也越大.

如图 8-2 所示,两个彼此靠得很近的但相对静止的线圈,线圈 1 与电流计相连接,线圈 2 与一个电源及变阻器相连接. 当线圈 2 中的电路接通、断开的瞬间以及改变变阻器连入电路的电阻值而改变电路中的电流强弱时，都可以观察到电流计的指针发生偏转，即在线圈1中产生了感应电流.

上述的两个实验分别属于前述的两类实验，它们的共同点是：通过产生感应电流的线圈所在的闭合回路的磁通量发生了变化. 由此可得，当通过一个闭合导体回路的磁通量发生变化时，在导体回路中就会产生感应电流. 这种现象称为电磁感应现象.

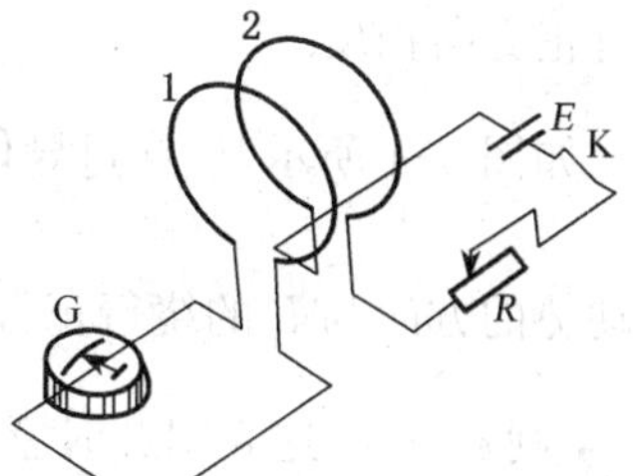

图 8-2 线圈中电流改变时的电磁感应现象

8.1.2 电磁感应规律

法拉第通过对电磁感应现象的大量实验研究，总结出了电磁感应的基本规律. 实质上，导体回路中出现的感应电流只是回路中存在**感应电动势**(induced emf)的具体体现，即由闭合回路中磁通量的变化直接产生的结果是感应电动势. 所以法拉第用感应电动势来表述电磁感应定律：当通过导体回路的磁通量 Φ 发生变化时，在回路中产生的感应电动势的大小 ε 与磁通量对时间的变化率成正比，即

$$\varepsilon = k\frac{\mathrm{d}\Phi}{\mathrm{d}t}.$$

式中，k 为比例系数，在国际单位制中，其值取 1.

1833年，楞次在总结了大量实验结果的基础上，得出了确定电磁感应电流方向的规律，即**楞次定律**(Lenz law). 其表述如下：感应电流在回路中产生的磁场总是阻碍引起感应电流的磁通量的变化.

考虑了楞次定律之后，电磁感应规律的一般表达式可写成

$$\varepsilon = -\frac{\mathrm{d}\Phi}{\mathrm{d}t}. \tag{8-1}$$

式(8-1)称为**法拉第电磁感应定律**(Faraday law of electromagnetic induction)的一般表达式. 这里已将比例系数 k 的值取为1，因而在使用式(8-1)时公式中各量的单位要采用国际单位，即磁通量的单位是韦伯(Wb)，时间的单位是秒(s)，电动势的单位是伏特(V). 于是有

$$1\ \mathrm{V} = 1\ \mathrm{Wb/s}.$$

式(8-1)中的负号就是楞次定律的具体表现，它反映了感应电动势的方向与磁通量变化的关系. 在判定感应电动势的方向时，首先应规定：闭合导体回路 L 的绕行正方向与磁通量的正方向(即磁力线方向)满足右手螺旋关系，如图8-3所示. 然后根据计算出的电动势 ε 的正负来判定其实际方向：当 $\varepsilon > 0$ 时，实际的电动势方向与规定的 L 绕行正方向相同；当 $\varepsilon < 0$ 时，实际的电动势方向与规定的 L

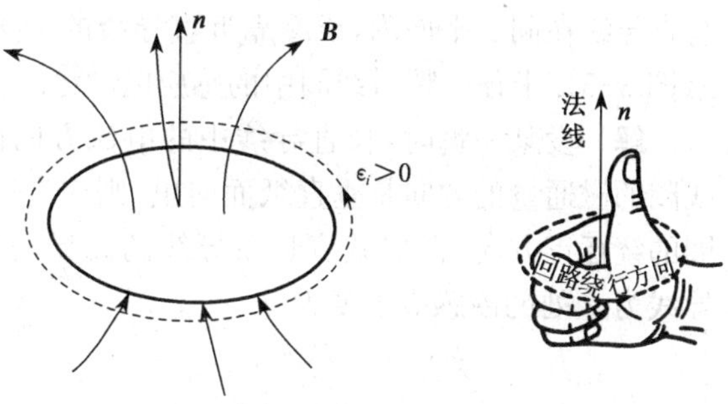

图 8-3 感应电动势的正方向与磁通曲面的正法线 $\boldsymbol{n}$ 方向间的关系

绕行正方向相反.

如图 8-4 所示,当穿过导体回路 L 的磁通量增大时,$\frac{d\Phi}{dt}>0$,则 $\varepsilon<0$,这表明此时感应电动势的方向与 L 的绕行正方向相反[图 8-4(a)];当穿过导体回路 L 的磁通量减小时,$\frac{d\Phi}{dt}<0$,则 $\varepsilon>0$,这表明此时感应电动势的方向与 L 的绕行正方向相同[图 8-4(b)].

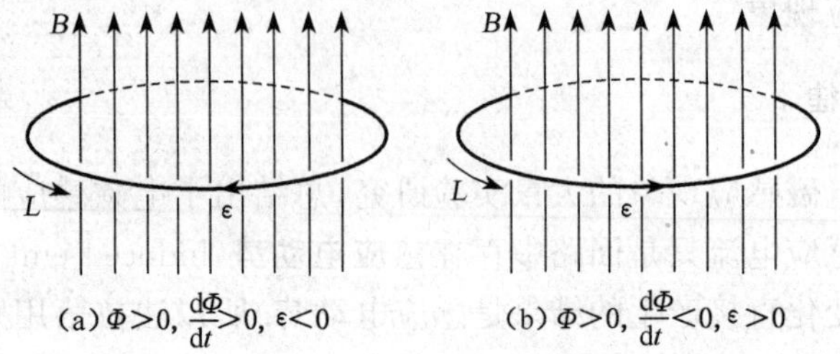

图 8-4　电动势方向与磁通量变化的关系

实际中所用的线圈通常是由许多匝串联而成的.在这种情况下,在整个线圈中产生的感应电动势应是每匝线圈中产生的感应电动势之和.当穿过各匝线圈的磁通量分别为 Φ_1, Φ_2, …, Φ_n 时,总电动势则为

$$\varepsilon=-\left(\frac{d\Phi_1}{dt}+\frac{d\Phi_2}{dt}+\cdots+\frac{d\Phi_n}{dt}\right)=-\frac{d}{dt}\left(\sum_{i=1}^{n}\Phi_i\right)=-\frac{d\Psi}{dt}. \tag{8-2}$$

式中,$\Psi=\sum_{i=1}^{n}\Phi_i$ 是穿过各匝线圈的磁通量的总和,称为穿过线圈的**全磁通**(tatal magnetic flux).当穿过各匝线圈的磁通量相等时,N 匝线圈的全磁通为 $\Psi=N\Phi$,称为**磁链**(magnetic flux linkage),这时

$$\varepsilon=-\frac{d\Psi}{dt}=-N\frac{d\Phi}{dt}. \tag{8-3}$$

例 8.1　一长直导线中通有交变电流 $I=I_0\sin\omega t$, I_0 和 ω 都是常量.在长直导线旁平行放置一长为 a,宽为 b 的矩形线圈,线圈面与直导线在同一平面内,线圈靠近直导线的一边到直导线的距离为 d(图 8-5).求任一瞬时线圈中的感应电动势.

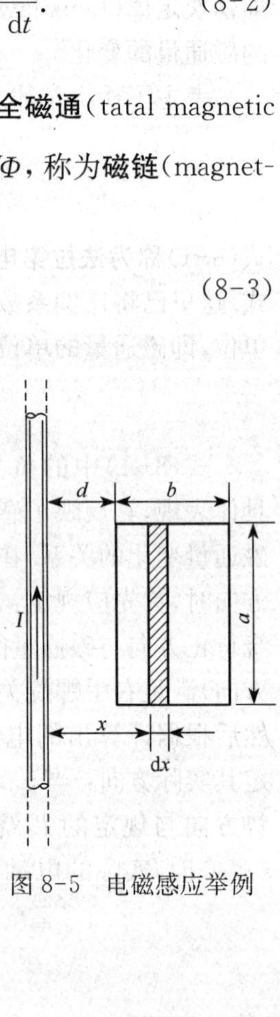

图 8-5　电磁感应举例

解　设某一瞬时,长直导线中的电流方向向上,这时通过矩形线圈的磁通量的方向是垂直纸面向里,则应选顺时针方向为矩形线圈的绕行正方向.根据载流长直导线的磁场的计算公式,可得距直导线为 x 处的磁感应强度为

$$B=\frac{\mu_0 I}{2\pi x}.$$

通过图中阴影面积 $dS=a\,dx$ 的磁通量为

$$d\Phi = BdS = \frac{\mu_0 I}{2\pi x} a\,dx,$$

则通过整个线圈的磁通量为

$$\Phi = \int d\Phi = \int_d^{d+b} \frac{\mu_0 a I}{2\pi} \frac{dx}{x} = \frac{\mu_0 a I_0 \sin \omega t}{2\pi} \ln \frac{d+b}{d}.$$

由于电流随时间的变化而变化，通过线圈的磁通量也随时间的变化而变化，故线圈中的感应电动势为

$$\varepsilon = -\frac{d\Phi}{dt} = -\frac{\mu_0 a I_0 \omega}{2\pi} \ln \frac{d+b}{d} \cos \omega t.$$

从上式可知，线圈中的感应电动势随时间的变化按余弦规律变化，当 $\cos \omega t > 0$ 时，$\varepsilon < 0$，电动势的方向与矩形线圈的绕行正方向相反，即为逆时针方向；当 $\cos \omega t < 0$ 时，$\varepsilon > 0$，电动势的方向与矩形线圈的绕行正方向相同，即为顺时针方向.

8.2　动生电动势

根据法拉第电磁感应定律，只要穿过一个闭合回路的磁通量发生变化时，回路中就产生感应电动势. 而引起磁通量变化的原因可分为两类，一是磁场不随时间变化而导体运动，即导体与磁场之间有相对运动；二是磁场随时间变化而导体与磁场之间无相对运动. 第二种情形在下节讨论，本节讨论第一种情形时在导体中产生的感应电动势，这种感应电动势叫**动生电动势**(motional emf).

8.2.1　动生电动势产生的原因

如图 8-6 所示，一个矩形导体回路 $abcda$，可动边 ab 的长为 l，以恒定的速度 $\boldsymbol{v}$ 在垂直于均匀磁场 $\boldsymbol{B}$ 的平面内向右运动，且运动方向与 ab 垂直，其余三边不动. 设某一时刻 ab 边运动到与 cd 边的距离为 x，此时穿过回路所围面积的磁通量为

$$\Phi = BS = Blx.$$

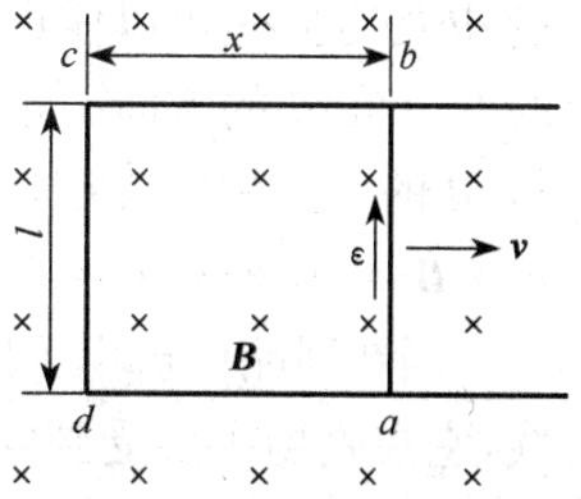

图 8-6　动生电动势

随着 ab 边的向右运动，回路所围的面积增大，因而穿过回路的磁通量也发生变化. 则由法拉第电磁感应定律，可得感应电动势的大小为

$$|\varepsilon| = \frac{d\Phi}{dt} = \frac{d}{dt}(Blx) = Bl\frac{dx}{dt} = Blv. \tag{8-4}$$

电动势的方向可由楞次定律判定为逆时针方向.

由于只有 ab 边运动，所以此电动势应归之于 ab 的运动，因而只在 ab 中产生. 这时 ab 中电动势的方向是由 a 到 b 的方向，它也可以用右手定则判断：伸平右手掌并使拇指与其余四指垂直，让磁力线垂直穿入掌心，拇指指向导体运动方向，则四指所指方向即为感应电

动势的方向.

ab 边在回路中相当于电源，由于在电源内部电动势的方向是由低电势处指向高电势处，所以在 ab 上，b 点电势高于 a 点电势.

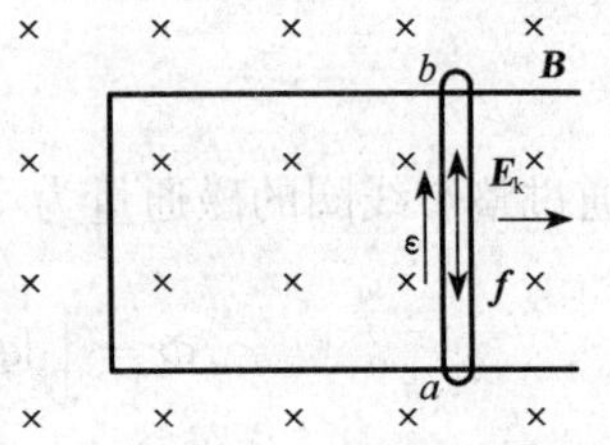

图 8-7　动生电动势与洛伦兹力

电源的电动势是在电源中非静电力作用的表现，引起动生电动势的非静电力是洛伦兹力. 如图 8-7 所示，当 ab 以速度 $\boldsymbol{v}$ 向右运动时，ab 内的自由电子被携带着以同一速度 $\boldsymbol{v}$ 向右运动，因而每个电子都受到洛伦兹力 $\boldsymbol{f}$ 的作用为

$$\boldsymbol{f} = e\boldsymbol{v} \times \boldsymbol{B}. \tag{8-5}$$

这个作用力可以看做是某个非静电场 $\boldsymbol{E}_k = \dfrac{\boldsymbol{f}}{e} = \boldsymbol{v} \times \boldsymbol{B}$ 的作用力，则根据电动势的定义，在 ab 中由该非静电场所产生的电动势为

$$\varepsilon_{ab} = \int_a^b \boldsymbol{E}_k \cdot \mathrm{d}\boldsymbol{l} = \int_a^b (\boldsymbol{v} \times \boldsymbol{B}) \cdot \mathrm{d}\boldsymbol{l}.$$

由于 $\boldsymbol{v}$, $\boldsymbol{B}$ 和 $\mathrm{d}\boldsymbol{l}$ 相互垂直，所以上式积分的结果为

$$\varepsilon_{ab} = Blv.$$

这一结果与式(8-4)相同.

在一般情况下，磁场可以不均匀，导线在磁场中运动时各部分的速度也可以不同，$\boldsymbol{v}$, $\boldsymbol{B}$ 和 $\mathrm{d}\boldsymbol{l}$ 也可以不相互垂直，这时运动导线 L 内总的动生电动势的计算公式为

$$\varepsilon = \int_L (\boldsymbol{v} \times \boldsymbol{B}) \cdot \mathrm{d}\boldsymbol{l}. \tag{8-6}$$

使用式(8-6)时，要注意 $\boldsymbol{v}$, $\boldsymbol{B}$ 和 $\mathrm{d}\boldsymbol{l}$ 三个矢量的方向以及叉乘矢量的方向. 这里线元矢量 $\mathrm{d}\boldsymbol{l}$ 的方向是可以任意选定的，当 $\mathrm{d}\boldsymbol{l}$ 与 $\boldsymbol{v} \times \boldsymbol{B}$ 间的夹角为锐角时，$\varepsilon > 0$，表示动生电动势的方向与 $\mathrm{d}\boldsymbol{l}$ 的方向一致；当 $\mathrm{d}\boldsymbol{l}$ 与 $\boldsymbol{v} \times \boldsymbol{B}$ 间的夹角为钝角时，$\varepsilon < 0$，表示动生电动势的方向与 $\mathrm{d}\boldsymbol{l}$ 的方向相反. 特别地，当 $\boldsymbol{v}$ 和 $\boldsymbol{B}$ 平行时，即导线在磁场中运动而没有切割磁力线时，因 $\boldsymbol{v} \times \boldsymbol{B} = 0$，所以 $\varepsilon = 0$，这时在导线中不产生动生电动势.

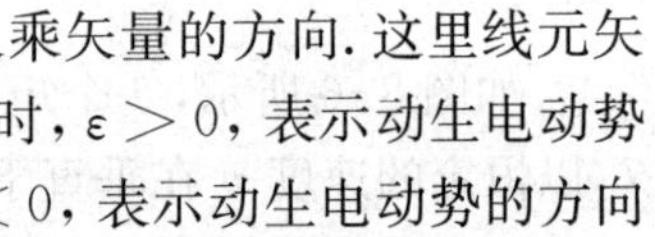

图 8-8　能量转换

当在回路中产生了感应电流 I 之后，ab 也就成为载流导线，它在磁场中要受到安培力 $\boldsymbol{F}$ 的作用，其大小为 $F = BIl$，其方向为垂直于 ab 向左. 所以，要维持 ab 向右做匀速运动，使在 ab 上产生恒定的电动势，从而在回路中产生恒定的感应电流，就必须在 ab 上施加一个大小相等而方向向右的外力 $F_外$ (图 8-8). 外力克服安培力而要做功，其功率为

$$P_外 = F_外 v = IBlv.$$

在回路中由于存在感应电流而得到的电功率或说电动势做功的功率为 $P = I\varepsilon = IBlv$，这正好等于外力提供的功率. 由此知道，电路中感应电动势所提供的电能是由外力做功所消耗的机械能转换而来的.

根据以上讨论我们知道，导线在磁场中运动时产生的感应电动势是洛伦兹力作用的结果. 然而洛伦兹力对运动电荷不做功，而感应电动势是要做功的，这好像是矛盾的. 如何解决这个矛盾？可以这样来解释，如图 8-9 所示，自由电子随同导线 ab 以速度 $\boldsymbol{v}$ 运动，而所受到的洛伦兹力 $\boldsymbol{f}$ 由式(8-5)给出，在这个力的作用下，电子将以速度 $\boldsymbol{v}'$ 沿导线运动，而速度 $\boldsymbol{v}'$ 的存在又使电子受到一个垂直于导线的洛伦兹力 $\boldsymbol{f}'$ 的作用，$\boldsymbol{f}' = e\boldsymbol{v}' \times \boldsymbol{B}$. 电子所受洛伦兹力的合力为 $\boldsymbol{F}_{洛} = \boldsymbol{f} + \boldsymbol{f}'$，电子运动的合速度为 $\boldsymbol{v} = \boldsymbol{v} + \boldsymbol{v}'$，则洛伦兹力合力做功的功率为

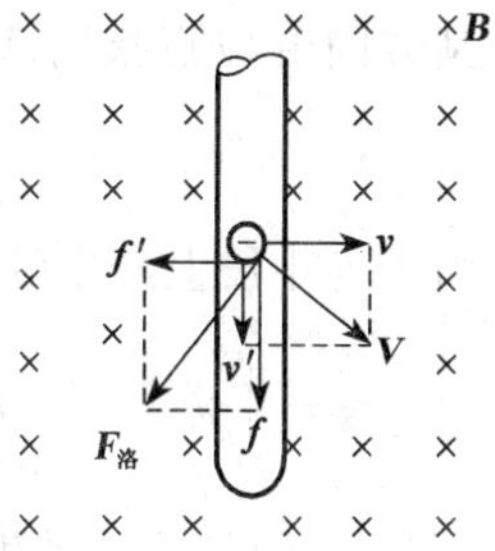

图 8-9 洛伦兹力不做功

$$\boldsymbol{F}_{洛} \cdot \boldsymbol{v} = (\boldsymbol{f} + \boldsymbol{f}') \cdot (\boldsymbol{v} + \boldsymbol{v}') = \boldsymbol{f} \cdot \boldsymbol{v} + \boldsymbol{f} \cdot \boldsymbol{v}' + \boldsymbol{f}' \cdot \boldsymbol{v} + \boldsymbol{f}' \cdot \boldsymbol{v}'$$
$$= \boldsymbol{f} \cdot \boldsymbol{v}' + \boldsymbol{f}' \cdot \boldsymbol{v} = -evBv' + ev'Bv = 0.$$

这一结果表明，洛伦兹力合力做功为零，这与我们所知的洛伦兹力不做功的结论一致. 从上式中看到：$\boldsymbol{f} \cdot \boldsymbol{v}' + \boldsymbol{f}' \cdot \boldsymbol{v} = 0$，即 $\boldsymbol{f} \cdot \boldsymbol{v}' = -\boldsymbol{f}' \cdot \boldsymbol{v}$.

为了使电子匀速运动，必须有外力 $\boldsymbol{f}_{外}$ 作用在电子上，使之与 $\boldsymbol{f}'$ 平衡，即 $\boldsymbol{f}_{外} = -\boldsymbol{f}'$. 因此，$\boldsymbol{f} \cdot \boldsymbol{v}' = \boldsymbol{f}'_{外} \cdot \boldsymbol{v}$，此等式左侧是洛伦兹力的一个分力 $\boldsymbol{f}$ 使电荷沿导线运动所做的功，宏观上对应感应电动势驱动电荷的功，形成动生电动势；等式右侧是在同一时间内外力反抗洛伦兹力的另一个分力 $\boldsymbol{f}'$ 做的功，宏观上对应外力拉动导线做的功. 洛伦兹力在这里起了一个转换者的作用，此时的能量转换关系是：外力克服阻力 $\boldsymbol{f}'$ 做正功输入机械能，再通过另一个分力 $\boldsymbol{f}$，转化为感应电流的电能，即机械能转化为电能.

8.2.2 动生电动势的计算

计算动生电动势的步骤如下.

(1) 先选定导线 L 的正方向及导线上任意微元 $\mathrm{d}\boldsymbol{l}$；

(2) 确定微元 $\mathrm{d}\boldsymbol{l}$ 的运动速度 $\boldsymbol{v}$ 及其作用在 $\mathrm{d}\boldsymbol{l}$ 上的磁场 $\boldsymbol{B}$；

(3) 确定微元 $\mathrm{d}\boldsymbol{l}$ 上的动生电动势 $\mathrm{d}\varepsilon = (\boldsymbol{v} \times \boldsymbol{B}) \cdot \mathrm{d}\boldsymbol{l}$ 的值；

(4) 对动生电动势积分，可计算得到动生电动势的大小及其方向.

注意：首先，要正确确定积分区间的值；其次，如果导线是闭合回路，则既可用上述方法求解，也可以用法拉第电磁感应定律来计算动生电动势的大小及其方向. 甚至有时可以添加辅助线形成闭合回路，然后用法拉第电磁感应定律来计算闭合回路的电动势.

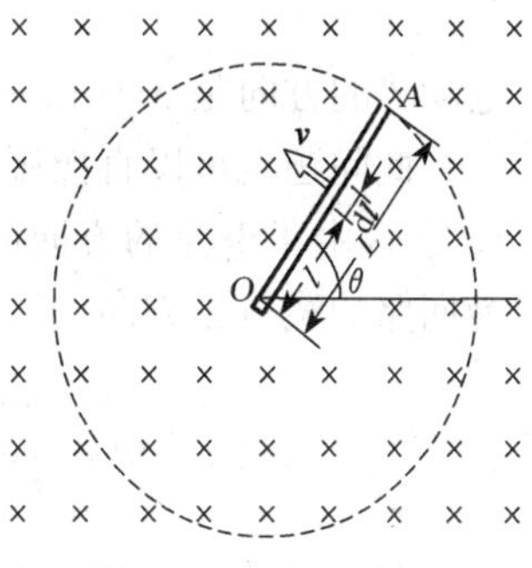

图 8-10

例 8.2 如图 8-10 所示，匀强磁场的方向垂直于纸面向内，磁感应强度 $B = 0.01$ T. 一铜棒 OA 长 $L = 50$ cm，以 $\omega = 100\pi$ rad/s 的角速度绕垂直于纸面且通过 O 的轴逆时针方向转动. 求铜棒中所产生的动生电动势，O 点和 A 点之间的电势差.

解 当铜棒做匀速转动时，铜棒上各点的速度不相同，因此必须划分小段来考虑. 在铜棒上距 O 点为 l 处取长度元 $\mathrm{d}\boldsymbol{l}$，

其方向由 O 点指向 A 点，此长度元的速度大小为 $v=\omega l$，则在长度元 $\mathrm{d}\boldsymbol{l}$ 上的动生电动势为

$$\mathrm{d}\varepsilon=(\boldsymbol{v}\times\boldsymbol{B})\cdot\mathrm{d}\boldsymbol{l}=-vB\mathrm{d}l=-B\omega l\,\mathrm{d}l.$$

由于各小段上产生的动生电动势的方向相同，所以铜棒中总的动生电动势为

$$\varepsilon=\int\mathrm{d}\varepsilon=-\int_0^L B\omega l\,\mathrm{d}l=-\frac{1}{2}B\omega L^2=-\frac{1}{2}\times0.01\times100\pi\times0.5^2=-0.39(\mathrm{V}).$$

因为 $\varepsilon<0$，表示动生电动势的方向与 $\mathrm{d}\boldsymbol{l}$ 的方向相反，即由 A 点指向 O 点，则 O 点电势高于 A 点电势，O 点与 A 点之间的电势差为

$$U_{OA}=0.39\ \mathrm{V}.$$

例 8.3 如图 8-11 所示，一长直导线中通有向上的稳恒电流 I. 在长直导线旁平行放置一线圈 $ABCD$，AB 边可在两导轨 CE，DF 上滑动，线圈面与直导线在同一平面内，线圈靠近直导线的一边到直导线的距离为 d，AB 边长为 a. 当 AB 边以速度 $\boldsymbol{v}$ 匀速向下运动，而其余三边静止不动时，求线圈中的感应电动势.

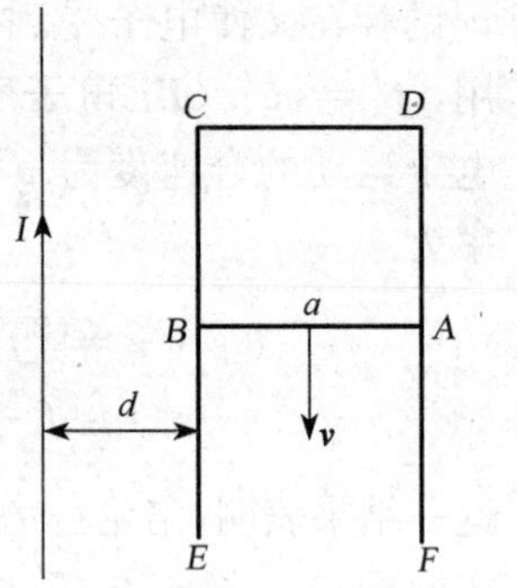

图 8-11

解 整个线圈中只有 AB 边运动，故 AB 边中产生的动生电动势就是线圈中的感应电动势. 又由于 AB 边处于非均匀磁场中，因此要求 AB 边的动生电动势就必须将它分成很多长度元 $\mathrm{d}x$，这样在每一个长度元上可以把磁场当做是均匀的. 距直导线为 x 处的磁感应强度大小为

$$B=\frac{\mu_0 I}{2\pi x},$$

则在长度元 $\mathrm{d}x$ 上产生的动生电动势的大小为 $\mathrm{d}\varepsilon=Bv\mathrm{d}x=\frac{\mu_0 Iv}{2\pi}\frac{\mathrm{d}x}{x}.$

由于所有长度元上产生的动生电动势的方向相同，所以 AB 中产生的动生电动势为

$$\varepsilon=\int\mathrm{d}\varepsilon=\int_d^{d+a}\frac{\mu_0 Iv}{2\pi}\frac{\mathrm{d}x}{x}=\frac{\mu_0 Iv}{2\pi}\ln\frac{d+a}{d}.$$

电动势的方向是从 B 指向 A，即 A 电势高于 B 点电势.

此问题也可以直接用法拉第电磁感应定律来求解. 设在某一时刻，矩形线圈的可变边的长为 y，由于电流的方向向上，通过线圈的磁通量方向垂直于纸面向内，故选取顺时针方向为回路的绕行正方向. 通过矩形线圈 $ABCD$ 所围面积的磁通量为

$$\Phi=\int\mathrm{d}\Phi=\int\boldsymbol{B}\cdot\mathrm{d}\boldsymbol{S}=\int_d^{d+a}\frac{\mu_0 I}{2\pi x}y\,\mathrm{d}x=\frac{\mu_0 Iy}{2\pi}\ln\frac{d+a}{d},$$

则线圈中的感应电动势为

$$\varepsilon=-\frac{\mathrm{d}\Phi}{\mathrm{d}t}=-\frac{\mu_0 I}{2\pi}\frac{\mathrm{d}y}{\mathrm{d}t}\ln\frac{d+a}{d}=-\frac{\mu_0 Iv}{2\pi}\ln\frac{d+a}{d}.$$

负号表示电动势的方向与选定的回路绕行正方向相反，即线圈中感应电动势的方向为逆时针方向，亦即在 AB 中是从 B 指向 A. 此方法所得结果与上面一致.

8.3　感生电动势　感生电场

8.3.1　感生电动势产生的原因

本节讨论引起导体回路中磁通量变化的另一种情形. 一个静止的导体回路，当它所包围的空间的磁场发生变化时，穿过它的磁通量也会发生变化，这时回路中也会产生感应电动势，这种感应电动势称为**感生电动势**(induced emf). 它与磁通量变化的关系也由式(8-1)表示.

产生动生电动势的非静电力是洛伦兹力，而产生感生电动势的非静电力就不可能是洛伦兹力，因为这时导体中的自由电子相对于磁场没有定向运动. 那么产生感生电动势的非静电力是什么力？法拉第当时在研究电磁感应现象时，只着重于导体回路中感应电动势的产生，而对感生电动势产生的机制没有提出合理的解释. 麦克斯韦在仔细分析研究后认为：导体回路中产生感生电动势而形成感生电流，说明导体中原来宏观静止的自由电子受到了非静电力，而静止电荷这时所受到的力只能是电场力. 所以他提出假设：变化的磁场在其周围激发了一种电场，这种电场称为**感生电场**(induced electric field). 当闭合导体处在变化的磁场中时，导体中的自由电荷就受到这种感生电场的电场力的作用，从而在导体回路中引起感生电动势和感生电流. 以 $\boldsymbol{E}_{感}$ 表示感生电场，则根据电动势的定义，在一个导体回路 L 中产生的感应电动势应为

$$\varepsilon=\oint_L \boldsymbol{E}_{感}\cdot \mathrm{d}\boldsymbol{l}.$$

而根据法拉第电磁感应定律式(8-1)应该有

$$\varepsilon=-\frac{\mathrm{d}\Phi}{\mathrm{d}t}=-\frac{\mathrm{d}}{\mathrm{d}t}\iint_S \boldsymbol{B}\cdot\mathrm{d}\boldsymbol{S}=-\iint_S\frac{\partial \boldsymbol{B}}{\partial t}\cdot\mathrm{d}\boldsymbol{S}.$$

式中，S 为导体回路 L 所包围的面积. 则综合以上两式有

$$\oint_L \boldsymbol{E}_{感}\cdot\mathrm{d}\boldsymbol{l}=-\iint_S\frac{\partial \boldsymbol{B}}{\partial t}\cdot\mathrm{d}\boldsymbol{S}. \tag{8-7}$$

式(8-7)的右边表示产生感生电动势的原因，或者说是产生感生电场 $\boldsymbol{E}_{感}$ 的原因，从物理意义上来讲，它就是通过导体回路所包围的面积 S 的磁通量对时间变化率的负值；等式的左边表示磁场变化$\frac{\partial \boldsymbol{B}}{\partial t}$所引起的结果，即感生电动势的产生或感生电流的产生，从物理意义上讲，它是感生电场沿回路 L 的环流. 此式表明，感生电场的环流不等于零，即感生电场有旋场，所以感生电场通常又称为**涡旋电场**(vortical electric field). 式中负号表明了感生电场$\boldsymbol{E}_{感}$与$\frac{\partial \boldsymbol{B}}{\partial t}$成左手螺旋关系，显然它与用楞次定律判断的感应电动势的方向是一致的.

从场的观点来看，场的存在并不取决于空间是否有导体回路存在，变化的磁场总是在空

间激发电场. 因此,式(8-7)是普遍适用的. 也就是说,当空间中有导体存在时,导体中的自由电荷就会在感生电场的作用下形成感生电动势,而如果导体形成闭合回路时,又会形成感生电流;如果空间中没有导体时,就没有感生电动势和感生电流. 但是变化的磁场所激发的电场还是客观存在的. 麦克斯韦所提出的这个假设已被近代的科学实验所证实,如电子感应加速器的基本原理就是用变化的磁场所激发的电场来加速电子的.

这样,在自然界中存在着两种性质不同的电场:静电场和感生电场. 那么感生电场与静电场有什么相同和不同呢?实验证明无论静电场还是感生电场都能对场中的电荷施以作用力,这是它们的相同点. 所不同的,首先是产生原因不同:静电场是由静止电荷激发的,而感生电场却是由变化的磁场激发的. 其次,静电场和感生电场的性质也不同,主要有以下几个方面.

(1) 静电场是保守场,沿任意闭合回路电场强度的环流恒为零,即$\oint_L \boldsymbol{E}\cdot \mathrm{d}\boldsymbol{l}=0$;而感生电场沿任意闭合回路的环流一般不为零,即$\oint_L \boldsymbol{E}_{\mathrm{k}}\cdot \mathrm{d}\boldsymbol{l}=-\dfrac{\mathrm{d}\Phi}{\mathrm{d}t}$,故感生电场是非保守场或非势场. 因此,通常不引进势的概念(注意,对不形成回路的导体棒,由于两端堆积电荷,仍有电势差,但这电势差是由静电力引起的).

(2) 静电场的电场线起始于正电荷,终止于负电荷,是有头有尾的. 由静电场的高斯定理$\oiint_S \boldsymbol{E}\cdot \mathrm{d}\boldsymbol{S}=\dfrac{\sum q}{\varepsilon_0}$,静电场对任意闭合曲面的通量可以不为零,它是有源场;而感生电场的电场线是闭合的,无头无尾的,故感生电势又称涡旋电场. 感生电场对任意闭合曲面的通量必然为零,即

$$\oiint_S \boldsymbol{E}_{感}\cdot \mathrm{d}\boldsymbol{S}=0.$$

上式就是感生电场的高斯定理,它说明感生电场是无源场.

在一般情况下,空间的电场可能既有静电场$\boldsymbol{E}_{静}$,又有感生电场$\boldsymbol{E}_{感}$. 根据叠加原理,总电场$\boldsymbol{E}$沿任一闭合路径L的环流应是静电场的环流与感生电场的环流之和. 由于前者为零,所以$\boldsymbol{E}$的环流就等于$\boldsymbol{E}_{感}$的环流,即

$$\oint_L \boldsymbol{E}\cdot \mathrm{d}\boldsymbol{l}=-\iint_S \frac{\partial \boldsymbol{B}}{\partial t}\cdot \mathrm{d}\boldsymbol{S}. \tag{8-8}$$

式(8-8)是关于磁场和电场关系的一个普遍的基本规律.

8.3.2 感生电场及感生电动势的计算

对具有一定对称性分布的变化磁场,我们可以利用式(8-7)计算感生电场的场强$\boldsymbol{E}_{感}$,并进而根据电动势的定义式计算变化磁场中任意形状的导体L上的感生电动势

$$\varepsilon=\int_L \boldsymbol{E}_{感}\cdot \mathrm{d}\,\boldsymbol{l}. \tag{8-9}$$

例 8.4 电子感应加速器是利用感生电场来加速电子的一种设备. 它的柱形电磁铁在两极间产生磁场(图8-12),在磁场中放置一个环形真空管道作为电子运行的轨道. 当磁场

发生变化时，就会沿管道方向产生感生电场，射入其中的电子就受到此感生电场的持续作用而被不断加速. 设环形真空管的轴线半径为 r，求磁场变化时沿环形真空管轴线的感生电场.

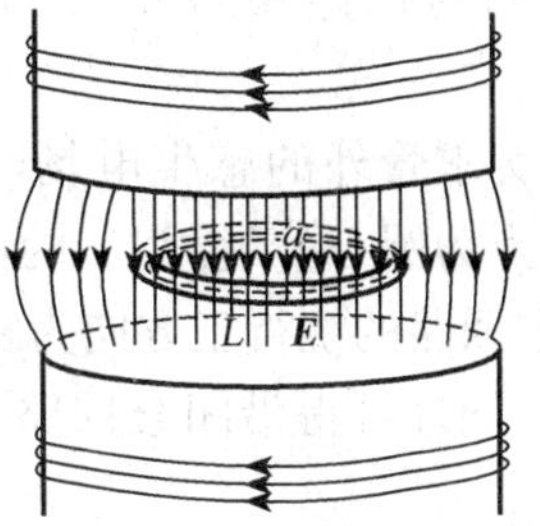

图 8-12　电子感应加速器示意图

解　由磁场分布的轴对称性可知，感生电场的分布也具有轴对称性，沿环管轴线上各处的电场强度大小相等，方向都沿轴线的切线方向. 则沿此轴线的感生电场的环流为

$$\oint_L \boldsymbol{E}_{感} \cdot \mathrm{d}\boldsymbol{l} = E_{感} \cdot 2\pi r.$$

以 B 表示环管轴线所围绕的面积上的平均磁感应强度，则通过此面积的磁通量为

$$\Phi = BS = B\pi r^2.$$

由式(8-7)可得
$$E_{感} \cdot 2\pi r = -\frac{\mathrm{d}\Phi}{\mathrm{d}t} = -\pi r^2 \frac{\mathrm{d}B}{\mathrm{d}t}.$$

由此得
$$E_{感} = -\frac{r}{2}\frac{\mathrm{d}B}{\mathrm{d}t}.$$

例 8.5　半径为 R 无限长螺线管的电流随时间作线性变化 $\left(\frac{\mathrm{d}I}{\mathrm{d}t} = 常数\right)$ 时，其内部的磁感应强度 B 也随时间作线性变化，已知 $\frac{\mathrm{d}B}{\mathrm{d}t} = b$. 试求：(1) 管内外的感生电场；(2) 若在螺线管内横截面上放一长为 L 的直导线 MN，螺线管轴线到直导线的距离为 h，如图 8-13 所示. 求直导线 MN 上产生的感生电动势.

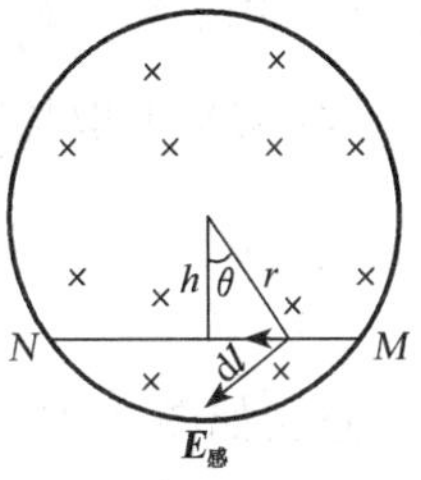

图 8-13

解　(1) 无限长螺线管的磁场在管内为方向平行于管轴的均匀场，而在管外的磁场为零，即磁场分布具有轴对称性，则感生电场的分布也具有轴对称性. 在管内作一以管轴上一点为圆心，半径为 r 的圆周 L 作为积分回路，取回路的绕行正方向为顺时针方向[图 8-14(a)]. 则在 L 上各处的电场强度大小应相等，而方向都沿圆周的切线方向. 因而沿闭合回路 L 的感生电场的环流为

$$\oint_L \boldsymbol{E}_{感} \cdot \mathrm{d}\boldsymbol{l} = \boldsymbol{E}_{感} \cdot 2\pi r.$$

而通过闭合回路 L 所围面积的磁通量为　$\Phi = BS = B\pi r^2.$

由式(8-7)可得
$$E_{感} \cdot 2\pi r = -\frac{\mathrm{d}\Phi}{\mathrm{d}t} = -\pi r^2 \frac{\mathrm{d}B}{\mathrm{d}t} = -\pi r^2 b.$$

由此得螺线管内部的感生电场为
$$E_{感} = -b\frac{r}{2} \quad (r < R).$$

可见，在螺线管内部的感生电场与距管轴的距离 r 成正比. 如果 $b > 0$，则 $E_{感} < 0$，表示感生电场的方向与回路绕行正方向相反，即为逆时针方向；如果 $b < 0$，则 $E_{感} > 0$，表示感生电场

的方向与回路绕行正方向相同，即为顺时针方向.

为求管外的感生电场，在管外作一以管轴上一点为圆心，半径为 r 的圆周 L' 作为积分回路，取回路的绕行正方向为顺时针方向[图 8-14(b)]. 同理可得沿闭合回路 L' 的感生电场的环流为

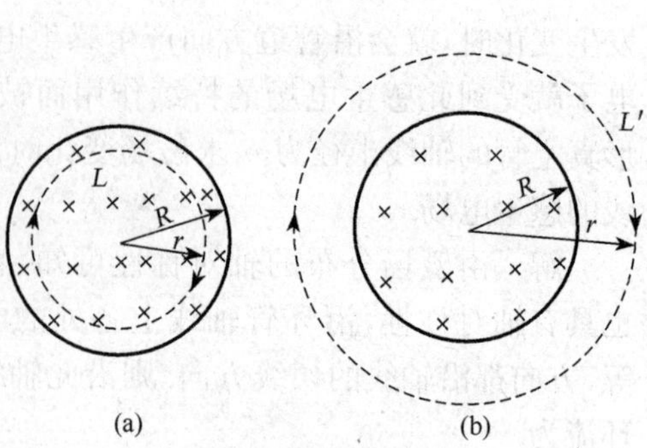

图 8-14

$$\oint_{L'} \boldsymbol{E}_{感} \cdot \mathrm{d}\boldsymbol{l} = E_{感} \cdot 2\pi r.$$

而通过闭合回路 L' 所围面积的磁通量为

$$\Phi = BS = B\pi R^2.$$

由式(8-7)可得 $$E_{感} \cdot 2\pi r = -\frac{\mathrm{d}\Phi}{\mathrm{d}t} = -\pi R^2 \frac{\mathrm{d}B}{\mathrm{d}t} = -\pi R^2 b.$$

由此得螺线管外部的感生电场为 $E_{感} = -b\dfrac{R^2}{2r} \quad (r > R).$

可见在螺线管外部的感生电场与距管轴的距离 r 成反比，其方向的讨论同上.

(2) 直导线上的感生电动势可用两种方法来求解.

① 用 $\varepsilon = \oint_L \boldsymbol{E}_{感} \cdot \mathrm{d}\boldsymbol{l}$ 求解.

在 MN 上取长度元 $\mathrm{d}\boldsymbol{l}$(图 8-13)，其感生电动势为

$$\mathrm{d}\varepsilon = \boldsymbol{E}_{感} \cdot \mathrm{d}\boldsymbol{l} = -\frac{br}{2}\cos\theta \mathrm{d}l = -\frac{bh}{2}\mathrm{d}l.$$

θ 的意义如图 8-13 所示. 从 M 沿直线积分至 N，得 MN 上的感生电动势

$$\varepsilon = -\frac{bhL}{2}.$$

由此可见，在磁场随时间的变化率 b 和直导线长度 L 一定的情况下，在直导线上产生的感生电动势与 h 成正比. 如果 $b > 0$，则 $E_{感} < 0$，表示感生电动势的方向由 N 指向 M，M 点的电势高于 N 点的电势；如果 $b < 0$，则 $E_{感} > 0$，表示感生电动势的方向 M 指向 N，M 点的电势低于 N 点的电势.

② 用法拉第定律求解.

作辅助线 MON(图 8-15). 因为 $\boldsymbol{E}_{感}$ 的方向沿切向，故沿 OM 及 NO 的线积分为零，即 NOM 段的感生电动势为零，可见闭合回路 $NOMN$ 的感生电动势即为 MN 段的感生电动势，回路 $NOMN$ 所围面积为

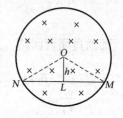

图 8-15

$$S = \frac{1}{2}hL.$$

通过回路 $NOMN$ 的磁通量为 $$\Phi = \frac{1}{2}hLB.$$

由法拉第电磁感应定律知 $NOMN$ 的感生电动势为

$$\varepsilon = -\frac{\mathrm{d}\Phi}{\mathrm{d}t} = -\frac{1}{2}hL\frac{\mathrm{d}B}{\mathrm{d}t} = -\frac{bhL}{2}.$$

而这也就是直导线 MN 上的感生电动势，与第一种方法结果相同.

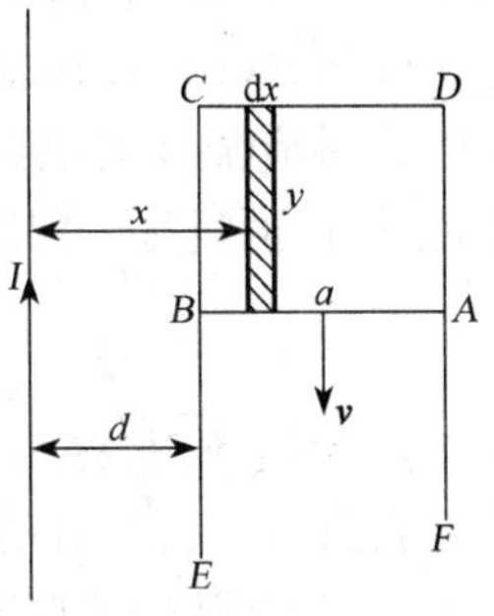

图 8-16

例 8.6 如图 8-16 所示，一长直导线中通有交变电流 $I = I_0 \sin\omega t$. 在长直导线旁平行放置一线圈 $ABCD$，AB 边可在两导轨 CE，DF 上滑动，线圈面与直导线在同一平面内，线圈靠近直导线的一边到直导线的距离为 d，AB 边长为 a，开始时它与 CD 边重叠在一起. 当 AB 边以速度 v 匀速向下运动，而其余三边静止不动时，求线圈中的感应电动势.

解 由于电流的变化使线圈所在位置的磁场随时间变化，而 AB 边又在磁场中切割磁力线运动，所以这时在线圈中既有动生电动势，又有感生电动势. 我们根据法拉第电磁感应定律来求解. 设在某一时刻 t，矩形线圈的可变边的长为 $y = vt$，电流的方向向上，通过线圈的磁通量方向垂直于纸面向内，故选取顺时针方向为回路的绕行正方向. 通过图中阴影面积 $\mathrm{d}S = y\mathrm{d}x$ 的磁通量为

$$\mathrm{d}\Phi = B\mathrm{d}S = \frac{\mu_0 I}{2\pi x}y\,\mathrm{d}x.$$

通过矩形线圈 $ABCD$ 所围面积的磁通量为

$$\Phi = \int \mathrm{d}\Phi = \int \boldsymbol{B}\cdot\mathrm{d}\boldsymbol{S} = \int_d^{d+a}\frac{\mu_0 I}{2\pi x}y\,\mathrm{d}x = \frac{\mu_0 I y}{2\pi}\ln\frac{d+a}{d}.$$

则线圈中的感应电动势为

$$\varepsilon = -\frac{\mathrm{d}\Phi}{\mathrm{d}t} = -\frac{\mu_0}{2\pi}\ln\frac{d+a}{d}\left(I\frac{\mathrm{d}y}{\mathrm{d}t} + y\frac{\mathrm{d}I}{\mathrm{d}t}\right) = -\frac{\mu_0 I_0}{2\pi}\ln\frac{d+a}{d}(v\sin\omega t + y\omega\cos\omega t)$$

$$= -\frac{\mu_0 I_0 v}{2\pi}\ln\frac{d+a}{d}(\sin\omega t + t\omega\cos\omega t).$$

当 $\varepsilon < 0$，电动势的方向与矩形线圈的绕行正方向相反，即为逆时针方向；当 $\varepsilon > 0$，电动势的方向与矩形线圈的绕行正方向相同，即为顺时针方向.

8.4 自感 互感

在实际电路中，磁场的变化常常是由于电流的变化而引起的，因此，把感应电动势与电流的变化联系起来具有重要实际意义. 作为法拉第电磁感应定律的应用，下面讨论在电工技术和无线电技术中有广泛应用的自感和互感现象.

8.4.1 自感

当一个回路中的电流 i 随时间的变化而变化时，通过回路自身的磁通量也将发生变化

(图8-17),因而在回路中要产生感应电动势,这种现象称为**自感**(self-induction)现象. 这时产生的感应电动势叫**自感电动势**(emf by self-induction). 根据毕奥-萨伐尔定律,在一定条件下,电流 i 产生的磁感应强度与电流强度成正比,而磁通量又与磁感应强度成正比,所以通过某一回路的全磁通 Ψ 与回路中的电流 i 成正比,即

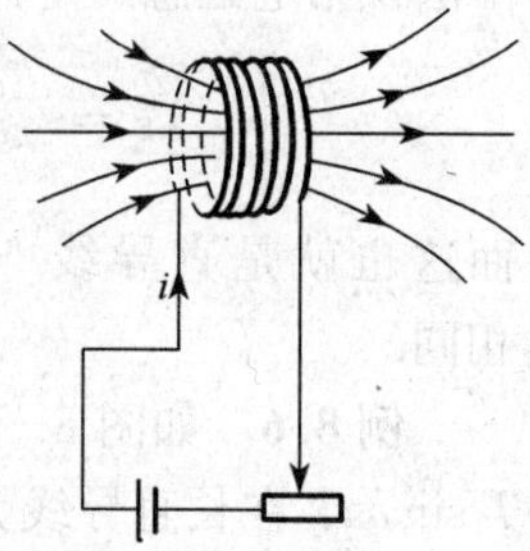

图 8-17　自感现象

$$\Psi = Li. \tag{8-10}$$

式中,比例系数 L 称为回路的**自感系数**(self-inductance)(简称**自感**),它只与回路本身的因素有关,而与电流无关,也就是说,对于一个确定的回路,其自感系数是一个常数.

由法拉第电磁感应定律,自感电动势为

$$\varepsilon_L = -\frac{\mathrm{d}\Psi}{\mathrm{d}t} = -L\frac{\mathrm{d}i}{\mathrm{d}t}. \tag{8-11}$$

在图 8-17 中,回路的正方向一般就取电流 i 的方向. 当电流增大,即 $\frac{\mathrm{d}i}{\mathrm{d}t}>0$,则 $\varepsilon_L<0$,说明自感电动势 ε_L 的方向与电流的方向相反;当电流减小,即 $\frac{\mathrm{d}i}{\mathrm{d}t}<0$,则 $\varepsilon_L>0$,说明自感电动势 ε_L 的方向与电流的方向相同. 由此可知,自感电动势的方向总是要使它阻碍回路本身电流的变化.

一个回路的自感系数反映了回路产生自感电动势来反抗电流改变的能力,它的大小取决于回路的几何形状、线圈匝数和它周围的磁介质的分布. 自感如同电阻和电容一样,是描述一个电路或一个电路元件性质的参数. 在国际单位制中,自感系数的单位叫亨利(H),根据式(8-11)知

$$1\,\mathrm{H} = 1\,\frac{\mathrm{V\cdot s}}{\mathrm{A}} = 1\,\Omega\cdot\mathrm{s}.$$

可以根据式(8-10)求自感系数,即　$L = \frac{\Psi}{i}.$　(8-12)

例 8.7　如图 8-18 所示,由两个无限长的同轴圆筒状导体所组成的电缆,内外筒的半径分别为 R_1 和 R_2,其间充满磁导率为 μ 的磁介质,电缆中沿内筒和外筒流过的电流 I 大小相等而方向相反. 求电缆单位长度的自感.

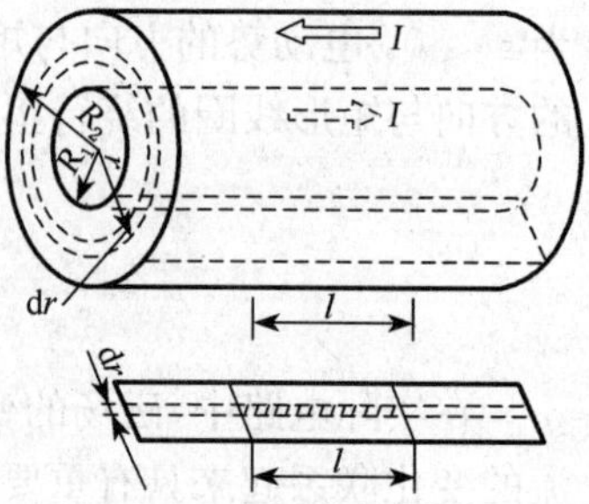

图 8-18

解　应用安培环路定理,可知在内圆筒之内和外圆筒之外的空间中磁感应强度都等于零. 在内外圆筒之间,离开轴线距离为 r 处的磁感应强度为

$$B = \frac{\mu I}{2\pi r}.$$

在内外筒之间取如图所示的截面,通过此截面上长为 l 的面元 $\mathrm{d}S = l\mathrm{d}r$ 的磁通量为

$$d\Phi = BdS = Bl\,dr = \frac{\mu I l}{2\pi}\frac{dr}{r}.$$

通过两圆筒之间长为 l 的截面的总磁通量为

$$\Phi = \int d\Phi = \int_{R_1}^{R_2} \frac{\mu I l}{2\pi}\frac{dr}{r} = \frac{\mu I l}{2\pi}\ln\frac{R_2}{R_1}.$$

则单位长度电缆的自感为　　$$L = \frac{\Phi}{Il} = \frac{\mu}{2\pi}\ln\frac{R_2}{R_1}.$$

8.4.2　互感

一个导体闭合回路，当其中的电流随时间的变化而变化时，它周围的磁场也随时间的变化而变化，则在它附近的导体回路中就会因通过的磁通量发生变化而产生感应电动势，这种现象称为**互感**(mutual induction)现象，这时产生的感应电动势叫**互感电动势**(emf by mutual induction).

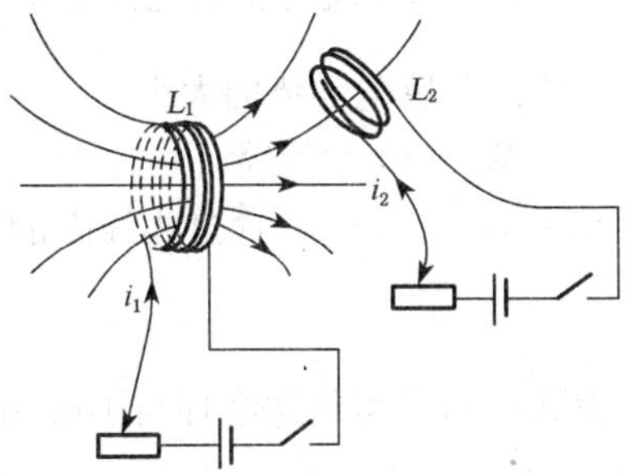

图 8-19　互感现象

如图 8-19 所示，有两个固定的闭合回路 L_1 和 L_2. 当回路 L_1 中的电流 i_1 随时间的变化而变化时，在回路 L_2 中要引起互感电动势 ε_{21}. 由毕奥-萨伐尔定律可知，由 i_1 所产生的磁场在回路 L_2 中的全磁通 Ψ_{21} 应与 i_1 成正比，即

$$\Psi_{21} = M_{21} i_1. \tag{8-13}$$

其中，比例系数 M_{21} 称为回路 L_1 对回路 L_2 的**互感系数**(mutual inductance，简称互感). 由法拉第电磁感应定律得

$$\varepsilon_{21} = -\frac{d\Psi_{21}}{dt} = -M_{21}\frac{di_1}{dt}. \tag{8-14}$$

而当回路 L_2 中的电流 i_2 随时间的变化而变化时，在回路 L_1 中要引起互感电动势 ε_{12}. 由毕奥-萨伐尔定律可知，由 i_2 所产生的磁场在回路 L_1 中的全磁通 Ψ_{12} 应与 i_2 成正比，即

$$\Psi_{12} = M_{12} i_2, \tag{8-15}$$

而且　　$$\varepsilon_{12} = -\frac{d\Psi_{12}}{dt} = -M_{12}\frac{di_2}{dt}. \tag{8-16}$$

其中，M_{12} 称为回路 L_2 对回路 L_1 的互感系数.

可以证明，对于给定的两个导体回路有

$$M_{12} = M_{21} = M.$$

M 就称为这两个导体回路的**互感系数**，简称它们的互感，在国际单位制中，互感单位也是亨

利.互感的大小取决于两个导体回路的几何形状、相对位置以及它们周围磁介质的分布.根据式(8-13)和式(8-15)得出

$$M=\frac{\Psi_{21}}{i_1}=\frac{\Psi_{12}}{i_2}. \tag{8-17}$$

利用上式可以对两个导体回路的互感进行计算.

例 8.8 一密绕螺绕环,单位长度的匝数 $n=2\,000/m$,环的截面积 $S=10\ \mathrm{cm}^2$;另有一个匝数 $N=10$ 的小线圈套绕在螺绕环上,如图 8-20 所示.试求:

(1) 两个线圈间的互感.

(2) 当螺绕环中的电流变化率为 $\dfrac{\mathrm{d}i}{\mathrm{d}t}=10\ \mathrm{A/s}$ 时,求在小线圈中产生的互感电动势的大小.

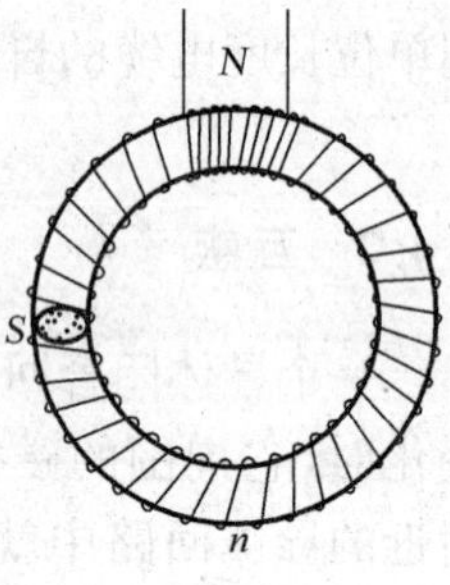

图 8-20

解 (1) 设螺绕环中通有电流 i_1,则螺绕环中磁感应强度的大小为 $B_1=\mu_0 n i_1$,通过小线圈的全磁通为

$$\Psi_{21}=N\Phi=N\mu_0 n i_1 S.$$

由式(8-17)可得螺绕环与小线圈之间的互感为

$$M=\frac{\Psi_{21}}{i_1}=\mu_0 nNS=4\pi\times10^{-7}\times2\,000\times10\times10\times10^{-4}(\mathrm{H})$$
$$\approx2.5\times10^{-5}\ \mathrm{H}=25\ \mu\mathrm{H}.$$

(2) 由式(8-14)可得在小线圈中产生的互感电动势的大小为

$$\varepsilon_{21}=\left|-M\frac{\mathrm{d}i_1}{\mathrm{d}t}\right|=2.5\times10^{-5}\times10(\mathrm{V})=0.25\ \mathrm{mV}.$$

8.5 磁场的能量

前面我们讨论了在带电系统形成的过程中,外力要克服静电场力而做功.根据功能原理,外界做功所消耗的能量转化为带电系统或电场的能量.在电流回路系统中通以电流时,由于各回路的自感和回路之间的互感作用,电源要克服自感电动势或互感电动势做功而消耗的能量最终转化为电流回路的能量或回路电流间的相互作用能,也就是磁场的能量.

8.5.1 线圈的自感磁能

如图 8-21 所示,一电阻 R 和一线圈串联后接在电源的两端.接通电源后,由于自感的作用,在电流增大的过程中线圈中将出现自感电动势 ε_L,它与电源电动势 ε 共同决定电流的变化.设电路接通后的某一时刻电流为 i,自感电动势为 $\varepsilon_L=$

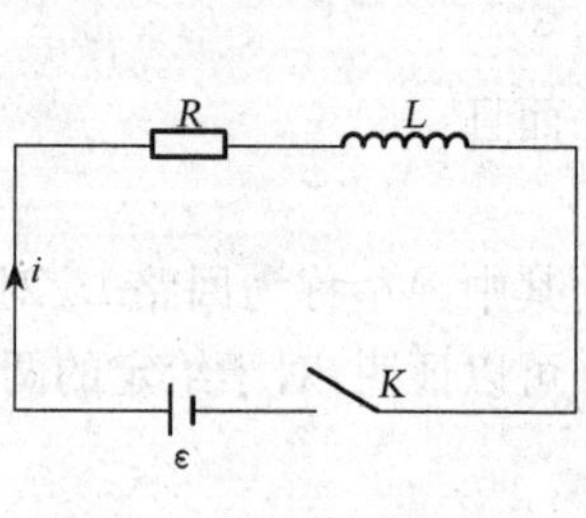

图 8-21 RL 串联电路

$-L\dfrac{\mathrm{d}i}{\mathrm{d}t}$，则由欧姆定律可得

$$\varepsilon - L\frac{\mathrm{d}i}{\mathrm{d}t} = Ri.$$

如果从 $t=0$ 开始，经过时间 t 后回路中的电流从零增大到稳定值 I，则在这段时间内电源电动势所做的功为

$$\int_0^t \varepsilon i\,\mathrm{d}t = \int_0^I Li\,\mathrm{d}i + \int_0^t Ri^2\,\mathrm{d}t.$$

在自感 L 和电流无关的情况下，上式化为

$$\int_0^t \varepsilon i\,\mathrm{d}t = \frac{1}{2}LI^2 + \int_0^t Ri^2\,\mathrm{d}t.$$

式中，等式左边表示在时间 t 内电源所提供的能量；等式右边第一项表示在同一时间内，电源在克服自感电动势的过程中所做的功而转化为载流线圈的能量；等式右边第二项是在电阻 R 上消耗的焦耳热. 此式表示，电源所提供的能量，一部分转化为载流线圈的能量，另一部分转化为焦耳热，这就是能量转化和守恒定律在此回路里电流增大过程中的具体表达. 而我们主要关心的问题是载流线圈的能量，从这里可得到，一个自感为 L 的线圈通有电流 I 时所具有的能量就是

$$W_{\mathrm{m}} = \frac{1}{2}LI^2. \tag{8-18}$$

这种能量称为线圈的**自感磁能**（magnetic energy by self-induction）. 自感磁能实质上就是由于线圈自感的存在，在给线圈通以电流的过程中电源要克服自感电动势做功而转化过来的能量. 如同一个充了电的电容器储存着电能一样，可以说一个载有电流的线圈储存着磁能.

8.5.2　磁场的能量

按照场的观点，如同前面所述一个带电系统所储存的电能是储存在电场中一样，一个电流回路系统所储存的磁能是储存在由电流激发的磁场中，因而一个载流线圈所具有的自感磁能也就是它们的磁场的能量. 下面以螺绕环为例，来推导磁场能量用场量表示的形式.

考虑一个螺绕环，其单位长度的匝数为 n，环管体积为 V，环管内充满磁导率为 μ 的磁介质. 该螺绕环的自感系数为

$$L = \mu n^2 V.$$

当通过螺绕环的电流为 I 时，根据式(8-18)可知螺绕环的**磁场能量**（energy of magnetic field）为

$$W_{\mathrm{m}} = \frac{1}{2}LI^2 = \frac{1}{2}\mu n^2 V I^2.$$

由于螺绕环管内的磁感应强度 $B=\mu n I$，故上式可写成

$$W_{\mathrm{m}}=\frac{B^2}{2\mu}V.$$

螺绕环的磁场只分布在环管内,环管体积 V 也就是磁场分布空间的体积,并且管内磁场基本是均匀的,所以环管内的**磁场能量密度**(energy density of magnetic field)为

$$w_{\mathrm{m}}=\frac{B^2}{2\mu}. \tag{8-19}$$

利用磁场强度 $H=B/\mu$,上式还可写成

$$w_{\mathrm{m}}=\frac{1}{2}BH. \tag{8-20}$$

上述磁场能量密度的公式虽然是从螺绕环的特例导出的,但它是适用于各类磁场的普遍公式. 公式表明,在磁场中某一点的磁场能量密度,只与该点的磁感应强度及介质的性质有关. 利用此公式可以求得某一磁场所储存的磁场能量

$$W_{\mathrm{m}}=\iiint_V w_{\mathrm{m}}\mathrm{d}V=\frac{1}{2}\iiint_V BH\mathrm{d}V. \tag{8-21}$$

上式的积分遍及整个磁场分布的空间.

例 8.9 一无限长直导线,通有电流 I,电流在导线截面上均匀分布,试证:每单位长度导线内所储存的磁能为$\dfrac{\mu_0 I^2}{16\pi}$.

证明 设导线的半径为 R,根据安培环路定理,可以求得在导线内距导线中心轴线距离为 r 处的磁感应强度,作一以中心轴线上某点为圆心、半径为 r 的圆周 L,磁感应强度沿此回路 L 的环流为

$$\oint_L \boldsymbol{B}\cdot\mathrm{d}\boldsymbol{l}=B\cdot 2\pi r.$$

此回路所包围的电流代数和为 $\sum I_{内}=\dfrac{I}{\pi R^2}\cdot\pi r^2=\dfrac{r^2}{R^2}I.$

根据安培环路定理可得磁感应强度为 $B=\dfrac{\mu_0 I}{2\pi R^2}r \quad (r\leqslant R)$,

则距导线中心轴线距离为 r 处的磁场能量密度为 $w_{\mathrm{m}}=\dfrac{B^2}{2\mu_0}=\dfrac{\mu_0 I^2}{8\pi^2 R^4}r^2.$

长度为 l 的导线内所储存的磁场能量为

$$W_{\mathrm{m}}=\iiint w_{\mathrm{m}}\mathrm{d}V=\int_0^R\frac{\mu_0 I^2}{8\pi^2 R^4}r^2 2\pi r l\,\mathrm{d}r=\frac{\mu_0 I^2 l}{4\pi R^4}\int_0^R r^3\,\mathrm{d}r=\frac{\mu_0 I^2 l}{16\pi}.$$

所以,单位长度的导线内所储存的磁能为 $\dfrac{W_{\mathrm{m}}}{l}=\dfrac{\mu_0 I^2}{16\pi}.$

习题8

8.1 一半径 $r=10\,\text{cm}$ 的圆形闭合导线回路置于均匀磁场 $\boldsymbol{B}(B=0.80\,\text{T})$ 中,$\boldsymbol{B}$与回路平面正交.若圆形回路的半径从 $t=0$ 开始以恒定的速率 $\text{d}r/\text{d}t=-80\,\text{cm/s}$ 收缩,则在这 $t=0$ 时刻,求:

(1) 闭合回路中的感应电动势大小;

(2) 感应电动势保持上面的数值,闭合回路面积以恒定速率收缩的速率 $\text{d}S/\text{d}t$.

[$0.40\,\text{V}$;$-0.5\,\text{m}^2/\text{s}$]

8.2 如图8-22所示电路中,导线 AC 在固定导线上向右匀速平移,速度 $v=2\,\text{m/s}$.设 $AC=5\,\text{cm}$,均匀磁场随时间的变化率 $\text{d}B/\text{d}t=-0.1\,\text{T/s}$,某一时刻 $B=0.5\,\text{T}$,$x=10\,\text{cm}$,问:

(1) 这时动生电动势的大小?

(2) 总感应电动势的大小?

(3) 此后动生电动势的大小随着 AC 的运动怎样变化? [50 mV;49.5 mV;减小]

8.3 如图8-23所示,一长直导线中通有电流 I,有一垂直于导线、长度为 l 的金属棒 AB 在包含导线的平面内,以恒定的速度 v 沿与棒成 θ 角的方向移动.开始时,棒的 A 端到导线的距离为 a,求任意时刻金属棒中的动生电动势,并指出棒哪端的电势高. $\left[-\dfrac{\mu_0 I}{2\pi}v\sin\theta\ln\dfrac{a+l+vt\cos\theta}{a+vt\cos\theta}\text{;}A\text{ 端的电势高}\right]$

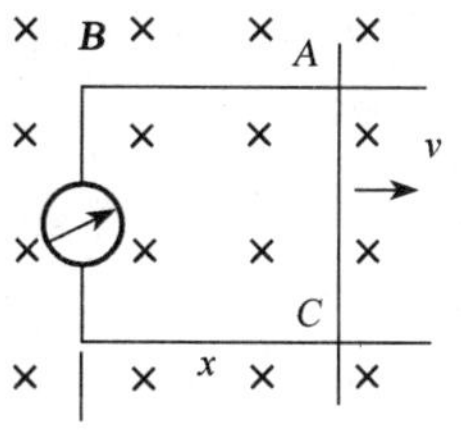

图8-22

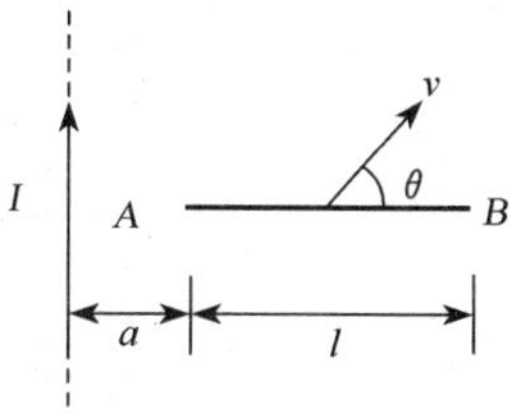

图8-23

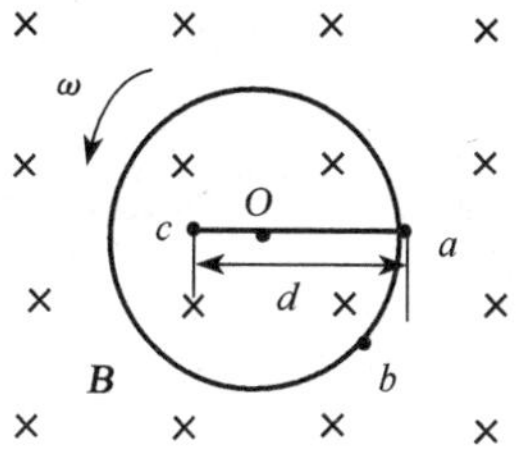

图8-24

8.4 一面积为 S 的平面导线闭合回路,置于载流长螺线管中,回路的法向与螺线管轴线平行.设长螺线管单位长度上的匝数为 n,通过的电流为 $I=I_{\text{m}}\sin\omega t$(电流的正向与回路的正法向成右手关系),其中 I_{m} 和 ω 为常数,t 为时间,求该导线回路中的感生电动势. [$-\mu_0 nS\omega I_{\text{m}}\cos\omega t$]

8.5 半径为 L 的均匀导体圆盘绕过中心 O 的垂直轴转动,角速度为 ω,$ca=d$,盘面与均匀磁场$\boldsymbol{B}$垂直,如图8-24所示.求:

(1) Oa 线段中动生电动势的方向;

(2) U_a-U_b 与 U_a-U_c 的大小.

$\left[\text{由 } a \text{ 指向} O\text{;}\ 0,\ -\dfrac{1}{2}Bd(2L-d)\omega\right]$

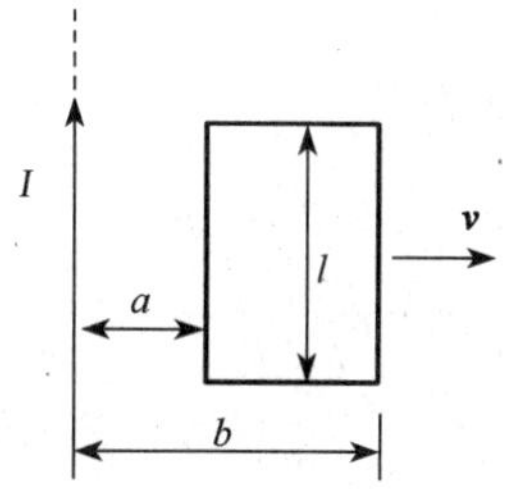

图8-25

8.6 如图8-25所示,有一根长直导线,载有直流电流 I,近旁有一个两条对边与它平行并与它共面的矩形线圈,以匀速度$\boldsymbol{v}$沿垂直于导线的方向离开导线.设 $t=0$ 时,线圈位于图示位置,求:

(1) 在任意时刻 t 通过矩形线圈的磁通量.

(2) 在图示位置时矩形线圈中的电动势.

$\left[\dfrac{\mu_0 Il}{2\pi}\ln\dfrac{b+vt}{a+vt}\text{;}\ \dfrac{\mu_0 lIv(b-a)}{2\pi ab}\right]$

8.7 两个电容器的电容 $C_1:C_2=1:2$.把它们串联起来接电源充电,它们的电场能量之比 $W_1:W_2$ 是多大?如果是并联起来接电源充电,则它们的电场能量之比 $W_1:W_2$ 是多大? [2:1,1:2]

8.8 真空中两只长直螺线管1和2长度(L)相等,均单层密绕,且匝数(N)相等;两管直径之比为

$d_1 : d_2 = 1 : 4$，当它们都通以相同电流(I)时，两螺线管储存的磁能之比 $W_1 : W_2$ 为多大? [1 : 16]

8.9 有一个等边直角三角形闭合导线，如图 8-26 所示放置. 在这三角形区域中的磁感应强度为 $\boldsymbol{B} = B_0 x^2 \mathrm{e}^{-at} \boldsymbol{k}$，式中 B_0 和 a 均为常量，$\boldsymbol{k}$是 z 轴方向单位矢量，求导线中的感生电动势.

$\left[\dfrac{1}{12}ab^4 B_0 \mathrm{e}^{-at}\text{，沿回路逆时针方向}\right]$

8.10 一导线被弯成如图 8-27 所示形状，acb 是半径为R 的 3/4 圆弧，$Oa = R$，若此导线放在匀强磁场 $\boldsymbol{B}$ 中，$\boldsymbol{B}$ 的方向垂直图面向内，导线以角速度 ω 在图面内绕 O 点匀速转动，求此导线中的动生电动势 ε_i 及电势最高的点.

$\left[\dfrac{5\omega BR^2}{2}\text{，}O\text{点}\right]$

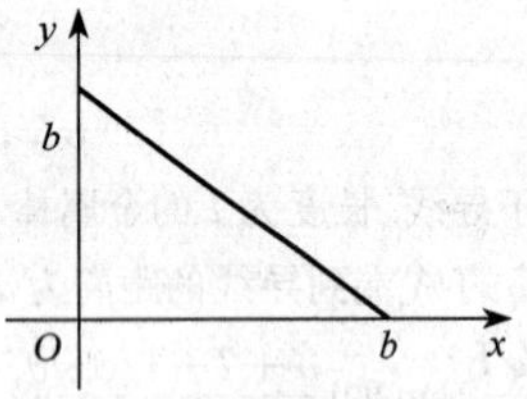

图 8-26

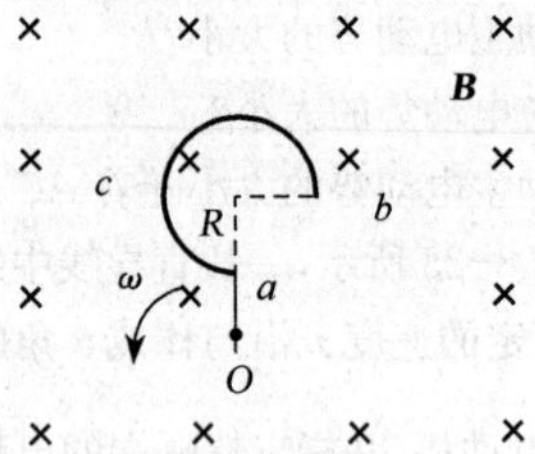

图 8-27

第 9 章　电磁场和麦克斯韦方程组

前面几章研究了静电场、稳恒电流的磁场的一些实验规律，这一章要在总结这些规律的基础上，提出一般的宏观电磁规律——麦克斯韦方程组. 由麦克斯韦方程组可以很自然地得出交变电磁场以波的形式向外传播的结论，从而预言了电磁波的存在. 这个预言在后来为许多实验所证实. 在当今世界，麦克斯韦电磁场理论是电工学、无线电电子学和通信技术等领域的重要理论基础.

9.1 位移电流

9.1.1 稳恒电磁场的基本规律

在前面几章，已经根据实验事实，用场的概念把有关的基本电磁现象归纳为四条基本定理如下.

（1）电场的高斯定理

$$\oint\!\!\!\!\oint_S \boldsymbol{D}\cdot \mathrm{d}\boldsymbol{S}=\iiint_V \rho \mathrm{d}V. \tag{9-1}$$

式中，V 是闭合面 S 所包围的体积；ρ 是自由电荷的体密度.

（2）电场的环路定理

$$\oint_L \boldsymbol{E}\cdot \mathrm{d}\boldsymbol{l}=-\iint_S \frac{\partial \boldsymbol{B}}{\partial t}\cdot \mathrm{d}\boldsymbol{S}. \tag{9-2}$$

式中，S 是以 L 为周界的任意曲面；E 是空间某点的总电场，它包括静电场和涡旋电场.

（3）磁场的高斯定理

$$\oint\!\!\!\!\oint_S \boldsymbol{B}\cdot \mathrm{d}\boldsymbol{S}=0. \tag{9-3}$$

（4）磁场的安培环路定理

$$\oint_L \boldsymbol{H}\cdot \mathrm{d}\boldsymbol{l}=\iint_S \boldsymbol{j}\cdot \mathrm{d}\boldsymbol{S}. \tag{9-4}$$

式中，S 是以 L 为边线的任意曲面；$\boldsymbol{j}$ 是传导电流密度.

上述这些规律是在稳恒电磁场这种特殊情况下得到的，对于一般的非稳恒情况它们是否还适用呢？答案是：对于式(9-1)、式(9-2)和式(9-3)这三个规律在非稳恒情况下也是适用的，而磁场的安培环路定理式(9-4)在非稳恒情况下不适用. 下面就来分析这个问题.

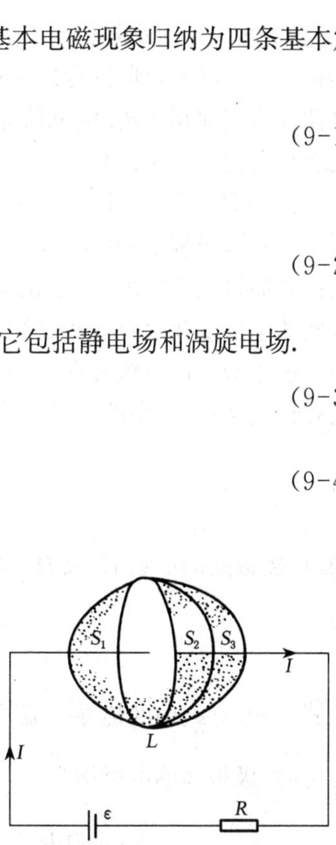

图 9-1　穿过以 L 为边线的曲面 S_1，S_2 和 S_3 的稳恒电流相等

9.1.2 位移电流

在式(9-4)中，等式右边表示穿过以闭合曲线 L 为边线的任意曲面 S 的传导电流，$\boldsymbol{j}$ 是传导电流密度. 由

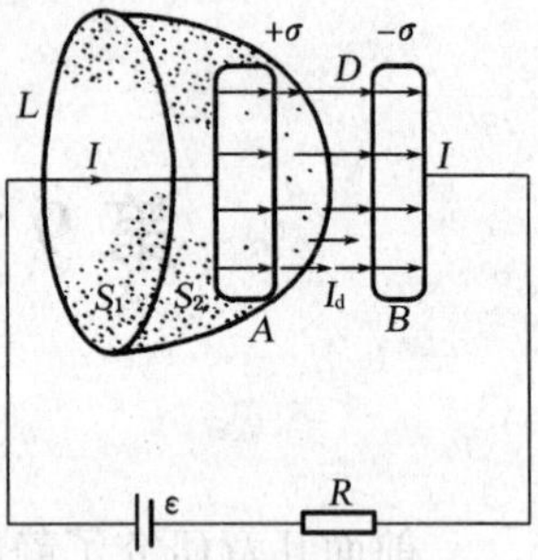

图 9-2　位移电流

图 9-1 可知,一个以确定的闭合曲线 L 为边线的曲面 S 有无限多个. 在稳恒电流的情况下,电流是连续的,即

$$\oiint_S j \cdot \mathrm{d}S = 0. \tag{9-5}$$

上式表明,穿过任意闭合曲面的稳恒电流等于零,也就是穿过同一闭合曲线 L 为边线的不同曲面 S_1, S_2 的电流强度大小相等,它是电荷守恒定律的一种数学表达式.

而在非稳恒情况下,例如,图 9-2 是一个平板电容器充电时的电路,在充电过程中,通过电路中导体上的任何截面的电流都相等. 但是这种在金属导体中的传导电流不能在电容器的两极板之间的真空或电介质中流过,因而对于整个电路来说,传导电流是不连续的. 在这种情况下,如果将安培环路定理应用到同一个闭合回路 L 为边线的不同曲面时,对 S_1 面就得到

$$\oint_L \boldsymbol{H} \cdot \mathrm{d}\boldsymbol{l} = \iint_{S_1} \boldsymbol{j} \cdot \mathrm{d}\boldsymbol{S} = i \neq 0,$$

而对 S_2 面则得到

$$\oint_L \boldsymbol{H} \cdot \mathrm{d}\boldsymbol{l} = \iint_{S_2} \boldsymbol{j} \cdot \mathrm{d}\boldsymbol{S} = 0.$$

显然,这两个表达式是相互矛盾的,即在稳恒情况下正确的安培环路定理在非稳恒情况下就不正确了. 我们看到,问题的关键是在非稳恒时传导电流不连续,式(9-5)不成立,也就是与电荷守恒定律相矛盾. 但电荷守恒定律是精确的普适规律,所以,必须修改安培环路定理,使之能与电荷守恒定律相符合.

再仔细分析一下图 9-2 所示的电路,当电容器充电时,导线中的传导电流在极板处被中断了. 但是,极板上的电荷及电荷面密度在增加,而极板之间的电位移 $\boldsymbol{D}$ 和通过整个截面的电位移通量也都在增大. 这就是说,导线中的传导电流、电容器极板上电量的变化、电容器极板间的电场变化存在着相互联系. 下面就通过定量计算来讨论这种联系.

设平板电容器极板面积为 S,极板上的电荷面密度为 σ. 在充电过程的任一瞬时,根据电荷守恒定律,导线中的传导电流应等于极板上电量的变化率,即

$$I = \frac{\mathrm{d}q}{\mathrm{d}t} = S\frac{\mathrm{d}\sigma}{\mathrm{d}t}.$$

同时,极板间的电场 $\boldsymbol{E}$(或 $\boldsymbol{D}$)也随时间的变化而变化,因为 $D = \sigma$, 所以有

$$I = S\frac{\mathrm{d}\sigma}{\mathrm{d}t} = S\frac{\mathrm{d}D}{\mathrm{d}t}.$$

上式表明,导线中的传导电流等于极板间的电位移通量对时间的变化率. 而从方向上看,当充电时,极板间的电场增强,$\frac{\mathrm{d}\boldsymbol{D}}{\mathrm{d}t}$的方向与电场的方向一致,也与导线中的传导电流的方向一致;当放电时,电场减弱,$\frac{\mathrm{d}\boldsymbol{D}}{\mathrm{d}t}$的方向与电场的方向相反,但仍与导线中的传导电流的方向一致. 如果把极板间的电位移通量对时间的变化率也当做一种电流来对待,则在这种非稳恒的

情况下，电路中的电流就可以连续，从而就可以解决前面所提到的矛盾.

麦克斯韦据此提出了一个假说：变化的电场等效于一种电流，并令

$$\boldsymbol{j}_{\mathrm{d}} = \frac{\mathrm{d}\boldsymbol{D}}{\mathrm{d}t}. \tag{9-6}$$

式中，$\boldsymbol{j}_{\mathrm{d}}$ 称为**位移电流密度**(displacement current density)，而通过某一曲面 S 的**位移电流**(displacement current)为

$$I_{\mathrm{d}} = \frac{\partial}{\partial t}\iint_S \boldsymbol{D} \cdot \mathrm{d}\boldsymbol{S}. \tag{9-7}$$

即电场中某点的位移电流密度等于该点电位移对时间的变化率，通过电场中某一截面的位移电流等于通过该截面电位移通量对时间的变化率.

引进位移电流的概念后，进一步把传导电流与位移电流的和称为全电流，即 $I_{全} = I + I_{\mathrm{d}}$，则从前面的讨论可知，全电流是连续的. 因此

$$\oiint_S \left(\boldsymbol{j} + \frac{\mathrm{d}\boldsymbol{D}}{\mathrm{d}t}\right) \cdot \mathrm{d}\boldsymbol{S} = 0. \tag{9-8}$$

9.1.3 安培环路定理的普遍形式

位移电流的引入不仅使全电流成为连续的，而且麦克斯韦还假设它在激发磁场这一方面与传导电流等效，即它们都按同一规律在其周围空间中激发涡旋磁场，这样麦克斯韦就把安培环路定理推广到一般情况：在磁场中沿任一闭合回路 L 磁场强度 $\boldsymbol{H}$ 的环流等于穿过以该闭合回路为边线的任意曲面 S 的传导电流和位移电流的代数和，即

$$\oint_L \boldsymbol{H} \cdot \mathrm{d}\boldsymbol{l} = \sum (I + I_{\mathrm{d}}) = \iint_S \left(\boldsymbol{j} + \frac{\partial \boldsymbol{D}}{\partial t}\right) \cdot \mathrm{d}\boldsymbol{S}. \tag{9-9}$$

上式即为推广后的安培环路定理. 当空间只有稳恒电流存在时，$\frac{\partial \boldsymbol{D}}{\partial t} = 0$，则式(9-9)回到稳恒时的环路定理，即式(9-4).

位移电流的引入深刻揭露了电场和磁场的内在联系和相互依存关系，反映了自然界的对称性. 法拉第电磁感应定律说明变化的磁场能激发涡旋电场，位移电流说明变化的电场能激发涡旋磁场，两种变化的场永远相互联系着，形成了统一的电磁场.

根据位移电流的定义，在电场中某一点只要有电位移的变化，就有相应的位移电流密度存在. 因此不仅在电介质中，就是在导体中，甚至在真空中也可以产生位移电流. 但在通常情况下，电介质中主要是位移电流，传导电流可忽略不计；而在导体中，主要是传导电流，在低频时位移电流可忽略不计，在高频时位移电流的作用与传导电流可以相比拟，这时就不能忽略其中任何一个了.

应当注意的是，传导电流和位移电流只是在激发磁场方面是等效的，而在其他方面存在着根本的区别. 首先，传导电流是自由电荷的定向移动而形成的；而位移电流根据其定义式和关系式 $\boldsymbol{D} = \varepsilon_0 \boldsymbol{E} + \boldsymbol{P}$ 可知，它由两部分组成，即

$$\boldsymbol{j}_{\mathrm{d}}=\frac{\partial \boldsymbol{D}}{\partial t}=\varepsilon_0 \frac{\partial \boldsymbol{E}}{\partial t}+\frac{\partial \boldsymbol{P}}{\partial t}.$$

式中，第一项是和电荷运动完全无关的，第二项也只和电介质极化时极化电荷的微观运动有关. 其次，传导电流通过导体时要产生焦耳热；而位移电流不产生焦耳热. 在位移电流中，第一项只与电场的变化率有关，它不会产生热效应，第二项在高频时会在有极分子电介质中产生较大的热量，但这时的热量和焦耳热不同，它遵守完全不同的规律. 现代家庭使用的微波炉就是利用位移电流来产生热量的，它是通过磁控管产生微波（通常频率为 10^9 Hz 的数量级），经密封的波导管进入炉腔并作用于食物上，食物在吸收微波的过程中，其分子在微波作用下做同频率的高频振动，引起快速摩擦而产生热量，达到加热、烹熟食物的目的. 由于微波对人体是有害的，使用过程中应防止微波从炉门缝隙处外泄.

例 9.1 半径 $R=0.1\,\mathrm{m}$ 的两块圆板构成平板电容器，由圆板中心引出两根直导线给电容器匀速充电而使电容器两极板间的电场变化率为 $\frac{\mathrm{d}E}{\mathrm{d}t}=10^{13}\ \mathrm{V/(m\cdot s)}$（图 9-3）. 求电容器两极板间的位移电流，并计算电容器内离两板中心线 $r\ (<R)$ 处的磁感应强度.

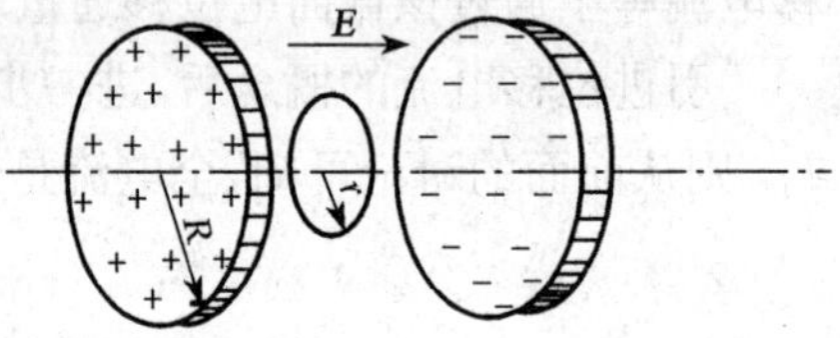

图 9-3

解 忽略边缘效应，电容器两极板间的位移电流为

$$I_{\mathrm{d}}=S\frac{\mathrm{d}D}{\mathrm{d}t}=\pi R^2\varepsilon_0\frac{\mathrm{d}E}{\mathrm{d}t}=3.14\times(0.1)^2\times 8.85\times10^{-12}\times10^{13}=2.8(\mathrm{A}).$$

由位移电流及传导电流的分布特性知，电流所产生的磁场对于两板中心线具有对称性. 以中心线上某点为圆心作一以 r 为半径的圆形回路 L，回路所围面积与中心线垂直，回路方向与电流方向满足右手螺旋关系，则在 L 上各点的磁感应强度大小相等，方向沿切线方向. 由安培环路定理得

$$\oint_L \boldsymbol{H}\cdot\mathrm{d}\boldsymbol{l}=H\cdot 2\pi r=\iint_S\frac{\partial \boldsymbol{D}}{\partial t}\cdot\mathrm{d}\boldsymbol{S}=\varepsilon_0\frac{\mathrm{d}}{\mathrm{d}t}\iint_S\boldsymbol{E}\cdot\mathrm{d}\boldsymbol{S}=\varepsilon_0\frac{\mathrm{d}E}{\mathrm{d}t}\pi r^2,$$

则

$$H=\varepsilon_0\frac{r\mathrm{d}E}{2\mathrm{d}t}.$$

所求的磁感应强度为

$$B=\varepsilon_0\mu_0\frac{r\mathrm{d}E}{2\mathrm{d}t}\quad (r<R).$$

当 $r=R$ 时，有

$$B=\varepsilon_0\mu_0\frac{R\mathrm{d}E}{2\mathrm{d}t}=\frac{1}{2}\times4\pi\times10^{-7}\times8.85\times10^{-12}\times0.1\times10^{13}=5.6\times10^{-6}(\mathrm{T}).$$

应当注意的是，这里所求的磁感应强度是由全电流所产生的，并不单由极板间的位移电流所产生.

在本例中，$r>R$ 时的磁感应强度是多少？读者可自己讨论.

9.2　麦克斯韦方程组

麦克斯韦对电磁理论的贡献主要表现在：提出了涡旋电场和位移电流的概念；对电磁现象的基本规律进行了系统的总结，得出了一组描述电磁现象基本规律的方程，这组方程一般称为**麦克斯韦方程组**(Maxwell equations)，它是整个电磁理论的基础和核心. 下面我们对其作简要的介绍.

麦克斯韦方程组是描述电磁基本规律的，而电磁基本规律主要是对电场和磁场性质的描述以及电场和磁场相互联系的描述. 方程组包含四个方程，并各具有积分形式和微分形式，现分别叙述如下.

9.2.1　积分形式

麦克斯韦方程组的积分形式是麦克斯韦将特殊条件下得出的规律，经过推广与综合，使它们成为能系统而完整地描述电磁场普遍规律的方程组，其具体表达式就是方程式(9-1)、式(9-2)、式(9-3)和式(9-9)，现将它们归纳在一起，即

$$\oiint_S \boldsymbol{D} \cdot \mathrm{d}\boldsymbol{S} = \iiint_V \rho \mathrm{d}V, \tag{9-10a}$$

$$\oiint_S \boldsymbol{B} \cdot \mathrm{d}\boldsymbol{S} = 0, \tag{9-10b}$$

$$\oint_L \boldsymbol{E} \cdot \mathrm{d}\boldsymbol{l} = -\iint_S \frac{\partial \boldsymbol{B}}{\partial t} \cdot \mathrm{d}\boldsymbol{S}, \tag{9-10c}$$

$$\oint_L \boldsymbol{H} \cdot \mathrm{d}\boldsymbol{l} = \iint_S \left(\boldsymbol{j} + \frac{\partial \boldsymbol{D}}{\partial t}\right) \cdot \mathrm{d}\boldsymbol{S}. \tag{9-10d}$$

式(9-10a)是介质中的高斯定理：通过任意闭合曲面的电位移通量等于该曲面所包围的自由电荷的代数和. 该式是建立在静止电荷相互作用实验的基础上的，现在把它推广到一般情况，即假定这一方程在电荷与场都随时间的变化而变化时仍然成立. 这意味着，尽管这时场与电荷之间的关系不像静电场那样由库仑平方反比律所决定，但任一闭合曲面的 $\boldsymbol{D}$ 通量与闭合面内自由电荷电量的关系仍遵从高斯定理. 它还说明，只要空间中某点有自由电荷存在，则在该点附近一定有电场存在，也就是说，自由电荷一定伴随有电场. 另一方面，该式表明 $\boldsymbol{D}$ 线起始于正自由电荷，终止于负自由电荷.

式(9-10b)是磁场的高斯定理：通过任意闭合曲面的磁通量总是等于零. 它表明，任何磁场都是无源的涡旋场，或者说，$\boldsymbol{B}$ 线是无头无尾的闭合曲线.

式(9-10c)是法拉第电磁感应定律：电场强度沿任意闭合曲线的环流(即在闭合回路中产生的电动势)等于通过该曲线所包围面积的磁通量对时间变化率的负值. 式中的电场 $\boldsymbol{E}$ 包括自由电荷激发的电场和变化磁场所激发的电场，因而它不但反映了变化磁场激发电场的规律，而且把稳恒情况 $\left(\frac{\partial \boldsymbol{B}}{\partial t} = 0\right)$ 下的静电场也包括在内.

式(9-10d)是经推广后的安培环路定理：磁场强度沿任意闭合曲线的环流等于通过以

该曲线为边线的任意曲面的全电流. 它一方面说明了传导电流能激发磁场;另一方面说明了变化电场也能激发磁场.

9.2.2 微分形式

麦克斯韦方程组的积分形式是通过积分方式联系某一有限区域内(如一条闭合曲线或一个闭合曲面)各点的电磁场量($\boldsymbol{E}$, $\boldsymbol{D}$, $\boldsymbol{B}$, $\boldsymbol{H}$)和电荷、电流之间的依存关系. 但在实际应用中,更重要的是要知道场中某些点的场量,例如,已知初始时刻的电荷分布、电流分布,要求以后各时刻空间中电磁场量的分布和变化. 这就要知道在电磁场中电磁场量与电荷和电流的点对应关系,而这种点对应关系正是通过微分形式来表达的.

利用矢量场论中的高斯定理(也称奥斯特洛得拉得斯基定理)

$$\oiint_S \boldsymbol{A}\cdot \mathrm{d}\boldsymbol{S} = \iiint_V \nabla\cdot \boldsymbol{A}\mathrm{d}V,$$

其中右边的积分区域 V 是左边的闭合积分曲面 S 所包围的区域,和斯托克斯定理

$$\oint_L \boldsymbol{A}\cdot \mathrm{d}\boldsymbol{l} = \iint_S (\nabla\times \boldsymbol{A})\cdot \mathrm{d}\boldsymbol{S},$$

其中右边的积分曲面 S 是左边的闭合积分曲线 L 所包围的任意曲面,以上两式中 $\boldsymbol{A}$ 为任意矢量场,∇为一矢量微分算符,得

$$\nabla = \frac{\partial}{\partial x}\boldsymbol{i} + \frac{\partial}{\partial y}\boldsymbol{j} + \frac{\partial}{\partial z}\boldsymbol{k}.$$

则式(9-10)中的四个方程相应地变为

$$\nabla\cdot \boldsymbol{D} = \rho, \tag{9-11a}$$

$$\nabla\cdot \boldsymbol{B} = 0, \tag{9-11b}$$

$$\nabla\times \boldsymbol{E} = -\frac{\partial \boldsymbol{B}}{\partial t}, \tag{9-11c}$$

$$\nabla\times \boldsymbol{H} = \boldsymbol{j} + \frac{\partial \boldsymbol{D}}{\partial t}. \tag{9-11d}$$

以上四式的意义除了上面积分形式所对应的意义之外,还应注意以下两点:第一,算符∇点乘作用于一矢量上称为该矢量的散度(如$\nabla\cdot \boldsymbol{D}$ 叫 $\boldsymbol{D}$ 的散度),它表示该矢量的源的强度. 散度等于零的场称为无源场;散度不等于零的场称为有源场. 而算符∇叉乘作用于一矢量上称作该矢量的旋度(如 $\nabla\times \boldsymbol{E}$ 叫 $\boldsymbol{E}$ 的旋度),它表示该矢量的涡旋程度. 旋度等于零的场称为无旋场;旋度不等于零的场称为有旋场. 则式(9-11a)、式(9-11b)分别表示电场是有源场、磁场是无源场;式(9-10c)、式(9-10d)分别表示变化磁场所激发的电场是有旋场(稳恒电场是无旋场)、所有磁场都是有旋场. 第二,各方程中所表达的关系为点对应关系,如式(9-10a)表示了电场中某点的电位移矢量的散度与该点的自由电荷体密度的关系.

9.2.3 物性方程

当有介质存在时,由于电场和磁场与介质的相互影响,使电磁场量与介质的特性有关,

因此上述麦克斯韦方程组在这时还不是完备的，还需要再补充描述介质(各向同性介质)性质的物性方程，分别为

$$\boldsymbol{D}=\varepsilon \boldsymbol{E}, \tag{9-12a}$$

$$\boldsymbol{B}=\mu \boldsymbol{H}, \tag{9-12b}$$

$$\boldsymbol{j}=\sigma \boldsymbol{E}. \tag{9-12c}$$

式中，ε，μ 和 σ 分别是介质的绝对介电常数、绝对磁导率和导体的电导率.

进一步的理论证明麦克斯韦方程组式(9-10)或式(9-11)与物性方程式(9-12)一起对于决定电磁场的变化来说是一组完备的方程式. 这就是说，当电荷、电流给定时，从上述方程根据初始条件(以及必要的边界条件)就可以完全决定电磁场的变化. 当然，如果要讨论电磁场对带电粒子的作用以及带电粒子在电磁场中的运动，还需要洛伦兹力公式

$$\boldsymbol{F}=q\boldsymbol{E}+q\boldsymbol{v}\times\boldsymbol{B}.$$

9.3 电　磁　波

从麦克斯韦方程组的微分形式出发，经过一系列数学运算，就可推导出电磁场在空间运动变化时所满足的方程，而这一方程是一波动方程. 也就是说，电磁场在空间的运动变化是以波的方式进行的. 所以我们说麦克斯韦方程组预言了**电磁波**(electromagnetic wave)的存在. 在这里，我们略去推导波动方程这一较复杂的数学运算过程，而只对电磁波产生的物理机制和电磁波的基本性质作一些讨论.

9.3.1 电磁波的产生

根据位移电流的概念，变化的电场要在其邻近空间激发涡旋磁场 $\boldsymbol{H}$，涡旋磁场 $\boldsymbol{H}$ 的方向与电场变化率$\dfrac{\partial \boldsymbol{D}}{\partial t}$的方向满足右手螺旋关系，如图 9-4(a)所示，因而可以说变化的电场激发右旋的涡旋磁场. 而且当电场变化率$\dfrac{\partial \boldsymbol{D}}{\partial t}$也随时间的变化而变化时，它所激发的涡旋磁场也随时间变化. 而根据涡旋电场的概念，随时间的变化而变化的磁场要在其邻近

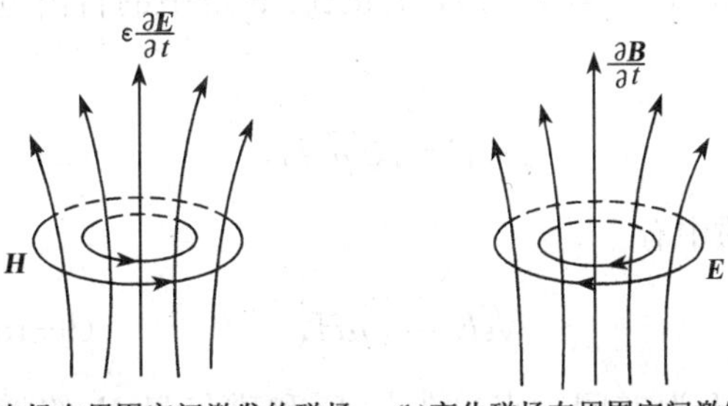

(a)变化电场在周围空间激发的磁场　(b)变化磁场在周围空间激发的电场

图 9-4　变化的电场和变化的磁场

空间激发涡旋电场 $\boldsymbol{E}$，涡旋电场 $\boldsymbol{E}$ 的方向与磁场变化率$\dfrac{\partial \boldsymbol{B}}{\partial t}$的方向满足左手螺旋关系(因$\dfrac{\partial \boldsymbol{B}}{\partial t}$的前面有一负号)，如图 9-4(b)所示，因而可以说变化的磁场激发左旋的涡旋电场，而且激发出的涡旋电场也随时间的变化而变化. 这样，变化的电场和磁场相互激发，闭合的涡旋电场线和涡旋磁场线就像链条那样一环套一环，由近及远向外传播，如图 9-5 所示，这种变化

电磁场在空间的传播称为电磁波. 所以变化的电磁场一经产生,就可以波的形式在空间中传播.

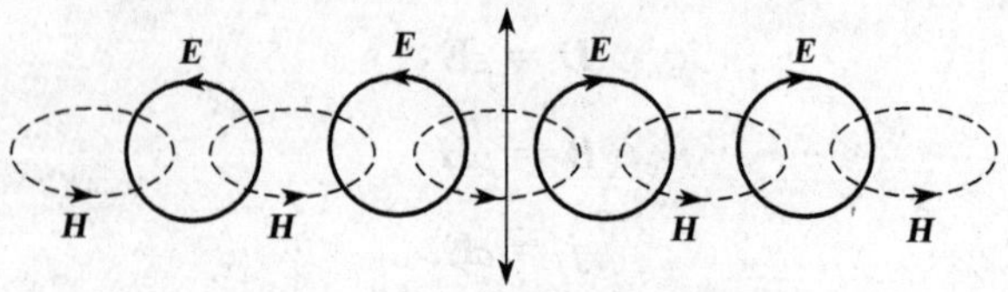

图 9-5　电磁波传播示意图

9.3.2　电磁波的基本性质

麦克斯韦场方程组中只有四个方程,由于所给条件不同,方程组的解——实际存在的电磁波的形态则是极其复杂和多种多样的. 而平面电磁波是最简单的形态(任何球面波在离源较远地方的一个不大区域可看成平面波),由它可以看到电磁波的一些基本性质. 如果空间中只有电磁波存在而没有电荷电流存在,则称这时的电磁波为自由电磁波. 下面我们主要讨论自由平面电磁波的基本性质.

(1) 电磁波是横波.

电磁波中的电矢量 $\boldsymbol{E}$、磁矢量 $\boldsymbol{H}$ 均与传播方向垂直,设电磁波沿直角坐标系的 z 轴正方向传播,则有

$$\boldsymbol{E} \perp \boldsymbol{k}, \qquad \boldsymbol{H} \perp \boldsymbol{k}. \tag{9-13}$$

其中,$\boldsymbol{k}$ 为 z 轴的单位矢量.

(2) 电矢量 $\boldsymbol{E}$ 与磁矢量 $\boldsymbol{H}$ 垂直,即　$\boldsymbol{E} \perp \boldsymbol{H}$,　(9-14)

且 $\boldsymbol{E}$, $\boldsymbol{H}$, $\boldsymbol{k}$ 三者满足右手螺旋关系,如图 9-6 所示,亦即 $\boldsymbol{E} \times \boldsymbol{H}$ 的方向总是沿着波传播的方向.

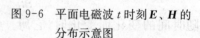

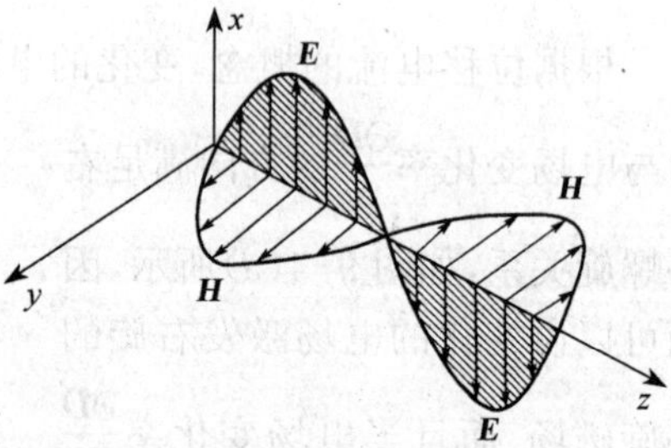

图 9-6　平面电磁波 t 时刻 $\boldsymbol{E}$、$\boldsymbol{H}$ 的分布示意图

(3) 同一点 E 与 H 成正比. 真空中的自由电磁波有

$$\sqrt{\varepsilon_0} E = \sqrt{\mu_0} H, \tag{9-15a}$$

在介质中有

$$\sqrt{\varepsilon} E = \sqrt{\mu} H. \tag{9-15b}$$

E 和 H 为空间一点电矢量 $\boldsymbol{E}$ 和磁矢量 $\boldsymbol{H}$ 的瞬时值. 按照波的概念,式(9-15)实际上包含两个内容:① E 和 H 同位相、同频率;② 幅值(E_{m} 和 H_{m})成正比,即

$$\sqrt{\varepsilon_0} E_{\mathrm{m}} = \sqrt{\mu_0} H_{\mathrm{m}} \tag{9-15c}$$

和

$$\sqrt{\varepsilon} E_{\mathrm{m}} = \sqrt{\mu} H_{\mathrm{m}}. \tag{9-15d}$$

(4) 电磁波的传播速度等于光速. 在真空中,电磁波的传播速度为

$$c = \frac{1}{\sqrt{\varepsilon_0 \mu_0}}. \tag{9-16a}$$

将 $\varepsilon_0 = 8.85 \times 10^{-12}\ \mathrm{C^2/(N \cdot m^2)}$，$\mu_0 = 4\pi \times 10^{-7}\ \mathrm{Wb/(A \cdot m)}$ 代入上式得

$$c = 3 \times 10^8\ \mathrm{m/s}.$$

这正是光在真空中的传播速度. 而在介质中电磁波的传播速度为

$$v = \frac{1}{\sqrt{\varepsilon \mu}}. \tag{9-16b}$$

由式(9-15)、式(9-16)、式(9-13)、式(9-14)和 $\boldsymbol{B} = \mu \boldsymbol{H}$ 可得到

$$\text{在真空中：} E = cB,\ E_{\mathrm{m}} = cB_{\mathrm{m}},\ \boldsymbol{B} = \frac{\boldsymbol{c} \times \boldsymbol{E}}{c^2}; \tag{9-15e}$$

$$\text{在介质中：} E = vB,\ E_{\mathrm{m}} = vB_{\mathrm{m}},\ \boldsymbol{B} = \frac{\boldsymbol{v} \times \boldsymbol{E}}{v^2}. \tag{9-15f}$$

由于电磁波的传播速度 c 或 v 的量值很大，所以在电磁波中，电矢量振动的幅值比磁矢量振动的幅值要大得多. 正因为这一点，一般在讨论光波时只考虑其电矢量而忽略其磁矢量.

根据上述讨论，图 9-6 所示的平面电磁波的一般表达式可写成

$$\boldsymbol{E} = E_{\mathrm{m}} \sin(\omega t - kz + \varphi)\boldsymbol{i}, \quad \boldsymbol{H} = H_{\mathrm{m}} \sin(\omega t - kz + \varphi)\boldsymbol{j}.$$

式中各量的意义可参考波动的相关内容，这里不作讨论.

9.3.3　电磁场的物质性

理论和实验都证明，电磁场是物质在自然界存在的一种形态，它具有一切物质所具有的基本特性，如能量、质量和动量等.

1. 电磁场的能量

前面的章节分别介绍了电场的能量密度 $w_{\mathrm{e}} = \frac{1}{2}DE$ 和磁场的能量密度 $w_{\mathrm{m}} = \frac{1}{2}BH$. 在一般情况下，电磁场既具有电场能量，又具有磁场能量，则其电磁能量密度为

$$w = \frac{1}{2}(DE + BH) = \frac{1}{2}(\boldsymbol{D} \cdot \boldsymbol{E} + \boldsymbol{B} \cdot \boldsymbol{H}) = \varepsilon E^2 = \frac{B^2}{\mu}. \tag{9-17}$$

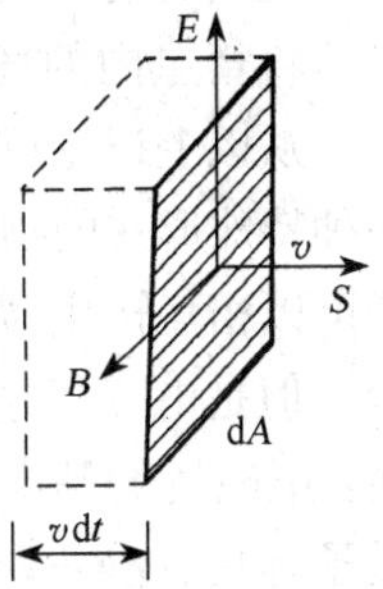

图 9-7　能流密度的推导

在电磁波传播时，其能量也随同传播. 单位时间内通过与传播方向垂直的单位面积的能量，叫电磁波的能流密度，其时间平均值叫电磁波的强度. 它的大小可推导如下.

如图 9-7 所示，设 $\mathrm{d}A$ 为垂直于传播方向的一个面元，在 $\mathrm{d}t$ 时间内通过此面元的能量应是以底面积为 $\mathrm{d}A$，高度为 $v\mathrm{d}t$ 的柱形体积 $\mathrm{d}V$ 内的电磁能量，此能量为

$$W = w \cdot dV = w \cdot dA \cdot v dt.$$

则根据能流密度的定义，能流密度的大小 S 为

$$S = \frac{W}{dA \cdot dt} = vw = \frac{v}{2}(DE + BH).$$

利用式(9-15b)和式(9-16b)可将上式化为 $S = \frac{EB}{\mu} = EH.$

能流密度是矢量，其方向就是电磁波传播的方向. 考虑到式(9-13)和式(9-14)，则可将能流密度矢量 $\boldsymbol{S}$ 表示为

$$\boldsymbol{S} = \frac{1}{\mu}\boldsymbol{E} \times \boldsymbol{B} = \boldsymbol{E} \times \boldsymbol{H}. \tag{9-18}$$

电磁波的能流密度矢量 $\boldsymbol{S}$ 也称为坡印亭矢量，它是描述电磁波传播性质的一个重要物理量. 由于 $\boldsymbol{E}$，$\boldsymbol{B}$ 都随时间的变化而变化，所以 $\boldsymbol{S}$ 也随时间的变化而变化，它的时间平均值$\overline{S}$与 E，B 的幅值 E_m，B_m 的乘积成正比，而 B_m 又与 E_m 成正比，所以$\overline{S}$与电场强度幅值的平方成正比，即

$$\overline{S} \propto E_m^2.$$

这个结论在光学中要用到，对光波来说，$\overline{S}$就是光强，所以光强正比于光波振幅的平方.

2. 电磁场的质量和动量

根据狭义相对论的质能关系式 $E = mc^2$，在电磁场存在的空间，单位体积的质量(即物质密度)为

$$\rho = \frac{w}{c^2} = \frac{1}{2c^2}(DE + BH). \tag{9-19}$$

1920 年，列别捷夫在实验中观察到变化的电磁场能对实物施加压力，因为压力与动量的变化相联系，所以它说明了电磁场具有动量. 对于平面电磁波，单位体积的电磁场的动量 P 和能量密度 w 的关系为

$$P = \frac{w}{c}. \tag{9-20}$$

光具有光压为彗星尾巴的形成提供了合理的解释，当彗星运行到太阳附近时，太阳光的光压将彗星内的气态物质推向远离太阳的那一边而形成了我们所观察到的彗尾.

从以上讨论可知，电磁场和实物物质一样，都具有能量、质量和动量，因此可以说电磁场是一种特殊形式的物质. 电磁场也具有微粒的属性，电磁场的基本粒子叫光子. 电磁场与实物粒子可以相互转化，如正负电子可以转化为一对光子，而光子也可以转化为电子和正电子对.

但是电磁场这种物质也具有与实物物质不同的性质，它们的主要区别表现在以下几方面：电磁场的基本粒子——光子没有静止质量；而构成实物物质的基本粒子如电子、中子、质子等具有静止质量. 电磁波在真空中只能以光速 c 运动，且其传播速度在任何惯性参考系中都相同；而实物可以小于光速的任意的速度在空间运动或加速运动，且相对于不同的参考系其运动速度不同. 同一空间内可以有许多电磁场叠加，而一个实物粒子所占据的空间不能

同时为另一实物粒子所占据.

习题 9

9.1　充了电的圆形平行板电容器(半径为 r),在放电时两板间场强 $E = E_0 e^{-\frac{t}{RC}}$,求两板间位移电流的大小及方向.
$[-\varepsilon_0 \pi r^2 E/RC, I_D$ 方向与 E 反向$]$

9.2　平行板电容器的电容 C 为 $20.0\ \mu F$,两板上的电压变化率 $dU/dt = 1.50 \times 10^5\ V/s$,求该平行板电容器中的位移电流.
[3 A]

9.3　一平行板电容器的极板是半径为 R 的两圆形金属板,极板间为空气.将极板与交流电源相接,板上电量随时间的变化而变化的关系为 $q = q_0 \sin \omega t$,忽略边缘效应,则电容器极板间的位移电流是多大?
$[q_0 \omega \cdot \cos \omega t]$

9.4　给电容为 C 的平行板电容器充电,电流为 $i = 0.2e^{-t}$(SI),$t = 0$ 时电容器极板上无电荷.求:

(1) 极板间电压 U 随时间 t 的变化而变化的关系.

(2) t 时刻极板间总的位移电流 I_d(忽略边缘效应).
$\left[\frac{0.2}{C}(1 - e^{-t});\ 0.2e^{-t}\right]$

9.5　某段时间内,圆形极板的平板电容器两板电势差随时间变化而变化的规律:$U_{ab} = U_a - U_b = kt$(k 是正常数,t 是时间),设两板间的电场是均匀的,比较在板间 1,2 两点(2 比 1 更靠近极板边缘)B_1 与 B_2 的大小.
$[B_1 < B_2]$

第 3 篇　振动和波动　波动光学

第 10 章　简谐振动和平面简谐波

振动(vibration)和**波**(wave)是自然界中常见的运动形式之一,其本质是一种**周期运动**(periodic motion)或**准周期运动**(quasi-periodic motion). 如汽油机中运动的活塞、发声乐器的弦、颤动的大桥等都是振动,这些振动物体的位置相对于某一个确定的位置(称为平衡位置)做往返重复运动,被称为**机械振动**(mechanical vibration). 又如电场强度和磁感应强度的周期性变化,就称为**电磁振动**(electromagnetic oscillation). 还有自动控制和跟踪系统中的自激振动、同步加速器中的束流振动以及结构共振,化学反应中的复杂振荡,等等,都是周期运动.

波动是振动在空间的传播,**声波**(sound wave)、**水波**(water wave)、**地震波**(seismic wave)、**电磁波**(electromagnetic wave)和**光波**(light wave)都是波,波的传播伴随有状态和能量的传递. 尽管不同的振动形式将以不同的方式在空间传播,但它们将有类似的波动方程,具有共同的特征,如具有干涉、衍射等波动特有的性质.

振动和波是横跨物理学所有学科的概念,既与经典物理学紧密联系又与现代物理学融为一体,尽管它们在各分支学科中的具体内容和含义不同,但形式上却极为相似. 所以在**物理学中可将振动广义地定义为某种物理量在其取值范围内周期变化**. 本章主要研究机械振动和机械波,其基本性质和运动规律不仅很容易推广到其他形式的振动和波当中去,而且是学习声学、地震学、建筑学、机械学、材料学等技术课程的重要基础.

按照维持物体振动的力的不同性质,可将振动分为线性振动和非线性振动,它们的运动行为和规律有很大的差别. 非线性振动比线性振动复杂得多,但在许多情况下可用线性振动近似地代替非线性振动. 因此,本章主要讨论线性振动和线性波.

10.1　线性振动

线性振动(linear vibration)按复杂的程度可分为**简谐振动**(simple harmonic vibration)、**阻尼振动**(damped vibration)和**受迫振动**(forced vibration),而简谐振动是最易描述、最为基础的振动形式.

10.1.1　简谐振动

1. 简谐振动的运动方程

将一质量为 m 的物体系于一轻质弹簧(轻质弹簧是指不考虑弹簧的质量)上,并把弹簧自由伸展到自然长度. 此时物体所受合力为零,物体所在位置称为**平衡位置**. 若弹簧本身的质量和摩擦阻力忽略不计,即只有弹性恢复力作用下的质点的模型称为**弹簧振子**(spring oscillator),或称谐振子或称简谐振子.

由上述弹簧在弹性范围内施加给质点的力由**胡克定律**(Hooke law)给出

$$F = -k(l - l_0). \tag{10-1}$$

式中，l 是弹簧的实际长度，l_0 是自然状态下的长度（自然长度），k 称为弹簧的**倔强系数（或劲度系数）**（coefficient of stiffness），$(l - l_0)$ 是在自然长度基础上被拉伸或压缩的长度.

如果以平衡位置为坐标原点建立坐标系（图10-1），则胡克定律表示为

$$F = -kx. \tag{10-2}$$

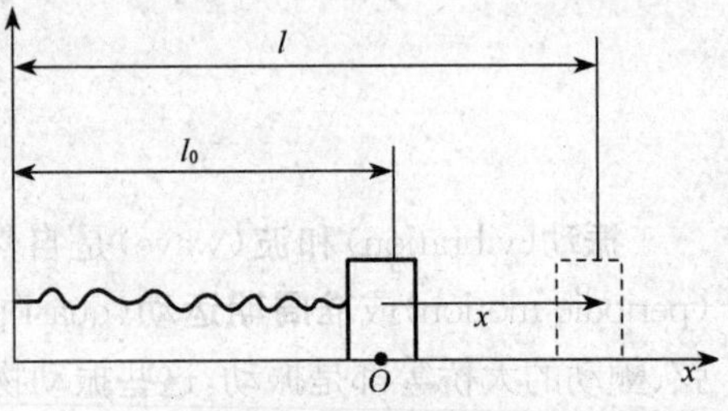

图 10-1　弹簧振子

式中，x 是质点相对于原点的位移，负号表示力的方向总是与位移的方向相反，可用矢量形式表示上式. 特别要注意的是，当我们使用上述形式表示弹簧弹性力时，一定要将坐标系原点建立在平衡位置上.

所研究的问题中，力 F 和位移 x 在一条直线上，那么可以不必使用矢量式，仅用代数式(10-2)就可以表明力与位移的关系. 但是当两个或两个以上的弹簧成一定的角度与质点连接而构成系统时，就要用矢量式.

质点在某个位置所受合力为零时，该位置称为**平衡位置**（equilibrium position）. 若作用于质点上的力总与质点相对于平衡位置的位移（线位移、角位移）成正比，且指向平衡位置，则称此力为**线性回复力**（linear restoring force），表示为

$$f = -kx. \tag{10-3}$$

式中，k 为比例系数. 式(10-2)就是这样形式的力. 具有式(10-3)形式的力将导出其运动方程具有相同的函数形式表示.

以弹簧振子为例，根据牛顿第二定律 $F = ma$，弹簧振子的运动方程为

$$-kx = m\frac{\mathrm{d}^2x}{\mathrm{d}t^2}, \tag{10-4}$$

整理为

$$\frac{\mathrm{d}^2x}{\mathrm{d}t^2} + \frac{k}{m}x = 0. \tag{10-5}$$

令 $\omega^2 = \dfrac{k}{m}$，有

$$\frac{\mathrm{d}^2x}{\mathrm{d}t^2} + \omega^2 x = 0. \tag{10-6}$$

这是一个二阶微分方程，令其试探解为

$$x = A\cos(\omega t + \varphi). \tag{10-7}$$

求出 x 的一阶导数，这是弹簧振子中质点的运动速度，x 的二阶导数则是加速度，即

$$v = \frac{\mathrm{d}x}{\mathrm{d}t} = -\omega A\sin(\omega t + \varphi), \tag{10-8a}$$

$$a = \frac{\mathrm{d}^2x}{\mathrm{d}t^2} = -\omega^2 A\cos(\omega t + \varphi) = -\omega^2 x. \tag{10-8b}$$

代入式(10-6)中，则有

$$\frac{d^2x}{dt^2}+\omega^2x=[-\omega^2A\cos(\omega t+\varphi)]+\omega^2[A\cos(\omega t+\varphi)]=0.$$

实际上从式(10-8b)直接得到 $\frac{d^2x}{dt^2}+\omega^2x=0$，这说明 $x=A\cos(\omega t+\varphi)$ 是方程 $\frac{d^2x}{dt^2}+\omega^2x=0$ 的解. 这个解就是简谐振子的运动学方程，方程中的 A，φ 是两个常数，在数学上叫积分常数，它由**初始条件**(initial condition)确定. $\omega=\sqrt{\frac{k}{m}}$ 是由简谐振子本身的性质决定的，它与振子是否参加运动无关，它在函数中起着一个角频率(圆频率)的角色，因此称为振动系统的**固有角频率**(natural angular frequency). 不同的振动系统有各自的角频率的表达式，有各自的固有角频率，后面将要看到的单摆角频率为 $\omega=\sqrt{\frac{g}{l}}$.

微分方程式(10-6)的解也可以取正弦函数的形式

$$x=A\sin(\omega t+\varphi'). \tag{10-9}$$

如果 $\varphi'=\varphi-\frac{\pi}{2}$，则式(10-9)化为式(10-7).

综上所述，可以定义简谐振动为：**物理变量满足形如方程式(10-6)的物理系统的运动为简谐振动.** 式(10-6)称为简谐振动的动力学方程；也可以用方程的解定义简谐振动为：**满足式(10-7)或式(10-9)的振动为简谐振动**；也可以从系统受合力情况来定义简谐振动，**若系统仅受形如式(10-3)的合力作用而运动，则系统做简谐振动.**

例 10.1　在不能延伸的轻线下端悬一小球，小球的平衡位置在 O 点. 当小球自平衡位置移开后，小球在重力作用下，在铅直平面内做往复运动，这样的振动系统称为**单摆**(simple pendulum).

解　如图 10-2 所示，摆长为 l，小球质量为 m、悬线与铅直方向之间的角度为 θ，作为小球位置的变量，称为角位移，规定悬线在铅直线右方时，角位移为正，在左方时为负. 当角位移为 θ 时，受悬线的张力和重力作用，合力沿垂直于悬线的方向指向平衡位置所在方位

$$F=-mg\sin\theta.$$

$\sin\theta$ 可以展成级数，即

$$\sin\theta=\theta-\frac{\theta^3}{3!}+\frac{\theta^5}{5!}-\cdots.$$

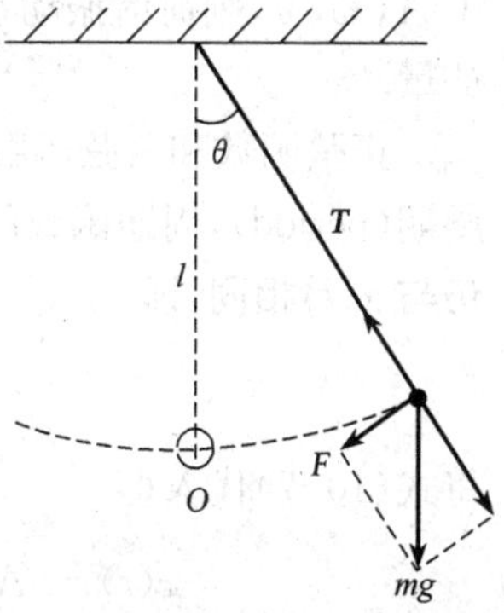

图 10-2　单摆

当 θ 很小时，有 $\sin\theta\approx\theta$，例如，当 $\theta=5°$ 时，换成弧度为 $\theta=5°=0.0873$ 弧度，而 $\sin\theta=\sin 5°=0.0872$，所以当 θ 较小时，认为 $\sin\theta\approx\theta$，则

$$F=-mg\theta.$$

这个力满足式(10-3)的形式，由此力引起的运动将是简谐振动. 由牛顿第二定律

$$ma_{\tau}=-mg\theta,\quad ml\frac{\mathrm{d}^2\theta}{\mathrm{d}t^2}=-mg\theta,$$

得到动力学方程
$$\frac{\mathrm{d}^2\theta}{\mathrm{d}t^2}+\omega^2\theta=0,$$

是与式(10-6)同形式的方程. 单摆运动学方程为

$$\theta=\theta_{\mathrm{m}}\cos(\omega t+\varphi).$$

上式是式(10-7)的函数形式,也表示简谐振动. 式中 φ 是初相位,而 ω 由单摆本身的性质决定,即

$$\omega=\sqrt{\frac{g}{l}}.$$

单摆的周期
$$T=\frac{2\pi}{\omega}=2\pi\sqrt{\frac{l}{g}}.$$

由以上分析可知,当 θ_{m} 较小时(即振幅较小),单摆才能看成简谐振动. 如果 θ_{m} 不很小,那么单摆的运动方程为

$$\ddot{\theta}+\omega^2\sin\theta=0.$$

这个方程的解就复杂多了. 如果将摆线换成轻质细棒,不限制角度 θ 的范围,那么这样一个摆的运动将展示出更大的研究范围.

2. 描写简谐振动的三个特征量

从描写简谐振动的运动学方程 $x=A\cos(\omega t+\varphi)$ 中可看出,一个简谐振动系统,若确定了 A, ω, φ,则简谐振动系统的振动就完全确定了,因此称这三个量为简谐振动的三个特征量.

正弦函数和余弦函数都是周期函数,所以用它所表示的简谐振动是周期函数,设 T 为**周期**(period),周期函数的含义是: **函数 $x(t)$ 经过一个周期后变为函数 $x(t+T)$,但是取值仍与 $x(t)$ 相同**,即

$$x(t)=x(t+T).$$

将式(10-7)代入得

$$x(t)=A\cos(\omega t+\varphi)=A\cos[\omega(t+T)+\varphi]=x(t+T),$$

即
$$\cos(\omega t+\varphi)=\cos(\omega t+\omega T+\varphi).$$

只有当
$$\omega t+\varphi+2\pi N=\omega t+T\omega+\varphi$$

时才是成立的,取一个最小的重复单元为一个周期,即取 $N=1$,则周期 T 为

$$T=\frac{2\pi}{\omega}. \tag{10-10}$$

在机械振动中周期就是完成一次全振动所用的时间. 前面在给出 ω 后写出其周期就是由式

(10-10)得到的.

弹簧振子的周期　　$$T=\frac{2\pi}{\omega}=2\pi\sqrt{\frac{m}{k}}.\tag{10-11}$$

单摆的周期($\theta<5^\circ$)　　$$T=\frac{2\pi}{\omega}=2\pi\sqrt{\frac{l}{g}}.\tag{10-12}$$

周期的倒数,就是每单位时间内完全振动的次数,称为**频率**(frequency)ν,即

$$\nu=\frac{1}{T}.\tag{10-13}$$

频率的 2π 倍称为角频率或圆频率 ω,即

$$\omega=\frac{2\pi}{T}=2\pi\nu.\tag{10-14}$$

简谐振动的角频率是由振动系统本身的性质决定的,称为**固有角频率**.

取振动物体的最大位移,或物理量变化的最大值,即令式(10-7)中的 $x=x_{\max}$,就是 $|x_{\max}|=A|\cos(\omega t+\varphi)|_{\max}=A$,因为 $|\cos(\omega t+\varphi)|$ 的最大值取 1,所以 A 是位移(或某种物理量)最大值,称为**振幅**(amplitude).对于弹簧振子,振幅是质点离开平衡位置最远时的位移的绝对值.

$(\omega t+\varphi)$是一个角度量,它确定物体在任一时刻的位置和运动状态,称为振动的**相位(或位相)**(phase),φ 是计时起点 $t=0$ 时具有的相位,称为**初相位**(initial phase).

如果已知质点的位移,对于简谐振动,位移 x 是相对于平衡位置的,由式(10-7)给出.那么可以求出任意时刻质点的速度和加速度分别为

$$v=\frac{\mathrm{d}x}{\mathrm{d}t}=-\omega A\sin(\omega t+\varphi)=\omega A\cos\left(\omega t+\varphi+\frac{\pi}{2}\right),\tag{10-15a}$$

$$a=\frac{\mathrm{d}^2x}{\mathrm{d}t^2}=-\omega^2A\cos(\omega t+\varphi)=\omega^2A\cos(\omega t+\varphi+\pi).\tag{10-15b}$$

在给定初始条件下,即 $t=0$ 时,有

$$x|_{t=0}=x_0,\quad v|_{t=0}=v_0.$$

则　　$$\left(\frac{v}{\omega}\right)^2+x^2=A^2\cos^2(\omega t+\varphi)+A^2\sin^2(\omega t+\varphi)=A^2,$$

$$A=\sqrt{\left(\frac{v}{\omega}\right)^2+x^2}=\sqrt{\left(\frac{v_0}{\omega}\right)^2+x_0^2};\tag{10-16}$$

$$\tan(\omega t+\varphi)=\frac{\sin(\omega t+\varphi)}{\cos(\omega t+\varphi)}=\frac{-\dfrac{v}{\omega A}}{\dfrac{x}{A}}=-\frac{v}{\omega x},$$

$$\tan\varphi = -\frac{v_0}{\omega x_0}. \tag{10-17}$$

由此可见，当系统的参数给定之后，简谐振动系统的固有角频率 ω 就确定了，由初始条件就可以确定其他两个特征量.

例 10.2 已知系统参数，求振动的运动学方程. 一个弹簧振子沿 x 轴做简谐振动，已知弹簧的倔强系数为 $k = 15.8\ \mathrm{N/m}$，物体质量为 $m = 0.1\ \mathrm{kg}$，在 $t = 0$ 时物体对平衡位置的位移 $x_0 = 0.05\ \mathrm{m}$，速度 $v_0 = -0.628\ \mathrm{m/s}$，写出此振动的表达式.

解 要写出此振动的表达式，需要知道它的三个特征量，即 A, ω, φ. 角频率由系统本身的性质决定，对于弹簧振子

$$\omega = \sqrt{\frac{k}{m}} = \sqrt{\frac{15.8}{0.1}} = 12.57(\mathrm{s^{-1}}) = 4\pi(\mathrm{s^{-1}}),$$

A 和 φ 由初始条件决定，由式(10-16)和式(10-17)代入数据可以求得

$$A = \sqrt{0.05^2 + \left(\frac{0.628}{12.57}\right)^2} = 7.07\times10^{-2}(\mathrm{m}),$$

$$\cos\varphi = \frac{0.05}{A} = \frac{0.05}{0.0707} = 0.707,$$

$$\varphi = \frac{\pi}{4}.\left(\varphi = -\frac{\pi}{4}\ \text{不合题意而舍去}\right)$$

因此，以平衡位置为原点所求得的简谐表达式为

$$x = 7.07\times10^{-2}\cos\left(4\pi t + \frac{\pi}{4}\right). \quad (\mathrm{SI})$$

SI 表示表达式中各量的单位采用国际单位.

3. 简谐振动的旋转矢量表示法

简谐振动已用正弦函数和余弦函数成功地进行了描述，简谐振动也可以用其他方式进行描述，用**旋转矢量**(rotational vector)的投影表示简谐振动就是其中一种，旋转矢量表示法在讨论振动的合成问题时将带来很大的方便.

取 $\mathbf{A}$ 为一长度保持不变的矢量，起点在 x 坐标轴的原点处，计时零点 $t = 0$ 时，矢量 $\mathbf{A}$ 与坐标轴的夹角为 φ，矢量 $\mathbf{A}$ 以角速度 ω 逆时针匀速转动，端点在空间画出一个圆，称为**参考圆**(circle of reference)，如图 10-3 所示. 矢量 $\mathbf{A}$ 在任意时刻 t 与 x 轴的夹角为$(\omega t + \varphi)$，将 $\mathbf{A}$ 向 x 轴投影得

$$x = A\cos(\omega t + \varphi).$$

图 10-3　旋转矢量参考图

这正是简谐振动的运动方程形式，如果旋转矢量的模$|\mathbf{A}|$、旋转角速度 ω 和旋转矢量与 x 轴的初始夹角 φ，分别等于简谐振动的振幅、圆频率、初相角，则简谐振动可用相应的旋转矢量的投影来表示.

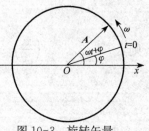

现在计算矢端速度和加速度在坐标轴上的投影. 如图 10-4 所示,矢端沿圆周运动的速率等于 $\omega_0 A$,速度与 x 轴的夹角等于 $\omega_0 t+\alpha+\frac{\pi}{2}$,故其投影等于 $\omega_0 A\cos\left(\omega_0 t+\alpha+\frac{\pi}{2}\right)$. 矢端沿圆周运动的加速度即向心加速度的大小为 $\omega_0^2 A$,它与 x 轴夹角为 $\omega_0 t+\alpha+\pi$,故加速度投影为 $\omega_0^2 A\cos(\omega_0 t+\alpha+\pi)$. 将此二投影以及前式与式(10-15)对比,显然,旋转矢量及其端点沿圆周运动的速度与加速度在坐标轴上的投影正好等于特定的简谐振动的位移、速度和加速度.

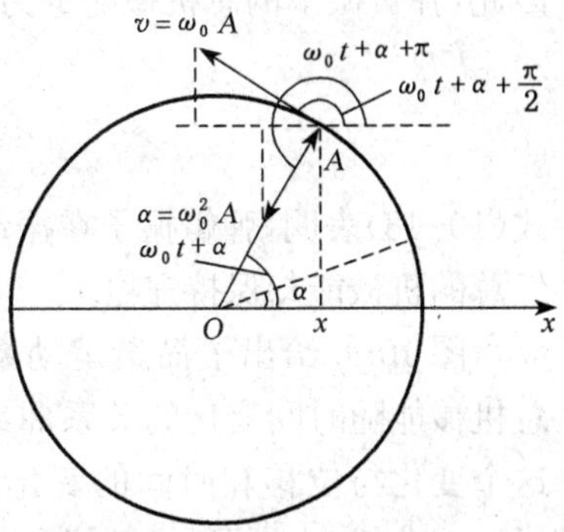

图 10-4　用旋转矢量法研究简谐振动的速度和加速度

于是可以用一旋转矢量描述简谐振动:旋转矢量的长度等于振幅,矢量 **A** 叫**振幅矢量**;简谐振动的圆频率等于矢量转动的角速度;简谐振动的相位等于旋转矢量与 x 轴间的夹角. **用旋转矢量在坐标轴上的投影描述简谐振动的方法叫简谐振动的矢量表示法或几何表示法.**

旋转矢量只是为直观地描述简谐振动引用的工具,可以根据解决问题方便与否决定采用或不采用,不能以为每谈到简谐振动必定伴随以旋转矢量,更不能误认为旋转矢量端点的运动就是简谐振动.

例 10.3　图 10-5 右方表示某简谐振动的 x-t 图,试用作图方法画出 t_1 和 t_2 时刻的旋转矢量的位置.

解　量出振幅并以此为半径画圆,如图 10-5 左方. 画 x 轴通过圆心,且垂直于 t 轴. 过 t_1 和 t_2 作与 x 轴平行的直线交曲线于 P_1 和 P_2. 过 P_1 画与 t 轴平行的直线交圆周于 A, A' 两点,$\boldsymbol{OA}$ 和 $\boldsymbol{OA}'$ 在 x 上的投影似乎均等于 t_1 时的位移. 谁是所求的旋转矢量? 因 P_1 处曲线切线斜率为负,即速度为负,表示此时质点速度与 x 轴方向相反,故旋转矢量应在 $\boldsymbol{OA}$ 处. 与此相似,t_2 时刻,旋转矢量运动至 $\boldsymbol{OB}$.

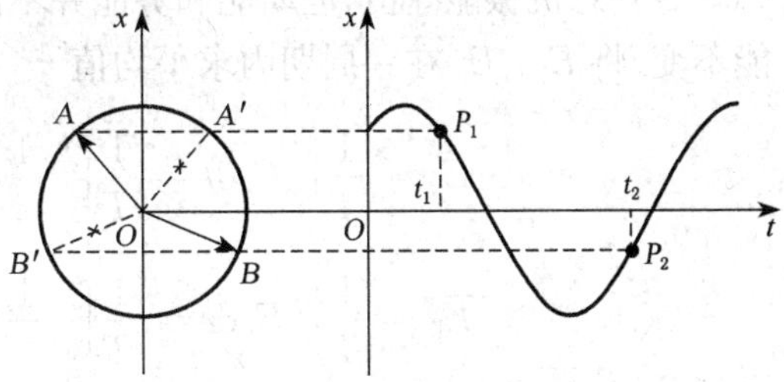

图 10-5　研究 x-t 图和旋转矢量的对应关系

注意,旋转矢量法只是引入的一种描写简谐振动的直观方法.

4. 简谐振动的能量

以水平放置的弹簧振子为例. 当物体的位移为 x,速度为 v 时,系统的弹性势能和动能分别为

$$E_p=\frac{1}{2}kx^2=\frac{1}{2}kA^2\cos^2(\omega t+\varphi),\quad E_k=\frac{1}{2}mv^2=\frac{1}{2}m\omega^2A^2\sin^2(\omega t+\varphi).$$

弹簧振子的圆频率(固有角频率)为 $\omega^2=\frac{k}{m}$,即

$$k=m\omega^2,\quad E_k=\frac{1}{2}kA^2\sin^2(\omega t+\varphi).$$

因此,弹簧振子的总机械能量为

$$E = E_k + E_p = \frac{1}{2}kA^2. \tag{10-18}$$

式(10-18)表明,弹簧振子在振动过程中虽然动能和势能都随时间的变化做周期性的变化,但总的机械能却保持守恒.

图 10-6 给出了简谐运动系统的动能和势能以及总机械能随时间变化的关系曲线(设 $\varphi=0$),为便于将这个变化与位移和时间的变化做比较,在其下面给出了 x-t 曲线. 由图可见,动能和势能的变化频率是简谐运动频率的 2 倍.

另外还可以看到,总能量与振幅成正比,振幅不仅反映了简谐振动的范围,还反映了振动系统的振动强度. 从式(10-18)可得到由振动系统的初始能量 E_0 求振幅的公式

$$A = \sqrt{\frac{2E_0}{k}}. \tag{10-19}$$

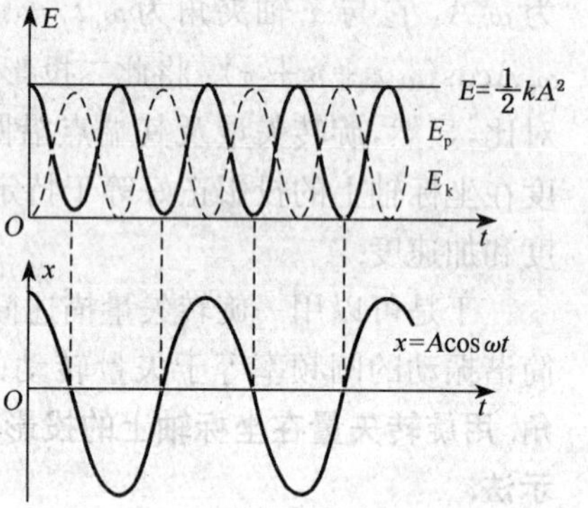

图 10-6　能量随时间变化的关系

尽管总机械能守恒,但动能和势能并不同步变化,而是相互转化以保持整个系统总机械能不变. 将 E_k, E_p 在一周期内求平均值

$$\overline{E}_k = \frac{1}{T}\int_0^T E_k \mathrm{d}t = \frac{1}{T}\int_0^T \frac{1}{2}kA^2 \sin^2(\omega t + \varphi)\mathrm{d}t = \frac{1}{4}kA^2,$$

$$\overline{E}_p = \frac{1}{T}\int_0^T E_p \mathrm{d}t = \frac{1}{T}\int_0^T \frac{1}{2}kA^2 \cos^2(\omega t + \varphi)\mathrm{d}t = \frac{1}{4}kA^2.$$

在一个周期中动能和势能的平均值相等,正好平分总机械能. 这一结论也同样适用于其他的简谐振动系统.

例 10.4　已知振动曲线求初相位及相位. 如图 10-7 所示的 x-t 振动曲线,已知振幅 A、周期 T、且 $t=0$ 时 $x=\frac{A}{2}$,求:

(1) 该振动的初相位;

(2) a, b 两点的相位;

(3) 从 $t=0$ 到 a, b 两态所用的时间各是多少?

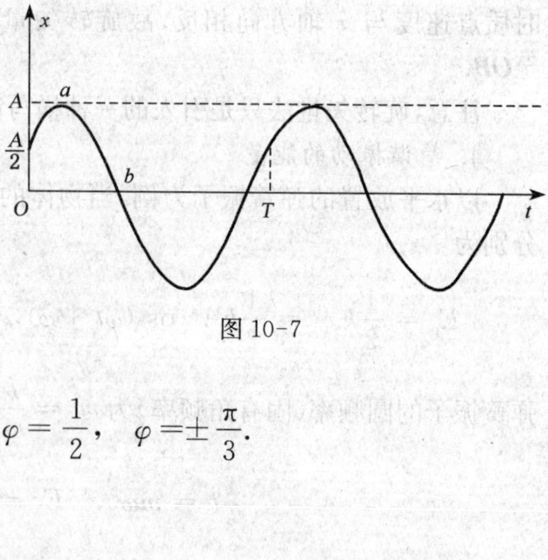

图 10-7

解　**方法 1**　(1) 由题图可知, $t=0$ 时,

$$x = A\cos\varphi = \frac{A}{2}, \quad \cos\varphi = \frac{1}{2}, \quad \varphi = \pm\frac{\pi}{3}.$$

又 $t=0$ 时，$v=\frac{\mathrm{d}x}{\mathrm{d}t}=-\omega A\sin\varphi$，由图知，$v>0$，因为 $t=0$ 时质点处于$\frac{A}{2}$，增加 Δt，则位置大于$\frac{A}{2}$，说明质点沿 x 轴正方向运动，于是有

$$-\omega A\sin\varphi>0,$$

所以 $$\sin\varphi<0,$$

即角度被限制在 $\pi\sim 2\pi$ 之间，所以 φ 取值为 $\varphi=-\frac{\pi}{3}$.

振动表达式可表示为 $x=A\cos(\omega t+\varphi)=A\cos\left(\frac{2\pi}{T}t-\frac{\pi}{3}\right)$.

(2) 由题图中 a 点 $$x_a=A\cos(\omega t+\varphi)=A,$$

则 a 点的相位 $$\omega t+\varphi=0.$$

由题图中 b 点 $$x_b=A\cos(\omega t+\varphi)=0,$$

$$\omega t+\varphi=\pm\frac{\pi}{2}.$$

因为 $$v=\frac{\mathrm{d}x}{\mathrm{d}t}=-\omega A\sin(\omega t+\varphi),$$

由题图，当增加 Δt，b 点将向下运动，即 b 将沿 x 轴负向运动 $v<0$，所以 $\sin(\omega t+\varphi)>0$，$(\omega t+\varphi)$ 被限制在 $0\sim\pi$ 之间，故 b 点的相位为 $\omega t+\varphi=\frac{\pi}{2}$.

(3) 设从 $t=0$ 到 a，b 两态所用的时间为 t_a，t_b，由(2) 知 a 点的相位为 $\omega t_a+\varphi=0$，则

$$t_a=-\frac{\varphi}{\omega}=\frac{\pi}{3}\cdot\frac{T}{2\pi}=\frac{T}{6}.$$

由(2)知 b 点的相位为 $\omega t_b+\varphi=\frac{\pi}{2}$，则 $$t_b=\frac{\frac{\pi}{2}-\varphi}{\omega}=\frac{\frac{\pi}{2}+\frac{\pi}{3}}{\frac{2\pi}{T}}=\frac{5}{12}T.$$

方法 2（用旋转矢量法）

由已知条件可画出 $t=0$ 时振幅矢量，同时可画出 t_a，t_b 时刻的振幅矢量图如图 10-8 所示. 由图可知，

(1) $\varphi=-\frac{\pi}{3}$.

(2) $\omega t_a+\varphi=0$，$\omega t_b+\varphi=\frac{\pi}{2}$.

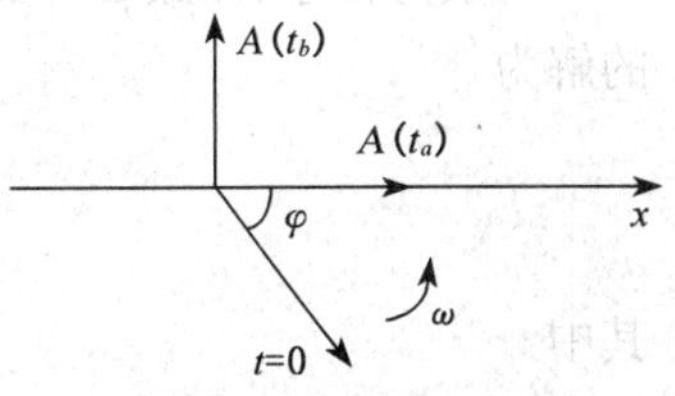

图 10-8　a，b 点旋转矢量位置

(3) 由(2)可知 $t_a = \dfrac{\frac{\pi}{3}}{\omega} = \dfrac{\frac{\pi}{3}}{\frac{2\pi}{T}} = \dfrac{T}{6}$，则 $t_b = \dfrac{\frac{\pi}{3}+\frac{\pi}{2}}{\omega} = \dfrac{\frac{5\pi}{6}}{\frac{2\pi}{T}} = \dfrac{5}{12}T.$

10.1.2 阻尼振动

前面讨论的简谐振动，振幅不随时间变化，振动系统的能量守恒，所以一旦振动发生，就能够无休止地以同一振幅振动下去. 但在实际情况下，任何振动系统都会受到阻力作用，阻力做功导致振动系统能量损失，振动系统的振幅不断减小直到停止振动. 振动系统因受阻力作用做振幅减小的运动，称为阻尼振动. "尼"是阻止的含义.

将弹簧振子放在介质中，则质点运动受到介质的阻力. 在质点运动速度不大的情况下，它所受的阻力 f 与它的速度的大小 v 成正比. 阻力方向与速度方向相反，即

$$f = -\gamma v = -\gamma \frac{dx}{dt}. \tag{10-20}$$

式中，γ 为正的比例常数，它由振动体形状大小、表面状况以及介质的性质而定.

质量为 m 的振动物体，在弹性力（或准弹性力）和上述阻力作用下，根据牛顿第二定律列出振动系统的运动方程为

$$m\frac{d^2x}{dt^2} = -kx - \gamma\frac{dx}{dt}$$

或
$$\frac{d^2x}{dt^2} + \frac{\gamma}{m}\frac{dx}{dt} + \frac{k}{m}x = 0.$$

式中系数都是常数，分别令
$$\frac{\gamma}{m} = 2\beta, \quad \frac{k}{m} = \omega_0^2,$$

则上列方程写成
$$\frac{d^2x}{dt^2} + 2\beta\frac{dx}{dt} + \omega_0^2 x = 0. \tag{10-21}$$

这是典型的常系数二阶齐次线性微分方程，其中 β 称为**阻尼系数**(damping coefficient)，ω_0 为振动系统的固有角频率，它是振动系统在不受阻力作用时的振动圆频率. 根据阻尼系数 β 大小的不同，上述动力学方程有三种可能解.

1. 欠阻尼状态

当阻力很小，以致 $\beta < \omega_0$，这时阻尼作用较小，称为**欠阻尼**(underdamping). 式(10-21)的解为

$$x = A_0 e^{-\beta t}\cos(\omega t + \varphi_0), \tag{10-22}$$

其中
$$\omega = \sqrt{\omega_0^2 - \beta^2}. \tag{10-23}$$

而 A_0，φ_0 是由初始条件决定的.

设 $t=0$，$x=x_0$，$\frac{\mathrm{d}x}{\mathrm{d}t}=v_0$，先将式(10-22)对 t 求导数

$$\frac{\mathrm{d}x}{\mathrm{d}t}=A_0\mathrm{e}^{-\beta t}[-\omega\sin(\omega t+\varphi_0)-\beta\cos(\omega t+\varphi_0)].$$

代入初始条件

$$\frac{\mathrm{d}x}{\mathrm{d}t}\Big|_{t=0}=v_0=-A_0\omega\sin\varphi_0-A_0\beta\cos\varphi_0,$$

$$x\,|_{t=0}=x_0=A_0\cos\varphi_0,$$

由此解出

$$A_0=\sqrt{x_0^2+\frac{(v_0+\beta x_0)^2}{\omega^2}},\tag{10-24}$$

$$\tan\varphi_0=-\frac{v_0+\beta x_0}{\omega x_0}.\tag{10-25}$$

在式(10-22)中包含两个因子，$A\mathrm{e}^{-\beta t}$ 表示不断随时间而衰减的振幅；$\cos(\omega t+\varphi_0)$ 表示圆频率为 ω 的周期运动，两因子相乘表示质点作减幅的周期运动. 仍然把因子 $\cos(\omega t+\varphi_0)$ 的周期叫阻尼振动的周期，表示为

$$T=\frac{2\pi}{\omega}=\frac{2\pi}{\sqrt{\omega_0^2-\beta^2}}.\tag{10-26}$$

将此周期与简谐振动的周期比较，可知阻尼振动的周期比固有周期要长，图 10-9 给出了振动的位移时间曲线. 振幅衰减因子 $A_0\mathrm{e}^{-\beta t}$ 中 β 越大，则振幅衰减越快；β 越小，振幅衰减越小. 可以用相隔一周期的振动位移之比 λ 来标志阻尼大小，称为阻尼减缩，即

$$\lambda=\frac{A_0\mathrm{e}^{-\beta t}}{A_0\mathrm{e}^{-\beta(t+T)}}=\mathrm{e}^{\beta T}.\tag{10-27}$$

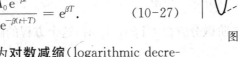

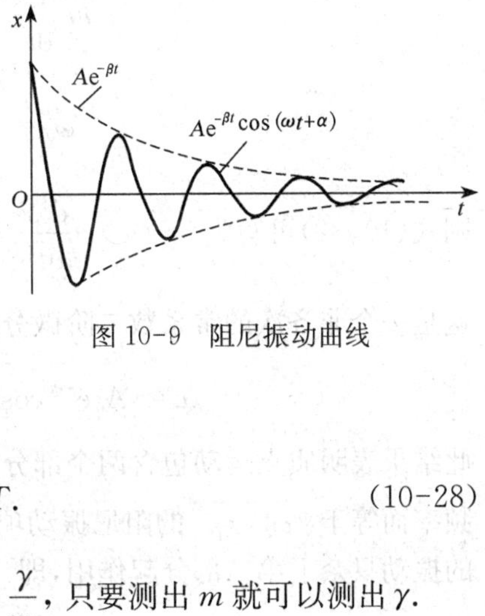

图 10-9　阻尼振动曲线

取阻尼减缩的对数，称为**对数减缩**(logarithmic decrement)，用 δ 表示，即

$$\delta=\ln\lambda=\ln\mathrm{e}^{\beta T}=\beta T.\tag{10-28}$$

由于 δ 和 T 可由实验测得，所以由上式可求出 β，而 $\beta=\frac{\gamma}{m}$，只要测出 m 就可以测出 γ.

2. 过阻尼状态

如果阻力很大，以致 $\beta^2>\omega_0^2$，方程式(10-21)的解为

$$x=c_1\mathrm{e}^{-(\beta-\sqrt{\beta^2-\omega_0^2})t}+c_2\mathrm{e}^{-(\beta+\sqrt{\beta^2-\omega_0^2})t}.\tag{10-29}$$

积分常数 c_1，c_2 是由初始条件决定，振动系统不作振动而逐渐停止在平衡位置，这种情况称

为**过阻尼**(overdamping),其位移时间曲线如图 10-10 所示.

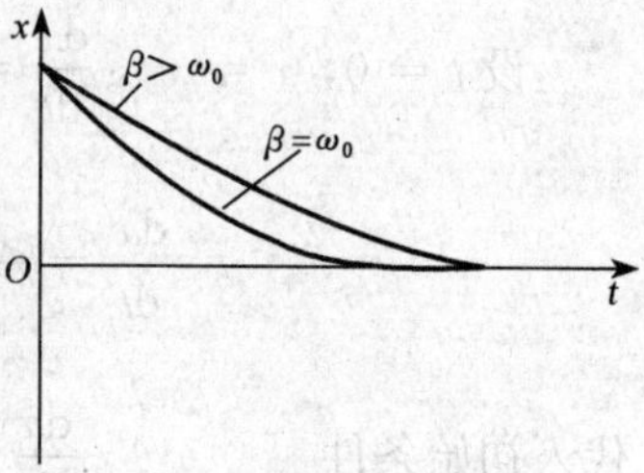

图 10-10　过阻尼、临界阻尼的 x-t 曲线

3. 临界阻尼状态

如果 $\beta^2=\omega_0^2$,则方程式(10-21)的解为

$$x=(c_1+c_2t)\mathrm{e}^{-\beta t}. \tag{10-30}$$

这是系统作振动和不作振动的临界状态,称为临界阻尼(critical damping),振动系统恰好不能作振动而很快地回到平衡位置.其位移-时间关系如图 10-10 所示,利用临界阻尼可使仪器指针很快地停止摆动.

10.1.3　受迫振动和共振

振动系统受到周期性外力的作用的例子是常见的,机器运转时引起底座的振动,火车在桥梁上行驶而引起桥梁的振动.振动系统在连续的周期性外力作用下进行的振动称为受迫振动.

设质点受到弹性力 $-kx$、阻尼力 $-\gamma\dfrac{\mathrm{d}x}{\mathrm{d}t}$ 和周期性外力等三种力作用,周期性外力称为**策动力**(driving force),用 $F(t)$ 表示为

$$F(t)=H\cos\omega t. \tag{10-31}$$

根据牛顿第二定律,质点作受迫振动时的动力学方程为

$$m\frac{\mathrm{d}^2x}{\mathrm{d}t^2}=-kx-\gamma\frac{\mathrm{d}x}{\mathrm{d}t}+H\cos\omega t. \tag{10-32}$$

令

$$\omega_0^2=\frac{k}{m},\quad 2\beta=\frac{\gamma}{m},\quad h=\frac{H}{m},$$

则式(10-32)可写为

$$\frac{\mathrm{d}^2x}{\mathrm{d}t^2}+2\beta\frac{\mathrm{d}x}{\mathrm{d}t}+\omega_0^2x=h\cos\omega t. \tag{10-33}$$

这是一个非齐次的常系数二阶微分方程.当 $\beta<\omega_0$ 时,这个方程的解为

$$x=A_0\mathrm{e}^{-\beta t}\cos(\sqrt{\omega_0^2-\beta^2}\,t+\varphi_0)+A\cos(\omega t+\varphi). \tag{10-34}$$

此结果表明质点运动包含两个部分,第一部分与式(10-22)类似,是一个角频率不等于固有频率而等于 $\sqrt{\omega_0^2-\beta^2}$ 的阻尼振动项,此项特点是经过足够长的时间后衰减为零,振动系统的振动只余下第二部分起作用,即

$$x=A\cos(\omega t+\varphi). \tag{10-35}$$

其中,ω 是周期性外力的圆频率,A 是常数.

这样的结果表明,振动达到稳定的振动状态,振幅不随时间变化,但振动系统按照外力的圆频率振动,而不以自身固有的圆频率振动,这就是"受迫"的含义.另外,振动的相位为 $(\omega t+\varphi)$,而策动力的相位为 ωt,它们之间的相位差为 φ.从能量的观点来看,强迫力在一周期内所做的功,正好等于它克服阻力所做的功,所以振幅保持恒定值.将式(10-35)代入式

(10-33),并展开 $\cos(\omega t+\varphi)$ 后比较 $\cos\omega t$ 和 $\sin\omega t$ 的系数,可以解得稳态受迫振动的振幅和初相分别为

$$A=\frac{h}{\sqrt{(\omega_0^2-\omega^2)+4\beta^2\omega^2}},\tag{10-36}$$

$$\varphi=\arctan\frac{-2\beta\omega}{\omega_0^2-\omega^2}.\tag{10-37}$$

图 10-11 表示受迫振动的振幅在开始时随时间而增大,随后变为稳定振动.

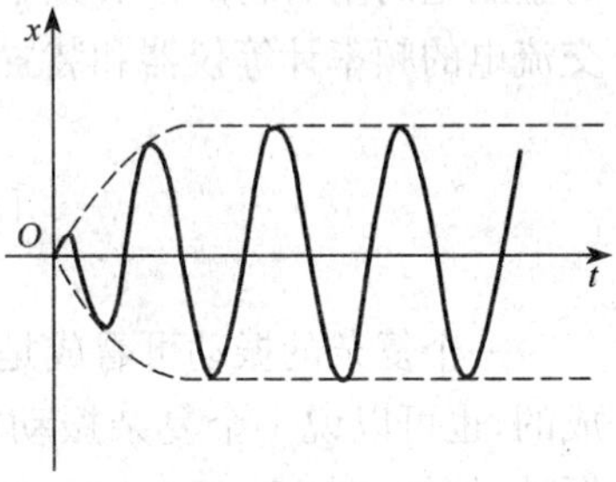

图 10-11　受迫振动的振幅变化

从式(10-36)可以看到振幅 A 与策动力圆频率以及振动系统的阻尼系数有关,作出部分振幅 A 与 ω, β 的曲线,如图 10-12 所示. 图中显示存在极大值,求极大值对应的圆频率,即令 $\frac{dA}{d\omega}=0$, 得到

$$\omega_r=\sqrt{\omega_0^2-2\beta^2}.\tag{10-38}$$

这是说当策动力频率等于 ω_r 时,振动系统的振幅达到极大值. 振动系统受迫振动时,其振幅达极大值的现象叫**位移共振**(displacement resonance),达到共振时,策动力的频率称为位移共振频率.

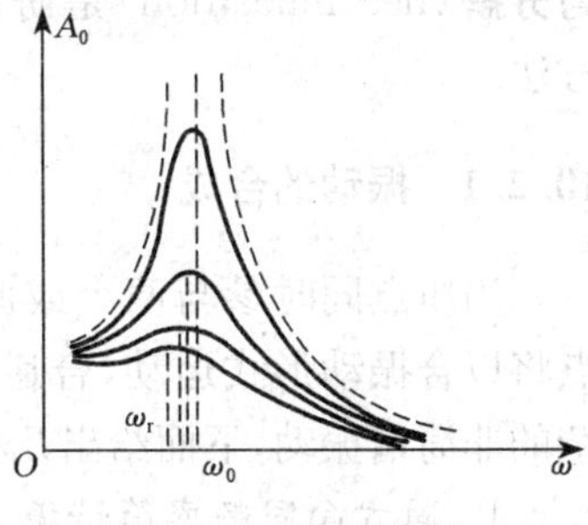

图 10-12　位移共振

位移共振频率 ω_r 一般不等于固有频率 ω_0,但当阻力系数减小,则 ω_r 将趋近固有频率,而且共振振幅也随之增大,图 10-12 从下至上曲线对应 β 逐步减小,当 $\omega_r=\omega_0$, $\beta\to0$ 时(图 10-12 虚线所示),这时共振振幅趋向无限大,这是最强烈的位移共振.

将式(10-38)代入式(10-37),求得共振时振动与策动力的相位差为

$$\tan\varphi_r=\frac{-\sqrt{\omega_0^2-2\beta^2}}{\beta}.$$

当阻尼很小时,即 $\beta\to0$, 则　$\tan\varphi_r\to-\infty$,　$\varphi_r\to-\frac{\pi}{2}$.

即说明振动落后于策动力 $\frac{\pi}{2}$,但振动的速度为

$$v=\frac{dx}{dt}=-\omega A\sin(\omega t+\varphi)=\omega A\cos\left(\omega t+\varphi+\frac{\pi}{2}\right).$$

出现激烈共振时, $\varphi_r=-\frac{\pi}{2}$, 所以

$$v_r=\omega_r A\cos\left[\omega_r t+\left(-\frac{\pi}{2}\right)+\frac{\pi}{2}\right]=\omega_r A\cos\omega_r t.$$

可见与策动力 $H\cos\omega_r t$ 同方向,策动力总是做正功,于是系统总是获得能量,使振幅不断加大.

共振现象普遍存在,它的危害性应加以注意. 例如,风对桥的作用力就形成一种策动力,如果满足共振条件,就有可能使之垮塌;火车通过桥梁时形成策动力,有共振的可能性,设计上要避免固有频率与火车引入的策动力频率相等;大水电站的机组的主轴的中心若未对准,当机组运行时,因偏心而产生策动力施加在大坝上产生隐患. 共振现象在声学、光学、无线电以及工程技术中被广泛地利用. 例如,当我们利用超声波清洗金属器件时,要使超声波频率与金属上的附着物的固有频率相近,从而发生共振;各种乐器、无线电接收机、回旋质谱仪、交流电的频率计等仪器和装置就是利用共振原理制造的.

10.2 振动的合成与分解

一个复杂的振动可看成是由几个简谐振动合成的,也可以说一个复杂振动能分解成几个简谐振动. 例如,图 10-13(a)所示的一个周期变化的曲线表示的复杂振动,可以用图 10-13(b)的三个简谐振动来合成. 所以振动的**合成**(composition)与**分解**(decomposition)是研究复杂振动的重要方法.

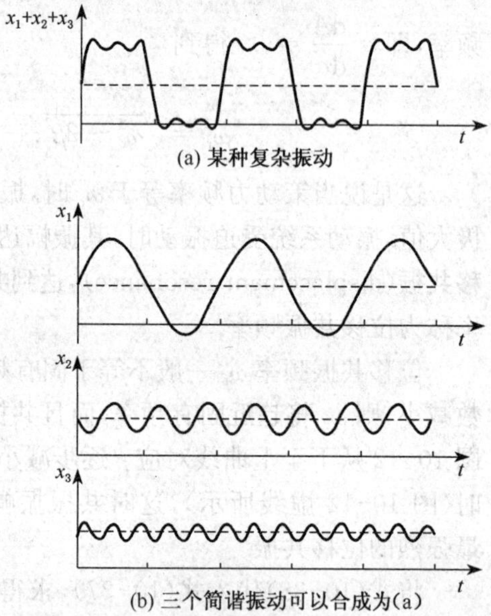

图 10-13 三个简谐振动合成示意图

10.2.1 振动的合成

当质点同时参与两个或两个以上的振动,质点将以合振动形式运动,合运动的结果常常是复杂的非简谐振动,下面给出几种简单的合成情况.

1. 同方向同频率简谐振动的合成

设质点参与同振动方向、同频率的两个简谐振动,两分振动的表达式为

$$x_1 = A_1\cos(\omega t + \varphi_1), \tag{10-39}$$

$$x_2 = A_2\cos(\omega t + \varphi_2). \tag{10-40}$$

式中,x_1, x_2, A_1, A_2, φ_1 和 φ_2 分别表示两振动的位移、振幅和初相位;ω 是它们的共同频率,因为两振动方向设在一条直线上,合运动的位移为

$$x = x_1 + x_2 = A_1\cos(\omega t + \varphi_1) + A_2\cos(\omega t + \varphi_2).$$

采用旋转矢量法,两分振动对应的旋转矢量 $\boldsymbol{A}_1$, $\boldsymbol{A}_2$,转动角速度 ω,计时起点时,$\boldsymbol{A}_1$ 与 x 轴的夹角为 φ_1,$\boldsymbol{A}_2$ 与 x 轴的夹角为 φ_2,$\boldsymbol{A}_1$ 与 $\boldsymbol{A}_2$ 的投影代表两个振动,因为转动角速度相等,所以 $\boldsymbol{A}_1$ 和 $\boldsymbol{A}_2$ 相对位置不变,可以合成而得到一个新的旋转矢量 $\boldsymbol{A} = \boldsymbol{A}_1 + \boldsymbol{A}_2$,其角速度仍为 ω,这个新矢量 $\boldsymbol{A}$ 的投影 x 就是合成振动,所以合振动仍是一个角频率为 ω 的简谐振动,如图 10-14 所示.

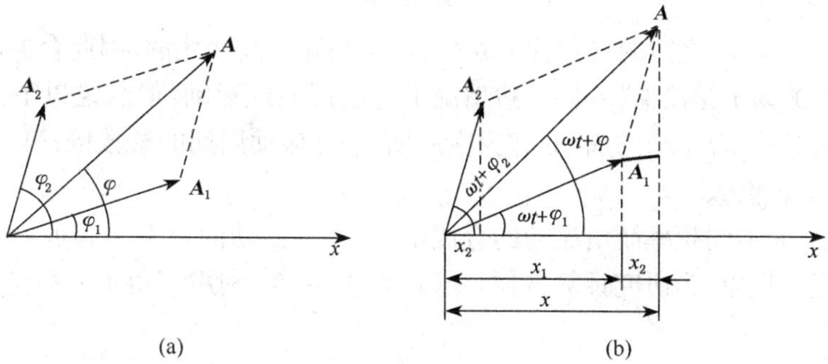

图 10-14　同频率、同方向简谐振动合成旋转矢量表示

由图很容易求得合振动振幅

$$A=\sqrt{A_1^2+A_2^2+2A_1A_2\cos(\varphi_2-\varphi_1)}\,. \tag{10-41}$$

初相位 φ 满足

$$\tan\varphi=\frac{A_1\sin\varphi_1+A_2\sin\varphi_2}{A_1\cos\varphi_1+A_2\cos\varphi_2}. \tag{10-42}$$

从式(10-41)可知，合振幅与两个分振动的初相位有关.

(1) 当相位差(phase difference) $\varphi_2-\varphi_1=\pm 2k\pi,\ k=0,\ 1,\ 2,\ \cdots$，于是，$A=A_1+A_2$，说明两振动相互加强，此条件下的两振动合成得到振动的振幅最大.

(2) 当相位差 $\varphi_2-\varphi_1=\pm(2k+1)\pi,\ k=0,\ 1,\ 2,\ \cdots,\ A=|A_1-A_2|$，说明两振动相互抵消，此条件下的两振动合成得到振动的振幅最小.

(3) $\varphi_2-\varphi_1$ 为其他值时，合振动的振幅在 A_1+A_2 与 $|A_1-A_2|$ 之间.

后面要谈到的波的干涉就是媒质中某质元参与两个或两个以上的简谐振动，在每一个这样的质元上，这些简谐振动都是同频率、同振动方向、有恒定的相位差，因此每一个质元都得到相应的与时间无关的合振幅，有些点的振幅最大为 A_1+A_2，有些点的振幅最小为 $|A_1-A_2|$，其他点介于最大与最小之间. 但它们都不随时间变化，因此得到了一个振幅随空间变化、不随时间变化的振幅空间分布.

2. 同振动方向不同频率的简谐振动的合成

设质点同时参与两个同振动方向，但角频率分别为 ω_1，ω_2 的简谐振动，两个振动分别表示为

$$x_1=A_1\cos(\omega_1 t+\varphi_1),\quad x_2=A_2\cos(\omega_2 t+\varphi_2).$$

由于一个振动较快，另一个振动慢些，若用旋转矢量 $\boldsymbol{A}_1$，$\boldsymbol{A}_2$ 的投影代表两个简谐振动，则 $\boldsymbol{A}_1$，$\boldsymbol{A}_2$ 转速不同，就像时针和分针旋转一样，总可以找到重合的机会. 当 $\boldsymbol{A}_1$，$\boldsymbol{A}_2$ 转到重合瞬间时，启动计时系统，此位置为计时起点，而且 x 轴也建立在此 $\boldsymbol{A}_1$，$\boldsymbol{A}_2$ 重合方向，则两振动可表示为

$$x_1=A_1\cos\omega_1 t, \tag{10-43}$$

$$x_2=A_2\cos\omega_2 t, \tag{10-44}$$

$$x = x_1 + x_2 = A_1 \cos \omega_1 t + A_2 \cos \omega_2 t. \tag{10-45}$$

可以想象，由于 $\boldsymbol{A}_1$，$\boldsymbol{A}_2$ 之间的夹角为 $(\omega_2 - \omega_1)t$，是随时间变化的，因此合振动的振幅是随时间变化的，合振动不是简谐振动. 一般情况下不是周期性运动，但满足以下两个特点的运动是周期性的：第一，合振动的周期（称为主周期）是分振动周期的整数倍；第二，主周期是分振动周期的最小公倍数.

在同振动方向不同频率简谐振动的合成中，若二分振动的频率之和远大于二分振动频率之差，则出现拍现象. 为研究计算方便，令 $A_1 = A_2 = A$. 利用三角函数和差化积公式可将式(10-45)化为

$$x = x_1 + x_2 = 2A\cos\frac{\omega_2 - \omega_1}{2}t\cos\frac{\omega_1 + \omega_2}{2}t. \tag{10-46}$$

由于已经假设了 $\omega_2 + \omega_1 \gg \omega_2 - \omega_1$，则因子 $2A\cos\frac{\omega_2 - \omega_1}{2}t$ 的变化周期比另一个因子 $\cos\frac{\omega_1 + \omega_2}{2}t$ 的周期长得多. 若将 $\left|2A\cos\frac{\omega_2 - \omega_1}{2}t\right|$ 看成是振幅，则在此振幅缓慢变化时，质点按 $\cos\frac{\omega_2 + \omega_1}{2}t$ 快速地振动，如图 10-15 所示.

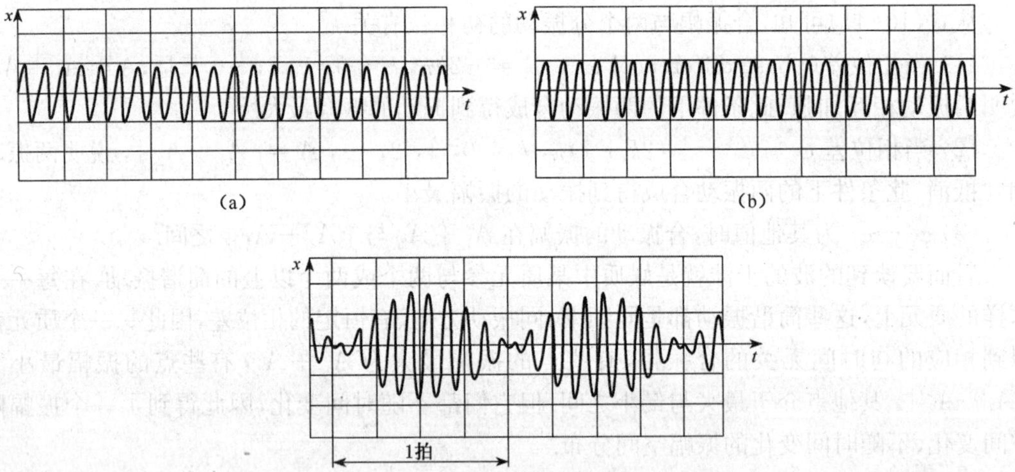

图 10-15　频率和运动简谐振动合成拍

由图 10-15 可见，合成振动的振幅出现时强时弱现象，周期性变化，这种现象称为**拍**(beat). 合振幅每变化一周称为一拍，单位时间出现的拍次数叫**拍频**(beat frequency)，因为振幅是绝对值，$\left|2A\cos\frac{\omega_2 - \omega_1}{2}t\right|$ 的角频率是 $\cos\frac{\omega_2 - \omega_1}{2}t$ 的角频率的 2 倍，即

$$\omega = 2\left|\frac{\omega_2 - \omega_1}{2}\right| = |\omega_2 - \omega_1|, \tag{10-47}$$

$$\nu = \frac{\omega}{2\pi} = \left|\frac{\omega_2}{2\pi} - \frac{\omega_1}{2\pi}\right| = |\nu_2 - \nu_1|, \tag{10-48}$$

所以，拍频是两分振动频率之差. 拍是一个重要的现象，有许多应用. 例如，可以利用标准音叉来校准钢琴的频率，这是因为音调有微小差别就会出现拍音，调整到拍音消失，钢琴的某个键就被校准了. 又如，超外差式收音机利用的就是外来信号和本机振荡之间的拍频率.

3. 互相垂直频率相同的简谐振动的合成

设质点参与振动方向相互垂直而频率相同的两种振动，分别为

$$x = A_1\cos(\omega t + \varphi_1), \tag{10-49}$$

$$y = A_2\cos(\omega t + \varphi_2). \tag{10-50}$$

从以上两式中消去 t 后获得合振动的轨迹方程

$$\frac{x^2}{A_1^2} + \frac{y^2}{A_2^2} - \frac{2xy}{A_1A_2}\cos(\varphi_2 - \varphi_1) = \sin^2(\varphi_2 - \varphi_1). \tag{10-51}$$

式(10-51)为一椭圆轨迹方程，它的具体轨迹决定于两振动的相位差. 下面讨论几个特殊的相位差对应的轨迹情况，所得到的轨迹都是同频率、相互垂直的简谐振动合成的振动.

(1) 当 $\varphi_2 - \varphi_1 = \pm k\pi$，$k = 1, 2, 3, \cdots$，合成振动轨迹退化为直线

$$y = \pm\frac{A_2}{A_1}x. \tag{10-52}$$

合振动位移 S(不能用 x，也不能用 y，因为合振动方向不在这两个方向上)，即

$$S = \sqrt{x^2 + y^2} = \sqrt{A_1^2 + A_2^2}\cos(\omega t + \varphi).$$

(2) 当 $\varphi_2 - \varphi_1 = \pm\frac{\pi}{2}$ 时，则 $\quad \dfrac{x^2}{A_1^2} + \dfrac{y^2}{A_2^2} = 1. \tag{10-53}$

表明合振动轨迹为长短轴分别与两坐标轴重合的正椭圆，但 $\varphi_2 - \varphi_1 = \frac{\pi}{2}$ 和 $\varphi_2 - \varphi_1 = -\frac{\pi}{2}$ 所对应的合振动有“旋转方向”的区别. 当 $\varphi_2 - \varphi_1 = \frac{\pi}{2}$ 时，合振动为平面顺时针椭圆运动；当 $\varphi_2 - \varphi_1 = -\frac{\pi}{2}$ 时，合成振动为逆时针方向旋转. 这种旋转方向不同的振动，在后面讨论偏振光时还会看到. 如果 $A_1 = A_2$，且 $\varphi_2 - \varphi_1 = \pm\frac{\pi}{2}$ 时，合成振动轨迹退化为圆.

如果 $\varphi_2 - \varphi_1$ 取其他值，则合振动的轨迹为不同方位和形状的椭圆. 总起来说，由 $(\varphi_2 - \varphi_1)$ 从 0 到 2π 的取值，得到合成轨迹从直线到顺时针旋转椭圆到直线到逆时针旋转椭圆到直线的图形，如图 10-16 所示. 当给定 $(\varphi_2 - \varphi_1)$ 后，振动的合成就是一个稳定的轨迹，就是图中的某一图形.

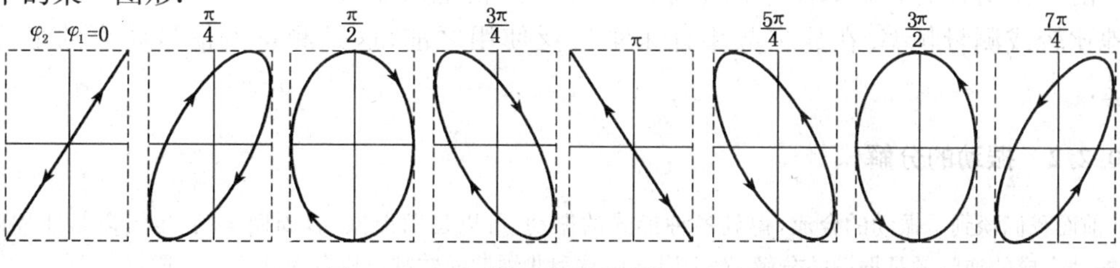

图 10-16　几种相差不同的合运动的轨迹

4. 互相垂直不同频率简谐振动的合成

当两个频率不同的相互垂直的振动合成,其结果可能很复杂. 设两振动分别为

$$x = A_1\cos(\omega_1 t + \varphi_1),$$
$$y = A_2\cos(\omega_2 t + \varphi_2).$$

用旋转矢量 A_1,A_2 表示,角速度分别为 ω_1、ω_2,可以预料,合矢量 A 的大小和方向都随时间变化. 一般来说,合振动的轨迹与两分振动的频率之比和两者的相位都有关系,图形比较复杂,很难用数学式子表达. 当两分振动的频率之比为整数时,轨迹是闭合的,运动是周期性的. 这种图形叫**利萨如图**(Lissajou-figures),几种利萨如图如图 10-17 所示. 当两分振动的频率之比为无理数时,合成的运动永远不重复已走的路,但轨迹分布在由两分振动的振幅所限定的矩形面积内. 这种非周期运动叫**准周期**(quasi-periodic)运动.

$\dfrac{T_x}{T_y} = \dfrac{1}{2}$	$\varphi_1 = 0$ $\varphi_2 = -\dfrac{\pi}{2}$	$\varphi_1 = -\dfrac{\pi}{2}$ $\varphi_2 = -\dfrac{\pi}{2}$	$\varphi_1 = 0$ $\varphi_2 = 0$
$\dfrac{T_x}{T_y} = \dfrac{1}{3}$	$\varphi_1 = 0$ $\varphi_2 = 0$	$\varphi_1 = 0$ $\varphi_2 = -\dfrac{\pi}{2}$	$\varphi_1 = -\dfrac{\pi}{2}$ $\varphi_2 = -\dfrac{\pi}{2}$
$\dfrac{T_x}{T_y} = \dfrac{2}{3}$	$\varphi_1 = \dfrac{\pi}{2}$ $\varphi_2 = 0$	$\varphi_1 = 0$ $\varphi_2 = -\dfrac{\pi}{2}$	$\varphi_1 = 0$ $\varphi_2 = 0$
$\dfrac{T_x}{T_y} = \dfrac{3}{4}$	$\varphi_1 = \pi$ $\varphi_2 = 0$	$\varphi_1 = -\dfrac{\pi}{2}$ $\varphi_2 = -\dfrac{\pi}{2}$	$\varphi_1 = 0$ $\varphi_2 = 0$

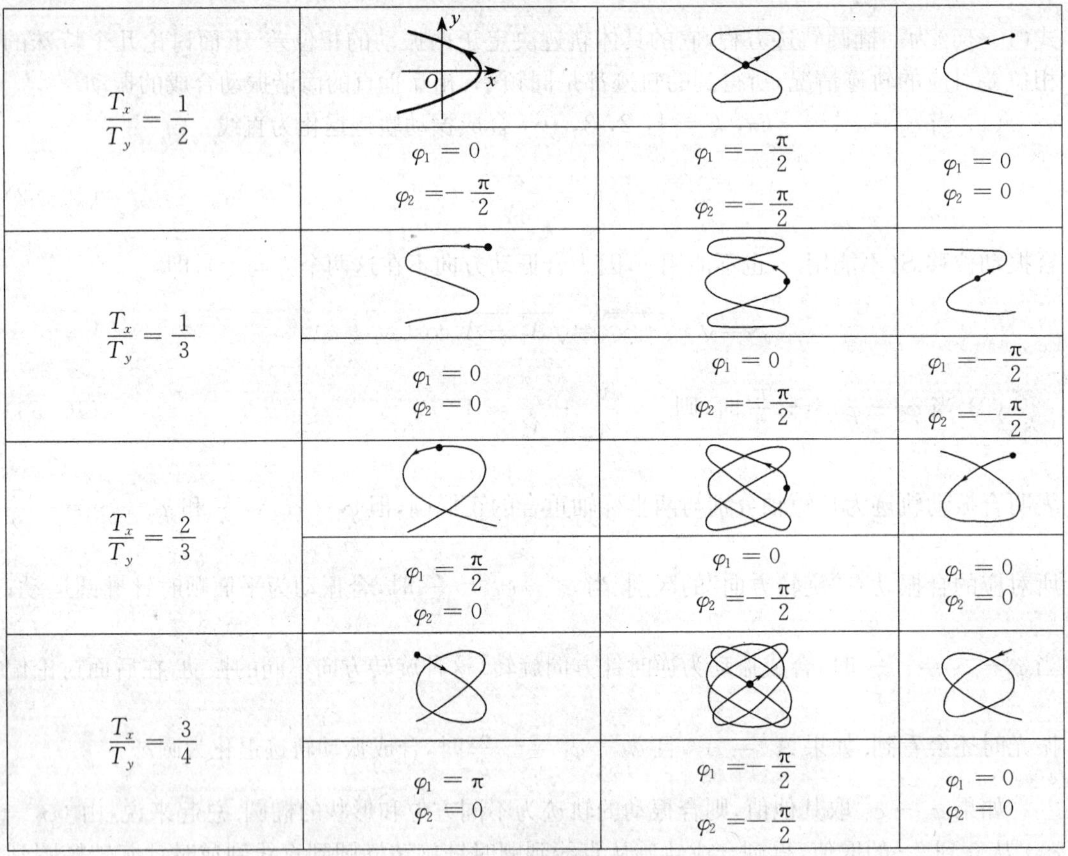

图 10-17 利萨如图

由于在闭合的利萨如图中两个振动的频率严格地成整数比,所以在示波器上可以精确地比较或测量频率. 在数字频率计未被广泛使用之前,这是测量电信号频率的最简便方法.

*10.2.2 振动的分解

前面我们谈到了振动的合成,得到各种形式的振动,可以是简谐振动,周期运动,也可以是非周期运动. 振动合成的逆问题是振动的分解,对于周期函数和非周期函数都可以分解成为许多简谐振动.

一个周期函数 $F(\omega t)$，其中 $\omega=\dfrac{2\pi}{T}$，T 为周期，可以表示为

$$F(\omega t)=A_0+\sum_{k=1}^{\infty}(A'_k\cos k\omega t+B'_k\sin k\omega t). \tag{10-54}$$

式中，右方称为关于 $F(\omega t)$ 的傅里叶级数，A_0，A'_k，B'_k 为傅里叶系数，分别为

$$A_0=\frac{1}{2\pi}\int_{-\pi}^{\pi}F(\omega t)\mathrm{d}(\omega t), \tag{10-55}$$

$$A'_k=\frac{1}{\pi}\int_{-\pi}^{\pi}F(\omega t)\cos(k\omega t)\mathrm{d}(\omega t), \tag{10-56}$$

$$B'_k=\frac{1}{\pi}\int_{-\pi}^{\pi}F(\omega t)\sin(k\omega t)\mathrm{d}(\omega t). \tag{10-57}$$

设

$$A'_k=A_k\cos\varphi_k,\quad B'_k=-A_k\sin\varphi_k,$$

代入式(10-54)得

$$F(\omega t)=A_0+\sum_{k=1}^{\infty}A_k\cos(k\omega t+\varphi_k). \tag{10-58}$$

由此可见，任一周期函数可以分解成许多简谐振动，它们的频率为原周期函数频率的整数倍，其中 $k=1$ 的简谐振动对应的频率与原周期函数 $F(\omega t)$ 的频率相同，称为基频，其他频率称为谐频.

这种将任一周期函数分解为许多简谐振动的方法，称为谐振分析.

谐振分析无论对实际应用或理论研究，都是十分重要的方法，因为实际存在的振动大多数不是严格的简谐振动，而是比较复杂的振动.

通常用频谱表示一个实际振动所包含的各种谐振成分的振幅和它们频率的关系. 周期性振动的频率是线状的，而非周期振动的频谱是连续的，如图 10-18 所示.

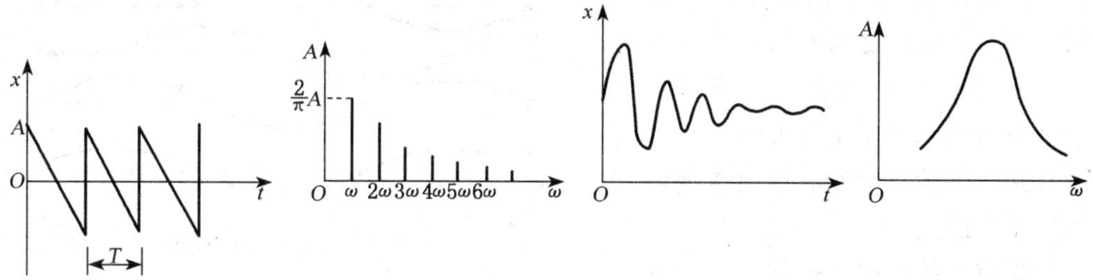

(a)锯齿波　(b)锯齿波的频谱　(c)阻尼振动　(d)阻尼振动的频谱

图 10-18　频谱

10.3　机械波的产生和传播

10.3.1　波的基本概念

1. 波、横波与纵波

波动是一种重要而普遍的运动形式. 我们常见到的有声波、水波和电磁波等，光也是电磁波. 虽然各种波动具有各自的特殊性，但它们具有一些共性，如声波、电磁波、光波都具有折射、干涉、衍射等性质. 本节主要讨论机械波，机械振动在介质中的传播称为**机械波**(mechanical wave). 如果将介质看成是由无穷多的质元且质元通过相互之间的弹性作用力组合在一起的连续介质，当有激发波动的振动系统——波源存在时，波源的振动将引起相邻质点

或质元的振动，紧接着引起次邻近，次次邻近，次次次邻近……的振动，虽然每个质点或质元并没有远离它们各自的平衡位置，但在弹性力的作用下，振动的状态依次地传播开去，这就是机械波. 机械振动是用位移等力学量随时间的变化来描述的，因此常用某力学量的周期性变化在空间的传播来描述机械波. 例如，把位移的周期变化在空间的传播视为位移波. 压强周期变化的传播称为压强波. 物理学所研究的波动实际上是一定物理量的周期变化在空间的传播.

机械波的存在要有两个条件：第一要有**波源**（wave source），第二要有传播振动的**媒质**（medium）. 与这两个条件相应的有两个速度：其一是质元相对于其平衡位置的**振动速度**（vibration velocity），它与振源的振动有很大关系；另一个是振动状态的传播速度，称为**波速**（wave speed），它与波源的振动没有关系，但与介质有极大的关系.

机械波有不同的类型，按振动传播的机制可分为**弹性波**（elastic wave）和**非弹性波**（inelastic wave）；按媒质内质元振动方向与波传播方向的关系可分为**横波**（transverse wave）和**纵波**（longitudinal wave）. 媒质中各质点的振动方向与波传播的方向垂直，这种波为**横波**. 如图 10-19 所示为一端固定的绳子，在手的上下抖动下产生横波的例子，手握绳子一端垂直于绳上下抖动，绳的各个部分依次处于模仿手的抖动状态，所用时间就是状态传播所需的时间. 若将绳中两个振动状态相同的质点之间的所有质点的位移构成的图形，就称为一个**完整波形**（whole waveform），则从图 10-19 可以看到一个接一个的波形沿着绳索向固定端传播.

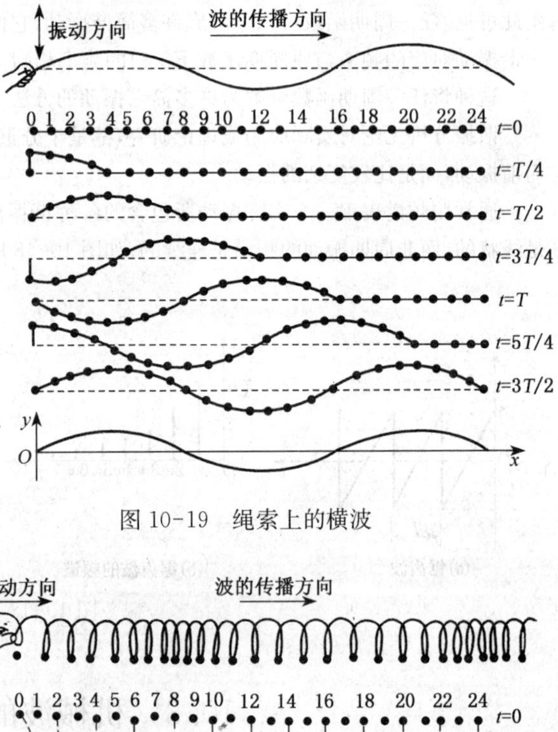

图 10-19　绳索上的横波

若媒质中各体积元振动的方向和波传播的方向平行，这种波叫**纵波**，空气中的声波是典型的纵波. 将一长弹簧的一端固定于墙上，另一端用手拉平，然后用手推拉弹簧，则沿弹簧出现疏密相间的结构，而且疏密结构在不断传播，如图 10-20 所示. 在弹簧的波动中，手的推拉端是振源，振动方向平行于弹簧，弹簧的各个部分是依次重复振源的振动状态，因为不是步调一致的振动，所以形成疏密结构，若是空气，这种疏密对应着不同的压强，而压强的周期变化的传播就是声波.

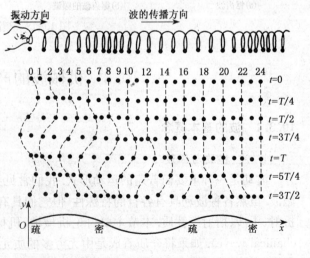

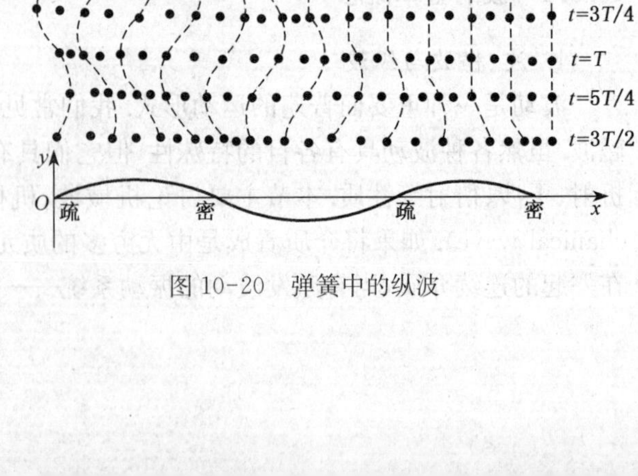

图 10-20　弹簧中的纵波

波传播的过程不但是振动状态的

传播过程,而且是能量传播的过程. 当波传播到介质中的某质元时,该质元就从静止于平衡位置的状态变为在平衡位置附近振动的状态. 当质元静止时,可认为质元没有机械能;当质元振动时,质元就具有振动动能和弹性势能,即机械能. 该质元所得到的能量是由波源由近及远地传播过来的.

媒质中能够传播怎样的波与媒质性质有关. 常见的媒质有气态、液态和固态三种. 当媒质具有拉伸或体积压缩弹性时,能够传播弹性纵波. 液体和气体具有体积压缩弹性,可以传播弹性纵波,固体则可以同时传播横波和纵波,以大地为媒质的地震波是纵波、横波以及沿地球表面传播的表面波的合成.

2. 波速、频率、波长

在对简谐波作定量描述时,波长、波的周期(或频率)和波速是一组重要的物理量.

在同一波线上两个相邻的、相位差为 2π 的振动质点之间的距离,称为**波长**(wavelength),用 λ 表示. 因为相位差为 2π 的两质点,其振动步调完全一致,所以波长就是一个完整波形的长度,反映了波动这一运动形式在空间上具备周期性特征. 若讨论的是简谐横波,波长 λ 等于两相邻波峰之间或两相邻波谷之间的距离;而对于简谐纵波,波长 λ 等于两相邻密部中心之间或两相邻疏部中心之间的距离.

波前进一个波长的距离所需要的时间,称为**波的周期**,用 T 表示. 周期的倒数称为波的频率,用 ν 表示,即 $\nu = 1/T$. 当波源做一次完全振动时,波动就传播一个波长的距离,所以**波的周期(或频率)等于波源的振动周期(或频率)**. 一般说来,波的周期(或频率)由波源决定,而与媒质性质无关. 波在不同介质中传播,频率不变,而波长要改变.

单位时间内某一振动状态传播的距离称为波速,这一速度就是振动相位的传播速度,故也称为**相速度**(phase velocity),用 u 表示. 波速的大小取决于介质的性质,在不同的介质中,波速是不同的,有关这一点我们将在以后章节中详细讨论. 必须指出的是,**波速是振动状态的传播速度,而不是介质中质点的振动速度**(振动位移对时间的导数),二者是截然不同的两个概念.

波速是在一个周期内,波前进一个波长的距离。所以波速 u 和波长 λ 及周期 T 的关系为

$$u = \frac{\lambda}{T} \tag{10-59}$$

或

$$u = \nu\lambda. \tag{10-60}$$

根据以上两式,由于波的频率就是波源振动的频率,而波速却由介质的性质决定,故当某一特定频率的波在不同介质中传播时频率不变,其波长将是不同的.

例 10.5　能被人的听觉感知的声波频率大约在 16～20 000 Hz 之间,超过 20 000 Hz 以上的机械波叫超声波. 0℃时声波在空气中传播的速度是 332 m/s,问人所感觉到的声波,在空气中的波长是在什么范围之内.

解　已知声波在空气中的波速为 332 m/s. 波长、频率与波速的关系为 $u = \lambda\nu$,所以

$$\lambda = \frac{u}{\nu}.$$

对应于 $\nu = 16$ Hz 的波长为 $\lambda = \dfrac{332}{16} = 20.8(\text{m}).$

对应于 $\nu = 20\,000$ Hz 的波长为 $\lambda = \dfrac{332}{20\,000} = 1.66 \times 10^{-2}(\text{m}).$

即在 0℃时,人可以感觉出的在空气中传播的声波,波长大约在 0.017～21 m 之间.

10.3.2 平面简谐波

1. 平面简谐波的描述

振动状态和能量都在传播的波称为**行波**(traveling wave),**平面简谐波**(plane simple harmonicwave)是最简单的行波.平面简谐波在传播过程中,媒质的质元均按余弦(或正弦)规律运动.对于平面波,每一个波面上的各质元具有相同的相位,这是波面的定义.不同的波面有不同的相位,只要知道波面上一个点的振动情况,就可知道整个波面的振动情况.因此,平面简谐波只需要知道任意一条波线上的点的情况,就知道了整个平面波的传播情况.对平面波的描述可以理解为以下两点.

(1) 媒质的质元按类似于简谐振动的规律振动.

(2) 媒质的各质元相对于各自的平衡位置按余弦和正弦形式振动,质元间关系是相位关系.

因此,平面简谐波的表达式应反映每一个质元在任意时刻的振动状态,而且要反映相位的传递情况.设有一平面余弦波在无吸收的各向同性均匀介质中沿 x 轴正方向传播,波速为 u,取任意一条波线为 x 轴并取原点 $x = 0$ 处质元振动相位为 φ_0 的时刻为计时起点,用 y 表示质元相对于平衡位置的位移,则 $x = 0$ 处的质元的振动规律为

$$y_0 = A\cos(\omega t + \varphi_0).$$

式中,A 为振幅,ω 为圆频率,将原点处的质元看成波源,A 和 ω 也就是波源的振幅和圆频率.波源振动,引起邻近媒质质元振动,由近及远振动状态被传播,这种传播是需要时间的,经过 $\Delta t = \dfrac{x}{u}$ 时间,$x = 0$ 处的一个状态传到 x 处质元.也就是说,x 处的振动是 Δt 时间之前 $x = 0$ 处质元的振动状态,**振动状态的传递速度即波速 $\boldsymbol{u}$**,所以 t 时刻 x 处质元的振动相位等于 $(t - \Delta t)$ 时刻前 $x = 0$ 处质元的相位,即

$$(\omega t + \varphi) = \omega(t - \Delta t) + \varphi_0 = \omega t + \varphi_0 - \omega\Delta t.$$

因此,x 处质元的振动方程为

$$y = A\cos[\omega(t - \Delta t) + \varphi_0] = A\cos\left[\omega\left(t - \frac{x}{u}\right) + \varphi_0\right]. \tag{10-61}$$

因为 x 是波线上任意一质元的平衡位置距原点的坐标,所以式(10-61)刻画出了波传播时媒质中任一质元的振动,满足平面波描述的要求,所以它是平面简谐波的波动表达式,也称为**波函数**(wave function).利用关系式 $\omega = \dfrac{2\pi}{T} = 2\pi\nu$ 和 $uT = \lambda$,可以将平面谐振波的表达式改写为多种形式,即

$$y = A\cos\left[2\pi\left(\frac{t}{T} - \frac{x}{\lambda}\right) + \varphi_0\right], \tag{10-62}$$

$$y = A\cos\left[2\pi\left(\nu t - \frac{x}{\lambda}\right) + \varphi_0\right], \tag{10-63}$$

$$y = A\cos[\omega t - kx + \varphi_0]. \tag{10-64}$$

式中，$k = \frac{2\pi}{\lambda}$ 称为**角波数**(angular wave number)，表示单位长度上波的相位变化. 在上列式子中 A 为常数，这是波在媒质中无吸收传播的结果. 如果有吸收，振幅就要衰减. φ_0 是原点处质元振动的初相位.

再来考查平面简谐波方程式(10-61)，若给定 $x = x_0$，则得

$$y = A\cos\left[\omega\left(t - \frac{x_0}{u}\right) + \varphi_0\right] = A\cos\left[\omega t + \left(\varphi_0 - \frac{\omega x_0}{u}\right)\right]. \tag{10-65}$$

式中，$\left(\varphi_0 - \frac{\omega x_0}{u}\right)$ 是 x_0 处质元的初相位，式(10-65)描述的是 x_0 处质元的振动，由此得出的曲线是**振动曲线**，如图 10-21 所示. 若将式(10-61)中变量 t 取某一数值 t_0，由此得出的曲线是**波形曲线**，如图 10-22 所示. 描述的是所有质元在 t_0 时刻相对于各自平衡位置的位移. 如果以时刻 t_0 为基准，再过 Δt 时间，即选定 $t_0 + \Delta t$ 时刻，我们又得到一个波形曲线如图 10-23 的虚线所示，经过 Δt 时间振动状态传播 $\Delta x = u\Delta t$，但从图上可见，当波传播时，随时间的推移，波形曲线将沿波的传播方向移动，这里也给出了判断波传播方向的方法.

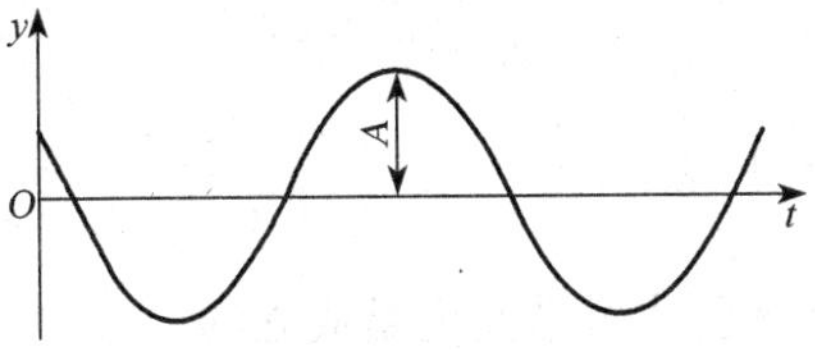

图 10-21　给定质元的振动曲线

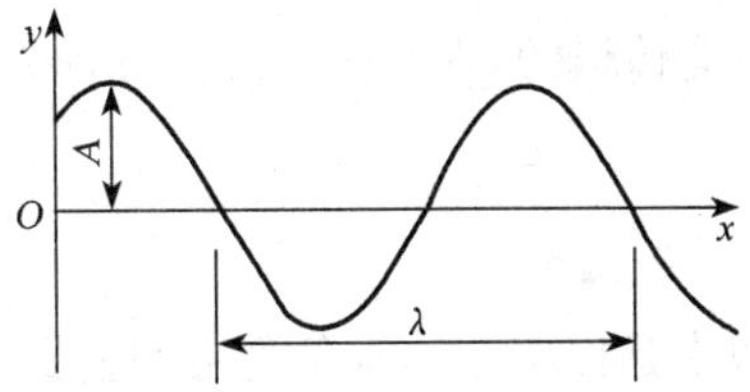

图 10-22　给定时刻的波形曲线

例 10.6　一列平面简谐波以波速 u 沿 x 轴正向传播，波长为 λ. 已知在 $x_0 = \frac{\lambda}{4}$ 处的质元的振动表达式为 $y_{x_0} = A\cos\omega t$. 试写出波函数，并在同一张坐标图中画出 $t = T$ 和 $t = \frac{5T}{4}$ 时的波形图.

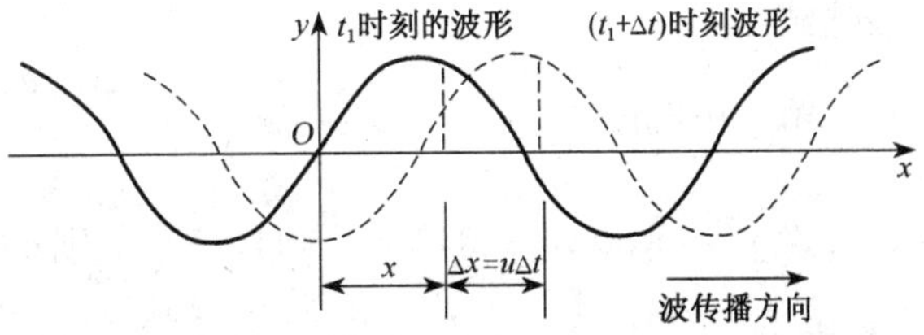

图 10-23　波的传播

解　设波函数为 $y = A\cos\left(\omega t - \frac{2\pi}{\lambda}x + \varphi_0\right)$，将 $x = x_0 = \frac{\lambda}{4}$ 代入并与 $y_{x_0} = A\cos\omega t$ 比较，可得 $\varphi_0 = +\frac{\pi}{2}$，因此所求的波函数为

$$y = A\cos\left(\omega t - \frac{2\pi}{\lambda}x + \frac{\pi}{2}\right).$$

$t = 0$ 时的波形为

$$y = A\cos\left(-\frac{2\pi}{\lambda}x + \frac{\pi}{2}\right) = A\sin\frac{2\pi}{\lambda}x.$$

由于波的时间上的周期性，在 $t = T$ 时的波形曲线应和此式给出的相同. 在 $t = \frac{5}{4}T$ 时，波形曲线应较上式给出的向 x 正向平移了一段距离 $\Delta x = u\Delta t = u\left(\frac{5}{4}T - T\right) = \frac{1}{4}uT = \frac{1}{4}\lambda$. 两时刻的波形曲线如图 10-24 所示.

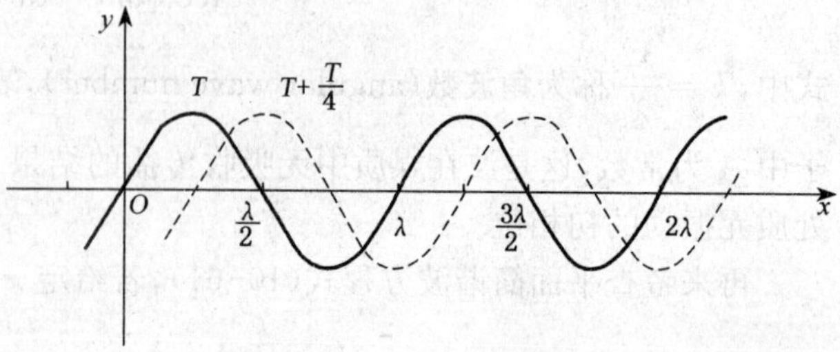

图 10-24　两时刻波形曲线

要特别区分媒质中质元的振动速度和相位传播速度的不同，式(10-61)中 y 表示质元相对于平衡位置的位移，y 对时间的一阶、二阶导数就是质点振动速度、加速度，其表达式分别为

$$v = \frac{\partial y}{\partial t} = -\omega A\sin\left[\omega\left(t - \frac{x}{u}\right) + \varphi_0\right], \tag{10-66}$$

$$a = \frac{\partial^2 y}{\partial t^2} = -\omega^2 A\cos\left[\omega\left(t - \frac{x}{u}\right) + \varphi_0\right]. \tag{10-67}$$

式中，x 表示某点相对于原点的距离，$\frac{\partial x}{\partial t} = u$ 是**相速度**(phase velocity)即波速. 如果波是沿 x 负方向传播的，则平面简谐波方程为

$$y = A\cos\left[\omega\left(t + \frac{x}{u}\right) + \varphi_0\right]. \tag{10-68}$$

以上是以横波为对象给出的公式，可以证明上述公式对纵波也是成立的.

例 10.7　一沿 x 轴负向传播的平面简谐波在 $t = 2$ s 时的波形曲线如图 10-25 所示，写出原点 0 的振动表达式.

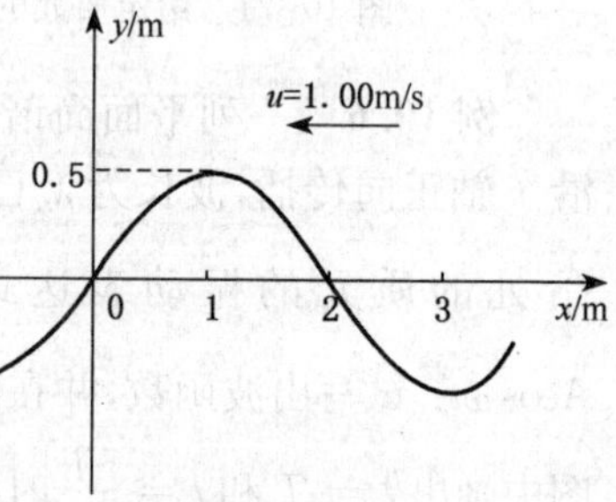

图 10-25

解　由题图知，$\omega = 2\pi\nu = 2\pi\frac{u}{\lambda} = \frac{\pi}{2}$.

设 $y = A\cos(\omega t + \varphi)$，$t = 2$ s 时，$y_0 = 0$，则 $\cos(\omega t + \varphi) = 0$. $\omega t + \varphi = \frac{\pi}{2}, \frac{3}{2}\pi$，又 $\left.\frac{dy}{dt}\right|_{t=2} > 0$，即 $-\omega A\sin(\omega t + \varphi) > 0$，所以 $\sin(\omega t + \varphi) < 0$，得 $\omega t + \varphi$ 为 $\pi \sim 2\pi$.

综上

$$\omega t + \varphi = \frac{3}{2}\pi,$$

$$\varphi = \frac{3}{2}\pi - \omega t = \frac{3}{2}\pi - \frac{\pi}{2} \times 2 = \frac{\pi}{2},$$

所以
$$y = 0.50\cos\left(\frac{\pi}{2}t + \frac{\pi}{2}\right)(\text{m}).$$

2. 波动方程

将式(10-61)对 x 求二阶偏导数

$$\frac{\partial^2 y}{\partial x^2} = -\left(\frac{w^2 A}{u^2}\right)\cos\left[\omega\left(t - \frac{x}{u}\right) + \varphi_0\right], \tag{10-69}$$

与式(10-67)相比较得偏微分方程
$$\frac{\partial^2 y}{\partial t^2} = u^2 \frac{\partial^2 y}{\partial x^2}. \tag{10-70}$$

此方程称为波动方程(wave equation),在其他物理问题中,也可能得到如此形式相同的方程,以波速 u 沿 x 轴传播的行波的波函数就是这种方程的一个解.

10.3.3 波的能量

1. 波的能量

在弹性媒质中有波传播时,媒质的各个质元都在各自的平衡位置附近振动,因而具有一定的动能,各质元又要发生形变,所以又有一定的弹性势能. 随着振动的传播就有机械能传播,在各向同性的媒质中机械能的传播方向与波面垂直. 以横波为例,定量讨论平面简谐波能量变化规律如下.

在有简谐波传播的媒质中,取一微小的体积元 ΔV(质元),设媒质密度为 ρ,则质元的质量为 $\rho\Delta V$,动能为

$$\Delta E_{\text{k}} = \frac{1}{2}(\rho\Delta V)v^2 = \frac{1}{2}\rho\Delta V\omega^2 A^2\sin^2\left[\omega\left(t - \frac{x}{u}\right) + \varphi_0\right]. \tag{10-71}$$

当横波传播时,质元间的相互作用是剪切形变,是由平行反向的力引起的形变,因剪切形变而具有的弹性势能(elastic potential energy)为

$$\Delta E_{\text{p}} = \frac{1}{2}N\left(\frac{\mathrm{d}y}{\mathrm{d}x}\right)^2\Delta V. \tag{10-72}$$

式中,N 称为剪切模量,对于横波给出 $u = \sqrt{N/\rho}$,对 x 求偏导得

$$u = \frac{\partial y}{\partial x} = \frac{\omega A}{u}\sin\left[\omega\left(t - \frac{x}{u}\right) + \varphi_0\right]. \tag{10-73}$$

所以

$$\Delta E_{\text{p}} = \frac{1}{2}N\Delta V\frac{A^2\omega^2}{u^2}\sin^2\left[\omega\left(t - \frac{x}{u}\right) + \varphi_0\right] = \frac{1}{2}\rho\Delta V\omega^2 A^2\sin^2\left[\omega\left(t - \frac{x}{u}\right) + \varphi_0\right]. \tag{10-74}$$

比较式(10-71)和式(10-74)可知,在波动过程中,某一质元的动能和势能具有相同的值,而且它们同时达到最大值和同时达到最小值. 质元的总能量为

$$\Delta E = \Delta E_{\text{k}} + \Delta E_{\text{p}} = \rho\Delta V\omega^2 A^2\sin^2\left[\omega\left(t - \frac{x}{u}\right) + \varphi_0\right]. \tag{10-75}$$

显然，质元的总能量不是常数，有时达最大值，有时等于零，说明有能量从该质元通过. 由图 10-26 可以帮助我们直观地理解质元动能、势能和总能的变化规律. 当质元通过平衡位置(如质元 B)时，其形变最大，而振动速度也最大，故动能、势能、总能量都达到最大；当质元处在最大位移时，振动速度为零，无形变，故动能、势能、总能量为零. 值得注意的是，A 质元的弹性形变是由 C，D 质元引起的，只与它们的相对位置有关，而 A，C，D 相对于各自的平衡位置的距离的情形相近，所以弹性形变小，弹性力小. 而质点的振动的弹性力是与相对平衡位置的距离成比例，波传播而引起质元的振动问题与一个振动系统的简谐振动问题是不同的，传播波的质元运动是靠邻近质元的作用实现的，而在前面讨论的一个振动系统的简谐振动，其弹性力是直接与平衡位置相关的，正比于相对于平衡位置的位移.

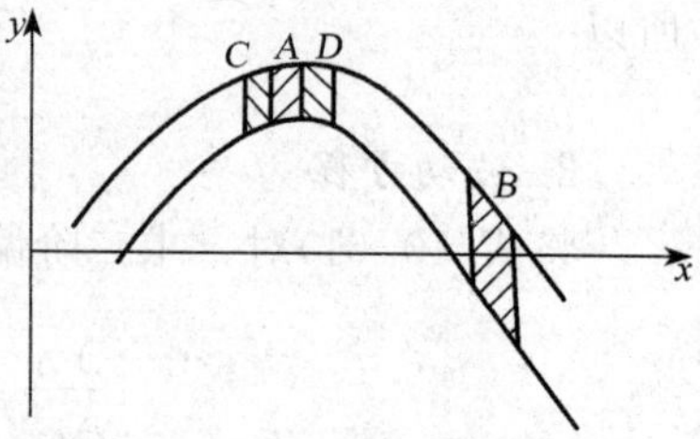

图 10-26　质元的位置与形变

2. 能量密度，能流密度

波传播时，媒质中单位体积内的能量叫波的能量密度(energy density)，用 w 表示，即

$$w=\frac{\Delta E}{\Delta V}=\rho\omega^2A^2\sin^2\left[\omega\left(t-\frac{x}{u}\right)+\varphi_0\right].$$

在一周期内能量密度的平均值叫平均能量密度(average energy density)$\overline{w}$ 为

$$\overline{w}=\frac{1}{T}\int_0^T w\mathrm{d}t=\frac{1}{T}\int_0^T\rho\omega^2A^2\sin^2\left[\omega\left(t-\frac{x}{u}\right)+\varphi_0\right]\mathrm{d}t=\frac{1}{2}\rho\omega^2A^2. \qquad (10\text{-}76)$$

由此可见，平均能量密度与媒质的密度、振幅的平方以及圆频率的平方成正比. 这个公式对各种弹性波都适用.

能量的传输用能流描述，定义单位时间内通过某一面积的能量为能流(energy flow)，用 P 表示. 在垂直于波传播方向上取一面积 ΔS，则 $\mathrm{d}t$ 时间内流过该面积的能量为以面积 ΔS 为底，以 $u\mathrm{d}t$ 为高的体积所含的能量(图 10-27)，即是能量密度×体积$=w\Delta Su\mathrm{d}t$，以 P 表示通过此面积的能流，则有

$$P=\frac{w\Delta Su\,\mathrm{d}t}{\mathrm{d}t}=w\Delta Su. \qquad (10\text{-}77)$$

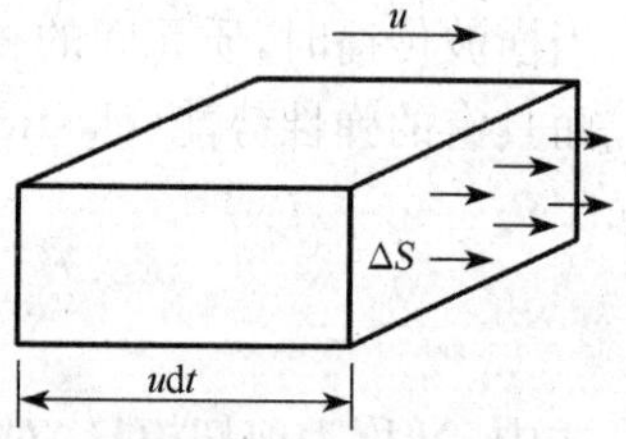

图 10-27　能流示意

在一个周期取平均值得到平均能流(average energy flow)$\overline{P}$为

$$\overline{P}=\overline{w}\Delta Su. \qquad (10\text{-}78)$$

引入能流密度的概念用于描述波的强弱. 定义能流密度(energy flow density)是通过垂直于波的传播方向的单位面积的能流，其时间的平均值称为平均能流密度或波的强度(wave intensity)，用 I 表示为

$$I=\frac{\overline{P}}{\Delta S}=\overline{w}u. \qquad (10\text{-}79)$$

利用式(10-76)有
$$I=\frac{1}{2}\rho\omega^2A^2u. \tag{10-80}$$
由式(10-80)可见，平均能流密度与振幅有关，在媒质中选用一组波射线，这些波射线构成一根管子，在管内限定的两个面积 S_1 和 S_2，若媒质不吸收波的能量，则流过 S_1 和 S_2 的能量应相等，在一个周期内有
$$I_1S_1T=I_2S_2T.$$
由此可见，当面积 $S_1=S_2$ 时，则有 $I_1=I_2$，振幅 A 将保持不变. 但当 $S_1\neq S_2$ 时，如球面 $S_1=4\pi r_1^2$，$S_2=4\pi r_2^2$ 时，则有
$$A_1^2r_1^2=A_2^2r_2^2 \quad 或 \quad A_1r_1=A_2r_2.$$
振幅与 r 成反比，这是显然的，因为球面波的波面面积越来越大，而通过每个球面的能量一样，所以单位面积的能流就会越来越小，所以球面波的方程可写成
$$y=\frac{A_1}{r}\cos\left[\omega\left(t-\frac{r}{u}\right)+\varphi_0\right]. \tag{10-81}$$
式中，A_1 是离波源的距离为单位长度处的振幅.

实际的媒质对波都有吸收，因此在波的传播过程中，振幅是逐步减小，波的强度也沿波的传播方向减小.

例 10.8　用聚焦超声波的方法，可以在液体中产生强度达 120 kW/cm² 的超声波，设波源做简谐振动，频率为 500 kHz，液体的密度为 1 g/cm³，声速为 1 500 m/s，求这时液体质点振动的振幅.

解　因
$$I=\frac{1}{2}\rho uA^2\omega^2,$$
所以
$$A=\frac{1}{\omega}\sqrt{\frac{2I}{\rho u}}=\frac{1}{2\pi\times5\times10^5}\sqrt{\frac{2\times120\times10^7}{1\times10^3\times1.5\times10^3}}=1.27\times10^{-5}(\text{m}).$$
可见液体中声振动的振幅实际上是极小的.

10.4　波的叠加

10.4.1　惠更斯原理

当波传播时，媒质中各点都在振动，远处的振动是由离波源近的质元引起的，远处的振动相位落后于近处. 将振动相位相同的点连起来形成的面称为波面(wave surface)，最初从波源出发的振动状态所传播到的各点组成的面称为**波阵面**(wave front)或**波前，波前是波面的特例，它是波传播过程中处在最前面的那个波面**. 如果波面是平面的波就称**平面波**(plane wave)，波面为球面的波就是**球面波**(spherical wave).

波的传播是由于媒质中质元的相互作用，一个质元的振动将直接引起相邻各点的振动，被引起振动的质元也就成了新的波源，于是振动状态由近到远地传播开去. 在总结大量现象

的基础上，惠更斯提出：介质中波动传播到各点，都可以视为发射子波的波源，在其后任意时刻，这些子波的包络就是新的波前，这就是惠更斯原理.

对于任何波动过程(机械波或电磁波)，不论其传播波动的介质是均匀的还是非均匀的，是各向同性的还是各向异性的，惠更斯原理都是适用的.若已知某一时刻波前的位置，就可以根据这一原理，用几何作图的方法，确定出下一时刻波前的位置，从而确定波传播的方向.惠更斯原理很好地解决了波的传播问题，但它不能计算波的强度.用惠更斯原理求球面波和平面波的方法如图 10-28(a)、(b)所示.

波的传播方向称为**波线**(wave line)或**波射线**(wave ray)，它是能量传输的方向.在各向同性的媒质中，波线总是与波面垂直.平面波的波线是垂直于波面的平行线，球面波的波线是以波源为中心的辐射线，如图 10-28(c)、(d)所示为各向同性媒质中的平面波和球面波的波面与波线；在各向异性的媒质中，波的传播方向与波面不一定垂直.

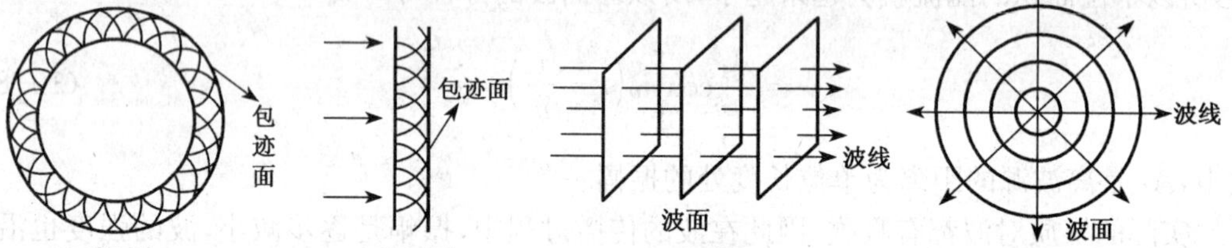

(a) 球面波 (b) 平面波 (c) 平面波 (d) 球面波

图 10-28 波面和波线

10.4.2 波的干涉

介质中允许众多波源产生的波传播，在许多波的相遇点，介质的质元在这些波的作用下振动，其振动的位移就是各个波引起该质元位移的矢量和，这就是**波的叠加原理**(superposition principle of wave).合成的振幅可能是瞬变的、没有特点的.当波离开了相遇点后，每个波仍然保持各有的特性(如频率、波长、振动方向等)，就像不曾遇到其他波一样，这是波传播的独立性.我们能够辨别出合奏时各种乐器的发声和多人说话之某人声音；尽管许多无线电波在空间传播，但寻呼台能够准确地呼叫每一个手机，这些都是波传播独立性的例子.

利用波的叠加原理，可以说明许多波叠加产生的现象，干涉就是一例.如果有两列(或多列)波在某一区域内相遇，这个区域内所有的质元振动都是两列波在相应点引起的合成振动，每一点对应一个振幅，一般情况下这些振幅是随时间的变化而变化的.但存在一个特例，就是满足一定条件的波在相遇点引起质元振动的合成振动的振幅不随时间的变化而变化，空间中不同的相遇点有不同的合成振幅，即在相遇区，两波叠加形成只随空间位置变化而不随时间变化的合成振幅分布.在给定的位置，合成波的强度不随时间变化，不同点时波的强度不同，这种现象称为**波的干涉**(interference of wave)，能够产生干涉的波称为**相干波**(coherent wave)，相应的波源称为**相干波源**(coherent source).由振动合成的知识可知，相干波必须满足**相干条件**(coherent condition)：同频率、同振动方向、相位差恒定.

利用相遇点波引起质元振动的合成，可讨论波强度的分布.

设两个角频率都是 ω 而且振动方向相同的波源 S_1，S_2 的表达式分别为

$$y_{01} = A_{10}\cos(\omega t + \varphi_1),$$

$$y_{02} = A_{20}\cos(\omega t + \varphi_2).$$

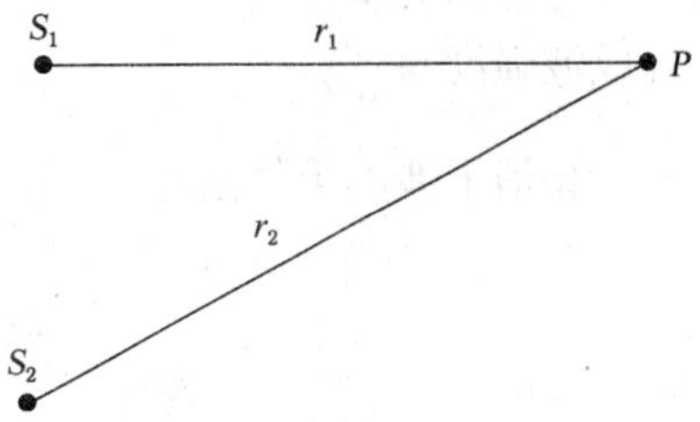

图 10-29　两波在 P 点相遇

从两波源发出的波，在媒质中传播而相遇于 P 点，如图 10-29 所示，相距波源距离分别为 r_1 和 r_2，则在 P 点两波引起的振动位移分别为

$$y_1 = A_1\cos\left(\omega t + \varphi_1 - \frac{2\pi}{\lambda}r_1\right),\quad y_2 = A_2\cos\left(\omega t + \varphi_2 - \frac{2\pi}{\lambda}r_2\right).$$

式中，A_1，A_2 分别为两波在相遇点 P 处引起振动的振幅，两波的波长均为 λ，振动方向是相同的，所以合振动为

$$y = y_1 + y_2 = A\cos(\omega t + \varphi).$$

其中

$$A^2 = A_1^2 + A_2^2 + 2A_1A_2\cos\Delta\varphi, \tag{10-82}$$

$$\Delta\varphi = (\varphi_2 - \varphi_1) - \frac{2\pi}{\lambda}(r_2 - r_1). \tag{10-83}$$

因波的强度 $I \propto A^2$，则

$$I = I_1 + I_2 + 2\sqrt{I_1 I_2}\cos\Delta\varphi. \tag{10-84}$$

合成波的强度与两波的位相差 $\Delta\varphi$ 有很大的关系. 在 $\Delta\varphi$ 中，$(\varphi_2 - \varphi_1)$ 是两波源的初相位差，$\frac{2\pi}{\lambda}(r_2 - r_1)$ 则是波的传播路程差 $(r_2 - r_1)$ 而引起的相位差，称波传播的路程之差为**波程差**(wave path difference)δ，即

$$\delta = r_2 - r_1.$$

在 $\Delta\varphi$ 中，$(\varphi_2 - \varphi_1)$ 是给定的，$\Delta\varphi$ 的大小取决于 δ，即在不同的点有不同的 δ，使得 I 大小不同，指定某一点，δ 不变，得到不随时间变化的波强度 I，可见合成的波强度在空间有一个稳定的分布，且不随时间的变化而变化，这就是干涉现象.

两列波发生干涉时，某些空间点会出现合成波的振幅最大，强度最大的情况，称为**相长干涉**(constructive interference)；某些空间点会出现合成波的振幅最小，强度最小的情况，称为**相消干涉**(destructive interference).

相长干涉的条件是

$$\begin{aligned}\Delta\varphi &= (\varphi_2 - \varphi_1) - \frac{2\pi}{\lambda}(r_2 - r_1) \\ &= \pm 2k\pi,\quad k = 0,\ 1,\ 2,\ \cdots.\end{aligned} \tag{10-85}$$

合成波振幅 $A=A_{max}=\sqrt{A_1^2+A_2^2+2A_1A_2}=A_1+A_2.$

合成波强度 $I=I_1+I_2+2\sqrt{I_1I_2}.$

相消干涉的条件是

$$\Delta\varphi=(\varphi_2-\varphi_1)-\frac{2\pi}{\lambda}(r_2-r_1)$$
$$=\pm(2k+1)\pi,\quad k=0,1,2,\cdots. \tag{10-86}$$

使得 $\cos\Delta\varphi=-1$，合成振幅及强度为

$$A=A_{min}=|A_1-A_2|,\quad I=I_1+I_2-2\sqrt{I_1I_2}.$$

当两波源的初相位差为零，即同初相位波源，$\Delta\varphi$ 仅决定于波程差 $\delta=r_2-r_1$，则相长干涉和相消干涉的条件又可用波程差分别表示为

$$\delta=r_2-r_1=\pm k\lambda,\quad k=0,1,2,\cdots. \tag{10-87}$$

$$\delta=r_2-r_1=\pm(2k+1)\frac{\lambda}{2},\quad k=0,1,2,\cdots. \tag{10-88}$$

注意到上述式的 k 为整数，出现相长干涉的地方，两波源的波程差为波长的整数倍；出现相消干涉的地方，两波源的波程差为半波长的奇数倍. 我们知道，一个波长对应 2π 相位，奇数个半波长，对应奇数个 π. 所以相消干涉处由两列波引起的振动是反向的，为相消叠加.

两波干涉的强度 I 随相位差 $\Delta\varphi$ 变化的情况如图 10-30 所示.

利用水波演示的波的干涉现象，其实验结果照片如图10-31所示.

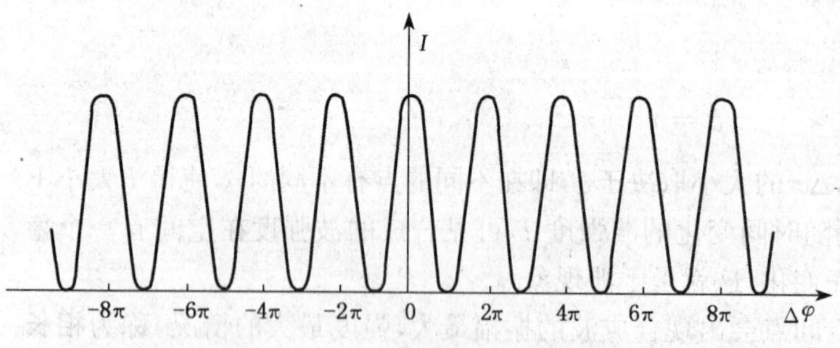

图 10-30 干涉现象的强度分布

图 10-31 水波的干涉

10.4.3 驻波的形成和特点

驻波(standing wave)是干涉的特例. 形成驻波的两列波除了满足相干条件，即同频率、同振动方向、有固定的初相位差，还要求两波的振幅相同，在同一直线上沿相反方向传播. 设两列波的波动表达式为

$$y_1 = A\cos\left(\omega t - \frac{2\pi}{\lambda}x + \varphi_1\right), \tag{10-89}$$

$$y_2 = A\cos\left(\omega t + \frac{2\pi}{\lambda}x + \varphi_2\right). \tag{10-90}$$

式中，两波振幅相同为 A，φ_1 和 φ_2 分别为两波在原点引起振动的初相位. 在 x 点处叠加，有

$$y = y_1 + y_2 = A\cos\left(\omega t - \frac{2\pi}{\lambda}x + \varphi_1\right) + A\cos\left(\omega t + \frac{2\pi}{\lambda}x + \varphi_2\right).$$

利用三角函数关系，可求得

$$y = 2A\cos\left[\frac{2\pi}{\lambda}x + \frac{1}{2}(\varphi_2 - \varphi_1)\right]\cos\left[\omega t + \frac{1}{2}(\varphi_2 + \varphi_1)\right]. \tag{10-91}$$

这是驻波方程. 如果 $\varphi_1 = \varphi_2 = \varphi$，则驻波方程为

$$y = 2A\cos\frac{2\pi}{\lambda}x\cos(\omega t + \varphi). \tag{10-92}$$

式中，$\left|2A\cos\frac{2\pi}{\lambda}x\right|$ 在给定点 x 处，为不随时间 t 的变化而变化的一个常数，它是 x 点处质元振动的振幅. 不同地点的质元，振幅取不同的值，在有些地点取最大值 $2A$，称为**波腹**(wave loop)，在有些地点取零，称为**波节**(wave node). 具体有

波腹位置为 $$x = k\frac{\lambda}{2}, \quad k = 0, \pm 1, \pm 2, \cdots. \tag{10-93}$$

波节位置为 $$x = (2k+1)\frac{\lambda}{4}, \quad k = 0, \pm 1, \pm 2, \cdots. \tag{10-94}$$

它们在令 $\left|2A\cos\frac{2\pi}{\lambda}x\right| = 2A$ 时，得 $\left|\cos\frac{2\pi}{\lambda}x\right| = 1$，即 $\frac{2\pi}{\lambda}x = k\pi$，而得波腹位置；在令 $\left|\cos\frac{2\pi}{\lambda}x\right| = 0$，即 $\frac{2\pi x}{\lambda} = (2k+1)\frac{\pi}{2}$ 时，得波节位置. 从波腹、波节的位置公式中均可看到，相邻波腹间距和相邻波节间距均为 $\frac{\lambda}{2}$，这提供了一种测定波长的方法.

由于驻波方程中 $\cos(\omega t + \varphi)$ 是时间的函数，但是

$$y(t + \Delta t, x + \Delta x) \neq y(x, t),$$

也就是说，y_1，y_2 的合成 y 不是行波，没有波形传播. 驻波形成区域的所有质元都做振幅随 x 变化的简谐振动.

考查 $y = 2A\cos\frac{2\pi}{\lambda}x\cos(\omega t + \varphi)$ 在 $x = 0$ 到 2λ 的变化，将 $2A\cos\frac{2\pi}{\lambda}x$ 的变化列于表 10-1 中.

表 10-1　　$\cos\frac{2\pi}{\lambda}x$ 的符号与节点的相对关系

x	$\frac{2\pi}{\lambda}x$	$\cos\frac{2\pi}{\lambda}x$			
0	0	1			
$0\sim\frac{\lambda}{4}$	$0\sim\frac{\pi}{2}$	>0			
$\frac{\lambda}{4}$	$\frac{\pi}{2}$	0	波节		波节两边反号
$\frac{\lambda}{4}\sim\frac{\lambda}{2}$	$\frac{\pi}{2}\sim\pi$	<0			
$\frac{\lambda}{2}$	π	-1		波节间同号	
$\frac{\lambda}{2}\sim\frac{3\lambda}{4}$	$\pi\sim\frac{3\pi}{2}$	<0			
$\frac{3\lambda}{4}$	$\frac{3\pi}{2}$	0	波节		波节两边反号
$\frac{3\lambda}{4}\sim\lambda$	$\frac{3\pi}{2}\sim2\pi$	>0			
λ	2π	1		波节间同号	
$\lambda\sim\frac{5\lambda}{4}$	$2\pi\sim\frac{5\pi}{2}$	>0			
$\frac{5\lambda}{4}$	$\frac{5\pi}{2}$	0	波节		波节两边反号
$\frac{5\lambda}{4}\sim\frac{3\lambda}{2}$	$\frac{5\pi}{2}\sim3\pi$	<0			
$\frac{3\lambda}{2}$	3π	-1		波节间同号	
$\frac{3\lambda}{2}\sim\frac{7\lambda}{4}$	$3\pi\sim\frac{7\pi}{2}$	<0			
$\frac{7\lambda}{4}$	$\frac{7\pi}{2}$	0	波节		波节两边反号
$\frac{7\lambda}{4}\sim2\lambda$	$\frac{7\pi}{2}\sim4\pi$	>0			
2λ	4π	1			

由表 10-1 可见，两个波节之间，质元的振动方向是同向的，而在波节的两边振动方向相反、波节点振幅始终为零，即波节点处的质元不振动. 因此可以认为，振动能量（波的能量）不能通过节点传递，所以驻波是一种不存在振动状态传播（或相位传播）、没有能量传播的分段振动形式，所以称为驻波.

利用波的反射可得到驻波. 抖动一根绳子一端，由于另一端（反射端）两侧是不同的介质，所以将产生反射波，反射波和入射波叠加而形成驻波. 若反射端点为自由端，则端点是一个波腹，若反射端点为固定端，则端点肯定是一个波节. 对于波节，入射波与反射波合成之振幅为零，即两波在反射端点引起的振动反相. 相当于说，入射波经反射后，相位突变 π 而成反射波，而相位 π 相当于半波长，故形象化地称为**半波损失**（half-wave loss）. 研究表明，入射波在两种媒质分界处反射时是否发生半波损失，与波的种类、两种媒质的性质以及入射角的大小有关. 如果将弹性波波速 u 与媒质密度 ρ 之乘积作为一个参考量 ρu，将分界面两侧的媒质相比较，称 ρu 较大的媒质为波密媒质，ρu 较小的为波疏媒质. 那么，当波从波疏媒质垂直入射到波密媒质并在分界面反射回到波疏媒质时，将出现半波损失；反之，当波从波密媒质入射到波疏媒质再反射到波密媒质时，没有半波损失发生. 这一结论也适用于光波.

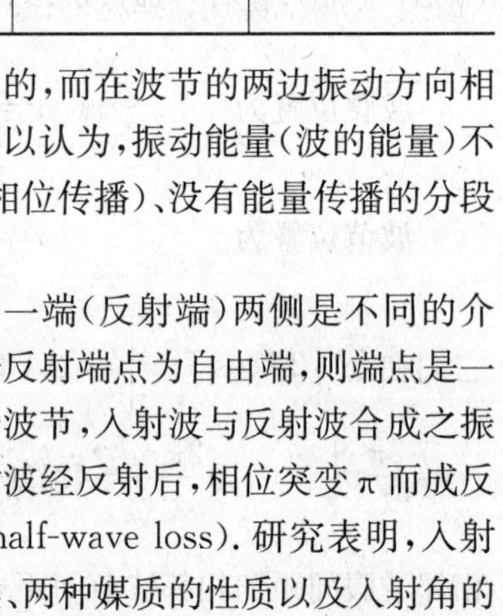

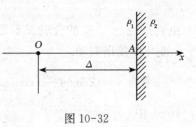

图 10-32

例 10.9　如图 10-32 所示，沿 x 轴传播的平面简谐波方程为

$$y_1 = 10^{-3}\cos\left[200\pi\left(t - \frac{x}{200}\right)\right].\quad \text{(SI)}$$

隔开两种介质的反射界面 A 与坐标原点 O 相距 2.25 m，反射后振幅无变化，反射处为固定端，求反射波方程.

解　用两种方法求解.

方法 1　反射波的频率、振幅和波速均为已知，关键是求反射波原点的初位相 φ，入射波在 A 点比 O 点落后

$$\varphi_1 = \frac{\Delta}{\lambda}2\pi.$$

其中，$\Delta = 2.25$ m，反射波 O 点比 A 点落后　$\varphi_2 = \dfrac{\Delta}{\lambda}2\pi.$

因在固定端反射、有半波损失，即在 A 点反射波比入射波落后 π，因此，反射波在坐标原点的相位比入射波在该点的相位落后

$$\varphi' = \varphi_1 + \varphi_2 + \pi = 2\frac{\Delta}{\lambda}\cdot 2\pi + \pi.$$

而根据已知条件入射波在坐标原点的初相位为零，故反射波在坐标原点的初相位为

$$\varphi = 0 - \varphi'.$$

由波方程可知 $u = 200$ m/s，$\nu = 100$ Hz，故 $\lambda = \dfrac{200}{100} = 2$ m，代入上式得

$$\varphi = -5.5\pi.$$

最后得反射波方程为

$$y_2 = 10^{-3}\cos\left[200\pi\left(t + \frac{x}{200}\right) - 5.5\pi\right] = 10^{-3}\cos\left[200\pi\left(t + \frac{x}{200}\right) + \frac{\pi}{2}\right].$$

方法 2　由波方程可知 $u = 200$ m/s，$\omega = 200\pi$，$\nu = 100$ Hz，$\lambda = \dfrac{200}{100} = 2$ m，设反射波方程为

$$y_2 = 10^{-3}\cos\left[200\pi\left(t + \frac{x}{200}\right) + \varphi\right],$$

入射波与反射波形成的驻波方程为 $y = 2A\cos\left(\dfrac{2\pi}{\lambda}x + \dfrac{\varphi}{2}\right)\cos\left(\omega t + \dfrac{\varphi}{2}\right)$，反射端 A 点（$x_A = 2.25$ m）为固定端，所以 A 点为波节，$\cos\left(\dfrac{2\pi}{\lambda}x_A + \dfrac{\varphi}{2}\right) = 0$，可得 $\varphi = \dfrac{\pi}{2}$. 则所求的反射波方程为

$$y_2 = 10^{-3}\cos\left[200\pi\left(t + \frac{x}{200}\right) + \frac{\pi}{2}\right].\ \text{(SI)}$$

两端固定张紧的弦，当拨动时就产生经两端点反射而成的两列反向传播的波，叠加后形成驻波，由于固定端为波节，因此形成的驻波对波长有选择限制，波长与弦长的关系为

$$L = n\frac{\lambda_n}{2}, \quad \lambda_n = \frac{2L}{n}, \quad n = 1, 2, \cdots. \tag{10-95}$$

而波速 $u = \lambda\nu$，于是
$$\nu_n = n\frac{u}{2L}, \quad n = 1, 2, 3, \cdots. \tag{10-96}$$

可见，只有波长（或频率）满足上述条件的一系列波才能在弦上形成驻波，其中与 $n = 1$ 对应的频率称为基频，对弦来说 $\nu_1 = \frac{u}{2L} = \frac{1}{2L}\sqrt{\frac{T}{\eta}}$，其他频率依次为 2 次，3 次，……谐频，改变弦长及张力可以改变频率，弦乐器的发声可由演奏者按住弦上不同部位使之成为波节点或拨动不同长度的弦来实现产生不同频率的声波，声波来自与弦接触的共振腔.

习题 10

10.1 质量 $M = 1.2\,\text{kg}$ 的物体，挂在一个轻弹簧上振动. 用秒表测得此系统在 45 s 内振动了 90 次. 若在此弹簧上再加挂质量 $m = 0.6\,\text{kg}$ 的物体，而弹簧所受的力未超过弹性限度. 该系统的振动周期将变为多少？
[0.61 s]

10.2 有两相同的弹簧，其劲度系数均为 k，下面均挂一个质量为 m 的重物. 分别把它们串联、并联起来，系统作简谐振动的周期各是多大？
[$2\pi\sqrt{2m/k}$; $2\pi\sqrt{m/2k}$]

10.3 一物体在光滑水平面上作简谐振动，振幅是 12 cm，在距平衡位置 6 cm 处速度是 24 cm/s，求：(1) 周期 T；(2) 当速度是 12 cm/s 时的位移.
[2.72 s；±10.8 cm]

10.4 如图 10-36 所示，质量为 2 kg 的质点，按方程 $x = 0.2\sin[5t - (\pi/6)]$(SI) 沿着 x 轴振动. 求：(1) $t = 0$ 时，作用于质点的力的大小；(2) 作用于质点的力的最大值和此时质点的位置.
[5 N; 10 N, ±0.2 m(振幅端点)]

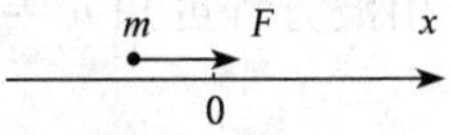

图 10-36

10.5 一质点作简谐振动，其振动方程为 $x = 0.24\cos\left(\frac{1}{2}\pi t + \frac{1}{3}\pi\right)$(SI)，试用旋转矢量法求出质点由初始状态（$t = 0$ 的状态）运动到 $x = -0.12\,\text{m}$，$v < 0$ 的状态所需最短时间 Δt.
[0.667 s]

10.6 一弹簧振子沿 x 轴作简谐振动（弹簧为原长时振动物体的位置取作 x 轴原点）. 已知振动物体最大位移为 $x_m = 0.4\,\text{m}$，最大恢复力为 $F_m = 0.8\,\text{N}$，最大速度为 $v_m = 0.87\pi\,\text{m/s}$，又知 $t = 0$ 的初位移为 $+0.2\,\text{m}$，且初速度与所选 x 轴方向相反. 求：(1) 振动能量；(2) 此振动的表达式.
$\left[0.16\,\text{J};\ x = 0.4\cos\left(2\pi t + \frac{1}{3}\pi\right)\right]$

10.7 一质点沿 x 轴做简谐振动，其角频率 $\omega = 10\,\text{rad/s}$. 试分别写出以下两种初始状态下的振动方程：

(1) 其初始位移 $x_0 = 7.5\,\text{cm}$，初始速度 $v_0 = 75.0\,\text{cm/s}$；

(2) 其初始位移 $x_0 = 7.5\,\text{cm}$，初始速度 $v_0 = -75.0\,\text{cm/s}$.

[$x = 10.6\times10^{-2}\cos[10t - (\pi/4)]$; $x = 10.6\times10^{-2}\cos[10t + (\pi/4)]$(SI)]

10.8 一质点同时参与两个同方向的简谐振动，其振动方程分别为 $x_1 = 5\times10^{-2}\cos(4t + \pi/3)$(SI)，$x_2 = 3\times10^{-2}\sin(4t - \pi/6)$(SI)，画出两振动的旋转矢量图，并求合振动的振动方程.
[图略，$x = 2\times10^{-2}\cos(4t + \pi/3)$(SI)]

10.9 一横波沿绳子传播，其波的表达式为 $y = 0.05\cos(100\pi t - 2\pi x)$ (SI)，求：

(1) 波的振幅、波速、频率和波长；

(2) 绳子上各质点的最大振动速度和最大振动加速度；

(3) $x_1 = 0.2$ m 处和 $x_2 = 0.7$ m 处二质点振动的相位差.

[0.05 m，50 m/s，50 Hz，1.0 m；15.7 m/s，4.93×10^3 m/s^2；π]

10.10　已知一平面简谐波的表达式为 $y = 0.25\cos(125t - 0.37x)$(SI). 求：

(1) $x_1 = 10$ m，$x_2 = 25$ m 两点处质点的振动方程；

(2) x_1，x_2 两点间的振动相位差；

(3) x_1 点在 $t = 4$ s 时的振动位移.

[$y|_{x=10} = 0.25\cos(125t - 3.7)$，$y|_{x=25} = 0.25\cos(125t - 9.25)$；$-5.55$ rad；0.249 m]

10.11　如图 10-37 所示，在弹性媒质中有一沿 x 轴正向传播的平面波，其表达式为 $y = 0.01\cos\left(4t - \pi x - \frac{1}{2}\pi\right)$(SI). 若在 $x = 5.00$ m 处有一媒质分界面，且在分界面处反射波相位突变 π，设反射波的强度不变，试写出反射波的表达式.

$\left[y = 0.01\cos\left(4t + \pi x + \frac{1}{2}\pi\right)\right]$

10.12　如图 10-38 所示，一平面波在介质中以波速 $u = 20$ m/s 沿 x 轴负方向传播，已知 A 点的振动方程为 $y = 3\times10^{-2}\cos 4\pi t$ (SI). 求：

(1) 以 A 点为坐标原点写出波的表达式；

(2) 以距 A 点 5 m 处的 B 点为坐标原点，写出波的表达式.

$\left[y = 3\times10^{-2}\cos 4\pi[t + (x/20)]；y = 3\times10^{-2}\cos\left[4\pi\left(t + \frac{x}{20}\right) - \pi\right] \text{(SI)}\right]$

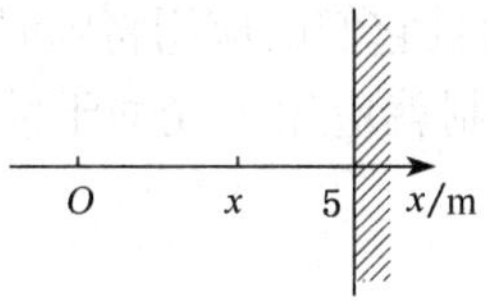

图 10-37

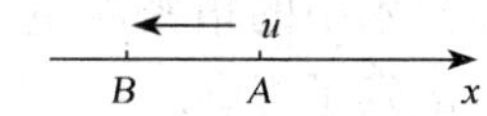

图 10-38

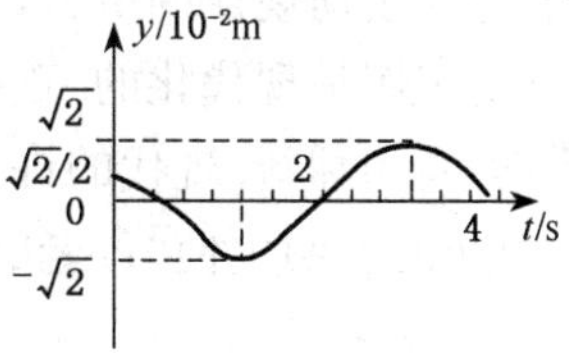

图 10-39

10.13　一简谐波沿 Ox 轴正方向传播，波长 $\lambda = 4$ m，周期 $T = 4$ s，已知 $x = 0$ 处质点的振动曲线如图 10-39 所示. 求：

(1) 写出 $x = 0$ 处质点的振动方程；

(2) 写出波的表达式；

(3) 画出 $t = 1$ s 时刻的波形曲线.

$\left[y_0 = \sqrt{2}\times10^{-2}\cos\left(\frac{1}{2}\pi t + \frac{1}{3}\pi\right)；y = \sqrt{2}\times10^{-2}\cos\left[2\pi\left(\frac{1}{4}t - \frac{1}{4}x\right) + \frac{1}{3}\pi\right]；\right.$

$\left. y = \sqrt{2}\times10^{-2}\cos\left(\frac{1}{2}\pi x - \frac{5}{6}\pi\right) \text{(SI)，图略}\right]$

10.14　由振动频率为 400 Hz 的音叉在两端固定拉紧的弦线上建立驻波. 这个驻波共有三个波腹，其振幅为 0.30 cm，波在弦上的速度为 320 m/s. 求：

(1) 此弦线的长度；

(2) 若以弦线中点为坐标原点，试写出弦线上驻波的表达式.

[1.20 m；$y = 3.0\times10^{-3}\cos(2\pi x/0.8)\cos(800\pi t + \phi)$]

10.15　在截面积为 S 的圆管中，有一列平面简谐波在传播，其波的表达式为 $y = A\cos[\omega t - 2\pi(x/\lambda)]$，管中波的平均能量密度是 w，则通过截面积 S 的平均能流是多少？

$\left[\frac{\omega\lambda}{2\pi}Sw\right]$

第11章 光的干涉

可见光(visible light)是一种可被人眼所感觉的电磁波(波长为 390～760 nm)，是人类以及各种生物生存不可缺的最普通的要素，但对它的规律和本性的认识经历了漫长的过程.

人类很容易观察到的光的规律是直线传播，在机械观的影响下，人们认为光是由一些微粒所组成的，光线就是这些"光微粒"的运动路径. 很多人以为牛顿是光的**微粒说**(corpuscular theory)的创始人和坚持者，但并没有确凿的证据. 实际上牛顿已觉察到许多光现象可能需要用波动来解释，牛顿环就是一例，不过他当时未能作出这种解释. 他的同代人惠更斯倒是明确地提出了**波动说**(undulatory theory)，认为光是一种波动，但并没有建立起系统的有说服力的理论. 直到进入 19 世纪，由托马斯·杨和菲涅耳从实验和理论上建立起一套比较完整的光的波动理论，使人们正确地认识到光就是一种波动，而光的沿直线前进只是光的传播过程的特殊情形.

关于光的波动规律的讲解，基本上还是近 200 年前托马斯·杨和菲涅耳的理论，当然还有许多应用实例是现代化的. 正确的基本理论是不会过时的，而且它们的应用将随时代的前进而不断扩大和翻新. 现代的许多高新技术中的精密测量与控制就应用了光的干涉和衍射的原理，激光的发明更使"古老的"光学焕发了青春.

11.1 相干光

在通常情况下，光波和其他波动一样，在空间传播时都遵从波的独立传播原理. 就是当两列光波在空间交叠时，它们的传播是互不干扰的，亦即每列波传播时就像另外波完全不存在一样，各自独立地进行着，这称为光波的独立传播原理.

一列光波在空间传播时，将在空间每一点引起光振动. 当两列或多列光波在空间同一区域中传播时，其中每一点都参与由每一列光波在该点所引起的光振动. 若两列光波满足频率相同、振动方向相同、相位差恒定，则会发生光波的相干叠加，形成光强随空间的不均匀分布现象，这就是光的干涉现象. 对于光波来说，振动的是电场强度 $\boldsymbol{E}$ 和磁场强度 $\boldsymbol{H}$，其中能引起视觉及光化学效应的是 $\boldsymbol{E}$，通常把 $\boldsymbol{E}$ 矢量称为**光矢量**(photo vector). 参与相干叠加的光波为相干光，其光源为相干光源.

在日常生活中观察机械波或无线电波的干涉现象比较容易，因为它们的波源可以连续地振动，发出连续不断的正弦波，相干条件比较容易满足. 例如，使两个频率相同的音叉在房间里振动，我们就可以听到房间里有些点的声振动始终很强；而另一些点的声振动始终很弱. 但观察光波的干涉现象就不那么容易了，并非任意两光波相遇都能产生干涉现象. 这是由于光源发光本质的复杂性所决定的.

现在已清楚，光源的发光是炽热物体中大量的分子或原子的运动状态发生变化时辐射出的电磁波. 现代物理学理论已完全肯定分子或原子的能量只能具有离散的值，这些值分别称作能级. 从高能级到低能级的跃迁过程中，原子向外辐射电磁波，该电磁波就携带着原子所减少的能量. 这一跃迁过程所经历的时间是很短的，约为 10^{-8} s. 这也就是一个原子一次发光所持续的时间. 一个原子每一次发光就只能发出一段长度有限、频率一定和振动方向一定的光波，这一段光波称为一个波列.

那么两个独立光源所发出的光波，由于它们各自不同的原子互相独立地发出一个个波列，彼此间毫无联系，同一时刻所发出光的频率、相位和振动方向是不相同的. 就是两个相同的独立光源或同一光源上的两个部分发出的光波，不可能满足相干条件，无法产生干涉现象，这种情况称为非相干叠加. 另外，在每一个原子发光的过程中，由于辐射而造成的能量损失，或周围原子、分子的妨碍以及它们之间的相互作用、辐射过程常常中断，辐射延续时间非常短，如图 11-1 所示. 当它们发出一个波列后，要间隔若干时间才能再发出第二个波列. 就是同一个原子先后发出的两个波列之间的振动方向和相位差也不能保持恒定不变，这叫发光的间隙随机性. 从上面分析可得出，为什么我们平常观察到的只是均匀的光强度分布，而观察不到光的干涉现象的原因.

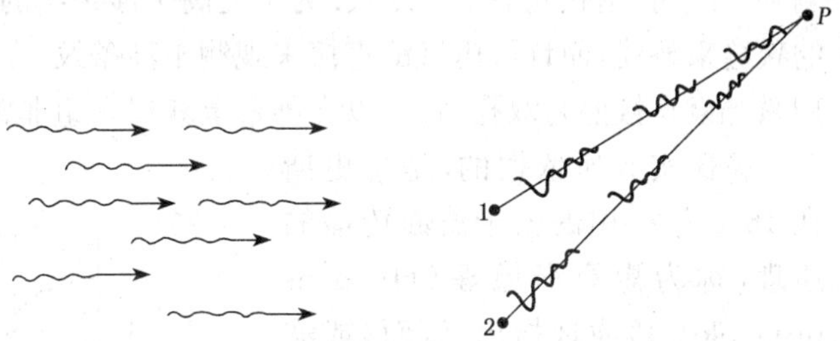

(a) 普通光源的各原子或分子所发出的光波波列彼此完全独立　(b) 波列的叠加

图 11-1　独立波列和波列的叠加

怎样才能获得两束相干光呢？我们只有采用人为的方法，把光源上同一点发出的波列想办法分成两部分，然后再使这两部分叠加起来，由于这两部分光的相应部分实际上“同出一源”，即都来自同一发光原子的同一次发光，它们将满足相干条件而成为相干光.

把光源上同一点发出的波列分成两部分的方法有两种. 一种就是杨氏双缝实验中利用的分波阵面法，另一种是薄膜干涉中利用反射或折射使其一分为二的分振幅法，如图 11-2 所示.

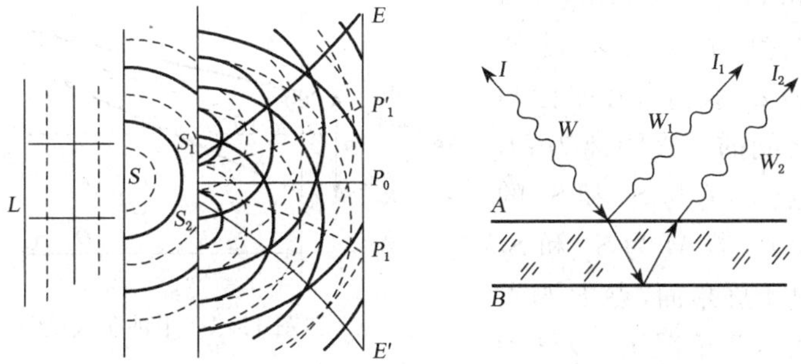

(a) 分波阵面法　(b) 分振幅法

图 11-2　光源上同一点发出的波列分成两部分的方法

11.2　杨氏双缝干涉实验、双面镜、劳埃镜

英国物理学家托马斯 • 杨(Thomas Young，1773—1829)在 1801 年首先用简单的装置

和巧妙的构思，做到了用普通光源来实现光的干涉.这就是在波动光学史上所做的有决定意义的杨氏双缝实验.它为光的波动学说的确立奠定了坚实的基础，也为许多其他光的干涉装置提供了原型.

11.2.1 杨氏双缝干涉实验

在普通单色光源(如钠光灯)前面，先放置一个开有小孔 S 的屏，再放置一个开有两个相距很近的小孔 S_1 和 S_2 的屏，如图 11-3 所示.只要安排适当，就可以在较远的接收屏上观测到一组明、暗相间的干涉条纹.为了提高干涉条纹的亮度，S，S_1 和 S_2 常用三条互相平行的狭缝来替代，而且可用目镜直接来观测干涉条纹.今天，利用激光的高度相干性和高亮度，用激光束直接照射双孔，就可以在屏幕上获得一组非常清晰可见的干涉条纹.

杨氏实验所依据的，是惠更斯在 1678 年提出的关于波面传播的原理，称为**惠更斯原理**(Huygens principle).该原理指出，波面(或波前)上每一面元都可看成是发出球面**子波**(wavelet)的波源，而这些子波面的包络面就是下一时刻的波面(或波前).按照惠更斯原理，杨氏实验中的小孔 S 可看成是单色点光源，而 S_1 和 S_2 是从 S 的波面或波前上分离出来的两个小面元所构成的子波源，它们所发出的球面子波是满足**相干条件**(coherent condition)的，在它们交叠的区域中将出现干涉现象.显然，杨氏双缝干涉实验是典型的**分波阵面干涉**(wavefront-splitting interference).

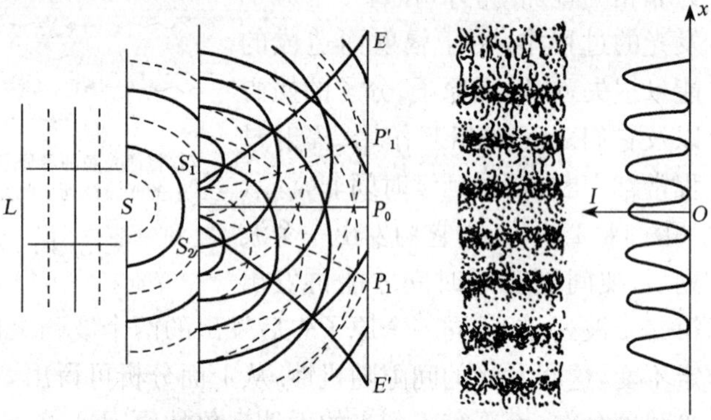

(a) 实验装置　　(b) 干涉条纹

图 11-3　杨氏双缝干涉实验

下面定量分析屏幕上形成明、暗相间的**干涉条纹**(interference fringe)所应满足的条件.如图 11-4 所示，设 S_1 和 S_2 间的距离为 d，双缝所在平面与屏幕平行，两者之间的垂直距离为 D，在屏幕上任取一点 P，它与 S_1 和 S_2 的距离分别为 r_1 和 r_2，若 M 为 S_1 和 S_2 的中点，OM 垂直于屏幕面，点 P 与点 O 的距离为 x，在通常情况下，双缝到屏幕间的距离远大于双缝间的距离，即 $D \gg d$.当 $R_1 = R_2$ 时，由 S_1 和 S_2 发出的光到达屏上点 P 的波程差 Δr 为

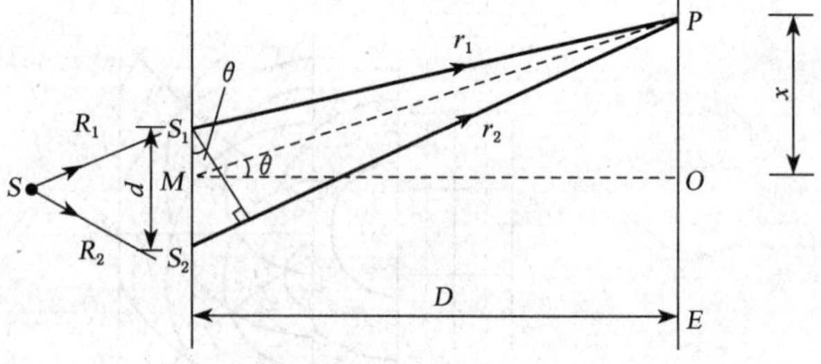

图 11-4　干涉条纹的计算图

$$\Delta r = r_2 - r_1 \approx d\sin\theta. \tag{11-1}$$

此处，θ 是 PM 和 OM 所夹之角.

若 Δr 满足 $d\sin\theta = \pm k\lambda$，$k = 0, 1, 2, 3, \cdots$，则点 P 处为一明条纹的中心.式中正负

号表明干涉条纹在点 O 两侧是对称分布，k 称为**干涉级**(order of interference)，对于点 O，$\theta=0$，$\Delta r=0$，$k=0$；因此，点 O 处称为零级明条纹或中央明条纹. 相应于两侧 $k=1, 2, 3, \cdots$ 称为第一级，第二级，第三级，……明条纹.

因为 $D \gg d$，所以 $\sin\theta \approx \tan\theta = \dfrac{x}{D}$，于是式(11-1)可改写为

$$d\frac{x}{D}=\pm k\lambda, \qquad k=0, 1, 2, 3, \cdots,$$

即在屏幕上明条纹中心的位置为

$$x=\pm k\frac{D\lambda}{d}, \qquad k=0, 1, 2, 3, \cdots. \tag{11-2}$$

同样，若 Δr 满足

$$d\sin\theta=\pm(2k+1)\frac{\lambda}{2}, \quad k=0, 1, 2, 3, \cdots, \tag{11-3}$$

则点 P 处为一暗条纹的中心. 这样，与 $k=0, 1, 2, 3, \cdots$ 相应的在屏幕上暗条纹中心的位置为

$$x=\pm(2k+1)\frac{D\lambda}{2d}, \quad k=0, 1, 2, 3, \cdots. \tag{11-4}$$

若 Δr 既不满足式(11-1)，也不满足式(11-3)，则点 P 处既不是最明亮，也不是最暗.

干涉条纹分布的特点可从式(11-2)中看出，条纹分布是中央对称排列. 与狭缝平行，两侧对称，条纹间距彼此相等，与干涉级 k 无关，明暗相间的干涉条纹，如图 11-5 所示. 两相邻明条纹或暗条纹的间距都是

$$\Delta x = x_{k+1}-x_k=\frac{D\lambda}{d}. \tag{11-5}$$

如果测定了条纹的间距 Δx，已知 d 与 D，可利用上式推算出光波的波长 $\lambda=\dfrac{d\Delta x}{D}$. 杨氏由此式算出了光波波长，这是人类历史上第一次由实验测得光的波长.

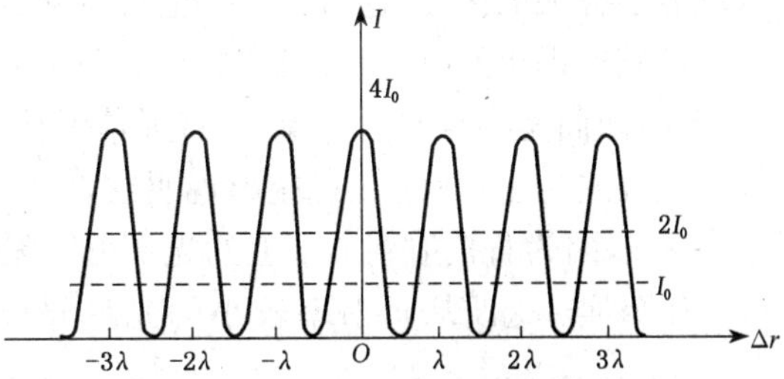

图 11-5　杨氏双缝干涉光强分布

根据上述讨论可知，双缝干涉条纹具有以下几个特征.

(1) 干涉条纹是一组平行等间距的明暗相间的直条纹. 中央零级为明纹，上下对称，明暗相间，均匀排列，且均与狭缝平行.

(2) 干涉条纹不仅出现在屏幕上，凡是两束光重叠的区域都存在干涉，故杨氏双缝干涉属于非定域干涉.

(3) 当 D, λ 一定时，Δx 与 d 成反比，d 越小，条纹越稀疏；反之，条纹越密.

(4) 当 D, d 一定时，波长 λ 越长，条纹间距越大，越容易分辨.

(5) 当 λ, d 一定时，D 越大，条纹越稀疏；反之，条纹越密.

(6) 若用白光做实验时,则除了中央明纹仍是白色的外,其余各级条纹形成从中央向外由紫到红排列的彩色条纹光谱.

11.2.2 菲涅耳双面镜和劳埃镜实验

在杨氏做完双缝实验不久,曾有人持反对态度,认为该实验中的干涉图样也许是由于光经过狭缝边时发生的复杂变化而引起的.时隔几年之后,法国物理学家菲涅耳(Augustin Jean Fresnel)进行了著名的“菲涅耳双面镜”实验,也发现了干涉现象,再次令人信服地证明了光的波动性.如图 11-6 所示,M_1 和 M_2 是两个平面镜,它们的交点为 C,夹角 θ 很小.为使点光源 S 的光不直接照射屏幕 P,用遮光板 L 将 S 和 P 隔开.S 发出的光,一部分在 M_1 上反射,另一部分在 M_2 上反射,可分别视为虚光源 S_1 和 S_2 发出两束来自同一点光源的相干光.在它们相遇的区域(图 11-6 中阴影部分)将产生干涉现象.把屏幕 P 放在这区域中,就可观测到明、暗相间的干涉条纹.

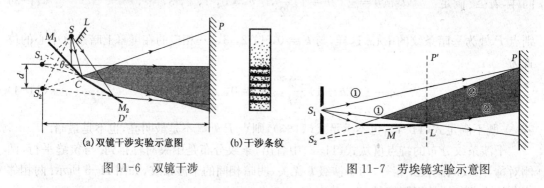

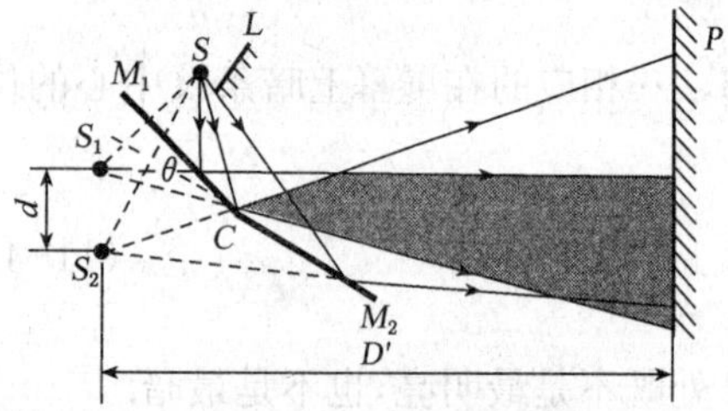

(a) 双镜干涉实验示意图　(b) 干涉条纹

图 11-6　双镜干涉

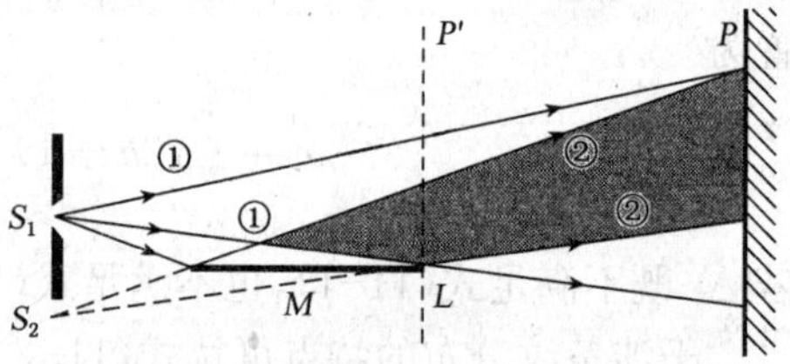

图 11-7　劳埃镜实验示意图

另一种是图 11-7 所示的劳埃(H. Lloyd)镜.M 为一平面反射镜,从狭缝 S_1 射出的光,一部分(以①表示的光)直接射到屏幕 P 上,另一部分掠射到反射镜 M 上,反射后(以②表示的光)到达屏幕上,反射光可视为虚光源 S_2 发出的来自同一点光源的相干光.图中阴影的区域表示叠加的区域,这时在屏幕上可观测到明、暗相间的干涉条纹.

特别要提出的是,劳埃镜实验除显现了光的干涉之外,还显示出光在玻璃面反射时的相位变化,因而是很重要的实验.若将屏幕平移到劳埃镜的一端紧挨着,这时两束光到达接触处的波程差为零,预计 L 点应出现明纹,但实验结果却是暗纹.这表明两束光中之一的相位改变了 π,因为直接射到屏幕上的光不可能无故地发生相位的改变,所以这一实验显示了这样一个事实:光波从折射率较小的光疏介质向折射率较大的光密介质表面入射,当掠射$\left(\text{入射角接近}\frac{\pi}{2}\right)$时,由界面向光疏介质反射时反射光产生 π 的相位突变,相当于光多走了半波长,因而称这种现象叫“半波损失”(half-wave loss).

需要注意的是,在菲涅耳双面镜的实验中的 M_1 和 M_2 两平面镜上反射的两束光,虽然都发生了 π 的相位突变,但二者的波程差(或相位差)却是不变的.

例 11.1　在杨氏双缝实验中,(1) 波长为 632.8 nm 的激光射在间距为 0.022 cm 的双缝上,求距缝 180 cm 处屏幕上所形成的干涉条纹的间距.(2) 若缝的间距为 0.45 cm,距缝 120 cm 的屏幕上所形成的干涉条纹的间距为 0.15 mm,求光源的波长.

解　(1) $\Delta x=\dfrac{D\lambda}{d}=\dfrac{180\times 632.8\times 10^{-7}\ \text{cm}}{0.022}=0.518\ (\text{cm}).$

(2) $\lambda=\dfrac{d\Delta x}{D}=\dfrac{0.45\times 0.015\ \text{cm}}{120}=562.5\ (\text{nm}).$

11.3　薄膜干涉

11.3.1　光程和光程差

在前面讨论的干涉现象中，两相干光在同一种介质(如空气)中传播，光速和波长均不变，但当两束相干光通过不同介质时，光速和波长均会发生改变，干涉条纹不再仅由波程差决定，还与所通过的介质的性质有关. 如何计算两束相干光在不同介质中传播时的相位差呢?

光在真空中从 O 点传到 P，所产生的相位变化为$\dfrac{2\pi r}{\lambda}$，那么光在介质中从 O' 点传到 P，所产生的相位变化为$\dfrac{2\pi r}{\lambda_{介}}$，于是相位差 $\Delta\Phi=\dfrac{2\pi r}{\lambda_{介}}-\dfrac{2\pi r}{\lambda}$，因为 λ 不同，所以介质中的波长 $\lambda_{介}$ 要变换成真空中的波长. 首先，介质的折射率 $n=\dfrac{c}{u}$，由于同一种光在不同介质中的频率 ν 不变，光在折射率为 n 的介质中的波长为 $\lambda_{介}=\dfrac{u}{\nu}=\dfrac{c}{n\nu}=\dfrac{\lambda}{n}$. 即光在介质中的波长等于在真空中波长的$\dfrac{1}{n}$倍. 于是

$$\Delta\Phi=\frac{2\pi rn}{\lambda}-\frac{2\pi r}{\lambda}=\frac{2\pi(nr-r)}{\lambda}.$$

从上式可知，光波在介质中传播时，其相位变化不仅与光波传播的几何路程和真空中的波长有关，而且还与介质的折射率有关.

为此，我们把折射率 n 和几何路程 r 的乘积，定义为光程(optical path). 有了光程这个概念，就可以把光在介质中所走过的几何路程，折算为光在真空中所走过的几何路程，这样便于比较光在不同介质中所走过的几何路程的长短，同时正确地表达出光在传播时所产生的相位变化. 由此可见，两相干光分别通过不同介质在空间相遇时，所产生的干涉情况与两者的光程差(用 Δ 符号表示)有关.

经过不同介质的两相干光之间的相位差 $\Delta\Phi$ 与光程差 Δ 的关系为

$$\Delta\Phi=\frac{2\pi\Delta}{\lambda}. \tag{11-6}$$

所以，当

$$\Delta=\pm k\lambda,\quad k=0,1,2,3,\cdots \tag{11-7}$$

时，相位差 $\Delta\Phi=\pm 2k\pi$，干涉加强(明纹)；当

$$\Delta=\pm(2k+1)\frac{\lambda}{2},\quad k=0,1,2,3,\cdots \tag{11-8}$$

时，相位差 $\Delta\Phi=\pm(2k+1)\pi$，干涉减弱(暗纹).

例 11.2 在杨氏双缝干涉的实验中，入射光的波长为 λ. 若在缝 S_2 后放置一片厚度为 d、折射率为 n 的透明薄膜. 试问：原来的中央明纹将如何移动？如果观测到中央明纹移到了原来的 k 级明纹处，求该薄膜的厚度 d.

解 如图 11-8 所示，S_1 和 S_2 到屏上 P 点的光程差 $\Delta=(r_2-d+nd)-r_1$，中央明纹相应于 $\Delta=0$，从 $r_2-r_1=d-nd<0$ 可以看出，将薄膜放置于 S_2 后，中央明纹应下移.

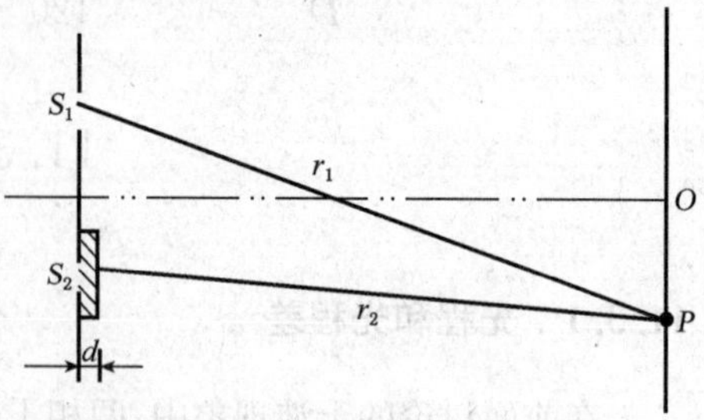

图 11-8 插入介质片使条纹移动

在没有放置薄膜时，k 级明纹的位置满足

$$\Delta=r_2-r_1=\pm k\lambda.$$

在放置薄膜后，$\Delta=r_2-r_1=d-nd=\pm k\lambda$.

所以 $$d=\pm\frac{k\lambda}{1-n}=\frac{|k|\lambda}{n-1}.$$

上式也可理解为，插入薄膜使屏上的杨氏干涉条纹移动了 $|k|=(n-1)d/\lambda$ 条，这提供了一种测量透明薄膜折射率的方法.

需要说明的是，从透镜成像的实验中知道，波阵面与透镜光轴垂直的平行光，经透镜后会聚于焦点上形成亮点. 这告诉我们平行光经过透镜不改变它们之间的相位差，即透镜不引起附加的光程差，如图 11-9 所示.

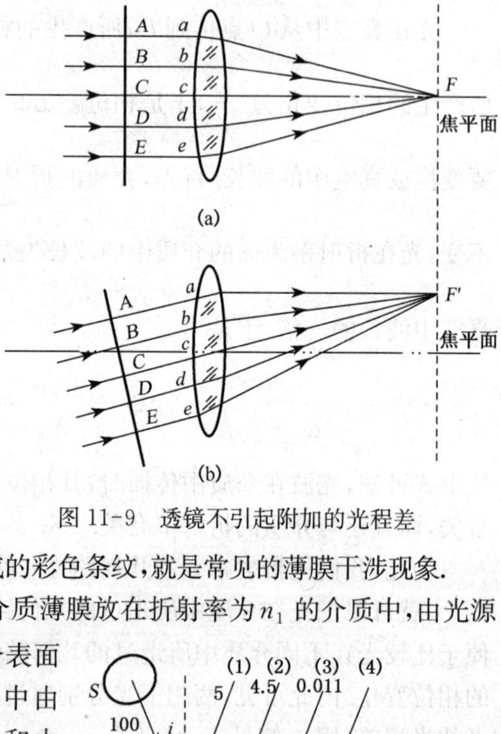

图 11-9 透镜不引起附加的光程差

11.3.2 薄膜干涉公式

介质薄膜受到照明时而产生的干涉现象，称为**薄膜干涉**(film interference). 如水面上的油膜、肥皂膜以及昆虫(蜻蜓等)的翅膀在阳光下形成的彩色条纹，就是常见的薄膜干涉现象.

如图 11-10 所示，折射率为 n_2，厚度为 e 的介质薄膜放在折射率为 n_1 的介质中，由光源 S 发出的一束单色光进入膜内，在膜的上、下两个表面之间来回反射，同时多次透射，这样就得到图中由(1)，(2)，(3)，… 等相干平行光组成的反射光和由(1)′，(2)′，(3)′，… 等相干平行光组成的透射光. 当用透镜把两组平行光分别会聚在焦点上时，就相继会产生干涉现象. 实验表明，在反射光的诸多光束中，光束(1)和光束(2)强度相差不大，而光束(3)，(4)等强度衰减得很快，可以忽略不计，所以薄膜反射光的干涉可以只考虑头两束反射光.

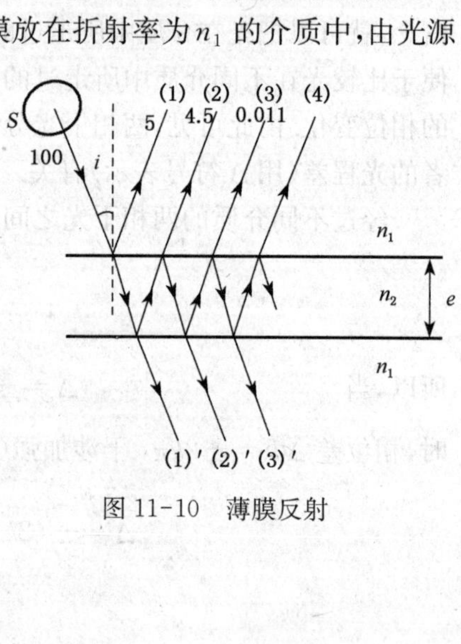

图 11-10 薄膜反射

如图 11-11 所示，M_1 和 M_2 分别为折射率为 n_2 的均匀薄膜的上、下两界面，设由单色光源 S 上一点

发出的光线 1，以入射角 i 投射到界面 M_1 上的点 A，一部分由点 A 反射(图中的光线 2)；另一部分由点 A 折射，经界面 M_2 反射，再从界面 M_1 折射出来(图中的光线 3). 显然，光线 2 和 3 是同一入射光的两部分，振幅大小相差无几的相干光.

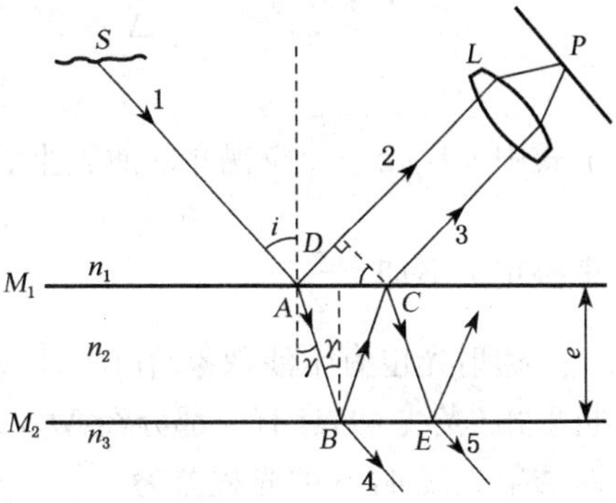

图 11-11　薄膜干涉

现在我们来计算光线 2 和 3 这两束相干光的光程差，设 $CD \perp AD$，则 CP 和 DP 的光程相等. 由图可知，光线 3 在折射率为 n_2 的介质中的光程为 $n_2(AB+BC)$；光线 2 在折射率为 n_1 的介质中的光程为 n_1AD. 因此，它们的光程差为

$$\Delta = n_2(AB+BC) - n_1AD. \tag{11-9}$$

设薄膜的厚度为 e，由图可得

$$AB = BC = \frac{e}{\cos\gamma}, \quad AD = AC\sin i = 2e\tan\gamma\sin i.$$

把上面两式代入式(11-9)，得 $\Delta = \dfrac{2e}{\cos\gamma}(n_2 - n_1\sin\gamma\sin i)$.

根据折射定律 $n_1\sin i = n_2\sin\gamma$，上式可写成

$$\Delta = \frac{2e}{\cos\gamma}n_2(1-\sin^2\gamma) = 2n_2e\cos\gamma \tag{11-10}$$

或

$$\Delta = 2n_2e\sqrt{1-\sin^2\gamma} = 2e\sqrt{n_2^2 - n_1^2\sin^2 i}. \tag{11-11}$$

11.3.3　半波损失

由于薄膜和上、下介质的折射率不同，还必须考虑光在界面反射时有 π 的相位突变，或附加光程差 $\pm\dfrac{\lambda}{2}$.

通过实验可知以下几点.

(1) 光在表面上的一次反射情况.

① 光线垂直入射 $(i=0)$、掠射$(i=90)$时，当 $n_1 < n_2$，即由光疏介质进入光密介质有相位突变；当 $n_1 > n_2$，即由光密介质进入光疏介质没有相位突变.

② 光线以任意角度入射时，我们在此不作研究.

(2) 经薄膜上下表面反射情况(入射角可任意角度).

① 当 $n_1 > n_2 > n_3$ 或 $n_1 < n_2 < n_3$ 时，折射率呈阶梯形分布，反射光线 2 和 3 都没有或都有半波损失，则在式(11-11)中不要加上附加光程差 $\pm\dfrac{\lambda}{2}$.

② 当 $n_1 > n_2 < n_3$ 或 $n_1 < n_2 > n_3$ 时，折射率呈夹心型分布，反射光线 2 和 3 只有其一有半波损失，则在式(11-11)中要加上附加光程差 $\pm\dfrac{\lambda}{2}$. 因此，上面的薄膜干涉公式应修正为

$$\Delta = 2e\sqrt{n_2^2 - n_1^2\sin^2 i} + \left[0, \pm\frac{\lambda}{2}\right]. \tag{11-12}$$

上式中 $\left[0, \pm\frac{\lambda}{2}\right]$ 应视介质薄膜上、下介质的折射率分布(主要是 n_1, n_2, n_3 的大小关系)来决定加不加 $\pm\frac{\lambda}{2}$.

透射光也有干涉现象. 在图 11-11 中,光线 AB 到达 B 点处时,一部分直接经界面 M_2 折射出(光线 4),还有一部分经 M_2, M_1 界面两次反射后在点 E 处折射而出(光线 5). 因此,两透射光线 4, 5 的光程差为

$$\Delta = 2e\sqrt{n_2^2 - n_1^2\sin^2 i} + \left[\pm\frac{\lambda}{2}, 0\right].$$

与式(11-12)相比较,光程差相差 $\frac{\lambda}{2}$,即当反射光的干涉相互加强时,透射光的干涉相互减弱;当反射光的干涉相互减弱时,透射光的干涉将相互加强. 显然,这也是符合能量守恒定律要求的.

此外,还须说明以下两点.

(1) 有的书上用 $-\frac{\lambda}{2}$,还有的书上用 $\pm\frac{\lambda}{2}$,都是可以的. 因光程差是相对的,一般习惯用 $+\frac{\lambda}{2}$.

(2) 如果薄膜厚度 e 处处相等,则光程差 Δ 主要随入射光的入射角 i 的不同而变化,这类干涉叫等倾干涉(Interference of equal inclination). 因具有相同的入射角 i 的入射光有相同的光程差,它们将在透镜的焦平面上构成同一条干涉条纹,所以我们把这种条纹叫等倾干涉条纹.

如果入射光是平行光,照射在厚度不均匀的薄膜上,那么,光程差 Δ 主要随薄膜的厚度 e 的不同而变化,这类干涉叫**等厚干涉**(Interference of equal thickness). 因而每级明纹或暗纹都与一定的膜厚 e 相对应. 肥皂膜、牛顿环等就是等厚干涉.

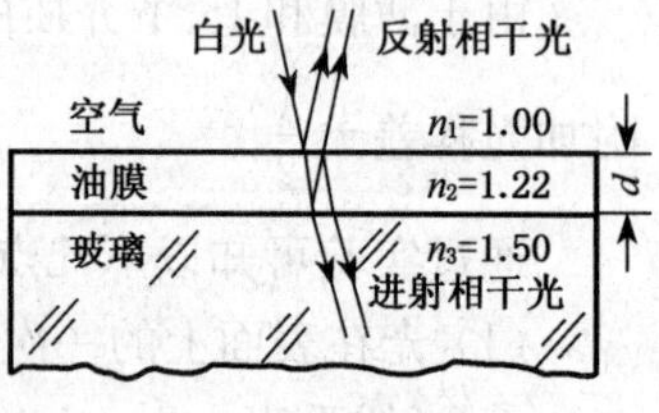

图 11-12

例 11.3 如图 11-12 所示,在折射率为 1.50 的平板玻璃表面有一层厚度为 300 nm、折射率为 1.22 的均匀透明油膜,用白光垂直射向油膜,问:

(1) 哪些波长的可见光在反射光中产生相长干涉?

(2) 哪些波长的可见光在透射光中产生相长干涉?

(3) 若要使反射光中 $\lambda = 550$ nm 的光产生相干涉,油膜的最小厚度为多少?

解 (1) 因反射光的反射条件相同($n_1 < n_2 < n_3$),故不计半波损失,由垂直入射 i_0,得反射光相长干涉的条件为

$$\delta = 2n_2 d = k\lambda, \quad k = 1, 2, 3, \cdots.$$

由上式可得 $$\lambda=\frac{2n_2d}{k}.$$

$k=1$ 时， $$\lambda_1=\frac{2\times1.22\times300}{1}=732(\text{nm}),\quad \text{红光;}$$

$k=2$ 时， $$\lambda_2=\frac{2\times1.22\times300}{2}=366(\text{nm}),\quad \text{紫外.}$$

故反射中红光产生相长干涉.

(2) 对于透射光，相干条件为

$$\delta=2n_2d+\frac{\lambda}{2}=k\lambda,\quad k=1,2,3,\cdots,$$

故 $$\lambda=\frac{4n_2d}{2k-1}.$$

$k=1$ 时， $$\lambda_1=\frac{4\times1.22\times300}{1}=1\,464(\text{nm}),\quad \text{红外;}$$

$k=2$ 时， $$\lambda_2=\frac{4\times1.22\times300}{3}=488(\text{nm}),\quad \text{青色光;}$$

$k=3$ 时， $$\lambda_3=\frac{4\times1.22\times300}{5}\approx293(\text{nm}),\quad \text{紫外.}$$

故透射光中青光产生相长干涉.

(3) 由反射相消干涉条件为

$$\delta=2n_2d=(2k+1)\frac{\lambda}{2},\quad k=0,1,2,\cdots,$$

故 $$d=\frac{(2k+1)\lambda}{4n_2}.$$

显然，$k=0$ 所产生对应的厚度最小，即

$$d_{\min}=\frac{\lambda}{4n_2}=\frac{550}{4\times1.22}=113(\text{nm}).$$

11.4 劈尖膜和牛顿环

用一束平行光照射厚度很薄的不均匀薄膜时，在膜附近观察到的是等厚条纹，在实验室中产生等厚干涉的常见装置是劈尖膜和牛顿环.

11.4.1 劈尖膜干涉

一种劈尖形的透明薄膜称为劈尖膜(wedge film). 如图 11-13(a)所示，两块平面玻璃

片，一端接触，另一端用一薄纸片（或细丝）隔开，两玻璃片间形成劈尖状空气层，便是空气劈尖. 如是一个劈尖形状的介质薄膜，则是介质劈尖.

当发自 S 的单色光经凸透镜 L 成为平行光，再经过 45°角放置的半透半反射玻璃片 M 反射后，垂直入射到空气劈尖上，自空气劈尖上、下两界面反射的光相互干涉，从显微镜中可观察到明暗相间、均匀分布的干涉条纹，如图 11-13(b)所示.

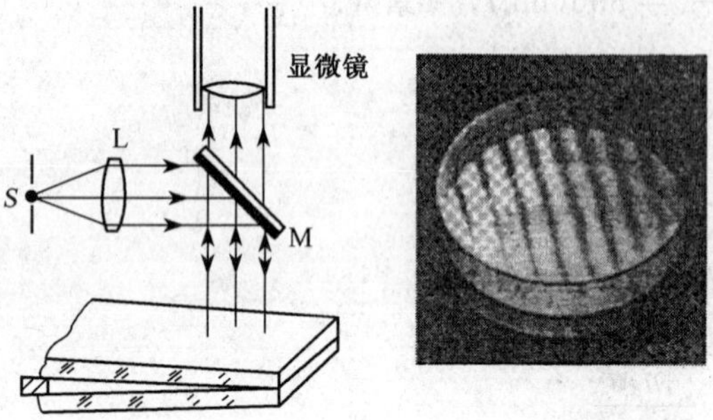

(a) 观察劈尖干涉装置　　(b) 干涉条纹

图 11-13　劈尖膜干涉

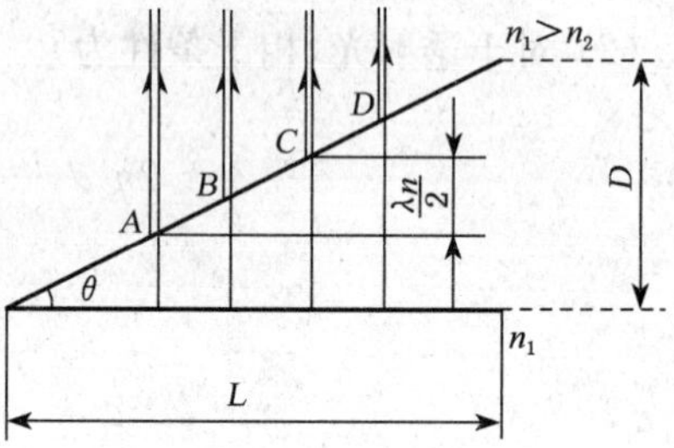

图 11-14　劈尖干涉条纹的形成

下面来定量讨论用单色光垂直照射时，劈尖膜干涉条纹的特征. 在图 11-14 中，D 为细丝直径，L 为玻璃片长度，θ 为两玻璃片间的夹角. 由于 θ 角很小，所以在劈尖膜上表面处反射的光线和在劈尖膜下表面处反射的光线都可看做垂直于劈尖表面，它们在劈尖膜表面处相遇并相干叠加. 根据式(11-12)，由于垂直（$i=0$）入射，劈尖膜上下界面反射的两光线间的光程差为

对于空气劈尖(wedge of air)：　$\Delta = 2e + \dfrac{\lambda}{2}$　（因为空气折射率 $n_2 = 1$）.

对于介质劈尖：　$\Delta = 2en_2 + \left[0,\ \dfrac{\lambda}{2}\right]$.

上式中 $\left[0,\ \dfrac{\lambda}{2}\right]$ 应视介质薄膜上、下介质的折射率分布（主要是 n_1, n_2, n_3 的大小关系来决定加不加 $\dfrac{\lambda}{2}$）.

(1) 劈尖膜反射光干涉加强（明条纹）的条件为

$$\Delta = 2en_2 + \left[0,\ \frac{\lambda}{2}\right] = k\lambda,\quad k = 1,\ 2,\ 3,\ \cdots. \tag{11-13}$$

劈尖膜反射光干涉减弱（暗条纹）的条件为

$$\Delta = 2en_2 + \left[0,\ \frac{\lambda}{2}\right] = (2k+1)\frac{\lambda}{2},\quad k = 0,\ 1,\ 2,\ \cdots. \tag{11-14}$$

(2) 从上面两式可看出，光程差 Δ 仅由膜厚 e 决定，凡膜厚 e 相等的地方满足相同的干涉条件. 因此，干涉条纹(Interference fringe)是一系列平行于劈尖棱边的明暗相间的均匀分布的直条纹[图 11-13(b)]，但不再中心对称了.

(3) 在劈棱处 $e=0$,当 $n_1>n_2<n_3$ 或 $n_1<n_2>n_3$ 时,光程差 $\Delta=\frac{\lambda}{2}$,则在劈棱处出现暗条纹;当 $n_1>n_2>n_3$ 或 $n_1<n_2<n_3$ 时,$\Delta=2en_2=0$,劈棱边就会出现明条纹.

(4) 第 k 级明条纹处劈尖膜的厚度为 e_k,第 $k+1$ 级明条纹处劈尖膜的厚度为 e_{k+1},由式(11-13)或式(11-14)可得到相邻明条纹(或暗条纹)处的劈尖膜的厚度差为

$$e_{k+1}-e_k=\frac{\lambda}{2n_2}=\frac{\lambda_n}{2}. \tag{11-15}$$

式中,λ_n 为光在折射率为 n_2 的介质中的波长. 由式(11-15)可知,相邻明条纹(或暗条纹)处的劈尖膜的厚度差为光在劈尖膜介质中波长的$\frac{1}{2}$;而同一级明、暗条纹处的劈尖膜的厚度差为光在劈尖膜介质中波长的$\frac{1}{4}$.

(5) 相邻两暗条纹(明条纹)的中心间距,即劈尖膜干涉的条纹宽度 l 有

$$l\sin\theta=e_{k+1}-e_k=\frac{\lambda}{2n_2},\quad l=\frac{\lambda}{2n_2\sin\theta}\approx\frac{\lambda}{2n_2\theta}. \tag{11-16}$$

所以,干涉条纹是等间距的. θ 角越小,l 越大,条纹越稀疏;若 θ 角越大,l 就越小;当 θ 角太大时,条纹就会密集得无法分开. 因此,劈尖膜的干涉条纹只有在 θ 角很小的情况下才能看得清楚. 由上式可知,劈尖膜干涉在生产中有很多应用. 若已知劈尖膜的 θ 角,那么,只要测出干涉条纹宽度 l,就可以测出单色光的波长 λ. 反过来,如已知单色光的波长 λ,那么就可以测出劈尖膜的 θ 角. 若要测量细丝的直径,可把细丝夹在两块平面玻璃板的一端,另一端压紧,在两玻璃板间形成空气劈,数一下从棱边到细丝间干涉条纹数目,即可求出细丝的直径来.

(6) 当劈尖膜厚度增加而 θ 角保持不变时,干涉条纹宽度 l 将不变,但会向劈棱的一边移动.

例 11.4 如图 11-15 所示,一折射率 $n=1.5$ 的玻璃劈尖,角 $\theta=10^{-4}$ rad,放在空气中,当用单色光垂直照射时,测得明条纹间距为0.20 cm,求:(1)此单色光的波长;(2)设此劈尖长4.00 cm,则总共出现几条明条纹.

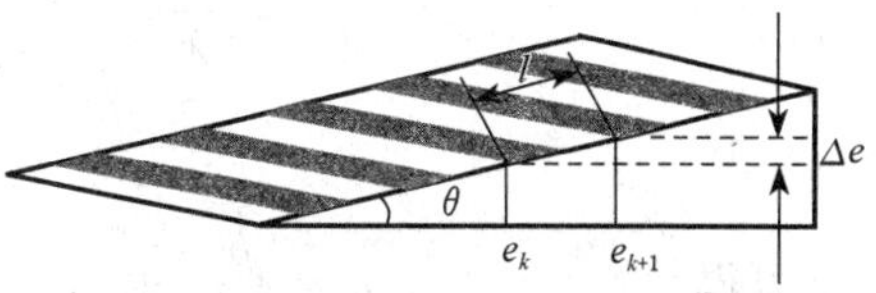

图 11-15 劈尖

解 (1) 设入射光的波长为 λ,由于相邻两条明条纹下面玻璃层的高度差 $\Delta e=\frac{\lambda}{2n}$,则由几何关系可得

$$\Delta e=l\sin\theta=\frac{\lambda}{2n},$$

所以 $\lambda=2nl\sin\theta=2\times1.5\times0.2\times10^{-2}\times10^{-4}=6.0\times10^{-7}(\text{m})=600(\text{nm})$.

(2) 由于玻璃劈尖处在空气中,在棱边处出现的是暗条纹,设在最高端的劈尖厚度为 h,则最大光程差为

$$\Delta = 2nh + \frac{\lambda}{2} = 2nL\sin\theta + \frac{\lambda}{2} = k\lambda,$$

$$k = \frac{2nL\sin\theta}{\lambda} + \frac{1}{2} = \frac{2\times 1.5\times 4\times 10^{-2}\times 10^{-4}}{6\,000\times 10^{-10}} + \frac{1}{2} = 20.5.$$

因此，在此劈尖上总共出现 20 条明条纹.

例 11.5 利用空气劈尖的等厚干涉条纹可检测工件表面存在的极小的凹凸不平，在经过精密加工的工件表面上放一光学平面玻璃，使其间形成空气劈尖[图 11-16(a)]用单色光垂直照射玻璃表面，并在显微镜中观察到干涉条纹[图 11-16(b)]，试根据干涉条纹弯曲的方向，说明工件表面是凹的还是凸的？并证明凹凸深度可用 $h = \frac{b}{b'}\frac{\lambda}{2}$ 求得，式中 λ 为照射光的波长.

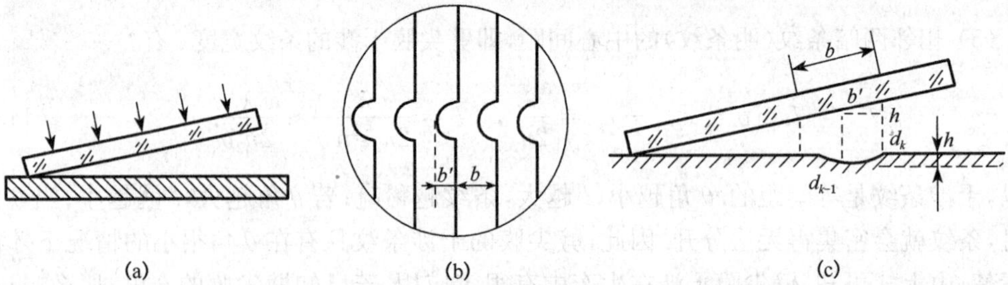

图 11-16

解 由于每一条明纹(或暗纹)都代表一条等厚线，所以干涉条纹的弯曲可说明工件表面不平，因为第 k 级干涉条纹各点都相应于同一空气劈尖的膜厚度 e_k，条纹如图 11-16(b)中那样向劈棱的一方弯曲，说明该处气隙厚度 e_k 有了增加. 于是可判断工件表面是下凹的，从图 11-16(c)中两直角三角形相似，可得

$$\frac{b'}{b} = \frac{h}{\frac{\lambda}{2}},$$

所以得 $$h = \frac{b}{b'}\frac{\lambda}{2}.$$

11.4.2 牛顿环

在一块光学平面玻璃片上，放一曲率半径 R 很大的平凸透镜，在其间形成一上表面为球面，下表面为平面的劈尖形空气薄层的装置，如图 11-17 所示. 由于这里空气劈尖的等厚轨迹是以接触点为圆心的一系列同心圆环，所以在其上可观察到一组明暗相间的同心圆等厚干涉条纹，这种干涉条纹是牛顿首先观察到的，故称为**牛顿环**(Newton ring).

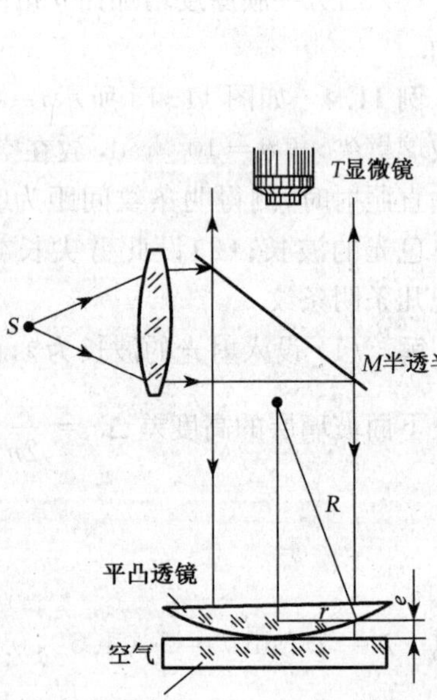

图 11-17 牛顿环实验装置

下面我们来推求环形干涉条纹的半径 r、光波波长 λ 和平凸透镜的曲率半径 R 三者之间的关系. 以空气牛顿环为例,光是垂直入射($i=0$)的情形,在厚度为 e 处两相干光的光程差为 $2e+\frac{\lambda}{2}$,则

$$明环:\quad \Delta = 2e+\frac{\lambda}{2}=k\lambda,\quad k=1,2,3,\cdots.$$

$$暗环:\quad \Delta = 2e+\frac{\lambda}{2}=(2k+1)\frac{\lambda}{2},\quad k=0,1,2,\cdots.$$

由图 11-17 中的几何关系可得 $r^2=R^2-(R-e)^2=2Re-e^2$.

因为 $R\gg e$,故 $r^2\approx 2Re$, $e=r^2/2R$,将其代入明环、暗环公式得

$$明环半径:\quad r=\sqrt{\left(k-\frac{1}{2}\right)R\lambda},\quad k=1,2,3,\cdots. \tag{11-17a}$$

$$暗环半径:\quad r=\sqrt{kR\lambda},\quad k=0,1,2,\cdots. \tag{11-18a}$$

牛顿环干涉条纹(Interference fringe)的讨论如下.

(1) 是一组以接触点为中心的不等间距的(内环疏,外环密)明暗相间的同心圆环. 在透镜与平面玻璃片的接触处,$e=0$,光程差 $\Delta=\frac{\lambda}{2}$,所以接触处是暗纹.

(2) 由式(11-17a)可知,暗环半径 $r\propto\sqrt{k}$,越向外环越密,所以条纹不是等间距的.

(3) 牛顿环的平凸透镜向上平移,空气薄膜变厚,原来第 k 级处就变为 $k+1$ 级. 于是条纹向中心收缩,反过来薄膜变薄,则条纹向外扩张.

(4) 若利用实验测出干涉环半径 r,就可以由上式算出光波波长或透镜的曲率半径. 例如,实验中测出暗环的第 m 级直径 d_m 和第 n 级直径 d_n,则可求出

$$R=\frac{d_m^2-d_n^2}{4(m-n)\lambda}.$$

(5) 若白光入射,便可得到彩色条纹. 在高级次出现重叠.

(6) 若在平凸透镜和平板玻璃之间充满折射率为 n 的某种透明液体,则式(11-17a)和式(11-18b)分别变为

$$明环半径:\quad r=\sqrt{(2k-1)\frac{R\lambda}{2n}},\quad k=1,2,3,\cdots. \tag{11-17b}$$

$$暗环半径:\quad r=\sqrt{\frac{kR\lambda}{n}},\quad k=0,1,2,\cdots. \tag{11-18b}$$

11.4.3 增透膜与增反膜

利用薄膜干涉的原理,还能制成增透膜、增反膜、高反射膜和干涉滤光片等. 由于光从空气入射到玻璃片上大约有 4%的光强被反射,而普通光学仪器常常包含有多个镜片,其反射

损失经常要达到 20%～50%，使进入仪器的透射光强度大为减弱，同时杂散的反射光还会影响观测的清晰度. 如果在透镜表面镀上一层透明薄膜就可以达到减少反射，增强透射的目的. 这种透明薄膜称为**增透膜**(reflection reducting coating). 其原理：如在一玻璃(折射率 n_0)上用真空喷镀方法敷上一层厚度为 d 的透明介质薄膜(折射率 n)(图 11-18)，若 $n < n_0$ (折射率分布呈阶梯形)，在正入射 ($i=0$) 情况下，只要膜厚满足

$$\Delta = 2nd = (2k+1)\frac{\lambda}{2},$$

就可使在膜的上下表面处产生的反射光 1 和反射光 2 发生相消干涉，膜的最小厚度 $d_{\min} = \dfrac{\lambda}{4n}$. 当然最理想的情况是反射光 1 和反射光 2 有相等的光强，以使反射光完全消失，理论计算表明，这时必须有 $n = \sqrt{n_0}$. 在实际中，对于玻璃 $n_0 = 1.50$，可算出 n 应为 1.23. 因此，一般选氟化镁(MgF_2)，它的折射率是 1.38. 若 $n > n_0$ (折射率分布呈夹心型)，在正入射($i=0$)情况下，只要膜厚满足

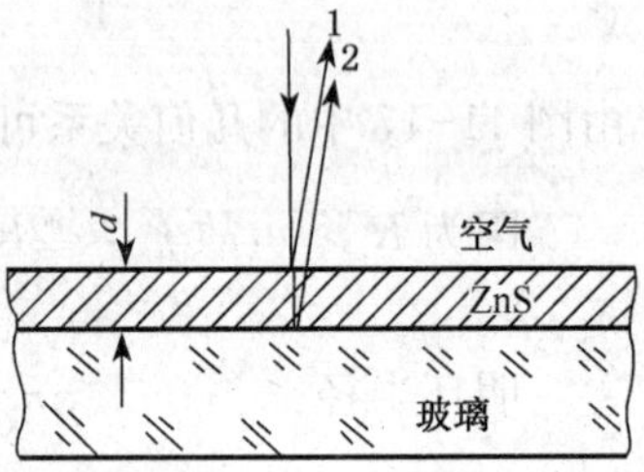

图 11-18　增透膜

$$\Delta = 2nd + \frac{\lambda}{2} = k\lambda,$$

就可使在膜的上下表面处产生的反射光 1 和反射光 2 发生相长干涉. 这就是增反膜的原理.

增透膜、增反膜只能增透或增反某特定波长的光，对于可见光范围的光学仪器常选定对人眼最敏感的黄绿光 550 nm. 例如，照相机的镜头呈现出蓝紫色反光就是因为镜头上镀有氟化镁使反射光中消除了黄绿光的缘故. 有时为了增加反射，采用多层反射，这种膜能反射 99.9%的入射光，称为高反射膜(high reflecting film)，如图 11-19 所示. 在激光器谐振腔中使用的反射面就是这种高反射多层膜镜片.

例 11.6　在玻璃镜片上镀氟化镁(图 11-20)，它的折射率是 1.38，使 550 nm 的光反射最少，求镀膜的最小厚度.

解　$d = \dfrac{\lambda}{4n} = \dfrac{550}{4 \times 1.38} = 99.6(\text{nm}).$

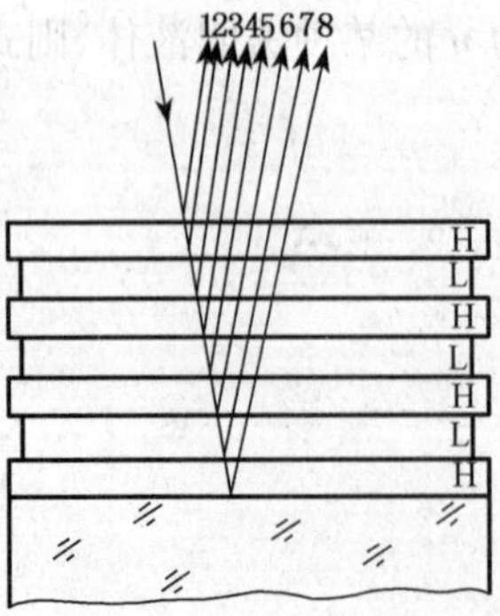

图 11-19　高反射膜

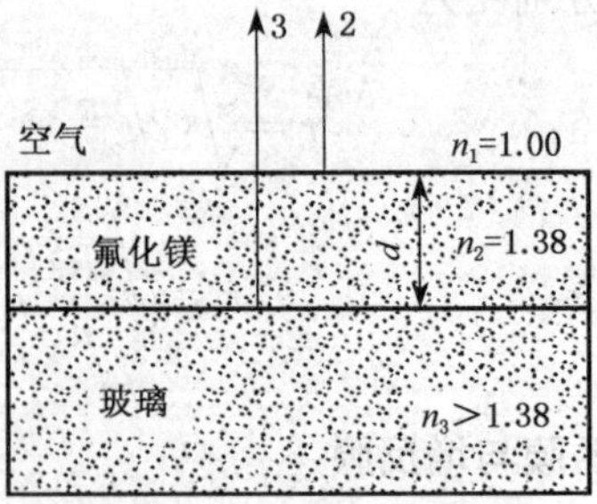

图 11-20　增透膜示意图

11.5 迈克尔逊干涉仪

美国物理学家迈克尔逊(A. A. Michelson)于19世纪80年代设计了一种干涉仪,它是一种分振幅干涉的装置,是利用干涉条纹极其精确地测量长度改变量的仪器,装置如图11-21所示.图中M_1和M_2是两块精密磨光的平面反射镜,分别置于相互垂直的两平台顶部;G_1和G_2是两块厚度及折射率完全一样的平板玻璃,在G_1朝着E的一面镀有一层薄薄的半透明的银膜,使照在G_1上的光,分为振幅相等的反射光和透射光,所以G_1称为分光板.G_1,G_2和M_1,M_2呈45°角,M_2是固定的,它的方位可由螺钉V_2调节;M_1由螺旋测微计V_1控制,可在支承面T上移动.

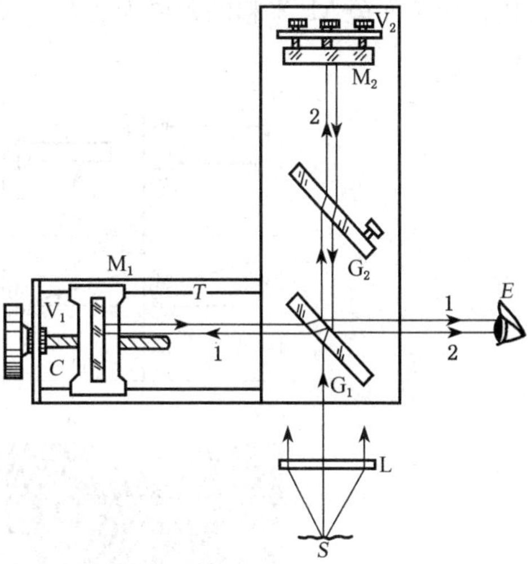

图11-21 迈克尔逊干涉仪

其原理是由光源S发出的光束,经过透镜后,平行射向G_1,通过分光板分成两束光沿完全不同的方向射到平面镜M_1和M_2上,一部分(图中的光线1)向平面镜M_1传播,经M_1反射后再穿过G_1向E处传播;另一部分(图中的光线2)则透过G_1及G_2,向平面镜M_2传播,经M_2反射后,再穿过G_2经G_1反射后也向E处传播.显然,到达E处的光线1和光线2是相干光.G_2的作用是使光线1,2都能三次穿过厚薄相同的平板玻璃,避免光线1,2间出现额外的光程差,因此G_2叫补偿板.

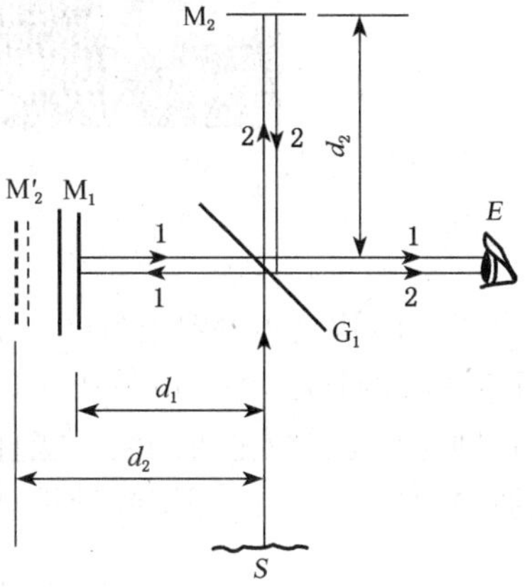

图11-22 迈克尔逊干涉原理图

考虑了补偿板的作用,看图11-22所示的迈克尔逊干涉仪(Michelson interferometer)的原理图,M_2'是M_2经由G_1形成的虚像,所以从M_2上反射的光,可看成是从虚像M_2'处发出来的.这样,相干光线1,2的光程差,主要由G_1到M_1和M_2'的距离d_1和d_2的差所决定.

如果平面镜M_1和M_2是严格地相互垂直,那么,虚像M_2'与平面镜M_1就是严格地相互平行,则可观察到一系列明暗相间的同心圆环状的等倾干涉条纹.起初M_1在离M_2'较远的位置上,这时条纹较密.将M_1逐渐向M_2'移近,中央条纹对应的干涉级k随之减小,原来位于中央的条纹逐渐消失,这时将看到各圆环条纹不断缩进中心,视场中条纹数越来越少.当平面镜M_1与M_2'相互重合时,条纹消失,视场均匀.如继续沿原方向推进M_1,它将穿M_2'而过,将看到稀疏的条纹不断由中心冒出,条纹又重新逐渐变密.

如果平面镜M_1和M_2不是严格地相互垂直,那么,虚像M_2'与平面镜M_1就不是严格地相互平行,则M_1与M_2'间形成劈尖形空气膜,则可观察到一系列平行于M_1与M_2'的镜面交线的等间距、明暗相间的等厚干涉直条纹，如图 11-23 所示. 当 M_1 的移动距离为 $\frac{\lambda}{2}$ 时，观察者将看到一条明纹或一条暗纹移过视场中的某一参考标记. 如果数出条纹移过的数目 N，则可以得出平面镜 M_1 平移的距离为 $\Delta d = N\frac{\lambda}{2}$. 实际上，这是对长度进行精密测量的一种方法.

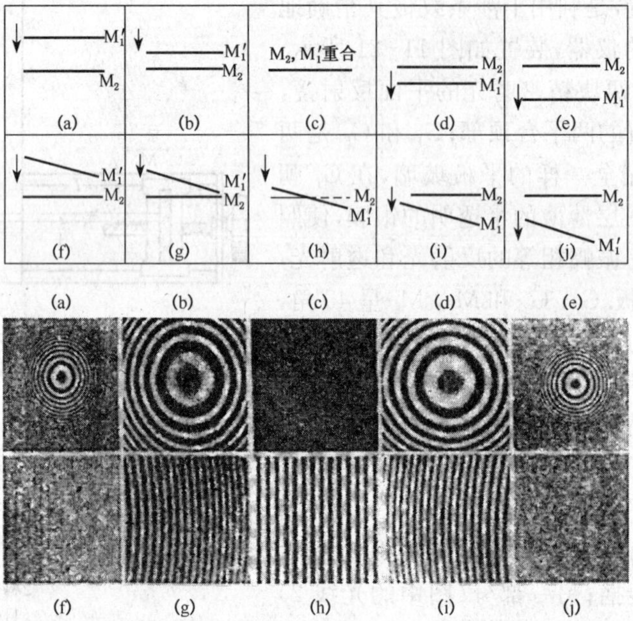

图 11-23　迈克尔逊仪的干涉条纹

1892 年，迈克尔逊曾用自己的干涉仪测量过镉(Cd)红线的波长为 643.846 96 nm，并测定标准米尺的长度，即 1 m 等于 1 553 163.5 个镉红线的波长. 因为光的波长稳定，容易复现，特别是在干涉仪上光的波长能直接当做长度单位. 因此，用光的波长作为长度基准是方便的. 在 1960 年第 11 届国际计量会议上曾决定以氪-86 橙线的波长作为长度基准，规定

$$1\ \mathrm{m} = 1\ 650\ 763.73\lambda_{氪}.$$

迈克尔逊将毕生的精力献给了研制干涉仪和精确测定光速的事业，于 1907 年荣获诺贝尔物理学奖.

迈克尔逊干涉仪不仅可用于精密长度测量，还可应用于测量介质的折射率.

例 11.7　在迈克尔逊干涉仪的一臂放入一个长为 $d = 0.20\ \mathrm{m}$ 的玻璃管，并充以一个大气压的气体，用波长为 546 nm 的光产生干涉，当将玻璃管内的气体逐渐抽成真空的过程中，观察到有 205 条干涉条纹的移动. 试计算气体的折射率 n.

解　若两臂相等，则玻璃管内气体抽空前后的光程差为

$$\Delta = 2(l-d) + 2nd - 2l = 2(n-1)d = N\lambda,\quad n-1 = \frac{N\lambda}{2d},$$

所以
$$n = 1 + \frac{205 \times 546 \times 10^{-9}}{2 \times 0.2} = 1.000\ 28.$$

*11.6　多光束的干涉

如果将杨氏双缝干涉实验中的双缝，以多缝代之，那么，同一束光分成 N 束相干光，在光束重叠区域内放置一屏幕，在屏上也将出现明暗相同的干涉条纹，称之为多光束干涉.

设 N 束同频率同振动方向的光，相位依次相差同一数值 φ，用 a_1，a_2，a_3，…表示，a_n 代表各光束的振幅矢量. 为了简单设 $a_1=a_2=a_3=\cdots=a$.

(1) 当 $\varphi=\pm 2k\pi$ ($k=0, 1, 2, \cdots$)，即

$$\varphi=0,\ 2\pi,\ 4\pi,\ 6\pi\cdots,$$

那么，合振幅 $A=Na$，总光强 $I=N^2 I_0$（I_0 为每束光的强度），这时 N 束光产生相长干涉，对应的明纹称为主极大，如图 11-24 所示.

(2) 当 $\varphi=\pm\dfrac{2k\pi}{N}$ ($k=1, 2, 3, \cdots, N-1, \cdots$，但 k 不能取 $0, N, 2N, \cdots$. 如果 k 取 $0, N, 2N, \cdots$，则 $\varphi=0, 2\pi, 4\pi, \cdots$为(1)的情况). 那么，合振幅 $A=0$，总光强 $I=0$，为时 N 束光产生相消干涉，对应的暗纹称为极小. 例如，$k=1$，$\varphi=\pm\dfrac{2\pi}{N}$，$N$ 取 4，则 $\varphi=\pm\dfrac{2\pi}{4}=\pm\dfrac{\pi}{2}$；若 N 取 8，则 $\varphi=\pm\dfrac{2\pi}{8}=\pm\dfrac{\pi}{4}$，如图 11-25 所示.

图 11-24

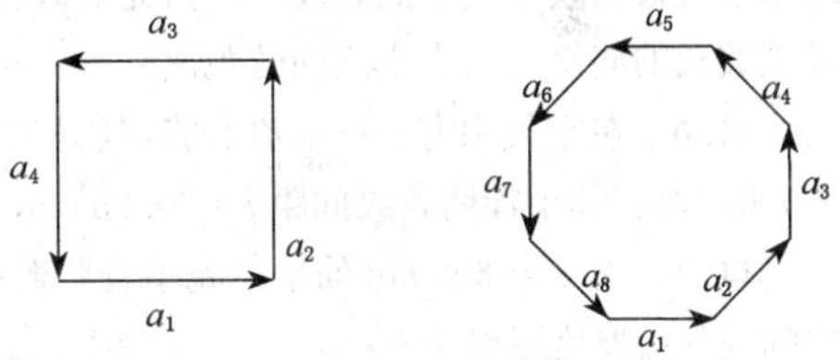

图 11-25

(3) 当 $\varphi=\pm(2k+1)\dfrac{\pi}{N}$ ($k=1, 2, 3, \cdots, N-2, \cdots$. 但 k 不能取 $0, N-1, N, \cdots$)，右方框中的 φ 都包含在主极大或极小中，应排除在外. 那么，这种情况下的 A 的大小比起主极大的 Na 要小得多，但比极小要大，故称为次极大. 现讨论以下几种情形.

> 当 k 取 0，$\varphi=\pm\dfrac{\pi}{N}$，
>
> k 取 $N-1$，$\varphi=\pm(2N-1)\dfrac{\pi}{N}$，
>
> k 取 N，$\varphi=\pm(2N+1)\dfrac{\pi}{N}$

$N=3$：

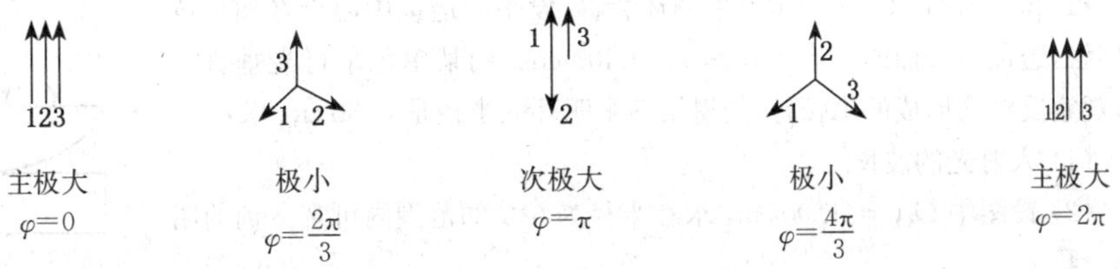

$N=4$：

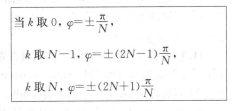

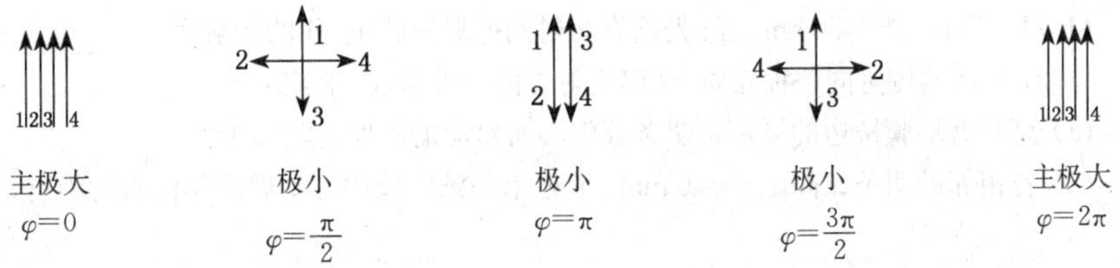

$N=5$：我们可以分析得出两个相邻的主极大之间应有 $N-1=4$ 个极小，有 $N-2=3$ 个次极大.

以此类推，N 越大（缝越多），寻 $N-1$ 个极小就越多，暗纹越来越多，暗纹和次极大几乎连成一片，形

成微亮的暗背景，主极大则越来越细窄，非常明亮. 这就是多光束干涉条纹的特点.

习题 11

11.1 若一双缝装置的两个缝分别被折射率为 n_1 和 n_2 的两块厚度均为 e 的透明介质所遮盖，此时由双缝分别到屏上原中央极大所在处的两束光的光程差 δ 是多大？ [$(n_1-n_2)e$ 或 $(n_2-n_1)e$]

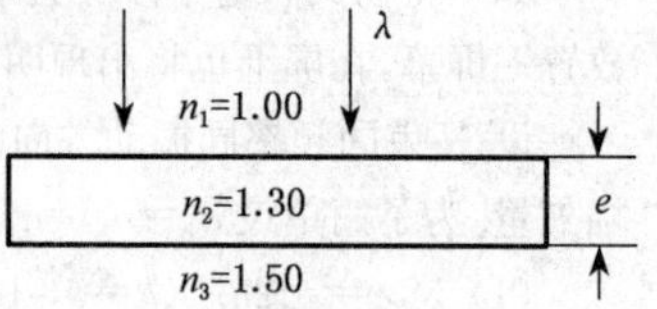

图 11-26

11.2 波长为 λ 的单色光垂直照射如图 11-26 所示的透明薄膜. 膜厚度为 e，两束反射光的光程差 δ 是多大？ [$2.60e$]

11.3 在双缝干涉实验中，波长 $\lambda = 5\,500$ Å 的单色光垂直入射到缝间距 $d = 2\times10^{-4}$ m 的双缝上，屏到双缝的距离 $D = 2$ m，求：(1) 中央明纹两侧的两条第 10 级明纹中心的间距；(2) 用一厚度为 $e = 6.6\times10^{-6}$ m、折射率为 $n = 1.58$ 的玻璃片覆盖一缝后，零级明纹将移到原来的第几条明纹处？ [11 cm; 7]

11.4 在双缝干涉中，$d = 0.5$ mm，双缝与屏相距 $D = 120$ cm，用 $\lambda = 5\,000$ Å 的单色光垂直照射双缝，求 +5 级明纹的坐标. 如果用厚度 $l = 1.0\times10^{-2}$ mm，折射率 $n = 1.58$ 的透明薄膜覆盖在 S_1 缝的后面，再求 +5 级明条纹的坐标. [6.0 mm; 19.9 mm]

11.5 白色平行光垂直入射到间距为 $a = 0.25$ mm 的双缝上，距 $D = 50$ cm 处放置屏幕，分别求第一级和第五级明纹彩色带的宽度.（设白光的波长范围是从 400 nm 到 760 nm. 这里说的"彩色带宽度"指两个极端波长的同级明纹中心之间的距离） [0.72 mm; 3.6 mm]

11.6 在空气中有一劈形透明膜，其劈尖角 $\theta = 1.0\times10^{-4}$ rad，在波长 $\lambda = 700$ nm 的单色光垂直照射下，测得两相邻干涉明条纹间距 $l = 0.25$ cm，求此透明材料的折射率 n. [1.4]

11.7 用 $\lambda = 600$ nm 的单色光垂直照射牛顿环装置时，从中央向外数第 4 个（不计中央暗斑）暗环对应的空气膜厚度是多少？ [1.2 μm]

11.8 两块平行平面玻璃构成空气劈尖，用波长 500 nm 的单色平行光垂直照射劈尖上表面. 求：

(1) 从棱算起的第 10 条暗纹处空气膜的厚度；

(2) 使膜的上表面向上平移 Δe，条纹如何变化？若 $\Delta e = 2.0$ μm，原来第 10 条暗纹处现在是第几级？

[2 250 nm; 第 17 级]

11.9 单色平行光垂直照射到均匀覆盖着薄油膜的玻璃板上，设光源波长在可见光范围内可以连续变化，波长变化期间只观察到 500 nm 和 700 nm 这两个波长的光相继在反射光中消失. 已知油膜的折射率为 1.33，玻璃的折射率为 1.5，求油膜的厚度. [658 nm]

11.10 如图 11-27 所示一牛顿环装置，设平凸透镜中心恰好和平玻璃接触，透镜凸表面的曲率半径是 $R = 400$ cm. 用某单色平行光垂直入射，观察反射光形成的牛顿环，测得第 5 个明环的半径是 0.30 cm. 求：

(1) 入射光的波长.

(2) 设图中 $OA = 1.00$ cm，求在半径为 OA 的范围内可观察到的明环数目. [500 nm; 50]

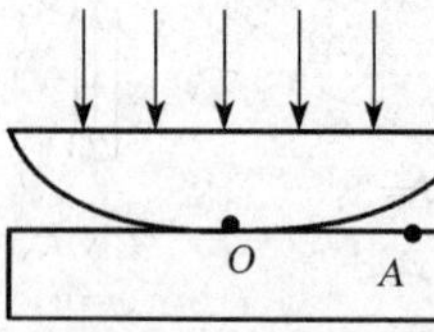

图 11-27

11.11 波长 $\lambda = 650$ nm 的红光垂直照射到劈形液膜上，膜的折射率 $n = 1.33$，液面两侧是同一种媒质. 观察反射光的干涉条纹. 求：

(1) 离开劈形膜棱边的第一条明条纹中心所对应的膜厚度是多少？

(2) 若相邻的明条纹间距 $l = 6$ mm，上述第一条明纹中心到劈形膜棱边的距离 x 是多少？

[1.22×10^{-4} mm; 3 mm]

第12章　光的衍射

光的衍射(diffraction)也是光的波动特性的重要表征之一. 干涉和衍射都是波动所特有的现象,也是用以判断某种物质运动是否具有波动性的证据. 从理论上分析,干涉和衍射都是光波发生相干叠加的结果,它们之间并没有严格的区别. 通常在实验中是既有干涉又有衍射,现在先讨论研究衍射的基本原理.

12.1　惠更斯-菲涅耳原理

12.1.1　光的衍射现象

当光在传播的途径上遇到某种障碍物(或狭缝)时,光的传播方向发生改变,可以绕到障碍物的阴影区并形成明暗相间的条纹,这种现象称为光的衍射(或绕射).

实验证明,衍射的显著程度取决于障碍物的大小(或狭缝宽度)和波长的比值,比值越小,衍射越显著. 如图 12-1(a)所示,一束平行光通过狭缝 K 后,由于缝宽比波长大得多,屏幕 P 上的光斑 E 和狭缝形状几乎完全一致,这时光可看成是沿直线传播的. 若缩小狭缝宽度使它可与光波波长相比,在屏幕上就会出现如图 12-1(b)所示的明暗相间的衍射条纹.

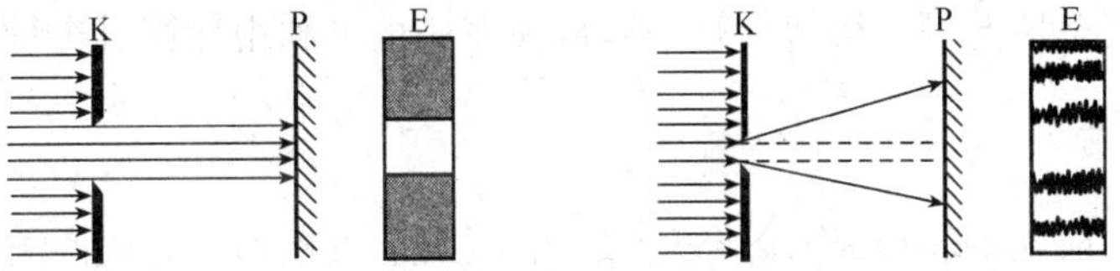

(a) 缝宽比波长大得多,光可看成沿直线传播　(b) 缝宽度可与光波长相比,出现衍射条纹

图 12-1　光通过狭缝

在日常生活中,我们很容易看到水波绕过闸口,声波绕过高墙(隔墙有耳),无线电波能绕过大山传入收音机等,而光波却不能绕过建筑物使人们看到被遮蔽的广播电台的发射塔. 这就是说,人们并不是处处都能观察到光波的明显的衍射现象. 因为波的衍射现象是否显著,主要取决于障碍物线度与波长的对比. 波长越长,障碍物线度越小,衍射现象就越显著. 由于光的波长很短(数量级为 10^{-7}m),因而光的衍射现象不易被人们所觉察,光的直线传播却留下深刻印象. 只有光遇到比其波长大得不多的物体时,就会出现光的衍射现象,还能产生明暗相间的条纹,这种衍射条纹图样称为**衍射图样**(diffraction pattern).

12.1.2　惠更斯-菲涅耳原理

回忆惠更斯原理：任何时刻波面上的每一点都可以作为子波的波源,这些子波的包络就是新的波面.此原理成功地定性解释了波的衍射,但没有定量地给出各子波对新波面上任一点所产生的振动的振幅和相位如何?各方向上的强度分布如何?也就是不能解释明暗衍射条纹的产生.

1815年,法国物理学家菲涅耳根据波的叠加和干涉原理,提出了"子波相干叠加"的概念,从而对惠更斯原理作了补充,为衍射理论奠定了基础.这个原理可表述为,从同一波面上各点(或小面元)发出的子波是相干波,在传播到空间某一点时,各子波进行相干叠加的结果,决定了该处的波振幅.这就是**惠更斯-菲涅耳原理**(Huygens-Fresnel principle).

根据这个原理,可圆满地解释光的衍射现象,并可计算出衍射图中光强的分布.如图12-2所示,波阵面 S 上每一面元 $\mathrm{d}S$ 发出的子波在空间某一点 P 引起的光振动,则取决于波阵面 S 上所有面元发出的子波在该点相互干涉的总效果.所以,必须知道各子波到达 P 点时的振幅和相位.为此菲涅耳作了几点假设:从面元 $\mathrm{d}S$ 所发出的子波的振幅正比于 $\mathrm{d}S$ 的面积,并与面元到点 P 的距离 r 成反比,和面元 $\mathrm{d}S$ 的法线方向 e 之间的夹角 θ 有关.至于点 P 处光振动的相位,仍由 $\mathrm{d}S$ 到点 P 的光程 nr 决定.由此可知,点 P 处的光矢量 E 的大小由如下积分所决定,即

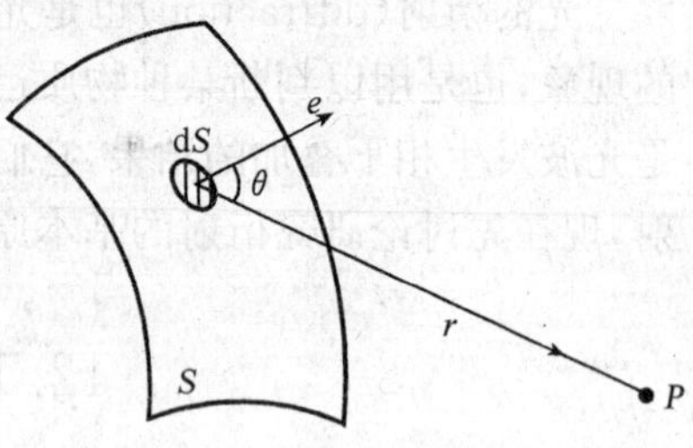

图12-2 子波相干叠加

$$E=C\iint_S \frac{f(\theta)}{r}\cos(\omega t-kr)\mathrm{d}S. \tag{12-1}$$

上式称为菲涅耳衍射积分公式.式中,C 是比例常数,$f(\theta)$ 为随 θ 增大而减小的倾斜因数,$\theta\geqslant\frac{\pi}{2}$ 时,$f(\theta)=0$.这也解释了子波为什么不能向后传播.式(12-1)的积分一般是比较复杂的,只对少数简单情况可求得解析解.不过,现在完全可利用计算机进行数值运算求解.

12.1.3 两类衍射

根据光源、衍射孔(或障碍物)、屏三者的相互位置,可把衍射分成两类.

如图12-3(a)所示为**菲涅耳衍射**(Fresnel diffraction),又称发散光的衍射.这种衍射中,光源S或显示衍射图样的屏P,与衍射孔(或障碍物)R之间的距离是有限的.当把光源S或显示衍射图样的屏P都移到无限远处时,这种衍射叫**夫琅和费衍射**(Fraunhofer diffraction),又称平行光的衍射.可用下面简单的方框图示来区分,如图12-4所示.

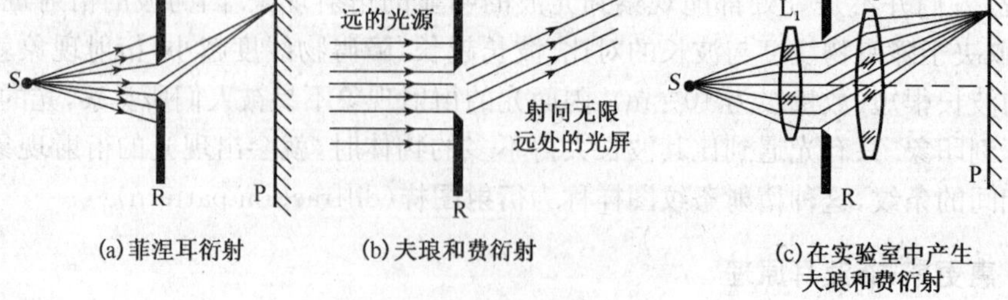

(a)菲涅耳衍射　(b)夫琅和费衍射　(c)在实验室中产生夫琅和费衍射

图12-3 两类衍射原理图

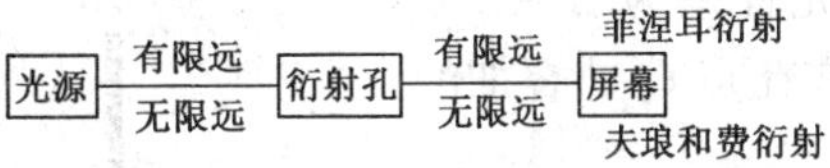

图 12-4　两类衍射方框图

菲涅耳衍射在自然现象和日常生活中较为常见，但数学分析较复杂，而夫琅和费衍射在实用中用得最多，在实验室中较为多见，在理论分析上也比较简单. 下面只讨论夫琅和费衍射.

12.2　单缝夫琅和费衍射

单缝夫琅和费衍射可通过图 12-5(a)所示的实验装置观察，是平行光衍射，在实验室中可借助于两个凸透镜来实现. 位于物方焦平面上的单色点光源 S 经透镜 L_1 后成为一束平行光，入射到狭缝上，衍射光经透镜 L_2 会聚到焦平面处的屏幕上，形成一组平行于狭缝的明暗相间的条纹，如图 12-5(c)所示. 图 12-5(b)为单缝夫琅和费衍射条纹的光强分布.

图 12-6 是单缝夫琅和费衍射的示意图，按照惠更斯-菲涅耳原理，到达狭缝的 AB 波面上的各点都是相干的子波源，先来考虑沿入射方向传播的各子波射线(图 12-6 中的光束①)，它们被透镜 L_2 会聚于焦点 O，由于 AB 是同相面，而透镜又不会引起附加的光程差，所以它们到达 O 时仍保持相同的相位而互相加强. 这样，在正对狭缝中心的 O 处，将是一条明纹，这条明纹叫中央明纹.

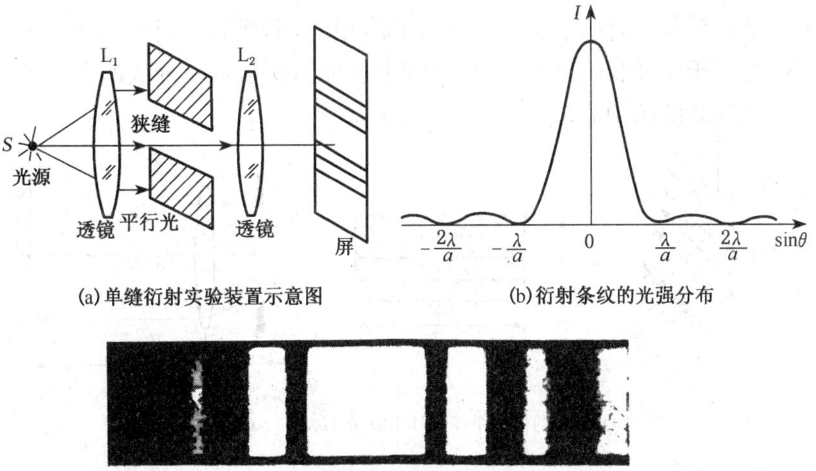

(a) 单缝衍射实验装置示意图　(b) 衍射条纹的光强分布

(c) 明暗相间的衍射条纹

图 12-5　单缝夫琅和费衍射

下面来讨论与入射方向成 θ 角的子波衍射线(图 12-6 中的光束②)，θ 角叫衍射角. 设沿 θ 角的子波衍射线为平行光束②，被透镜 L_2 会聚于焦平面的屏幕上的点 Q，但要注意光束②中各子波到达点 Q 的光程并不相等，所以它们在点 Q 的相位也不相同. 显然，由垂直于各子波射线的面 BC 上各点到达点 Q 的光程都相等，换句话说，从波面 AB 发出的各子波在点 Q 的相位差，就对应于从面 AB 到面 BC 的光程差. 可光程差各不相同，在 AB 两条边缘光

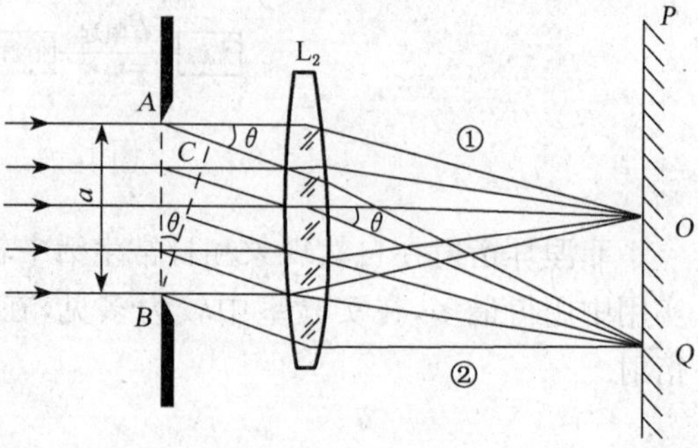

图 12-6　单缝衍射

线之间的光程差，即最大的光程差为 $\Delta = AC = a\sin\theta$，如何去获得各子波在点 Q 处叠加的结果呢？

为此，可采用菲涅耳提出的半波带法，菲涅耳提出了将波阵面分割成许多等面积的波带的方法．其构思之精妙，在于无需什么数学推导便能得到衍射条纹分布的概貌．

设 AC 恰好等于入射单色光束半波长的整数倍，即

$$a\sin\theta = \pm k\frac{\lambda}{2}, \quad k = 1, 2, 3, \cdots.$$

这相当于把 AC 分成 k 等分，作彼此相距 $\frac{\lambda}{2}$ 的平行于 BC 的平面，这些平面把波面 AB 分割成了 k 个波带．如图 12-7(a)所示在 $k = 4$ 时，波面 AB 被分成 AA_1，A_1A_2，A_2A_3 和 A_3B 四个面积相等的波带．依据式(12-1)，所有各个波带发生的子波在点 Q 所引起的光振幅接近相等．任何两个相邻的波带上，对应点（如 AA_1 与 A_1A_2 的中点等）所发出的子波，到达点 Q 处的光程差均为 $\frac{\lambda}{2}$，这就是把这种波带称为半波带的缘由．于是，相邻两半波带的各子波将两两成对地到达点 Q 处，光程差均为 $\frac{\lambda}{2}$ 便会在点 Q 处相互干涉相消，依此类推，偶数个半波带相互干涉的总效果，是使点 Q 处呈现为干涉相消，形成暗纹．因此，对于某确定的衍射角 θ，若 AC 恰好等于半波长的偶数倍，即单缝上波面 AB 恰好能分成偶数个半波带，则在屏上对应处将呈现为暗纹的中心．

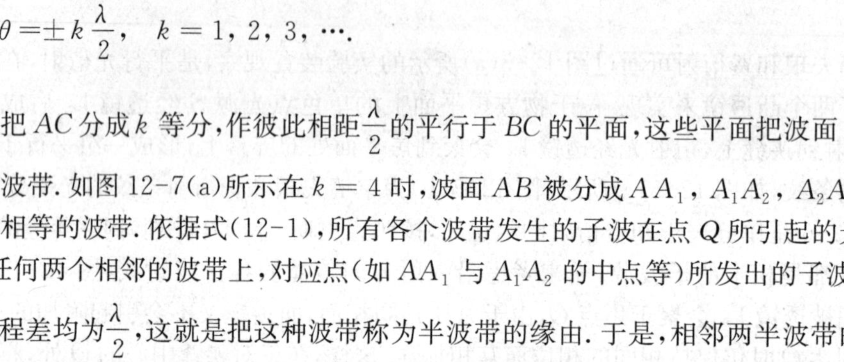

(a) 单缝的偶数个菲涅耳半波带 ($k=4$，$AC=4\,\frac{\lambda}{2}$)

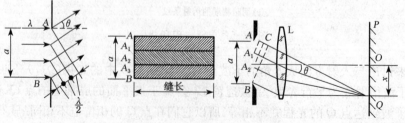

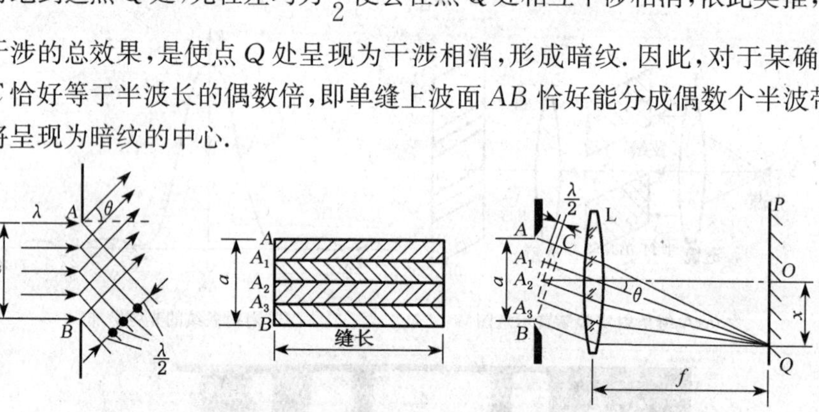

(b) 单缝的奇数个菲涅耳半波带 ($k=3$，$AC=3\,\frac{\lambda}{2}$)

图 12-7

若 $k=3$，波面 AB 可分成三个半波带. 此时，相邻两半波带（AA_1 与 A_1A_2）上各对应点的子波，将两两成对地到达点 Q 处相互干涉抵消，只剩下一个半波带（A_2B）上的子波到达点 Q 处时没有被抵消，在点 Q 处将呈现为明条纹，如图 12-7(b)所示. 于是也依此类推，当 $k=5$ 时，波面 AB 可分成五个半波带，其中四个相邻的半波带两两相互干涉相消，只剩下一个半波带的子波没有被抵消，因此也将呈现为明条纹.

但是对同一缝宽而言，$k=5$ 时每个半波带的面积，要小于 $k=3$ 时每个半波带的面积，因此奇数个半波带越多，即衍射角 θ 越大时，明条纹的亮度会越小，此明条纹的亮度要比中央明纹的亮度小得多，故称为次明条纹.

若对应于某个衍射角 θ，波面 AB 既不可分成偶数个半波带，也不可分成奇数个半波带（不可分成所指是不能分成整数个半波带），则屏上对应处将介于明暗之间.

上面的结论可用数学方式来表述，当平行光垂直入射单缝时，某个衍射角 θ 适合

暗条纹(中心)　$$a\sin\theta=\pm 2k\frac{\lambda}{2}=\pm k\lambda,\quad k=1,\,2,\,3,\,\cdots. \tag{12-2}$$

次明条纹(中心)　$$a\sin\theta=\pm(2k+1)\frac{\lambda}{2},\quad k=1,\,2,\,3,\,\cdots. \tag{12-3}$$

应当指出，式(12-2)和式(12-3)中 k 均不能等于 0，因为对式(12-2)来说，$k=0$ 对应着 $a\sin\theta=0$，这却是中央明纹的中心，不符合该式的含义. 而对式(12-3)来说，$k=0$ 虽对应着 $a\sin\theta=\frac{\lambda}{2}$，意味着波面 AB 只可分为一个半波带，将呈现为明条纹，但仍处在中央明纹的范围内，是属于中央明纹的一个组成部分，呈现不出是个单独的次明纹. 另外，上述两式与杨氏双缝干涉条纹的条件，在形式上正好相反，切勿混淆.

总之，在单缝衍射条纹中，光强度分布并不是均匀的. 由于次明条纹的亮度随 k 的增大而下降，明暗条纹的分界越来越不明显，所以一般只能看到中央明纹附近的若干条明、暗条纹，如图 12-5(c)所示.

衍射条纹位置是由 $\sin\theta$ 决定的，从图 12-5(b)可很容易看出各 θ 方向上单缝夫琅和费衍射条纹中的光强分布曲线，由曲线可知：

(1) 我们可用中央明纹全范围（两个一级暗纹中心之间）的大小来表征衍射光束的弥散程度，定义任一明纹的角宽度为相邻的两个暗纹中心的方向之间夹角. 据此，中央明纹的半角宽度为 $\Delta\theta_0$（半角宽度是衍射效应强弱的标志），$\Delta\theta_0$ 等于第一级暗级中心对应的衍射角 θ_1，由于衍射角 θ 一般较小，所以中央明纹的半角宽度 $\Delta\theta_0$ 为

$$\Delta\theta_0\approx\sin\theta_1=\frac{\lambda}{a}. \tag{12-4}$$

由光强分布曲线还可看出，中央明纹的角宽度约为其他次明纹的角宽度的两倍.

(2) 那么，若透镜的焦距为 f，则观察屏上全中央明纹的线宽度 Δy 为

$$\Delta y=2f\tan\Delta\theta_0\approx 2f\frac{\lambda}{a}. \tag{12-5}$$

由此可见，中央明纹线宽度 $\Delta y\propto\lambda,\ \frac{1}{a}$，这一关系称为衍射反比律. 当 $a\gg\lambda$，则 $\sin\theta_1=\frac{\lambda}{a}$

$\approx \sin\theta_2 = \dfrac{2\lambda}{a} \approx \sin\theta_3 = \dfrac{3\lambda}{a}$，各级条纹非常接近中央明纹，以致不能区分，形成单一的明纹，实际上这明纹就是光源通过缝所成的几何光学的像，这就是通常说的光直线传播. 因此，几何光学是波动光学在 $\dfrac{\lambda}{a} \to 0$ 时的极限情形.

(3) 次明纹的角宽度是中央明纹的角宽度的一半. 可见，单缝衍射条纹是由很宽很亮的中央明纹和对称分布在两侧的次明纹组成. 各次明纹的强度随级次的增加而迅速减小，例如，第一级次明纹光强仅为中央明纹的 5%不到，第二级次明纹光强约为中央明纹的 1.6%.

(4) 对一定 λ 的波来说 $\Delta\theta$ 与 a 成反比，缝宽 a 越窄，衍射条纹增宽，衍射条纹间隔也越宽. 对一定 a 的缝来说 $\Delta\theta \propto \lambda$，波长 λ 越短，衍射条纹变窄，衍射条纹间隔也越密，分不清，衍射效应不显著.

(5) 用白光入射，衍射条纹出现一系列由紫到红的彩色条纹，但中央明纹仍是白色.

例 12.1 用波长 0.63 μm 的激光测一单缝的宽度，若测得中央明纹两侧第五级暗纹间的距离为 6.3 cm，屏与缝的距离为 5.0 m，试求缝宽和中央明纹宽度.

解 据题意，根据单缝衍射条纹的对称性，所以第五级暗纹位置与中心间距离

$$y_5 = 6.3 \times 10^{-2}/2 = 3.15 \times 10^{-2}\ (\text{m}).$$

第五级暗纹所对应的衍射角很小，所以 $\sin\theta_5 \approx \tan\theta_5 = \dfrac{y_5}{D}$.

又因

$$a\sin\theta_5 = \pm k\lambda \quad (\text{其中 } k = 5),$$

所以

$$a = \frac{5\lambda}{\sin\theta_5} = \frac{5 \times 0.63 \times 10^{-6} \times 5.0}{3.15 \times 10^{-2}} = 5.0 \times 10^{-4}\,(\text{m}).$$

根据式(12-5)，有

$$\Delta y = 2f \cdot \tan\Delta\theta_0 = 2f\frac{\lambda}{a} = 2 \times 5.0 \times \frac{0.63 \times 10^{-6}}{5.0 \times 10^{-4}} = 1.3 \times 10^{-2}\,(\text{m}).$$

12.3 衍射光栅

在单缝衍射中，若缝较宽，明纹亮度虽较强，但相邻明条纹的间隔很窄而不易分辨；若缝很窄，相邻明条纹的间隔虽可加宽，但通过的光能量很小，明纹的亮度却显著减小，明暗纹的界限不清. 在上述两种情况下，都很难精确测定条纹的宽度，所以用单缝衍射并不能精确测定光波波长. 那么，我们是否可以使获得的明纹本身既亮又窄，且相邻明纹分得很开呢？下面讨论的**光栅**(grating)就是为了克服以上矛盾而制作的. 它在科学研究和生产实际中有广泛的应用.

12.3.1 光栅的构成

一般而言，具有空间周期性的衍射屏都可以称为光栅. 光栅有两种，一种是在一块不透明的障碍板上刻划出一系列平行等距又等宽的狭缝，就构成一种**透射光栅**(transmission grating). 另一种是在铝平面上刻一系列等间距的平行槽纹，就构成一种**反射光栅**(reflection grating).

透射光栅在实际制作中，是用金刚石刀或精密刻划机直接在玻璃板上刻划而成的. 制作适合于可见光波段的光栅，要在 1 cm 宽的玻璃板上刻划出几百乃至上万条平行且等间距的刻痕，刻痕处相当于毛玻璃(不透光)，而两刻痕间可以透光，相当于一个单狭缝，该光栅为原版的平面透射光栅. 实验室中通常使用的是复制光栅，它是用优质塑料膜在原版光栅上复制出来的.

本节主要讨论平面透射光栅的夫琅和费衍射，图 12-8 为平面透射光栅的示意图. 设光栅的每条狭缝的缝宽都为 a，缝间间隔(即刻痕)都为 b，那么相邻狭缝对应点之间的距离为

$$d = a + b.$$

式中，d 称为**光栅常数**(grating constant)，一般光栅的光栅常数约为 $10^{-6} \sim 10^{-5}$ m 的数量级.

当一束平行单色光照射到光栅上时，每一条透光狭缝都会在屏幕上呈现衍射条纹，但各条缝发出的衍射光又都是相干光，所以还会产生缝与缝间的多光束干涉，因此，光栅的衍射条纹是衍射和干涉的总效果，就会呈现出如图 12-9 所示的光栅衍射条纹. 从实验中观察到，随着狭缝数的增大，明条纹的亮度将增大，且明纹也变细窄了.

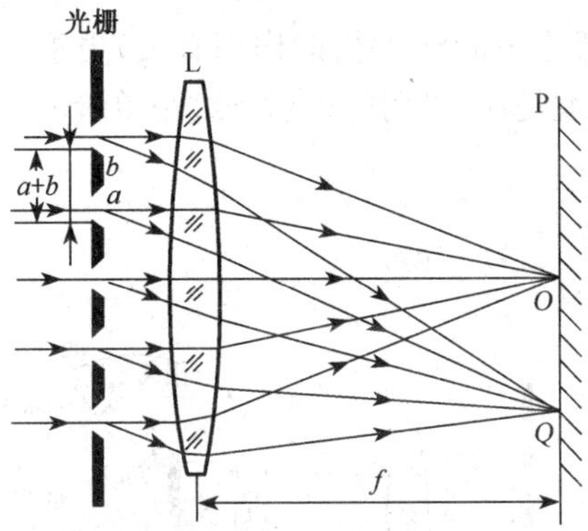

图 12-8　平面透射光栅示意图

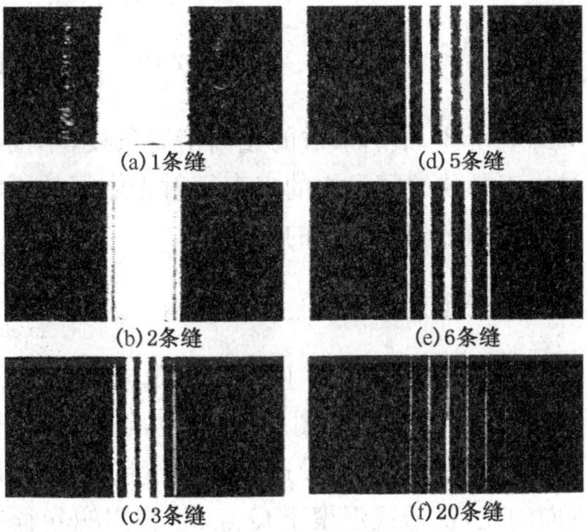

图 12-9　多缝衍射条纹

12.3.2　光栅衍射条纹的形成

从上一节所述，在单缝的夫琅和费衍射中，屏上各级衍射条纹的位置是由相应的衍射角 θ 来决定的，而与单缝沿着缝平面方向上所处的位置无关. 也就是说，如果把单缝平行于缝平面方向移动，通过同一透镜而在屏幕上显示的单缝衍射图样，仍在原位置保持原状. 因此，具有 N 条狭缝的光栅上，每条单缝的位置尽管不同，但它们都将在屏上同一位置产生夫琅和费衍射图样，形成彼此重叠的 N 幅单缝夫琅和费衍射图样.

不过，在上述互相重叠的衍射图样中，任一衍射明条纹处的光强，却并不都等于所有狭缝发出的衍射光在该处的光强之和. 事实上，由于各狭缝都处在同一波阵面上，它们发出的

衍射光都是相干光，在屏上会聚时还要发生 N 束光的干涉，使得干涉加强的地方，出现明条纹；干涉减弱的地方，出现暗条纹. 这样，对上述重叠的 N 幅单缝夫琅和费衍射图样中的光强就同时被相干叠加了，导致了光强的重新分布，如图 12-10 所示.

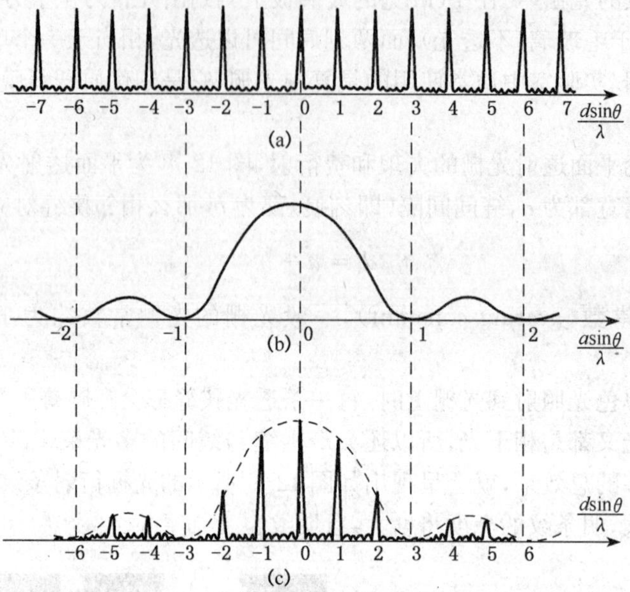

图 12-10　光栅衍射的光强分布曲线

综上所述，最后形成的光栅衍射条纹，不仅与光栅上各狭缝的衍射作用有关，更重要的还是由于各狭缝间发出的多束衍射光之间的干涉，也就是说，光栅的衍射条纹是单缝的夫琅和费衍射和多光束干涉的总效果.

12.3.3　光栅方程

下面我们讨论在屏上某处出现光栅衍射条纹所应满足的条件. 在图 12-11 中，选取任意相邻两透光狭缝来分析，设这相邻两缝间沿衍射角 θ 方向的光，被透镜汇聚于 Q 点，若它们的光程差 $(a+b)\sin\theta$ 恰好是入射光波长 λ 的整数倍，由式(12-1)可知，这两光线为相互加强. 显然，其他任意相邻两缝沿衍射角 θ 方向的光，其光程差也等于 λ 的整数倍，它们的干涉效果也都是相互加强. 所以总起来看，光栅衍射明条纹的条件是衍射角 θ 必须满足关系式

$$(a+b)\sin\theta=\pm k\lambda,\quad k=0,1,2,\cdots \tag{12-6}$$

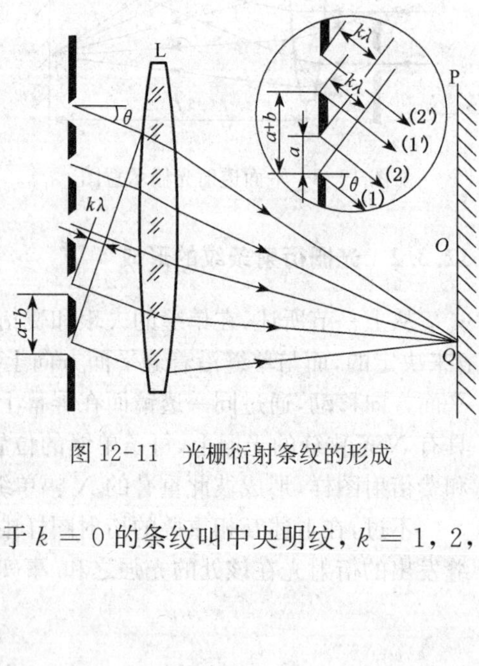

图 12-11　光栅衍射条纹的形成

此条件称为光栅方程(grating equation). 式中对应于 $k=0$ 的条纹叫中央明纹，$k=1,2,$

3，… 的明条纹分别叫第一级，第二级，第三级，……明纹，正、负号表示各级明条纹对称分布在中央明纹两侧. 图 12-10 是光栅衍射条纹的光强分布示意图，图中的横坐标就是按式(12-6)确定的.

12.3.4　光栅衍射图样的几点讨论

（1）在前面多光束干涉中可知，光栅中狭缝条数越多，明纹就越窄而明亮. 于是多光束干涉的结果就是：在几乎黑暗的背景上出现了一系列又细又亮的明条纹(图 12-12). 利用衍射光栅可以获得亮度大、分得很开的、宽度很窄的条纹，能够精确地测量出波长.

（2）在单缝衍射的中央明纹中 $\left(\frac{\lambda}{a},\ -\frac{\lambda}{a}\right)$ 之间有多少个干涉主极大呢？我们根据单缝衍射公式 $\sin\theta_1 = \pm\frac{\lambda}{a}$，光栅方程 $(a+b)\sin\theta = \pm k\lambda$，可求出

$$k = \frac{a+b}{a} = \frac{d}{a}.$$

若 $d \gg a$，则 $\frac{d}{a}$ 就大，包含的多光束干涉的主极大就多，所以干涉占主导；若 $d \approx a$，则 $\frac{d}{a}$ 就小，包含的多光束干涉的主极大就少，所以衍射占主导.

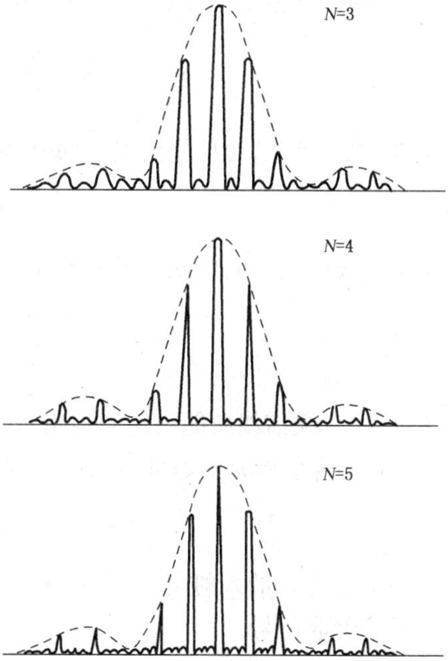

图 12-12　多缝($N=3, 4, 5$)的主极大明纹受到单缝衍射的调制

（3）缺级现象和缺级条件. 当相邻两缝衍射光的光程差满足光栅方程时，理应为主极大明纹，但由于单缝衍射条纹的暗纹也正好落在此处，这一级主极大明纹便受到单缝衍射的调制而消失，这叫**缺级现象**(missing order). 所缺的级次由光栅常数 d 与缝宽 a 的比值决定. 因为主极大满足式(12-6)，即

$$(a+b)\sin\theta = \pm k\lambda,$$

而单缝衍射的极小(暗纹)满足式(12-2)，即　$a\sin\theta = \pm k'\lambda$，

两式相除，可得　$$\frac{k}{k'} = \pm\frac{d}{a},\quad k' = 1, 2, 3, \cdots.$$

由此可见，如果光栅常数 $(a+b)$ 与缝宽 a 构成整数比时，就会发生缺级现象，如图 12-13 所示.

（4）复色光入射光栅时，除中间为一条白色亮线外，其他级各色主极大亮线为由紫到红的彩色亮纹对称排列，称为光栅光谱.

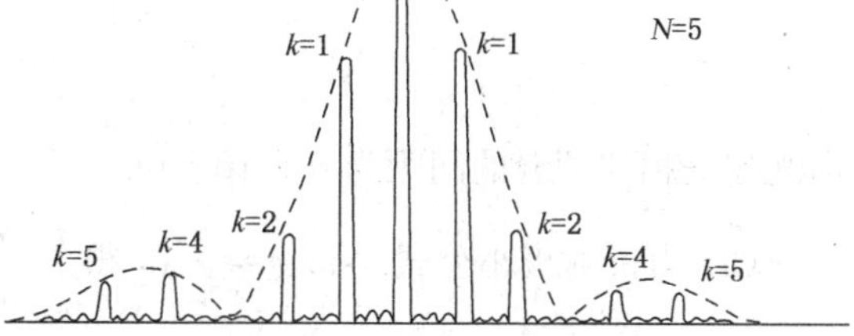

图 12-13　光栅的缺级现象

(5) 条纹的展开宽度还与透镜焦距有关：$\Delta y = f \cdot \theta$.

例 12.2 一白色平行光垂直入射到每厘米有 6 500 条缝的光栅上，求第三级光谱的张角.

解 $d = \dfrac{1}{6\,500}$ cm，第三级 $k = 3$.

对紫光，$\lambda = 4 \times 10^{-5}$ cm，则 $\sin\theta_3 = \pm\dfrac{3\lambda}{a+b} = 0.78$，$\theta_3 = 51.26°$.

对红光，$\chi = 7.6 \times 10^{-5}$ cm，则

$$\sin\theta'_3 = \pm\frac{3\chi}{a+b} = 1.48 > 1. \quad (\text{说明 } \theta'_3 \text{不存在})$$

这说明第三级谱线只能出现一部分谱线，这一部分光谱的张角为

$$\Delta\theta = 90° - 51.26° = 38.74°.$$

设第三级谱线所能出现的最大波长 λ' 为

$$\lambda' = \frac{(a+b)\sin 90°}{3} = \frac{a+b}{3} = 513\ \text{nm}. \quad (\text{绿光})$$

于是，第三级谱线所能出现的为紫、蓝、青、绿等色光，而黄、橙、红等色光看不见.

(6) 若平行光不是垂直入射光栅，而是以 i 角斜入射到光栅上，则光栅方程要修正为

$$(a+b)\sin\theta \pm (a+b)\sin i = \pm k\lambda.$$

其中，i 为光线的入射角. 衍射光与入射光在光栅法线同侧取正号；衍射光与入射光在光栅法线异侧取负号.

例 12.3 波长 600 nm 的单色光平行垂直入射在一光栅上，相邻的两条明条纹分别出现在 $\sin\theta = 0.20$ 与 $\sin\theta = 0.30$ 处，第四级缺级. 试问：(1) 光栅上相邻两缝的间距有多大? (2) 光栅上狭缝可能的最小宽度有多大? (3) 按上述选定的 a 和 b 值，试举出光屏上实际呈现的全部级数.

解 (1) 设 $\sin\theta_k = 0.20$ 处对应的条纹级数为 k，$\sin\theta_{k+1} = 0.30$ 处对应的条纹级数为 $k+1$，根据光栅方程 $d\sin\theta = k\lambda$，得

$$\begin{cases} 0.20d = k\lambda, \\ 0.30d = (k+1)\lambda, \end{cases} \qquad \Rightarrow k = 2,$$

$$d = \frac{2\lambda}{\sin\theta_k} = \frac{2 \times 600 \times 10^{-9}}{0.20} = 6 \times 10^{-6}(\text{m}).$$

即光栅上相邻两缝的间距为 6×10^{-6} m.

(2) 由衍射极小公式 $a\sin\theta = k'\lambda$，得 $\dfrac{d}{a} = \dfrac{k}{k'}$.

根据题意，第一次缺级发生在第四级处，所以

$$d = 4a, \quad a = \frac{d}{4} = 1.5 \times 10^{-6}(\mathrm{m}).$$

即光栅上狭缝的宽度为 1.5×10^{-6} m.

(3) 由

$$\begin{cases} d\sin\theta = k\lambda, \\ a\sin\theta = k'\lambda, \end{cases}$$

推出

$$\frac{d}{a} = \frac{k}{k'} \Rightarrow k = 4k',$$

所以缺级发生 $\pm 4, \pm 8, \pm 12, \cdots$ 处.

由

$$d\sin\theta = k\lambda,$$

知,当 $\sin\theta = 1$ 时,$k = \dfrac{d}{\lambda} = \dfrac{6 \times 10^{-6}}{600 \times 10^{-9}} = 10.$

这样,在屏上能看到的全部级数为

$$k = 0, \pm 1, \pm 2, \pm 3, \pm 5, \pm 6, \pm 7, \pm 9.$$

第10级条纹出现在 $\theta = 90°$ 处(实际上已不可能看到).

12.4 圆孔衍射 光学仪器分辨本领

在光学仪器中物镜由透镜所组成,相当于一圆孔,光经过小圆孔时,也会产生衍射现象.如图12-14(a)所示,当单色平行光垂直照射小圆孔时,在透镜L的焦平面处的屏幕P上将出现中央为亮圆斑,周围为明暗交替的环形的衍射图样[图12-14(b)],中央光斑较亮(中心亮斑的光能量占总能量的84%左右),称为艾里斑(Airy disk).若艾里斑的直径为 d,透镜的焦距为 f,小圆孔的直径为 D,单色平行光的波长为 λ,则由理论计算可得,艾里斑对透镜光心的张角 2θ[图12-14(c)]与圆孔直径 D、单色平行光的波长 λ 有如下关系

$$2\theta = \frac{\mathrm{d}}{f} = 2.44\frac{\lambda}{D}. \tag{12-7}$$

艾里斑的中心就是几何光学像点,艾里斑的大小是与光学仪器的孔径 D 成反比的.要使成像清晰,就要求艾里斑尽可能小,这就必须增大光学仪器的孔径 D.

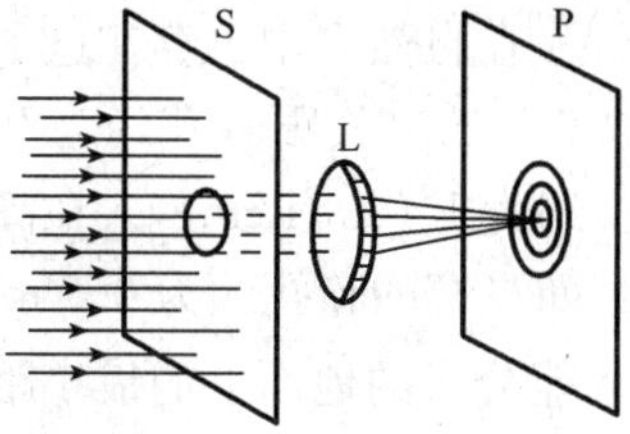

(a) 圆孔衍射

(b) 衍射图样

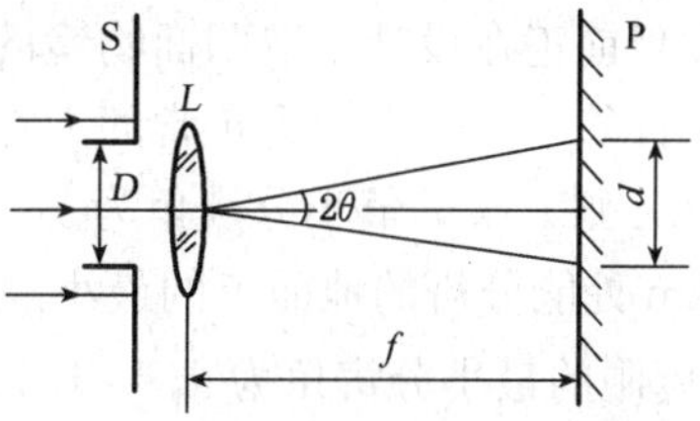

(c) 艾里斑对透镜光心的张角与圆孔直径、光波长的关系

图12-14 圆孔衍射和艾里斑

光学仪器中的透镜、光阑等都相当于一个透光的小圆孔，从几何光学的观点来说，物体通过光学仪器成像时，每一物点就有一对应的像点，但由于光的衍射，像点已不是一个几何的点，而是有一定大小的艾里亮斑. 因此，对相距很近的两个物点，其相对应的两个艾里亮斑就会互相重叠甚至无法分辨出是两个物点的像. 可见，由于光的衍射现象，使光学仪器的分辨能力受到限制. 例如，天空中一对很靠近的双星，在望远镜物镜的像方焦平面上形成两个艾里斑. 如果这两个艾里斑中心之间的角距离 $\delta\theta$ 大于艾里斑的角半径 $\theta = 1.22\lambda/D$，那么就能够分辨出这两个艾里斑[图 12-15(a)]，从而也就知道有两颗星了. 但是，当两个艾里斑中心之间的角距离 $\delta\theta$ 小于艾里斑的角半径 $\theta = 1.22\lambda/D$ 时，这两个艾里斑几乎重叠在一起；由于两颗星发出的光是不相干的，光强将直接叠加，这时就看不出是两个艾里斑，也就无从知道是两颗星了[图 12-15(c)].

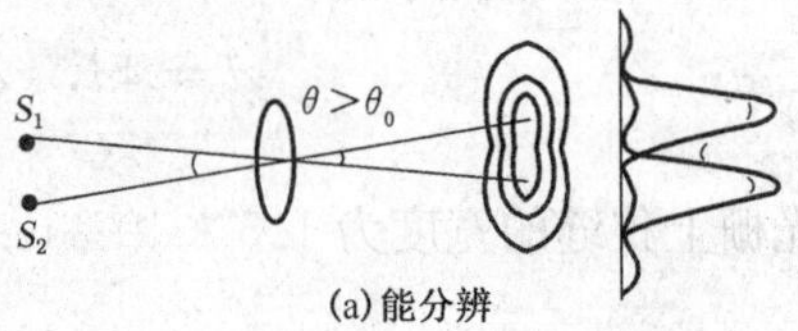

(a) 能分辨

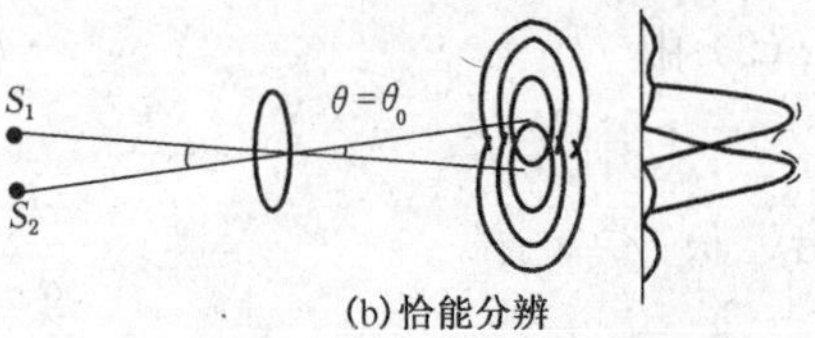

(b) 恰能分辨

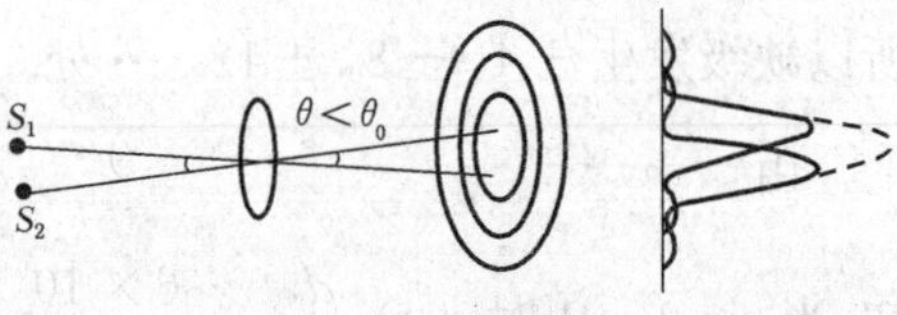

(c) 不能分辨

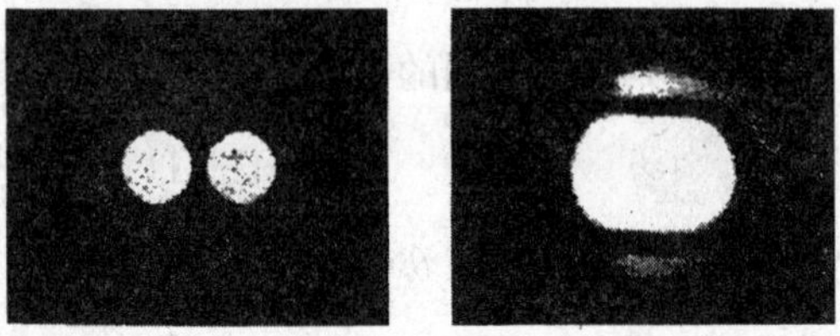
(d) 衍射图样

图 12-15　光学仪器的分辨本领

为了给光学仪器规定一个最小分辨角(angle of minimum resolution)的标准，通常采用所谓瑞利判据(Rayleigh criterion). 这个判据规定，当一个艾里斑的中心刚好落在另一个艾里斑的边缘(即一级暗环)上时，就认为这两个艾里斑恰能被分辨[图 12-15(b)]. 计算表明，由式(12-7)可知最小分辨角为 $\theta_0 = 1.22\lambda/D$，满足瑞利判据时，两艾里斑重叠区中心的光强，约为每个艾里斑中心最亮处光强的 80%，一般人的眼睛刚刚能够分辨光强的这种差别.

应该注意到，瑞利判据并不是一个很严格的判据. 在有利条件下有的人可分辨更小的角距离. 而且，如果两个艾里斑的光强不相等，则瑞利判据必须修正.

在光学中，光学仪器的最小分辨角的倒数 $1/\theta_0$ 称为仪器的分辨本领(resolving power). 由 $\theta_0 = 1.22\lambda/D$ 可看出：仪器的分辨本领 $1/\theta_0$ 与孔径 D 成正比，与所用光波的波长 λ 成反比.

在天文观察上，采用直径很大的透镜(因为 λ 无法改变)，就是为了提高望远镜的分辨本领. 目前正在设计制造凹面物镜的直径为 8 m 的巨大太空望远镜. 在自然界中也存在这个现象，计算一下一个视力正常的人在高空3 km，天气晴朗，光波取 555 nm(人眼瞳孔约为 2.5 mm). 则人眼的最小分辨角为 $\theta_0 = 1.22\lambda/D = 2.7\times10^{-4}$ rad，约为 $1'$(2.54 cm)，人在高空 3 km 处能分辨的地面上的最小距离为 $\Delta x = \theta_0 \cdot h = 0.81$ m. 而飞鹰的瞳孔约为 6.2 mm，则鹰眼的最小分辨角为 $\theta_0 = 1.1\times10^{-4}$ rad，所以在高空 3 km 能分辨的地面上的最小距离为 $\Delta x = 0.33$ m.

另外在显微镜的应用上，我们采用极短波长的光对提高其分辨本领有利. 对光学显微镜，使用 $\lambda = 400$ nm 的紫光照射物体而进行显微观察，最小分辨距离约为 200 nm，最大放大倍数约为 2 000. 这已是光学显微镜的极限. 目前利用电子的波动性，波长为 $\lambda = 0.1\ \text{nm}$，则用电子显微镜要比普通光学显微镜的分辨本领大数千倍.

例 12.4　正常人眼睛通常状况下瞳孔的直径大约为 3 mm. 问人眼的最小分辨角为多大？远处有两根细丝间距为 2.24 mm，试问在多远的地方才能区分得开？

解　正常人眼睛视觉最敏感的光波波长为 $\lambda = 550\ \text{nm}$，因此人眼的最小分辨角为

$$\theta_0 = \frac{1.22\lambda}{D} = 1.22 \times \frac{5.5 \times 10^{-7}}{3 \times 10^{-3}} = 2.24 \times 10^{-4}(\text{rad}).$$

必须指出的是，人眼的最小分辨角还与光强、颜色、晶状体的像差等多种因素有关，上面的计算只考虑了瞳孔的衍射.

若设细丝间距为 ΔL，人与细丝相距为 R，则两根细丝对人眼的张角为 $\Delta\theta = \dfrac{\Delta L}{R}$.

又因为分辨极限角满足 $\theta_0 = \Delta\theta$，于是有

$$R = \frac{\Delta L}{\theta_0} = \frac{2.24 \times 10^{-3}}{2.24 \times 10^{-4}} = 10(\text{m})$$

例 12.5　汽车两前灯相距 $L = 1.0\ \text{m}$，人眼瞳孔约为 2.0 mm，光波取 550 nm，求汽车距人多远处两灯恰能被分辨？

解　$$\theta_0 = \frac{1.22\lambda}{D} = \frac{1.22 \times 550 \times 10^{-9}}{2 \times 10^{-3}} = 3.35 \times 10^{-4}(\text{rad}).$$

$$S = \frac{L}{\theta_0} = \frac{1}{3.35 \times 10^{-4}} = 3 \times 10^3(\text{m}).$$

应注意到，光学仪器的分辨本领不可能用增大仪器放大率的办法来提高. 因增大仪器放大率之后，虽然放大了像点间的距离，但每个像的衍射斑也同样被放大了. 因此，光学仪器原来所不能分辨的东西，放得再大，仍不能为我们的眼睛所分辨.

12.5　X 射线衍射

1895 年，伦琴(W. C. Roentgen)在做阴极射线实验过程中，发现当高速电子撞击某些固体时，会产生一种看不见的射线，它能透过许多对可见光不透明的物质，对感光乳胶有感光作用，并能使许多物质产生荧光，这就是 X 射线. 于是伦琴 1901 年获诺贝尔物理学奖. 实验表明，X 射线是一种不可见的电磁波，其波长直到 1913 年还没准确地测定过. 1906 年曾有实验指出，是一种波长很短、穿透力很强的电磁波，其波长估计在 10^{-3}～10 nm 的范围内(应为 0.001～0.01 nm)，穿透本领很强. 很容易穿过由氢、氧、碳和氮等轻元素组成的肌肉组织，但不易穿透骨骼，能产生干涉和衍射现象. 但因其波长太短，长期没观察到衍射现象，是电中性的(在电场或磁场中仍直线前进)，能使许多物质发荧光. X 射线管如图 12-16 所示.

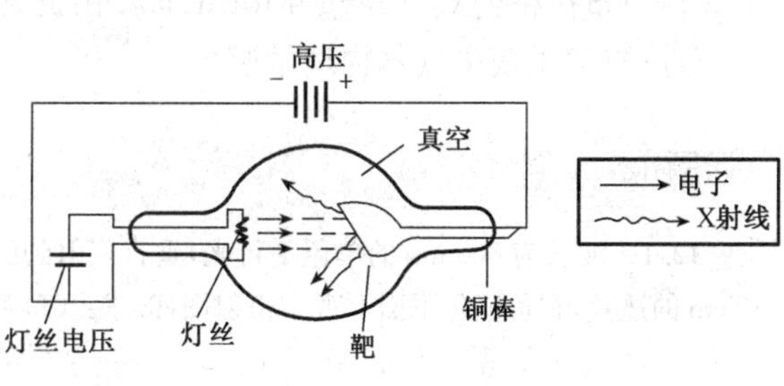

图 12-16　X 射线管

1912 年，德国物理学家劳厄(M. Von. Laue)想用实验来检验 X 射线是一种波长很短的电磁波，可产生干涉和衍射效应.他认识到普通光栅是无法观察到 X 射线的衍射，而天然晶体(crystal)是由大量的原子或原子团的点阵组成，点阵间的距离在数量级上为 10^{-10} m，即由晶胞(unit cell)的重复排列而成.好像一个三维的立体光栅，当 X 射线通过铅屏的小孔射向晶体时，放置在晶体后的底片上就会显影出具有对称性的按一定规则分布的斑点.如图 12-17(b)中所示的这些斑点称为劳厄斑.劳厄斑的出现正是 X 射线通过晶体点阵发生衍射的结果.

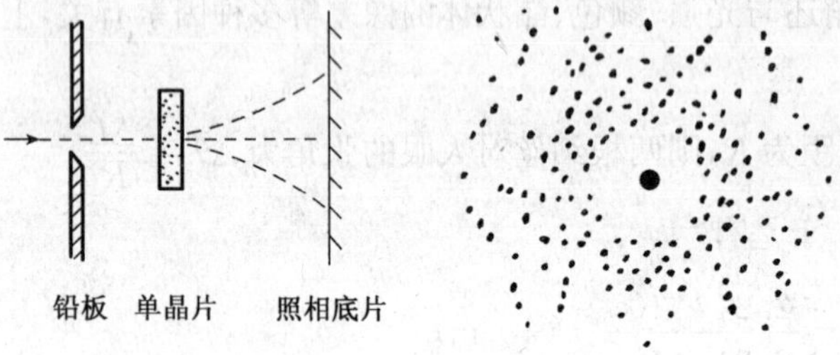

(a) X射线的衍射　　(b) 劳厄斑点

图 12-17　X 射线的衍射效应

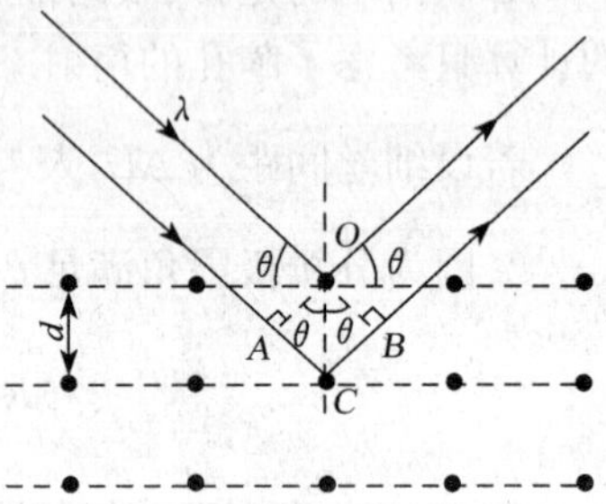

图 12-18　推导布拉格公式用图

他还证明了 X 射线和可见光一样，有连续谱和线状谱两种.现在，X 射线衍射实验已经发展成为晶体结构研究的重要手段. 1953 年，威尔金斯(M. Wilkins，1916—)，沃森(J. D. Watson，1928—)和克里克(F. H. Crick，1916—)利用 X 射线的结构分析方法，得到了遗传基因脱氧核糖核酸(deoxyribose nucleic acid，简称 DNA)的双螺旋结构.

1913 年，英国物理学家布拉格父子(W. H. Bragg；W. L. Bragg)提出了一种比较简单的方法来研究 X 射线，他们把晶体看成是一系列彼此相互平行的原子层构成的，这些原子层称为晶面(crystal plane).于是利用 X 射线在晶体表面上散射时的干涉，小圆点表示点阵中的原子，当 X 射线照射到它们时，按惠更斯原理，这些原子就成了子波波源，向各方向发出子波，也就是入射波被原子散射了.以水平虚线代表晶体的两个平面，两原子平面层间距为 d，如图 12-18 所示.一束平行的 X 射线入射后，它与晶面的夹角 θ 称为掠射角.

从相邻平面散射出来的 X 射线之间的光程差为 $AC + CB = 2d\sin\theta$，不同晶面反射的 X 射线是相干的，所以相互干涉加强的条件为

$$2d\sin\theta = k\lambda,\quad k = 1, 2, 3, \cdots. \tag{12-8}$$

上式称为布拉格公式(Bragg's formula).由此可测出 X 射线的波长或晶格的间隔 d. 1915 年，布拉格父子获诺贝尔物理学奖.

习题 12

12.1　波长为 600 nm 的单色平行光，垂直入射到缝宽为 $a = 0.60$ mm 的单缝上，缝后有一焦距 $f' = 60$ cm 的透镜，在透镜焦平面上观察衍射图样.求：(1) 中央明纹的宽度；(2) 两个第三级暗纹之间的距离.

[1.2 mm；3.6 mm]

12.2　He-Ne 激光器发出 $\lambda = 632.8$ nm($1\text{ nm} = 10^{-9}$ m) 的平行光束，垂直照射到一单缝上，在距单

缝 3 m 远的屏上观察夫琅和费衍射图样，测得两个第二级暗纹间的距离是 10 cm，求单缝的宽度 a.

[7.6×10^{-2} mm]

12.3 用波长为 λ 的单色平行光垂直入射在一块多缝光栅上，其光栅常数 $d = 3\ \mu\text{m}$，缝宽 $a = 1\ \mu\text{m}$，则在单缝衍射的中央明条纹中共有几条谱线(主极大)? [5]

12.4 用波长为 546.1 nm (1 nm$=10^{-9}$ m)的平行单色光垂直照射在一透射光栅上，在分光计上测得第一级光谱线的衍射角为 $\theta = 30°$. 则该光栅每 1 mm 上有几条刻痕? [916]

12.5 用波长 $\lambda = 632.8$ nm (1 nm $= 10^{-9}$ m) 的平行光垂直照射单缝，缝宽 $a = 0.15$ mm，缝后用凸透镜把衍射光会聚在焦平面上，测得第二级与第三级暗条纹之间的距离为 1.7 mm，求此透镜的焦距.

[400 mm]

12.6 一束平行光垂直入射到某个光栅上，该光束有两种波长的光，$\lambda_1 = 440$ nm，$\lambda_2 = 660$ nm (1 nm $= 10^{-9}$ m). 实验发现，两种波长的谱线(不计中央明纹)第二次重合于衍射角 $\theta = 60°$ 的方向上. 求此光栅的光栅常数 d. [3.05×10^{-3} mm]

12.7 $\lambda = 3$ Å 的 X 射线斜入射到 $d = 4$ Å 的晶体上，求与第一级加强的散射光对应的掠射角 θ.

[arcsin(3/8)]

12.8 一单色平行光束垂直照射在宽度为 1.20 mm 的单缝上，在缝后放一焦距为 2.0 m 的会聚透镜，已知位于透镜焦平面处的屏幕上的中央明条纹宽度为 2.00 mm，求入射光波长. [6 000 Å]

12.9 波长 $\lambda = 500$ nm 的单色平行光垂直投射在平面光栅上，已知光栅常数 $d = 3.0\ \mu\text{m}$，缝宽 $a = 1.0\ \mu\text{m}$，光栅后会聚透镜的焦距 $f = 1$ m，试求：(1) 单缝衍射中央明纹宽度；(2) 在该宽度内有几个光栅主极大；(3) 总共可看到谱线条数；(4) 若入射光以 $i = 30°$ 的入射角斜向上入射，可见的衍射光谱线条数.

[1.16 m；5 个；9 条；9 条]

12.10 氦放电管发出的光垂直照射到某光栅上，测得波长 $\lambda_1 = 0.668\ \mu\text{m}$ 的谱线的衍射角为 $\theta = 20°$. 如果在同样 θ 角处出现波长 $\lambda_2 = 0.447\ \mu\text{m}$ 的更高级次的谱线，那么光栅常数最小是多少? [3.92 μm]

第13章　光的偏振

光的干涉和衍射现象表明光是一种波动，但是还不能判断光是纵波还是横波（因为无论是纵波还是横波，都可以产生干涉和衍射现象）．从17世纪末到19世纪初，在这漫长的一百多年间，相信波动说的人们都将光波与声波相比较，无形中已把光视为纵波了，惠更斯也是如此．光为横波的论点是托马斯·杨于1817年提出的．1817年1月12日，杨在给阿喇戈的信中根据光在晶体中传播产生的双折射现象推断光是横波．菲涅耳当时也已独立地领悟到了这一思想，并运用横波理论解释了偏振光的干涉．双折射现象就是一种偏振现象，光的偏振现象证实了光的横波性，这与电磁理论的预见完全一致．在光与物质相互作用时，主要是横向振动着的电矢量在起作用，磁矢量往往忽略．**电矢量**（又称光矢量）的各种振动状态使光具有各种偏振态．本章主要讨论光的各种偏振态的性质及相互转化，以及偏振光的产生、检验和应用．

13.1　自然光和偏振光

前面所述，若波的振动方向与传播方向垂直，此波为横波；若波的振动方向与传播方向一致，此波为纵波．如把振动矢量和波的传播方向所决定的平面叫**振动面**(plane of vibration)，那么在横波的情况下，便有确定的振动面，而纵波则无法确定其振动面．那么在横波的情况下，振动面与其他包含波的传播方向但不包含振动矢量在内的任何平面都是不相同的，这显示出波的振动方向对传播方向的不对称性．这种振动方向对于传播方向的不对称性，称为**偏振**(polarization)．对于纵波，波的振动方向对传播方向无对称性的概念．因此，只有横波才有偏振现象，偏振是横波区别于纵波的一个最明显的标志．

如图13-1所示，在机械波的传播路径上，放置一个狭缝AB．当缝AB与横波的振动方向平行时[图13-1(a)]，横波便穿过狭缝继续向前传播；若当缝AB与横波的振动方向垂直时[图13-1(b)]，由于振动受阻，就不能穿过狭缝继续向前传播．而纵波却都能穿过狭缝继续向前传播[图13-1(c)、(d)]．

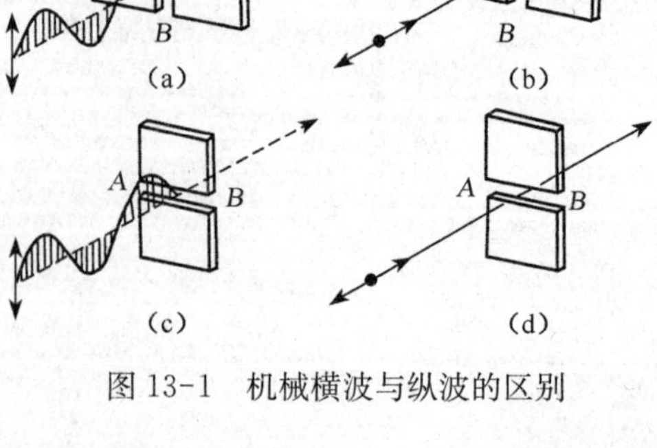

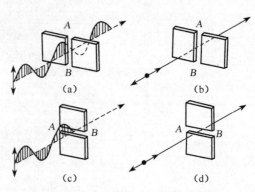

图13-1　机械横波与纵波的区别

普通光源发光是来自大量原子的光辐射，即一个原子每秒中可能多次发射光波列，不同原子发射出的光波列或同一原子不同时刻发出的光波列，它们的频率、振动方向、初相位、波列长度、传播方向和发射时间等都不能显示出在哪一个值和在哪一个方向上更占优势．这样一些随机发射出的大量原子光波列组成的光叫**自然光**(natural light). 如何来描述自然光呢? 每个原子光波列都是彼此独立地、自发地进行的,具有随机性. 所以,大量原子光波列的振动方向可以有任何方向,没有一个方向比其余方向占优势,使在以光线传播方向为轴的任一方向上的光矢量的数目大致相等,近似呈轴对称分布. 其次,在空间某处每个原子光波列仅在约 10^{-8}s 内通过,以后就会被所发射的另一波列所代替. 所以,称光矢量对传播方向是完全对称分布的光为自然光,如图 13-2(a)所示. 平均来看,任何方向都有相同的振动能量,其光矢量在垂直于光波的传播方向上既有时间分布的均匀性,又有空间分布的均匀性. 在任意时刻,我们可把各个光矢量分解成互相垂直的两个光矢量分量,如图 13-2(b)所示. 但应注意,由于自然光中各个光振动是相互独立的,所以这相互垂直的两个光矢量分量之间并没有恒定的相位差. 为了简明地表示自然光的传播,常用和传播方向垂直的短线表示在纸面内的光振动,而用点表示和纸面垂直的光振动. 对自然光来说,短线和点作等距分布,表示没有哪一个方向的光振动占优势[图 13-2(c)].

当自然光经反射、折射或吸收后,可能只保留某一方向的光振动,振动只在某一固定方向上的光就叫**线偏振光**(linear polarized light),简称**偏振光**(polarized light),也称完全偏振光. 如果自然光中的光矢量由于某种原因,若某些方向上的光振动强于另外方向的振动,则这种光称为**部分偏振光**(partial polarized light),如图 13-3 所示. 这种光也可看做是自然光与偏振光的组合.

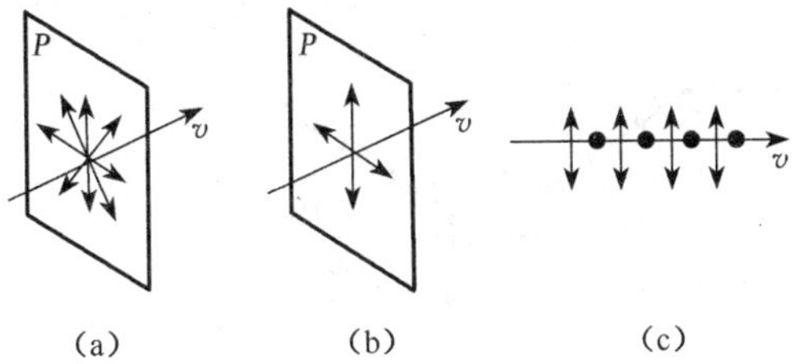

(a) (b) (c)

图 13-2 自然光

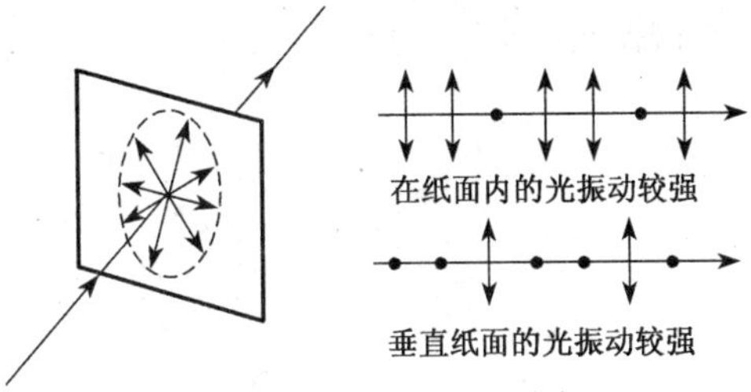

(a) (b)

图 13-3 部分偏振光

光矢量的端点在垂直于传播方向的平面内的运动轨迹为一圆周的光叫**圆偏振光**(circularly polarized light). 可以证明,圆偏振光是由振幅相等、频率相同、振动方向互相垂直的线偏振光在其相位差为 $\pm\frac{\pi}{2}$ 时所合成的. 光矢量的端点在垂直于传播方向的平面内的运动轨迹为一椭圆的光叫**椭圆偏振光**(elliptically polarized light). 可以证明,椭圆偏振光是由两个振幅不相等、频率相同而振动方向互相垂直的线偏振光所合成的. 线偏振光、部分偏振光的简明图示如图 13-4 所示.

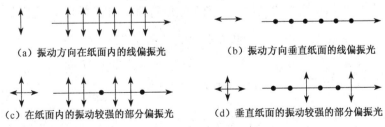

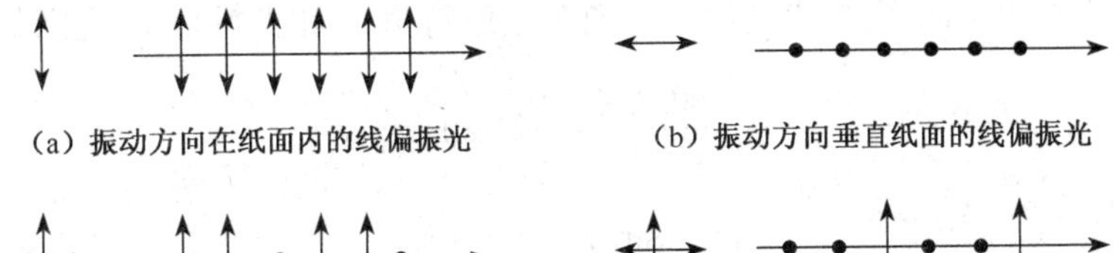

(a) 振动方向在纸面内的线偏振光　(b) 振动方向垂直纸面的线偏振光

(c) 在纸面内的振动较强的部分偏振光　(d) 垂直纸面的振动较强的部分偏振光

图 13-4 线偏振光、部分偏振光的简明图示

13.2 反射和折射时光的偏振

1809 年，法国人马吕斯(Malus)在寻求双折射现象的数学理论时，深深地被方解石晶体奇妙的双折射性质所吸引. 传说 1809 年的一天傍晚，他站在家中的窗户旁研究方解石晶体，当时夕阳西照，阳光从离他家不远的巴黎卢森堡宫的窗户玻璃上反射到他这里. 当他观察反射光透过他手中的方解石晶体成像时偶然发现，方解石转到某一位置时，原本出现的两条双折射光线中有一条意外地消失了. 这一奇怪现象立即引起了他的注意，由此，马吕斯想到玻璃反射时光被偏振化了.

1812 年，布儒斯特(Brewster)通过实验定量给出了反射光偏振的规律，实验表明，当自然光入射到折射率分别为 n_1 和 n_2 的两种介质(如空气和玻璃)的分界面上时，反射光和折射光都是部分偏振光[图 13-5(a)]. 实验还表明，入射角 i 改变时，反射光的偏振化程度也随之改变，当入射角 i_0 满足

$$\tan i_0 = \frac{n_2}{n_1}, \tag{13-1}$$

则反射光中就只有垂直于入射面的光振动，而没有平行于入射面的光振动，这时反射光为偏振光，而折射光仍为部分偏振光，这就叫布儒斯特定律. i_0 叫**布儒斯特角**(Brewster angle)，或全偏振角[图 13-5(b)].

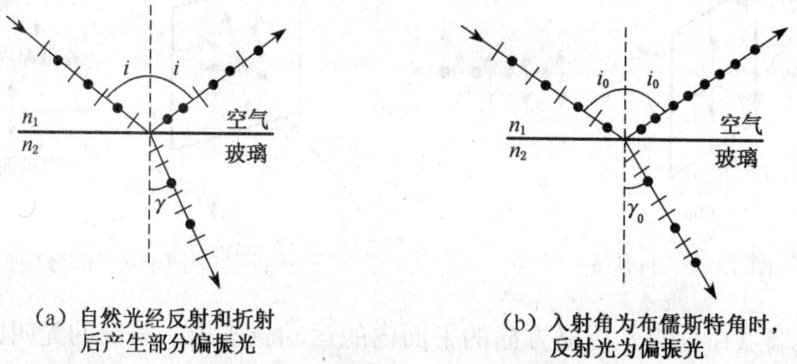

图 13-5　反射和折射时光的偏振

特别要注意的是，不论入射光的偏振状态如何，只要以 i_0 角入射，得到的反射光只可能是垂直于入射面振动的光，如果入射的全是平行于入射面振动的光，则不产生反射，只有折射. 若入射的全是垂直于入射面振动的光，入射角可任意，则得到的反射光和折射光都是完全偏振光.

根据折射定律和布儒斯特定律可得到布儒斯特角 i_0 和折射角 γ_0 之间的关系，由

$$\frac{\sin i_0}{\sin \gamma_0} = \frac{n_2}{n_1} = \tan i_0,$$

得

$$\sin \gamma_0 = \cos i_0,$$

则有

$$i_0 + \gamma_0 = \frac{\pi}{2}. \tag{13-2}$$

于是可得出结论，当光线以布儒斯特角 i_0 入射时，反射光与折射光垂直. 这一结论已被实验验证. 例如，自然光从空气射到玻璃（$n=1.50$）上，布儒斯特角为 56.3°，$\gamma_0=33.7°$. 如自然光从空气射到水面（$n'=1.33$）上，布儒斯特角应为 53.1°，$\gamma'_0=36.9°$.

对于一般的光学玻璃，反射光的强度约占入射光强度的 7.5%，大部分光能透过玻璃. 因此，仅靠自然光在一块玻璃上的反射来获得偏振光，其强度是比较弱的. 为了增强反射光的强度和折射光的偏振化程度，将一些相互平行的玻璃片叠成玻璃片堆（图 13-6），并使入射角为起偏角 i_0，由于在各个界面上的反射光，都是光振动垂直于入射面的偏振光，这样就可以使反射光的光强得到加强，同时经过玻璃片堆的各层玻璃反射后，入射光中绝大部分的垂直光振动被反射掉. 这样，从玻璃片堆透射出的光中，几乎只有平行于入射面的偏振光了，因而透射光就非常接近完全偏振光了.

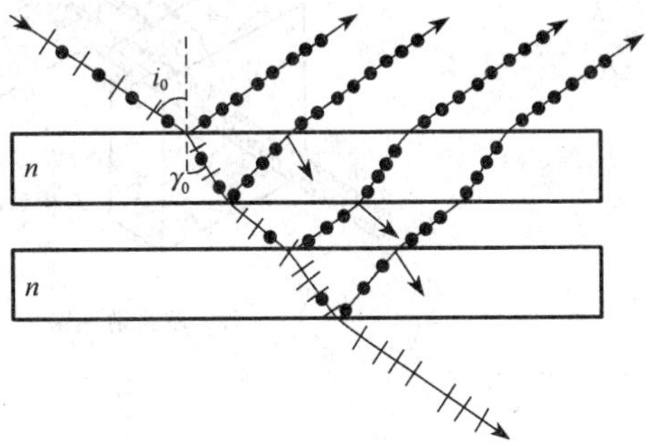

图 13-6　玻璃片堆

13.3　晶体的双折射和偏振棱镜

前面讨论的是光线在各向同性介质中传播的一些偏振现象. 下面我们对光在各向异性介质中的传播进行讨论.

一束光射向两种各向同性介质的分界面上所产生的折射光只有一束，它遵守折射定律

$$\frac{\sin i}{\sin \gamma}=\frac{n_2}{n_1}=n_{21}.$$

因此，当光在两种各向同性介质的分界面上产生折射时，通常观察到的是一个像. 例如，把一块厚玻璃放在报纸上，能看到每一个字有一个像，这个像好似上浮了一些，这是由于光被玻璃折射的结果. 现在换用一块方解石（$CaCO_3$）晶体放在纸面上，却能看到每个字都有相互错开的两个像，而且两像上浮的高度也不同. 这说明一束光在方解石晶体内分成了两束折射光，这叫**双折射现象**（birefringence）.

对于光学性质随方向而异的某些晶体（如方解石等），当光线进入晶体后，都将产生双折射现象，如图 13-7(a)所示. 一束入射光线在晶体内可以产生两束折射光，其中一束折射光线的方向遵从上述折射定律，称为**寻常光线**（ordinary light），简称 o 光；另一束折射光的方向，不遵从折射定律，其传播速度随入射光的方向变化，且在一般情况下，这束折射光不在入射面内，故称为**非常光线**（extraordinary light），简称 e 光. 能产生双折射现象的晶体称为双折射晶体.

如图 13-7(b)所示是一天然方解石（又称冰洲石）晶体，它的棱边可以有任意长度，但晶体的界面总是钝角 β 约为 102°、锐角 γ 约为 78°的平行四边形. 图中 A 和 B 是两个特殊的顶点，以它们为公共顶点的三个界面都是钝角.

实验表明，当光沿着晶体的某一方向传播时，不产生双折射现象. 这个方向称为**双折射**

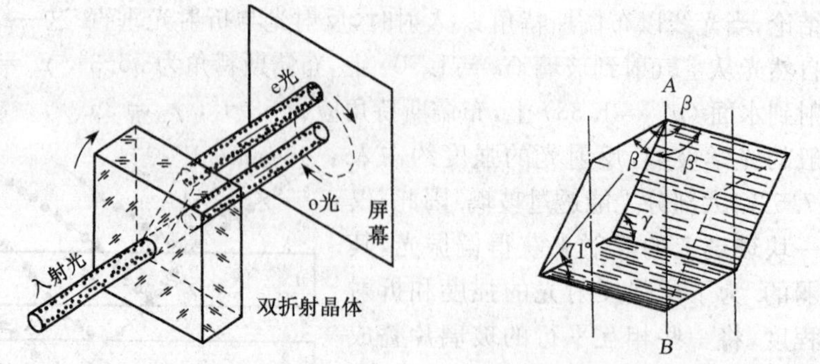

（a）双折射现象　　（b）方解石晶体

图 13-7　双折射现象和方解石晶体

晶体的光轴(optical axis). 把一双折射晶体，磨出两个垂直于光轴的平面(图 13-8 中虚线所示)，当光线垂直入射该平面时，不会发生双折射现象. 必须注意，晶体的光轴和几何光学系统的光轴是不同的，前者是晶体的一个固定方向，而不是某一选定的直线，所有平行此方向的直线均可代表光轴；后者则是通过光学系统球面中心的直线. 有些晶体只有一个光轴，称为单轴晶体，方解石、石英、红宝石等是单轴晶体. 另一些晶体有两个光轴，称为双轴晶体，如云母、硫磺、黄玉、蓝宝石等. 当然也有没有光轴的晶体，如 NaCl 等，这些晶体就不产生双折射.

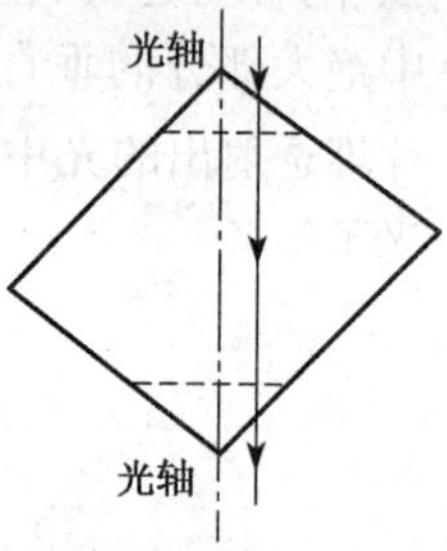

图 13-8　晶体的光轴

当光线在晶体的某一表面入射时，此表面的法线与晶体的光轴所构成的平面称为**晶体主截面**(principal section of crystal)，而把晶体中某条光线与晶体的光轴所构成的平面称为该光线**主平面**(principal plane of light)，方解石的主截面是一平行四边形[图 13-9(a)].

实验发现，当自然光垂直晶体表面射入方解石晶体时，入射面与晶体主截面重合，由检偏器可以检测到 o 光、e 光都是偏振光，这时，o 光和 e 光的主平面与晶体主截面合而为一，且在这种情况下 o 光的光振动垂直于晶体主截面，而 e 光的光振动则在晶体主截面内. 二者的振动面互相严格垂直，如图 13-9(b)所示.

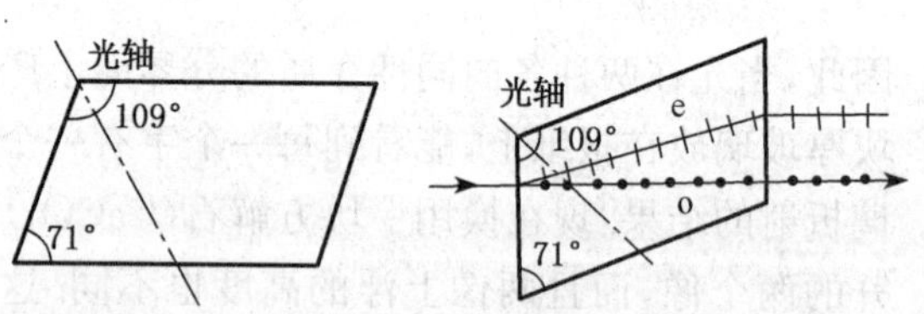

（a）方解石的主截面　　（b）自然光通过方解石时 o光、e光的偏振情形

图 13-9　方解石的主截面和 o 光、e 光的偏振情形

关于方解石晶体内双折射现象的解释，首先是惠更斯于 1690 年提出的，下面予以定性说明. 惠更斯假定，具有各向同性传播速率的 o 光，在晶体中传播的波面是球面；而具有各向异性传播速率的 e 光，在单轴晶体中传播的波面是旋转椭球面.

由于 o 光和 e 光沿光轴具有相同的传播速率，因此任何时刻 o 光和 e 光两个波面在光轴上都是相切的. 换言之，在光轴上 o 光和 e 光具有相同的传播速率 u_0 和折射率 n_0. 然而，在垂直于光轴的方向上，o 光和 e 光的传播速率 u_o 和 u_e 相差最大，通常将该方向上的 $n_e = c/u_e$，称为 e 光的**主折射率**(principal refractive index). 同时，我们将 $n_e > n_o$，即 $u_e < u_o$ 的晶体，如石英和冰等，称为**正晶体**(positive crystal)；而将 $n_e < n_o$，即 $n_e > n_o$ 的晶体，如方解石和红宝石等，称为**负晶体**(negative crystal)，如图 13-10(a)所示.

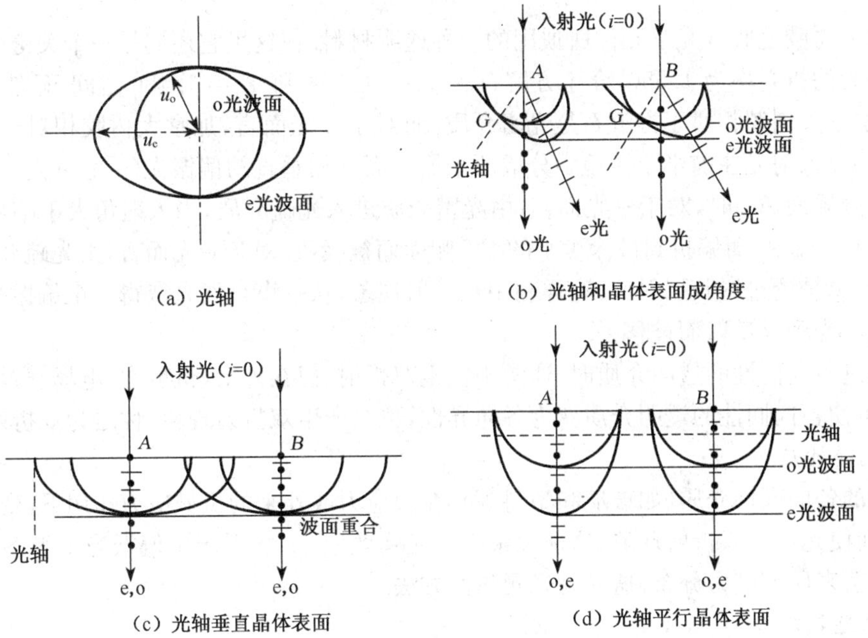

图 13-10 用惠更斯原理解释双折射现象

在图 13-10(b)中，平行光垂直射入方解石晶体表面，这时光轴在入射面内并与晶体表面成一角度. 当平面波波面到达晶体表面的 A, B 两点时，它们在晶体内分别产生两对球形和椭球形的子波波面，并在光轴上的 G 点相切，即椭球形的短轴沿光轴，长轴垂直于光轴. 这样，由 o 光和 e 光的各子波所形成的各自新的波面将不重合，即 o 光和 e 光在晶体内的波线也不重合，产生了双折射现象.

在图 13-10(c)中，平行光垂直射入方解石晶体表面，光轴垂直晶体表面. 这时，因 o 光和 e 光沿光轴传播的速度相等，故球形和椭球形的子波波面在光轴上相切，即两波面重合，此时 o 光和 e 光的波线相重合而不产生双折射.

在图 13-10(d)中，平行光垂直射入方解石晶体表面，光轴与晶体表面平行，与图 13-10(c)不同的是 o 光和 e 光的波面不重合，但两者的波线仍然重合，o 光和 e 光不分开. 但要注意的是，此时 o 光和 e 光传播速度不同、波面不重合而具有相位差，应该说还是产生了双折射.

双折射现象的重要应用之一是制作偏振器件. 由于 o 光和 e 光都是完全的线偏振光，但由于天然方解石晶体厚度有限，不可能把 o 光和 e 光分得很开，应用不方便. 只要设法利用折射规律的不同而将它们分开，就可以制作成性能良好的偏振器件. **尼科耳棱镜**(Nicol prism)是苏格兰物理学家尼科耳于 1828 年发明的，就是用方解石晶体经过加工制成的偏振棱镜，如图 13-11 所示，$ABCD$ 是尼科耳棱镜的主

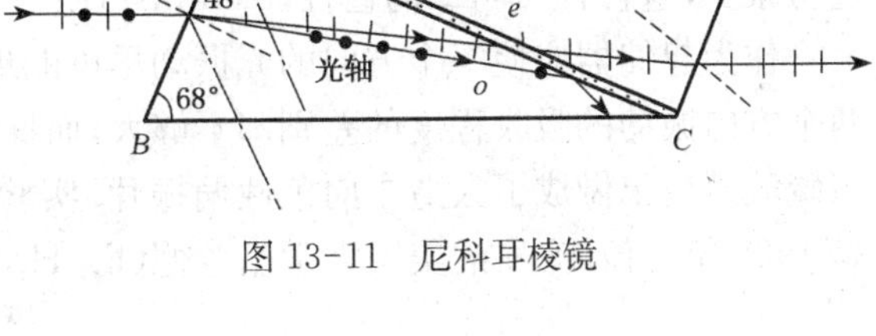

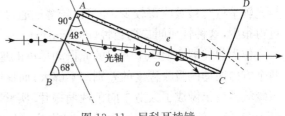

图 13-11 尼科耳棱镜

截面.用加拿大树胶将两块根据特殊要求加工成的方解石晶体黏合起来，就构成了尼科耳棱镜.

加拿大树胶是胶合光学元件所惯用的一种透明材料.在这里它还起另一个关键作用，即它对钠黄光的折射率为1.550，介于方解石的 $n_o=1.658$ 和 $n_e=1.486$ 之间.显然，对于e光而言，加拿大树胶相对于方解石是光密介质，而对于o光而言，加拿大树胶相对于方解石是光疏介质.入射光在前半个棱镜中分成两个振动面互相垂直的偏振光(o光，e光)，在到达与树胶的分界面 AC 时，对于o光而言，由光密介质进入光疏介质，当入射角大于临界角时，o光会发生全反射，而偏折到被涂黑了的 BC 侧面而被吸收.对于e光而言，由光疏介质进入光密介质，总是透过树胶层射出.这样利用双折射现象，从一束自然光获得一束偏振光，使另一束偏振光受到全反射而被移去.

光通过各向同性的透明介质时，通常不发生双折射.但在外力(机械力、电场、磁场等)的作用下，可使各向同性的透明介质变为各向异性，也会产生双折射现象，称之为双折射现象.

1. *光弹效应*

透明的各向同性介质(如玻璃和塑料等)，在内应力或外来的机械应力作用下，变为各向异性，从而使光产生双折射现象，这种现象称为光弹效应.一般再产生偏振光干涉图样观察条纹的疏密来研究应力分布，这便是光测弹性方法.

2. *电光效应*

某些各向同性的透明介质在外电场作用下变为各向异性，从而产生双折射现象，这种现象称为电光效应.一种电光效应称为克尔(J. kerr)效应，是克尔在1875年发现的.许多固体、液体和气体在外电场作用下，介质分子作定向排列而呈现出各向异性，其光学性质与单轴晶体类似，外电场一旦撤除，这种各向异性立即消失.另一种电光效应称为泡克耳斯(F. Pockels)效应，是泡克耳斯在1893年发现的某些晶体在外电场作用下产生的线性电光效应.

3. *磁致效应*

在磁场作用下，非晶体也会产生各向异性.当光通过受磁场作用的非晶体时，也会产生双折射现象.

13.4 偏振片的起偏和检偏 马吕斯定律

偏振光中只含有单一方向的光振动，只要把自然光中某一方向的光振动完全消去，就可以得到与其方向垂直的光振动的偏振光.该过程称为起偏，该装置称为起偏器.

有些晶体对不同方向的电磁振动具有选择吸收的性质.例如，天然的电气石晶体呈六角形的片状，长对角线的方向为它的光轴.当光线照射在这种晶体的表面上时，振动的电矢量与光轴平行时被吸收得较少，光可以较多地通过；电矢量与光轴垂直时被吸收得较多，光通过得很少，这种性质叫**二向色性**(dichroism).

作为起偏器应使一个方向的光振动尽可能地全部被吸收掉.但是，天然的电气石晶体对两个方向振动的吸收程度的差别却不够大，而性能较好的硫酸碘奎宁晶体又太小，于是人们用硫酸碘奎宁做成了人造二向色性偏振片.实验室中常用的一种起偏器就是H偏振片.它是1928年一位18岁的美国大学生兰德(E. H. Land)发明的.起初是把一种针状粉末晶体

(硫酸碘奎宁)有序地蒸镀在透明基片上做成的. 1938年则改为把聚乙烯醇薄膜加热,并沿一个方向拉长3～4倍,使其中碳氢化合物分子沿拉伸方向形成链状,然后将此薄膜浸入富含碘的溶液中,使碘原子附着在长链分子上形成一条条能导电的"碘链",碘原子中的自由电子就可以沿"碘链"自由运动,因此偏振片将强烈地吸收沿"碘链"方向的电场. 所以,电振动矢量平行于拉伸方向的线偏振光将被吸收,不能透过偏振片. 换言之,H偏振片的透振方向垂直于薄膜的拉伸方向. 应该强调,从外表上用眼睛是看不出透振方向在偏振片上的具体取向的.

当自然光照射在偏振片上时,它只允许某一特定方向的光振动通过,这个方向称为偏振化方向. 通常用记号"↕"把偏振化方向标示在偏振片上. 图13-12表示自然光从偏振片射出后,就变成了线偏振光.

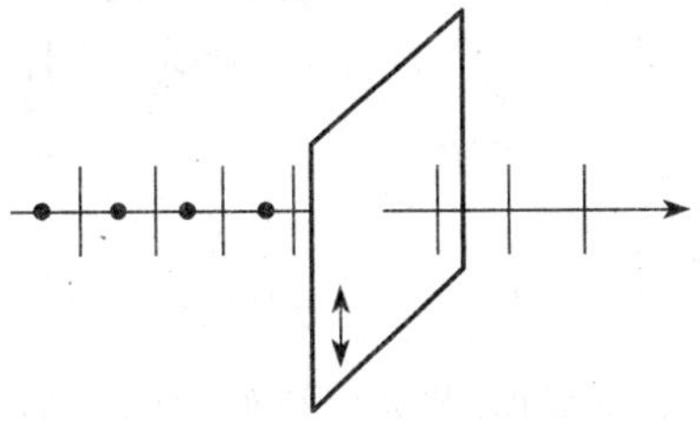

图13-12 偏振片起偏

起偏器不但可用来使自然光变为偏振光,还可用来检查某一光是否是偏振光(称为检偏),还可确定偏振光的振动面,即起偏器也可作为检偏器. 如图13-13所示,有两块偏振片A, B,让透过偏振片A的偏振光投射到偏振片B上,若B与A的偏振化方向相同,则透过A的偏振光仍能透过B[图13-13(a)],因此可清晰地看到在A, B后面的字迹. 若把B绕光的传播方向转过一角度(小于90°)[图13-13(b)],则A, B重叠部分的光强比较暗淡. 若转到两偏振化方向互相垂直[图13-13(c)],则A, B重叠部分的字迹就完全看不到了,此时透过A的偏振光不能透过B,称为**消光**(extinction)现象. 因此,在B旋转一周的过程中,透过B的光强由全明逐渐变为全暗,又由全暗逐渐变为全明,再全明逐渐变为全暗,全暗逐渐变为全明,共经历了两个全明和全暗的过程. 如若改用自然光照射在B上,那么在旋转B的过程中,就不会出现两个全明和全暗的现象. 根据这些现象,即可判断照射在偏振片上的光是否为偏振光.

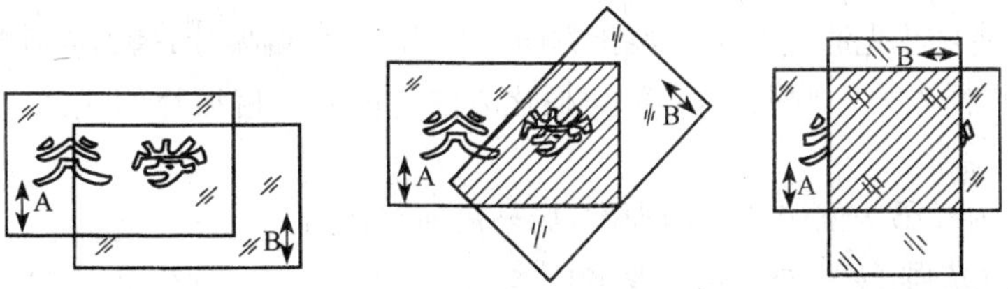

(a) (b) (c)

图13-13 偏振片检偏

从上面的讨论可看出,偏振光入射检偏器后,透射光的强度将发生变化,那么它的变化规律如何呢? 马吕斯(E. L. Malus)在1809年从实验中发现强度为I_0的偏振光,透过检偏器后,透射光的强度(不考虑其他吸收)为

$$I = I_0 \cos^2 \alpha. \tag{13-3}$$

式中,α是起偏器和检偏器两个偏振化方向间的夹角,上式称为马吕斯定律(Malus law),该定律可证明如下.

如图 13-14 所示，OM 表示起偏器Ⅰ的偏振化方向，ON 表示起偏器Ⅱ的偏振化方向，它们夹角为 α，自然光透过起偏器后成为沿 OM 方向的线偏振光，设其振幅为 E_0，而检偏器只允许它沿 ON 方向的分量通过，所以从检偏器透出的光的振幅为

$$E = E_0 \cos\alpha.$$

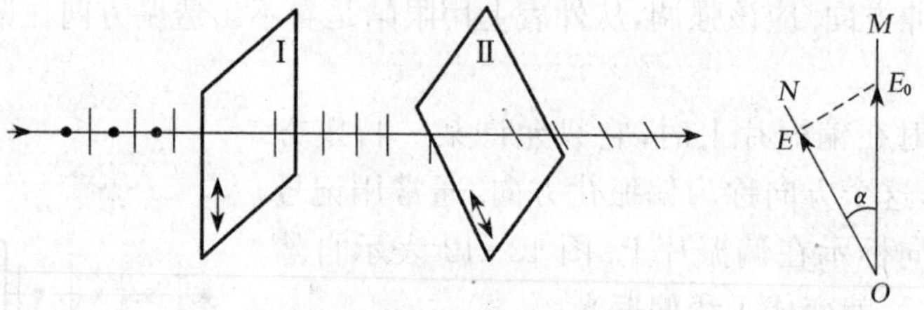

图 13-14　马吕斯定律

由此可知，若入射检偏器的光强为 I_0，则检偏器透出的光强

$$\frac{I}{I_0} = \frac{E^2}{E_0^2} = \frac{E_0^2\cos^2\alpha}{E_0^2} = \cos^2\alpha.$$

由马吕斯定律知，当 $\alpha = 0$ 或 $180°$ 时，$I = I_0$，光强最大. 当 $\alpha = 90°$ 或 $270°$ 时，$I = 0$，没有光从检偏器射出，这就是两个消光位置，当 α 为其他值时，光强 I 介于 0 和 I_0 之间.

偏振片的应用很广，如汽车夜间行车时为了避免对方汽车灯光晃眼以保证安全行车，可以在所有汽车的前窗玻璃和车灯前装上与水平方向成 45°角，而且向同一方向倾斜的偏振片. 这样，相向行驶的汽车可以都不必熄灯，各自前方的道路仍然照亮，同时也不会被对方车灯晃眼了.

偏振片也可用于制成太阳镜和照相机的滤光镜. 有的太阳镜，特别是观看立体电影的眼镜的左右两个镜片就是用偏振片做的，它们的偏振化方向互相垂直.

例 13.1　使自然光通过两个偏振化方向夹角为 60°的偏振片，透射光强为 I_1. 今在这两个偏振片之间再插入另一偏振片，它的偏振化方向与前两个偏振片均成 30°夹角，问透射的光强为多少?

解　设 I_0 为经第一偏振片后的强度，据马吕斯定律有

第一次透射光强：$I_1 = I_0(\cos^2 60°)$.

第二次透射光强：$I_2 = I_0(\cos^2 30°)\cos^2 30°$,

$$I_2 = I_1\frac{\cos^4 30°}{\cos^2 60°} = I_1\frac{9}{4} = 2.25I_1.$$

例 13.2　两个偏振化方向夹角为 30°的偏振片，一束单色自然光穿过它们，出射光强为 I_1；当它们两个偏振化方向夹角为 60°时，另一束单色自然光穿过它们，出射光强为 I_2，且 $I_1 = I_2$. 求两束单色自然光的强度之比.

解　设第一束单色自然光的强度为 I_{10}，第二束单色自然光的强度为 I_{20}，它们透过起偏器后，强度都应减为原来的一半，分别为 $\frac{I_{10}}{2}$ 和 $\frac{I_{20}}{2}$. 根据马吕斯定律有

$$I_1=\frac{I_{10}}{2}\cos^2 30°,\quad I_2=\frac{I_{20}}{2}\cos^2 60°.$$

故而，两束单色自然光的强度之比为

$$\frac{I_{10}}{I_{20}}=\frac{\cos^2 60°}{\cos^2 30°}=\frac{1}{3}.$$

*13.5 偏振光的干涉

在适当条件下，偏振光和自然光一样也可以产生干涉现象. 用图 13-15 所示的装置来说明，在 P_1 和 P_2 两个偏振化方向正交的偏振片之间，放置一个晶面和光轴平行的薄晶体片 C，并使其晶面垂直于偏振光的传播方向，则自然光垂直入射于偏振片 P_1，通过 P_1 后成为线偏振光，然后通过晶片的双折射，假定入射偏振光的振动面与光轴间具有一定的夹角 θ，偏振光进入晶体后，在晶体内 o 光和 e 光虽传播方向相同，但传播速度不同. 在进入晶体前这两束光没有相位差，但进入晶面后有光程差 $\Delta=d(n_o-n_e)$，对应相位差为

$$\Delta\varphi=\frac{2\pi d(n_o-n_e)}{\lambda}.$$

从薄晶体 C 出来的 o 光和 e 光，便成为有一定相位差但光振动相互垂直的两束光，若将它们直接叠加，一般将合成椭圆偏振光. 现在我们将这两束光射入 P_2 时，只有沿 P_2 的偏振化方向的光振动才能通过，于是就得到了两束相干的偏振光.

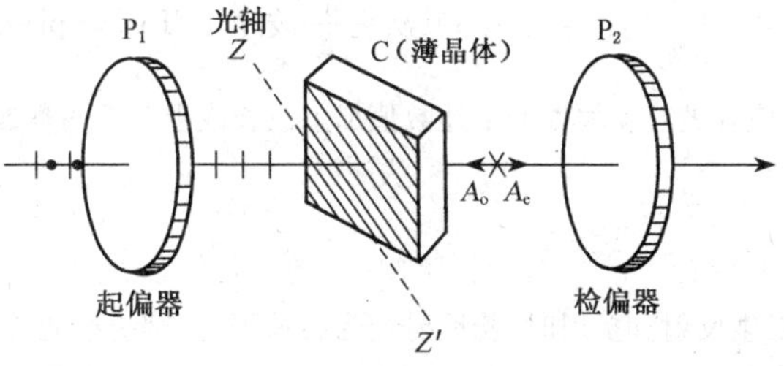

图 13-15 偏振光的干涉

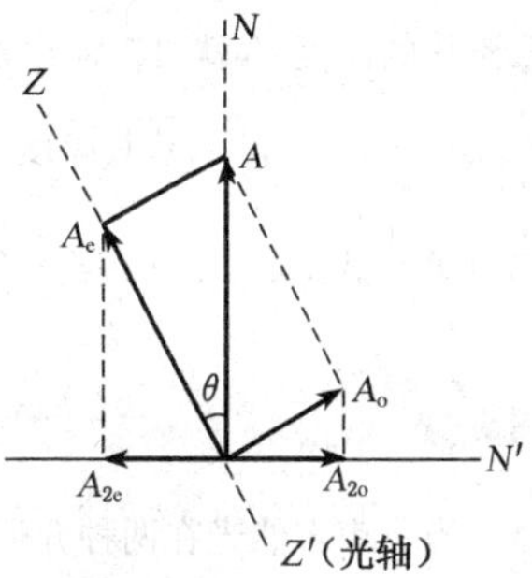

图 13-16 偏振光干涉的振幅矢量图

如图 13-16 所示，直线 N 和 N' 代表两正交偏振片 P_1 和 P_2 的偏振化方向，ZZ' 代表晶体 C 的光轴方向，A 为入射到晶面上的光振幅，在晶面上可分解成振幅分别为 A_e 和 A_o 的 e 光和 o 光. 它们在透出 P_2 后的振幅分别为 A_{2e} 和 A_{2o}，由图可看出

$$A_{2e}=A_e\sin\theta=(A\cos\theta)\sin\theta,\quad A_{2o}=A_o\cos\theta=(A\sin\theta)\cos\theta.$$

两式表明，e 光和 o 光在 N' 方向上振幅相等. 可见，通过 P_2 的两束光是频率相同、振幅相等、振动方向相同、相位差恒定的相干光，因而能够产生偏振光的干涉现象.

当 $N\perp N'$ 时，两束光的相位差为

$$\Delta\varphi=\frac{2\pi}{\lambda}(n_o-n_e)d+\pi.$$

式中，第一项 $\frac{2\pi}{\lambda}(n_o-n_e)d$ 为两光透过晶片时由光程差而引起的相位差，第二项 π 为两光的 A_e 与 A_o 在 N' 上投影时所引起的相位差（从振幅矢量图可见 A_e 与 A_o 的方向相反）. 应明确，这一相位差 π 与 P_1 和 P_2

的偏振化方向间的相对位置有关,在二者平行时没有此项相位差.这一项应视具体情况而定.在 P_1 和 P_2 的偏振化方向正交时,当

$$\Delta\varphi = 2k\pi, \quad k = 1, 2, 3, \cdots$$

或

$$(n_o - n_e)d = (2k-1)\frac{\lambda}{2}$$

时,干涉加强;当

$$\Delta\varphi = (2k+1)\pi, \quad k = 1, 2, 3, \cdots$$

或

$$(n_o - n_e)d = k\lambda$$

时,干涉减弱.如果晶片厚度均匀,当用单色自然光入射,干涉加强时,P_2 后面的视场最明;干涉减弱时,P_2 后面的视场最暗,并无干涉条纹.当晶片厚度不均匀时,各处干涉情况不同,则视场中将出现干涉条纹.

当白光入射时,对各种波长的光来讲,由上面公式可知干涉加强和减弱条件因波长的不同而各不相同.所以当晶片的厚度 d 一定时,视场将出现一定的色彩,这种现象称为色偏振.如果这时晶片的厚度 d 各处不同时,则视场中将出现彩色条纹.

波片是从单轴晶体上切割下来的薄片,其表面与晶体的光轴平行.如图 13-14 所示,当一束平行光正入射时,在波片中分成 e 光和 o 光,虽传播方向相同,但传播速度 u_e 和 u_o 却不同.或者说波片对于它们的折射率 $n_e = \frac{c}{u_e}$ 和 $n_o = \frac{c}{u_o}$ 不同.透过晶面后有光程差 $\Delta = d(n_o - n_e)$,对应相位差为

$$\Delta\varphi = \frac{2\pi}{\lambda}(n_o - n_e)d.$$

适当选取波片的厚度 d,就可以使出射的 e 光和 o 光之间产生任意数值的相位延迟.在实际中,最常用的是 $\frac{1}{4}$ 波片(quarter-wave plate),其厚度 d 满足关系式 $(n_o - n_e)d = \pm\frac{\lambda}{4}$;其次是 $\frac{1}{2}$ 波片(half-wave plate),其厚度 d 满足关系式 $(n_o - n_e)d = \pm\frac{\lambda}{2}$.实际上,波片的真实厚度为上述数值加上波长或半波长的整数倍.

习题 13

13.1 当一束自然光在两种介质分界面处发生反射和折射时,若反射光为线偏振光,则折射光是哪类偏振光?反射光线和折射光线之间的夹角是多大? [部分;90°]

13.2 一束平行的自然光,以 60°角入射到平玻璃表面上.若反射光束是完全偏振的,求:(1) 透射光束的折射角;(2) 玻璃的折射率. [30°;1.73]

13.3 一平面单色光从折射率为 n_1 的介质向折射率为 n_2 的介质入射,则当入射角 i 等于多大时,反射光为完全偏振光?此时的折射光是哪种偏振光? [$\arctan(n_2/n_1)$;部分偏振光]

13.4 将三个偏振片叠放在一起,第二个与第三个的偏振化方向分别与第一个的偏振化方向成 45°和 90°角,强度为 I_0 的自然光垂直入射到这一堆偏振片上.试求:(1)经每一偏振片后的光强和偏振状态;(2)如果将第二个偏振片抽走,情况又如何?
[$I_1 = I_0/2$, $I_2 = I_1/4$, $I_3 = I_0/8$,皆为线偏振光;I_1 不变,$I_3 = 0$]

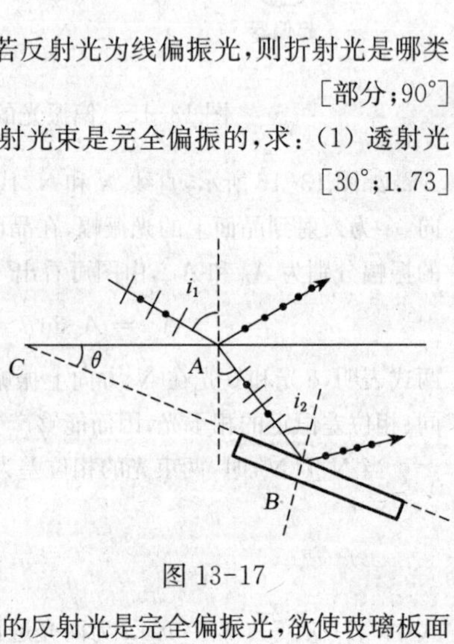

图 13-17

13.5 有一平面玻璃板放在水中,板面与水面夹角为 θ(图 13-17).设水和玻璃的折射率分别为 1.333 和 1.517.已知图中水面的反射光是完全偏振光,欲使玻璃板面的反射光也是完全偏振光,θ 角应是多大? [11.8°]

第 4 篇　热学基础

热现象(thermal phenomenon)是自然界中极为普遍的物理现象. 热不仅与我们的生活密切相关,而且广泛应用于工农业生产技术和科学研究中. 例如,汽车、火车、拖拉机和飞机等的动力装置,就是利用燃烧燃料放出的热来做功的. 又如,金属的冶炼,材料的提纯,医药、化工产品的生产,半导体单晶以及集成电路的制备,核反应堆的运行,等等,这些过程无不与热现象有关. 可以说,人类文明的发展和进步取决于人类对热的利用水平和程度.

热现象是一种宏观现象. 由于组成宏观物体的微观粒子数目众多,各个微观粒子又在做杂乱无章的运动,因而去追踪研究一个一个粒子的运动规律是不可能的,也是没有必要的. 从量变到质变,这些为数众多的微观粒子的总体,即热系统遵从热学规律. 所以在热学研究中不能再运用纯力学的方法.

可以从微观与宏观两种不同的角度来研究热现象. 前者对应的分支学科称为**分子物理学**(molecular physics),后者对应的分支学科称为**热力学**(thermodynamics).

分子物理学以分子运动论为基本出发点,来研究物质的结构和性质,并借助于统计的方法,找出分子的速度、能量等微观量与物质系统的温度、压强等宏观量之间的关系,从而阐明各种宏观热现象的微观本质.

热力学是从能量的观点出发,根据有关热现象的大量实验事实,总结概括出在状态变化过程中有关热功转换的关系及条件的几条基本定律,在此基础上用演绎的方法进一步分析研究有关热现象的规律.

所以,热力学是宏观理论,它从整体上对一个系统的状态加以描述,这种描述方法称为**宏观描述**(macroscopic description). 这时所用的表征系统状态和属性的物理量称为**宏观量**(macroscopic quantity). 如温度 T,压强 p,热容量 C 等. 而分子物理学是微观理论,它通过对微观粒子运动状态的说明,并用统计的方法来对系统的状态加以描述,这种描述方法称为**微观描述**(microscopic description). 在微观描述中,表征单个粒子运动状态或属性的物理量称为**微观量**(microscopic quantity),如分子的质量 m、速度 v、能量 ε、直径 d 等. 分子物理学经热力学的研究得到验证,而热力学的理论经分子物理学的分析才能了解其本质. 二者相辅相成,互相促进.

虽然热力学系统的种类十分繁多,但是,它们的热运动所遵从的基本规律却是相同的. 所以,可以从较简单的气体系统出发进行研究. 在本篇如不加特殊说明,所指的系统都是指气体系统. 这并非说热力学是主要研究气体的,只是由于许多系统在一定条件下可以抽象为气体系统(如电子气体、光子气体等),而且气体系统所遵从的基本规律也适用于其他的热力学系统. 所以,热学基本理论的研究多以气体系统为主. 即使是气体系统,要想能够完全而又准确地描述它的热运动规律仍然是困难的. 人们又总是将真实的气体系统在一定条件下抽象为理想气体. 理想气体是热学中的物理模型之一,正如力学中的质点、刚体等物理模型一样,是物理学研究的理想客体. 对于这个丰富多彩的物质世界,人们的这种研究方法不仅是唯一可行的,而且是非常巧妙的.

从质点力学和刚体力学可知,如果给予一个力学系统(质点或刚体)足够的初始条件,就能够根据牛顿方程确定该力学系统未来的运动状态. 例如,一旦知道人造卫星的发射参数,就能够精确地确定它的运行轨道,即能够确定该卫星在任何时刻的空间位置. 这就是大自然所遵循的决定论法则. 但是,人类所处的宇宙是一个丰富多彩的世界,仅靠决定论法则无法解释物质运动和演化的多样性. 在热系统中,单粒子运动的无规则性,加之系统内粒子数目巨大,使得这些微观粒子的整体即热系统遵从一种新的规律——统计规律. 这就是随机论法则. 随机论法则不但揭示了宏观物体热现象的基本规律,而且还支配着微观客体——量子客体的统计行为. 除了决定论和随机论外,人们还发现了大自然所遵从的另一法则——混沌运动. 混沌论否定了可预见的绝对性,解决了非线性运动的问题. 物理学从决定论占统治地位走向决定论、随机论、混沌论三分天下的局面,是人类对自然规律认识的又一个巨大飞跃.

20 世纪著名的科学家爱因斯坦有句名言:"上帝绝不会掷骰子". 爱因斯坦坚信世界上万事万物遵循着一个统一和谐的规律. 人们一旦掌握了它,便可精确地预知未来. 从牛顿、拉普拉斯到爱因斯坦,"决定论"的思想占统治地位. 随着 20 世纪下半叶计算机科学和非线性科学的发展,特别是混沌动力学的建立与发展,大大改变了人们的世界观. 现代非线性学者们声言:"上帝确实是在掷骰子"! 只不过骰子里预先灌注了一定密度分布的铅. 事实证明,真实的世界,自然也好,社会也好,决定其产生、演化和结局的,绝不是一个决定论法则,而是要受三个法则支配,这三个法则是: 决定论法则、随机论法则和混沌论法则.

因此,认识自然和社会,必须考虑这三个法则. 它代表了 20 世纪末新的科学世界观. 本篇介绍热现象的惟象规律、热运动所遵循的随机论法则,并对有关混沌运动作一简要的阐述.

第 14 章　热学的预备知识

14.1　热力学系统的状态和过程

14.1.1　热力学系统

研究物理现象时，通常是选取某一部分物质，并认为这部分物质可以从其周围物质中划分出来作为一个整体来进行研究，这部分划分出来的物质叫系统．在此系统以外并与该系统有联系的一切物质称为外界．热力学所研究的系统是由大量微观粒子所组成的，称为**热力学系统**(thermodynamic system)，简称系统．根据系统与外界之间的相互作用以及能量、质量交换的情况，一般可以将系统分成如下几种类型．

(1) **孤立系统**(isolated system)，是指与外界既无能量交换又无质量交换的系统；

(2) **封闭系统**(closed system)，是指与外界有能量交换但没有质量交换的系统；

(3) **绝热系统**(adiabatic system)，是指与外界无热量交换的系统；

(4) **开放系统**(open system)，是指与外界既可交换能量又可交换质量的系统．

14.1.2　热力学状态

一定的热力学系统，在一定的条件下具有一定的热力学性质，处于一定的宏观状态，我们称之为系统的**热力学状态**(thermodynamic state)，简称状态．热力学研究的就是热力学系统的宏观状态及其变化的规律．

1. 平衡态

平衡态是热力学系统宏观状态中的一种简单而又十分重要的特殊情形．所谓**平衡态**(equilibrium state)是指在不受外界影响(不做功、不传热)的条件下，系统所有可观测的热现象的宏观性质都不随时间的变化而变化的状态．应该指出的是，首先，平衡态是指系统宏观性质不发生变化的状态．但从微观来看，分子仍在不停地做无规则运动，所以，应该把这种平衡状态称为**热动平衡**(thermal-dynamic equilibrium)状态．其次，由于自然界中的事物都是互相关联的，在实际中，不会有永远保持不变的系统．由此可见，平衡态是一个理想状态，它是在一定条件下对实际系统处于相对稳定或接近于相对稳定的概括和抽象．

2. 非平衡态

系统内各处的热力学性质不均匀，或者系统的宏观性质随时间的变化而改变，这种状态称为**非平衡态**(non-equilibrium state)．例如，选一封闭的绝热汽缸内的气体为热力学系统，当活塞快速压缩缸内气体时，靠近活塞的气层内的分子密度首先增大，缸内气体分子密度不均匀，此时气体处于非平衡状态．当压缩停止，亦即外界不再向系统施加影响时，经过一段时间，缸内气体的密度将逐渐趋于平衡，直到各处密度均匀一致．系统达到热力学平衡态．

14.1.3 热力学过程

由于系统与外界之间的相互作用，同时还伴随着能量的交换，系统的状态一般随时间的变化发生变化，经历一系列中间状态，最后达到末态. 从初态到末态包括全部中间状态构成了一特定的**热力学过程**(thermodynamic process)，即状态演化的过程，简称过程.

1. 弛豫时间

热力学过程的发生，意味着系统平衡态的破坏. 系统往往是由一个平衡态到平衡态破坏再达到新的另一个平衡态，如此反复演化下去. 系统从平衡态破坏到新平衡态建立所需的时间，称为**弛豫时间**(relaxation time)，这一过程称为**弛豫过程**(relaxation process)，简称弛豫，或热弛豫.

2. 平衡过程

如果热力学系统变化过程中的每一个时刻，系统的状态都无限接近于平衡态，则此过程定义为**平衡过程**(equilibrium process)，或称**准静态过程**(quasi-static process). 实际的热力学系统变化过程中，系统的每一时刻都处于非平衡态. 如膨胀和压缩过程中，系统内部的密度、压强不均匀；加热过程中温度不均匀，等等. 所以，平衡过程是过程进行得无限缓慢的一种理想过程. 在许多实际情况中，只要过程进行中每一步所需时间都比弛豫时间长，把这种过程近似作为平衡过程处理，就能在一定程度上和实际相符. 例如，活塞在汽缸中压缩气体时，活塞的速度约为 10 m/s，而汽缸内气体压强趋于均匀的过程却大约以声速进行，即 340 m/s左右，其弛豫时间只是活塞运动时间的 $10^{-2}\sim10^{-1}$. 因此，活塞运动被认为足够缓慢，其过程可视为平衡过程.

3. 非平衡过程

在热力学系统状态变化的过程中，若有一个(或多个)中间状态是非平衡态，则整个过程称为**非平衡过程**(non-equilibrium process). 这时，新的平衡即刻被破坏或者根本无平衡态出现. 例如，活塞快速压缩缸内气体的过程就是非平衡过程. 此时系统的弛豫时间与活塞运动时间同数量级.

14.2 温　　度

温度是表征物体冷热程度的物理量，这一朴素的概念来自于日常生活，因为冷热的感觉靠人体触摸. 在古代，人们自身的温度是衡量物体温度的标准. 显然，这种方法是靠不住的. 例如，在寒冷的冬天，用手触摸铁棍和木棍，则感觉前者比后者冷，其实二者的温度是一样的. 感觉的不同是导热性能的差异造成的. 由此可见，测温需要有客观的手段. 实际上，温度是和热平衡的概念直接相联系的.

14.2.1 热力学第零定律

1. 热平衡

在与外界影响隔绝的条件下，使两个开始各自处于一定平衡态的系统发生热接触，则两系统之间可以进行热交换. 一般地，两个系统的状态都将发生变化，热的物体变冷，冷的物体变热. 经过一段时间后，各自的宏观性质不再变化. 我们说，它们彼此达到了热平衡态.

此现象称为**热平衡**(thermal equilibrium),其重要标志是两系统之间的热交换停止. 应当指出的是,在不受外界影响的条件下,处于热平衡的热力学系统的宏观性质保持不变,不发生任何宏观的物理和化学变化,但是微观粒子运动并未停止. 所以,这种平衡也称为热动平衡.

2. 热力学第零定律

设想把系统 A, B 用绝热壁隔开,而分别通过导热壁与处于确定状态的热源 C 接触,如图 14-1(a)所示,经过足够长时间后,A 和 B 分别都和 C 达到热平衡. 然后将绝热壁与导热壁互换,如图5-1(b)所示,则观察不到 A, B 的状态发生任何变化,这表明 A 与 B 也已处于热平衡. 上述实验可概括为热力学定律:"如果两个系统分别与处于确定状态的第三个系统达到热平衡,则这两个系统彼此也将处于热平衡."历史上,由于这个定律被公认为在该独立公理之前,热力学第一定律和第二定律已被命名,因此,就称它为**热力学第零定律**(zeroth law of thermodynamics).

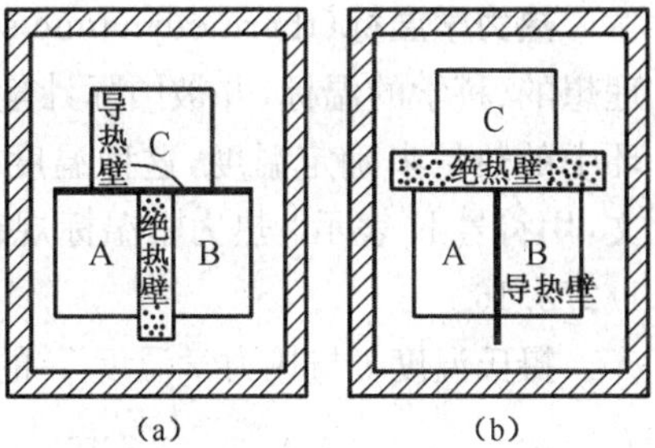

图 14-1　热平衡说明图

3. 温度的定义

热力学第零定律实际上给出了温度的定义. 相互处于热平衡的系统,显然具有某种共同的宏观状态参量,我们记这个参量为 T. 如果物体 A 与物体 B 接触时,热量由 A 传给 B,则表示 $T_A > T_B$,反之则 $T_B > T_A$,当 A 和 B 处于热平衡时,$T_A = T_B$. 我们称参量 T 为**温度**(temperature). 温度是决定一系统是否与其他系统处于热平衡的状态参量. 一切互为热平衡的系统,都具有相同的温度值. 温度只有相等不相等,它是不可加量. 用物理术语来说,温度是强度量.

14.2.2　温度计和温标

热力学第零定律还给出了温度测量的依据. 如果选择热容量小的材料作温度计 C,C 与被测系统 A 处于热平衡时,$T_A = T_C$. 任何与温度呈线性关系的量,都可以作为测温参量. 例如,液体温度计是用体积 V 作测温参量,定容气体温度计是以压强 p 作测温参量,电阻温度计是用电阻 R 作测温参量,热电偶温度计是用电动势作测温参量等.

温度单位和数值表示法称为**温标**(temperature scale),即关于温度的零点及分度方法所作的规定. 常用的温标有摄氏温标、华氏温标和热力学温标等.

摄氏温标也称百分温标,是瑞典天文学家 A. Celsius(摄尔修斯)于 1742 年建立的. 摄氏温标规定在标准大气压下,水的冰点为 0 度,沸点为 100 度,中间分为 100 等分,每等分代表 1 度,用 1℃表示.

华氏温标由德国物理学家 G. D. Fahrenheit(华伦海特)于 1714 年建立. 他规定在标准气压下,冰和盐水的混合物温度为 0 度,水的沸点为 212 度,中间分为 212 等分,每一等分为 1 度,用符号 1℉表示. 在华氏温标中,人体正常温度较准确的数值为 98.6℉. 目前只有英、美在工程界和日常生活中还保留华氏温标,除此之外较少有人使用了. 华氏温度 F 与摄氏温度 t 的换算关系为

$$F = \frac{9}{5}t + 32 \tag{14-1}$$

或

$$t = \frac{5}{9}(F - 32). \tag{14-2}$$

热力学温标(thermodynamic scale of temperature)是建立在热力学第二定律基础上的理想的、科学的温标,并被国际计量大会采用作为标准温标. 因为热力学温标选择了卡诺循环中的热量来确定温度,这种温度不依赖于测温物质的性质. 热力学温度的单位称为开尔文,用符号 K 表示. 热力学温标规定水的三相点为 273.16 K. 1 K 就是水的三相点温度的 1/273.16.

摄氏温度 t 与热力学温度 T 的换算关系为

$$T = t + 273.15, \tag{14-3}$$

即规定了热力学温度的 273.15 K 为摄氏温度 0℃.

热力学温度的零点,称为**绝对零度**(absolute zero). 根据理论和实验结果,绝对零度只能无限接近,但不能达到,这一结论,称作热力学第三定律(third law of thermodynamics).

温度计是测定物质温度的仪器. 在工业生产和科学实验中,常根据不同的温度使用不同的温度计.

1 K 以下	磁温度计
13.81 K 以下	半导体温度计
13.81～273.16 K	低温铂电阻温度计
273.16～903.8 K	铂电阻温度计
903.89～1 337.58 K	铂铑—铂热电偶温度计
1 337.58 K 以上	光测温度计

14.3 分子热运动与分子力

宏观物体是由大量的、不停息地运动着的、彼此间或强或弱地相互作用着的分子(或原子)组成的. 这一观点构成了分子物理学的基础.

14.3.1 通常的物质是由大量分子(或原子)组成的

大量实验表明,通常的物质是由大量的、彼此不连续的微小颗粒——分子(原子可视为单原子分子)组成的. 所谓分子(molecule)就是组成这种物质而且具有该物质的化学性质的最小微粒. 例如,组成水的最小微粒是水分子,说它最小,是因为它已不能再分,再分就不是水了. 在物质的状态发生变化时,分子是不变的. 例如,水结成冰或水转变成水汽,水的分子不变.

组成宏观物体的分子数目是巨大的. 例如,1 g 水,体积只有 1 mL,所含的水分子却有 $6.022\times10^{23}/18\approx3.35\times10^{22}$ 个. 一般物质含有如此多的分子,表明分子是非常小的. 一般分子线度的数量级为 10^{-10} m,其固有体积的数量级约为 10^{-30} m³. 例如,氢分子的线度约为 2.73×10^{-10} m,水分子的直径约为 3.86×10^{-10} m.

分子之间是有空隙的. 气体易被压缩,说明气体之间存在空隙. 液体分子间也有间隙. 例如,水与酒精混合后总体积将会减小. 固体物质同样如此,钢筒中的油在高压下会从筒壁渗出来,现代高分辨率的电子显微镜已可直接观察到某些晶体的原子结构图像,更说明了分子或原子组成物质时,其间确实存在着一定的空隙.

对于气体,分子间的距离约为分子本身线度的 10 倍左右,分子的占有体积约为其固有体积的 1 000 倍. 因此,对于气体,在某些情况下,可以忽略分子大小,把分子当做是一个质点.

14.3.2　分子热运动

组成物质的每个分子都在不停地做无规则运动,例如,分别装有不同气体的两个瓶子,在连通之后,两种气体就混合在一起;在熏蚊子的时候,点燃蚊香,浓烟就在室内到处弥漫;一打开香水瓶盖,就能闻到香水的香味. 两种物质接触时自发地相互掺和的现象称为**扩散**(diffusion). 扩散现象依赖于分子的无规则运动. 除气体外,液体甚至固体也存在着扩散现象. 比如,分别把一块铅和一块金的一面磨光,并把磨光的两个面压紧放在室内,两三年后,发现两金属界面上有一层合金出现. 室温下这两种金属是不会熔化的,这层合金的形成,是两种金属扩散的结果. 扩散的速度与温度有关,温度越高,扩散越快. 扩散现象表明,组成物质的分子是在不停地运动着,而且朝着各个方向运动的分子都有. 温度越高,分子无规则运动越激烈.

分子无规则运动最有说服力的实验是**布朗运动**(Brownian motion),悬浮在液体中的微小颗粒(如花粉、碳素墨水颗粒等),在尽量排除一切可能的外界影响之后,仍然有无规则的、不间歇的运动,如图 14-2 所示. 微粒之所以能够不停地运动,是由于它们经常受到处于热运动中的流体分子的碰撞的结果. 由于悬浮的颗粒很小,在任一瞬间,它受来自各方向的流体分子的碰撞不可能恰好相等,所受到的冲量也不可能各方向皆一致,它就会在合冲量的作用下改变运动方向. 由于某一瞬时所受冲量的大小和方向是随机的,所以微粒的运动也是随机运动. 由此可知,布朗运动虽然不是流体分子本身的运动,但它却反映出流体分子运动的存在.

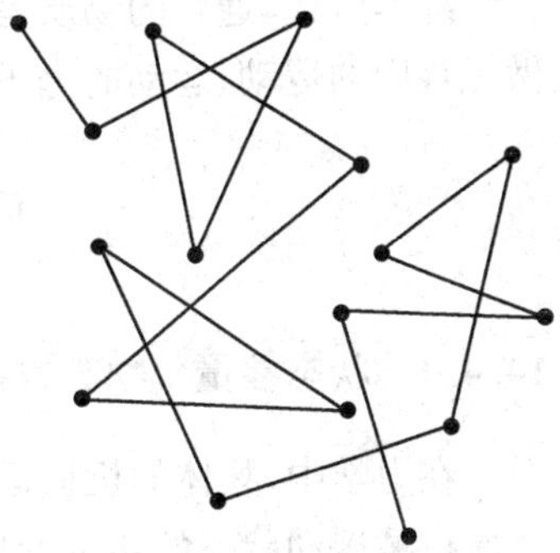

图 14-2　布朗运动

气体中的悬浮颗粒同样存在着布朗运动,例如,人们能够观察到悬浮在空气中的灰尘颗粒的布朗运动. 实验表明,较小的布朗粒子比较大的布朗粒子的运动要剧烈. 温度较高时的布朗运动要比温度较低时的布朗运动剧烈. 通过扩散和布朗运动的讨论,归纳起来,可以得到这样的结论:物质内的分子总是在不停地、无规则地运动着. 这种无规则运动的剧烈程度与温度有关. 温度越高,分子无规则运动越剧烈. 可以说温度是物质内部分子无规则运动激烈程度的标志. 正因为这样,我们把物质内分子的无规则运动称为**热运动**(thermal motion).

14.3.3　分子力

既然组成物质的分子总是在不停地、无规则地运动,但为什么固体和液体的分子没有分散开来而是聚集在一起呢? 这说明组成物质的分子之间存在着引力. 另外,固体和液体很难压缩,这表明物质之间不但存在引力,而且存在斥力.

分子间的引力和斥力是同时存在的. 分子力就是分子间引力和斥力的合力. 分子间的引力 $F_{引}$ 和斥力 $F_{斥}$ 以及它们的合力 F 随分子间距 r 的变化关系如图 14-3 所示. 当二分子间距 $r=r_0$ 时,斥力等于引力,合力为零. 当 $r>r_0$ 时,引力起主要作用,分子间的作用表现为引力,但当 $r>R_0$ 时,引力逐渐衰减为零. 一般气体在压强不太高时,分子间距远大于 R_0,此时气体可当做理想气体. 当 $r<r_0$ 时,斥力大于引力,分子力表现为斥力,两分子碰撞后分开就是斥力的作用. r_0 的数量级为 10^{-10} m,与原子的玻尔半径同数量级. R_0 称为分子作用半径,其数量级约为 10^{-8}m. 可见分子力的作用范围很小,分子力是短程力. 采用简化模型,假设分子间的相互作用具有球对称,则分子力可近似由半经验公式表示为

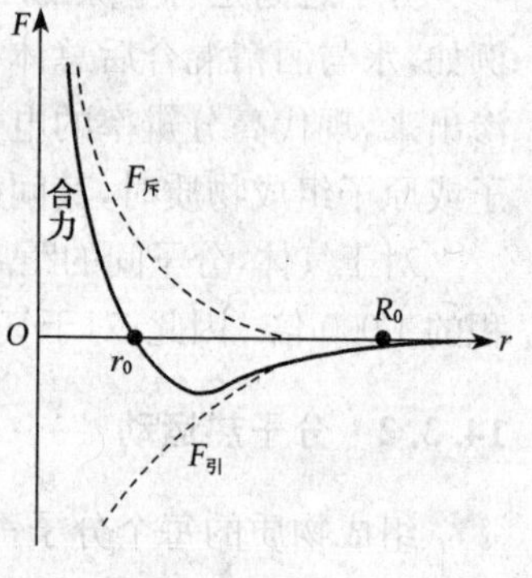

图 14-3　分子力

$$f=\frac{\lambda}{r^s}-\frac{\mu}{r^t}. \tag{14-4}$$

式中,λ, μ, s 和 t 都是由实验确定的正数,且有 $s>t$. 式中第一项代表斥力,第二项代表引力.

综上所述,通常的物质是由大量的,彼此不连续的分子(或原子)组成;分子永不停息地做无规则的运动;运动的分子间有分子力的作用. 这就是分子运动论的三个基本观点.

14.4　状态参量和物态方程

14.4.1　状态参量　物态方程

在力学中,物体的机械运动状态是由它的位置和速度来描述的. 位置和速度就是表征物体机械运动状态的两个参量. 对于热力学系统来说,当其处于平衡态时,也可用某些确定的物理量来描述系统的宏观性质,这些描述系统宏观性质和状态的物理量就称为**状态参量**(state parameter). 如对一定质量的气体来说,可以用压强 p、体积 V 和温度 T 来描述它的宏观物理状态,压强 p、体积 V、温度 T 就是气体的状态参量. 必须指出,只有当气体处于平衡状态时,整个气体才能用一个压强值和一个温度值来描述其状态.

状态参量有几何的,如体积 V;有力学的,如压强 p;有热学的,如温度 T;还有化学、电磁参量,等等. 确定一个平衡态,只需一组独立的状态参量就足够了. 其他的状态参量,则是该组独立参量的函数. 以独立状态参量为坐标,可以构成一个状态参量空间. 一个平衡态,可以用状态参量空间中的一个点来描述. 一个平衡过程,对应于状态参量空间中的一条特定的曲线. 如对于气体系统,一个平衡态对应于 $p-V$ 空间($p-V$ 图)中的一个点;一个平衡过程,则对应该空间中的一条曲线. 对于气体,除常用 $p-V$ 空间外,有时也用 $T-V$ 空间($T-V$ 图)和 $p-T$ 空间($p-T$ 图).

当气体状态发生改变时,一般情况下,其状态参量将同时发生变化. 例如,内燃机汽缸中燃料燃烧生成的气体推动活塞做功,气体的压强、体积、温度都同时发生变化. 所以,确定

一定质量的气体压强、体积和温度在变化过程中的数量关系，即了解气体状态改变的规律，是很重要的.

描述热力学系统状态参量之间关系的数学表达式称为物态方程，或状态方程(equation of state). 为了研究气体的物态方程，先介绍气体的三条实验定律.

14.4.2　气体的实验定律　理想气体

1. 波意耳(R. Boyle，1627—1691)定律

当一定量气体在温度 T 保持不变时，其压强 p 与体积 V 的乘积等于恒量. 即

$$pV = \text{恒量}.\ (m \text{ 与 } T \text{ 不变}) \tag{14-5}$$

恒量的大小取决于温度 T. 即在不同的温度时，有不同的恒量值.

2. 盖-吕萨克(J. L. Gay-Lussac，1778—1850)定律

当一定量气体在压强 p 保持不变时，其体积 V 与热力学温度 T 成正比. 即

$$\frac{V}{T} = \text{恒量}.\ (m \text{ 与 } p \text{ 不变}) \tag{14-6}$$

3. 查理(J. A. Charles，1746—1823)定律

当一定量气体在体积 V 保持不变时，其压强 p 与热力学温度 T 成正比. 即

$$\frac{p}{T} = \text{恒量}.\ (m \text{ 与 } V \text{ 不变}) \tag{14-7}$$

实验表明，不论何种气体，在压强不太大(与大气压比较)和温度不太低(与通常的室温比较)时，都能较好地遵守上述三条定律. 温度愈高，压强愈小，即气体愈稀薄时，这些定律的准确性愈高；反之，温度愈低，压强愈高，即气体不很稀薄，或气体接近液化时，这些定律的偏差也愈大. 根据这些实验事实，我们把**任何情况下都能严格遵守上述三条实验定律的气体称为理想气体**. 实际存在的气体当然不是理想气体，但在常温、常压下，那些不易液化的气体，如氩、氢、氧、氮、氦等实际气体，基本上都遵循上述三条实验定律，因而都可近似地看成理想气体.

14.4.3　理想气体状态方程

理想气体状态的三个参量 p, V, T 之间的关系即理想气体状态方程可从三条气体实验定律导出

$$\frac{pV}{T} = C.\ (\text{气体质量一定}) \tag{14-8}$$

式(14-8)对任一平衡态都成立. 式中的恒量 C 可以从气体在标准状态下的压强 p_0、体积 V_0 和温度 T_0 值来确定，即

$$C = \frac{p_0 V_0}{T_0}.$$

令 μ, M, ν, $V_{0\text{mol}}$ 分别表示一定量气体的摩尔质量，质量，摩尔数以及标准状态下的摩尔体积，则可将常数 C 写为

$$C=\frac{M}{\mu}\cdot\frac{P_0V_{0\text{mol}}}{T_0}=\nu\frac{p_0V_{0\text{mol}}}{T_0}.$$

用 R 表示上式中的恒量 $\frac{p_0V_{0\text{mol}}}{T_0}$，即 $R=\frac{p_0V_{0\text{mol}}}{T_0}$. (14-9)

此处 R 是一个普遍适用于任何气体的恒量，称为**普适气体恒量**(universal gas constant)，也称摩尔气体常数. 在国际单位制中，$R=8.31\ \text{Jmol}^{-1}\text{K}^{-1}$；当压强用大气压为单位，体积用 L 为单位时，$R=8.21\times10^{-2}\ \text{atm}\cdot\text{L}\cdot\text{mol}^{-1}\text{K}^{-1}$ ($1\ \text{atm}=101\,325\ \text{Pa}$).

于是，对于质量为 M、摩尔质量为 μ 的理想气体有

$$pV=\frac{M}{\mu}RT=\nu RT. \tag{14-10}$$

上式就是理想气体状态方程.

理想气体实际上是不存在的，它只是真实气体的初步近似. 很多气体如氢、氧、氮、氦等，在一般温度和较低压强下，都可近似看做理想气体.

理想气体状态方程具有很强的普适性. 但将它应用于实际气体时，具有一定的压强和温度范围. 如果超出这一范围，其精确性将受到极大的限制. 因此，人们常常利用理论的方法，或经验的方法，或半理论半经验的方法，来寻找满足某些实际气体的较为精确的物态方程.

例 14.1 一气缸内贮有某种理想气体，它的压强、摩尔体积和温度分别为 p_1，V_{m1} 和 T_1，现将气缸加热，使该气体的压强和体积同时增大，假设此过程中气体的压强 p 和摩尔体积 V_{mol} 满足关系式

$$p=kV_{\text{mol}},$$

其中，k 为常量.

(1) 求常量 k，将结果用 p_1，T_1 和 R 表示.

(2) 设 $T_1=200\ \text{K}$，当摩尔体积 V_{m2} 增大到 $1.5V_{\text{m1}}$ 时，这样的气体其温度为多高?

解 加热前后两种气体各状态参量都应满足关系

$$\frac{p_1V_{\text{m1}}}{T_1}=\frac{p_2V_{\text{m2}}}{T_2}=R. \qquad ①$$

(1) 当气体处于 p_1，V_{m1}，T_1 状态时，又有

$$p_1=kV_{\text{m1}}. \qquad ②$$

由①、②两式消去 V_{m1}，得到 $k=\frac{p_1^2}{RT_1}$.

(2) 当 $V_{\text{m2}}=1.5V_{\text{m1}}$ 时，又有 $p_2=kV_{\text{m2}}$. ③

从式①中解出 T_2，并把 p_1 和 p_2 用式②、式③的关系代入，则得

$$T_2=\frac{p_2V_{\text{m2}}}{p_1V_{\text{m1}}}T_1=\frac{kV_{\text{m2}}^2}{kV_{\text{m1}}^2}T_1=\left(\frac{V_{\text{m2}}}{V_{\text{m1}}}\right)^2T_1=\left(\frac{1.5V_{\text{m1}}}{V_{\text{m1}}}\right)^2T_1=2.25T_1=450(\text{K}).$$

14.4.4　范德瓦尔斯方程

范德瓦尔斯(Van der Waals)方程是近似地描写实际气体性质的物态方程之一. 理想气体是一个近似的模型,它忽略了分子的体积和分子间的引力. 为了使气体状态方程与实际相符,必须对理想气体状态方程作这两方面的修正. 1873 年范德瓦尔斯提出了实际气体的范德瓦尔斯方程为

$$\left(p+\frac{M^2}{\mu}\frac{a}{V^2}\right)\left(V-\frac{M}{\mu}b\right)=\frac{M}{\mu}RT. \tag{14-11}$$

式中,常数 a 和 b 分别称为范德瓦尔斯压强修正数和体积修正数,其值与气体性质有关,可由实验确定. 由于范氏方程形式简单,又能指出气体有临界点,且能与气体在临界温度下液化等性质相适应,所以它是许多近似方程中物理意义清晰和使用最方便的一个.

14.5　统计规律的基本概念

14.5.1　事件

在自然界中,存在着许多千奇百怪的现象,这些现象就是事件. 把在一定条件下一定要发生的事件称为**必然事件**(inexorable event). 例如,抛出的石头将落回地面;人总是要死的;在标准气压下,水在 0℃时要结冰等,都是必然事件. 另外一些事件,在一定条件下是必定不可能发生的,称为**不可能事件**(impossible event). 例如,在标准气压下,水在 50℃时沸腾;仅在重力作用下,石块飞向空中;老人变回婴儿等,都是不可能事件. 除了必然事件和不可能事件之外,自然界还存在另一类事件,在一定条件下,这些事件可能发生也可能不发生,人们无法预先确定. 把这类事件称为**随机事件**(random event). 例如,一个冰雹落地,有可能恰好打在农作物上,也可能不打在农作物上;一醉汉荡步,这一步可能跨向左边,也可能跨向右边;从一大堆作业本中随意抽出一本,可能是你的,也可能是他的;抛一枚硬币,落地后可能正面向上,也可能反面向上. 这些都是随机事件.

14.5.2　概率

随机事件在一次试验中是否发生虽然无法事先确定,但在相同条件下,大量重复同一试验时,却发现它具有一定的规律性. 或者说,一个随机事件的发生具有一定的可能性. 描述随机事件出现的可能性的大小的量称为**概率**(probability).

当大量地重复进行同一个随机事件的试验时,状态 A 出现的次数 N_{A} 与试验的总次数 N 的比值 $P_{\mathrm{a}}=N_{\mathrm{A}}/N$, 当 N 无限增大时,P_{a} 的极限值总会趋近于某一个常数 P_{A}. 把常数 P_{A} 称为状态 A 出现的概率,即有

$$P_{\mathrm{A}}=\lim_{N\to\infty}\frac{N_{\mathrm{A}}}{N}. \tag{14-12}$$

概率 P_{A} 是状态 A 出现的可能性的量度. 由定义可知,$0\leqslant P_{\mathrm{A}}\leqslant 1$. 当 N 为有限值时,P_{a} 与 P_{A} 之差,称为涨落,即与概率的偏差.

进行抛硬币的试验成千上万次，则随着抛币次数 N 的增大，出现正面向上的次数逐渐趋近于总次数 N 的一半，并在 1/2 附近略有偏离. 由此可见，抛硬币正面向上的概率为 1/2. 又比如，在一个黑箱内放有红、黄、绿三色的球各一个. 随意从箱内拿出一个球，观察其颜色，然后把球放回箱内. 重复进行该试验很多很多次，如 10 万次，会发现拿出红、黄、绿球的概率各为 1/3.

设在一定条件下，每次试验可能出现的事件共有 m 个，这些事件彼此不能同时出现，但每次试验必定出现其中的事件之一. 即设 A_1，A_2，…，A_m 是 m 个不相容的随机事件，则这 m 个事件的概率之和为 1，即

$$\sum_{i=1}^{m} P(\mathrm{A}_i) = 1. \tag{14-13}$$

式中，$P(\mathrm{A}_i)$是事件 A_i 出现的概率. 例如，抛硬币试验中，正、反面向上的概率各为 1/2，其和为 1；又如上述从箱中拿球的试验中，拿出红、黄、绿球的概率各为 1/3，其和为 1. 这一结论称为概率的归一化条件. 它表明，在一次观测中全部事件中总有一个是要发生的.

14.5.3 统计平均和统计规律

上面在介绍随机事件发生的概率时，实际上已引入了统计的概念. 物质是由为数众多的粒子组成的. 单个粒子服从力学规律，大量粒子的整体，却遵从统计规律. 从上面这些例子可以看出，对于随机事件，只有进行大量的实验和观测，才能确定其发生的概率. 这种由大量事件组成的总体或由大量粒子所组成的系统所遵从的规律称为统计规律. 通过微观运动与宏观运动的联系以寻求宏观运动规律的方法叫统计方法. 在分子物理学中，由于系统由大量分子组成，每个分子的热运动又是无规则的，故只能用统计的方法来揭示其规律性. 例如，在平衡态下，各个分子速率多大？无法逐一考察，故用统计方法求其平均速率. 实验和理论都表明，宏观量是对应微观量的统计平均值.

统计方法也广泛地应用于社会的各个方面. 例如，对婴儿性别的统计，学生成绩统计，电视节目收视率的统计，家电产品无故障使用寿命的统计，等等. 在系统所遵从的统计规律中，常见的是所谓正态分布规律.

在统计中，平均值常采用算术平均的方法求得. 设有一处在给定状态的宏观系统，并假设描述该系统的某特征量 x 具有分立值 x_1，x_2，…，x_m. 对量 x 进行 N(N 很大)次测量，且在每次测量前使系统达到同一初态，即测量具有相同的条件. 如果测得 $x = x_1$ 有 N_1 次，测得 $x = x_2$ 有 N_2 次，…，测得 $x=x_m$ 有 N_m 次. 此处 $N_1 + N_2 + \cdots + N_m = N$. 则 x 的统计平均值(average value)定义为

$$\overline{x} = \lim_{N\to\infty} \frac{x_1 N_1 + x_2 N_2 + \cdots + x_m N_m}{N} = \lim_{N\to\infty} \sum_i \frac{x_i N_i}{N} = \sum_i x_i P_i. \tag{14-14}$$

式中，P_i 为测量 x 得到值为 x_i 的概率.

对于连续型的随机变量，统计平均值为

$$\overline{x} = \int x P(x) \mathrm{d}x. \tag{14-15}$$

积分遍及 x 的取值范围.

关于统计规律,有两点是值得注意的. 其一,统计规律是偶然性与必然性的统一,它统一在对事件的大量观测、试验和研究中. 统计规律所得的结论只能说明可能性的大小,决不能直接用它说明个别事件. 也就是说,统计规律仅对大量事件才有意义. 如抛币试验,抛一次时不可能得出半个正面向上的结论;抛两次时,假如第一次反面向上,你也不能说第二次一定正面向上. 这是由随机事件的性质决定的. 其二,随机事件与条件有关,因而描述它的统计规律也与客观条件密切相关. 一旦条件改变,其规律必然改变. 如人的寿命的统计,现代的人均寿命与上一世纪的人均寿命是很不相同的. 这是因为人们的生活水平、劳动和保健条件已得到极大提高和改善.

第 15 章　平衡态的统计规律

15.1　理想气体的压强和温度

气体对容器器壁有压强作用，气体的热运动剧烈程度与温度有关，这些都可以用分子运动论定量地加以微观解释.

15.1.1　理想气体的微观模型和统计假设

理想气体对应于一定的微观模型，称为理想气体的分子模型. 它是基于对每个分子的力学性质的如下假设.

(1) 分子本身的线度比起分子之间的平均距离来说，小很多，以致可以忽略不计. 对于一般气体，分子的占有体积为其固有体积的 1 000 倍左右，因此可以忽略分子本身的大小.

(2) 分子在不停地运动，分子之间，以及分子与器壁之间发生着频繁的碰撞，这些碰撞是完全弹性的. 单个分子遵从经典的力学规律.

(3) 除碰撞瞬间外，忽略分子间力，忽略重力. 这是因为分子力是短程力，除碰撞瞬间外，分子间距 $r > R_0$，故可忽略分子力；又由于分子速率一般较大，分子的平均动能远大于其重力势能，故可忽略其重力. 重力忽略后，避免了计算的复杂性.

由此可见，理想气体可以看作是自由地、无规则地运动着的无大小的弹性分子的集合.

处于平衡状态的理想气体，其性质还将符合如下两条统计假设.

(1) 忽略重力的影响，平衡态时每个分子的位置处于容器内空间中任何一点的可能性(或概率)是相等的. 简单地说，分子按位置的分布是均匀的. 若以 N 表示容器体积 V 内的分子总数，则分子数密度(单位体积内的分子数)n 到处一样，即

$$n = \frac{\mathrm{d}N}{\mathrm{d}V} = \frac{N}{V}. \tag{15-1}$$

(2) 在平衡态时，每个分子的速度指向任何方向的可能性(或概率)是一样的. 或者说，分子速度按方向的分布是均匀的. 因此，速度的每个分量的平均值 $\bar{v}_x = \bar{v}_y = \bar{v}_z = 0$，而速度的每个分量的平方的平均值应该相等，即

$$\overline{v_x^2} = \overline{v_y^2} = \overline{v_z^2}. \tag{15-2}$$

由于每个分子速率 v_i 和其速度分量有下述关系

$$v_i^2 = v_{ix}^2 + v_{iy}^2 + v_{iz}^2,$$

取平均后，有

$$\overline{v^2} = \overline{v_x^2} + \overline{v_y^2} + \overline{v_z^2}.$$

将式(15-2)代入上式，可得

$$\overline{v_x^2} = \overline{v_y^2} = \overline{v_z^2} = \frac{1}{3}\overline{v^2}. \tag{15-3}$$

上述统计假设只适用于大量分子的集体. 这些假设都具有一定的实验基础，所导出的结果符合理想气体性质.

15.1.2　理想气体的压强公式

容器中气体宏观上施于器壁的压强，是大量气体分子对器壁不断碰撞的结果. 无规则运动的气体分子不断与器壁相碰撞. 就某一个分子来说，它对器壁的碰撞是断续的，而且它每次碰撞给器壁多大的冲量，碰在什么地方，都是偶然的，随机的. 但就大量分子整体来说，每一时刻都有许多分子与器壁相碰，所以在宏观上就表现出一个恒定的、持续的压力. 这好比在下雨天打伞，每一雨滴落在伞上何处，给予伞多大的冲量，完全是随机的. 但由于雨滴数目众多，每一时刻总有许多雨滴落在伞上，因此伞将受到一个持续的压力.

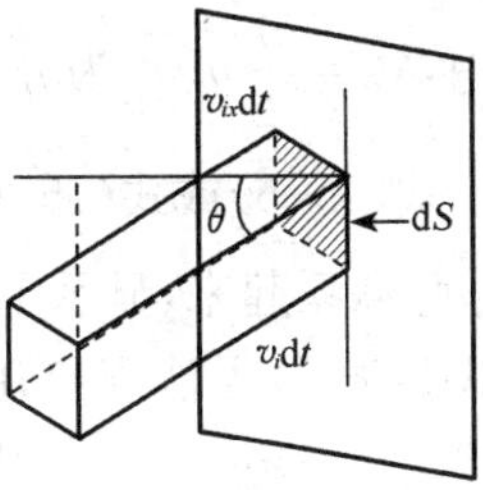

图 15-1　压强公式推导用图

考虑到气体分子速度有一定的分布，把速度 $\boldsymbol{v}_i$ 相同的分子归为一组，设其分子数密度(即单位体积内速度为 $\boldsymbol{v}_i$ 的分子数)为 n_i，显然，气体分子数密度 n 与各组数密度 n_i 满足关系 $n = \sum_i n_i$. 这里 n 是单位体积的总分子数. 在容器器壁上任取一个面积元 $\mathrm{d}S$，如图 15-1 所示. 第 i 组分子的速度为 $\boldsymbol{v}_i$，以 $\mathrm{d}S$ 为底，$\boldsymbol{v}_i \mathrm{d}t$ 为斜高，作一斜柱体，它的体积应为 $v_i \cos\theta \mathrm{d}S\mathrm{d}t = v_{ix}\mathrm{d}S\mathrm{d}t$，此处 v_{ix} 是 $\boldsymbol{v}_i$ 的 x 分量. 在这斜柱体内，第 i 组分子的分子数是 $n_i v_{ix}\mathrm{d}S\mathrm{d}t$，显然，这些分子都将在 $\mathrm{d}t$ 时间内与面积 $\mathrm{d}S$ 碰撞. 碰撞前，每一分子的动量为 $m\boldsymbol{v}_i$，在垂直于 $\mathrm{d}S$ 方向的投影为 mv_{ix}. 所以在 $\mathrm{d}t$ 时间内，与 $\mathrm{d}S$ 面元相碰撞的第 i 组分子的垂直总动量为 $mn_i v_{ix}^2 \mathrm{d}S\mathrm{d}t$. 设 v_{ix} 沿 x 轴正向的各组分子共有 g_1 组，则在 $\mathrm{d}t$ 时间内，与面元 $\mathrm{d}S$ 相碰撞的所有气体分子在碰撞前的垂直总动量为

$$P_1 = m\sum_{i=1}^{g_1} n_i v_{ix}^2 \mathrm{d}S\mathrm{d}t.$$

理想气体分子与器壁碰撞后，又向四面散开. 设 v_{ix} 在 x 轴负向的气体分子共有 g_2 组，为具体起见，假定是从 g_1+1 组到 g_1+g_2 组. 同法讨论，可知 $\mathrm{d}t$ 时间内，与面元 $\mathrm{d}S$ 相碰撞的分子，碰撞后的垂直总动量为

$$P_2 = -m\sum_{i=g_1+1}^{g_1+g_2} n_i v_{ix}^2 \mathrm{d}S\mathrm{d}t.$$

负号表示碰后分子的垂直动量在 x 轴负向.

所以，$\mathrm{d}t$ 时间内，气体分子碰撞前后垂直总动量的变化为

$$\Delta P = P_2 - P_1 = -m\sum_{i=1}^{g_1+g_2} n_i v_{ix}^2 \mathrm{d}S\mathrm{d}t.$$

设气体分子对器壁作用的压强为 p，它们对面元 $\mathrm{d}S$ 的总压力为 $p\mathrm{d}S$，由牛顿第三定律，器壁对这些分子的反作用力为 $-p\mathrm{d}s$，这个反作用力在 $\mathrm{d}t$ 时间内的冲量为 $-p\mathrm{d}S\mathrm{d}t$. 由冲量定理，可得

$$-p\mathrm{d}S\mathrm{d}t = \Delta P = -m\sum_{i=1}^{g_1+g_2} n_i v_{ix}^2 \mathrm{d}S\mathrm{d}t.$$

消去公因子 $-\mathrm{d}S\mathrm{d}t$，可得

$$p = m\sum_{i=1}^{g_1+g_2} n_i v_{ix}^2. \tag{15-4}$$

由平均值的定义，有

$$\overline{v_x^2} = \frac{\sum n_i v_{ix}^2}{n}.$$

代入式(15-4)，可得

$$p = mn\,\overline{v_x^2} = \frac{1}{3}mn\,\overline{v^2} \tag{15-5}$$

或

$$p = \frac{2}{3}n\bar{\varepsilon}_t. \tag{15-6}$$

式中，$\bar{\varepsilon}_t = \frac{1}{2}m\overline{v^2}$ 为分子的**平均平动动能**(average translational kinetic energy).

式(15-5)或式(15-6)就是理想气体的压强公式. 它把宏观量 p 和统计平均值 n 和 $\bar{\varepsilon}_t$（或 $\overline{v^2}$）联系起来，显示了宏观量与微观量的关系. p 可以由实验测定，而 ε 不能直接测定，所以式(15-6)无法直接用实验验证. 但从这个公式出发能够满意地解释或推导许多实验定律.

压强只具有统计意义. 离开了“大量分子”和“统计平均”，气体压强这一概念将失去物理意义. 实际上，在压强公式的推导中所取的 $\mathrm{d}S$，$\mathrm{d}t$ 都是宏观小微观大的量. 因此，在 $\mathrm{d}t$ 时间内撞击 $\mathrm{d}S$ 面积上的分子数是非常大的，这才使得压强有一个稳定的数值.

15.1.3 理想气体的温度公式

1 mol 气体中的分子数为**阿伏伽德罗常数**(Avogadro number) N_0，设每个分子的质量为 m，分子总数为 N，则气体的质量 $M = Nm$，摩尔质量 $\mu = N_0 m$，代入理想气体状态方程式(14-10)，有

$$p = \frac{N}{V}\frac{R}{N_0}T = n\frac{R}{N_0}T.$$

R 和 N_0 都是恒量，二者之比同样是一恒量，称为**玻尔兹曼常数**(Boltzmann constant)，用 k 表示为

$$k = \frac{R}{N_0} = 1.38\times10^{-23}\ (\mathrm{J/K}).$$

玻尔兹曼常数 k 是一个非常重要的物理常数，它一般与微观量相联系. 因此，理想气体状态方程可以改写为

$$p = nkT. \tag{15-7}$$

比较式(15-6)和式(15-7),可得到

$$\overline{\varepsilon_t} = \frac{1}{2}m\overline{v^2} = \frac{3}{2}kT. \tag{15-8}$$

式(15-8)就是温度公式. 该式说明气体的温度是与气体分子运动的平均平动动能成正比($T=2\overline{\varepsilon_t}/3k$)的. 换句话说,温度公式揭示了气体温度的统计意义,即气体的温度是分子平均平动动能的量度. 物体内部分子运动越剧烈,分子平均平动动能越大,则物体的温度越高. 因此,可以说温度是物体内部分子无规则热运动剧烈程度的量度. 如果两种气体的温度相同,则意味着这两种气体的分子平均平动动能相等;如果一种气体的温度高于另一种气体,则意味着这种气体的分子平均平动动能比另一种气体的分子平均平动动能要大.

温度是大量气体分子热运动的集体表现,具有统计意义;对于个别分子,或极少数分子,谈及温度是没有意义的.

绝对零度在这里有了物理内容,$T=0$时,$\overline{\varepsilon_t}=0$,所以绝对零度标志气体分子的平动完全停止. 热力学第三定律指出这一状态不可能达到,即令分子停止了平动,但分子或原子内部仍保持某种其他形态的运动. 物质的内在运动是永不停止的.

利用式(15-8),可以求得气体分子的**方均根速率**(root-mean-square speed)

$$\sqrt{\overline{v^2}} = \sqrt{\frac{3kT}{m}} = \sqrt{\frac{3RT}{\mu}}. \tag{15-9}$$

例 15.1　在容积为 $10^{-2}\,\mathrm{m}^3$ 的容器中,装有质量为 200 g 的气体,若气体分子的方均根速率为 200 m/s,求气体的压强.

解　气体的质量密度为

$$\rho = \frac{M}{V} = \frac{mN}{V} = mn.$$

故由压强公式

$$p = \frac{1}{3}mn\overline{v^2} = \frac{1}{3}\frac{M}{V}\overline{v^2},$$

$$p = \frac{0.200 \times 200^2}{3 \times 10^{-2}} = 2.67 \times 10^5\,(\mathrm{Pa}).$$

例 15.2　在多高的温度下,气体分子的平均平动能等于一个电子伏特?

解　电子伏特是近代物理中常用的一种能量单位,用 eV 表示. 它指的是,一个电子在电场中通过电位差为 1 V 的区间时,由于电场力做功所获得的能量. 电子电量

$$e = 1.602\,189\,2 \times 10^{-19}\ \mathrm{C},$$

所以电子通过电位差为 1 V 的区间时,电场力对它所做的功,即它所获得的能量为

$$A = 1.602\,189\,2 \times 10^{-19}\ \mathrm{C} \times 1\ \mathrm{V} = 1.602\,189\,2 \times 10^{-19}\ (\mathrm{J}).$$

这就是说,

$$1\ \text{eV} = 1.602\ 189\ 2 \times 10^{-19}\ \text{J}.$$

设气体的温度为 T 时，其分子的平均平动能等于 1 eV，则根据公式有

$$\frac{3}{2}kT = 1.60 \times 10^{-19}\ \text{J}.$$

所以
$$T = \frac{2}{3}\,\frac{1.60 \times 10^{-19}\ \text{J}}{1.38 \times 10^{-23}\ \text{J/K}} = 7.73 \times 10^{3}\ \text{K}.$$

即约为 1 万开尔文.

15.2 麦克斯韦速率分布律

15.2.1 速率分布律

处于平衡态的气体，并非所有的分子都以方均根速率运动. 方均根速率只是分子速率的一种统计平均值. 实际上，各个分子各以不同的速率沿各个方向运动，有的分子速率较大，有的较小. 而且由于相互碰撞，对每一个分子来说，速度的大小和方向也在不断地改变，其速率有时大于方均根速率，有时小于方均根速率. 因此，个别分子的运动情况完全是偶然的，是不容易而且也不必要掌握的. 然而从大量分子的整体来看，在平衡态下，分子的速率却遵循着一个完全确定的统计分布，这又是必然的.

研究气体分子速率的分布情况，则与研究一般的分布问题相似，需要把速率分成若干相等的速率区间，例如，0～100 m/s 为一个区间，100～200 m/s 为一个区间，200～300 m/s 为又一区间，等等. 所谓研究分子速率的分布规律，就是要知道气体在平衡状态下，分布在各个速率区间内的分子数，各占气体分子总数的百分率为多少？以及大部分分子分布在哪一个速率区间等. 就好比要分析全国高校在校学生的年龄分布情况，可以把学生年龄分成许多相等的年龄段. 如 16—17 岁为一年龄组，17—18 岁为另一组，等等. 位于各个年龄段的学生人数占总人数的比率，就代表了学生年龄分布的规律.

因此，对于分子总数为 N 的理想气体，在平衡态下，将其分子速率分为许多相等的区间，$[0, v_1]$，$[v_1, v_2]$，$[v_2, v_3]$，…，$[v_{i-1}, v_i]$，…，并设 ΔN_1，ΔN_2，…，ΔN_i，… 分别为速率位于第 1 个区间，速率位于第 2 个区间，…，速率位于第 i 个区间内的分子数. 显然，$\dfrac{\Delta N_i}{N}$表示第 i 个速率区间内的分子数占分子总数的百分率. 由前所述，所谓速率分布律就是研究$\dfrac{\Delta N_i}{N}$的规律.

15.2.2 速率分布函数

密勒-库什(Miller and P. Kusch)实验：最早测定分子速率的实验是 1920 年由史特恩(Stern)设计的. 1934 年我国物理学家葛正权也进行过分子速率的测定，这里只介绍 1955 年密勒和库什所做的实验.

实验装置如图 15-2 所示. 实验中所用铊的温度是 870 K，蒸汽压为 0.425 6 Pa. R 是一

个用铝合金制成的圆柱体，柱长 $L=20.40\ \text{cm}$，半径 $r=10.00\ \text{cm}$，可绕中心轴转动. 可以用它精确地测定从蒸汽源开口逸出的金属原子速率. 为此在它上面沿纵向刻有许多条螺旋形细槽，槽宽 $l=0.0424\ \text{cm}$. 图中画出了其中一条. 细槽的入口狭缝处和出口狭缝处的半径之间的夹角为 $\varphi=4.8°$. 检测器 D 用来测定通过细槽的原子射线的强度. 整个装置放在抽成高真空 ($1.33\times10^{-5}\ \text{Pa}$) 的容器中.

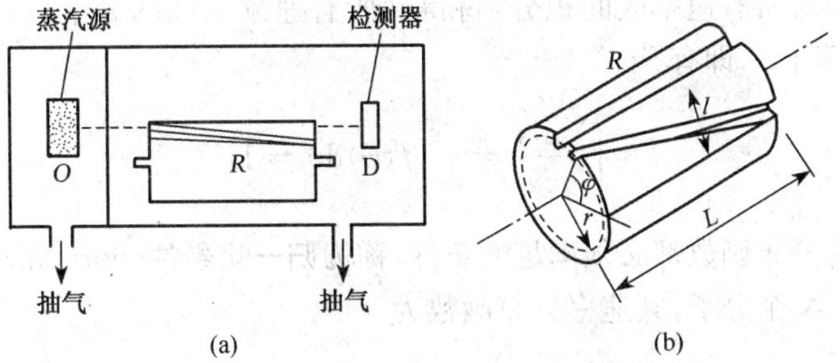

图 15-2　密勒-库什实验装置

当 R 以角速度 ω 匀速转动时，从蒸汽源逸出的能进入细槽的各种速率的原子，并不都能通过细槽从出口狭缝飞出. 只有那些速率满足 $\dfrac{L}{v}=\dfrac{\varphi}{\omega}$ 或 $v=\dfrac{\omega L}{\varphi}$ 关系的原子才能通过细槽. 其他速率的原子将沉积在槽壁上. 因此，R 实际上是个滤速器. 改变角速度 ω，就可以让不同速率的原子通过. 槽有一定宽度，相当于夹角中有一 $\Delta\varphi$ 的变化范围. 相应地，对于一定的 ω，通过细槽飞出的所有原子的速率在 $v\sim v+\Delta v$ 之内. 可根据上面的公式微分求出这里速率间隔 Δv 为

$$|\Delta v|=\frac{\omega L}{\varphi^2}\Delta\varphi=\frac{v}{\varphi}\Delta\varphi.$$

这样，通过测定检测器金属原子的相对强度，就能确定位于不同速率区间的相对分子数(即位于某区间内的分子数占分子总数的百分率). 密勒-库什实验的结果如图 15-3 所示. 图中 v_p' 表示最可几速率. 其物理意义将在以后阐述.

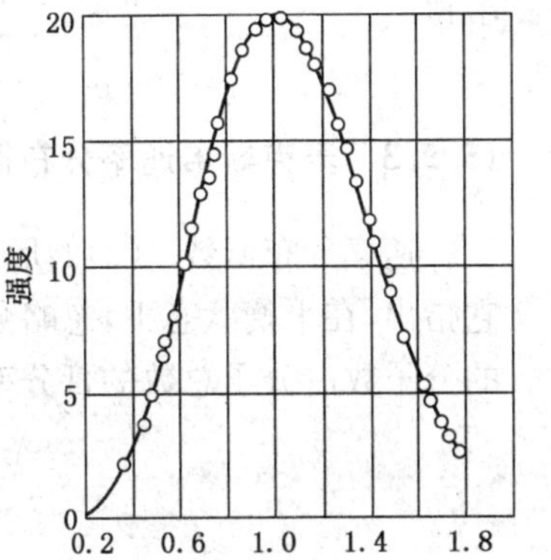

图 15-3　密勒-库什实验结果

设位于某速率区间 $[v,\ v+\Delta v]$ 内的分子数为 ΔN，显然，比值 $\dfrac{\Delta N}{N}$ 与速率间隔 Δv 成正比. 当 Δv 减小时，$\dfrac{\Delta N}{N}$ 减小. 从实验中可以看到，相对分子数关于速率 v 是连续分布的. 因此，当 Δv 趋向于零时，$\dfrac{\Delta N}{N\Delta v}$ 必趋向于某一常数. 令

$$f(v)=\lim_{\Delta v\to0}\frac{\Delta N}{N\Delta v}=\frac{\mathrm{d}N}{N\mathrm{d}v},\tag{15-10}$$

则称 $f(v)$ 为**速率分布函数**(speed distribution function). 它的物理意义是：速率在 v 附近，单位速率区间内的分子数占分子总数的百分率. 式(15-10)也可以改写为

$$\frac{dN}{N} = f(v)dv. \tag{15-11}$$

这里，相对分子数$\frac{dN}{N}$的物理意义是位于速率区间$[v, v+dv]$内的分子数占分子总数的百分率.

将式(15-11)对所有速率区间积分，将得到所有速率区间的分子数占总分子数百分率的总和. 它显然等于1，即有

$$\int_0^N \frac{dN}{N} = \int_0^\infty f(v)dv = 1. \tag{15-12}$$

式(15-12)是所有分布函数都必须满足的条件，称为**归一化条件**(normalizing condition).

例 15.3 有N个分子，其速率分布函数为

$$f(v) = \begin{cases} \frac{a}{3N}, & 0 \leqslant v < v_0,\ 4v_0 \leqslant v \leqslant 5v_0, \\ \frac{2a}{3N}, & v_0 \leqslant v < 2v_0,\ 3v_0 \leqslant v < 4v_0, \\ \frac{a}{N}, & 2v_0 \leqslant v < 3v_0, \\ 0. & v > 5v_0. \end{cases}$$

求常数a.

解 $\int_0^\infty f(v)dv = \frac{a}{3N}v_0 + \frac{a}{3N}v_0 + \frac{2a}{3N}v_0 + \frac{2a}{3N}v_0 + \frac{a}{N}v_0 = 1,$

求得
$$a = \frac{N}{3v_0}.$$

15.2.3 麦克斯韦速率分布律

速率分布函数$f(v)$的形式随条件的不同而不同，麦克斯韦速率分布律就是其中之一. 它指出，在平衡状态下，忽略分子的外界影响和分子间力，则气体分子速率在v到$v+dv$内的分子数占分子总数的百分率为

$$\frac{dN}{N} = 4\pi\left(\frac{m}{2\pi kT}\right)^{\frac{3}{2}} v^2 e^{-\frac{mv^2}{2kT}} dv. \tag{15-13}$$

由式(15-13)，可将麦克斯韦速率分布函数写为

$$f(v) = 4\pi\left(\frac{m}{2\pi kT}\right)^{\frac{3}{2}} v^2 e^{-\frac{mv^2}{2kT}}. \tag{15-14}$$

以v为横坐标，$f(v)$为纵坐标，画出的图线称为麦克斯韦速率分布曲线，如图15-4所示. 当$v=0$时，$f(v)=0$，当$v\to\infty$时，$f(v)\to 0$，因此，$f(v)$有一最大值，它所对应的速率称为最

可几速率(most probable speed). 最可几速率 v_p 的物理意义是：若把整个速率范围分成许多相等的小区间，则 v_p 所在的区间内的分子数占分子总数的百分率最大. 图15-4 中曲线下面宽度为 dv 的小窄条面积就等于在该区间内的分子数占分子总数的百分率 $\frac{dN}{N}$.

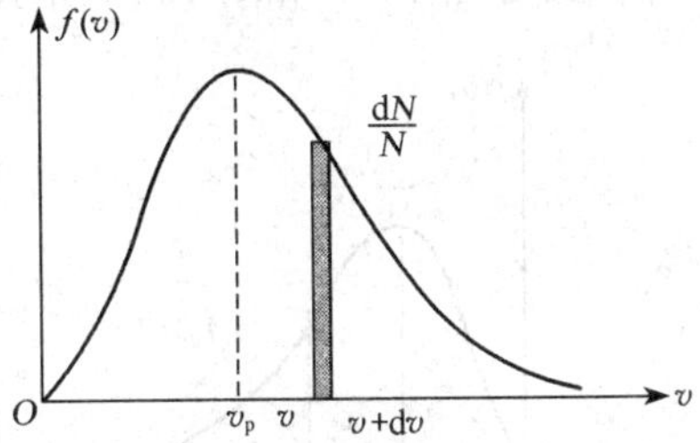

图 15-4　麦克斯韦速率分布曲线

15.2.4　三种速率

1. 最可几速率 v_p

要确定 v_p 的值，只需将式(15-14)求一次导数，并令其值为 0，即

$$\frac{df(v)}{dv}=0,$$

可得
$$v_p=\sqrt{\frac{2kT}{m}}=\sqrt{\frac{2RT}{\mu}}. \tag{15-15}$$

v_p 值决定了在一定温度下分子速率的分布.

2. 平均速率 $\bar{v}$

大量气体分子速率的算术平均值，称为**平均速率**(mean speed). 它确定了气体分子的平均自由程. 依定义

$$\bar{v}=\sum_i \frac{v_i \Delta N_i}{N}=\int v\frac{dN}{N}=\int_0^{\infty} vf(v)dv,$$

将式(15-14)代入上式，可得
$$\bar{v}=\sqrt{\frac{8kT}{\pi m}}=\sqrt{\frac{8RT}{\pi\mu}}. \tag{15-16}$$

3. 方均根速率 $\sqrt{\overline{v^2}}$

速率方均值也可由统计平均值的定义求出

$$\overline{v^2}=\sum_i v_i^2\frac{\Delta N_i}{N}=\int v^2\frac{dN}{N}=\int_0^{\infty} v^2 f(v)dv,$$

代入式(15-14)，即得
$$\overline{v^2}=\frac{3kT}{m}=\frac{3RT}{\mu}.$$

速率方均值的平方根定义为**方均根速率**(root-mean-square speed)，即

$$\sqrt{\overline{v^2}}=\sqrt{\frac{3kT}{m}}=\sqrt{\frac{3RT}{\mu}}.$$

此结果与式(15-9)相同. 它决定着分子的平均平动动能.

三种速率都是在统计意义上说明大量分子的运动速率的典型值，它们都与 $\sqrt{T}$ 成正比，与 $\sqrt{m}$ 成反比. 并且对同一气体在同一温度下，有 $\sqrt{\overline{v^2}}>\bar{v}>v_p$.

同种气体在不同温度下的麦氏速率分布曲线以及不同气体在同一温度下的麦氏速率分

布曲线如图 15-5 和图 15-6 所示.

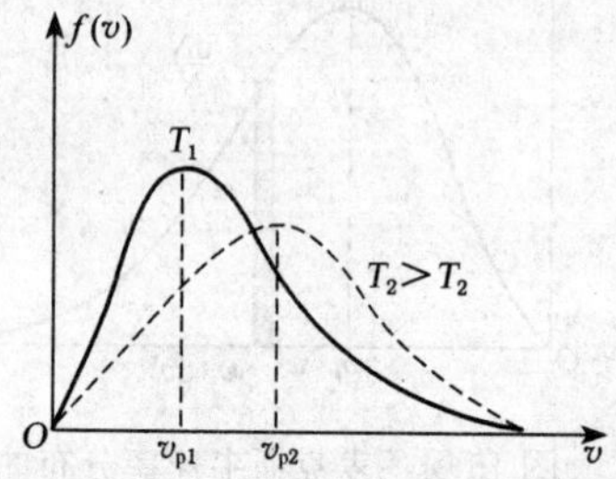

图 15-5　同种气体不同温度的麦氏速率分布

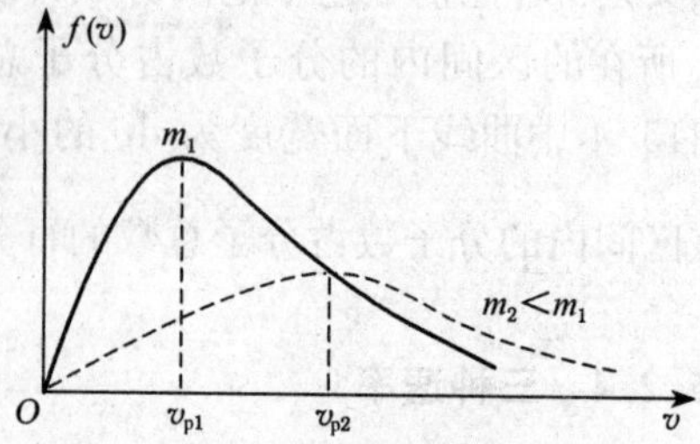

图 15-6　不同气体同一温度麦氏速率分布

例 15.4　若氧分子$[O_2]$气体离解为氧原子$[O]$气体后,其热力学温度提高一倍,则氧原子的平均速率是氧分子的平均速率的多少倍?

解　已知 $m_O = \dfrac{1}{2}m_{O2}$, $T_O = 2T_{O2}$, 所以

$$\frac{\overline{v}_O}{\overline{v}_{O2}} = \frac{\sqrt{\dfrac{8kT_O}{\pi m_O}}}{\sqrt{\dfrac{8kT_{O2}}{\pi m_{O2}}}} = 2.$$

在此条件下,氧原子的平均速率是氧分子的 2 倍.

例 15.5　在平衡状态下,已知 v_p 为最可几速率,m 为分子质量,$f(v)$为速率分布函数,说明下式的物理意义. (1) $\int_{v_p}^{\infty} f(v)\mathrm{d}v$; (2) $\int_0^{\infty}\frac{1}{2}mv^2 f(v)\mathrm{d}v$.

解　(1) 式的物理意义是: 分布在 $v_p \sim \infty$ 速率区间的分子数占分子总数的百分率; (2) 式的物理意义是: 分子平动动能的平均值.

例 15.6　求在标准状态下,1.0 m³ 氮气中速率处于 500~501 m/s 之间的分子数目.

解　已知 $T = 273.15\ \mathrm{K}$, $p = 1.013\times10^5\ \mathrm{Pa}$, $\mu = 28\times10^{-3}\ \mathrm{kg/mol}$, $V = 1.0\ \mathrm{m^3}$. 故得

$$m = \frac{\mu}{N_A} = \frac{28\times10^{-3}}{6.022\times10^{23}} = 4.65\times10^{-26}(\mathrm{kg}).$$

由理想气体状态方程

$$pV = \frac{M}{\mu}RT,$$

把 $\dfrac{M}{\mu} = \dfrac{N_0}{N_A}$, 代入上式(其中 N_0 为总的分子数,N_A 为阿伏伽德罗常数),解得

$$N_0 = \frac{pVN_A}{RT} = \frac{1.013\times10^5\times1\times6.022\times10^{23}}{17.31\times273} = 2.7\times10^{25}(\text{个}).$$

根据麦克斯韦速率分布律

$$\frac{\Delta N}{N_0} = \left(\frac{\mu}{2\pi kT}\right)^{\frac{3}{2}} \mathrm{e}^{-\frac{mv^2}{2kT}}\cdot 4\pi v^2\Delta v,$$

其中，$v=500\ \mathrm{m/s}$，$\Delta v=1\ \mathrm{m/s}$.

代入上式得
$$\frac{\Delta N}{N_0}=1.85\times10^{-3}.$$

因此
$$\Delta N=1.85\times10^{-3}N_0=1.85\times10^{-3}\times2.7\times10^{25}=5.0\times10^{22}(\text{个}).$$

15.3　玻尔兹曼分布律

玻尔兹曼(Boltemann,1844—1906)是奥地利物理学家．他在气体动理论和热力学方面都有重要的贡献.

15.3.1　玻尔兹曼分布律

麦克斯韦分布律讨论的是处于平衡态的理想气体在没有外力场作用时分子速率的分布情况．如果气体分子处于外力场(如重力场、电场或磁场等)中，分子按空间位置的分布又将遵从什么规律呢?

在麦克斯韦分布函数的指数因子 $\mathrm{e}^{-\frac{mv^2}{2kT}}$ 中，$\frac{1}{2}mv^2=\varepsilon_t$ 是分子的平动动能，所以分子的速率分布与它们的平动动能有关．实际上，麦克斯韦已导出了理想气体分子速度的分布，即在速度区间 $\mathrm{d}v_x\mathrm{d}v_y\mathrm{d}v_z$ 的分子数与该区间内分子的平动动能 ε_t 有关，即有
$$\frac{\mathrm{d}N}{N}=\left(\frac{m}{2\pi kT}\right)^{\frac{3}{2}}\mathrm{e}^{-\frac{\varepsilon_t}{kT}}\mathrm{d}v_x\mathrm{d}v_y\mathrm{d}v_z.$$

玻尔兹曼把麦克斯韦速度分布律推广到气体分子在任意力场中的情形．在此情况下，应考虑到分子的总能量 $\varepsilon=\varepsilon_t+\varepsilon_p$，这里 ε_t 是分子动能，ε_p 是分子在力场中的势能．同时，由于一般来说势能随位置而定，分子在空间的分布是不均匀的，需要指明分子按空间位置的分布，即要指出位置坐标分别在 $x\sim x+\mathrm{d}x$，$y\sim y+\mathrm{d}y$，$z\sim z+\mathrm{d}z$ 区间内的相对分子数．这里 $\mathrm{d}x\mathrm{d}y\mathrm{d}z$ 称为位置区间，而 $\mathrm{d}v_x\mathrm{d}v_y\mathrm{d}v_z$ 称为速度区间．这样，一般来说，从微观统计的角度来说明理想气体的状态时，需要指出其分子在 $\mathrm{d}x\mathrm{d}y\mathrm{d}z\mathrm{d}v_x\mathrm{d}v_y\mathrm{d}v_z$ 所限定的各个状态区间内的相对分子数．于是，玻尔兹曼得到理想气体在平衡态下的状态区间内分子数的百分率为
$$\frac{\mathrm{d}N}{N}=\left(\frac{m}{2\pi kT}\right)^{\frac{3}{2}}\mathrm{e}^{-\frac{\varepsilon_t+\varepsilon_p}{kT}}\mathrm{d}x\mathrm{d}y\mathrm{d}z\mathrm{d}v_x\mathrm{d}v_y\mathrm{d}v_z.\tag{15-17}$$

上式表明了温度为 T 的平衡态下任何系统的微观粒子按状态的分布.

如果将式(15-17)对所有可能的速度积分，并考虑到麦克斯韦分布函数的归一化条件
$$\int_{-\infty}^{\infty}\left(\frac{m}{2\pi kT}\right)^{\frac{3}{2}}\mathrm{e}^{-\frac{\varepsilon_t}{kT}}\mathrm{d}v_x\mathrm{d}v_y\mathrm{d}v_z=1,$$

则可将式(15-17)写为
$$\frac{dN'}{N}=e^{-\frac{\varepsilon_p}{kT}}dxdydz.$$

式中,dN'表示分布在坐标区间$x\sim x+dx$, $y\sim y+dy$, $z\sim z+dz$内具有各种速度的分子数. 以$dV=dxdydz$除上式,则得分布在坐标区间$x\sim x+dx$, $y\sim y+dy$, $z\sim z+dz$内单位体积的分子数n,即

$$n=Ne^{-\frac{\varepsilon_p}{kT}}.$$

设n_0表示$\varepsilon_p=0$处单位体积内具有各种速度的分子数,则$n_0=N$,上式可改写为

$$n=n_0e^{-\frac{\varepsilon_p}{kT}}. \tag{15-18}$$

式(15-18)就是玻尔兹曼分布律的一种常用形式,它是分子按势能的分布律.

*15.3.2 重力场中粒子按高度的分布

根据玻耳兹曼分布律,可以确定气体分子在量力场中按高度分布的规律. 如果取坐标轴z竖直向上,并设$z=0$处单位体积内的分子数为n_0,则分布在z处单位体积内的分子数为

$$n=n_0e^{-\frac{mgz}{kT}}. \tag{15-19}$$

式(15-19)指出,在重力场中气体分子数密度n随高度的增加按指数而减小. 分子质量m越大,重力的作用越显著,n的减小就越迅速;气体的温度越高,分子无规则运动越剧烈,n的减小就越缓慢.

应用式(15-19),很易确定气体压强随高度变化的规律. 如果把气体看做理想气体,则在一定温度下,其压强与分子数密度n有关,即

$$p=nkT.$$

将式(15-19)代入上式,可得

$$p=n_0kTe^{-\frac{mgz}{kT}}.$$

若以$p_0=n_0kT$表示在$z=0$处的压强,则上式又可写为

$$p=p_0e^{-\frac{mgz}{kT}}=p_0e^{-\frac{\mu gz}{RT}}. \tag{15-20}$$

式(15-20)称为等温气压公式,它表示大气压力随高度按指数减小. 由于大气的温度是随高度变化的,所以只有在高度相差不大的范围内,计算结果才与实际情形符合.

15.4 能量均分定理

15.4.1 自由度

所谓某一物体的**自由度**(degree of freedom),就是决定该物体在空间的位置所需要的独立坐标的数目.

1. 质点的自由度

如果一个质点做任意的空间运动,描述其空间位置需要三个独立坐标,如x, y, z,因此这质点的自由度$i=3$,这三个自由度是平动自由度. 如飞机的自由度为3.

如果质点被限定做任意的平面运动,这样该质点就只有两个自由度了,即$i=2$. 如在水

面上航行的轮船，其自由度为 2.

如果质点被限制只能在一条给定的直线或曲线运动，则该质点的自由度 $i=1$. 如将火车看作质点，则在轨道上运行的火车的自由度为 1. 一个做平面圆运动的质点的自由度是多少呢？答案是 1 而不是 2. 因为此时我们虽用 x, y 两个坐标来描述其运动，但这两个坐标在该情况下并不是独立的. 它们通过轨道方程 $x^2+y^2=R^2$ 相联系.

2. 刚体的自由度

首先来看较为简单的一种刚体，即由两个质点经无质量的刚性杆连接而成的刚体，如图 15-7 所示. 决定该刚体质心的空间位置需要 3 个平动自由度，即 $t=3$. 该刚体还可以绕 x 轴和 z 轴转动，因此，尚需 2 个自由度来描述该刚体的转动，即转动自由度 $r=2$. 由于 m_1 和 m_2 是质点. 故该刚体以自身的连线为轴的转动是无意义的. 该刚体的自由度是平动自由度与转动自由度之和，即 $i=t+r=5$.

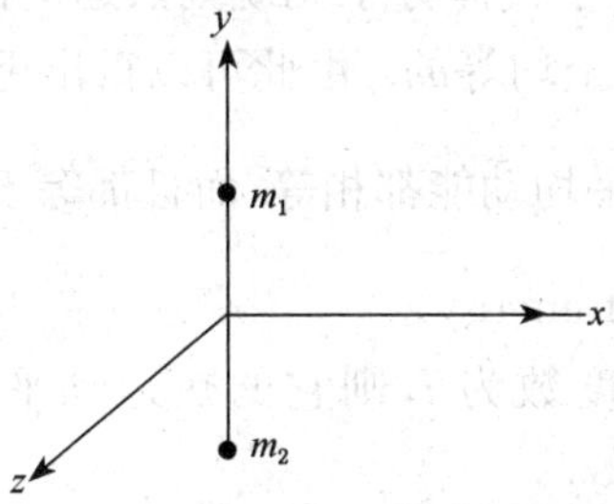

图 15-7 轻杆连接的两个质点

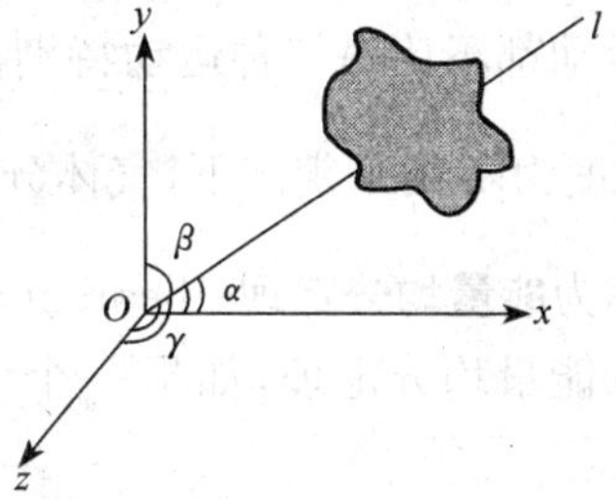

图 15-8 任意的自由刚体

对于任意的自由刚体，如图 15-8 所示. 描述其质心平动的自由度 $t=3$，描述其转轴 l 的位置需要两个独立坐标(α, β, γ 中只有两个是独立的，因为它们满足方程 $\cos^2\alpha+\cos^2\beta+\cos^2\gamma=1$)，描述刚体绕 l 轴转动需要一个独立坐标，所以描述该刚体的转动自由度为 $r=2+1=3$. 该刚体的总自由度 $i=t+r=6$.

3. 分子的自由度

(1) **单原子分子**. 单原子分子可以看作是一个自由质点，故其自由度为 $i=t=3$.

(2) **刚性双原子分子**. 对于刚性双原子分子，可以把原子看作质点，即该分子是由两个质点经轻杆相连的刚体，故其自由度为 $i=t+r=5$.

(3) **非刚性双原子分子**. 此种情况下，分子内两原子有振动，两原子的相对位置发生改变，因此，需用一个振动自由度 $s=1$ 来描述两原子的相对位置. 该分子的自由度为 $i=t+r+s=3+2+1=6$.

需要指出的是，仅在高温下(一般为 2 100℃以上)，分子中原子的振动才较为显著，因此，在常温下，一般不考虑振动自由度.

(4) **刚性多原子分子**. 对于由 3 个(或 3 个以上)原子组成的刚性多原子分子，可以看作自由刚体，其自由度为 $i=t+r=6$.

(5) **非刚性多原子分子**. 分子内各原子间有振动，$s=3N-6$，其中 N 为分子中的原子总数，s 为振动自由度数. 此分子的总自由度为 $i=r+t+s=3N$.

15.4.2 能量均分定理

我们在 15.1 节中已经证明，理想气体分子的平均平动动能是

$$\overline{\varepsilon_t} = \frac{1}{2}m\overline{v^2} = \frac{3}{2}kT.$$

式中，$\overline{v^2} = \overline{v_x^2} + \overline{v_y^2} + \overline{v_z^2}$，且有$\overline{v_x^2} = \overline{v_y^2} = \overline{v_z^2} = \frac{\overline{v^2}}{3}$. 由此得到

$$\frac{1}{2}m\overline{v_x^2} = \frac{1}{2}m\overline{v_y^2} = \frac{1}{2}m\overline{v_z^2} = \frac{1}{2}kT. \tag{15-21}$$

式(15-21)指出，分子的平均平动动能$\frac{3}{2}kT$均匀地分配在每一个平动自由度上，每一个平动自由度上的平均能量是$\frac{1}{2}kT$.

这个结论可以推广到气体分子的转动和振动. 由于气体分子无规则热运动的结果，任何一种运动都不比另一种运动特别占优势，机会是完全均等的. 由此可以得出更一般的结论：在温度为T的平衡态下，气体分子每个自由度的平均动能都相等，而且都等于$\frac{1}{2}kT$. 这一结论称为**能量均分定理**(theorem of equipartition of energy).

根据能量均分定理，如果一个气体分子的自由度数为i，则它的热运动平均总动能就是

$$\bar{\varepsilon}_k = \frac{i}{2}kT = \frac{1}{2}(t+r+s)kT. \tag{15-22}$$

其中，$\frac{1}{2}tkT = \bar{\varepsilon}_t$是平均平动动能；$\frac{1}{2}rkT = \bar{\varepsilon}_r$是平均转动动能；$\frac{1}{2}skT = \bar{\varepsilon}_s$是平均振动动能.

由振动学知道，弹性谐振子在一周期内平均振动动能和平均振动势能是相等的. 由于分子内原子的小振动可近似看作弹性振子的简谐振动，所以对于每一个振动自由度，分子除了具有$\frac{1}{2}kT$的平均振动动能外，还具有$\frac{1}{2}kT$的平均振动势能. 因而总的平均振动能量是kT. 这样，把分子的振动势能计入后，一个分子的平均能量(平动、转动、振动动能和振动势能之和)为

$$\bar{\varepsilon} = \frac{1}{2}(t+r+2s)kT. \tag{15-23}$$

对于单原子分子 $\bar{\varepsilon} = \bar{\varepsilon}_t = \frac{3}{2}kT$；

对于刚性双原子分子 $\bar{\varepsilon} = \bar{\varepsilon}_t + \bar{\varepsilon}_r = \frac{5}{2}kT$；

对于非刚性双原子分子 $\bar{\varepsilon} = \bar{\varepsilon}_t + \bar{\varepsilon}_r + 2\bar{\varepsilon}_s = \frac{7}{2}kT$；

对于刚性多原子分子 $\bar{\varepsilon} = \bar{\varepsilon}_t + \bar{\varepsilon}_r = \frac{6}{2}kT.$

这里再次指出，只有在高温条件下，才考虑分子内原子的振动. 在一般情况下，把分子当作是刚性的.

15.4.3 理想气体的内能

1. 气体的内能

把气体所包含的所有分子的能量和分子间相互作用的势能的总和，称为**气体的内能**(internal energy). 这里，分子间的势能和分子内原子的振动势能是两个不同的概念，不能混为一谈. 由能量均分定理可知，分子的平均能量仅与温度 T 有关，而分子间势能一般与气体体积 V 有关，因此，气体的内能 $E = E(T, V)$ 一般是温度和体积的函数.

2. 理想气体的内能

理想气体忽略了分子间力，因而理想气体的内能中不存在分子间的相互作用势能. 理想气体的内能是所有分子热运动能量的总和. 显然，理想气体的内能 $E = E(T)$ 仅是温度的单值函数.

每一个分子热运动平均能量为 $\frac{1}{2}(t+r+2s)kT$，1 mol 气体有 N_0 个分子，故 1 mol 理想气体的内能为

$$E_{mol} = N_0 \cdot \frac{1}{2}(t+r+2s)kT = \frac{1}{2}(t+r+2s)RT. \tag{15-24}$$

质量为 M，摩尔数为 ν 的理想气体的内能为

$$E = \frac{M}{\mu}\frac{1}{2}(t+r+2s)RT = \frac{\nu}{2}(t+r+2s)RT. \tag{15-25}$$

单原子分子气体 $E = \frac{3}{2}\frac{M}{\mu}RT = \frac{3}{2}\nu RT;$

刚性双原子分子气体 $E = \frac{5}{2}\frac{M}{\mu}RT = \frac{5}{2}\nu RT;$

刚性多原子分子气体 $E = 3\frac{M}{\mu}RT = 3\nu RT.$

上面这些结果说明理想气体的内能仅与温度有关. 当一定质量的理想气体在不同的状态变化过程中，只要温度的变化量相等，那么它的内能的变化量也相同，而与过程无关. 或者说，理想气体的内能是一个状态量.

例 15.7 三个容器分别储有 1 mol 氦气、1 mol 氢气和 1 mol 氨(NH_3)气(均视为刚性分子理想气体). 若它们的温度都升高 1 K，则三种气体的内能的增加值为多少？

解 氦气是单原子分子气体 $\Delta E = \frac{3}{2}R\Delta T = 12.47(\text{J}).$

氢气是双原子分子(刚性)气体　$\Delta E = \frac{5}{2}R\Delta T = 20.78(\text{J})$.

氨气是多原子分子(刚性)气体　$\Delta E = 3R\Delta T = 24.93(\text{J})$.

例 15.8　设气体分子为刚性分子，分子自由度数为 i，则当温度为 T 时，1 个分子的平均动能为多少？1 mol 氧气分子转动动能总和为多少？

解　(1) 1 个分子的平均动能 $\bar{\varepsilon}_k = \frac{1}{2}ikT$.

(2) 1 mol 氧气的转动动能总和为

$$E_r = N_0\bar{\varepsilon}_r = N_0\frac{1}{2}rkT = \frac{r}{2}RT.$$

此处 $r = 2$，故 $E_r = RT$.

例 15.9　设温度为 27℃的 1 mol 氧气，求：

(1) 一个氧分子的平均平动能、平均转动能和平均总能量；

(2) 一摩尔氧气平动动能、转动动能和内能；

(3) 温度升高 1℃时，其内能增加多少？

解　27℃属常温，氧分子可视为刚性双原子分子，$t = 3$, $r = 2$, $s = 0$.

(1) 由式(15-22)知

$$\bar{\varepsilon}_t = \frac{3}{2}kT = \frac{3}{2}\times 1.38\times 10^{-23}\times 300 = 6.21\times 10^{-21}(\text{J}),$$

$$\bar{\varepsilon}_r = \frac{2}{2}kT = \frac{2}{2}\times 1.38\times 10^{-23}\times 300 = 4.14\times 10^{-21}(\text{J}),$$

$$\bar{\varepsilon} = \frac{5}{2}kT = \frac{5}{2}\times 1.38\times 10^{-23}\times 300 = 1.04\times 10^{-20}(\text{J}).$$

(2) 1 mol 氧气平动动能、转动动能和内能为

$$E_t = \frac{3}{2}RT = \frac{3}{2}\times 8.31\times 300 = 3.74\times 10^{3}(\text{J}),$$

$$E_r = \frac{2}{2}RT = \frac{2}{2}\times 8.31\times 300 = 2.49\times 10^{3}(\text{J}),$$

$$E = \frac{5}{2}RT = \frac{5}{2}\times 8.31\times 300 = 6.23\times 10^{3}(\text{J}).$$

(3) 温度升高 1℃时，其内能增加

$$\Delta E = \frac{5}{2}R\Delta T = \frac{5}{2}\times 8.31\times 1 = 20.8(\text{J}).$$

15.5　分子碰撞频率的统计规律

按照气体分子运动论，在常温下，气体分子的平均速度约为数百米每秒. 这样看来，气体内发生的过程，好像都应在一瞬间完成. 但实际情况并非如此，气体的扩散过程进行得很慢. 例如，打开香水瓶盖，距离几米远的人要几分钟才能闻到香水味. 为了解释这个现象，克劳修斯首先提出了分子相互碰撞的概念. 分子虽然运动很快，但一秒钟内要发生若干亿次碰撞，每碰一次，运动方向改变一次，所以分子是沿着一条极为曲折的道路运动的，结果它由一处运动到另一处要花较长的时间.

气体分子在杂乱无章的运动中不断地相互碰撞，速度不断改变，每个分子每秒钟与其他分子碰撞的次数是个随机变量. 但对大量分子的碰撞统计平均，就具有一定的统计规律性. 我们把每个分子每秒钟与其他分子碰撞的平均次数，称为**平均碰撞频率**(mean collision frequency)，用符号$\overline{Z}$表示. 在任意两次相互碰撞之间，每个分子自由走过的路程，就是所谓的自由程. 对个别分子来说，自由程时长时短，并没有一定的量值，因此，需要采用统计方法. 定义每两次连续碰撞间一个分子自由路程的平均值为分子的平均自由程(mean free path)，用符号$\overline{\lambda}$表示.

显然，分子的平均碰撞频率$\overline{Z}$、平均自由程$\overline{\lambda}$以及平均速率$\overline{v}$三者之间存在如下关系：

$$\overline{\lambda} = \frac{\overline{v}}{\overline{Z}}. \tag{15-26}$$

15.5.1　平均碰撞频率

为了使计算简单，假定每个分子都是直径为 d 的刚性小球. 此处 d 就称为分子的有效直径(effective diameter). 分子间的相互作用过程看作是刚性小球的弹性碰撞，且碰撞在同一种分子中进行. 跟踪一个分子，假定其他分子静止不动，该分子以平均相对速率$\overline{u}$运动. 跟踪的是 A 分子，如图 15-9 所示. 计算它在 Δt 时间内与多少分子相碰.

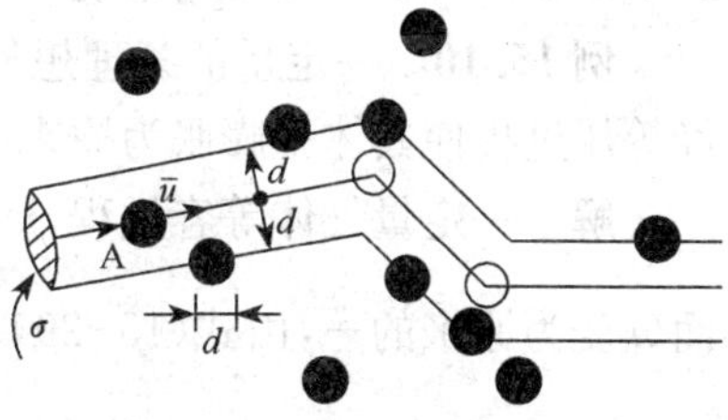

图 15-9　$\overline{Z}$的计算图

在分子 A 的运动过程中，显然只有其中心与 A 的中心之间相距小于或等于分子有效直径的那些分子才能与 A 相碰. 因此，为了确定在一段时间内有多少个分子与 A 碰撞，可设想以 A 为中心的运动轨迹为轴线，以分子有效直径为半径作一个曲折的圆柱体. 这样，凡是中心在此圆柱体内的分子都会与 A 相碰. 而圆柱体外的分子将不能与 A 相碰. 圆柱体的截面积 $\sigma = \pi d^2$ 称为分子的**碰撞截面**(collision cross-section).

在时间 Δt 内，A 分子所走过的路程为$\overline{u}\Delta t$，相应的圆柱体的体积为 $\pi d^2\overline{u}\Delta t$. 若以 n 表示分子数密度，则此圆柱体内的分子数为 $n\pi d^2\overline{u}\Delta t$. 根据前面所述，这就是分子 A 在 Δt 时间内与其他分子的碰撞次数. 因此，分子的平均碰撞频率为

$$\overline{Z} = \frac{n\pi d^2\overline{u}\Delta t}{\Delta t} = n\pi d^2\overline{u}. \tag{15-27}$$

式中，相对平均速率$\bar{u}$应用起来不太方便，需要把它和平均速率联系起来. 考虑两分子A和B的碰撞，其平均速率(对地)均为$\bar{v}$. 但平均速度方向不同. 由于分子运动的无规则性，两分子速度方向之间的夹角从0°～180°各个方向的概率都相等，因此，平均来说，两分子碰撞时速度间的夹角为90°，如图15-10所示. 由速度合成定理，相对平均速度$\bar{\boldsymbol{u}}$应是$\bar{\boldsymbol{v}}_{A地}$与$\bar{\boldsymbol{v}}_{B地}$的矢量差. 由于$\bar{v}_{A地}=\bar{v}_{B地}=\bar{v}$，故有$\bar{u}=\sqrt{2}\,\bar{v}$. 将此结果代入式(15-27)，可得

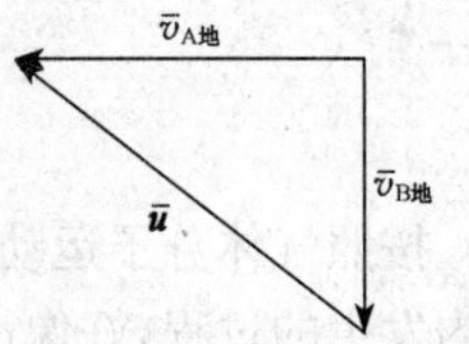

图15-10　$\bar{u}$的计算图

$$\bar{Z}=\sqrt{2}\pi d^2\,\bar{v}n. \tag{15-28}$$

15.5.2　平均自由程

将式(15-28)代入式(15-26)，可得分子的平均自由程为

$$\bar{\lambda}=\frac{1}{\sqrt{2}\pi d^2 n}. \tag{15-29}$$

式(15-29)说明，平均自由程与分子有效直径的平方以及单位体积的分子数成反比，而与平均速率无关. 将理想气体状态方程$p=nkT$代入式(15-29)，有

$$\bar{\lambda}=\frac{kT}{\sqrt{2}\pi d^2 p}. \tag{15-30}$$

可知当温度一定时，$\bar{\lambda}$与压强成反比.

对于空气分子，取分子的有效直径$d=3.5\times10^{-10}$ m，则在标准状态下，空气分子的平均自由程$\bar{\lambda}=6.9\times10^{-8}$ m，约为d的200倍. 已知空气的平均摩尔质量为29×10^{-3} kg/mol，可求出空气分子在标准状态下的平均速率$\bar{v}=448$ m/s. 由此可求得平均碰撞频率$\bar{Z}=6.5\times10^9$/s，即平均来说，一个分子与其他分子每秒碰撞65亿次.

例15.10　一定量的某理想气体，先经等容过程使其热力学温度升高为原来的2倍，再经等压过程使其体积膨胀为原来的2倍，则分子的平均自由程变为原来的多少倍?

解　一定量气体等容过程，n不变，故$\bar{\lambda}$不变. 在等压过程中，体积变为原来的2倍，因而n变为原来的$\frac{1}{2}$，由式(15-29)，平均自由程$\bar{\lambda}$变为原来的2倍.

习题15

15.1　若理想气体的体积为V，压强为p，温度为T，一个分子的质量为m，k为玻尔兹曼常量，R为普适气体常量，求该理想气体的分子数.　[$pV/(kT)$]

15.2　有一个电子管，其真空度(即电子管内气体压强)为1.0×10^{-5} mmHg，求27℃时管内单位体积的分子数.(玻尔兹曼常量$k=1.88\times10^{-23}$ J/K，1 atm $=1.013\times10^5$ Pa $=76$ cmHg)　[$3.2\times10^{17}/\text{m}^3$]

15.3　有2×10^3 m³刚性双原子分子理想气体，其内能为6.75×10^2 J. 玻尔兹曼常量$k=1.38\times10^{-23}$ J/K. (1) 试求气体的压强；(2) 设分子总数为5.4×10^{22}个，求分子的平均平动动能及气体的温度.

[1.35×10^5 Pa；7.5×10^{-21} J，362 K]

15.4　一铁球由10 m高处落到地面，回升到0.5 m高处. 假定铁球与地面碰撞时损失的宏观机械能

全部转变为铁球的内能，则铁球的温度将升高多少？（铁的比热容 $c = 501.6\ \text{J} \cdot \text{kg}^{-1} \cdot \text{K}^{-1}$）　[0.186 K]

15.5　储有某种刚性双原子分子理想气体的容器以速度 $v = 100\ \text{m/s}$ 运动，假设该容器突然停止，气体的全部定向运动动能都变为气体分子热运动的动能，此时容器中气体的温度上升 6.74 K，求容器中气体的摩尔质量 μ.（普适气体常量 $R = 8.31\ \text{J} \cdot \text{mol}^{-1} \cdot \text{K}^{-1}$）　[$28 \times 10^{-3}$ kg/mol]

15.6　在标准状态下，若氧气（视为刚性双原子分子的理想气体）和氦气的体积比 $V_1/V_2 = 1/2$，求其内能之比 E_1/E_2.　[5/6]

15.7　水蒸气分解成同温度的氢气和氧气，内能增加了百分之几（不计振动自由度和化学能）？　[25%]

15.8　水蒸气分解为同温度 T 的氢气和氧气时（$H_2O \rightarrow H_2 + \frac{1}{2}O_2$），1 mol 的水蒸气可分解成 1 mol 氢气和 $\frac{1}{2}$ mol 氧气. 当不计振动自由度时，求此过程中内能的增量.　[$(3/4)RT$]

15.9　有两瓶气体，一瓶是氦气，另一瓶是氢气（均视为刚性分子理想气体），若它们的压强、体积、温度均相同，则氢气的内能是氦气的多少倍？　[5/3]

15.10　设声波通过理想气体的速率正比于气体分子的热运动平均速率，则声波通过具有相同温度的氧气和氢气的速率之比 v_{O_2}/v_{H_2} 是多大？　[1/4]

15.11　氮气在标准状态下的分子平均碰撞频率为 $5.42 \times 10^8\ \text{s}^{-1}$，分子平均自由程为 6×10^{-6} cm，若温度不变，当气压降为 0.1 atm，分子的平均碰撞频率与平均自由程分别变为多少？

[$5.42 \times 10^7\ \text{s}^{-1}$；$6 \times 10^{-5}$ cm]

第 16 章 热力学第一定律

热力学不考虑物体的微观结构和过程，而以观测和实验事实为依据，从能量的观点来研究物态变化过程中有关热、功以及它们之间相互转换的关系和条件. 热力学第一定律讨论热功转换时的数量关系.

16.1 热力学第一定律

16.1.1 内能、功和热量

1. 内能

在第 15 章中已涉及内能的概念，即内能是系统内部运动及相互作用所具有的能. 更狭义的是指系统分子无规则运动的能量及分子间相互作用势能. 由于关心的是内能的变化，而不是内能的绝对大小，因而可以不计分子中的原子能量、原子内部、核内部、电子、核子内部的能量，因为在一般的热力学过程中，这部分能量不发生变化.

在一定状态下，物体的内能只有一个数值. 例如，一定量气体，只要状态参量压强 p、体积 V 和温度 T 确定了，它的内能就只有一个数值. 或者说，内能是系统状态的单值函数. 内能的变化仅决定于系统初、末两个状态，而与变化的过程无关. 内能是一个状态量.

2. 功

在力学中，力对物体做的功定义为力与位移的点乘积，$\mathrm{d}A=\boldsymbol{F}\cdot\mathrm{d}\boldsymbol{l}$，力矩的功则为 $\mathrm{d}A=\boldsymbol{M}\cdot\mathrm{d}\boldsymbol{\theta}$. 在热学中研究得最多的是气体的准静态过程. 例如，封闭在汽缸内的气体，其体积可通过活塞来改变，如图 16-1 所示. 设活塞面积为 S，气体压强为 p，气体经准静态过程而膨胀，使活塞移动一微小距离 $\mathrm{d}l$，则气体做功

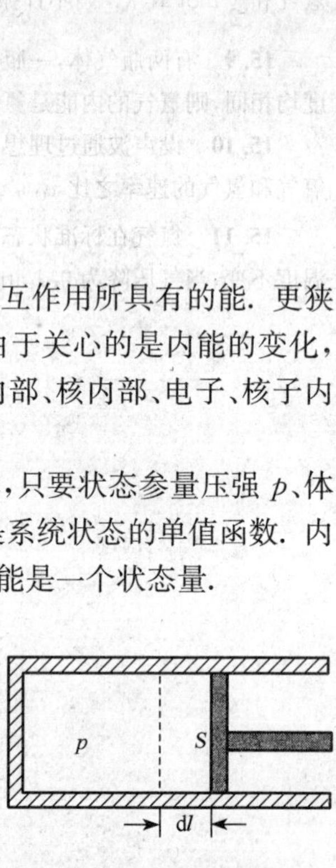

图 16-1 气体做功示意图

$$\mathrm{d}A=F\mathrm{d}l=pS\mathrm{d}l=p\mathrm{d}V. \tag{16-1}$$

式中，$F=pS$ 是作用于活塞的压力；$\mathrm{d}V=S\mathrm{d}l$ 是气体体积的变化. 显然，如果气体膨胀，$\mathrm{d}A>0$，气体对外界做正功；如果气体被压缩，$\mathrm{d}A<0$，气体对外界做负功，或说外界对系统做正功.

如果气体经一有限的准静态过程，使体积从 V_1 变为 V_2，则此过程中，气体做功为

$$A=\int_{V_1}^{V_2}p\mathrm{d}V. \tag{16-2}$$

式(16-1)和式(16-2)就是准静态过程中气体做功的计算式. 需要着重指出，只给定初态和

终态，并不能确定功的数值，功的数值与过程有关，即从**一定**的初态经**不同过程**到达**一定**的终态时，功的数值不同，如在图 16-2 中，初态(p_1, V_1)和终态(p_2, V_2)给定后，连接初态和终态的曲线可以有无穷多条，它们对应于不同的过程. 图 16-3(a)、(b)、(c)中分别画出了Ⅰ、Ⅱ、Ⅲ三条曲线. 曲线Ⅰ表示系统从初态(p_1, V_1)出发，先在定压 p_1 下使体积膨胀到 V_2，再在一定体积 V_2 下降压到终态(p_2, V_2)；曲线Ⅱ表示系统从初态(p_1, V_1)出发，先在一定体积 V_1 下降压到 p_2，再在定压 p_2 下使体积膨胀到 V_2；曲线Ⅲ则表示由初态(p_1, V_1)变化到终态(p_2, V_2)的任一过程. 如上所述，图中画斜线部分的面积应等于 $-A$，由于不同曲线下的面积，随曲线的不同而有不同的值，这就表明，从状态(p_1, V_1)经不同的过程到状态(p_2, V_2)，外界对系统做的功是不同的. 总之，通过做功的方式可使系统的状态发生变化，但功的数值却与过程的性质有关；**功不是系统状态的特征，而是过程的特征.** 这一点对任何其他类型的功都同样成立. 因此，我们可以说系统的温度和压强是多少(它们是系统状态的特征)，但绝不能说"系统的功是多少"或"处于某一状态的系统有多少功". 只有当初末两态以及过程都确定之后，功 A 才有确定的值. 由积分的几何意义，用式(16-2)求出的功的大小等于 $p-V$ 图上过程曲线下的面积，如图 16-3 所示.

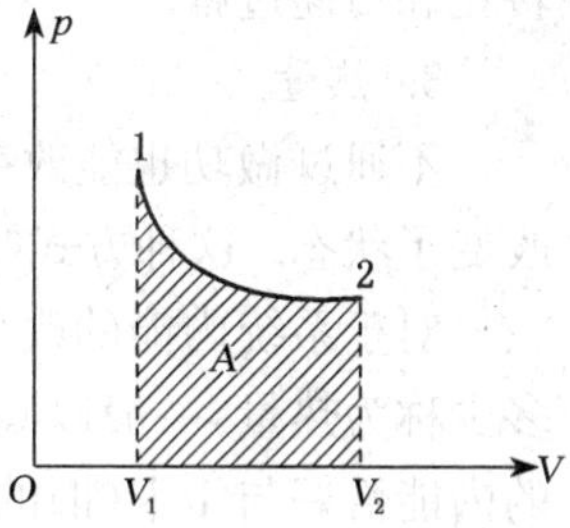

图 16-2 功的图示

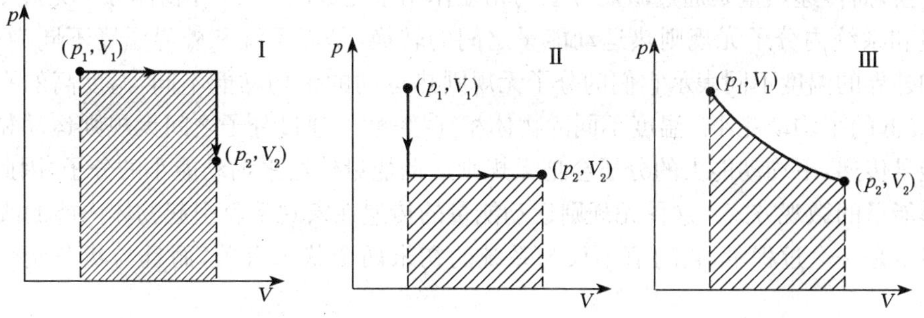

(a) (b) (c)

图 16-3 做功的不同过程

功的概念还可以扩充到其他领域，例如，在直流电路中，电流 $I=U/R$ 通过电阻 R，在 $\mathrm{d}t$ 时间内搬运电荷 $\mathrm{d}q=I\mathrm{d}t$，在此过程中的电功为

$$\mathrm{d}A=U\mathrm{d}q=IR\cdot I\mathrm{d}t=I^2R\mathrm{d}t.$$

这就是著名的焦耳定律. 其他一些非机械功，如电极化功、磁化功等，就不一一列举了.

把上述 F, M, p, U 等**强度量**(intensive quantity)看作"**广义力**"(generalized force)，记为 Y，把 $\mathrm{d}l$, $\mathrm{d}\theta$, $\mathrm{d}q$, $\mathrm{d}V$ 等**广延量**(extensive quantity)(广延量与系统中物质的量成正比，是可相加的；强度量则与系统中物质的量无关，是非相加的)看作"**广义位移**"(generalized displacement)，记作 $\mathrm{d}X$，则**广义功**(generalized work)可概括地写为

$$\mathrm{d}A=Y\mathrm{d}X. \tag{16-3}$$

功是能量传递和转化的度量. 在系统由于做功发生的状态变化过程中，有什么能量的

传递和转化呢？这可以从微观上来说明．“摩擦功”和“体积功”都是机械功，它们总是和物体的宏观位移相联系的．物体发生宏观位移（如活塞运动）时，其中所有分子都将发生相同的位移．这就是说，所有分子在无规则运动的基础上，又具有共同的运动，后者称为有规则运动．在做功过程中，通过分子间的碰撞（如活塞的分子和缸内气体分子的碰撞或者相互摩擦的物体接触面两侧的分子的碰撞），使这种有规则运动转变为无规则运动，或者相反．物体分子有规则运动能量宏观上表现为机械能．物体分子无规则运动能量的总和在宏观上表现为物体的内能．因此，做机械功的过程是通过分子间的碰撞发生的宏观机械能和内能的转化和传递过程．

3．热量

不通过做功也能改变系统的内能．例如，把一壶冷水放到火炉上，水的温度逐渐升高而改变了状态．这种方式叫传热．

对于系统内能的改变来说，做功和传热具有相同的效果．传热过程中所传递的能量的多少称为热量，一般以 Q 表示，其单位也为 J．精确的实验指出：4.186 J 的功能使系统增加的内能恰好与 1 卡（旧的热量单位，符号为 cal）的热量传递所增加的内能相同，这就是热功当量，即 $1\ \text{cal} = 4.186\ \text{J}$．注意，在国际单位制中，已规定热量的单位用 J，而不再用 cal．

以上是说明热和功相当的一面，但它们的本质是有区别的．前已阐明，做功是通过物体间宏观位移来完成的，它是外界物体分子有规则运动能量与系统内分子无规则运动能量之间的转换；而传递热量是通过微观分子的相互作用来完成的，是外界物体分子无规则热运动的能量和系统内分子无规则热运动能量之间的转换，是以系统和外界温度不同为条件的．系统和外界的温度不同表示它们的分子无规则热运动的平均动能不同，温度高的平均动能大，温度低的平均动能小．温度不同的物体相互接触时，通过分子之间无规则运动相互碰撞进行能量传递，平均动能大的分子会把无规则运动能量传给平均动能小的分子，因此说传热是传递能量的微观方式．这种无规则运动能量的传递在宏观上就引起物体内能的改变．

热量是一个过程量，它的值不仅与系统的初末两个状态有关，而且与状态变化的过程有关．

热量是一个传递量，仅在两个系统之间存在能量传递时，热量才有意义．说某一系统具有多少热量，是没有任何物理意义的．

16.1.2 热力学第一定律

从实践中人们认识到，热力学系统的状态可以通过外界对系统的作用来改变．传递热量和做功是对系统作用的两种方式，这两种方式的效果相同．也就是说，系统从某一平衡态变化到另一平衡态，既可以通过外界对系统做功的方式实现，也可以通过只向系统传热的方式实现，还可以做功与传递热量两者皆有的方式来实现．从大量的实践过程中发现，只要系统的始末两个状态是确定的，那么，不论采用哪种方式和经过什么样的过程，过程中外界对系统做的功与向系统传递的热量的总和是一定的．即外界对系统做功与传递热量的总和只由系统的始末两个状态决定，而与中间经过什么样的路径及外界的作用方式无关．热力学第一定律就是包括热现象在内的能量守恒和转换定律．**热力学第一定律**（first law of thermodynamics）指出：**系统从外界吸收的热量，一部分使系统的内能增加，一部分用于系统对外界做功．**

对于一微小过程，热力学第一定律的数学表达式为

$$dQ = dE + dA, \tag{16-4}$$

而对于一有限过程，有

$$Q = \Delta E + A. \tag{16-5}$$

此处规定：系统从外界吸热 $Q(dQ)$ 为正，系统向外界放热 $Q(dQ)$ 为负；系统对外界做功 $A(dA)$ 为正，外界对系统做功 $A(dA)$ 为负；$\Delta E = E_2 - E_1$ 是内能的增量，即末态内能减去初态内能.

在准静态过程中，热力学第一定律可以写为

$$dQ = dE + p dV \tag{16-6}$$

或

$$Q = \Delta E + \int_{V_1}^{V_2} p dV. \tag{16-7}$$

历史上，有人企图制造一种机器，使系统状态经过变化后，又回到原状态 ($E_2 = E_1$)，如此继续不停地对外做功，而无需外界提供能源来向它传递能量. 这种机器叫**第一类永动机**(perpetual motion machine of the first kind). 这类永动机尝试的失败导致热力学第一定律的发现. 热力学第一定律明确指出，功不能无中生有地产生出来，必须由能量转变而获得. 很明显，第一类永动机是违反热力学第一定律的，因此是不可能实现的.

应该指出，热力学第一定律适用于任何系统的任何过程，无论这一过程是否准静态过程，只要系统的初、末两态是平衡态即可.

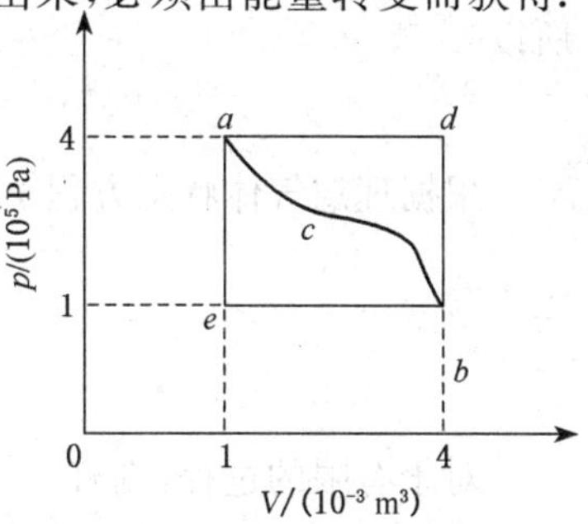

图 16-4

例 16.1　一定量的理想气体经历 acb 过程(图 16-4)时吸热 200 J，则经历 $acbda$ 过程时，吸热多少?

解　由图可知，$T_a = T_b$，所以 $E_a = E_b$，即 $\Delta E_{ab} = 0$.

在过程 bda 中，由热力学第一定律有

$$Q_{bda} = \Delta E_{ab} + A = 0 + \int_{4\times10^{-3}}^{1\times10^{-3}} 4\times10^5 dV = -1\,200(\text{J}).$$

所以，在过程 $acbda$ 中系统吸收的热量为

$$Q = Q_{acb} + Q_{bda} = 200 - 1\,200 = -1\,000(\text{J}).$$

16.2　理想气体的等值过程

等值过程是指系统的某个状态量不变化的过程. 对于气体系统，等值过程包括等容过程、等压过程和等温过程. 这些过程是讨论其他热力学过程的基础. 这里我们主要讨论理想气体系统在等值过程中功、内能变化及热量的计算.

16.2.1 等容过程

如果在变化过程中，气体的体积保持不变，即 $V=$ 恒量，$dV=0$，那么这种过程就称为**等容过程**(isochoric process). 在 $p-V$ 图(图 16-5)中，**等容线**(isochore)是平行于 p 轴的直线. 由查理(J. A. C. Charles, 1787)定律，等容过程的特征方程是

$$p/T=\text{恒量}.(\text{一定量气体})$$

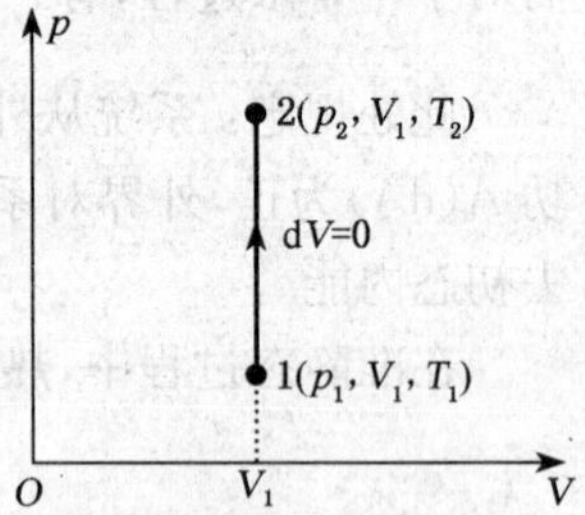

图 16-5 等容过程 $p-V$ 图

在等容过程中，由于系统的体积不变，从而 $dA=0$，系统与外界无功的交换. 由热力学第一定律

$$dQ_V=dE,$$

其中，下标 V 表示等容过程. 对于一定量理想气体，设分子为刚性的，其自由度为 i，则有

$$E=\frac{M}{\mu}\cdot\frac{i}{2}RT.$$

所以

$$dQ_V=\frac{M}{\mu}\cdot\frac{i}{2}RdT. \tag{16-8}$$

根据理想气体状态方程 $pV=\frac{M}{\mu}RT$，并注意到 $V=V_1$ 为常数，式(16-8)又可写成

$$dQ_V=\frac{i}{2}V_1dp. \tag{16-9}$$

对于有限的过程，则有 $Q_V=E_2-E_1$.

如果系统由刚性分子理想气体组成，则有

$$Q_V=\frac{M}{\mu}\cdot\frac{i}{2}R(T_2-T_1)=\frac{i}{2}V_1(p_2-p_1). \tag{16-10}$$

式(16-10)就是在等容过程中，理想气体所吸收(或放出)的热量与初、末状态参量间的关系式.

单位摩尔的物质，在等容过程中，温度升高(或降低)1 K 时吸收(或放出)的热量称为**定容摩尔热容量**(molar heat capacity at constant volume).

设有质量为 M、摩尔质量为 μ 的理想气体，在等容过程中吸收热量 dQ_V，相应的温度升高 dT，按定义，其定容摩尔热容量 c_V 为

$$c_V=\frac{\frac{dQ_V}{dT}}{\frac{M}{\mu}}. \tag{16-11}$$

式(16-11)可改写为

$$dQ_V = \frac{M}{\mu} c_V dT \tag{16-12}$$

或
$$Q_V = \frac{M}{\mu} c_V (T_2 - T_1). \tag{16-13}$$

由此可求得内能的变化
$$\Delta E = \frac{M}{\mu} c_V (T_2 - T_1). \tag{16-14}$$

由于内能是状态量，故上述求内能变化的公式适用于任何过程. 只要理想气体初态温度为 T_1，末态温度为 T_2，无论气体经什么过程从初态变到末态，其内能的增量都由式(16-14)决定.

对于一微小过程，有
$$dE = \frac{M}{\mu} c_V dT. \tag{16-15}$$

将式(16-8)与式(16-15)比较，对于刚性分子理想气体，有

$$c_V = \frac{i}{2} R. \tag{16-16}$$

由此可见，理想气体定容摩尔热容量是一个只与分子自由度有关的量，而与气体温度无关.

16.2.2　等压过程

如果在变化过程中，气体的压强保持不变，即 $p =$ 恒量，$dp = 0$，那么这种过程称为**等压过程**(isobaric process). 在 p-V 图中，等压线(isobar)是一条平行于 V 轴的直线，如图 16-6 所示. 根据盖-吕萨克(L. J. Gay-Lussac, 1802)定律，等压过程的特征方程为

$$\frac{V}{T} = \text{恒量}.\text{(一定量气体)}$$

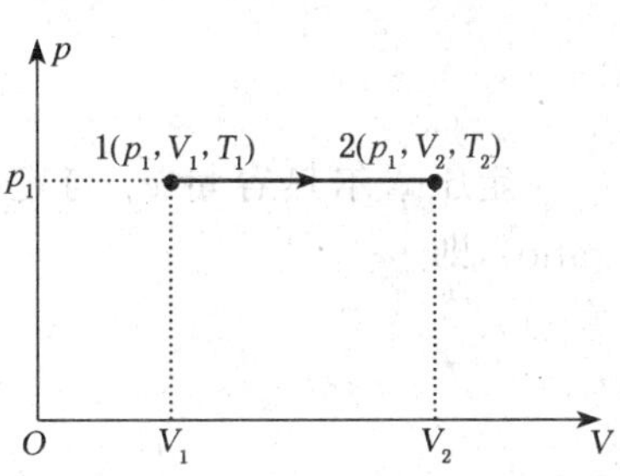

图 16-6　等压过程 p-V 图

在一微小的等压过程中，气体做的功 dA_p，内能的变化 dE 以及吸收的热量 dQ_p 分别为

$$dA_p = p_1 dV = \frac{M}{\mu} R dT, \tag{16-17}$$

$$dE = \frac{M}{\mu} c_V dT, \quad dQ_p = dE + dA_p = \frac{M}{\mu} c_V dT + p_1 dV$$

或
$$dQ_p = \frac{M}{\mu} (c_V + R) dT. \tag{16-18}$$

对于一个有限的等压过程，有

$$A_p = p_1 (V_2 - V_1) = \frac{M}{\mu} R (T_2 - T_1), \tag{16-19}$$

$$\Delta E=\frac{M}{\mu}c_V(T_2-T_1),\quad Q_p=\frac{M}{\mu}(c_V+R)(T_2-T_1). \tag{16-20}$$

式中,下标 p 表示压强不变.

单位摩尔的物质,在等压过程中,温度升高(或降低)1 K 时吸收(或放出)的热量称为**定压摩尔热容量**(molar heat capacity at constant pressure).

设有质量为 M,摩尔质量为 μ 的理想气体,在等压过程中吸热 dQ_p,相应的温度升高 dT,其定压摩尔热容量为

$$c_p=\frac{\frac{dQ_p}{dT}}{\frac{M}{\mu}}, \tag{16-21}$$

式(16-21)可以改写为

$$dQ_p=\frac{M}{\mu}c_p dT. \tag{16-22}$$

对于有限等压过程,有

$$Q_p=\frac{M}{\mu}c_p(T_2-T_1). \tag{16-23}$$

式(16-23)与式(16-20)比较,可得

$$c_p=c_V+R. \tag{16-24}$$

式(16-24)称为**迈耶公式**(Mayer formula).

对于刚性分子理想气体,若分子自由度为 i,则有

$$c_p=\frac{(i+2)R}{2}. \tag{16-25}$$

定压摩尔热容量 c_p 与定容摩尔热容量 c_V 之比称为**比热容[量]比**(specific heat ratio),即

$$\gamma=\frac{c_p}{c_V}.$$

16.2.3 等温过程

如果在变化过程中,气体的温度保持不变,即 $T=$ 恒量,$dT=0$, 那么这种过程称为**等温过程**(isothermal process). 在 $p-V$ 图中,**等温线**(isotherm)是一条双曲线,如图 16-7 所示.

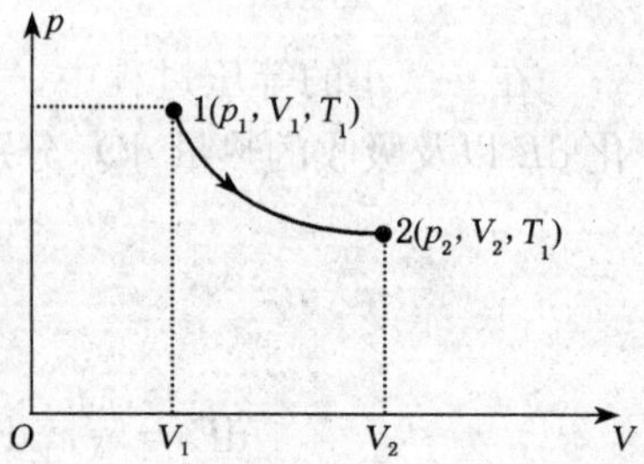

图 16-7 等温过程 $p-V$ 图

根据玻意耳(R. Boyle,1662)定律,等温过程的特征方程为

$$pV=\text{恒量}.\text{(一定量气体)}$$

在等温过程中,$dT=0$,故内能是不变的(对理想气体而言). 由热力学第一定律

$$dQ_T=dA_T=(p dV)_T,$$

式中，下标 T 表示温度不变.

对于有限等温过程，有

$$Q_T = A_T = \int_{V_1}^{V_2} p\mathrm{d}V. \tag{16-26}$$

式(16-26)说明，气体等温膨胀对外做功消耗的能量，必须从外界源源不断地吸热予以补充；气体被等温压缩时，外界对它做功会使内能增加，故需源源不断地向外放出热量，才能保证内能不变.

将理想气体状态方程代入式(16-26)积分，有

$$Q_T = A_T = \int_{V_1}^{V_2} \frac{M}{\mu}\frac{RT_1}{V}\mathrm{d}V,$$

$$Q_T = A_T = \frac{M}{\mu}RT_1\ln\frac{V_2}{V_1} = \frac{M}{\mu}RT_1\ln\frac{p_1}{p_2} = \frac{M}{\mu}RT_1\ln\frac{V_2}{V_1}. \tag{16-27}$$

在实际应用中，常用 p_1V_1 或 p_2V_2 取代式中的$\frac{M}{\mu}RT_1$.

例 16.2　一定量的某种理想气体，开始时处于压强、体积、温度分别为 $p_0 = 1.2\times10^6$ Pa，$V_0 = 8.31\times10^{-3}\ \mathrm{m}^3$，$T_0 = 300\ \mathrm{K}$ 的初态，后经过一等容过程，温度升高到 $T_1 = 450\ \mathrm{K}$，再经过一等温过程，压强降到 p_0 的末态，已知该理想气体的比热容比 $\gamma = 5/3$，求系统内能的增量、对外做的功和吸收的热量.

解　(1) 由 $\gamma = \frac{c_p}{c_V} = \frac{5}{3}$ 和 $c_p = c_V + R$，可求得

$$c_p = \frac{5}{2}R,\quad c_V = \frac{3}{2}R,$$

该气体是单原子分子理想气体.

该气体的摩尔数为　$\nu = \frac{p_0V_0}{RT_0} = 4(\mathrm{mol}).$

在整个过程(全过程)中，气体内能的增量为

$$\Delta E = \nu c_V(T_1 - T_0) = 4\times\frac{3}{2}R\times(450-300) = 7.48\times10^3(\mathrm{J}).$$

(2) 全过程中气体对外做的功为

$$A = A_V + A_T = A_T = \nu RT\ln\frac{p_1}{p_0},$$

将等容过程中的关系式 $p_1/p_0 = T_1/T_0$ 代入上式，有

$$A = \nu RT_1\ln\frac{T_1}{T_0} = 4\times8.31\times450\times\ln\frac{450}{300} = 6.06\times10^3(\mathrm{J}).$$

(3) 由热力学第一定律,全过程中气体从外界吸收的热量为

$$Q = A + \Delta E = 1.35 \times 10^4 (\mathrm{J}).$$

16.3 理想气体的绝热过程和多方过程

16.3.1 绝热过程

在准静态变化过程中,如果系统不和外界交换热量 $dQ = 0$,那么叫该过程为准静态绝**热过程**(adiabatic process). 在绝热过程中,由于 $dQ = 0$,故由热力学第一定律,系统对外界做功为

$$dA_Q = -dE,$$

或写为

$$p dV = -\frac{M}{\mu} c_V dT. \tag{16-28}$$

对于有限绝热过程,有

$$A_Q = -\frac{M}{\mu} c_V (T_2 - T_1) = \frac{M}{\mu} c_V (T_1 - T_2) = E_1 - E_2. \tag{16-29}$$

式(16-29)说明,绝热过程中当气体膨胀对外做功时,消耗了系统的内能,使温度降低. 即 A_Q 为正, $T_2 < T_1$; 反之,外界压缩气体做功,使气体的内能增加,温度升高,即 A_Q 为负, $T_2 > T_1$.

将理想气体状态方程 $pV = \frac{M}{\mu} RT$ 求微分,得

$$p dV + V dp = \frac{M}{\mu} R dT.$$

将式(16-28)代入上式,有

$$p dV + V dp = -\frac{R p dV}{c_V}.$$

用迈耶公式, $c_p = c_V + R$, 化简上式,得

$$\frac{dp}{p} = -\frac{c_p}{c_V} \frac{dV}{V} = -\gamma \frac{dV}{V}.$$

两边积分,得

$$\ln p = -\gamma \ln V + A'$$

或

$$\ln pV^\gamma = A'.$$

式中,常数 A' 为积分恒量. 若令恒量 $A_1 = e^{A'}$, 上式可化为

$$pV^\gamma = A_1. \tag{16-30}$$

式(16-30)称为**泊松公式**(Poisson formula).

由状态方程,分别将 $V = \frac{MRT}{\mu p}$ 和 $p = \frac{MRT}{\mu V}$ 代入式(16-30),可得

$$p^{\gamma-1}T^{-\gamma}=A_2, \tag{16-31}$$

$$V^{\gamma-1}T=A_3. \tag{16-32}$$

其中 A_2 和 A_3 为恒量. 式(16-31)、式(16-32)与式(7-30)都称为**绝热方程**(adiabatic equation). 显然,这三个方程中仅有一个是独立的.

由泊松公式,在 $p-V$ 图上绘得**绝热线**(adiabat),如图 16-8 所示. 有共同交点的绝热线和等温线,绝热线要比等温线陡一些. 等温线($pV=$恒量)和绝热线($pV^{\gamma}=$恒量)在交点 A 处的斜率$\left(\frac{dp}{dV}\right)$可分别求出

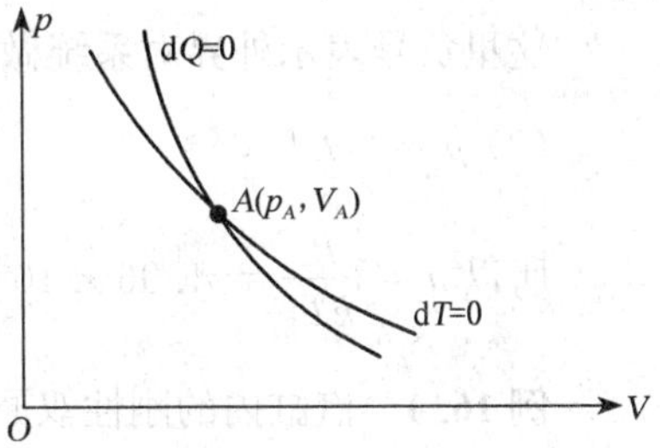

图 16-8　绝热线与等温线的比较

等温线　　$\left(\frac{dp}{dV}\right)_T=-\frac{p_A}{V_A},$

绝热线　　$\left(\frac{dp}{dV}\right)_Q=-\frac{\gamma p_A}{V_A}.$

由于 $\gamma>1$,故在两线的交点 A 处,有

$$\left|\left(\frac{dp}{dV}\right)_Q\right|>\left|\left(\frac{dp}{dV}\right)_T\right|.$$

这表明同一气体从同一初态作同样的体积膨胀时,压强的降低在绝热过程中比在等温过程中要多.

当气体状态由 1 变到 2 时,可以利用泊松公式直接计算绝热过程的功

$$A_Q=\int_{V_1}^{V_2}p\,dV=A_1\int_{V_1}^{V_2}\frac{dV}{V^{\gamma}}=\frac{A_1}{1-\gamma}(V_2^{1-\gamma}-V_1^{1-\gamma}).$$

将 $A_1=p_1V_1^{\gamma}=p_2V_2^{\gamma}$ 代入上式,可得

$$A_Q=\frac{p_1V_1-p_2V_2}{\gamma-1}. \tag{16-33}$$

例 16.3　1 mol 刚性多原子分子理想气体,原来的压强为 1.0 atm,温度为 27℃,若经过一绝热过程,使其压强增加到 16 atm(1 atm = 101 325 Pa),试求:

(1) 气体内能的增量;

(2) 该过程中气体做的功;

(3) 终态时,气体分子数密度.

解　(1) 因为是刚性多原子分子,所以 $i=6$, $\gamma=(i+2)/i=4/3$.

由绝热方程 $p_2^{\gamma-1}T_2^{-\gamma}=p_1^{\gamma-1}T_1^{-\gamma}$,求得

$$T_2=T_1\left(\frac{p_2}{p_1}\right)^{\frac{\gamma-1}{\gamma}}=600(\text{K}),$$

$$\Delta E=\frac{M}{\mu}c_V(T_2-T_1)=1\times\frac{i}{2}R(T_2-T_1)=7\,479(\mathrm{J}).$$

(2) $A=-\Delta E=-7\,479(\mathrm{J})$.

这里负号表示外界对系统做功.

(3) $p_2=nkT_2$,

所以 $n=\dfrac{p_2}{kT_2}=1.96\times10^{26}$(个 /m^3).

例 16.4 汽缸内的刚性双原子分子理想气体,若经过准静态绝热膨胀后气体的压强减少了一半,则变化前后气体的内能之比 $E_1:E_2$ 为多少?

解 由 $E=\dfrac{M}{\mu}\dfrac{i}{2}RT$ 和状态方程 $pV=\dfrac{M}{\mu}RT$,可得

$$E=\frac{i}{2}pV.$$

变化前后的内能分别为 $E_1=\dfrac{i}{2}p_1V_1$, $E_2=\dfrac{i}{2}p_2V_2$.

对绝热过程,有 $p_1V_1^\gamma=p_2V_2^\gamma$,

即 $\left(\dfrac{V_1}{V_2}\right)^\gamma=\dfrac{p_2}{p_1}$.

由题意 $p_2=\dfrac{1}{2}p_1$,则 $\left(\dfrac{V_1}{V_2}\right)^\gamma=\dfrac{1}{2}$.

对刚性双原子分子,有 $\gamma=\dfrac{7}{5}=1.4$,

$$\frac{V_1}{V_2}=\left(\frac{1}{2}\right)^{\frac{5}{7}},\quad \frac{E_1}{E_2}=\frac{\frac{i}{2}p_1V_1}{\frac{i}{2}p_2V_2}=\frac{p_1V_1}{p_2V_2}=2\times\left(\frac{1}{2}\right)^{\frac{5}{7}},\quad \frac{E_1}{E_2}=2^{\frac{2}{7}}=1.22.$$

例 16.5 已知 2 mol 氧气(看作理想气体)由状态 1 变化到状态 2,经历如图 16-9 所示的过程:

(1) 沿 1→2(直线);

(2) 沿 1→3→2(其中 1→3 为等压过程,3→2 为等体过程).

试分别计算该两个过程中的功 W,热量 Q 和内能增量 $\Delta E=E_2-E_1$.

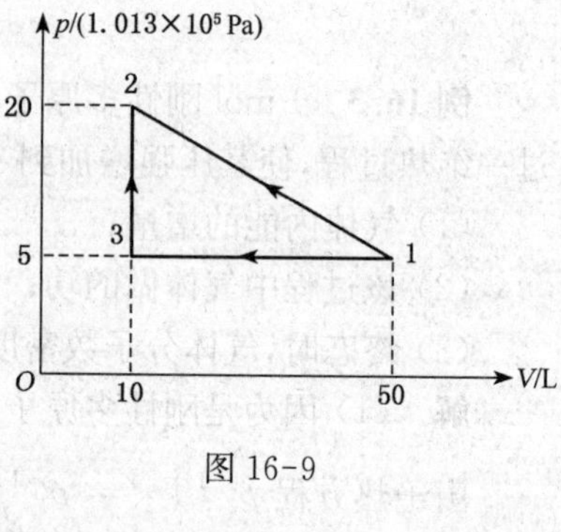

图 16-9

解 (1) 1→2 过程. 功 W_{12} 可由直线下的面积求得,即

$$W_{12}=-\frac{p_1+p_2}{2}(V_1-V_2)=-\frac{5+20}{2}\times1.013\times10^5(50-10)\times10^{-3}=-0.51\times10^5(\mathrm{J}),$$

负号表示外界对气体做功.

$$(\Delta E)_{12}=E_2-E_1=\frac{M}{\mu}C_{V,m}(T_2-T_1)=\frac{M}{\mu}\frac{5}{2}R(T_2-T_1)=\frac{5}{2}(p_2V_2-p_1V_1)$$

$$=\frac{5}{2}\times(20\times10-5\times50)\times1.013\times10^5\times10^{-3}$$

$$=-0.13\times10^5(\mathrm{J}),$$

$$Q_{12}=(\Delta E)_{12}+W_{12}=-0.13\times10^5-0.51\times10^5=-0.64\times10^5(\mathrm{J}),$$

负号表示气体向外界放热.

(2) 1→3→2 过程. 对等压过程 1→3,有

$$W_{13}=\int_{V_1}^{V_2}p\mathrm{d}V=p_1(V_2-V_1)=5\times1.013\times10^5\times(10-50)\times10^{-3}=-0.20\times10^5(\mathrm{J}),$$

$$Q_{13}=\frac{M}{\mu}C_{p,m}(T_3-T_1)=\frac{M}{\mu}\cdot\frac{7}{2}R(T_3-T_1)=\frac{7}{2}p_1(V_2-V_1)$$

$$=\frac{7}{2}\times5\times1.013\times10^5\times(10-50)\times10^{-3}=-0.71\times10^5(\mathrm{J}),$$

$$(\Delta E)_{13}=\frac{M}{\mu}C_{V,m}(T_3-T_1)=\frac{m}{M}\frac{5}{2}R(T_3-T_1)=\frac{5}{2}p_1(V_2-V_1)$$

$$=\frac{5}{2}\times5\times1.013\times10^5\times(10-50)\times10^{-3}$$

$$=-0.51\times10^5(\mathrm{J}).$$

$(\Delta E)_{13}$也可将热力学第一定律用于 1→3 过程直接计算:

$$(\Delta E)_{13}=Q_{13}-W_{13}=-0.71\times10^5-(-0.20\times10^5)=-0.51\times10^5(\mathrm{J}).$$

对等体过程 3→2,显然 $W_{32}=0$,

$$Q_{32}=\frac{M}{\mu}C_{V,m}(T_2-T_3)=\frac{M}{\mu}\frac{5}{2}R(T_2-T_3)=\frac{5}{2}(p_2V_2-p_1V_2)$$

$$=\frac{5}{2}(p_2-p_1)V_2=\frac{5}{2}(20-5)\times1.013\times10^5\times10\times10^{-3}$$

$$=0.38\times10^5(\mathrm{J}),$$

$$(\Delta E)_{32}=\frac{M}{\mu}C_{V,m}(T_2-T_3)=Q_{32}=0.38\times10^5(\mathrm{J}).$$

对于 1→3→2 过程,有

$$W_{132}=W_{13}+W_{32}=-0.20\times10^5+0=-0.20\times10^5(\mathrm{J}),$$

$$Q_{132}=Q_{13}+Q_{32}=-0.71\times10^5+0.38\times10^5=-0.33\times10^5(\mathrm{J}).$$

*16.3.2 多方过程

气体中实际进行的往往既非等温,也非绝热,而是介于两者之间的过程. 实用中常用**多方过程**(polytropic process)来描述为

$$pV^n = C_1. \tag{16-34}$$

式中，C_1 为恒量，常数 n 为**多方指数**(polytropic exponent). 利用理想气体状态方程，式(16-34)可以改写为

$$p^{n-1}T^{-n} = C_2, \tag{16-35}$$

$$TV^{n-1} = C_3. \tag{16-36}$$

满足上述公式的过程称为多方过程. $n=1$ 的多方过程是等温过程，$n=\gamma$ 的过程是绝热过程. 取 $1<n<\gamma$，可内插等温、绝热两种过程之间的各种过程. 其实多方指数 n 的数值也可不限于 1 和 γ 之间，取 $n=0$ 就是等压过程，$n=\infty$ 就是等容过程. 可见，多方过程是相当大的一类过程的概括.

在多方过程中，气体对外界做功为

$$A_n = \int_{V_1}^{V_2} p\mathrm{d}V = \frac{1}{n-1}(p_1V_1 - p_2V_2) = \frac{1}{n-1}\frac{M}{\mu}R(T_1 - T_2). \tag{16-37}$$

可以证明，多方过程的摩尔热容量为

$$c_n = c_V\left(\frac{\gamma - n}{1 - n}\right). \tag{16-38}$$

16.4 循环过程和卡诺循环

热力学的发展是与人们改进热机的实践密切联系的. 在各种热机中，工作物质所经历的过程是循环过程.

16.4.1 循环过程

如果一系统由某一状态出发，经过任意的一系列过程，最后又回到原来的状态，这样的过程称为**循环过程**(cyclic process).

如果组成一循环过程的每一步都是准静态过程，则此循环过程可在 $p-V$ 图上用一闭合曲线表示，如图 16-10 所示. 如果在 $p-V$ 图中循环过程是顺时针的(即 $ABCDA$)，称为**正循环**，反之称为**逆循环**.

完成图 16-10 所示的正循环过程，在膨胀过程 ABC 段，系统对外做功为 A_1，它是正的，数值与面积 $ABCNMA$ 相等；在压缩过程 CDA 段，系统对外做功为 A_2，它是负的，其大小$(-A_2)$与面积 $CDAMNC$ 相等. 这两段功的代数和，就是一个循环过程中，系统对外界做的净功：$A = A_1 + A_2 = A_1 - (-A_2) = ABCDA$ 面积. 对于正循环，A 是正的；对于逆循环，A 是负的. 将热力学第一定律应用于循环过程，可以认识到循环过程的热力学特征. 设 E_A 和 E_C 分别表示在 A、C 两态系统的内能，并设在 ABC 段系统吸热为 Q_1，则由热力学第一定律：$Q_1 = E_C - E_A + A_1$.

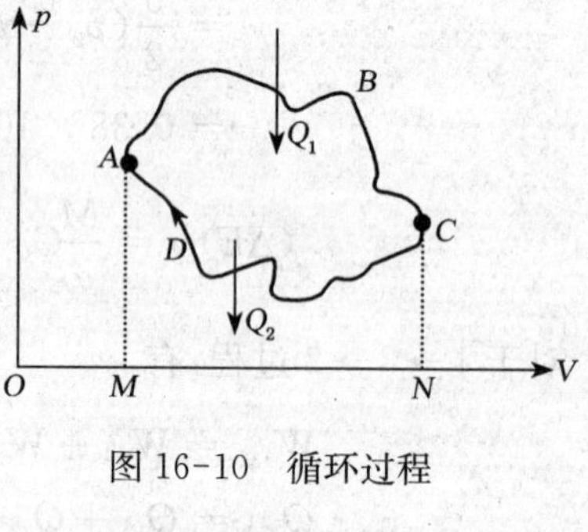

图 16-10　循环过程

同理，若设在 CDA 压缩段系统放出热量 Q_2(即吸热 $-Q_2$)，有

$$-Q_2 = E_A - E_C + A_2.\quad (A_2 \text{ 是负的})$$

两式相加，得

$$Q_1 - Q_2 = A_1 - (-A_2) = A.$$

上式左边是一循环中传入系统的净热量，右边是一循环中系统对外界做的净功. 该式说明一循环中系统对外做的净功，等于一循环中传入系统的净热量. 若将热力学第一定律直接用于整个循环过程，也可以得到同样的结论. 这个结论，就是循环过程的热力学特征，它是一切热机的工作原理.

16.4.2　热机和效率

如果系统作正循环，在膨胀过程中系统吸入较多的热量 Q_1，在压缩阶段放出较少的热量 Q_2，其差 Q_1-Q_2 转变为一循环中系统对外所做的功. 能完成这种任务的机械称为热机(heat engine). 热机就是将热量转变为功的机械. 热机的物理实质就是热力学系统作正循环，不断地把热量变为功.

热机效能的重要标志之一是它的效率，即吸收来的热量有多少转化为有用的功. **热机效率**(efficiency of heat engine)或**循环效率**(efficiency of cycle)定义为

$$\eta = \frac{A}{Q_1} = \frac{Q_1 - Q_2}{Q_1} = 1 - \frac{Q_2}{Q_1}. \tag{16-39}$$

在工程中，常把由上式定义的 η 称为热力学第一定律效率(简称效率). 不同的热机其循环过程不同，因而效率不同.

16.4.3　制冷机及制冷系数

逆循环过程反映了制冷机(refrigerator)的工作过程. 系统作逆循环时，A_2 为正，A_1 为负，而且 $|A_1| > A_2$. 所以一循环中系统对外所做的功 $A = A_1 + A_2$ 为负，即一循环中外界对系统做了正功. 又在膨胀阶段由低温热源吸入较少的热量 $|Q_2|$，在压缩阶段向高温热源放出较多的热量 $|Q_1|$，而一循环中系统放出的净热量为 $|Q_1| - |Q_2| = |A|$. 设外界对系统做功 A'，$A' = -A$，设 Q_1 和 Q_2 分别为逆循环系统向外界放热和从外界吸热的大小，则

$$A' = Q_1 - Q_2 \quad 或 \quad Q_1 = Q_2 + A'.$$

上式说明在一逆循环中，外界对系统做功 A' 的结果，是使系统在低温热源吸入 Q_2 的热量连同功 A' 转变而成的热量，一并成为 Q_1 的热量放入高温热源. 其效果是将热量 Q_2 从低温热源输送到高温热源，这就是**制冷机**(refrigerator)或者**热泵**(heat pump)的工作原理.

制冷机的效能可用**制冷系数**(coefficient of performance) w 表示，其定义为

$$w = \frac{Q_2}{A'} = \frac{Q_2}{Q_1 - Q_2}, \tag{16-40}$$

即外界对系统做功 A' 的结果，使多少热量(Q_2)由低温热源输送到高温热源去了.

16.4.4　卡诺循环

为了从理论上研究热机的效率，卡诺提出一种理想的热机，并证明它具有最高的效率.

假设工作物质只与两个恒温热源(恒定温度的高温热源和恒定温度的低温热源)交换能量,即没有散热、漏气等因素存在. 这种热机称为**卡诺热机**(Carnot engine),如图16-11所示. 卡诺热机所进行的循环过程叫**卡诺循环**(Carnot cycle). 如果热机的工作物质由理想气体组成,其循环的每一步都是准静态过程,则卡诺循环由两条等温线和两条绝热线组成,如图16-12所示. 因此,也可以说,由两个等温过程和两个绝热过程所构成的循环叫卡诺循环.

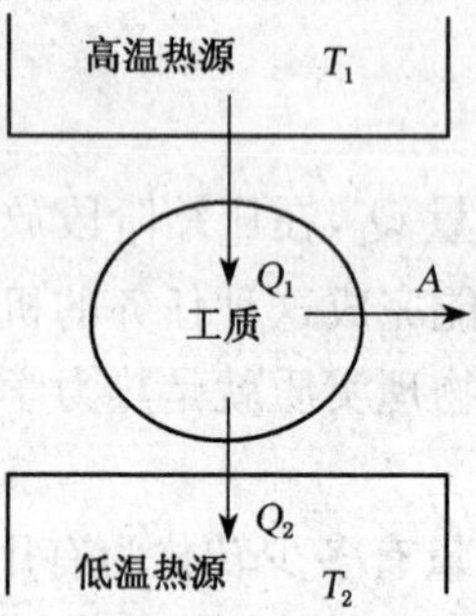

图16-11　卡诺热机热功示意图

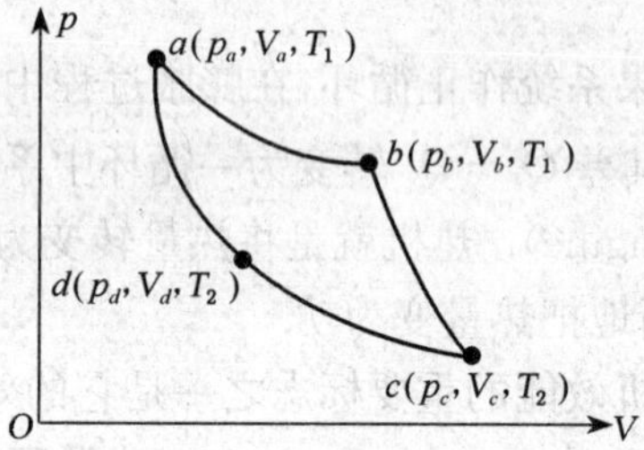

图16-12　卡诺正循环

对于卡诺正循环,工作物质(简称工质)从状态 a 开始等温膨胀到状态 b,然后绝热膨胀到状态 c,再等温压缩到状态 d,最后经绝热压缩回到状态 a.

设工质为理想气体,则四个过程中能量转化的情况如下.

1. 状态 a 到状态 b——等温(T_1)膨胀过程

$$E_b - E_a = 0,\quad Q_1 = A_1 = \frac{M}{\mu}RT_1\ln\frac{V_b}{V_a}.$$

2. 状态 b 至状态 c——绝热膨胀过程

$$A_2 = -(E_c - E_b) = \frac{M}{\mu}c_V(T_1 - T_2),\quad Q_{bc} = 0.$$

3. 状态 c 至状态 d——等温(T_2)压缩过程

$$(-Q_2) = -(A_3) = -\frac{M}{\mu}RT_2\ln\frac{V_c}{V_d},\quad E_d - E_c = 0.$$

此处 A_3 和 Q_2 分别为等温压缩过程中外界对系统做的功和系统向外界放出的热量($A_3 > 0$, $Q_2 > 0$)大小

$$Q_2 = A_3 = \frac{M}{\mu}RT_2\ln\frac{V_c}{V_d}.$$

4. 状态 d 至状态 a——绝热压缩过程

外界压缩气体做功全部转换为工质的内能.

$$Q_{da} = 0,$$

$$(-A_4) + (E_a - E_d) = 0,$$

或
$$A_4=\frac{M}{\mu}c_V(T_1-T_2).$$

整个循环工质对外做的净功为

$$A=A_1+A_2+(-A_3)+(-A_4)=A_1-A_3=Q_1-Q_2,$$

$$A=\frac{M}{\mu}RT_1\ln\frac{V_b}{V_a}-\frac{M}{\mu}RT_2\ln\frac{V_c}{V_d}.$$

卡诺循环的热效率 η，可由定义求出

$$\eta_c=\frac{Q_1-Q_2}{Q_1}=\frac{T_1\ln\dfrac{V_b}{V_a}-T_2\ln\dfrac{V_c}{V_d}}{T_1\ln\dfrac{V_b}{V_a}}.$$

由于状态 b 和状态 c 以及状态 d 和状态 a 分别处于两条绝热线上，由绝热方程，有

$$T_1V_b^{\gamma-1}=T_2V_c^{\gamma-1},\quad T_2V_d^{\gamma-1}=T_1V_a^{\gamma-1},$$

即
$$\left(\frac{V_b}{V_c}\right)^{\gamma-1}=\frac{T_2}{T_1}=\left(\frac{V_a}{V_d}\right)^{\gamma-1}.$$

故有
$$\frac{V_b}{V_a}=\frac{V_c}{V_d}.$$

由此，可将卡诺循环的效率 η_c（下标 c 表示卡诺循环）写为

$$\eta_c=\frac{T_1-T_2}{T_1}=1-\frac{T_2}{T_1}. \tag{16-41}$$

需要指出的是，上式仅对卡诺循环成立. 对其他类型的循环，其热效率需由普遍式(16-39)求出.

卡诺循环是一种理想循环，它指出了提高热机效率的途径. 要制成一个热机，至少应有两个热源. 一个高温热源供系统吸热之用，一个低温热源供系统放热之用. 降低低温热源的温度，提高高温热源的温度，是提高热机效率的有效方法. 在热力工程实际中，由于降低低温热源的温度受到环境的限制，故通常采用提高高温热源温度的方法来提高热机效率. 由于低温热源的温度不可能为绝对零度，高温热源温度不可能为无穷大，故热机的效率不可能达到 100%. 目前，性能最好的热机效率已达 40%以上，远远大于 19 世纪初 5%左右的效率. 另外，式(16-41)是理想热机所能达到的效率的极限. 实际上由于存在着漏气、摩擦、散热等等不可逆能量耗散，热机的效率远远达不到这个极限. 因此，如何减少这些不必要的能量损耗也是提高热机效率的途径，并且是目前热力工程界的主要任务之一.

如果使卡诺循环逆向进行，即图 16-12 中循环按 $adcba$ 方向进行，则在 $d\rightarrow c$ 过程工质从低温热源吸热 Q_2，对外界做功 A_3；在 $c\rightarrow b$ 过程工质被绝热压缩，外界对系统做功 A_2；在 $b\rightarrow a$ 过程工质向高温热源等温放热 Q_1，外界对系统做功 A_1；在 $a\rightarrow d$ 过程工质绝热膨胀，对外界做功 A_4，在整个逆向循环中，外界对工质做净功

$$A' = A_1 - A_3 = Q_1 - Q_2.$$

上述过程就是卡诺制冷机的工作原理. 由以上分析,可知卡诺制冷机的制冷系数为

$$w_c = \frac{Q_2}{A'} = \frac{Q_2}{Q_1 - Q_2} = \frac{T_2}{T_1 - T_2} = \frac{1}{\eta} - 1. \tag{16-42}$$

例 16.6 设高温热源的热力学温度是低温热源的 n 倍,则理想气体在一次卡诺循环中,传给低温热源的热量是从高温热源吸取的热量的多少倍?

解 已知 $T_1/T_2 = n$,对于卡诺循环,有

$$\eta = 1 - \frac{T_2}{T_1} = 1 - \frac{1}{n}.$$

根据 η 的普遍定义,有

$$\eta = 1 - \frac{Q_2}{Q_1},$$

所以

$$\frac{Q_2}{Q_1} = \frac{1}{n}.$$

例 16.7 刚性双原子分子理想气体作如图 16-13 所示循环. 其中 $c-a$ 为等温过程,$a-b$ 为等压过程,$b-c$ 为等容过程. 已知 a 点压强为 $p_a = 4.15 \times 10^5\ \mathrm{Pa}$,体积为 $V_a = 2 \times 10^{-2}\ \mathrm{m}^3$,$b$ 点体积为 $V_b = 3 \times 10^{-2}\ \mathrm{m}^3$,求:

(1) 各过程中的热量、内能变化及与外界交换的功;

(2) 循环效率.

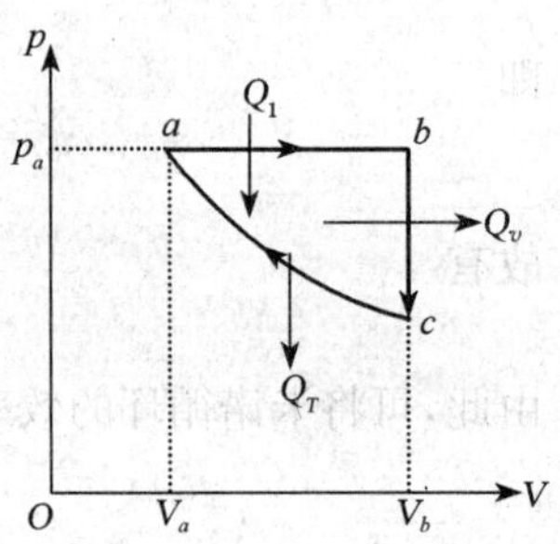

图 16-13

解 (1) $a-b$ 等压过程:

$$A_{ab} = p_a(V_b - V_a) = 4.15 \times 10^3(\mathrm{J}),$$

$$Q_{ab} = \frac{M}{\mu}c_p(T_b - T_a) = \frac{M}{\mu}\frac{7}{2}R(T_b - T_a).$$

由理想气体状态方程有

$$\frac{M}{\mu}RT_b = p_a V_b, \quad \frac{M}{\mu}RT_a = p_a V_a.$$

所以

$$Q_{ab} = \frac{7}{2}p_a(V_b - V_a) = \frac{7}{2}A_{ab} = 1.45 \times 10^4(\mathrm{J}) > 0,$$

$$\Delta E_{ab} = E_b - E_a = Q_{ab} - A_{ab} = 1.04 \times 10^4(\mathrm{J}).$$

$b-c$ 等容过程:

$$A_{bc} = 0,$$

$$Q_{bc} = \Delta E_{bc} = E_c - E_b = \frac{M}{\mu}c_V(T_c - T_b) = \frac{M}{\mu}\frac{5}{2}R(T_a - T_b).$$

同上,有

$$Q_{bc} = \Delta E_{bc} = \frac{5}{2}p_a(V_a - V_b) = -1.04 \times 10^4(\mathrm{J}) < 0,$$

负号表示该过程系统向外界放热，放热量大小为

$$Q_V = 1.04 \times 10^4 (\mathrm{J}).$$

$c-a$ 等温过程：

$$\Delta E_{ca} = 0,$$

$$Q_{ca} = A_{ca} = \frac{M}{\mu} RT_a \ln \frac{V_a}{V_b} = p_a V_a \ln \frac{V_a}{V_b} = -3.37 \times 10^3 (\mathrm{J}).$$

负号表示该过程中系统向外界放热，放热量大小为

$$Q_T = 3.37 \times 10^3 (\mathrm{J}).$$

(2) 在整个循环中，系统从外界吸热为

$$Q_1 = Q_{ab} = 1.45 \times 10^4 (\mathrm{J}).$$

系统向外界放热为

$$Q_2 = Q_V + Q_T = 1.38 \times 10^4 (\mathrm{J}).$$

所以循环效率

$$\eta = 1 - \frac{Q_2}{Q_1} = 4.8\%.$$

习题 16

16.1　一气体分子的质量可以根据该气体的比定容热容来计算．氩气的比定容热容 $c_V = 0.314\ \mathrm{kJ \cdot kg^{-1} \cdot K^{-1}}$，求氩原子的质量 m．（波尔兹曼常量 $k = 1.38 \times 10^{-23}\ \mathrm{J/K}$）　[$6.59 \times 10^{-26}$ kg]

16.2　1 mol 的单原子分子理想气体从状态 A 变为状态 B，如果不知是什么气体，变化过程也不知道，但 A，B 两态的压强、体积和温度都知道，则可求出（　　）．

(A) 气体所做的功　　(B) 气体内能的变化

(C) 气体传给外界的热量　　(D) 气体的质量　[B]

16.3　一定量的某种理想气体在等压过程中对外做功为 200 J．若此种气体为单原子分子气体，问：(1) 该过程中需要吸热多少？(2) 若为双原子分子气体，则需要吸热多少？　[500 J；700 J]

16.4　汽缸中有一定量的氦气（视为理想气体），经过绝热压缩，体积变为原来的一半，则气体分子的平均速率变为原来的多少倍？　[$2^{1/3}$]

16.5　用绝热材料制成的一个容器，体积为 $2V_0$，被绝热板隔成 A，B 两部分，A 内储有 1 mol 单原子分子理想气体，B 内储有 2 mol 刚性双原子分子理想气体，A，B 两部分压强相等均为 p_0，两部分体积均为 V_0，求：

(1) 两种气体各自的内能分别为 E_A 与 E_B；

(2) 抽去绝热板，两种气体混合后处于平衡时的温度为 T．　$\left[\frac{3}{2}p_0V_0,\ \frac{5}{2}p_0V_0;\ \frac{8p_0V_0}{13R}\right]$

16.6　汽缸内有 2 mol 氦气，初始温度为 27℃，体积为 20 L，先将氦气等压膨胀，直至体积加倍，然后绝热膨胀，直至回复初温为止．把氦气视为理想气体．试求：

(1) 在 $p-V$ 图上大致画出气体的状态变化过程．

(2) 在这过程中氦气吸热多少？

(3) 氦气的内能变化多少？

(4) 氦气所做的总功是多少？　[图略；1.25×10^4 J；0；1.25×10^4 J]

16.7 3 mol 温度为 $T_0 = 273$ K 的理想气体，先经等温过程体积膨胀到原来的 5 倍，然后等体加热，使其末态的压强刚好等于初始压强，整个过程传给气体的热量为 $Q = 8 \times 10^4$ J. 试画出此过程的 $p-V$ 图，并求这种气体的比热容比 $\gamma = C_p/C_V$ 值. [图略；1.4]

16.8 1 mol 理想气体在 $T_1 = 400$ K 的高温热源与 $T_2 = 300$ K 的低温热源间作卡诺循环（可逆的），在 400 K 的等温线上起始体积为 $V_1 = 0.001\ \text{m}^3$，终止体积为 $V_2 = 0.005\ \text{m}^3$，试求此气体在每一循环中：

(1) 从高温热源吸收的热量 Q_1；

(2) 气体所做的净功 W；

(3) 气体传给低温热源的热量 Q_2. [5.35×10^3 J; 0.25; 1.34×10^3 J; 4.01×10^3 J]

16.9 温度为 25℃、压强为 1 atm 的 1 mol 刚性双原子分子理想气体，经等温过程体积膨胀至原来的 3 倍. 试计算：

(1) 这个过程中气体对外所做的功；

(2) 假若气体经绝热过程体积膨胀为原来的 3 倍，那么气体对外做的功又是多少？

[2.72×10^3 J; 2.20×10^3 J]

16.10 如图 16-14 所示，器壁与活塞均绝热的容器中间被一隔板等分为两部分，其中左边储有 1 mol 处于标准状态的氦气（视为理想气体），另一边为真空. 现先把隔板拉开，待气体平衡后再缓慢向左推动活塞，把气体压缩到原来的体积. 问氦气的温度改变了多少？ [160 K]

16.11 一卡诺循环的热机，高温热源温度是 400 K. 每一循环从此热源吸进 100 J 热量并向一低温热源放出 80 J 热量. 求：(1) 低温热源温度；(2) 该循环的热机效率. [320 K; 20%]

16.12 一可逆卡诺热机低温热源的温度为 7℃，效率为 40%. 若要将其效率提高到 50%，则高温热源的温度需要提高多少度？ [93.3℃]

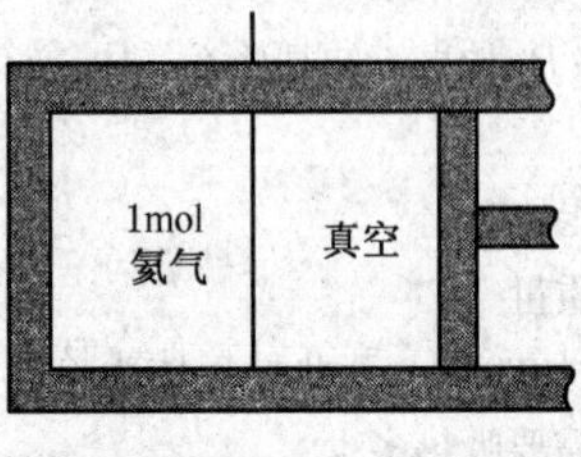

图 16-14

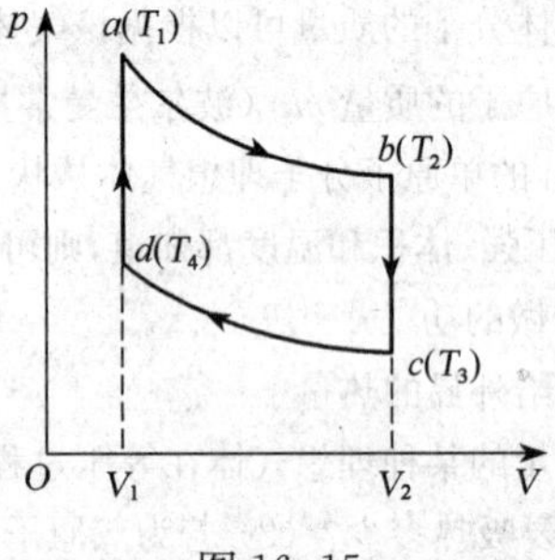

图 16-15

16.13 奥托循环（小汽车、摩托车汽油机的循环模型）如图 16-15 所示. ab 和 cd 为绝热过程，bc 和 da 为等体过程. 用 T_1，T_2，T_3，T_4 分别代表 a 态、b 态、c 态、d 态的温度. 若已知温度 T_1 和 T_2，求此循环的效率，并判断此循环是否为卡诺循环. $\left[1 - \dfrac{T_2}{T_1}；否\right]$

第 17 章　热力学第二定律

观察与实验表明，从能量方面来看，伴随热力学过程的能量转化，在宏观上有一种不对称性，即机械能或其他非热形式的能可以完全转化为热能；而在无外界影响下，热能却不能完全转化为机械能或其他非热形式的能．这种不对称性，实际上反映了热力学过程的一种方向性．从过程的演化来看，自然界一切与热现象有关的实际宏观过程都是不可逆的，或者说都是有方向性的．热力学第二定律就是对这一规律的总结．

17.1　热力学第二定律的表述

17.1.1　可逆过程与不可逆过程

自然界发生的过程都是有方向性的．落叶永离，覆水难收；破镜不能重圆，死灰难以复燃；人生易老，返老还童仅为幻想；生米煮成熟饭，无可挽回．自然现象，历史人文，大都是不可逆的．故夫子在川上有“逝者如斯”之叹．

什么叫“不可逆”？不是可以把自然膨胀了的气体压缩回去吗？冰箱不是可以把热量从低温处泵回高温处吗？在一定条件下不是也可以让氧化反应逆向进行吗？但压缩气体需要外界做功，冰箱需要耗电，强制的逆向反应也需要能源．因此，上述那些原过程都是自发进行的，而逆过程却要外界付出代价，不能自发地进行．外界付出了代价，外界的状态就发生了变化，不能再自发地复原．或者说，系统的逆过程对外界产生了不能消除的影响．

一个系统演化时，由某一状态出发，经过某一过程达到另一状态，如果存在另一过程，它能使系统和外界完全复原（即系统回到原来的状态，同时消除了系统对外界引起的一切影响），则原来的过程称为**可逆过程**（reversible process）；反之，如果用任何方法都不能使系统和外界完全复原，则原来的过程称为**不可逆过程**（irreversible process）．

可逆过程是一个非常苛刻的过程．一般来说，只有理想的无耗散准静态过程是可逆的．而无耗散的准静态过程严格来说是不存在的．它是一个理想的过程．因而自然界发生的过程都是不可逆的．例如，固体之间的摩擦，材料的非弹性形变，流体的黏滞，介质的电阻，磁滞现象等都是一种耗散因素，与它们相联系的一切宏观过程，都是不可逆过程．此外，非平衡系统自发进行的过程也是不可逆的．

由可逆过程组成的循环过程，称为**可逆循环**（reversible cycle），如果一循环由若干段过程组成，其中只要有一段不可逆，就是**不可逆循环**（irreversible cycle）．可逆循环的正循环和逆循环，在对应部分所做的功和吸收的热量，都等值而异号．

既然实际过程都是不可逆的，这是否意味着，研究可逆过程就没有意义呢？不对．人们在认识自然的过程中，总是在一定条件下，抓住它的主要矛盾．只有经过科学的抽象，略去一些次要因素，才能更好地抓住事物的本质联系. 可逆过程和准静态过程一样，都是科学的抽象.

17.1.2 热力学第二定律的表述

1. 第二类永动机

按热机的效果，它在高温热源吸取 Q_1 的热量，把它的一部分 Q_1-Q_2 转变为功，剩下的热量 Q_2 放入低温热源，其热效率为 $\eta=1-Q_2/Q_1$. 当吸热 Q_1 一定时，放热 Q_2 越小，效率越高，热机越好. 如果 Q_2 为 0，即不放热量给低温热源，其效率表面上可达 100%. 第一类永动机被热力学第一定律否定后，历史上有一些人曾试图设计另一种热机，它能从海洋或空气中吸取热量，让它们的温度降低，并将这些热量全部转变为功，不放任何热量给低温热源，因而 $Q_2=0$, $Q_1=A$, $\eta=1$. 由于海洋和空气储备的内能极为丰富，可被吸取的热量极多，这种热机事实上起到了永动机的作用，称为**第二类永动机**(perpetual motion machine of the second kind). 它并不违反热力学第一定律，所以和第一类永动机有本质的区别. 但长期实践无例外地证明，谁想设计制造这种热机，等着他们的只能是失败，从而得出结论：第二类永动机是不可能实现的.

2. 热力学第二定律(second law of thermodynamics)

热力学第二定律是关于自然界的一切自发过程具有不可逆性这种实践经验的总结. 由于自然界各种不可逆过程存在着内在联系，所以每一类不可逆过程都可作为表述热力学第二定律的基础. 因此，热力学第二定律有许多等价的不同表达形式. 其中典型的表述有**克劳修斯表述**(Clausius statement)和**开尔文表述**(Kelvin statement).

克劳修斯表述(1850)：**不可能把热量从低温物体传到高温物体而不引起其他变化.**

克劳修斯表述并不是笼统地否定自然界中能发生将热量从低温物体传到高温物体的现象. 它所否定的只是在不引起其他变化的情况下，发生将热量从低温物体传到高温物体的过程. 换句话说，**热量不能够自动地从低温物体传到高温物体**. 事实上，制冷机就是将热量从低温物体传到高温物体. 不过，这时却引起了其他的变化，那就是外界的功转变成了热，外界的状态发生了不可逆变化. 因此，制冷机的过程不违反热力学第二定律.

开尔文表述(1851)：**不可能从单一热源吸收热量，使之完全变为有用的功而不产生其他影响.**

开尔文表述也并不是笼统地否定自然界中能发生从单一热源吸热做功的现象. 它所否定的只是那些在不产生其他影响(不引起其他变化)的情况下，所发生的从单一热源吸热做功的过程. 实际上，理想气体等温膨胀就是一种从单一热源吸热并全部转变为功的过程. 不过，这时却产生了其他的影响，即理想气体发生了膨胀. 可见，并不是热量不能完全变成功，而是在不产生其他影响的情况下，将热量全部变为有用功是不可能的.

这两种表述都是和过程的不可逆性联系在一起的. 前者揭示了热传导过程的不可逆性，后者揭示了功热转换的不可逆性. 需要再次指出的是：这两种表述中的"不引起其他变化""不产生其他影响"，其实质都是不可逆过程定义中的体系和外界都恢复原状的同义语.

热力学第一定律指出了自然界能量转化的数量关系；热力学第二定律指出了自然界能量转化过程进行的方向，说明了满足能量守恒与转换关系的过程并不一定都能实现. 这两条定律互不抵触，也不相互包含，是两条独立的定律.

上述两种表述是完全等价的，可以用反证法予以证明. 也就是说，如果克劳修斯表述不成立，则开尔文表述也不成立；反之，如果开尔文表述不成立，则克劳修斯表述也不成立.

设克劳修斯表述不成立，如图 17-1 所示，热量 Q_2 可以通过某种方式由低温热源传入高温热源而不产生其他影响. 那么，就可以使一个卡诺热机工作于这高温热源 T_1 和低温热源 T_2 之间，它在一循环中从高温热源吸热 Q_1，向低温热源放热 Q_2，对外做功 $A = Q_1 - Q_2$. 这种卡诺热机不违反热力学第一定律和热力学第二定律，是可以实现的. 这样，对于整个系统，总的结果是：低温热源没有任何变化，只是从单一的高温热源处吸取热量 $Q_1 - Q_2$，并把它全部用来对外做功. 这是违反热力学第二定律的开尔文表述的. 这就说明，如果克劳修斯表述不成立，那么开尔文表述也不成立.

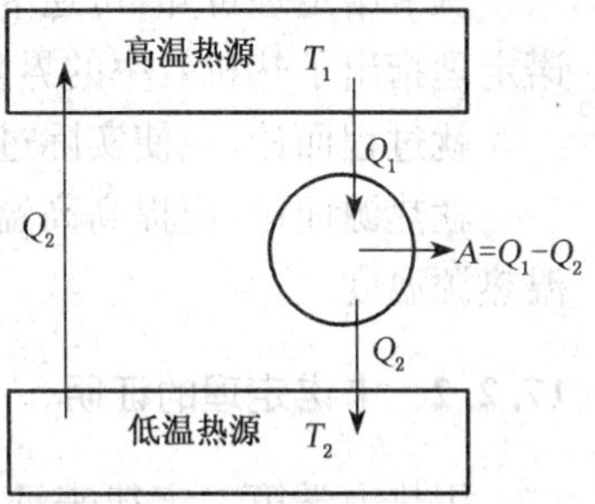

图 17-1　克劳修斯表述不成立示意图

如果开尔文表述不成立，即在图 17-2 中，有一部热机，可以从高温热源吸热 Q_1，将它全部变成功 $A = Q_1$，而不产生其他影响. 那么，可以利用这个功来驱动一部可逆的卡诺制冷机，使它从低温热源吸收 Q_2 的热量，连功 A 一起泵入高温热源，即向高温热源放热 $Q_1 + Q_2$. 这两部机器联合的总效果是：高温热源净得热量 Q_2，低温热源放出热量 Q_2，除此之外无其他影响. 即热量 Q_2 自动地从低温热源传到了高温热源. 这是违反热力学第二定律的克劳修斯表述的. 因此，如果开尔文表述不成立，那么克劳修斯表述也不成立.

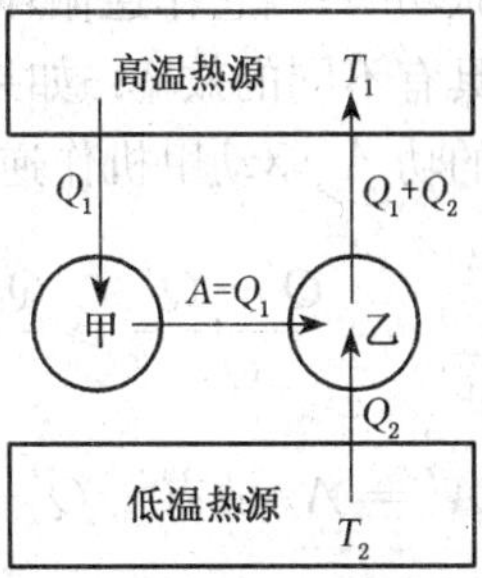

图 17-2　开尔文表述不成立示意图

从上面关于两种表述的等价性的证明中，可以看到自然界中各种不可逆过程都是相互关联的. 所以可以利用各种各样曲折复杂的办法把两个不同的不可逆过程联系起来，从一个过程的不可逆性对另一个过程的不可逆性做出证明. 不论热力学第二定律具体表述方法如何，它的实质在于：一切与热现象有关的实际宏观过程都是不可逆的.

17.2　卡诺定理

卡诺定理(Carnot theorem)是在研究怎样提高热机效率的过程中形成的，主要是说明可逆热机与不可逆热机的效率问题.

所谓**可逆热机**(reversible engine)，就是工质作可逆循环的热机；反之，是**不可逆热机**(irreversible engine).

17.2.1　卡诺定理的内容

1824 年，卡诺提出如下定理.

(1) 在相同的高温热源和相同的低温热源之间工作的一切可逆热机，其效率 η 都相等，与工作物质无关.

(2) 在相同的高温热源和相同的低温热源之间工作的一切不可逆热机，其效率 η 都不大于可逆热机的效率 η.

在卡诺定理中,相同的高、低温热源意指温度分别为 T_1 和 $T_2(T_2 < T_1)$ 的恒温热源.

从卡诺定理可知,可逆卡诺循环的效率 $\eta = 1 - T_2/T_1$ 是一切实际热机效率的上界,卡诺定理指出了热机效率的界限以及提高热机效率的方向.

就过程而论,应使实际过程尽量接近可逆过程. 如减小摩擦、漏气、热损失,等等.

就热源而论,应提高高温热源温度,降低低温热源温度. 在实际工作中,主要是提高高温热源温度.

17.2.2 卡诺定理的证明

用热力学第二定律来证明卡诺定理. 设在两恒温热源 T_1 和 $T_2(T_1 > T_2)$ 之间工作有甲、乙两部可逆的卡诺热机,如图 17-3 所示. 甲机在作正循环时,从高温热源吸热 Q_1,向低温热源放热 Q_2,对外做功 A;当它作逆循环时,则反之. 设两机工作物质不同,则它们应具有不同的效率. 如果有 $\eta_乙 > \eta_甲$,则让乙机作正循环,并让乙机的功 A'驱动甲机作逆循环,即 $A = A'$. 由假设,有

$$\frac{Q'_1 - Q'_2}{Q'_1} > \frac{Q_1 - Q_2}{Q_1}. \tag{17-1}$$

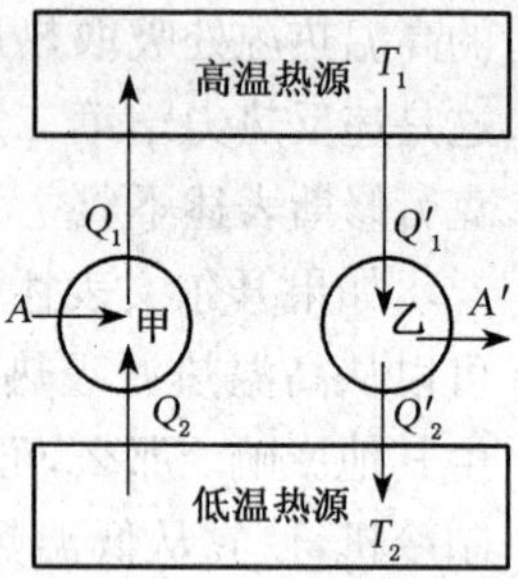

图 17-3 卡诺定理证明用图

因为 $A' = A$,故有 $Q'_1 - Q'_2 = Q_1 - Q_2$. (17-2)

联立式(17-1)和式(17-2)两式,可得 $Q_1 > Q'_1$, $Q_2 > Q'_2$,

以及 $Q_1 - Q'_1 = Q_2 - Q'_2$.

现将甲、乙两机作为联合机使用. 该联合机作一次循环时,工质恢复原状,外界除热量 $Q_2 - Q'_2$ 自动地从低温热源传至高温热源外,无其他影响. 这显然是违反热力学第二定律的,故 $\eta_乙$ 不能大于 $\eta_甲$. 因此,可以确认 $\eta_甲 = \eta_乙$.

上面证明了卡诺定理的第一部分. 下面简单地证明一下卡诺定理的第二部分.

如果乙机不是可逆的卡诺机,而是一般的热机,则它不能作逆循环. 因此只能证明 $\eta_乙$ 不能高于 $\eta_甲$. 也就是说,利用相同的高、低温热源来工作的热机效率,不可能高于可逆卡诺机的效率 η_c.

17.2.3 热力学温标

卡诺定理给出了一个热力学温标. 在待测温物体与某固定物质的平衡态(如水的三相平衡点)之间,放置一可逆卡诺热机,如图 17-4 所示. 由于一切可逆卡诺机效率都相同,与工质无关,所以,如果规定了固定平衡态的温度 T_2 后,待测物的温度 T_1 将完全由卡诺机的循环吸、放热量 Q_1 和 Q_2 的测定值确定.

$$T_1 = \frac{Q_1}{Q_2} T_2 = \frac{T_2}{1 - \eta}. \tag{17-3}$$

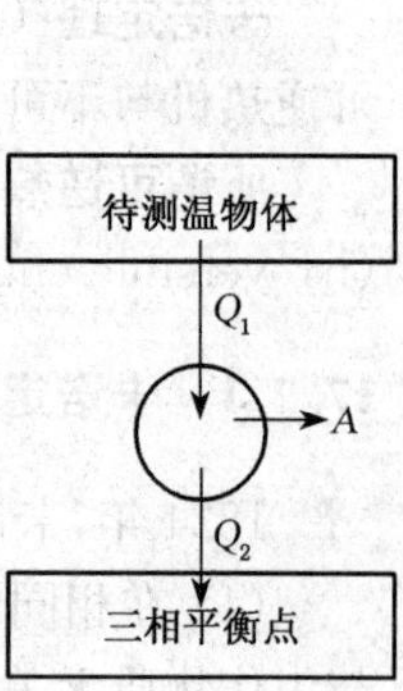

图 17-4 热力学温标

17.3　熵和熵增加原理

17.3.1　克劳修斯等式

根据卡诺定理，工作于高温热源 T_1 和低温热源 T_2 间的一切可逆卡诺热机，其效率均为 η. 且有

$$\eta = 1 - \frac{Q_2}{Q_1} = 1 - \frac{T_2}{T_1}.$$

上式可改写为

$$\frac{Q_1}{T_1} - \frac{Q_2}{T_2} = 0.$$

若取吸热为正，放热为负，考虑到 Q_2 自身的符号，可将上式写为

$$\frac{Q_1}{T_1} + \frac{Q_2}{T_2} = 0. \tag{17-4}$$

由于绝热过程中，$Q=0$，故式(17-4)可以理解为：在整个可逆卡诺循环中，量$\frac{Q}{T}$之和为零.

由 16.4 节可知，可逆卡诺循环中两个绝热过程中的功等值而异号. 即两个绝热过程的总效果是系统与外界无功的交换.

因此，对于一个任意的可逆循环，可以采用所谓的克劳修斯分割，如图 17-5 所示. 即认为循环是许多个可逆卡诺循环之和. 对于每一微小的可逆卡诺循环，都具有式(17-4)的关系，故对于被分割成 n 个微小的可逆卡诺循环的任一可逆循环来说，有 $\sum_{i}^{2n} \frac{\Delta Q_i}{T_i} = 0.$

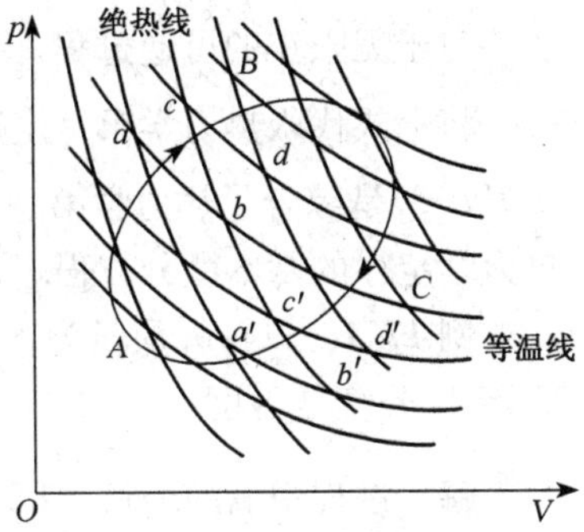

图 17-5　任意循环的克劳修斯分割

因为每一小循环有两项，n 个小循环共有 $2n$ 项.

令 $n \to \infty$，上式成为

$$\oint \frac{dQ}{T} = 0. \tag{17-5}$$

式(17-5)对于任意可逆循环成立，被称为**克劳修斯等式**(Clausius equality). 它说明，对任一系统，沿任意可逆循环一周，$\frac{dQ}{T}$的积分值为零.

17.3.2　熵

在克劳修斯等式(17-5)中，若将$\frac{1}{T}$看作“广义力”，dQ 看作是“力”作用下的“广义位移”，则在形式上，式(17-5)与保守力沿闭合路径做功相似. 于是，同保守力中引入势能函数相似，我们引入一个热力学的**熵**(entropy)函数 S.

$$dS = \left(\frac{dQ}{T}\right)_{可逆} = \left(\frac{dQ}{T}\right)_{R}. \tag{17-6}$$

下标 R 表示过程是可逆的.

显然,熵函数的增量
$$S_2-S_1=\int_1^2\left(\frac{dQ}{T}\right)_R \tag{17-7}$$
与积分路径无关. 上式称为**克劳修斯熵公式**(Clausius entropy formula).

熵 S 是一个状态量,它的单位是 J/K. 系统处于态 2 和态 1 的熵差,等于沿着 1, 2 之间的任一可逆过程积分 $\int_1^2\left(\frac{dQ}{T}\right)_R$ 的值. 实际上,式(17-7)只给出了熵变,并没有给出熵的绝对大小. 正如在讨论内能 E 时一样,我们关心的是 S 的改变量而不是它的绝对量. 此外,熵是一个广延量,系统的熵等于组成该系统的各个子系统的熵之和. 值得注意的是,熵 S 与 $\int\left(\frac{dQ}{T}\right)$ 是不同的,S 是状态的单值函数,与过程无关. 而 $\int\left(\frac{dQ}{T}\right)$ 是过程量,仅当过程是可逆过程时,$\int\left(\frac{dQ}{T}\right)_R$ 与 ΔS 在数量上相等. 在可逆的绝热过程中,$dS=\frac{dQ}{T}=0$,所以可逆绝热过程是**等熵过程**(isoentropic process).

熵是一个异常复杂的物理概念,对整个热力学进行深入的了解和思考,有助于理解熵的物理含义.

对于无限小的可逆过程,由式(17-6),有 $dQ=TdS$.

将上式代入热力学第一定律中,有
$$TdS=dE+PdV. \tag{17-8}$$
式(17-8)是综合了热力学第一定律和热力学第二定律的微分方程,称为热力学基本关系或热力学定律的基本微分方程.

例 17.1 试计算质量为 8.0 g 氧气(刚性分子理想气体),在由温度 $t_1=80℃$,体积 $V_1=10$ L 变成温度 $t_2=300℃$,体积 $V_2=40$ L 的过程中熵的增量为多少?

解 过程中熵的增量
$$S_2-S_1=\int_1^2\frac{dQ}{T}.$$
由热力学第一定律
$$dQ=\frac{M}{\mu}c_V dT+pdV,$$
以及状态方程
$$p=\frac{M}{\mu}\frac{RT}{V},$$
可得
$$S_2-S_1=\int_{T_1}^{T_2}\frac{M}{\mu}\frac{c_V dT}{T}+\int_{V_1}^{V_2}\frac{M}{\mu}\frac{RdV}{V}.$$
$$S_2-S_1=\frac{M}{\mu}\cdot\frac{5}{2}R\ln\frac{T_2}{T_1}+\frac{M}{\mu}R\ln\frac{V_2}{V_1}=5.4(\mathrm{JK^{-1}}).$$

17.3.3 熵增加原理

对于一个工作于两恒温热源间的不可逆卡诺热机,由卡诺定理,其效率为
$$\eta=1-\frac{Q_2}{Q_1}\leqslant 1-\frac{T_2}{T_1}.$$
实际上,其中等号只适用于可逆循环.

把 Q 规定为代数量，且认为吸热为正，放热为负，则上式可改写为

$$\frac{Q_1}{T_1}+\frac{Q_2}{T_2}\leqslant 0.$$

与式(17-4)类似，由上式可以认为，在整个不可逆卡诺循环中，两 Q/T 之和不大于零. 对于任一不可逆循环，可认为是由许多个微小的不可逆卡诺循环构成的. 因此，可得

$$\oint\frac{\mathrm{d}Q}{T}\leqslant 0. \tag{17-9}$$

其中等号对应于任意可逆循环，不等号对应于任意不可逆循环. 上式称为**克劳修斯不等式**(Clausius inequality).

对于一个由态 1 至态 2 的不可逆过程，设想一个可逆过程使系统从态 2 变回到态 1 而构成一个循环. 显然，该循环过程是一个不可逆循环过程，如图 17-6 所示. 由式(17-9)，对此循环过程，有

$$\int_1^2\frac{\mathrm{d}Q}{T}+\int_2^1\left(\frac{\mathrm{d}Q}{T}\right)_\mathrm{R}\leqslant 0.$$

根据式(17-7)，有 $\int_2^1\left(\frac{\mathrm{d}Q}{T}\right)_\mathrm{R}=S_1-S_2$，

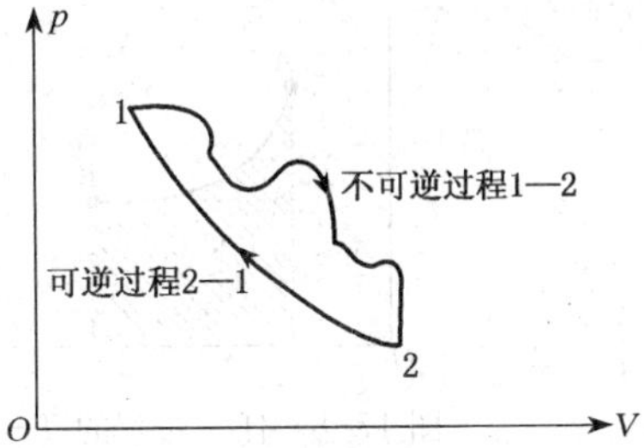

图 17-6　可逆过程与不可逆过程示意图

所以

$$\int_1^2\frac{\mathrm{d}Q}{T}\leqslant S_2-S_1. \tag{17-10}$$

这是一个任意的过程所应遵从的关系式. 其中等号对应于可逆过程，不等号对应于不可逆过程. 将式(17-10)应用于微分过程，有

$$\mathrm{d}S\geqslant\frac{\mathrm{d}Q}{T}. \tag{17-11}$$

其中等号与不等号的意义同前.

如果过程是绝热的，$\mathrm{d}Q=0$，则有

$$\Delta S=S_2-S_1\geqslant 0. \tag{17-12}$$

式(17-12)是所谓**熵增加原理**(principle of entropy increase)的数学表达式. 它指出：**当热力学系统从一平衡态到达另一平衡态，它的熵永不减少**. 如果过程是可逆的，则熵的数值不变，如果过程是不可逆的，则熵的数值增大.

熵增加原理常用的表述为：**一个孤立系统的熵永不减少.**

这个结论是显然的. 因为孤立系统与外界没有热量的交换. 孤立系统内部自发进行的过程必是不可逆过程，将导致熵增大. 当孤立系统达到平衡态时，熵具有极大值.

式(17-10)和式(17-12)，被称为是热力学第二定律的数学表达式.

例 17.2　求理想气体**自由膨胀**(free expansion)的熵增.

绝热容器内的理想气体体积由 V_1 膨胀到 V_2 时(图 17-7)，终态温度与初态温度相同. 这是一个发生于孤立系统的不可逆过程. 由于熵是态函数，熵变 ΔS 与过程无关. 为了计算熵的变化，可以设想理想气体经历一个温度为 T 的可逆等温过程，体积由 V_1 变为 V_2. 气体的熵变为

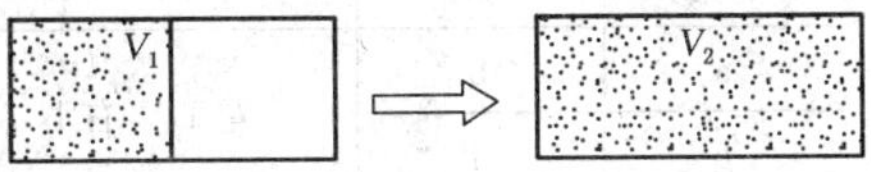

图 17-7

$$\Delta S=\int\left(\frac{dQ}{T}\right)_{可逆等温}=\frac{Q}{T}=\frac{M}{\mu}R\ln\frac{V_2}{V_1}.$$

由于$V_2>V_1$，于是有$\Delta S>0$. 说明孤立系统发生的不可逆过程使系统的熵增加了. 值得注意的是，在熵变的计算中，要紧扣熵是状态量这个概念，寻找一个方便的积分过程.

17.3.4 温熵图

以T, S为状态参量，则$T-S$图[温熵图(temperature-entropy diagram)]上任一点表示系统的一个平衡态，任一条曲线表示一个可逆过程. 过程曲线与S轴所围面积，代表该过程中系统吸收的热量. 任一过程的$T-S$图和任一循环过程的$T-S$图，如图17-8和图17-9所示. 显然，对于可逆卡诺循环，在$T-S$图中是两个边分别平行于T轴和S轴的矩形.

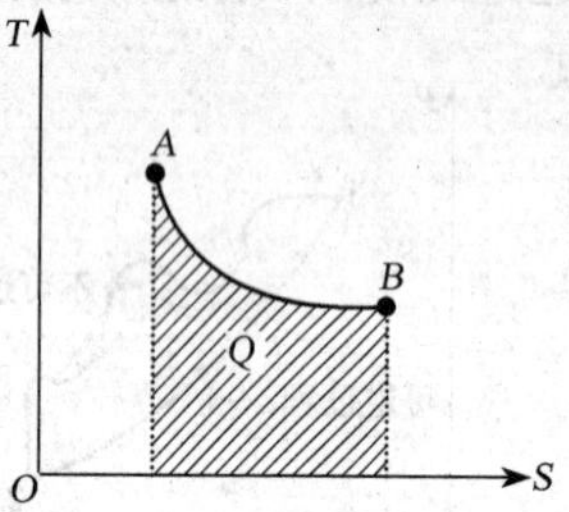

图 17-8　任一过程的$T-S$图

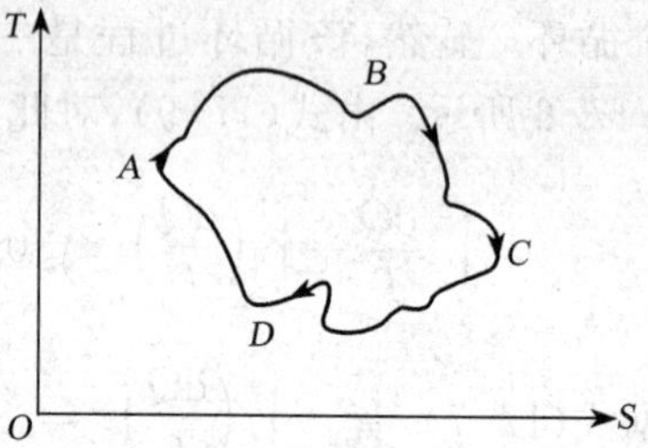

图 17-9　任一循环的$T-S$图

*17.4　热力学第二定律的统计意义

17.4.1 理想气体自由膨胀不可逆性的统计意义

设想一绝热容器用一隔板分成左右两半，左边储有气体，右边为真空. 当抽开隔板后，左边气体就向右边自由膨胀，最终均匀分布于整个容器，如图17-7所示.

显然，上述理想气体绝热自由膨胀的过程是一个不可逆过程，因为相反的过程，即气体自动返回原态，仅只占据左边的过程是不可能自发发生的. 上述过程的不可逆性也可根据热力学第二定律从理论上严加证明.

上述不可逆过程的微观本质究竟是什么呢？下面我们看看在容器中分子位置的分布.

设容器中有两个分子a, b，它们在无规则运动中任一时刻可能处于左边或右边任意一边. 这个由两个分子组成的任意一个微观状态指出这个或那个分子各处于左或右哪一边. 而宏观描述无法区分各个分子，所以宏观状态只能指出左、右边各有几个分子，如表17-1所示. 对于3个分子和4个分子的情形，分别如表17-2和表17-3所示.

表 17-1　　两个分子的位置分布

微观状态		宏观状态	一种宏观状态对应的微观状态数Ω	所有分子位于左边的概率
左	右			
a	b	左1，右1	2	$\frac{1}{4}=\frac{1}{2^2}$
b	a			
a, b	0	左2，右0	1	
0	a, b	左0，右2	1	

表 17-2　　**3 个分子的位置分布**

微观状态		宏观状态	一种宏观状态对应的微观状态数 Ω	所有分子位于左边的概率
左	右			
a	b, c	左 1，　右 2	3	$\frac{1}{8}=\frac{1}{2^3}$
b	a, c			
c	a, b			
a, b	c	左 2，　右 1	3	
b, c	a			
a, c	b			
a, b, c	0	左 3，　右 0	1	
0	a, b, c	左 0，　右 3	1	

表 17-3　　**4 个分子的位置分布**

微观状态		宏观状态	一种宏观状态对应的微观状态数 Ω	所有分子位于左边的概率
左	右			
a, b, c, d	0	左 4，　右 0	1	$\frac{1}{16}=\frac{1}{2^4}$
a, b, c	d	左 3，　右 1	4	
b, c, d	a			
c, d, a	b			
d, a, b	c			
a, b	c, d	左 2，　右 2	6	
a, c	b, d			
a, d	b, c			
b, c	a, d			
b, d	a, c			
c, d	a, b			
a	b, c, d	左 1，　右 3	4	
b	a, c, d			
c	a, b, d			
d	a, b, c			
0	a, b, c, d	左 0，　右 4	1	

相应的计算表明，如果共有 N 个分子，则全部分子都位于左边的概率为$\frac{1}{2^N}$. 由于气体中所含分子数 N 是如此之大，以至于这些分子全部位于左边的概率为 $\frac{1}{2^N}\approx 0$，实际上是不会实现的. 所以自由膨胀的不可

逆性实质上是反映了这个系统内部发生的过程总是由概率小的宏观状态向概率大的宏观状态进行,也即由包含微观态数目少的宏观状态向包含微观状态数目多的宏观状态进行. 这一结论对于孤立系统中进行的一切不可逆过程,如热传导、热功转化等过程都是成立的. 不可逆过程实质上是一个从概率较小的状态到概率较大的状态的变化过程.

在上面的分析中,实际上已用到了统计物理中的一个基本假设,即**等概率假设**(hypothesis of equiprobability):孤立系统各个微观状态出现的可能性(或概率)是相同的.

热力学第二定律的实质就是关于包括热现象的过程的可逆不可逆问题,因此,根据上面的分析,指出**热力学第二定律的统计意义是:不受外界影响的系统,其内部发生的过程,总是由概率小的宏观状态向概率大的宏观状态进行,由包含微观状态数目少的宏观状态向包含微观状态数目多的宏观状态进行.**

17.4.2 热力学概率和玻尔兹曼熵公式

在统计物理中,**热力学概率**(thermodynamic probability)的定义是:与任一给定的宏观状态相对应的微观态数,称为该宏观状态的热力学概率,用Ω表示. 根据上面的讨论,当引入热力学概率之后,可以得出下述结论.

(1) 对孤立系统,在一定条件下的平衡态对应于Ω为极大值的宏观状态.

(2) 若系统的宏观初态的微观态数Ω不是极大值,则系统的初态为非平衡态. 系统将随着时间向Ω增大的宏观状态演化,直到达到Ω极大值的宏观状态.

从表 17-1、表 17-2 和表 17-3 可知,Ω值大,对应着分子均匀分布,即分子分布的无序性(或混乱度)大. 因此,热力学概率Ω是分子运动无序性的一种量度.

由于气体内分子数N很大,故一般热力学概率是非常大的,为了便于理论上的处理,1887 年玻尔兹曼给出了S与系统无序性的关系 $S \propto \ln\Omega$.

1900 年,普朗克引入比例系数k,即玻尔兹曼常数,上式写为 $S = k\ln\Omega$. (17-13)

式(17-13)称为**玻尔兹曼熵公式**(Boltzmann entropy formula). 和Ω一样,S的微观意义是系统内分子热运动的无序性的一种量度. 因此,熵增加原理实际上指出:**孤立系统发生的一切自然过程总是沿着无序性增大的方向进行.**

17.4.3 热力学第二定律的适用范围

热力学第二定律是适用于宏观过程的规律,它具有统计上的深刻意义. 若处理的事件数目(或粒子数)很大,统计结果和观测结果相一致;但若涉及的事件数目(或粒子数)小,就会有显著偏差. 所以热力学第二定律只有在大数分子组成的宏观系统才有意义,不能用于少数分子的集合体.

第 5 篇　近代物理

第 18 章　狭义相对论

在 19 世纪末，物理学已经深入到微观高速领域. 同时，在关于电磁波的传播和高速运动的理论和实验研究中，物理学家们发现经典力学(classic mechanics)理论已经不再适用了. 因此，物理学的发展要求对牛顿力学及经典时空观做出根本性的改变. 正是在这样的历史背景下，爱因斯坦(A. Einstein，1879—1953)在 1905 年提出了新的时空观和物质在惯性系中高速运动的理论，创建了狭义相对论(special relativity)；1915 年又把它推广到引力定律中，发展成为广义相对论(general relativity). 相对论和同时期发展的量子理论是 20 世纪初物理学取得的两个最伟大的成就. 它们的出现促进了近代物理学的发展，成为现代高新技术的理论基础. 并且，它们在大量的现代高能物理实验中得到了证实.

本章主要介绍狭义相对论的一些基本理论，着重阐明相对论的两个基本假设，洛伦兹变换；然后介绍狭义相对论的时空观和狭义相对论动力学的一些主要结论.

18.1　狭义相对论产生的背景

18.1.1　力学的相对性原理

在讨论物体的机械运动时，我们必须选择适当的参考系. 并且把牛顿运动定律所适用的参考系称为惯性系；而相对于惯性系静止或做匀速直线运动的一切参考系都是惯性系，即牛顿运动定律都一样适用. 牛顿在他的运动定律的一个推论中曾提到过："封闭在一个给定空间中的诸物体，他们的运动彼此之间是相同的，无论这空间是处于静止状态还是匀速的沿一直线向前运动."这就意味着，如果有一艘船沿一直线做匀速航行，那么在封闭的船舱内所做的所有力学实验和现象，将与这艘船静止时所看到的完全相同，只要人们不去看船舱外的事物. 因而，船舱内的人们不能以任何力学实验或现象来确定这艘船在匀速直线航行. 用现代的术语可表述为：**不可以利用惯性系内部进行的任何力学实验或现象，来确定该系统是静止的还是做匀速直线运动**. 这就是力学的相对性原理. 也可以表述为：**力学规律对于一切惯性系都是等价的，不存在特殊的绝对的惯性系**. 所以力学的相对性原理要求：在从一个惯性系变换到另一个惯性系时，力学定律的数学表述形式必须保持不变. 而伽利略变换恰好能使所有的经典力学规律满足这种参考系之间的转换.

18.1.2　伽利略变换

如图 18-1 所示，有两个惯性系 S 和 S'，它们对应的坐标轴相互平行，且当 $t=t'=0$ 时，两系的坐标原点 O' 与 O 重合. 设 S' 系相对于 S 系沿 x 轴正方向以速度 u 运动. 同一质点 P 在某一时刻在 S 系中的时空坐标为 (x, y, z, t)，在 S' 系中的时空坐标为 $(x', y', z',$

t'). 根据经典力学的相对运动原理,即可得到两个惯性系 S 和 S' 之间的时空坐标变换关系式为

$$\begin{cases} x'=x-ut, \\ y'=y, \\ z'=z, \\ t'=t \end{cases} \quad 或 \quad \begin{cases} x=x'+ut, \\ y=y', \\ z=z', \\ t=t'. \end{cases} \tag{18-1}$$

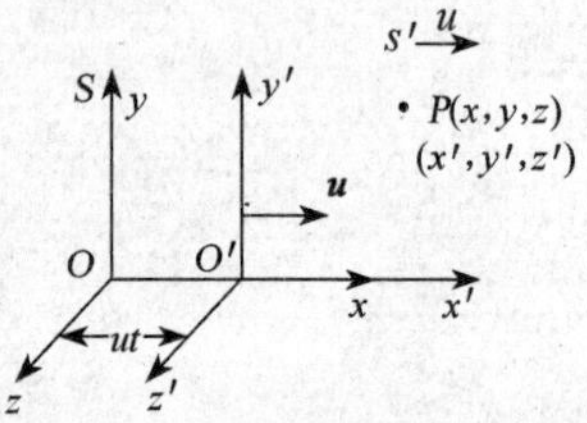

图 18-1　伽利略变换

式(18-1)称为**伽利略变换式**.

由伽利略变换式中的位置坐标对时间求导,很容易得到速度的变换式为

$$\begin{cases} v'_x=\dfrac{dx'}{dt'}=\dfrac{dx}{dt}-u=v_x-u, \\ v'_y=\dfrac{dy'}{dt'}=v_y, \\ v'_z=\dfrac{dz'}{dt'}=v_z \end{cases} \quad 或 \quad \begin{cases} v_x=\dfrac{dx}{dt}=\dfrac{dx'}{dt'}+u=v'_x+u, \\ v_y=\dfrac{dy}{dt}=\dfrac{dy'}{dt'}=v'_y, \\ v_z=\dfrac{dz}{dt}=\dfrac{dz'}{dt'}=v'_z. \end{cases} \tag{18-2}$$

写成矢量式为: $\boldsymbol{v}'=\boldsymbol{v}-\boldsymbol{u}$ 或 $\boldsymbol{v}=\boldsymbol{v}'+\boldsymbol{u}'$, 这就是**伽利略速度变换公式**. 把式(18-2)的速度对时间求导,得

$$\begin{cases} a'_x=\dfrac{dv'_x}{dt'}=\dfrac{dv_x}{dt}=a_x, \\ a'_y=\dfrac{dv'_y}{dt'}=\dfrac{dv_y}{dt}=a_y, \\ a'_z=\dfrac{dv'_z}{dt'}=\dfrac{dv_z}{dt}=a_z. \end{cases} \tag{18-3}$$

其矢量形式为

$$\boldsymbol{a}'=\boldsymbol{a}.$$

表明在不同的惯性系中,同一质点的加速度是相同的. 同时在经典力学中,物体的质量是一个绝对量,不随参考系的选择而改变. 因此,通过伽利略变换,牛顿运动规律的形式在一切惯性系中都是完全相同的,或者说牛顿运动方程对伽利略变换来讲是不变的. 这是适应力学相对性原理的要求.

18.1.3　经典力学的绝对时空观

从式(18-1)中很容易得到两个惯性系 S 和 S' 中测定的时间是相同的,即 $t=t'$. 这就意味着,牛顿力学认为对于相对运动的不同惯性系中的时间是绝对的,称为绝对时间. 而绝对时间的假设必然引出空间的绝对性,从而称之为**经典力学的绝对时空观**. 经典力学是建立在绝对时空观的基础上的,而前面所讲的伽利略变换可以看做是这种绝对时空观的数学表示.

在牛顿的运动学方程中,位移和时间跟起点没有关系,也就是说,在任何地点、任意时刻开始做同样的力学实验,相对于一切惯性参考系所得到的规律是相同的. 这表明,一切时间和空间都是平等的,不存在特殊的时间和空间.

在经典力学的时空观中，时间和空间是绝对的，跟任何物质的存在和运动情况都无关，而且时间和空间是独立的，他们之间没有任何联系. 牛顿在他的《自然哲学的数学原理》一书中写道：“绝对的、真正的纯数学的时间，就是其自身的本质而言的，是永远均匀地流逝着，不依赖于任何外界事物.”“绝对的空间就其本性而言，是与外界事物无关的，它从不运动，并且永远不变.” 按照这种观点，时间和空间是彼此独立、互不相关，并且独立于物质和运动之外的某种东西.

根据式(18-1)的伽利略变换式，我们可以知道经典力学的绝对时空观具有以下两个特点.

1. 同时性和时间间隔是绝对的

由伽利略变换式中的第四个式子，就可以清晰地得到

$$t = t'. \tag{18-4}$$

由此可见，在两个惯性系 S 和 S' 中，两件事的同时性与惯性系的运动状态无关. 我们就可以说**同时性是绝对的**.

如果我们考虑在客观世界中先后发生的两个事件，在惯性系 S 中发生的时刻分别为 t_1 和 t_2，而在惯性系 S' 发生的时刻分别为 t'_1 和 t'_2，根据式(18-4)，我们可以得到

$$t_1 = t', \quad t_2 = t'.$$

因此

$$t_1 - t_2 = t'_1 - t'_2. \tag{18-5}$$

也就是说，在 S 和 S' 惯性系中观察同样两个事件的时间间隔相等，即**时间间隔是绝对的**.

2. 空间间隔是绝对的

对于空间中任意两点的位置，在惯性系 S 中测量它们的距离为 $\Delta \boldsymbol{r}$，而在惯性系 S' 中测量它们的距离为 $\Delta \boldsymbol{r}'$，则

$$\Delta r = \sqrt{(\Delta x)^2 + (\Delta y)^2 + (\Delta z)^2} = \sqrt{(x_2 - x_1)^2 + (y_2 - y_1)^2 + (z_2 - z_1)^2},$$

$$\Delta r' = \sqrt{(\Delta x)^2 + (\Delta y)^2 + (\Delta z)^2} = \sqrt{(x_2 - x_1)^2 + (y_2 - y_1)^2 + (z_2 - z_1)^2}.$$

由伽利略变换式，我们可以很方便地得到

$$\begin{cases} x'_2 - x'_1 = (x_2 - ut) - (x_1 - ut) = x_2 - x_1, \\ y'_2 - y'_1 = y_2 - y_1, \\ z'_2 - z'_1 = z_2 - z_1. \end{cases}$$

即

$$\Delta \boldsymbol{r}' = \Delta \boldsymbol{r}. \tag{18-6}$$

因此，我们可以得到**空间间隔是绝对的**这一结论.

经典力学的时空观跟人们的日常经验是一致的，因此很容易被人们接受. 但在 20 世纪以来科学技术的进一步发展，发现时间和空间不再是绝对的，而是与物体的运动有关，并且时间和空间之间也有一定的联系. 这就显现了经典力学的局限性.

18.1.4 经典力学的局限性

随着电磁规律的发现以及高速微观的物理实验的发展，人们发现伽利略相对性原理和

他的坐标变换不能很好地解释这些问题,从而体现出经典力学的局限性.下面来看看经典力学局限性的具体体现.

1. 光的传播问题

从电磁现象总结出来的麦克斯韦的电磁理论给出,在真空中的速率 $c=\frac{1}{\sqrt{\varepsilon_0\mu_0}}=2.99\times 10^8\ \mathrm{m/s}$,其中,$\varepsilon_0=8.85\times10^{-12}\ \mathrm{c^2N^{-1}m^2}$,$\mu_0=1.26\times10^{-6}\ \mathrm{N\cdot s^2c^{-2}}$ 是两个电磁学常量.这就是说在任何参考系中测得光在真空中的速率都应该是这一数值.这一结论还被后来的很多精确的实验和观测所证实.他们都明确无误地证明,光速的测量结果与光源和观测者的相对运动无关,亦即与参考系无关.这就是说,光或者电磁波的运动不服从伽利略变换.但是按照经典力学理论,如果光的传播速度相对于某一个参考系为 c,则相对于其他参考系,其速度不可能沿各个方向都为 c.经典力学指出,光只能相对于一个特定的参考系的速率为 c.如果是这样,那么光的传播将不满足经典力学中所有惯性系等价的相对性原理.

而在任一参考系中,光在真空中的传播速率都应该是 c,这一结论还被后来的很多精确的实验和观测所证实.它们都准确无误地证明光速的测量结果与光源和测量者的相对运动无关,亦即与参考系无关.这就说明光的传播不服从伽利略变换.

2. 以太假说和以太风实验的零结果

麦克斯韦从理论上指出电磁波的存在和光是一种电磁波.因此,许多物理学家认为光如果是电磁波,具有波动性,那么光的传播必定需要传播媒介方.于是仍把这种传播光的介质称为“以太”,认为光在真空中的速度就是电磁波在“以太”中的传播速度,像一切机械波一样,这个速度值与光源的运动无关,只决定于“以太”的性质.但是,“以太”是否存在,必须用实验来证实.

当时很多物理学家都企图证实“以太”的存在.按照经典力学理论,真空中光沿任一方向的传播速度只有在特定参考系中才等于 c,如果能够精确测定各方向光速的差异,就可以确定地球相对于这个特殊参考系的运动,或者说地球相对于“以太”的运动.迈克尔逊·莫雷实验(1887)正是应用测量光速沿不同方向的差异来证实“以太风”对光速的影响.然而出乎意料,他们反复做了多次高精度实验,都得到了否定的结果.这表明地球的运动对光速并没有影响,即光在地面上沿任何方向传播的速度都相同.这为相对论的建立奠定了基础.

3. 电磁现象不服从伽利略相对论原理

麦克斯韦的电磁理论是继牛顿力学以后物理学发展史上的又一伟大成就,它统一了电现象和磁现象,用统一的方程组来描述电磁场的变化规律,预言了电磁波的存在,并把光也纳入了电磁学的体系中.但是麦克斯韦电磁理论与伽利略相对性原理之间产生了矛盾,在麦克斯韦电磁理论中,以太是电磁场运动变化的背景,一切电磁现象都归结为以太的某种运动状态,自然,以太是描述电磁现象的绝对参考系.而根据相对论原理,物理规律不依赖于参考系的选择,如果麦克斯韦电磁理论在以太参考系中成立,那么在相对于以太做匀速运动的参考系中也应该成立.可是根据伽利略时空变换式,麦克斯韦方程组经过坐标变换后具有不同的表达形式,也就是说,麦克斯韦方程组不满足伽利略坐标变换.而正如前所述,麦克斯韦方程组导出的光速(即电磁波的传播速率)是一个确定值,而根据经典物理理论,速度是相对的,与参考系有关.针对麦克斯韦电磁理论与伽利略相对性原理之间的不协调,有人认为伽利略相对性原理只在力学范围内有效,不适应电磁学;也有人认为伽利略相对性原理是普适的，问题在于麦克斯韦电磁理论自身的不完善.

4. 高速微观领域的物理实验不符合经典力学时空观

除了光速的测量实验以及“以太风”实验，20 世纪初很多微观高速实验也正在进行. 而这些实验大多都能证明一个问题：时间和空间不是绝对的，它们与物质的运动有关. 这些实验的现象证实了经典力学时空观在高速领域不再适应.

(1) 横向的多普勒效应实验，证实相对论的运动时间延缓效应.

(2) 高速运动粒子寿命的测定，证实时间延缓效应.

(3) 考夫曼发现电子的荷质比 $\frac{e}{m}$ 与速度有关. 而电荷量 e 不随速度的改变而改变，则它的质量 m 随着运动速度的增大而增大.

(4) 相对论运动学和质能关系的实验验证.

而狭义相对论正是在这些光速不变性的实验基础上建立起来的，它否定了绝对参考系的存在，因此发展了经典力学中的相对性原理，从而建立了相对论的时空观.

18.2　狭义相对论的基本原理与洛伦兹变换式

18.2.1　狭义相对论的基本假设

在经典理论遇到前所未有的困难时，爱因斯坦总结新的实验事实，提出两个基本假设.

1. 相对性原理

1905 年，爱因斯坦把伽利略相对性原理的基础推广，指出：一切物理规律(不论是力学的、光学的或电磁学的)在所有惯性系中都相同，也就是说，不能用任何实验(不论是力学的、光学的或电磁学的)来证明物体是静止的或是在做匀速直线运动. 这表明，**一切惯性系都是平等的，不存在绝对静止的“特殊参考系”**. 相对性原理是自然界的普遍规律，一切的物理规律都必须遵循相对性原理.

2. 光速不变原理

爱因斯坦提出：**对于一切惯性参考系来说，真空中的光速都是一样的**. 它跟光源的运动速度无关，也跟观察者(或测量仪器)的运动速度无关. 这就是光速不变原理. 它是爱因斯坦建立狭义相对论的两条基本假设之一，已被大量实验证实. 1964—1966 年，欧洲核子中心(CERN)在质子同步加速器中做出有关光速的精密测量实验，直接证明了光速不变原理. 光速不变原理跟经典时空观是矛盾的，它是建立相对论时空观的基础.

爱因斯坦提出的两大假设，预示着物理学中的时空观将发生革命性的变革.

18.2.2　洛伦兹变换

伽利略的具体变换式只适用于牛顿力学，它不能保证电磁学(包括光学)也满足相对性原理. 因此，必须要有新的变换关系来满足爱因斯坦的两个基本假设.

下面从爱因斯坦的两个基本假设出发，推导在两个惯性系之间的变换式.

(1) 时空坐标间的变换关系作为一条公设，我们认为时间和空间都是均匀的，因此时空坐标间的变换必须是线性的.

参照伽利略变换，如图 18-1 所示，对于任意事件 P 在 S 系和 S' 系中的时空坐标 (x, y, z, t)，(x', y', z', t')，因 S' 系相对于 S 系以平行于 x 轴的速度 u 作匀速运动，显然有 $y'=y$，$z'=z$.

在任意的一个空间点上，可以设

$$x=k(x'+ut'),\quad k\text{ 是一比例常数.} \tag{18-7}$$

同样地可得到

$$x'=k'(x-ut). \tag{18-8}$$

根据相对性原理，惯性系 S 系和 S' 系等价，上面两个等式的形式就应该相同（除正、负号），所以 $k=k'$.

(2) 由光速不变原理可求出常数 k.

设光信号在 S 系和 S' 系的原点重合的瞬时从重合点沿 x 轴前进，那么在任一瞬时 t（或 t'），光信号到达点在 S 系和 S' 系中的坐标分别是：$x=ct$，$x'=ct'$ 则

$$xx'=c^2tt'=k^2(x-ut)(x'+ut'). \tag{18-9}$$

由式(18-9)，得

$$k=\frac{c}{\sqrt{c^2-u^2}}=\frac{1}{\sqrt{1-\left(\frac{u}{c}\right)^2}}. \tag{18-10}$$

代入 k 值，式(18-7)、式(18-8)可以改写为 $x'=\dfrac{x-ut}{\sqrt{1-\left(\frac{u}{c}\right)^2}}$，$x=\dfrac{x'+ut'}{\sqrt{1-\left(\frac{u}{c}\right)^2}}$.

由上面二式消去 x'，则 $x\sqrt{1-\left(\frac{u}{c}\right)^2}=\dfrac{x-ut}{\sqrt{1-\left(\frac{u}{c}\right)^2}}+ut'$，得到 S 系到 S' 系的时间变换式为

$$t'=\frac{t-\frac{u}{c^2}x}{\sqrt{1-\left(\frac{u}{c}\right)^2}}.$$

同理，消去 x 后可以得到 S' 系到 S 系的时间变换式为 $t=\dfrac{t'+\frac{u}{c^2}x'}{\sqrt{1-\left(\frac{u}{c}\right)^2}}$.

综合以上结果，得到 S 系和 S' 系之间的时空变换式为

$$\begin{cases} x'=\dfrac{x-ut}{\sqrt{1-\left(\frac{u}{c}\right)^2}}, \\ y'=y, \\ z'=z, \\ t'=\dfrac{t-\frac{u}{c^2}x}{\sqrt{1-\left(\frac{u}{c}\right)^2}} \end{cases}\quad\text{或}\quad\begin{cases} x=\dfrac{x'+ut'}{\sqrt{1-\left(\frac{u}{c}\right)^2}}, \\ y=y', \\ z=z', \\ t=\dfrac{t'+\frac{u}{c^2}x'}{\sqrt{1-\left(\frac{u}{c}\right)^2}}. \end{cases} \tag{18-11}$$

以上就是著名的**洛伦兹变换式**(Lorentz transformation)和**洛伦兹逆变换式**(Lorentz inverse transformation),是爱因斯坦的两条基本假设的直接结果. 它也是狭义相对论的基础. 它表达同一事件在两个惯性系中的时空坐标变换关系. 从上式可以看出,当 $u \ll c$ 时,即物体的运动速度远小于光速时,洛伦兹变换式自然退化为伽利略变换式. 由此可见,伽利略变换式只适用于低速状态,当物体的运动速度接近光速时,必须采用洛伦兹变换式. 另外,洛伦兹变换反映了时空的相对性,即洛伦兹变换式中的时间坐标和空间坐标是有关的,并且都与物体的运动速度有关,揭示了时间、空间和运动之间的紧密关联.

18.2.3 相对论速度变换式

对洛伦兹求导,可推导出相对论的速度变换公式.

设
$$v_x=\frac{dx}{dt},\quad v_y=\frac{dy}{dt},\quad v_z=\frac{dz}{dt}$$

为物体相对于 S 系的速度.

设
$$v_x{}'=\frac{dx'}{dt'},\quad v_y{}'=\frac{dy'}{dt'},\quad v_z{}'=\frac{dz'}{dt'}$$

为物体相对于 S' 系的速度. 相对于 S 系沿 x 轴方向以速度 u 运动. 用洛伦兹变换式(18-11)中坐标 x' 和时间 t' 的表达式,取两边微分

$$dx'=\frac{dx-u\,dt}{\sqrt{1-\left(\frac{u}{c}\right)^2}}=\frac{v_x-u}{\sqrt{1-\left(\frac{u}{c}\right)^2}}dt, \tag{18-12}$$

$$dt'=\frac{dt-\frac{u}{c^2}dx}{\sqrt{1-\left(\frac{u}{c}\right)^2}}=\frac{1-\frac{uv_x}{c^2}}{\sqrt{1-\left(\frac{u}{c}\right)^2}}dt. \tag{18-13}$$

取两式相除得

$$v_x'=\frac{v_x-u}{1-\frac{u}{c^2}v_x}. \tag{18-14a}$$

同理可以求得

$$v_y'=\frac{v_y\sqrt{1-\left(\frac{u}{c}\right)^2}}{1-\frac{u}{c^2}v_x}, \tag{18-14b}$$

$$v_z'=\frac{v_z\sqrt{1-\left(\frac{u}{c}\right)^2}}{1-\frac{u}{c^2}v_x}. \tag{18-14c}$$

式(18-14)是**相对论速度变换式**. 其逆反变换式为

$$v_x=\frac{v_x'+u}{1+\frac{u}{c^2}v_x'},\quad v_y=\frac{v_y\sqrt{1-\left(\frac{u}{c}\right)^2}}{1+\frac{u}{c^2}v_x'},\quad v_z=\frac{v_z'\sqrt{1-\left(\frac{u}{c}\right)^2}}{1+\frac{u}{c^2}v_x'}. \tag{18-15}$$

非相对论极限下($u\ll c$, $|v|\ll c$)有

$$v_x'\approx v_x-u,\quad v_y'\approx v_y-u,\quad v_z'\approx v_z-u, \tag{18-16}$$

即过渡到伽利略变换式. 这表明伽利略速度变换在低速情况下仍是适用的. 只有当 u, v 接近于光速时,才需使用相对论速度变换式.

如果一束光在 S 系中以速度为 c 沿 x 轴传播,由式(18-14a)可得到在 S' 系中的速率为

$$v_x'=\frac{v_x-u}{1-\frac{u}{c^2}v_x}=\frac{c-u}{1-\frac{u}{c}}=c.$$

由此可见,光在任一惯性系中速率都是 c. 这证明了光速不变原理. 即相对论速度变换式与狭义相对论的基本假设是一致的. 同时,由相对论速度变换式还可以证明:任一物体的速度都不可能超过光速.

例 18.1 实验员在实验室测得一对正负电子对,其中正电子和负电子分别以 $0.9c$ 和 $-0.9c$ 的速度向相反的方向运动,求正电子相对于负电子的速度.

解 取负电子为 S 参考系,地面为 S' 参考系. 则根据相对性原理, S' 参考系相对于 S 参考系的运动速度为 $u=0.9c$,在 S' 参考系里,负电子的速度为 $0.9c$,因此根据式(18-15),在 S 参考系(负电子)里,正电子的速度为

$$v_x=\frac{v_x'+u}{1+\frac{u}{c^2}v_x'}=\frac{0.9c+0.9c}{1+0.9\times 0.9c}\approx 0.995c.$$

如果根据伽利略速度变换式,则正电子相对于负电子的速度为

$$0.9c-(-0.9c)=1.8c>c.$$

这也就说明,按相对论速度变换,任一物体的速度都小于光速;而在经典力学中,物体的速度是可以超过光速的,显然与实验不相符合.

18.3 狭义相对论的时空观

前面我们介绍了经典力学的时空观,它指出时间和空间是绝对的,彼此独立、互不相关. 但爱因斯坦利用狭义相对论的两个原理和洛伦兹变换都可以得到:时间和空间都不是绝对不变的,而是相对的;并且时间和空间都与参考系的运动速度有关. 这一理论所讨论的时空观是对人们所熟知的经典力学时空观的一次大变革,已得到了高能物理实验的验证. 下面先利用洛伦兹变换来分析狭义相对论的时空观.

18.3.1 同时性的相对性

爱因斯坦认为:凡是与时间有关的一切判断,总是与"同时"这个概念相联系的. 比如说:"某列火车七点钟到站",其意思是指:"手表的短针指在'7'点上和这列火车到达车站是同时的事件". 但如果从相对论基本假设出发来讨论关于"同时"这个概念,就会发现在某一惯性系中同时发生的两个事件,在另一个惯性系中,就不一定是同时发生. 这一结论称为**同时性**

的相对性. 下面用洛伦兹变换来说明.

假设 S' 系相对于 S 系以平行于 x 轴的速度 u 作匀速运动，在 S 系中两个事件发生的时空坐标分别为 (x_1, t_1) 和 (x_2, t_2)，利用洛伦兹变换式可得到，在 S' 系中，这两个事件发生的时间分别为

$$t'_1=\frac{\left(t_1-\dfrac{ux_1}{c^2}\right)}{\sqrt{1-\left(\dfrac{u}{c}\right)^2}},\qquad t'_2=\frac{\left(t_2-\dfrac{ux_2}{c^2}\right)}{\sqrt{1-\left(\dfrac{u}{c}\right)^2}}.$$

因此，在 S' 系中的观测者看来，这两个事件发生的时间间隔为

$$\Delta t'=t'_2-t'_1=\frac{(t_2-t_1)-\dfrac{u(x_2-x_1)}{c^2}}{\sqrt{1-\left(\dfrac{u}{c}\right)^2}}.$$

假定在 S 系中的两个事件是同时但不同地发生的，即 $t_1=t_2$ ，$x_1\neq x_2$，从而得到

$$\Delta t'=t'_2-t'_1=\frac{\dfrac{u(x_2-x_1)}{c^2}}{\sqrt{1-\left(\dfrac{u}{c}\right)^2}}.\tag{18-17}$$

即 $t'_1\neq t'_2$. 这就表明在 S 系中看来是同时发生的两个事件，如果在不同地点发生的，那么在 S' 系中的观测者来说就不是同时发生的. 同时性的相对性，即“同时”只是相对于惯性系而言的，没有绝对意义. 只有在 S 系中两个事件发生在同一地点时，即 $x_2=x_1$，在 S' 系中这两个事件才被认为是同时发生的，即 $\Delta t'=t'_2-t'_1=0$.

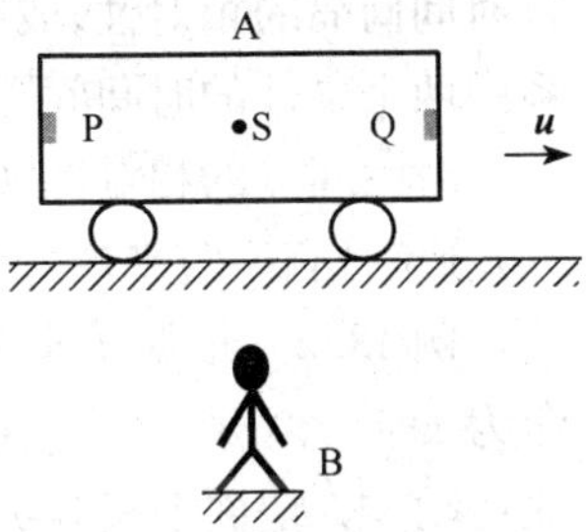

图 18-2　高速运动列车上信号的同时性测量

利用理想的光学实验也可以说明同时性是相对的. 如图 18-2所示，在一列火车正中间的车厢内有一个观察者 A 和一台光信号发射器 S，在车头和车尾分别装一台光信号的接收器 P 和 Q. 假设火车以很高的速度 u 向前运行，在站台上有另一观察者 B，在火车驶过站台，A 和 B 相遇的一瞬间，光信号发射器 S 发出一次闪光，这闪光被车头和车尾的两个接收器接收. 车厢中的观察者 A 认为，光信号相对于他（或火车）以同样的速度向各个方向传播，P、Q 两个接收器与发生发射器的距离相同，所以光信号到达 P 和 Q 这两个事件是同时的. 但在站台上的观察者 B 则认为，光信号相对于他（或地面）以同样的速度向各个方向传播，在光信号传播的这段时间中，Q 顺着光传播方向运动，使距离增大，P 迎着光传播方向运动，使距离减小，因此光信号先到达 Q，后到达 P，也就是说，光信号到达 P 和 Q 这两个事件不是同时的. 可见，对一个参考系来说是同时的两事件，对另一个参考系来说就不是同时的. 这就是同时性的相对性. 当然，在同一地点发生的两个事件的同时性，对于任何参考系来说都是正确的.

18.3.2 时间间隔的相对性

在狭义相对论中，同时性是相对的，时间间隔也不是绝对的. 设某物体上相继发生两个事件，S' 系为该物体的静止参考系. 在该参考系中观察到两个事件发生的时刻为 t_1' 和 t_2'，其时间间隔为 $\Delta\tau = t_2' - t_1'$，在 S 系上观察，该物体和 S' 系一起以速度 u 沿 x 轴方向匀速运动，因此第一事件发生的时间 t_1 和第二事件发生的时间 t_2，利用洛伦兹逆变换可以得到

$$t_1 = \frac{t_1' + \frac{u}{c^2}x_1'}{\sqrt{1-\left(\frac{u}{c}\right)^2}},\quad t_2 = \frac{t_2' + \frac{u}{c^2}x_2'}{\sqrt{1-\left(\frac{u}{c}\right)^2}}.$$

那么，在 S 系中观测到两个事件的事件间隔 $\Delta t = t_2 - t_1$. 由于在 S' 系中两个事件发生在同一地点，即 $x_1' = x_2'$，可解得

$$\Delta t = \frac{\Delta\tau}{\sqrt{1-\left(\frac{u}{c}\right)^2}}. \tag{18-18}$$

式中，$\Delta\tau$ 为该物体的静止参考系测得的时间，称为**固有时间**(proper time)，而 Δt 为另一参考系 S 系中测得同一过程的时间，在 S 系中看到物体以速度 u 运动. 由式(18-18)，$\Delta t > \Delta\tau$，表示运动物体上两个事件的时间间隔比起静止物体同样过程的时间间隔要长些. 这就是**时间间隔的相对性，或时间延缓**(time dilation). 同样，从 S' 系看 S 系，也认为运动着的 S 系中两个事件的时间间隔也变长了.

时间间隔的相对性在高能物理中得到大量实验的验证. 如不稳定粒子(π 介子或 μ 介子等)静止时有一定平均寿命. 当它们高速运动时，测得的平均寿命可以比静止时大得多.

例 18.2 根据光速不变原理说明相对论时间膨胀效应. 实验室测得静止 μ 子的平均寿命为 $\tau_0 = 2.2\times10^{-6}\,\mathrm{s}$，如果实验中得到的 μ 子以 $u=0.998c$ 的速度相对于地面坐标系做匀速运动. 求：地面上实验员测得该运动粒子的平均寿命.

解 在 μ 子上建立一坐标系 S' 系，那么在 S' 系中 μ 子的平均寿命是其固有时间，为 $2.2\times10^{-6}\,\mathrm{s}$；在地面坐标系 S 系中，该运动粒子的平均寿命 τ 为

$$\tau = \frac{\tau_0}{\sqrt{1-\frac{u^2}{c^2}}} = \frac{2.2\times10^{-6}}{\sqrt{1-0.998^2}} = 3.48\times10^{-5}\,\mathrm{s}.$$

由此可见，μ 子高速运动时，实验室测得其平均寿命要更长，或者说在相对于 μ 子运动的参考系中测得其平均寿命比相对于 μ 子静止的参考系测得的平均寿命更长些. 这就是时间延缓效应的具体表现.

18.3.3 长度的相对性

正如时间间隔不是绝对的一样，物体的长度也不是绝对的，而是与参考系的选择有关，这种现象称为**长度的相对性或空间的相对性**.

相对于待测物体静止的测量者所测得一个物体两端点位置之间的距离，称为**原长**

(proper length)或**固有长度**，而运动物体的长度的测量，必须是测量者同时记录下来两个端点位置之间的距离.

现在我们就用洛伦兹变换式求运动物体的长度与该物体静止长度的关系. 如图 18-3 所示，假设一直杆沿 x 轴静止放置于 S' 系中，而杆在其中的长度为 $L_0 = x_2' - x_1'$. 而杆随着 S' 系相对于 S 系以速度 u 沿 x 轴正方向运动时，假设在同一时刻，即 $t_1 = t_2$，杆的前端点在 x 轴上的坐标为 x_2（第一个事件），而杆的后端点在 x 轴上的坐标为 x_1（第二个事件），则杆在 S 系中的长度为 $L = x_2 - x_1$. 按洛伦兹变换式，有

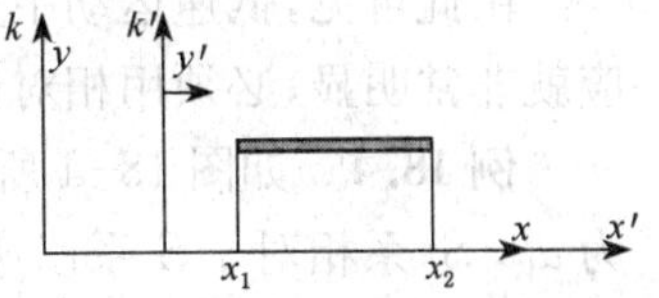

图 18-3　长度的相对性

$$x_2' - x_1' = \frac{x_2 - x_1}{\sqrt{1-\left(\frac{u}{c}\right)^2}}.$$

因 L_0 为杆相对静止时的固有长度，故杆在运动状态下的长度为

$$L = L_0\sqrt{1-\left(\frac{u}{c}\right)^2}. \tag{18-19a}$$

反之，如果直杆在 S 系中相对静止，那么在 S' 系中是运动着的. 这时，直杆在 S 系中的长度为固有长度 L_0，可以证明在 S' 系中的长度为 L'，则

$$L' = L_0\sqrt{1-\left(\frac{u}{c}\right)^2}. \tag{18-19b}$$

式(4-19)表明，**在相对直杆静止的惯性系中，直杆的长度最大，等于直杆的固有长度 L_0. 在相对直杆运动的惯性系中，直杆沿运动方向的长度必小于固有长度**. 这就是所谓**长度的相对性**或**长度收缩**(length contraction).

必须指出，长度的收缩只发生在运动的方向上，在与运动垂直的方向上，长度不显现变化. 如按洛伦兹变换式，$y' = y$，$z' = z$，则在 S 系和 S' 系中 y 轴和 z 轴方向上的长度分量相等.

综上所述，狭义相对论指出时间和空间的量度都是相对的，与参考系的选择有关. 时间和空间的相对性，来源于爱因斯坦关于狭义相对论的两个假设，是惯性系之间利用洛伦兹变换的必然结果. 它们是一种时空属性，并不涉及到物质内部过程的变化. 同样可以看出，时间和空间是相互联系的，并与物质有着不可分割的联系，不存在孤立的时间，也不存在孤立的空间，时间、空间与运动之间的紧密联系，反映了时空的性质.

例 18.3　设北京到广州的直线距离为 1.89×10^3 km. 若宇宙飞船以 $u=0.9998c$ 的速度从广州飞往北京，问宇航员测得的两地距离为多少？若是速度大小为 500 m/s 的飞机呢？

解　设飞船中宇航员测得两地的直线距离为 $L_{动}$，按式(18-19a)有

$$L_{动} = L_{静}\cdot\sqrt{1-\left(\frac{u}{c}\right)^2} = 1.89\times10^6\cdot\sqrt{1-\left(\frac{0.9998c}{c}\right)^2} = 37.8\,\text{m} \ll L_{静}.$$

若是飞机中的乘客，测得两地之间的直线距离为 $l'_{动}$，按式(18-19b)有

$$L'_{动}=L_{静}\cdot\sqrt{1-\left(\frac{u}{c}\right)^2}=1.89\times10^6\cdot\sqrt{1-\left(\frac{500}{3.0\times10^8}\right)^2}\approx L_{静}.$$

由此可见，低速运动中无须考虑相对论的长度收缩，但速度接近于光速时，长度收缩效应就非常明显，必须用相对论效应处理.

例 18.4 如图 18-4 所示，S' 系中一等腰直角三角形，其边长为 a_0，S' 系相对于 S 系以速度 $u=0.6c$ 沿 x 轴方向运动. 如果在 S 系中测得此三角形的面积为多少？

解 因 S' 系相对于 S 系沿 x 轴方向做高速运动，则在 S 系中测得此三角形在 x 轴方向的边长收缩为 a，按式(18-19a)有

$$a=a_0\cdot\sqrt{1-\left(\frac{u}{c}\right)^2}=0.8a_0.$$

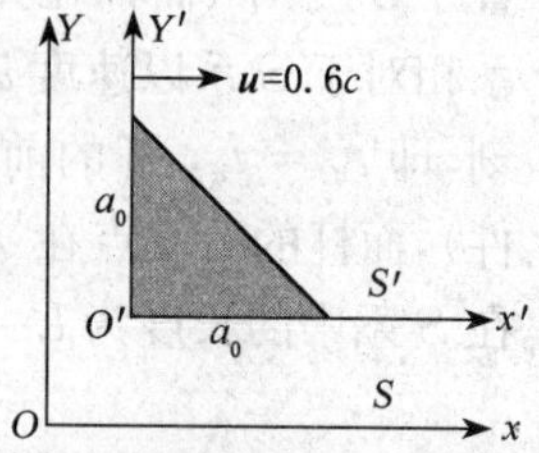

图 18-4

而在垂直于运动方向的 y 轴上的边长不会产生长度的收缩效应，即还是为 a_0. 由此可得，根据狭义相对论，此三角形在 S 系中的面积为 $0.8a_0^2$.

18.4 狭义相对论动力学基础

根据相对性原理，物理规律对于一切惯性系都是等价的，这就要求一切物理规律的数学表达式在惯性系之间的变换具有相同的形式. 但在经典力学中，相对性原理的数学形式是以伽利略变换为基础，一切动力学规律在该变换下都是自洽的；而在狭义相对论中，一切物理规律只有在洛伦兹变换下才能保持相同的形式. 因此，在相对论的动力学中，必须重新定义一系列的动力学概念，如质量、动量和能量等守恒量，以及与守恒量传递相联系的物理量，如力、加速度和功等. 那么在相对论中，如何定义这些物理量呢？爱因斯坦说："把经典力学改变成既不与相对论矛盾，又不与已经观察到的以及已经由经典力学解释出来的大量资料相矛盾，就很简便了. 旧力学只能应用于低速，而成为新力学的特殊情况."所以在相对论中新定义的物理量必须满足以下几条原则：首先，低速状态下，即 $u\ll c$ 时，新定义的物理量必须趋于经典物理学中相应的量；其次，普遍成立的守恒定律得以保持，新的物理量必须要满足基本守恒定律；再次，在相对论下定义的物理量一定要满足洛伦兹变换的自洽性，即所有动力学运算式在洛伦兹变换下具有相同的形式.

18.4.1 质量和动量

现在，更进一步地研究在相对论条件下力学规律将要采取的形式. 从牛顿第二定律出发，即力是动量的变化率

$$\boldsymbol{F}=\frac{\mathrm{d}(m\boldsymbol{v})}{\mathrm{d}t}=\frac{\mathrm{d}\boldsymbol{p}}{\mathrm{d}t}. \tag{18-20}$$

动量仍定义为物体质量跟速度的乘积：$\boldsymbol{p}=m\boldsymbol{v}$. 但在相对论中，如果要满足动量守恒定律和洛伦兹变换式，动量的定义就变为

$$\boldsymbol{p}=\frac{m_0\boldsymbol{v}}{\sqrt{1-\frac{v^2}{c^2}}}. \tag{18-21}$$

这就是**相对性动量**(relativistic momentum). 采用这个动量公式,在一切惯性参考系中动量守恒定律均成立,而采用经典的动量公式,如在某一惯性参考系中动量守恒,则在另一参考系中动量不守恒,因质量和速度与参考系有关.

在式(18-21)中,要保持速度的数学形式不变,必须对质量进行修正,即

$$m(\boldsymbol{v})=\frac{m_0}{\sqrt{1-\dfrac{v^2}{c^2}}}. \tag{18-22}$$

$m(\boldsymbol{v})$ 称为**相对论质量**(relativistic mass),它与物体的运动速率 v 有关. 式中, m_0 是物体在相对静止的惯性系中的质量,称为"**静质量**";m 是物体相对观察者有相对运动速度 v 时的质量,简称"**动质量**". 显然,$v \ll c$ 时, $m \approx m_0$, 这就是经典力学中的情况,这时可以认为物体的质量为一常数. 当速度 v 较大时,质量就不能再认为是恒定的,而明显地随着速度的增大而增大. 早在 1901 年,考夫曼就在实验中发现,高速电子的荷质比随速率增大而减小. 因为电子电荷不随电子运动速率而改变,原子的电量才能严格地保持其电中性. 于是,他得出了质量随速率增大而增大的结论.

18.4.2　力和速率

在经典力学中,力用动量的变化率来表征,于是当质量恒定,于是牛顿第二定律给出了力与加速度的线性关系,即 $\boldsymbol{F}=m_0\dfrac{\mathrm{d}\boldsymbol{v}}{\mathrm{d}t}=m_0\boldsymbol{a}$; 然而在相对论中,动量 p 和质量 $m(\boldsymbol{v})$ 都随物体运动速率的变化而改变,因而也随时间 t 的变化而变化,所以有

$$\boldsymbol{F}=\frac{\mathrm{d}(m\boldsymbol{v})}{\mathrm{d}t}=\frac{\mathrm{d}}{\mathrm{d}t}\left(\frac{m_0\boldsymbol{v}}{\sqrt{1-\dfrac{v^2}{c^2}}}\right)=\frac{\mathrm{d}m}{\mathrm{d}t}\boldsymbol{v}+m\frac{\mathrm{d}\boldsymbol{v}}{\mathrm{d}t}. \tag{18-23}$$

可知,力 $\boldsymbol{F}$ 的作用不仅改变速率,而且改变质量. 式(18-23)是相对论力学中牛顿第二定律的修正式. 应该说明,牛顿最初所提出的运动学方程是用动量来描述的,即式(18-20). 但在牛顿力学认为物体的质量 m 与速率无关,是一个恒量,才可以写成经典力学中的牛顿第二定律, $\boldsymbol{F}=m\boldsymbol{a}$. 然而在相对论动力学中,质量不再是常量,随速率而改变,将运动方程表述成为式(18-23),意义更为普遍. 同时,它的数学表达式在洛伦兹变换下具有不变性.

在相对论动力学中,如果一个恒力作用在一个物体上很长时间,那么会出现什么情况?经典力学认为物体的质量不变,物体的速度将不断增大,直到它的运动速度超过光速. 但在相对论力学中,这是不可能的. 在相对论力学中,物体不断得到的不是速度,而是动能. 动能之所以持续增大,其主要原因是物体的质量不断增大. 经过长时间的作用,物体将不再出现那种在速度变化含义上的加速运动,但动量却还在继续增大. 自然,一个力作用在物体上如果物体的速度变化非常小的话,我们可以说这个物体具有很大的惯性,也就是说物体的质量非常大. 这正是相对论质量公式所指出的,如式(18-22),当物体的速率 v 接近于光速 c 时,物体的质量 $m(\boldsymbol{v})\rightarrow\infty$, 即其惯性非常大,以至于作用在物体的恒力 $\boldsymbol{F}$ 不能再使其速度增大.

假设一个物体的运动速率为真空中的光速 c(如光子),则按照式(18-22),物体的静质量 m_0 必须为零,否则,物体的质量将趋近于无限大,即 $m(\boldsymbol{v})\rightarrow\infty$, 这是没有实际意义的.

也就是说，只有静质量为零的物体才能到达光速 c. 同时，我们在式(18-22)中可以发现，如果 $v>c$，物体的质量 $m(\boldsymbol{v})$ 变成一个虚数，显然是没有物理意义的. 因此，狭义相对论断定，光速是极限速度，任何物体 ($m_0 \neq 0$) 的速度都不可能大于真空中的光速 c.

18.4.3 功和动能

在经典力学中，质点在力的作用下运动，力对质点所做的功定义为力在位移上的积累，并且可以表述为

$$\mathrm{d}W = \boldsymbol{F} \cdot \mathrm{d}\boldsymbol{r}. \tag{18-24}$$

而质点的动能 E_{k} 等于质点的速率由零增大到 v 的过程中，作用在质点上外力 $\boldsymbol{F}$ 对质点所做的功，即

$$E_{\mathrm{k}} = \int_0^v \boldsymbol{F} \cdot \mathrm{d}\boldsymbol{r} = \int_0^v \frac{\mathrm{d}(m\boldsymbol{v})}{\mathrm{d}t} \cdot \mathrm{d}\boldsymbol{r} = \int_0^v \boldsymbol{v} \cdot \mathrm{d}(m\boldsymbol{v}). \tag{18-25}$$

在经典力学中，质量为恒量，所以动能可以表述为 $E_{\mathrm{k}} = \dfrac{mv^2}{2}$.

在相对论动力学中，我们保持功和动能的定义不变，但必须对动能的表达式进行修正. 考虑到质量随速率而变化，则 $\boldsymbol{v} \cdot \mathrm{d}(m\boldsymbol{v}) = \boldsymbol{v} \cdot \boldsymbol{v}\mathrm{d}m + \boldsymbol{v} \cdot m\mathrm{d}\boldsymbol{v} = v^2\mathrm{d}m + mv\mathrm{d}v$. 由相对论质量表达式(18-22)，有

$$\mathrm{d}m = \mathrm{d}\left(\frac{m_0}{\sqrt{1-\dfrac{v^2}{c^2}}}\right) = \frac{mv\mathrm{d}v}{c^2 - v^2},$$

即 $c^2\mathrm{d}m = v^2\mathrm{d}m + mv\mathrm{d}v$. 由此可见，式(18-25)可以改写为

$$E_{\mathrm{k}} = \int_{m_0}^{m} c^2\mathrm{d}m = mc^2 - m_0c^2. \tag{18-26}$$

这就是**相对论动能公式**. 它表示**相对论动能等于因运动引起的质量的增量与真空中光速的平方的乘积**.

接下来我们要考虑在非相对论情况下，式(18-26)能否回到经典力学的动能表达式. 当 $v \ll c$ 时，由于

$$\frac{1}{\sqrt{1-\dfrac{v^2}{c^2}}} = 1 + \frac{v^2}{2c^2} + \frac{3v^4}{8c^4} + \cdots,$$

只取前两项，于是式(18-26)就变为经典力学中的动能公式. 显然，相对论动能公式和经典力学动能公式的形式是不相同的，相对论动能表示为两项，其中第一项包含动质量 m，它随着速度的增大而增大；而第二项为静质量与光速的平方的乘积，它与速度无关. 爱因斯坦重新定义这两项，得出更有意义的结论.

18.4.4 静能、总能和质能关系

在相对论动能公式(18-26)中，动能 E_{k} 为 mc^2 和 m_0c^2 两项之差. 爱因斯坦分别定义这

两项,使它们也具有能量的含义.其中 $E_0 = m_0 c^2$,被称为**静能**(rest energy),而 $E = mc^2$ 为物体的总能量,可以看作是静能和动能之和,即

$$E = mc^2 = E_0 + E_k. \tag{18-27}$$

式(18-27)就是著名的**质能关系**(mass-energy relation).它表示物体的质量与能量之间的普遍关系,揭示了质量和能量的不可分割:任何物体的相对论质量都可以表示为 $m = E/c^2$,质量也不仅只是惯性和引力的量度,而且是物体能量的量度.在经典力学中,质量只是表示物体的静质量,质量和能量是相互独立的物理量,因此质量守恒和能量守恒这两条自然规律也是相互独立的.而在相对论中,质量和能量彼此相联,质量守恒定律和能量守恒定律也被完全统一起来.一个系统,如果其能量守恒,由式(18-27)可得,其质量也必定守恒;反之亦然.也就是说,在守恒系统中,系统的静质量和动质量、静能和动能都可以相互转化,而整个系统的总能量和总质量是守恒的.质量守恒定律和能量守恒定律统一称为新的**质能守恒定律**.显而易见,经典力学中的质量守恒定律和能量守恒定律只是物体在低能状态下的一个近似.

按照相对论的理论,任何物体的质量发生改变,都伴随着相应的能量改变.如果一个物体的质量改变了 Δm,相应地它的总能量改变了 ΔE,则

$$\Delta E = \Delta m c^2. \tag{18-28}$$

反之,任何能量的改变,也伴有质量的改变.

爱因斯坦指出,如果使粒子系统的静能量减少 Δm_0,它就会释放出 $(\Delta m_0)c^2$ 的巨大能量.这一大胆的预言已被原子弹和核动力等大量实验和应用所证实.质能关系是原子核开发、利用的理论依据.当强子(质子和中子)结合成为原子核时,实验测得核的质量略小于强子质量之和,这一差值称为原子核的**质量亏损**(mass defect).故由核子结合形成原子核的过程中必有大量能量释放出来,这就是原子核的结合能.

18.4.5 能量和动量

在相对论中,物体的能量和它的动量有紧密的联系,形成一个统一的整体.由质量 $m = \dfrac{m_0}{\sqrt{1-\dfrac{v^2}{c^2}}}$,动量 $p = mv$ 和 能量 $E = mc^2$ 可以得到

$$E^2 = p^2c^2 + m_0^2c^4. \tag{18-29}$$

这便是相对论的**能量和动量关系式**.该式在任何参考系中都是成立的,即它在洛伦兹变换下具有不变性.对于光子等粒子,静质量 $m_0 = 0$,式(18-29)简化为

$$E = pc, \tag{18-30}$$

即能量 E 等于它的动量 p 与光速 c 的乘积.可见,光子的动能就是它的全部能量,光子在任何参考系中总是以相同的速度 c 运动,并且这个速度 c 表示出了它的能量和动量之间的联系.

如把式(18-29)开方,可得到 $E = \pm\sqrt{{E_0}^2 + p^2c^2}$.这关系式中的负号预言了自由粒子可能存在负能量的状态.在粒子物理学中,处于负能态的"反粒子"已经得到大量实验事实所证实.

习题 18

18.1 在某地发生两件事，静止位于该地的甲测得时间间隔为 4 s，若相对于甲做匀速直线运动的乙测得时间间隔为 5 s，则乙相对于甲的运动速度是(c 表示真空中光速)多大？ [(3/5)c]

18.2 μ 子是一种基本粒子，在相对于 μ 子静止的坐标系中测得其寿命为 $\tau_0=2\times10^{-6}$ s. 如果 μ 子相对于地球的速度为 $v=0.988c$(c 为真空中光速)，则在地球坐标系中测出的 μ 子的寿命是多长？

[1.29×10^{-5} s]

18.3 两个惯性系中的观察者 O 和 O' 以 $0.6c$(c 表示真空中光速)的相对速度互相接近. 如果 O 测得二者的初始距离是 20 m，则 O' 测得二者经过时间多少秒后相遇？ [8.89×10^{-8} s]

18.4 一列高速火车以速度 u 驶过车站时，固定在站台上的两只机械手在车厢上同时划出两个痕迹，静止在站台上的观察者同时测出两痕迹之间的距离为 1 m，则车厢上的观察者应测出这两个痕迹之间的距离是多大？ $\left[\dfrac{1}{\sqrt{1-\left(\frac{u}{c}\right)^2}}(\mathrm{SI})\right]$

18.5 在惯性系 S 中，有两事件发生于同一地点，且第二事件比第一事件晚发生 $\Delta t=2$ s；而在另一惯性系 S' 中，观测第二事件比第一事件发生 $\Delta t'=3$ s. 那么在 S' 系中发生两事件的地点之间的距离是多少？

[6.72×10^{8} m]

18.6 一体积为 v_0，质量为 m_0 的立方体沿其一棱的方向相对于观察者 A 以速度 v 运动. 观察者 A 测得其密度是多少？ $\left[\dfrac{m_0c^2}{V_0(c^2-v^2)}(\mathrm{SI})\right]$

18.7 半人马星座 α 星是距离太阳系最近的恒星，它距离地球 $S=4.3\times10^{16}$ m. 设有一宇宙飞船自地球飞到半人马星座 α 星，若宇宙飞船相对于地球的速度为 $v=0.999c$，按地球上的时钟计算要用多少年时间？如以飞船上的时钟计算，所需时间又为多少年？ [4.5 年；0.20 年]

18.8 一艘宇宙飞船的船身固有长度为 $L_0=90$ m，相对于地面以 $v=0.8c$(c 为真空中光速)的匀速度在地面观测站的上空飞过. 求：(1)观测站测得飞船的船身通过观测站的时间间隔；(2)宇航员测得船身通过观测站的时间间隔.

[2.25×10^{-7} s；3.75×10^{-7} s]

18.9 观察者甲以 $0.8c$ 的速度(c 为真空中光速)相对于静止的观察者乙运动，若甲携带一质量为1 kg 的物体，则甲、乙测得此物体的总能量分别是多少？ [9×10^{16} J，1.5×10^{17}]

18.10 要使电子的速度从 $v_1=1.2\times10^8$ m/s 增加到 $v_2=2.4\times10^8$ m/s 必须对它做多少功？(电子静止质量 $m_e=9.11\times10^{-31}$ kg). [2.95×10^5 eV]

18.11 设有宇宙飞船 A 和 B，固有长度均为 $l_0=100$ m，沿同一方向匀速飞行，在飞船 B 上观测到飞船 A 的船头、船尾经过飞船 B 船头的时间间隔为 $\Delta t=(5/3)\times10^{-7}$ s，求飞船 B 相对于飞船 A 的速度的大小. [2.68×10^8 m/s]

18.12 一隧道长为 L，宽为 d，高为 h，拱顶为半圆，如图 18-5 所示. 设想一列车以极高的速度 v 沿隧道长度方向通过隧道，若从列车上观测，求：

(1)隧道的尺寸；(2)设列车的长度为 l_0，它全部通过隧道的时间.

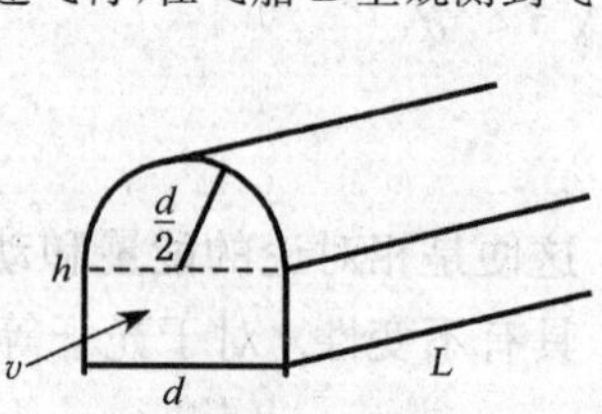

图 18-5

$$\left[L\sqrt{1-\frac{v^2}{c^2}}；\ \frac{L\sqrt{1-\left(\frac{v}{c}\right)^2}+l_0}{v}(\mathrm{SI})\right]$$

第 19 章　量子力学基础

19.1　量子论的提出

在 20 世纪初的前几百年间，经典物理学取得了很大的成就. 但在 19 世纪末和 20 世纪初的一些实验中，经典物理学面临很大的困难. 经典物理学需要一个绝对参照系的存在，而迈克尔逊-莫雷实验否定了绝对参照系的存在；用经典物理学来研究热辐射现象时，出现了所谓"紫外灾难"；还有很多的实验用经典物理无法解释. 为了摆脱经典物理的困境，一批优秀的科学家作出了努力，采用新的物理概念来解决困难，这些新的概念发展成为现在所说的**量子论**.

19.1.1　黑体辐射　普朗克的能量子假说

1. 基本概念

任何物体，在任何温度下都要发射各种波长的电磁波，这种现象称为**热辐射**(heat radiation)，它是由于物体中的分子、原子受到激发而发射电磁波的现象. 实验表明，在一定的温度下和一定时间内，从物体表面上发射的电磁波按波长不同有一定的辐射能量分布. 定义**单色辐出度**(monochromatic radiant exitance)(原称单色发射本领)为单位时间内从物体表面单位面积发射的，波长在 λ 附近单位波长的电磁波辐射能，用 $M(\lambda,\ T)$ 表示. 按此定义，则

$$M(\lambda,\ T)\mathrm{d}\lambda = \mathrm{d}M(\lambda,\ T) \tag{19-1}$$

是**辐射功率**(radiant power)，即单位时间从单位面积所发射的，波长在 λ 到 $\lambda+\mathrm{d}\lambda$ 范围内的电磁波辐射能. 定义单位面积上所发射的各种波长的总辐射功率为物体的**辐射出射度**(radiant exitance)，用 $M(T)$ 表示为

$$M(T) = \int \mathrm{d}M(\lambda,\ T) = \int_0^{\infty} M(\lambda,\ T)\mathrm{d}\lambda. \tag{19-2}$$

显然，$M(T)$ 只是温度的函数. 在 SI 制中，单色辐出度的单位为 $\mathrm{W \cdot m^{-3}}$，辐射出射度的单位为 $\mathrm{W \cdot m^{-2}}$.

当光照射到物体表面时，表面也能吸收光能. 在一定温度下，对于波长为 λ 的照射光，物体吸收的能量与入射能量的比值称为**吸收比**(absorption rate)，用 $\alpha(\lambda,\ T)$ 表示，理论和实验表明，辐射出射度大的物体其吸收比也大. 针对任何温度和波长，吸收比恒等于 1 的物体称为**绝对黑体**(absolute blackbody)，也简称**黑体**(blackbody). 即黑体是能够完全吸收照射到物体上的各种波长的电磁波的物体. 它的吸收本领最大，所以它的辐射出射度也最大.

1860 年基尔霍夫发现，在热平衡下，任何物体的单色辐出度与吸收比之比是一个普适

函数
$$\frac{M(\lambda,\ T)}{\alpha(\lambda,\ T)}=M_0(\lambda,\ T).\tag{19-3}$$

这一普适函数就是绝对黑体的单色辐出度 $M_0(\lambda,\ T)$，式(19-3)称为基尔霍夫定律(Kirchhoff law). 绝对黑体的辐射出射度为

$$M_0(T)=\int_0^{\infty}M_0(\lambda,\ T)\mathrm{d}\lambda.\tag{19-4}$$

在空腔上开一个小洞，因电磁波入射后要经多次反射吸收直到可以从洞出射时，已可忽略不计了，这就是一个黑体. 加热空腔，则小洞就成了不同温度下的辐射黑体. 用分光技术测出由它发出的电磁波的能量按波长的分布，就可以研究黑体辐射规律.

2. 黑体辐射的实验规律

(1) 绝对黑体的单色辐出度与波长的关系，如图19-1所示. 1899年，陆末(Lummer)和普林斯亥姆(Pringshein)首次由实验获得这种曲线. 这种曲线的典型特征是单峰性，有一极大值，即是最大单色辐出度，相应的波长用 λ_m 表示.

(2) 热力学温度 T 越高，则 λ_m 值越小，就是极大值随温度的上升而向短波方向移动，此规律由**维恩位移定律**(Wien displacement law)描述为

$$T\lambda_m=b.\tag{19-5}$$

式中，$b=2.897\times10^{-3}\ \mathrm{m\cdot K}$.

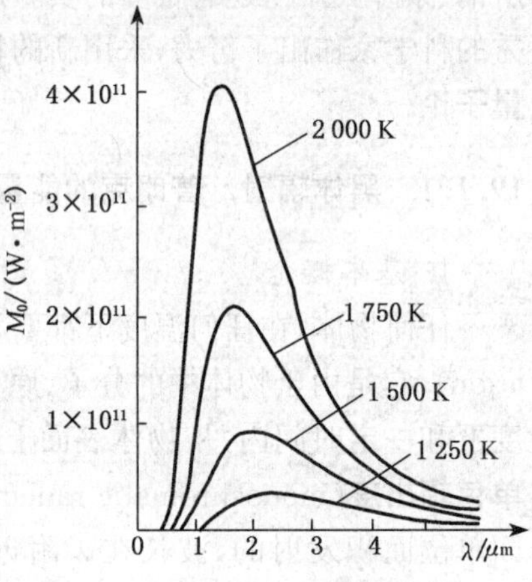

图 19-1　黑体辐射曲线

(3) 根据式(19-4)，绝对黑体在一定温度下的辐射出射度 $M_0(T)$ 等于图中该温度对应曲线下的面积. 而实验的结果是

$$M_0(T)=\sigma T^4.\tag{19-6}$$

式中，$\sigma=5.67\times10^{-8}\ \mathrm{W\cdot m^{-2}\cdot K^{-4}}$，这一结果称为**斯特藩-玻耳兹曼定律**(Stefan-Boltzmann law)，它只适用于绝对黑体，与组成黑体的材料无关.

3. 对黑体辐射规律的解释

在19世纪末的最后几年关于黑体辐射规律的解释是物理学中突出的困难问题，许多有才能的物理学家提出过以经典物理学为基础的各种理论来进行解释，但是获得成功的却没有，典型的两个理论是维恩公式和瑞利(J. W. Rayleigh)-金斯(J. H. Jeans)公式. 维恩公式为

$$M_0(\lambda,\ T)=\frac{c_1}{\lambda^5}\frac{1}{\mathrm{e}^{\frac{c_2}{\lambda T}}}.\tag{19-7}$$

式中，c_1，c_2 是常数，但必须从实验中确定. 维恩公式的结果[图19-2中曲线(1)]在短波(高频)范围与实验结果[图19-2中的曲线(3)]符合得很好，但在长波(低频)范围有较大的

偏差.

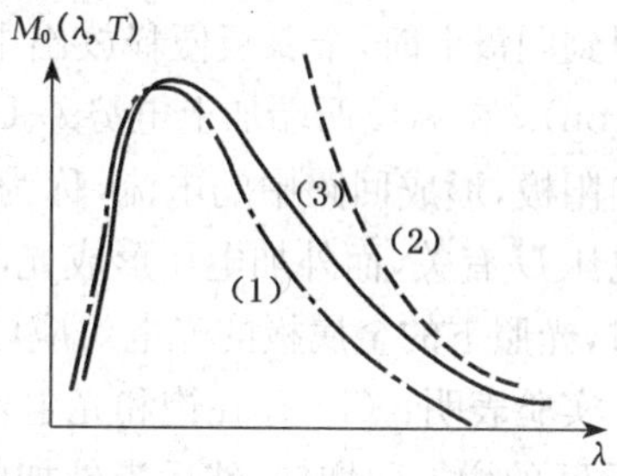

图 19-2　黑体辐射的理论和实验结果

瑞利-金斯公式为

$$M_0(\lambda, T) = \frac{2\pi c}{\lambda^4}kT. \tag{19-8}$$

这个公式给出的结果[图 19-2 中的曲线(2)]在长波部分与实验符合得较好，但在短波部分给出与实验相反的结果，即频率越高，则单色辐出度越高，随频率增加单色辐出度就趋向"无限大"，人们称这一结果为**"紫外灾难"**(ultravioletdisaster).

从经典物理学导出的公式无一例外地败在了黑体辐射规律面前，这使许多物理学家感到困惑不解，看来黑体辐射规律是经典物理学研究范围之外的问题，需要用新的概念来描述才能得以解决.

1900 年德国物理学家普朗克(Max Planck)提出，如果空腔内的辐射与腔壁的原子处于平衡，那么辐射的能量分布与腔壁原子的能量分布就有一种对应关系. 普朗克将原子辐射电磁波的模型假设为谐振子以频率 ν 振动，每一个振子只能按正比于它的频率 ν 的数量来吸收或发射辐射能. 所吸收和放出的能量是不连续的，可表为

$$E = nh\nu, \quad n = 1, 2, 3, \cdots. \tag{19-9}$$

其中，$h = 6.626\,075\,5 \times 10^{-34}$ J·s，称为**普朗克常数**，对于频率为 ν 的谐振子，最小能量为 $h\nu$，称为**能量子**(energy quantum). 普朗克的这一假设是不能用经典概念解释的. 应用这些经典物理中没有的概念，再用统计方法可导出绝对黑体的单色辐出度为

$$M_0(\lambda, T) = \frac{2\pi c^2 h}{\lambda^5}\frac{1}{e^{\frac{hc}{k\lambda T}} - 1}. \tag{19-10}$$

上式叫**普朗克公式**(Planck formula)，它与实验完全符合. 能够得到这一结果的直接原因是引入了能量的量子化概念.

针对黑体辐射的实验事实，普朗克提出了能量子假设，这一假设显然是与经典物理学的基本概念格格不入的. 经典物理学认为，原子振动的能量可以连续取值，原则上不受什么限制. 因此，当时经典物理学的权威们认为能量子假设是荒诞的、不可思议的，普朗克本人也曾犹豫不定，并承认能量子是在不得已情况下提出的一个"绝望"和"冒险"的假设. 在能量子提出之后的十余年中，他一直想从经典理论的角度来推导普朗克公式，但所有努力均遭失败，历史已经将量子论推上了物理学新纪元的开路先锋的位置，量子论的发展已是锐不可当.

19.1.2　光电效应　爱因斯坦的光量子假说

光电效应是赫兹(H. Hertz)1887 年在研究两个电极之间放电时发现的. 当光照射到金属表面时，电子从金属表面逸出的现象称为**光电效应**(photoelectric effect). 图 19-3 是光电效应的一个实验装置简图.

图中 GD 为光电管，它由真空容器中阴极 K 和阳极 A 构成，阴极为金属板. 当单色光

照射到阴极上时,金属板便释放出电子,这种电子是光照产生的,所以称为**光电子**(photoelectron). 在 AK 两端加上电势差 U,其中阳极电势高于阴极,则在电场作用下,光电子加速飞向阳极,形成回路中的电流,称为**光电流**(photoelectric current),这个电流的大小与外加的电压 U 有关,而外加电压形成光电流是为了提取光电效应的信息. 实际上在没有外加电压时,光照下的金属板的光电效应已经发生了.

实验表明:(1) 存在饱和光电流. 一定强度的单色光照射阴极 K 时,光电流先随外加电压 U 的增加而增加,然后当外加电压加到一定值后,光电流达到饱和值,如图 19-4 所示. 这说明从阴极逸出的电子全部达到了阳极,继续加大电压并没有电流增加,饱和电流反映了光电子逸出金属的部分情况. 当增加入射光强度,则饱和电流也增加,即光电子数增加了. 由此可得出结论:**单位时间内,受光照的金属板释放出来的电子数和入射光的强度成正比.**

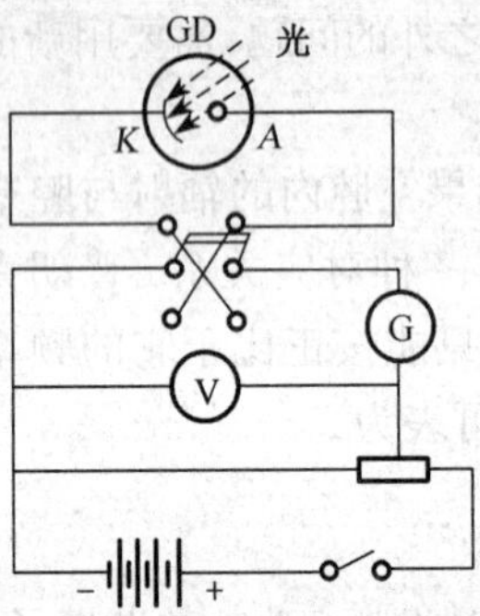

图 19-3 光电效应实验简图

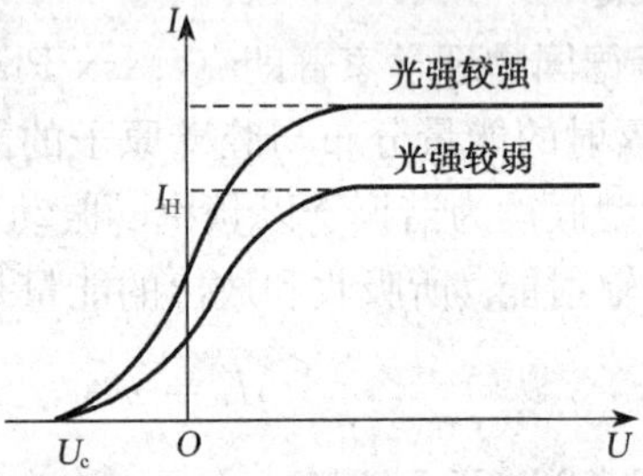

图 19-4 光电效应的伏安特性曲线

(2) 遏止电压. 在未饱和情况下,降低两极间电压,光电流也随之减小,这说明单位时间内通过某截面的电子数减小. 当两极间电压为零时,逸出的光电子只要还有足够的初动能仍可以达到阳极,在逸出的光电子中,初动能最大的记为$\frac{1}{2}mu_m^2$,当在两极间加反向电压,即阴极为高电势,阳极为低电势,则具有初动能的电子将在电场产生的阻力下运动而减速,加大反向电压达到某值 U_c 时,电场阻力做功刚好使具有最大动能的光电子不能到达阳极. 此时光电流为零,对应的电压称为**遏止电压**(cut-off voltage)或**截止电压**. 遏止电压与最大初动能关系为

$$\frac{1}{2}mu_m^2 = eU_c. \tag{19-11}$$

式中,e 和 m 分别是电子的电荷和质量. 改变入射光强度但保持频率不变,测得的遏止电压不变,如图 19-4 所示,说明光电子最大动能与光的强度无关.

(3) 存在红限频率. 选取不同频率的入射光照射阴极,测量每种频率对应的遏止电压,则存在线性关系为

$$U_c = k\nu - U_0. \tag{19-12}$$

对于不同的阴极材料,U_0 值是不同的,但 k 是不随金属材料性质改变的普适量,所以不同材料的遏止电压与频率关系在 U_c-ν 图上是一族平行的直线,如图 19-5 所示. 将式(19-12)代

入式(19-11)中得

$$\frac{1}{2}mu_{\mathrm{m}}^{2}=ek\nu-eU_{0}. \tag{19-13}$$

如果逸出的电子动能 $\frac{1}{2}mu_{\mathrm{m}}^{2}\leqslant 0$，则没有电子逸出金属，而此时频率是

$$k\nu-U_{0}\leqslant 0,$$

$$\nu\leqslant\frac{U_{0}}{k}=\nu_{0}. \tag{19-14}$$

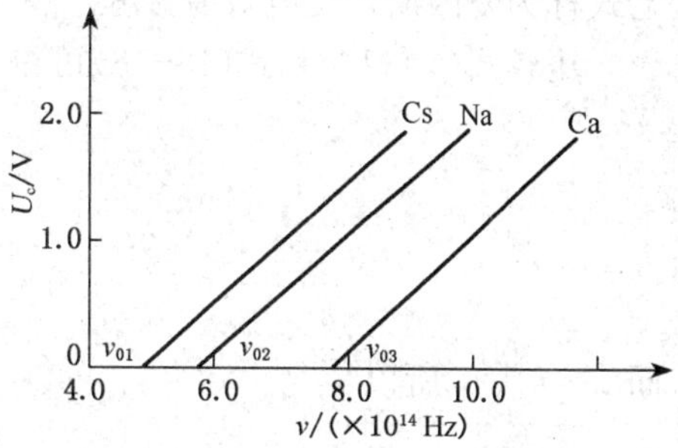

图 19-5　遏止电势差与频率的关系

(钠：$\nu_0=5.53\times 10^{14}$ Hz)

即当入射光频率小于某一值 ν_0 时，即使光强度再强也不会有光电子逸出. 由于 ν 减小，波长是增加的，是朝着红外线那个方向可能出现没有光电子逸出的情况，所以称刚好不能逸出光电子所对应的单色光的频率为**红限频率**(red-limit frequency). 每种金属因电子逸出所需的功不同，因此对应有不同的红限频率. 总之，从金属中逸出的光电子的最大动能与入射光频率呈线性关系，与光强度无关.

(4) **弛豫时间**(relaxation time)很短. 从入射光开始照射到光电子从金属中逸出所需的时间不超过 10^{-9} s，几乎是瞬间实现的，与光强没有关系.

发现光电效应后，从经典的光学理论不能作出解释. 到了 1905 年，当时在瑞士专利局还是一个默默无闻的职员的爱因斯坦在德国杂志《物理学观点》上发表了他关于金属光电效应理论. 爱因斯坦认为，不仅光的发射和吸收具有粒子性，光在空间传播时，也具有粒子性，即认为一束光就是以光速 c 运动的粒子流，这些光的粒子称为**光量子**，也称**光子**(photon)，每一个光子的能量为 E，即

$$E=h\nu. \tag{19-15}$$

不同的频率的光子具有不同的能量. 根据狭义相对论以及光子以光速 c 运动的事实得出，光子的动量 $\boldsymbol{P}$ 与能量 E 的关系为

$$\boldsymbol{P}=\frac{E}{c}. \tag{19-16}$$

将 E 代入，得到光子的动量 $\boldsymbol{P}$ 与光波长的关系为

$$\boldsymbol{P}=\frac{h\nu}{c}=\frac{h}{\lambda}. \tag{19-17}$$

当采用了光子概念之后，光电效应问题就迎刃而解了. 当光照射在金属上，把光看成具有不同频率的光子，当由单色光照射金属时，光子的频率都一样，一个光子的能量被一个电子吸收，电子的能量增加了 $h\nu$，当 $h\nu$ 大于电子逸出金属所需做的功 A 时，电子就逸出了金属表面，并余下动能 $\frac{1}{2}mu_{\mathrm{m}}^{2}$，根据能量守恒有

$$\frac{1}{2}mu_{\mathrm{m}}^{2}=h\nu-A. \tag{19-18}$$

上式称为爱因斯坦光电效应方程.

比较式(19-13)和式(19-18)可得

$$A = eU_0, \tag{19-19}$$

$$h = ek. \tag{19-20}$$

而 $\nu_0 = \dfrac{U_0}{k}$,所以

$$\nu_0 = \frac{U_0}{k} = \frac{eU_0}{ek} = \frac{A}{h}. \tag{19-21}$$

说明红限频率与逸出功有一简单的数量关系,通过测量遏止电压与频率,可以求得红限频率.

例 19.1 在某次光电效应实验中,测得某金属的遏止电压 U_c 和入射光频率的对应数据如表 19-1 所示.

表 19-1 **某金属的遏止电压 U_c 和入射光频率的对应数据**

U_c/V	0.541	0.637	0.714	0.809	0.878
$\nu/10^{14}$ Hz	5.644	5.888	6.098	6.303	6.501

试用作图法求:

(1) 该金属光电效应的红限频率;

(2) 普朗克常数.

解 以频率 ν 为横轴,以遏止电压 U_c 为纵轴,选取适当的比率画出曲线如图 19-6 所示.

(1) 曲线与横轴交点即该金属的红限频率,由图上读出

$$\nu_0 = 4.267 \times 10^{14}\ (\text{Hz}).$$

(2) 由图求得直线的斜率为

$$k = 3.91 \times 10^{-15}\ (\text{V} \cdot \text{s}).$$

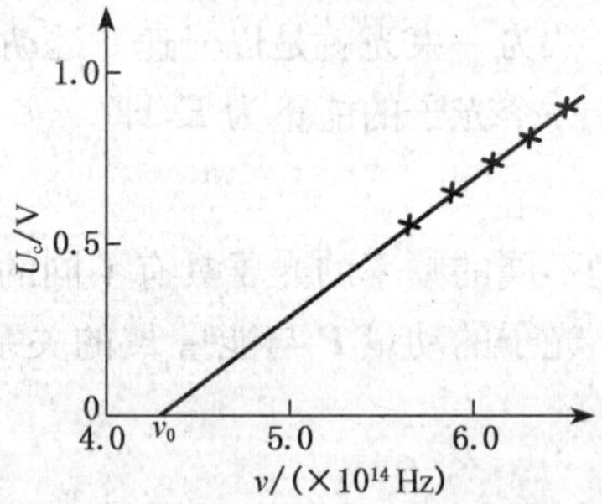

图 19-6 U_c-ν 实验曲线

根据式(19-20)得

$$h = ek = 6.26 \times 10^{-34}\ (\text{J} \cdot \text{s}).$$

饱和电流与光强的关系可解释为:入射光强度大表示入射到金属中的光子数多,因此产生的光电子也多,这导致饱和电流增大. 光电效应的弛豫时间短是因为光子被电子一次吸收而增大能量的过程需时很短.

光电效应的爱因斯坦光量子假设,是继普朗克之后进一步引入的量子化概念,应用它能够顺利地解决经典物理所不能解决的问题,但是所引入的概念却对已经获得巨大"成功"的经典概念带来巨大的冲击.

19.1.3 康普顿效应

在光电效应中,认为入射光为光子流,光子与金属中的自由电子作用被吸收,电子得到

光子的全部能量,当某电子能量大于金属的逸出功时,电子就可逸出金属表面. 光子与电子相互作用还有其他形式,1923 年康普顿(Comptan)所做的 X 射线通过物质散射的实验就可以看成是光子与电子的碰撞作用. 将 X 射线通过石墨散射,用摄谱仪从不同的角度测量散射强度,实验示意图如图 19-7 所示,获得的实验结果如图 19-8所示. 实验结果可以总结为:在散射的 X 射线中除了有波长与原射线波长 λ_0 相同的成分外,还有波长较长(频率较小)的成分,这种有波长改变的散射称为**康普顿散射**(Comptan scattering). 如果波长改变量为 $\Delta\lambda$,它与散射角 φ 的关系为

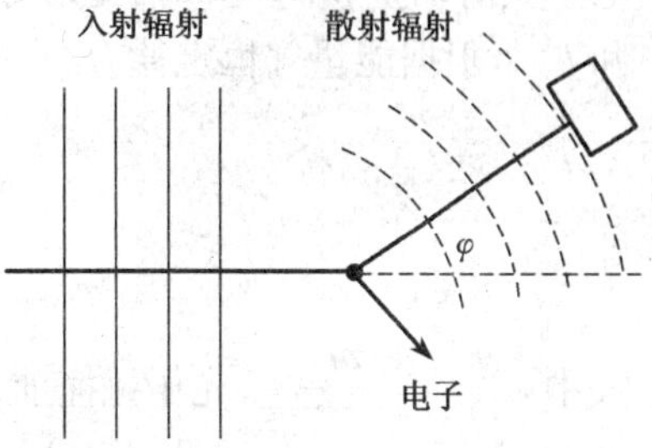

图 19-7　散射实验示意图

$$\Delta\lambda = \lambda - \lambda_0 = \frac{h}{m_0 c}(1 - \cos\varphi). \qquad (19\text{-}22)$$

经典电磁理论不能对康普顿效应做出合理解释. 经典电磁理论只能预言,单色电磁波作用在尺寸比波长还要小的带电粒子上时,带电粒子以同频率做振动,所以向各个方向散射出同频的电磁波.

按照光子假说,能顺利地对康普顿效应做出合理解释. 康普顿效应有效地支持了光子理论,同时它本身具有深远的后果. 为解释康普顿效应,我们重述有关光子及光子与电子作用的假设如下:

(1) 自由电子对电磁辐射的散射可以看成是电子与一个静质量为零的粒子之间的碰撞.

(2) 电磁辐射起着静止质量为零的粒子的作用,为简单起见,称它为**光子**.

(3) 光子的能量和动量与电磁辐射的频率和波长的关系为

$$E = h\nu, \quad \boldsymbol{P} = \frac{h}{\lambda}.$$

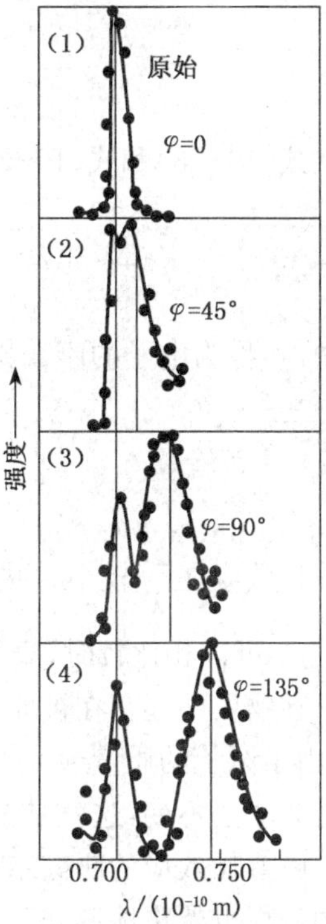

图 19-8　康普顿散射与角度的关系

我们把康普顿效应看成是光子与自由电子的近似的弹性碰撞,如图 19-9 所示频率为 ν 的一个光子和一个静止的电子碰撞,把若干能量和动量转移给电子,由于碰撞而发生散射的光子,其能量 $\varepsilon'(=h\nu')$ 将比入射光子能量 $\varepsilon = h\nu$ 要小,所以散射后的光频率小于入射光频率,即散射光波长比入射光波长要长.

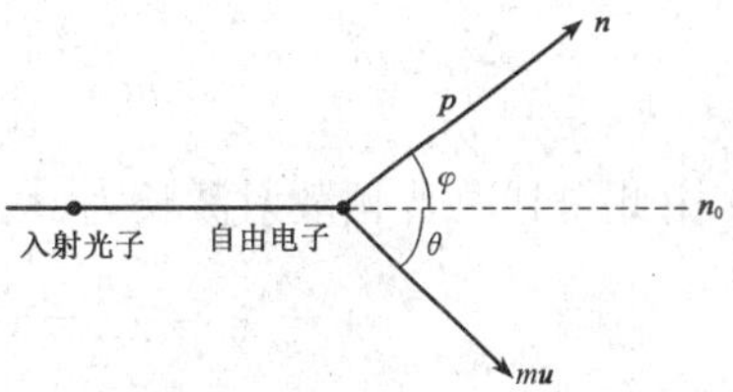

图 19-9

设光子与自由电子碰撞是弹性的,所以应同时满足能量守恒定律和动量守恒定律,设电子碰撞前后的质量分别为 m_0 和 m,对应的能量分别为 m_0c^2 和 mc^2,碰撞后

电子具有动量 $m\boldsymbol{u}$，与 x 轴夹角为 θ，此时电子称为反冲电子；光子碰撞前后的能量分别为 $h\nu$ 和 $h\nu'$，根据能量守恒定律有

$$h\nu + m_0c^2 = h\nu' + mc^2,$$

即

$$mc^2 = h(\nu - \nu') + m_0c^2. \tag{19-23}$$

式中，$m = \dfrac{m_0}{\sqrt{1-\dfrac{u^2}{c^2}}}$，光子碰撞前动量沿 x 轴正向，即 $\dfrac{h}{\lambda}\boldsymbol{n}_0$，碰撞后动量为 $\dfrac{h}{\lambda'}\boldsymbol{n}$，根据动量守恒定律有

$$\frac{h}{\lambda}\boldsymbol{n}_0 = \frac{h}{\lambda'}\boldsymbol{n} + m\boldsymbol{u},$$

即

$$\frac{h\nu}{c}\boldsymbol{n}_0 = \frac{h\nu'}{c}\boldsymbol{n} + m\boldsymbol{u}. \tag{19-24}$$

联立式(19-23)和式(19-24)可得

$$\Delta\lambda = \lambda - \lambda_0 = \frac{2h}{m_0c}\sin^2\frac{\varphi}{2} = 2\lambda_c\sin^2\frac{\varphi}{2} = \lambda_c(1-\cos\varphi).$$

式中，λ_c 称为电子的康普顿波长，即

$$\lambda_c = \frac{h}{m_0c} = 0.024\,263\times10^{-10}\,(\mathrm{m}). \tag{19-25}$$

康普顿效应在 $\dfrac{\Delta\lambda}{\lambda}$ 较小时并不明显，这时所观察的结果与经典结果一致，当 $\dfrac{\Delta\lambda}{\lambda}$ 不是很小，即 $\Delta\lambda$ 与 λ 可以相比较时，康普顿效应可以观察到，此时经典理论就失败了.

在物质中还存在被原子紧束缚的电子，光子与这种电子的碰撞，相当于与整个原子碰撞，由于原子的质量远大于光子，根据碰撞理论，光子碰撞后不会显著地失去能量，经散射后的光频率也不变，这就是康普顿效应中测得的与入射光同频的部分.

康普顿效应的研究结果进一步证明光具有粒子性，而且还说明光子和微观粒子的相互作用过程也严格地遵守动量守恒定律和能量守恒定律.

例 19.2 波长 $\lambda_0 = 0.1\times10^{-10}$ m 的 X 射线与静止的自由电子碰撞. 在与入射方向成 90° 角的方向上观察时，散射 X 射线的波长多大？反冲电子动能和动量各如何？

解 将 $\varphi = 90^\circ$ 代入式(19-22)可得

$$\Delta\lambda = \lambda - \lambda_0 = \frac{h}{m_0c}(1-\cos\varphi) = \lambda_c(1-\cos\varphi) = \lambda_c(1-\cos 90^\circ) = \lambda_c.$$

由此得到康普顿散射波长为

$$\lambda = \lambda_0 + \lambda_c = (0.1 + 0.024)\times10^{-10} = 0.124\times10^{-10}\,(\mathrm{m}).$$

另外，在这一散射方向上还有波长不变的散射线.

根据能量守恒，反冲电子所获得的动能 E_k 就等于入射光子损失的能量，即

$$E_k = h\nu_0 - h\nu = hc\left(\frac{1}{\lambda_0} - \frac{1}{\lambda}\right) = \frac{hc\Delta\lambda}{\lambda_0\lambda}$$

$$= \frac{6.63\times10^{-34}\times3\times10^{8}\times0.024\times10^{-10}}{0.1\times10^{-10}\times0.124\times10^{-10}}$$

$$= 3.8\times10^{-15}\ \text{J} = 2.4\times10^{4}(\text{eV}).$$

计算电子的动量，设 P_e 为电子碰撞后的动量，根据动量守恒有

$$P_e\cos\theta = \frac{h}{\lambda_0},\quad P_e\sin\theta = \frac{h}{\lambda}.$$

两式平方相加并开方，得

$$P_e = \frac{(\lambda_0^2+\lambda^2)^{\frac{1}{2}}}{\lambda_0\lambda}h = \frac{[(0.1\times10^{-10})^2+(0.124\times10^{-10})^2]^{\frac{1}{2}}}{0.1\times10^{-10}\times0.124\times10^{-10}}\times6.63\times10^{-34}$$

$$= 8.5\times10^{-23}(\text{kg}\cdot\text{m/s}).$$

$$\cos\theta = \frac{h}{p_e\lambda_0} = \frac{6.63\times10^{-34}}{0.1\times10^{-10}\times8.5\times10^{-23}} = 0.78.$$

$$\theta = 38°44'.$$

19.1.4　光的波粒二象性

在解释黑体辐射、光电效应以及随后的康普顿散射实验中，都是在假设了光具有粒子性才获得成功的，这说明光具有粒子性，并且在有些情况下显著地体现出粒子性.

牛顿曾经认为光是微粒流，但随后被波动光学一系列具有说服力的实验和光的电磁理论所打垮，要让人们认为光是粒子似乎是一件不可想象的事情了. 然而，光的波动理论在黑体辐射、光电效应、康普顿散射以及其他的许多实验中显得那样无力. 在 20 世纪初的那些年，物理学陷入了一种困境，有一些已知的现象只能用光的波动理论才能解释，而不可能用光的微粒论解释，另一些现象正好相反，光究竟是粒子还是波呢？人们终于明白了光的本质是既为粒子，也是波. **粒子概念和波的概念是人类描述自然性质的两个方面，但自然就是自然，它不因为人们的认识而改变. 人们只能在更新概念的过程中更加深入地了解自然界.** 回顾人类对天地的认识过程，从巨大生灵驮起的大地到地心说、日心说，直到现代的宇宙大爆炸理论，人类的各时期的认识如此大的不同，但宇宙还是这个宇宙. 现在我们说光既是粒子也是波又为何不可呢?

现代物理学对光的认识是：光具有**波粒二象性**(wave-particle duality)，在有些情况下光突出地显示出波动性，在另一些情况下又突出地显示其粒子性.

光的波动性描述的参量为波长和频率；光的粒子性则用质量、动量、能量描述. 按量子论，光子的能量

$$\varepsilon = h\nu. \tag{19-26}$$

根据相对论质能关系

$$\varepsilon = mc^2.$$

光子没有静止质量，或者说没有静止的光子，光在任何参照系中的真空速度均为 c，光子的运动质量

$$m = \frac{\varepsilon}{c^2} = \frac{h\nu}{c^2} = \frac{h}{\lambda c}. \tag{19-27}$$

光子的动量为
$$P = mc = \frac{h}{\lambda c} \cdot c = \frac{h}{\lambda}. \tag{19-28}$$

对于高速粒子，动能的定义不是$\frac{1}{2}mu^2$，而是由 $E_k = mc^2 - m_0c^2$ 给出.

例 19.3 设有一功率 $P = 1\,\text{W}$ 的点光源，发出波长为 $\lambda = 589.3\,\text{nm}$ 的单色光，距光源 $d = 3\,\text{m}$ 处有一薄钾片，设薄钾片中的电子可以在半径约为原子半径 $r = 0.5 \times 10^{-10}\,\text{m}$ 的圆面积范围内收集能量，根据光子理论，求每单位时间打到钾片单位面积有多少光子.

解 按光子理论，波长为 589.3 nm 每一个光子的能量为

$$\varepsilon = h\nu = \frac{hc}{\lambda} = \frac{6.63 \times 10^{-34} \times 3 \times 10^8}{589.3 \times 10^{-9}} \approx 3.4 \times 10^{-19}\,\text{J} \approx 2.1\,(\text{eV}).$$

每单位时间打在距光源 3 m 的钾片单位面积上的光子能量为

$$I = \frac{P}{4\pi d^2} = \frac{1.0}{4\pi \times 3^2} = 0.88 \times 10^{-2}\,\text{J}/(\text{m}^2 \cdot \text{s}) = 5.5 \times 10^{16}\,\text{eV}/(\text{m}^2 \cdot \text{s}).$$

所以打到钾片单位面积上的光子数为

$$N = \frac{I}{\varepsilon} = \frac{5.5 \times 10^{16}}{2.1} = 2.6 \times 10^{16}/(\text{m}^2 \cdot \text{s}).$$

19.2 量子力学的建立

19.2.1 氢原子的玻尔理论

1911 年，新西兰物理学家卢瑟福(E. Rutherford，1871—1937)提出了原子的行星模型. 卢瑟福的行星模型假定，原子的质量基本上集中于原子核上，绕核旋转的电子所带负电正好与核所带的正电相等量，原子表现出电中性. 根据经典的电磁理论，绕核旋转的电子必定向外发射电磁波，从而使原子损失能量，使电子最终落入原子核中. 这样，卢瑟福的原子模型就是一个不稳定的模型. 另外，经典电磁理论指出，原子的辐射谱应当是连续谱，而在早期的实验中人们观察到的原子光谱却是分立的线光谱. 如观察到了氢原子光谱的多个谱线系，并且发现有关系为

$$\tilde{\nu} = R\left(\frac{1}{m^2} - \frac{1}{n^2}\right) = T(m) - T(n), \tag{19-29}$$

$$m = 1, 2, 3, \cdots; \quad n = m+1, m+2, m+3, \cdots.$$

式中，$\tilde{\nu} = \frac{1}{\lambda}$ 称为**波数**(wave number)，$R = 1.096\,776 \times 10^7\,\text{m}^{-1}$ 称为**里德伯常量**(Rydberg constant)，$T(m)$及 $T(n)$称为**光谱项**(spectrum item). m 不同对应不同的谱线系：$m = 1$ 称为**莱曼系**(Lyman series)，该线系的谱线属于紫外光区；$m = 2$ 称为**巴耳末系**(Balmer series)，该线系的谱线属于可见光区；$m = 3$ 称为**帕邢系**(Paschen seties)，该线系的谱线属于

红外光区；$m=4$ 称为**布拉开系**(Brackett series)，$m=5$ 称为**普丰德系**(Pfund series)，这两个线系的谱线也都属于红外光区.

原子光谱由确定的频率组成，这一事实曾使 19 世纪末和 20 世纪初的物理学家感到迷惑不解. 为了解决这个问题，丹麦物理学家玻尔(N. Bohr，1885—1962)于 1913 年提出了一个氢原子的模型理论，成功地解释了氢原子光谱. 他以实验为基础提出的基本假设如下：

(1) 氢原子中的一个电子绕原子核做圆轨道运动；电子只能处于一些分立的轨道上，它在这些轨道上运动不会辐射电磁波，每一允许的轨道对应于一个确定的能量. 换句话说，在氢原子中存在着一些具有确定能量的稳定态.

(2) 当氢原子在两定态之间发生跃迁时，就要发射或吸收电磁波，其辐射的电磁波频率由下式给出：

$$E_n - E_m = h\nu. \tag{19-30}$$

式中，h 是普朗克常数，E_n 和 E_m 是两定态的能量. 式(19-30)称为**玻尔频率条件**(Bohr frequency condition).

(3) 氢原子中的质量为 m_e 的电子以速率 v 绕核做半径为 r 的圆周运动的角动量取如下分立值：

$$L = m_e v r = n\hbar. \tag{19-31}$$

式中，$\hbar = \dfrac{h}{2\pi}$，n 称为量子数. 式(19-31)称为**玻尔角动量量子化**(angular quantization)公式.

设电子以速率 v 绕静止核做半径为 r 的圆周运动，根据牛顿运动定律和库仑定律，电子的运动方程为

$$\frac{e^2}{4\pi\varepsilon_0 r^2} = m_e \frac{v^2}{r}. \tag{19-32}$$

将上式与式(19-31)联立解得

$$r = r_n = \frac{n^2 \varepsilon_0 h^2}{\pi m_e e^2},\quad n = 1,\ 2,\ 3,\ \cdots. \tag{19-33}$$

$$v = v_n = \frac{e^2}{2n\varepsilon_0 h}, \tag{19-34}$$

$$E = E_n = \frac{1}{2} m_e v_n^2 - \frac{e^2}{4\pi\varepsilon_0 r_n} = -\frac{m_e e^4}{8\varepsilon_0^2 h^2 n^2}. \tag{19-35}$$

式(19-33)—式(19-35)就是玻尔第一假设的具体化，定态能量 E_n 表现为分立的**能级**(energy level)结构，如图 19-10 所示. $n=1$ 的状态是能量最低的状态，称为原子的**基态**(ground state)，$n=2,\ 3,\ \cdots$ 的状态分别称为第一、第二、……**激发态**(excited state). 实验表明，只有基态才是真正的稳定态，处在激发态的原子都倾向于向低能态跃迁，因此是不稳定的. 原子处于激发态上都有一定的寿命，通常约为 $10^{-10} \sim 10^{-8}$ s.

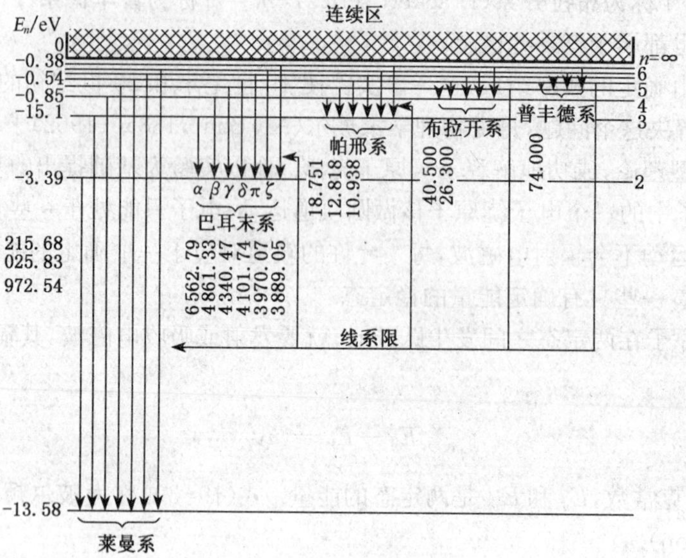

图 19-10　氢原子能级图

对于 $n=1$ 的氢原子基态,其电子运动轨道半径 $r_1=0.53\times10^{-10}$ m,称为玻尔半径(Bohr radius);电子运动速率 $v_1=2.2\times10^6$ m/s;基态能量 $E_1=-13.6$ eV, E_1 的绝对值也称为氢原子的**电离能**(ionization power).

当原子从高能级 E_n 跃迁到低能级 E_m 时,放出光子. 将氢原子的能级公式(19-35)代入玻尔频率条件式(19-30)可得到氢原子发光的可能频率为

$$\nu=\frac{E_n-E_m}{h}=\frac{m_e e^4}{8\varepsilon_0^2h^3}\left(\frac{1}{m^2}-\frac{1}{n^2}\right).$$

将上式与式(19-29)比较,可得里德伯常量的理论值

$$R=\frac{m_e e^4}{8\varepsilon_0^2h^3c}=1.097\,373\times10^7(\mathrm{m}^{-1}).$$

这一理论值与实验值符合得相当好.

在 $n\to\infty$ 的极限情况下, $r_n\to\infty$, $E_n\to0$, 这时能级间隔

$$\Delta E=E_{n+1}-E_n\to\frac{2hRc}{n^3}\to0.$$

可见在量子数很大时,能级逐渐靠近,能量就成为连续的.

总之,玻尔理论在解释氢原子光谱上获得了很大的成功,是量子力学发展史上的一个重要里程碑. 但是玻尔理论作为对经典理论的变革来说,是不彻底的:其一,仍然保留了轨道观念,不自然地引进了量子化条件、"允许轨道"的稳定态不会辐射等假设;其二,玻尔理论不能计算辐射发生的概率大小;其三,将玻尔理论应用到多电子原子体系时,得到的结果与实验相差较大.

19.2.2　德布罗意波

如果承认光的“波粒二象性”,就是说承认原来以为只有波动性的东西(如光)具有粒子性;反过来,原来认为只有粒子性的东西(如电子)为什么不可以具有波动性? 1924 年,法国人德布罗意(Louis Broglie)认为,既然自然界在许多方面是显著对称的,那么光有波粒二象性,**实物粒子也具有波粒二象性**,德布罗意提出,描述波动性物理量 ν, λ 和描述粒子性物理量 E, p 的关系也为

$$\nu=\frac{E}{h}=\frac{mc^2}{h}, \tag{19-36}$$

$$\lambda=\frac{h}{p}=\frac{h}{mv}. \tag{19-37}$$

式(19-36)、式(19-37)称为**德布罗意公式**(de Broglie formula),式(19-37)中定义的波长称为**德布罗意波长**(de Broglie wavelength),相应的波称为**物质波或德布罗意波**(de Broglie wave).

对于实物粒子来说,德布罗意波长是较小的,把地球当做经典粒子看待,它的质量是 6×10^{24} kg,环绕太阳的轨道速度是 3×10^4 m/s,把这些数值代入式(19-37)得出地球的德布罗意波长为

$$\lambda=\frac{6.63\times10^{-34}}{6\times10^{24}\times3\times10^4}=3.7\times10^{-63}(\text{m}).$$

这个数值太小,任何现有的以及未来可能拥有的仪器都不可能记录下这么小的数值. 一个原子的线度在 10^{-10} m 范围,而这个波长在 10^{-63} m,因此我们不能看到地球的物质波是肯定的.

如果进入了微观粒子范围,情况就不同了,它的波长将可以与原子线度相比较,可通过实验来验证.

例 19.4　温度为 25℃时,热中子的德布罗意波长等于多少?(若中子与给定温度的物质处于平衡状态,则称该中子为热中子,其平均动能就和同样温度下理想气体分子的平均动能相同)

解　热中子平均动能 $\overline{E}_{\text{k}}=\frac{3}{2}kT$.

由题意　　$T=273+25=298(\text{K})$.

由 $\overline{E}_{\text{k}}=\frac{\boldsymbol{P}^2}{2m}$ 有

$$\begin{aligned}\boldsymbol{P}=\sqrt{3mkT}&=\sqrt{3\times1.67\times10^{-27}\times1.38\times10^{-23}\times298}\\&=4.54\times10^{-24}(\text{m}\cdot\text{kg}\cdot\text{s}^{-1}).\end{aligned}$$

由德布罗意公式,因此　$\lambda=\frac{h}{\boldsymbol{P}}=\frac{6.63\times10^{-34}}{4.54\times10^{-24}}=1.46\times10^{-10}(\text{m})$.

例 19.5 证明物质波的相速度 u 与相应粒子运动速度 u' 之间的关系为 $u=\frac{c^2}{u'}$.

证明 波的相速度为 $u=\nu\lambda$，根据德布罗意公式，可得

$$\lambda=\frac{h}{mu'},\quad \nu=\frac{mc^2}{h}.$$

两式相乘即可得

$$u=\lambda\nu=\frac{c^2}{u'}.$$

上式表明物质波的相速度并不等于相应粒子的运动速度，这时的相速度大于真空中光速.

19.2.3 概率波

1. 波函数

既然所有微观粒子具有波动性，我们就可以用波函数来描述微观粒子的运动状态. 借鉴经典波的描述方法，对于一个动量为 p、能量为 E 沿 x 轴方向做匀速直线运动的微观自由粒子，其对应的物质波波函数为

$$\Psi(x,t)=\Psi_0 e^{-\frac{i}{\hbar}(Et-px)}. \tag{19-38a}$$

在三维空间中运动的自由粒子对应的物质波波函数为

$$\Psi(\boldsymbol{r},t)=\Psi_0 e^{-\frac{i}{\hbar}(Et-\boldsymbol{p}\cdot\boldsymbol{r})}. \tag{19-38b}$$

2. 波函数的玻恩解释

波函数 Ψ 为复函数，实验无法直接观测，那么，波函数 Ψ 的物理意义是什么？Ψ 是如何描述微观粒子的运动的？

人们在量子论发展初期对 Ψ 的物理意义有过争议. 1926 年，玻恩(M. Born)提出了波函数的统计解释，后来为大家普遍接受. 玻恩认为，物质波是**概率波**(probability wave)，**微观粒子在 t 时刻出现在 $\boldsymbol{r}$ 的概率与波函数的模的平方成正比**，那么在 $\boldsymbol{r}$ 附近一个小体积元 dV 中 t 时刻粒子出现的概率为

$$dp=|\Psi|^2 dV=\Psi\Psi^* dV. \tag{19-39}$$

式中，Ψ^* 为 Ψ 的共轭复数. 单位体积内粒子出现的概率，称为**概率密度**(probability density)，则概率密度为

$$\rho(\boldsymbol{r},t)=\frac{dp}{dV}=|\Psi|^2=\Psi\Psi^*. \tag{19-40}$$

可以用光子的概念来说明双缝衍射条纹的分布是光子的概率分布结果. 光的双缝衍射形成明暗相间的条纹已在光学中给出. 而且条纹的明暗是由光强不同所致. 用光子概念来说明明暗条纹时，光子数的多少与光强成正比，因此认为条纹的明暗分布是光子达到屏上的光子数目的分布. 明纹可以看成是光子"堆积"的结果. 如果光源减弱，明暗条纹分布不变，但光强减小，也就是光子数减小，当光源很弱，弱到光子一个一个地发出的程度，衍射的结果也应该是明暗条纹. 但一个光子通过一缝后应该落入屏上的何位置？这个光子并不知道前

一个光子落入了何处，也不知道后一个光子将落入何处，但全部光子到位后一定形成明暗条纹分布，所以玻恩的想法是，光子落入那一点不确定，它只可能是以一定的概率落入屏上某一点，有的地方概率大，有的地方概率小，这个概率是由物质波决定的，物质波函数平方$|\Psi|^2$就是光子落入屏上某点的概率密度. 因此，从光子的概念出发，光波(即与光子相联系的波)是概率波，它描述了光子到达空间各处的概率，对于其他实物微观粒子，与它的相联系的物质波也是概率波. 玻恩关于波函数的解释是一种统计解释，可以概括为：**波函数在空间中某一点强度(振幅绝对值的平方)和在该点找到粒子的概率成正比，粒子的物质波是概率波.**

知道了波函数，就知道了粒子出现在空间的概率，利用统计方法可求粒子的各种性质，因此可以说波函数描写了粒子的**量子状态**(quantum state，简称量子态、状态或态).

由于粒子必定要在空间某一点出现，所以粒子在空间各点出现的概率总和等于1，因而粒子在空间各点出现的概率只取决于波函数在空间各点的相对强度，而不决定于强度的绝对大小. 即

$$\int |\Psi|^2 \mathrm{d}V = 1. \tag{19-41}$$

式(19-41)称为**归一化条件**(normalizing condition)，满足式(19-41)的波函数Ψ称为归一化波函数.

对于一个任意的波函数φ，将φ换成归一化波函数Ψ的步骤称为归一化过程. 令$\Psi = C\varphi$，代入式(19-41)，得$C^2\int |\varphi|^2 \mathrm{d}V = 1$，可解得归一化常量$C = \dfrac{1}{\sqrt{\int |\varphi|^2 \mathrm{d}V}}$.

根据玻恩解释，由于粒子在空间任何点的概率密度必须是确定的、唯一的并且不是无限大的，故波函数Ψ必须是**连续**(continuous)、**单值**(single-value)和**有限**(limited)的函数，这个条件称为波函数的**标准条件**(standard condition).

物质波与经典波有着本质的区别：其一，物质波Ψ是复函数，本身无实在的物理意义，不能用实验直接观测，而$|\Psi|^2 = \Psi\Psi^*$为实数，表示微观粒子的概率密度，具有物理意义；经典波的波函数本身是实函数，可实验观测，均有实在的物理意义(如位移、电场强度等). 其二，物质波是概率波，任何一个常量与波函数之积$C\Psi$与Ψ表示相同的概率分布，因此，$C\Psi$与Ψ描述相同的概率波，经典波的波幅若变为原来的C倍，则经典波的能量为原来的C^2倍，二者的运动状态则完全不同.

例 19.6　粒子在一维空间中运动，其运动状态可用波函数

$$\varphi(x,\ t) = \begin{cases} 0, & x \leqslant 0,\ x \geqslant a, \\ A\mathrm{e}^{-\frac{i}{\hbar}Et} \sin\dfrac{\pi x}{a}, & 0 < x < a \end{cases}$$

来描述，求归一化常量A、粒子概率分布函数(概率密度)、概率最大的位置以及粒子坐标x和x^2的平均值$\langle x \rangle$，$\langle x^2 \rangle$.

解　利用归一化条件可求出A，即

$$\int_{-\infty}^{+\infty} |\varphi|^2 \mathrm{d}x = \int_0^a A^2 \sin^2 \frac{\pi x}{a} \mathrm{d}x = \frac{A^2 a}{2} = 1, \quad A = \sqrt{\frac{2}{a}}.$$

$$\text{概率密度}\ \rho = |\varphi|^2 = \begin{cases} 0, & x \leqslant 0,\ x \geqslant a, \\ \dfrac{2}{a}\sin^2 \dfrac{\pi x}{a}, & 0 < x < a. \end{cases}$$

从概率密度表达式可知粒子出现概率最大的位置是 $x = \dfrac{a}{2}$.

利用概率论中求平均值的方法可得出

$$\langle x \rangle = \int_0^a x |\varphi|^2 \mathrm{d}x = \int_0^a x \frac{2}{a} \sin^2 \frac{\pi x}{a} \mathrm{d}x = \frac{a}{2}.$$

$$\langle x^2 \rangle = \int_0^a x^2 |\varphi|^2 \mathrm{d}x = \int_0^a x^2 \frac{2}{a} \sin^2 \frac{\pi x}{a} \mathrm{d}x = \frac{a^2}{3} - \frac{a^2}{2\pi^2}.$$

3. 叠加原理

波函数所描述的态还遵从叠加原理，如果 Ψ_1, Ψ_2 是微观粒子可能的状态，那么，它们的线性叠加，即

$$\Psi = C_1 \Psi_1 + C_2 \Psi_2 \tag{19-42a}$$

也是这个微观粒子的一个可能状态. 推广到更一般的情况，态 Ψ 可以是许多态 Ψ_1, Ψ_2, …, Ψ_n 线性叠加，即

$$\Psi = C_1 \Psi_1 + C_2 \Psi_2 + \cdots + C_n \Psi_n = \sum C_n \Psi_n. \tag{19-42b}$$

式中，C_1, C_2, …, C_n 可以是复数，这一结果称为量子力学中的**态叠加原理**(state superposition principle).

19.2.4 运动方程

一个质量为 m 的粒子在势场 $U(\boldsymbol{r}, t)$ 中运动的波函数 $\Psi(\boldsymbol{r}, t)$ 随时间演化遵从由薛定谔得出的运动方程为

$$i\hbar \frac{\partial \Psi}{\partial t} = -\frac{\hbar^2}{2m} \nabla^2 \Psi + U(\boldsymbol{r}, t) \Psi. \tag{19-43}$$

式中，∇, ∇^2 分别为**矢量微分算符**(vector differential operator)和**拉普拉斯算符**(Laplace operator)，在直角坐标系中的表示为 $\nabla = \boldsymbol{i}\dfrac{\partial}{\partial x} + \boldsymbol{j}\dfrac{\partial}{\partial y} + \boldsymbol{k}\dfrac{\partial}{\partial z}$, $\nabla^2 = \dfrac{\partial^2}{\partial x^2} + \dfrac{\partial^2}{\partial y^2} + \dfrac{\partial^2}{\partial z^2}$；式(19-43)称为**含时薛定谔方程**(time-dependent Schrodinger equation)，有关的讨论是量子力学的任务，下面只讨论粒子在恒定势场 $U(\boldsymbol{r})$ 中的运动情形. 在此情形下，式(19-43)可用分离变量法求解. 设方程的解为

$$\Psi(\boldsymbol{r}, t) = \Psi(\boldsymbol{r}) f(t).$$

代入含时薛定谔方程，并把方程两边同除以 $\Psi(\boldsymbol{r}) f(t)$，得

$$\frac{i\hbar}{f}\frac{\mathrm{d}f}{\mathrm{d}t}=\frac{1}{\Psi}\left[-\frac{\hbar^2}{2m}\nabla^2\Psi+U(\boldsymbol{r})\Psi\right].$$

两边是不同的变量，但要求相等，所以只能等于一个常数 E，即

$$i\hbar\frac{\mathrm{d}f}{\mathrm{d}t}=Ef,\tag{19-44}$$

$$-\frac{\hbar^2}{2m}\nabla^2\Psi+U(\boldsymbol{r})\Psi=E\Psi.\tag{19-45}$$

式(19-45)中的 $\Psi=\Psi(\boldsymbol{r})$ 是不显含时间的波函数，称为**定态波函数**(stationary wave function)，式(19-45)称为**定态薛定谔方程**(stationary Schrodinger equation).

在定态情形下，也可从能量的角度来讨论. 设一个粒子在势能为 $U(\boldsymbol{r})$ 的场中运动，其经典力学的能量写成

$$E=\frac{p^2}{2m}+U(\boldsymbol{r}).$$

如果作如下代换 $E\rightarrow i\hbar\frac{\partial}{\partial t}$、$p\rightarrow -i\hbar\nabla$，$i\hbar\frac{\partial}{\partial t}$ 称为**能量算符**(energy operator)，$-i\hbar\nabla$ 称为**动量算符**(momentum operator)，则有

$$i\hbar\frac{\partial}{\partial t}=-\frac{\hbar^2}{2m}\nabla^2+U(\boldsymbol{r}).$$

两边乘以 Ψ，即得

$$i\hbar\frac{\partial}{\partial t}\Psi=-\frac{\hbar^2}{2m}\nabla^2\Psi+U(\boldsymbol{r})\Psi.$$

这正是薛定谔方程. 由此可见，与经典力学对应，量子力学的力学量用**算符**(operator)来表示，将经典力学的相应量换成量子力学的力学量(用算符表示)就得到薛定谔方程.

将式(19-44)和式(19-45)两边分别乘以 $\Psi(\boldsymbol{r})$ 和 $f(t)$，注意到 $\Psi(\boldsymbol{r},t)=\Psi(\boldsymbol{r})f(t)$，有

$$i\hbar\frac{\partial\Psi}{\partial t}=E\Psi,\tag{19-46}$$

$$\left[-\frac{\hbar^2}{2m}\nabla^2+U(\boldsymbol{r})\right]\Psi=E\Psi.\tag{19-47}$$

可见 $i\hbar\frac{\partial}{\partial t}$ 的作用与 $-\frac{\hbar^2}{2m}\nabla^2+U(\boldsymbol{r})$ 的作用是一样的，所以 $-\frac{\hbar^2}{2m}\nabla^2+U(\boldsymbol{r})$ 也是能量算符，在经典力学中 $\frac{p^2}{2m}+U(\boldsymbol{r})$ 称为**哈密顿函数**(Hamilton function)，所以 $-\frac{\hbar^2}{2m}\nabla^2+U(\boldsymbol{r})$ 称为**哈密顿算符**(Hamilton operator)，记作 $\hat{H}$，于是方程式(19-47)写成

$$\hat{H}\Psi=E\Psi.\tag{19-48}$$

这种类型的方程称为**本征值方程**(characteristic equation). E 称为算符 $\hat{H}$ 的**本征值**(characteristic value)，Ψ 称为算符$\hat{H}$的**本征函数**(characteristic function).

*19.2.5 算符与力学量

算符是指作用在一个函数上得出另一个函数的运算符号. 某种运算把一个函数 u 变成函数 v，用符号表示为

$$\hat{F}u = v,$$

则这种运算的表示符号$\hat{F}$就是算符. 例如，$u = 2x^3$，$v = 6x^2$，则$\frac{du}{dx} = \frac{d}{dx}(2x^3) = 6x^2 = v$，即$\frac{du}{dx} = v$，则$\frac{d}{dx}$就是一种算符.

如果算符$\hat{F}$作用于一个函数 Ψ，结果等于 Ψ 乘上一个常数λ，即

$$\hat{F}\Psi = \lambda\Psi, \tag{19-49}$$

则常数λ称为$\hat{F}$的**本征值**，Ψ 称为属于λ 的**本征函数**，方程(19-49)称为算符$\hat{F}$的**本征方程**.

量子力学中的力学量可以从经典力学量的类比中得到，如果量子力学中的力学量F在经典力学中有相应的力学量，则表示这个力学量的算符$\hat{F}$由经典表达式 $\boldsymbol{F}(\boldsymbol{r},\ \boldsymbol{p})$中将 $\boldsymbol{p}$ 换成$\hat{p}$而得出，即

$$\hat{F} = \hat{F}(\hat{\boldsymbol{r}},\ \hat{p}) = \hat{F}(\boldsymbol{r}, -i\hbar\nabla).$$

因为动量的算符为 $\hat{p} = -i\hbar\nabla$，坐标算符为$\hat{\boldsymbol{r}} = \boldsymbol{r}$，哈密顿量 $H = \frac{p^2}{2m} + U(\boldsymbol{r})$，故哈密顿算符为$\hat{H} = \frac{\hat{p}^2}{2m} + U(r) = -\frac{\hbar^2}{2m}\nabla^2 + U(\boldsymbol{r})$.

经典力学中对 O 点的角动量为$\boldsymbol{L} = \boldsymbol{r}\times\boldsymbol{p}$，则量子力学**角动量算符**(angular momentum operator)为

$$\hat{L} = \hat{\boldsymbol{r}}\times\hat{\boldsymbol{p}} = -i\hbar\boldsymbol{r}\times\nabla. \tag{19-50}$$

由于所有力学量的数值都应为实数，而力学量处于本征态时取值为本征值，则本征值也是实数，这就要求力学量算符为**厄密算符**(Emmet operator).

如果对于任意函数 Ψ, φ，算符$\hat{F}$满足等式

$$\int\Psi^*\ \hat{F}\varphi dx = \int(\hat{F}\Psi)^*\ \varphi dx,$$

则称厄密算符，式中x代表所有的变量，积分范围是所有变化的整个区域. 当力学量算符为厄密算符时，能够保证本征值为实数.

关于算符说明如下：

(1) 因为要满足态叠加原理，物理量的算符应该是线性的，又由于可观测的物理量其算符必须是实数，故可观测的物理量其算符必须是厄密算符.

(2) 描写物理量 F 的算符$\hat{F}$，本征值和本征函数分别为λ和Ψ，有本征值方程

$$\hat{F}\Psi = \lambda\Psi.$$

在厄密算符$\hat{F}$的本征状态 Ψ 中，$\hat{F}$所代表的物理量 F 有确定的值，即$\hat{F}$取值λ的概率为 1，取其他值的概率为零.

(3) 描写任意状态的波函数 Ψ 可以按本征函数 Ψ_i 展开

$$\Psi = \sum C_i \Psi_i, \tag{19-51}$$

$$C_i = \int \Psi^*{}_i \Psi \mathrm{d}x. \tag{19-52}$$

展开系数 C_i 一般是复数,C_i 的复平方 $C_i * C_i = |C_i|^2$ 就是状态 Ψ 中,物理量 F 取值 λ_i 的概率. 如果 Ψ 是本征值,Ψ_i 则得 $C_i = 1$, 所以当状态 Ψ 不是力学量 F 的本征态时,可用本征函数展开,力学量以一定的概率取值.

*19.2.6 力学量的对易关系 不确定关系

如果算符$\hat{F}$, $\hat{G}$满足条件

$$(\hat{F}\hat{G} - \hat{G}\hat{F})\Psi = 0, \tag{19-53}$$

称$\hat{F}$, $\hat{G}$是对易的,否则为不对易. 令

$$[\hat{F}, \hat{G}] = \hat{F}\hat{G} - \hat{G}\hat{F}, \tag{19-54}$$

如果$\hat{F}$, $\hat{G}$是对易的,则称$\hat{F}$, $\hat{G}$为对易算符. 量子力学中正则变量的量子条件为

$$[q_i, q_j] = 0, \tag{19-55}$$

$$[p_i, p_j] = 0, \tag{19-56}$$

$$[q_i, p_j] = i\hbar\delta_{ij}, \tag{19-57}$$

其中

$$\delta_{ij} = \begin{cases} 1, & i = j, \\ 0, & i \neq j. \end{cases} \tag{19-58}$$

上列式中 q_i 是正则坐标,p_i 是正则动量. 对满足对易关系的两个算符,有

$$[\hat{F}, \hat{G}]\Psi = \hat{F}\hat{G}\Psi - \hat{G}\hat{F}\Psi = 0.$$

于是得

$$\hat{F}\hat{G}\Psi = \hat{G}\hat{F}\Psi.$$

若 $\hat{G}\Psi = \lambda\Psi$,即 Ψ 是$\hat{G}$ 的本征函数,则

$$\hat{F}(\hat{G}\Psi) = \hat{F}\lambda\Psi = \lambda(\hat{F}\Psi).$$

但 $\hat{F}\hat{G}\Psi = \hat{G}\hat{F}\Psi$, 故此有

$$\hat{G}(\hat{F}\Psi) = \lambda(\hat{F}\Psi).$$

由此可见,$(\hat{F}\Psi)$也是$\hat{G}$的本征函数,同理$\hat{G}\Psi$也是$\hat{F}$的本征函数,因此$\hat{F}$, $\hat{G}$具有共同的本征函数,具有共同本征函数的力学量算符可以同时被确定.

如果$\hat{F}$, $\hat{G}$无共同本征态,$\hat{F}$, $\hat{G}$不可能同时被测定,量子力学中的**不确定关系**(uncertainty relation)(也称测不准关系)就是描述这一物理现象的. 例如,一维运动的粒子的 x 坐标和动量的 x 分量 p_x 对应的算符$\hat{x}$和$\hat{p}_x$,这两个算符就是不对易的,由式(19-57),有

$$[\hat{x}, \hat{p}_x] = i\hbar \neq 0.$$

不确定关系一般写成

$$\Delta x \Delta p_x \geqslant \frac{\hbar}{2}. \tag{19-59}$$

其中, $\Delta x = \hat{x} - \bar{x}$, $\Delta p_x = \hat{p}_x - \bar{p}_x$. 下面我们用电子衍射来说明不确定关系的物理含义.

如图 19-11 所示,一束动量为 p 的电子通过宽度 Δx 的单缝后发生衍射,在用照相底片构成的屏上形

成衍射条纹．这个衍射图样的存在意味着由缝射出的电子所具有的 p_x 的值有一个准确度问题．首先某一个电子从缝的何处通过是不能准确回答的，只能说它从宽度为 Δx 的缝中通过，因此它在 x 方向上的位置不确定度就是 Δx，其次，由于中央明纹宽度大于缝宽，说明在 x 方向有动量 p_x 出现，p_x 的不确定度是使电子能达到衍射图样的最外衍射条纹处，衍射第一级暗纹对缝中心所张的角为 θ，达到此处的电子具有的动量为 $\boldsymbol{p}$，即

$$\boldsymbol{p} = p_x\boldsymbol{i} + p_y\boldsymbol{j}.$$

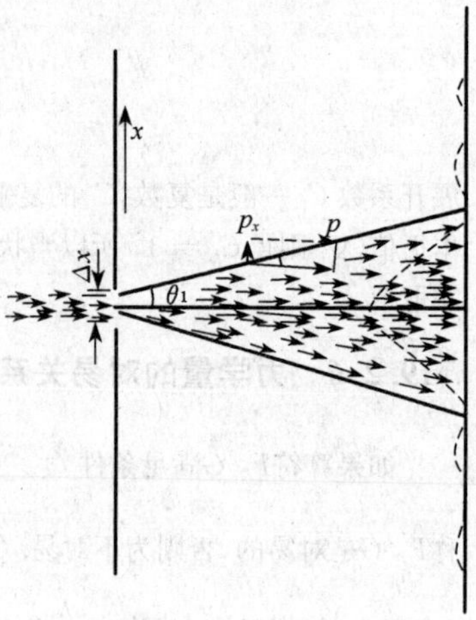

图 19-11　电子单缝衍射

在中央明纹中电子动量的 x 分量在 $0 \sim p\sin\theta$ 范围内，达到中央明纹的电子在 x 方向的不确定量为

$$\Delta p_x = p\sin\theta.$$

由于电子还要达到一级暗纹之外，所以不确定范围还要大，即

$$\Delta p_x \geqslant p\sin\theta.$$

由单缝衍射公式，第一级暗纹对应的角位置 θ 由下式决定，即

$$\Delta x\sin\theta = \lambda.$$

对于电子，其德布罗意波长为

$$\lambda = \frac{h}{p}.$$

所以有

$$\sin\theta = \frac{\lambda}{\Delta x} = \frac{h}{p\Delta x}.$$

代入 Δp_x 式中有

$$\Delta p_x \geqslant p\sin\theta = p \cdot \frac{h}{p\Delta x},$$

$$\Delta x\Delta p_x \geqslant h. \tag{19-60}$$

由于 h 是个常量，所以我们就不可能同时准确地测定 x 和 p_x．如果粒子的位置限制得越准确，则动量值就越不能确定，对应单缝衍射是缝越小，则衍射图样铺展得越宽．即 Δp_x 越大．

更一般的推导，应给出

$$\Delta x\Delta p_x \geqslant \frac{\hbar}{2}. \tag{19-61}$$

但在实际应用中，常常只需估算数量级，那么使用粗略一点的公式 $\Delta x\Delta p_x \geqslant \hbar$ 甚至式(19-60)就可以了．

上面是通过一个特殊情况对不确定性的说明，一般情况下有

$$\Delta x\Delta p_x \geqslant \frac{\hbar}{2},\quad \Delta y\Delta p_y \geqslant \frac{\hbar}{2},\quad \Delta z\Delta p_z \geqslant \frac{\hbar}{2}. \tag{19-62}$$

对于算符不对易的量都存在不能同时准确测量的问题，如时间和能量，其不确定关系可写成

$$\Delta t\Delta E \geqslant \frac{\hbar}{2}. \tag{19-63}$$

在不确定关系中，联系着普朗克常数 h，这告诉我们，Δx 和 Δp_x 的乘积不等于零，如果 Δx 和 Δp_x 的乘积远大于 h，此时的系统从量子力学过渡到经典力学，如果 Δx 和 Δp_x 的乘积与 h 可以比较，那么这个系统肯定服从量子力学规律．

例 19.7　测得一电子的速度为 300 m/s，动量的不准确量为 0.010%，试问电子的位置可以确定到多大？

解　电子为低速运动，用经典动量公式

$$p = mv = (9.1\times10^{-31}\ \mathrm{kg})\times(300\ \mathrm{m/s}) = 2.7\times10^{-28}(\mathrm{kg\cdot m/s}).$$

已知动量的不准确量为这个值的 0.010%，即

$$\Delta p = 0.010\% p = 2.7\times10^{-28}\times0.000\,10 = 2.7\times10^{-32}(\mathrm{kg\cdot m/s}),$$

$$\Delta x = \frac{h}{\Delta p} = \frac{6.63\times10^{-34}\ \mathrm{J\cdot m}}{2.7\times10^{-32}\ \mathrm{kg\cdot m/s}} = 2.4(\mathrm{cm}).$$

由此可见，若动量准确到上述的范围，则将电子看成是小点子的概念就没有多大意义了.

例 19.8　测得质量为 0.05 kg 的子弹的速率为 300 m/s，不准确量为 0.010%，求子弹位置的不确定量大小.

解

$$p = mu = (0.05\ \mathrm{kg})\times(300\ \mathrm{m/s}) = 15(\mathrm{kg\cdot m/s}),$$

$$\Delta p = 0.000\,10\times15 = 1.5\times10^{-3}(\mathrm{kg\cdot m/s}),$$

则

$$\Delta x = \frac{h}{\Delta p} = \frac{6.63\times10^{-34}}{1.5\times10^{-3}} = 4.4\times10^{-13}(\mathrm{m}).$$

这个值已大大超过了我们测量的可能性（原子核的直径大约只有 10^{-15} m），由此可见，对于子弹这样的物体，不确定性原理的结果并不对我们的测量有所限制，即动量和位置在我们能够测量的范围内都准确测量了，量子力学化为了经典力学，其原因是 $\Delta x \Delta p_x \gg h$. 不确定性关系还说明了为什么光和物质都可能有波粒二象性.

19.3　一维定态问题

当微观粒子在一个不显含时间的势场 $U(r)$ 中运动时，波函数可以写成 $\Psi = f(t)\varphi(r)$，$\varphi(r)$ 是定态波函数，遵从定态薛定谔方程

$$-\frac{\hbar^2}{2m}\nabla^2\varphi + U(\boldsymbol{r})\varphi = E\varphi. \tag{19-64}$$

实际上，$\Psi = \varphi(\boldsymbol{r})\mathrm{e}^{-iEt/\hbar}$ 描写的是能量不变的状态，就为定态，满足定态薛定谔方程. 如果用算符重写定态薛定谔方程，则为

$$\hat{H}\Psi = E\Psi. \tag{19-65}$$

式中，$\hat{H} = -\frac{\hbar}{2m}\nabla^2 + U(\boldsymbol{r})$ 称为哈密顿算符. 式(19-65)实际上是本征值方程，而 $\hat{H}$ 的本征值是能量 E. 对于定态，能量可从定态薛定谔方程式(19-64)中求出. 在具体的问题中，如果已知了势能分布及边界条件，就能求解薛定谔方程，求得 φ，由 φ 可以求力学量的平均值和讨论其他问题.

19.3.1　一维无限深势阱

考虑在一维空间运动的粒子，它的势能在某一区域内为常数，在这个区域以外，势能突变为很大，我们将这个问题抽象为势阱(potential well)模型：粒子在 x 方向 $-a$ 到 a 内势能为零，在此区域外势能为无限大，即势函数

$$U(x)=\begin{cases}0, & |x|<a,\\ \infty, & |x|\geqslant a.\end{cases}$$

将 x 方向分为三个区,如图 19-12 所示,定态薛定谔方程为

Ⅰ区 $$-\frac{\hbar^2}{2m}\frac{d^2\varphi_{\mathrm{I}}}{dx^2}+U\varphi_{\mathrm{I}}=E\varphi_{\mathrm{I}};\tag{19-66}$$

Ⅱ区 $$-\frac{\hbar^2}{2m}\frac{d^2\varphi_{\mathrm{II}}}{dx^2}+U\varphi_{\mathrm{II}}=E\varphi_{\mathrm{II}};\tag{19-67}$$

Ⅲ区 $$-\frac{\hbar^2}{2m}\frac{d^2\varphi_{\mathrm{III}}}{dx^2}+U\varphi_{\mathrm{III}}=E\varphi_{\mathrm{III}}.\tag{19-68}$$

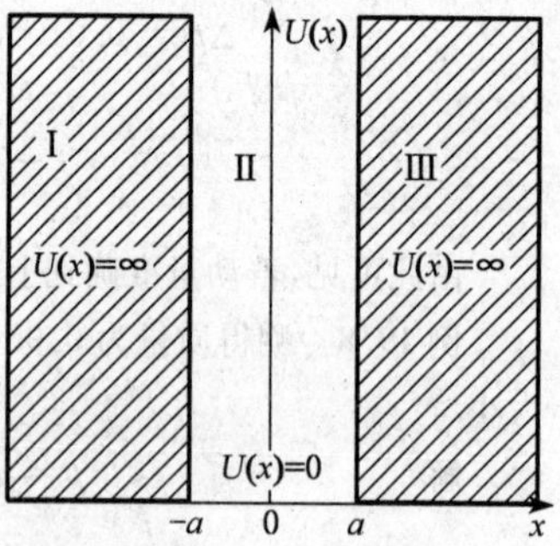

图 19-12 无限深势阱

在阱外($|x|\geqslant a$),由于$U\to\infty$,根据波函数的有限性,满足式(19-66)和式(19-67)的解只有

$$\varphi_{\mathrm{I}}=\varphi_{\mathrm{III}}=0.$$

这可以理解为,由于 $-a$ 和 a 处,势能演变到无限大,按 $\boldsymbol{F}=-\nabla U(x)$ 的理解,粒子受到指向阱内无限大的力的作用,粒子的位置不可能到达阱外,即粒子在阱外的概率为零,即是

$$|\varphi_{\mathrm{I}}|^2=0,\quad |\varphi_{\mathrm{III}}|^2=0.$$

在阱内,令 $k=\sqrt{\dfrac{2mE}{\hbar^2}}$,式(19-67)化为 (19-69)

$$\frac{d^2\varphi_{\mathrm{II}}}{dx^2}+k^2\varphi_{\mathrm{II}}=0,\quad |x|<a.\tag{19-70}$$

它的解为 $$\varphi_{\mathrm{II}}=A\sin kx+B\cos kx.\tag{19-71}$$

由波函数的连续性条件,即在 $x=\pm a$ 处波函数有

$$\varphi_{\mathrm{II}}|_{x=-a}=\varphi_{\mathrm{I}}|_{x=-a},\quad \varphi_{\mathrm{II}}|_{x=a}=\varphi_{\mathrm{III}}|_{x=a}.$$

应用这样的边界条件得到

$$A\sin(-ka)+B\cos(-ka)=0,\quad A\sin(ka)+B\cos(-ka)=0.$$

整理得 $$-A\sin ka+B\cos ka=0,\quad A\sin ka+B\cos ka=0.$$

两方程相减得 $$A\sin ka=0.$$

两方程相加得 $$B\cos ka=0.$$

A 和 B 同时为零时,则 $\varphi_{\mathrm{II}}=0$,就是 $\varphi_{\mathrm{I}}=\varphi_{\mathrm{II}}=\varphi_{\mathrm{III}}=0$,这是无意义的,所以 A 和 B 不能同时为零,于是有两组解:

① $A=0$ 时,$B\neq 0$,则 $\cos ka=0$,

② $B=0$ 时,$A\neq 0$,则 $\sin ka=0$.

由此解得 $$ka=\frac{n}{2}\pi,\quad n=1,2,3,\cdots.\tag{19-72}$$

$n=0$ 是不满足 $\varphi\neq 0$ 的，所以 $n\neq 0$. 将 A，B 及 k 值代入方程式(19-71)得两组解，将两组解合并起来并归一化后得

$$\varphi_n=\begin{cases}\dfrac{1}{\sqrt{a}}\sin\dfrac{n\pi}{2a}(x+a), & |x|<a,\\ 0, & |x|\geqslant a.\end{cases} \tag{19-73}$$

将式(19-72)中的 k 代入式(19-69)，得

$$E_n=\frac{\pi^2\hbar^2n^2}{8ma^2},\quad n=1,2,\cdots, \tag{19-74}$$

所以粒子的能量是分立值，即

$$E_1=\frac{\pi^2\hbar^2}{8ma^2},\quad E_2=\frac{4\pi^2\hbar^2}{8ma^2},$$
$$\vdots$$

粒子能量只能取分立值的结论，叫能量量子化，整数 n 叫**量子数**，每一个可能的能量称为一个**能级**，图 19-13 画出了几个能级和对应每个能级的波函数曲线以及粒子概率密度分布. 由图可见，在不同的能级上波函数是不同的.

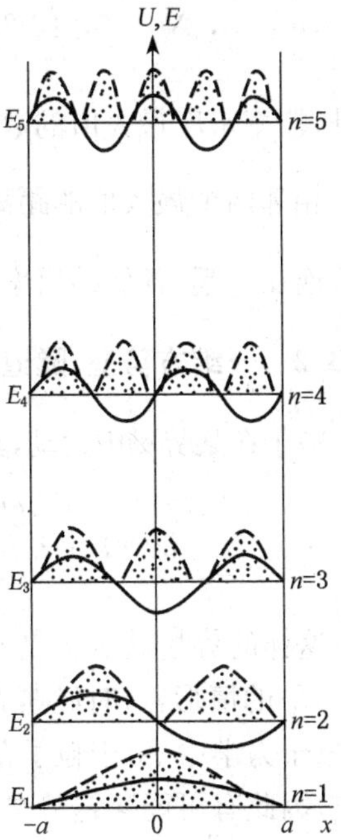

图 19-13　无限深势阱中粒子的波函数和能级图

由上分析，可总结为如下几点.

(1) 粒子的最低能级(基态) $E_1=\dfrac{\pi^2\hbar^2}{8ma^2}\neq 0$，这与经典粒子是不同的，这是微观粒子波动性的表现，因为当粒子局限在 $2a$ 范围内，则，$\Delta p\approx h/2a$，所以 $E_1\neq 0$.

(2) 由于 $E_n\propto n^2$，所以能级分布是不均匀的.

(3) 粒子出现在阱中各处的概率是不同的，称概率为零的点为节点，除端点外，$n=k+1$ 时有 k 个节点，节点之间的中点概率最大.

例 19.9　试求在一维无限深势阱中粒子概率密度的最大值的位置.

解　一维无限深势阱中粒子的概率密度为

$$|\varphi_n(x)|^2=\frac{1}{a}\sin^2\frac{n\pi}{2a}(x+a),\quad n=1,2,3,\cdots.$$

将上式对 x 求导一次，且令它等于零，即

$$\frac{\mathrm{d}|\varphi_n(x)|^2}{\mathrm{d}x}=\frac{2n\pi}{2a^2}\sin\frac{n\pi}{2a}(x+a)\cos\frac{n\pi}{2a}(x+a)=0.$$

因为在阱内，即 $-a<x<a$，$\sin\dfrac{n\pi}{2a}(x+a)=0$ 表示最小值，只有 $\cos\dfrac{n\pi}{2a}(x+a)=0$ 才对

应最大值. 于是有 $\frac{n\pi}{2a}(x+a)=(2N+1)\frac{\pi}{2}$, $N=0, 1, 2, \cdots, (n-1)$.

由此解得最大值为

$$x=(2N+1)\frac{a}{n}-a,\quad N=0, 1, 2, \cdots, (n-1).$$

例如,$n=1$, $N=0$,最大值位置 $x=0$;

$n=2$, $N=0, 1$,最大值位置 $x=-\frac{a}{2}, \frac{a}{2}$;

$n=3$, $N=0, 1, 2$,最大值位置 $x=-\frac{2}{3}a, 0, \frac{2}{3}a$.

可见,概率密度最大值的数目和量子数 n 相等.

相邻两个最大值的距离 $\Delta x=\frac{a}{n}$,若阱宽 $2a$ 不变,则当 $n\to\infty$ 时,$\Delta x\to 0$,相邻两个最大值连在一起,各处的概率都趋向一致,这就回到了经典理论的范围了.

19.3.2 一维方势垒、隧道效应

粒子在某势场中运动,其势能分布函数为(图 19-14)

$$U(x)=\begin{cases}U_0, & 0<x<a,\\ 0, & x<0,\ x>a.\end{cases}$$

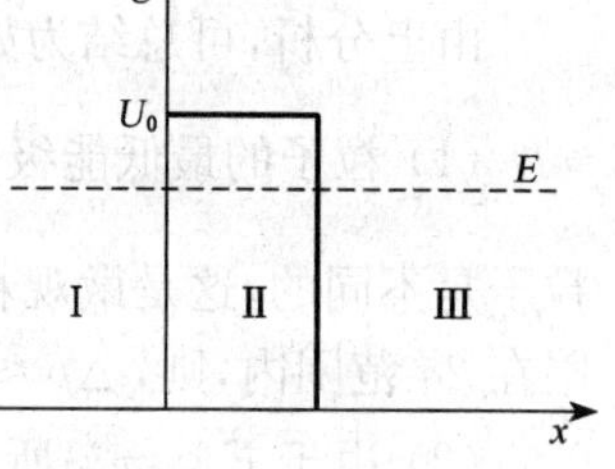

图 19-14 方势垒

这样的势场就为方势垒(potential barrier). 下面只讨论 $E<U_0$ 的情形,这时经典力学给出的结论是粒子不能穿过势垒,量子力学中,由于粒子存在波函数,粒子分界处可能存在透射波,因此有可能穿越势垒. 设三个区域的波函数分别为 φ_1, φ_2, φ_3,求出的 φ_1, φ_3 若不为零,就表示粒子可能出现在势垒的另一边. 由薛定谔方程得

区域Ⅰ
$$-\frac{\hbar^2}{2m}\frac{d^2\varphi_1}{dx^2}=E\varphi_1;\tag{19-75a}$$

区域Ⅱ
$$-\frac{\hbar^2}{2m}\frac{d^2\varphi_2}{dx^2}+U_0\varphi_2=E\varphi_2;\tag{19-75b}$$

区域Ⅲ
$$-\frac{\hbar^2}{2m}\frac{d^2\varphi_3}{dx^2}=E\varphi_3.\tag{19-75c}$$

令
$$k_1^2=\frac{2mE}{\hbar^2},\tag{19-76a}$$

$$k_2^2=\frac{2m(U_0-E)}{\hbar^2}.\tag{19-76b}$$

则(19-75)三式可化为

$$\frac{d^2\varphi_1}{dx^2}+k_1^2\varphi_1=0,\tag{19-77a}$$

$$\frac{d^2\varphi_2}{dx^2}+k_2^2\varphi_2=0,\tag{19-77b}$$

$$\frac{d^2\varphi_3}{dx^2}+k_1^2\varphi_3=0.\tag{19-77c}$$

其解为

$$\varphi_1(x)=Ae^{k_1x}+A'e^{-k_1x},\tag{19-78a}$$

$$\varphi_2(x)=Be^{k_2x}+B'e^{-k_2x},\tag{19-78b}$$

$$\varphi_3(x)=Ce^{k_1x}+C'e^{-k_1x}.\tag{19-78c}$$

设粒子沿 x 轴正向运动，则粒子在三个区域内分别对应一些物质波，e^{ik_1x} 是入射波，e^{-ik_1x} 是反射波，在 Ⅲ 区没有反射波，所以 $C'=O$，但 $C\neq0$，因此 $\varphi_3=Ce^{ik_1x}$，这个波存在，说明有粒子穿越 U_0 势垒的可能，如图 19-15 所示.

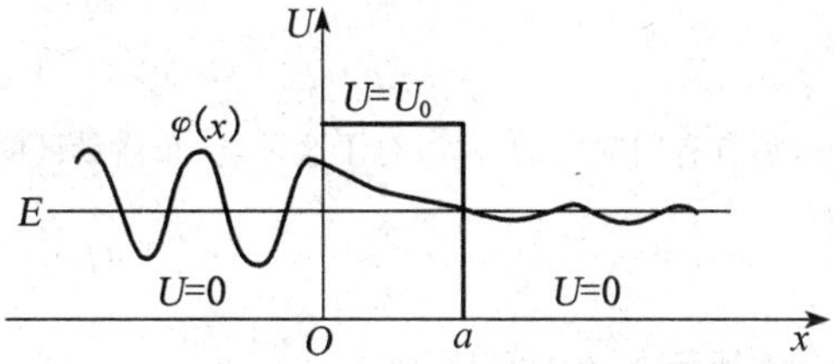

图 19-15　隧道效应

在粒子的总能量低于势垒高($E<U_0$)的情况下，粒子有一定概率穿透势垒的现象，称为**隧道效应**(tunneling effect). 这一现象被许多实验证实，例如原子核的 α 衰变，电子的场致发射，超导隧道效应等.

19.3.3　线性谐振子

一维空间内运动的粒子势能为$\frac{1}{2}m\omega^2x^2$，ω 是常数，这种系统就称为线性谐振子，许多系统在近似条件下可以抽象为线性谐振子，因此它是一个很有用的模型. 一维谐振子的势能函数写为

$$U(x)=\frac{1}{2}kx^2=\frac{1}{2}m\,\omega^2x^2.\tag{19-79}$$

定态薛定谔方程为

$$-\frac{\hbar^2}{2m}\frac{d^2\varphi}{dx^2}+U(x)\varphi=E\varphi,\tag{19-80}$$

即

$$\frac{d^2\varphi}{dx^2}+\frac{2m}{\hbar^2}\left(E-\frac{1}{2}m\omega^2x^2\right)\varphi=0.\tag{19-81}$$

这是一个变系数的常微分方程，其解为厄密多项式，谐振子能量由下式决定：

$$E_n=\left(n+\frac{1}{2}\right)\hbar\omega=\left(n+\frac{1}{2}\right)h\nu,\quad n=0,1,2,3,\cdots.\tag{19-82}$$

由此可见，量子谐振子的能量是分立的，即是量子化的，n 是量子数，还可以看到，谐振子的能级是均匀分布的，即

$$\Delta E=E_{n+1}-E_n=h\nu.$$

当 $n=0$ 时，最低能级对应的态（基态）的能量为

$$E_0=\frac{1}{2}\hbar\omega=\frac{1}{2}h\nu. \tag{19-83}$$

式中，E_0 称为**零点能**（zero-point energy），它是微观粒子波粒二象性的反映.

在图 19-16 中画出了线性谐振子的势能曲线，能级以及概率密度 $|\varphi|^2$ 与 x 的关系. 在任一能级 E_n 上，在势能曲线 $U=U(x)$ 以外，$|\varphi|^2$ 并不为零，微观粒子也可能在那里被找到.

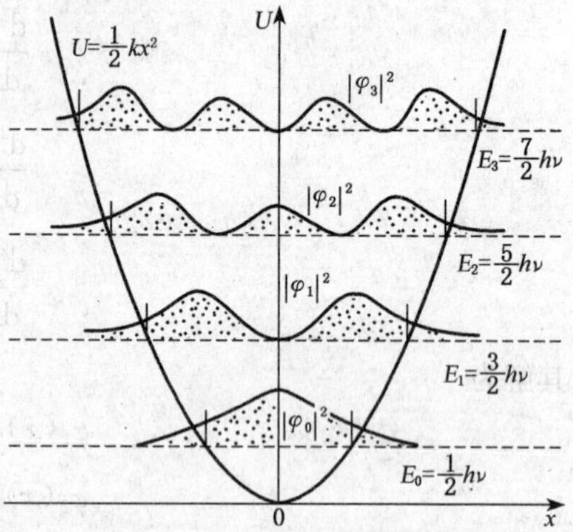

图 19-16　一维谐振子的能级和概率密度图

*19.3.4　周期场中的粒子运动

若坐标平移 a 及 a 的整数倍，势函数相等，即相距常数 a 及 a 的整数倍的空间两点处的势函数相等：

$$V(x+na)=V(x),\quad n=0,\ \pm1,\ \pm2,\ \cdots.$$

这是具有周期性的势场，对于这种场，布洛赫证明了一个定理，含有周期性场的某电子哈密顿算符为

$$\hat{H}=-\frac{\hbar^2}{2m}\nabla^2+V(\boldsymbol{r}).$$

其本征函数 $\varphi(\boldsymbol{r})$ 可以写成

$$\varphi(\boldsymbol{r})=\mathrm{e}^{i\boldsymbol{k}\cdot\boldsymbol{r}}u(\boldsymbol{r}). \tag{19-84}$$

其中，波矢 $\boldsymbol{k}$ 是一个实数矢量，起着标志电子态的量子数的作用，波函数和能量都与 $\boldsymbol{k}$ 有关，当电子受外场作用时，$\hbar\boldsymbol{k}$ 起到电子动量的作用，通常称为“晶体动量”，而 $u(\boldsymbol{r})$ 是一个周期性的函数

$$u(\boldsymbol{r}+\boldsymbol{R})=u(\boldsymbol{r}).$$

对于一维情况有

$$\hat{H}=-\frac{\hbar^2}{2m}\frac{\mathrm{d}^2}{\mathrm{d}x^2}+V(x),\quad \varphi(x)=\mathrm{e}^{ikx}u(x),\quad u(x)=u(x+na),\quad n\text{ 为任意整数}.$$

具有这种形式的波函数 $\varphi(x)$ 称为布洛赫函数，而所得结论称为布洛赫定理. 注意：$\varphi(x)$ 不具有周期性，而是 $u(x)$ 具有周期性.

在晶体中电子就是在规则排列的正离子势场中运动，这种势场对电子的势具有周期性，而且 a 就是一维晶格的原胞长度.

在周期性势场中运动的电子满足的薛定谔方程为

$$\left[-\frac{\hbar^2}{2m}\frac{\mathrm{d}^2}{\mathrm{d}x^2}+V(x)\right]\varphi(x)=E\varphi(x). \tag{19-85}$$

这里的 $\varphi(x)$ 就是布洛赫函数.

20 世纪 30 年代，克龙尼克-潘纳提出了一个晶体势场的模型，将电子在晶体中运动看成是电子在由方形势垒周期排列而成的周期场中运动，如图 19-17 所示，在 $-b<x<c$ 区域，粒子的势能

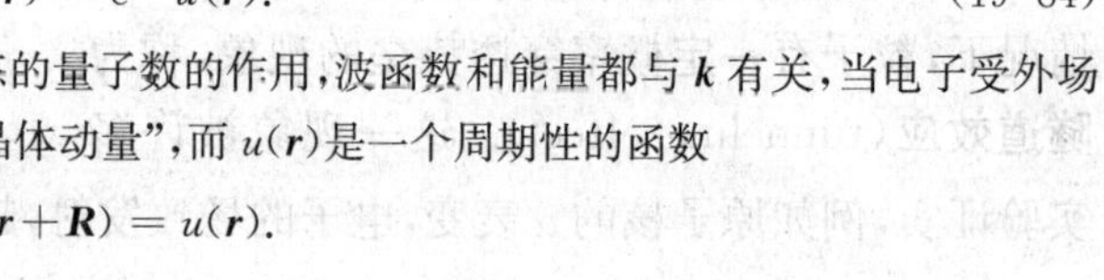

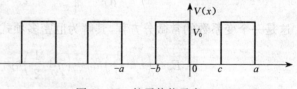

图 19-17　粒子势能示意

$$V(x)=\begin{cases}0, & 0<x<c,\\ V_0, & -b<x<0.\end{cases}$$

其他区域，粒子势能为 $V(x)=V(x+na)$，n 为任意整数，依照布洛赫定理，波函数写成

$$\varphi(x)=\mathrm{e}^{ikx}u(x).$$

代入薛定谔方程式(19-85)，得到
$$\frac{\mathrm{d}^2\varphi}{\mathrm{d}x^2}+\frac{2m}{\hbar^2}(E-V)\varphi=0,$$

整理后可得 $u(x)$ 满足的方程
$$\frac{\mathrm{d}^2u}{\mathrm{d}x^2}+2ik\frac{\mathrm{d}u}{\mathrm{d}x}+\left[\frac{2m}{\hbar^2}(E-V)-k^2\right]u=0.$$

根据边界条件及波函数的标准条件，可分区求得波函数，在区域 $0<x<c$，势能 $V=0$，$u(x)$ 的解为

$$u(x)=A_0\mathrm{e}^{i(\alpha-k)x}+B_0\mathrm{e}^{-i(\alpha+k)x}.$$

式中，A_0，B_0 是任意常数，$\alpha^2=\dfrac{2mE}{\hbar^2}$. 在区域 $-b<x<0$，势能为 V_0 且 $E<V_0$ 时，解为

$$u(x)=C_0\mathrm{e}^{(\beta-ik)x}+D_0\mathrm{e}^{-(\beta+ik)x}.$$

式中，C_0，D_0 是任意常数.

根据周期性条件和连续条件可得系数 A_0，B_0，C_0，D_0 的方程组，根据线性方程组有解的条件得

$$\frac{\beta^2-\alpha^2}{2\alpha\beta}\sinh\beta b\sin\alpha c+\cosh\beta b\cos\alpha c=\cos ka. \tag{19-86}$$

这个方程是个超越方程. 若简化计算，可理想化一点，令 $V_0\to\infty$，$b\to0$ $(c\to a)$，但还要 V_0b 保持有限值，将方程式(19-86)化为 $p\dfrac{\sin\alpha a}{\alpha a}+\cos\alpha a=\cos ka.$

在 α 中含有 E，可以画出图 19-18 来求出能量 E. 将图 19-18 的关系化为 E 与 k 的关系得图 19-19，图中虚线是自由电子的动能曲线 $E=\dfrac{p^2}{2m}$，由图可见能量是分段准连续的，在 $ka=\pi$，2π，3π 的等点发生能量突变，因此出现了一些隔开的**能带**，**能带**之间的不许可的能量范围称为**禁带**.

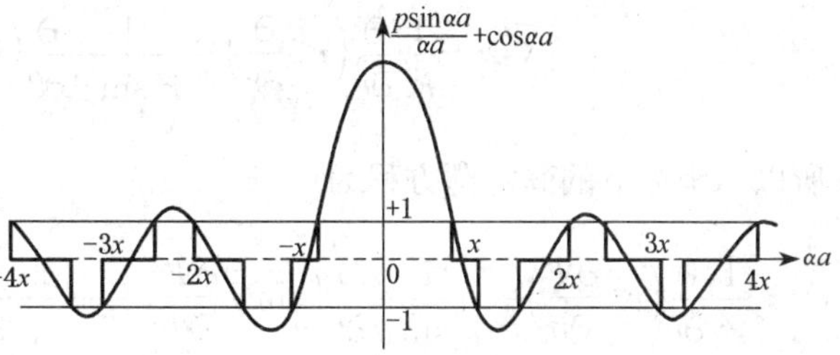

图 19-18　$p=\dfrac{3}{2}\pi$ 时，简化式的图形

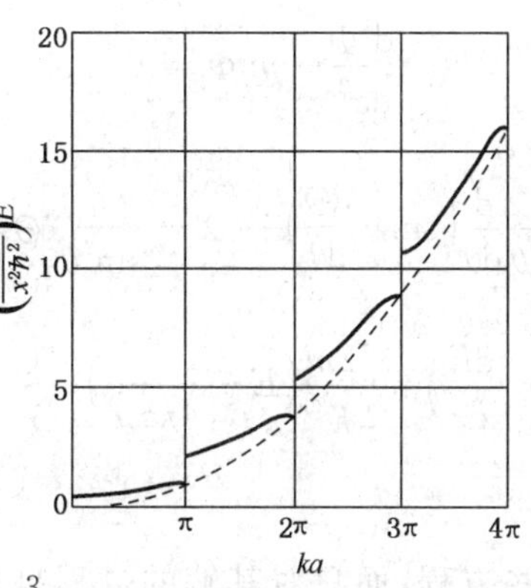

图 19-19　$p=\dfrac{3}{2}\pi$ 时，克龙尼克-潘纳模型中能量和波矢的关系

19.4 氢原子

19.4.1 氢原子波函数及概率的分布

1. 氢原子的薛定谔方程

氢原子中,一个电子在原子的库仑力作用下运动,电子的势函数为

$$U=-\frac{e^2}{4\pi\varepsilon_0 r}.$$

式中,r 为电子到核的距离,由于核的质量很大,故假设原子核是静止的. 氢原子中电子的薛定谔方程为

$$\left[-\frac{\hbar^2}{2m}\nabla^2+U(r)\right]\Psi=E\Psi. \tag{19-87}$$

由于势函数具有球对称性,故用球坐标求解方便些,∇^2 在球坐标中的表达式为

$$\nabla^2=\frac{1}{r^2}\frac{\partial}{\partial r}\left(r^2\frac{\partial}{\partial r}\right)+\frac{1}{r^2\sin\theta}\frac{\partial}{\partial\theta}\left(\sin\theta\frac{\partial}{\partial\theta}\right)+\frac{1}{r^2\sin^2\theta}\frac{\partial^2}{\partial\varphi^2}.$$

所以球坐标下的薛定谔方程为

$$\frac{1}{r^2}\frac{\partial}{\partial r}\left(r^2\frac{\partial\Psi}{\partial r}\right)+\frac{1}{r^2\sin\theta}\frac{\partial}{\partial\theta}\left(\sin\theta\frac{\partial\Psi}{\partial\theta}\right)+\frac{1}{r^2\sin^2\theta}\frac{\partial^2\Psi}{\partial\varphi^2}+\frac{2m}{\hbar^2}\left(E+\frac{e^2}{4\pi\varepsilon_0 r}\right)\Psi=0. \tag{19-88}$$

可采用数学物理方程中分离变量的方法求解,令

$$\Psi(r,\theta,\varphi)=R(r)\Theta(\theta)\Phi(\varphi). \tag{19-89}$$

代入方程式(19-88)中得到三个方程,分别为

$$\frac{\mathrm{d}^2\Phi}{\mathrm{d}\varphi^2}+m_l^2\Phi=0, \tag{19-90}$$

$$\frac{1}{\sin\theta}\frac{\mathrm{d}}{\mathrm{d}\theta}\left(\sin\theta\frac{\mathrm{d}\Theta}{\mathrm{d}\theta}\right)+\left[\lambda-\frac{m_l^2}{\sin^2\theta}\right]\Theta=0, \tag{19-91}$$

$$\frac{1}{r^2}\frac{\mathrm{d}}{\mathrm{d}r}\left(r^2\frac{\mathrm{d}R}{\mathrm{d}r}\right)+\left[\frac{2m}{\hbar^2}\left(E+\frac{e^2}{4\pi\varepsilon_0 r}\right)-\frac{\lambda}{r^2}\right]R=0. \tag{19-92}$$

式中,m_l 和 λ 是引入的常数.

这里并不打算详细解这些方程,而只对其解的过程自然得到的一些量子化特征进行讨论.

(1) 能量量子化和主量子数

在求解式(19-92)时，为使 $R(r)$ 满足标准条件，氢原子的能量必须满足量子化的条件

$$E_n = -\frac{me^4}{(4\pi\varepsilon_0)^2 2\hbar n^2} = -\frac{me^4}{8\varepsilon_0^2 h^2 n^2}. \tag{19-93}$$

式中，$n = 1, 2, 3, \cdots$ 称为主量子数(principal quantum number)，此式与玻尔理论中的能量公式(19-35)相同. 由上式可见，$E_n \propto \frac{1}{n^2}$，所以，随 n 的增加，$|E_n|$ 很快地减小，由于 $n \neq 0$，基态为 E_1，即

$$E_1 = -13.6\ \text{eV},$$

称为基态能级. 定义凡是高于基态能级的能级称为激发态能级. 对于氢原子分别为

$$E_2 = -3.40\ \text{eV},$$

$$E_3 = -1.51\ \text{eV},$$

$$\vdots$$

当 n 很大时，能级间隔变得很小，可以认为是连续的.

(2) 轨道角动量量子化和角量子数

求解式(19-91)和式(19-92)时，要使方程有解，电子绕核运动的角动量必须满足

$$L = \sqrt{l(l+1)}\hbar. \tag{19-94}$$

式中，$l = 0, 1, 2, \cdots, (n-1)$，$n$ 是主量子数，可见 L 是量子化的，l 称为**角量子数**(angular quantum number). 角动量的最小值 $L_{\min} = 0$，角量子数的个数取决于主量子数，即共有 n 个 l 值.

量子力学的角动量量子化公式(19-94)与玻尔理论中的角动量量子化公式(19-94)不同，玻尔理论中的角动量的最小值 $L'_{\min} = \hbar$，实验证明，量子力学的结论是正确的.

(3) 轨道角动量的空间量子化和磁量子数

薛定谔方程的解还要求电子绕核运动的角动量 $\boldsymbol{L}$ 的方向在空间取向不能连续地改变，而只能取一些特定的方向，即角动量 $\boldsymbol{L}$ 在外磁场方向的投影必须满足量子化条件

$$L_z = m_l \frac{h}{2\pi} = m_l \hbar. \tag{19-95}$$

式中，$m_l = 0, \pm 1, \pm 2, \cdots, \pm l$，称为**磁量子数**(magnetic quantum number). 对于每一个 l 值. m_l 可取 $(2l+1)$ 个值，这说明当角量子数取某一个值 l 时，角动量的空间取向只有 $2l+1$ 种可能. 例如，取 $l = 1$，则 $m_l = 0, \pm 1$；取 $l = 2$，则 $m_l = 0, \pm 1, \pm 2$.

角动量 $\boldsymbol{L}$ 的空间取向如图 19-20 所示，图中给出的是 $l = 1$，$l = 2$ 时的情况.

角动量 $\boldsymbol{L}$ 在空间的取向可以理解为：由于电子的运动形成圆电流，圆电流是具有一定磁矩的，由于电子带负电，电流方向与电子运动方向相反，所以磁矩 $\boldsymbol{M}_e$ 的方向总是与角动量 $\boldsymbol{L}$ 的方向相反，如图 19-21 所示. 而在磁场中，磁矩要作一定取向. 因此角动量同时发生

空间取向.

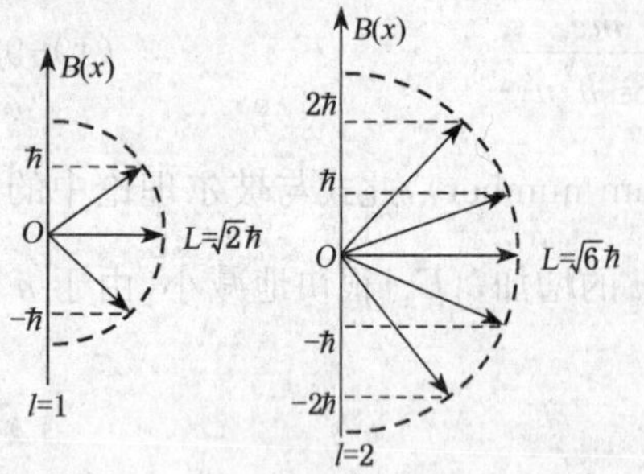

图 19-20　角动量的空间量子化

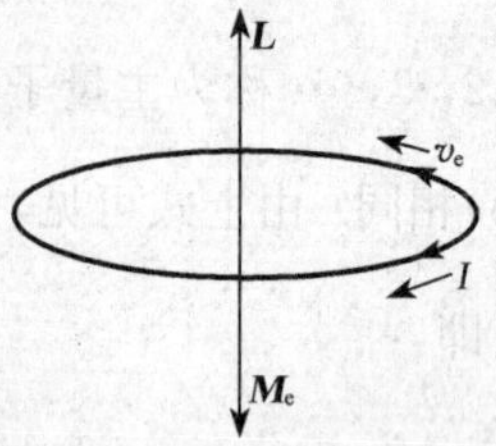

图 19-21　磁矩 $\boldsymbol{M}_e$ 的方向总与角动量 $\boldsymbol{L}$ 的方向相反

综上所述,氢原子中电子的稳定状态是用一组量子数 n, l, m_l 来描述的,在一般情况下,电子的能量主要由主量子数 n 决定,与角动量量子数有联系的能量是比较小的,在有外磁场时,磁量子数还对能量有修正,但在无外磁场时,电子能量与磁量子数 m_l 无关. 量子力学中若某一能级对应多个波函数,或者说一个能量本征值对应多个能量本征态,则称为**简并**,一个能级的简并度等于与该能级对应的本征函数的数目. 氢原子不受外磁场作用时,m_l 可取$(2l+1)$个值,但对能量不产生影响,说明有 $2l+1$ 重简并存在;当受到外磁场作用时,这个简并就被破除了,原来的一个能级就要分裂为 $2l+1$ 个能级. l 的取值及简并度如表 19-2 所示.

表 19-2　**l 取值与简并度**

l	$m_l(-l\sim l)$	简并度$(2l+1)$
0	0	1
1	$-1, 0, 1$	3
2	$-2, -1, 0, 1, 2$	5
3	$-3, -2, -1, 0, 1, 2, 3$	7
⋮	以此类推	⋮

由于无外场时,磁量子数 m_l 不影响能量,所以无外场时,原子中的电子状态可用 n, l 表示,习惯上常用 s, p, d, f, …等字母表示 $l=0, 1, 2, 3, \cdots$等状态,对应的电子分别称为 s 电子,p 电子,d 电子. 例如,$l=0$ 的电子称为 s 电子,而 $n=2$, $l=0$ 的电子状态表示为 2 s,氢原子的部分电子状态如表 19-3 所示.

表 19-3　**电子状态**

n	$l=0$ s	$l=1$ p	$l=2$ d	$l=3$ f	$l=4$ g	$l=5$ h
$n=1$	1 s					
$n=2$	2 s	2 p				
$n=3$	3 s	3 p	3 d			
$n=4$	4 s	4 p	4 d	4 f		
$n=5$	5 s	5 p	5 d	5 f	5 g	
$n=6$	6 s	6 p	6 d	6 f	6 g	6 h

2. 氢原子中电子的概率分布

在量子力学中，没有轨道的概念，电子是以一定的概率出现在原子核周围，其波函数为

$$\Psi_{n,\,l,\,m_l}(r,\,\theta,\,\varphi)=R_{n,\,l}(r)\Theta_{l,\,m_l}(\theta)\Phi_{m_l}(\varphi).$$

而$|\Psi_{n,\,l,\,m_l}|^2$就是电子出现在空间点$(r,\,\theta,\,\varphi)$的概率密度，电子出现在空间各点的概率是不相同的，由于电子绕核快速运动，单位时间内在某处要出现多次，于是我们引入电子云的图像，其密度规定为概率密度. 这样的电子云在空间并不是均匀的，但其中的$|\Phi|^2$为常数，说明概率分布与φ无关，也就是概率的角向分布对于z轴具有旋转对称性，这种对称情况与能级的简并有关，当对称性被破坏时，简并就破除了. 角向概率分布密度为$|\Phi_{m_l}|^2$，图19-22为氢原子中电子角向概率分布图，电子径向概率分布如图 19-23 所示.

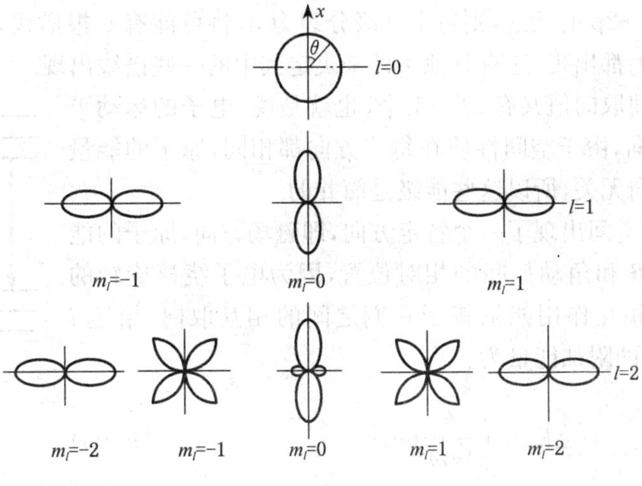

图 19-22 氢原子电子角向概率分布

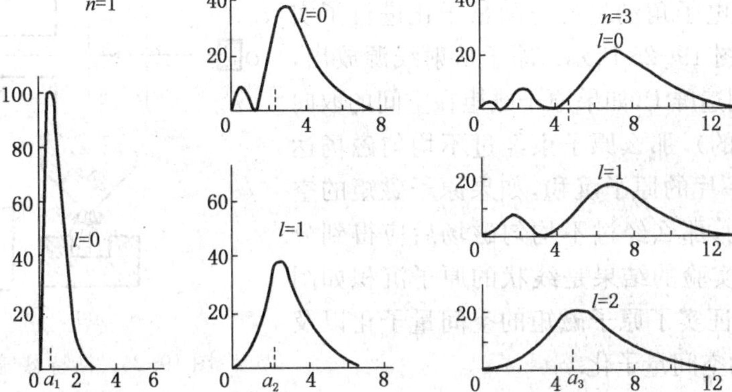

图 19-23 氢原子电子径向概率分布

19.4.2 电子的自旋

1. *磁场的影响*

1896 年,塞曼(P. Zeeman)发现了元素谱线展宽的现象. 进一步的分析表明谱线不是展宽了,而是分裂成了多重谱线,这意味着能级的分裂. 例如,加上磁场后,相应于氢原子从 2p→1s 的跃迁(即从状态 $n=2$, $l=1$ 跃迁到状态 $n=1$, $l=0$) 的一根谱线分裂为 3 根谱线,如图 19-24 所示. 量子力学解释为在磁场中原子能级分裂的结果. 当 $n=2$, $l=1$ 的能级分裂为 $2l+1=3$ 个能级,$n=1$, $l=0$ 的能级分裂为 $2l+1=1$ 个能级,它们之间的跃迁对应 3 条谱线.

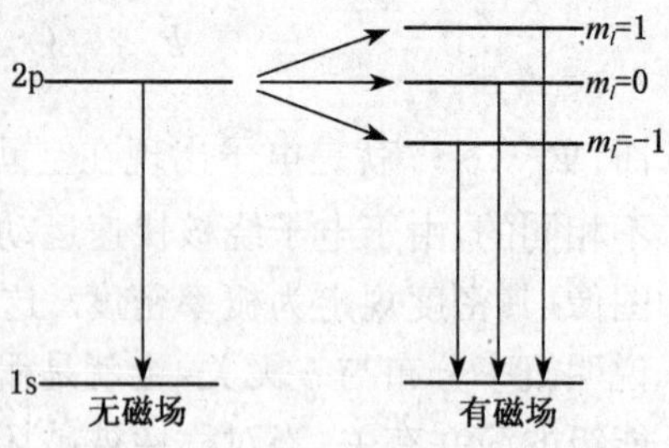

图 19-24 能级分裂

如果考虑 3p→2p 的跃迁,则每个能级分裂为 3,将可能有 9 根谱线,如图 19-14 所示,但这些谱不会真的都出现,还有其他条件来决定其中的一些谱线出现.

角动量的空间取向值共有 $2l+1$ 个,也就是说,电子的运动平面有 $2l+1$ 个取向,由于空间性质在每一方向都相同,原子的能量也与角动量的方向无关,所以这些能级是简并的.

加入磁场后,空间出现了一个特定方向,即磁场方向,原子的能量将依赖于磁场 $\boldsymbol{B}$ 和角动量间的相对位置,因为电子绕核旋转的磁矩与外磁场的相互作用能依赖于它们之间的相互取向,给定 l 值,电子在磁场中的附加能量为

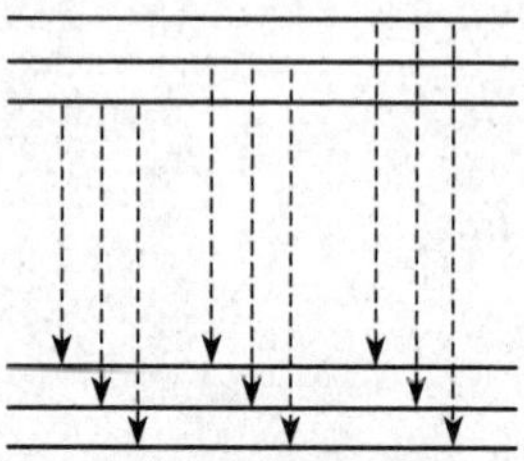
图 19-25 可能的跃迁,但不一定都出现

$$\Delta E=\left(\frac{eh}{4\pi m}\right)m_l B. \tag{19-96}$$

这是一个很小的量. 就是这个能量的存在,决定了被分裂的能级的能级差.

2. *电子自旋*

1921 年,施特恩(O. Stern)和盖拉赫(W. Gerlach)为验证电子角动量的空间量子化进行了实验,实验装置如图 19-26 所示. 原子从射线源放出,经不均匀磁场到达屏 P,如果原子磁矩在空间的取向是任意的(连续的),那么原子束经过不均匀磁场达到 P 应是连成一片的原子沉积,如果原子磁矩的空间取向是分立的,那么经过不均匀磁场后应得到分立的线状沉积,实验的结果是线状的原子沉积如图 19-26(b)所示,证实了原子磁矩的空间量子化以及相应的角动量的空间量子化.

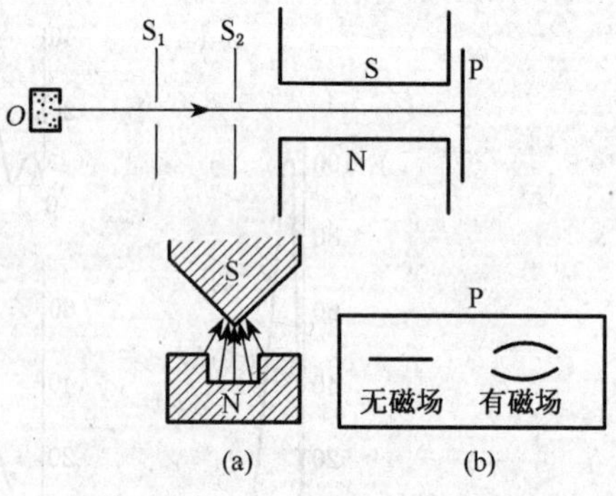

图 19-26 斯特恩-盖拉赫实验

但按空间量子化理论,当 l 一定时,应有 $2l+1$ 个取向,由于 l 是整数,所以 $2l+1$ 一定是奇数. 但实验结果是原子沉积条数为偶数,只有两条.

为解释这一实验结果，乌伦贝克(G. E. Uhlenbeck)和哥德斯密斯特(S. A. Goudsmit)提出了电子自旋假说，电子存在自旋角动量 S 和自旋磁矩 μ_s，电子的自旋磁矩与自旋角动量成正比，而方向相反.

自旋磁矩在外磁场中也是空间量子化的，但它在磁场方向的分量只能有两个值，同时角动量也是空间量子化的，在磁场方向的分量 S_z 也只取两个值. 电子自旋角动量的大小为

$$S=\sqrt{s(s+1)}\hbar. \tag{19-97}$$

而在外磁场方向上的分量为

$$S_z=m_s\hbar. \tag{19-98}$$

式中，s 称为**自旋量子数**(spin quantum number)，m_s 称为**自旋磁量子数**(spin magnetic quantum number)，因 m_s 所能取的量值和 m_l 相似，共有 $2s+1$ 个，但因实验表明 S_z 只有两个量值，这样令 $2s+1=2$，求得 $s=\frac{1}{2}$. 于是自旋磁量子数也只能取两个值

$$m_s=\pm\frac{1}{2}.$$

与此对应的自旋角动量和其在磁场方向的分量分别是

$$S=\sqrt{\frac{3}{4}}\hbar,\quad S_z=\pm\frac{1}{2}\hbar.$$

上式表示自旋在外磁场方向也只有两个分量.

施特恩-盖拉赫实验的两条沉积线解释为处于基态的原子经不均匀磁场时的能级分裂. 对基态，$l=0$，则电子绕核运动的磁矩为零，整个磁矩就是自旋磁矩，所以得到实验的两个线沉积.

对于非基态的原子，在不均匀磁场中，由于电子绕核运动的磁矩和自旋磁场都存在，对应一个给定 n 值的能级将分裂成较复杂的多个能级结构.

3. 四个量子数

总起来说，关于原子中各个电子运动状态，量子力学给出的一般结论是：电子运动状态由 4 个量子数决定，即

(1) 主量子数 n：$n=1, 2, 3, \cdots$. 它主要决定电子的能量.

(2) 角量子数 l：$l=0, 1, 2, \cdots, (n-1)$. 它决定电子绕核运动的角动量大小，一般说来，处于同一主量子数 n，而不同角量子数 l 状态中的各个电子，其能量也稍有不同.

(3) 磁量子数 m_l：$m_l=0, \pm1, \pm2, \cdots\pm l$. 它决定电子绕核运动的角动量矢量在外磁场中的指向，影响原子在外磁场中的能量.

(4) 自旋磁量子数 m_s：$m_s=\pm\frac{1}{2}$. 它决定电子自旋角动量矢量在外磁场中的指向，它也影响原子在外磁场中的能量.

由于 4 个量子数表示了电子的运动状态，故可以用(n, l, m_l, m_s)的形式来表示电子的可能状态，如$\left(1, 0, 0, -\frac{1}{2}\right)$，$\left(2, 1, -1, \frac{1}{2}\right)$等.

19.4.3 多电子原子的壳层结构

当原子有多个电子时，电子仍然在核周围运动，薛定谔方程不能完全精确地求解，但可以利用近似方法求得足够精确的解. 其结果是在原子中每个电子的状态仍可以用4个量子数 n, l, m_l 和 m_s 来确定. 由各量子数可能取值的范围可以得出电子以4个量子数为标志的可能运动状态数：

n, l, m_l 相同，但 m_s 不同的可能状态有2个；

n, l 相同，但 m_l, m_s 不同的可能状态有 $2(2l+1)$ 个；

n 相同，但 l, m_l 和 m_s 不同的可能状态有 $2n^2$ 个.

多电子原子在构成壳层结构时，还要服从泡利不相容原理和能量最低原理. **泡利不相容原理**(Pauli exclusion principle)：在一个原子中不可能有2个或2个以上的电子处于相同的状态，亦即原子中不可能有两个或两个以上的电子具有相同的4个量子数.

1916年，柯塞尔(W. Kossel)认为，绕核运动的电子组成许多壳层(shell)，主量子数 n 相同的电子层属于同一壳层. 对应于 $n=1, 2, 3, \cdots$ 等状态的壳层分别用大写字母K, L, M, N, O, P, …等表示；l 相同的电子组成支壳层(sub-shell)或分壳层. 对应 $l=0, 1, 2, 3, \cdots$ 分别用小写字母s, p, d, f, g, f, …表示. 例如，$n=1$，而 $l=0$ 时，K 壳层上可能有 $2n^2=2$ 个电子(s电子)，以 $1s^2$ 表示，根据泡利不相容原理计算出原子内各类壳层和支壳层上最多可容纳的电子数如表19-4所示.

表19-4　　原子中各壳层和支壳层上最多可容纳的电子数

n \ l	0 s	1 p	2 d	3 f	4 g	5 h	6 i	$Z=2n^2$
1K	2	—	—	—	—	—	—	2
2L	2	6	—	—	—	—	—	8
3M	2	6	10	—	—	—	—	18
4N	2	6	10	14	—	—	—	32
5O	2	6	10	14	18	—	—	50
6P	2	6	10	14	18	22	—	72
7Q	2	6	10	14	18	22	26	98

能量最低原理(principle of least energy)：原子处于正常状态时，电子总要尽可能占据最低能级. 能级基本上决定于主量子数 n，n 愈小，能级也愈低. 所以电子一般按 n 由小到大的次序填入各能级. 但由于能级还和角量子数有关，所以在有些情况下，n 较小的壳层尚未填满时，n 较大的壳层就开始有电子填入了，关于 n 和 l 都不同的状态的能量高低问题，徐光宪总结出以 $(n+0.7l)$ 值确定大小的方法. 将 n 和 l 值代入，计算出值大的，其能级高. 例如，4s和3d两个态，4s(即 $n=4$, $l=0$)的值为 $(n+0.7l)=(4+0.7\times 0)=4$；3d($n=3$, $l=2$)的值为 $(n+0.7l)=(3+0.7\times 2)=4.4$. 故有 $E(4s)<E(3d)$. 这是说，主量子数为4的某电子4s态的能量比3d态还要小，所以先为电子所占有. 表19-5为原子中电子按壳层排列表.

表 19-5　　　　　　　　　　　　　　原子中电子排布实例

原子序数	元素	各壳层上的电子数							
		K	L		M			N	
		2s	2s	2p	3s	3p	3d	4s	4p
1	H	1							
2	He	2							
3	Li	2	1						
4	Be	2	2						
5	B	2	2	1					
6	C	2	2	2					
7	N	2	2	3					
8	O	2	2	4					
9	F	2	2	5					
10	Ne	2	2	6	1				
11	Na	2	2	6	2				
12	Mg	2	2	6	2				
13	Al	2	2	6	2	1			
14	Si	2	2	6	2	2			
15	P	2	2	6	2	3			
16	S	2	2	6	2	4			
17	Cl	2	2	6	2	5			
18	Ar	2	2	6	2	6			
19	K	2	2	6	2	6		1	
20	Ca	2	2	6	2	6		2	

习题 19

19.1　已知从铝金属逸出一个电子至少需要 $A=4.2\ \mathrm{eV}$ 的能量，若用可见光投射到铝的表面，能否产生光电效应？为什么？(普朗克常量 $h=6.63\times10^{-34}\ \mathrm{J\cdot s}$，基本电荷 $e=1.60\times10^{-19}\ \mathrm{C}$)

[不能产生光电效应]

19.2　波长为 λ 的单色光照射某金属 M 表面发生光电效应，发射的光电子(电荷绝对值为 e，质量为 m) 经狭缝 S 后垂直进入磁感应强度为 $\boldsymbol{B}$ 的均匀磁场(图 19-27)，今已测出电子在该磁场中做圆运动的最大半径为 R. 求：(1) 金属材料的逸出功 A；(2) 遏止电势差 U_a.

$$\left[\frac{hc}{\lambda}-\frac{R^2e^2B^2}{2m};\ \frac{R^2eB^2}{2m}\right]$$

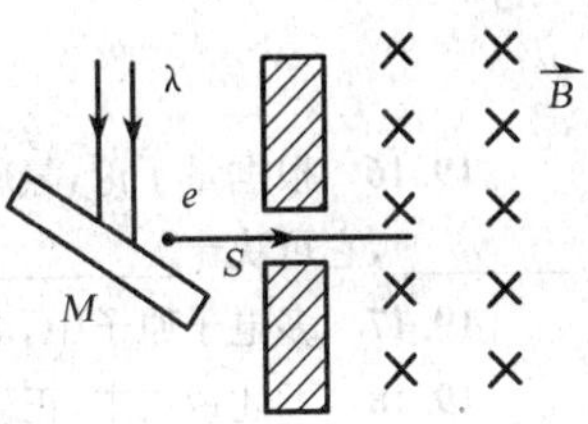

图 19-27

19.3　以波长 $\lambda=410\ \mathrm{nm}$ ($1\ \mathrm{nm}=10^{-9}\ \mathrm{m}$) 的单色光照射某一金属，产生的光电子的最大动能 $E_k=1.0\mathrm{eV}$，求能使该金属产生光电效应的单色光的最大波长是多少？ [612 nm]

19.4　某光电管阴极，对于 $\lambda=4\ 910\ \text{Å}$ 的入射光，其发射光电子的遏止电压为 0.71 V. 当入射光的波长为多少 Å 时，其遏止电压变为 1.43 V? ($e=1.60\times10^{-19}\ \mathrm{C}$，$h=6.63\times10^{-34}\ \mathrm{J\cdot s}$)　[$3.82\times10^3$]

19.5　令 $\lambda_c=\dfrac{h}{(m_e c)}$(称为电子的康普顿波长，其中 m_e 为电子静止质量，c 为真空中光速，h 为普朗克常量). 当电子的动能等于它的静止能量时,它的德布罗意波长是康普顿波长 λ_c 的多少倍? $\left[\dfrac{1}{\sqrt{3}}\right]$

19.6 在氢原子光谱中,赖曼系的最大波长的谱线所对应的光子的能量是多少电子伏? [10.2 eV]

19.7 氢原子从 $n=5$ 的激发态跃迁,所发射的一簇光谱线中最多可能有几条? 其中最短的波长是多少 Å? [10; 955]

19.8 被激发到 $n=3$ 的状态的氢原子气体发出的辐射中,有几条可见光谱线和几条非可见光谱线? [1; 2]

19.9 一维运动的粒子,设其动量的不确定量等于它的动量,试求此粒子的位置不确定量与它的德布罗意波长的关系.(不确定关系式 $\Delta p_x \Delta x \geqslant \hbar$) [$\Delta x \geqslant \lambda$]

19.10 波长 $\lambda = 5000$ Å 的光沿 x 轴正向传播,若光的波长的不确定量 $\Delta\lambda = 10^{-3}$ Å,则利用不确定关系式 $\Delta p_x \Delta x \geqslant \hbar$ 可得光子的 x 坐标的不确定量至少多大? [250 cm]

19.11 同时测量能量为 1 keV 做一维运动的电子的位置与动量时,若 $\Delta p \cdot \Delta x \geqslant \hbar$,位置的不确定值在 0.1 nm (1 nm $= 10^{-9}$ m) 内,则动量的不确定值的百分比 $\Delta p/p$ 至少为何值?(电子质量 $m_e = 9.11 \times 10^{-31}$ kg, 1 eV $= 1.60 \times 10^{-19}$ J,普朗克常数 $h = 6.63 \times 10^{-34}$ J·s) [$\Delta p/p = 0.062 = 6.2\%$]

19.12 在电子单缝衍射实验中,若缝宽为 $a = 0.1$ nm (1 nm $= 10^{-9}$ m),电子束垂直射在单缝面上,根据 $\Delta y \Delta p_y \geqslant \hbar$ 可知衍射的电子横向动量的最小不确定量 Δp_y 是多少?(普朗克常数 $\hbar = 6.63 \times 10^{-34}$ J·s) [1.06×10^{-24} N·s]

19.13 粒子在一维无限深势阱中运动(势阱宽度为 a)其波函数为 $\psi(x) = \sqrt{\dfrac{2}{a}} \sin \dfrac{3\pi x}{a}$ $(0 < x < a)$,求粒子出现的概率最大的各个位置. $\left[\dfrac{a}{6}, \dfrac{a}{2}, \dfrac{5a}{6}\right]$

19.14 已知粒子在无限深势阱中运动,其波函数为

$$\psi(x) = \sqrt{\frac{2}{a}} \sin\left(\frac{\pi x}{a}\right) \quad (0 \leqslant x \leqslant a).$$

求发现粒子的概率为最大的位置. $\left[x = \dfrac{1}{2}a\right]$

19.15 粒子在一维矩形无限深势阱中运动,其波函数为

$$\psi_n(x) = \sqrt{\frac{2}{a}} \sin\left(\frac{n\pi x}{a}\right) \quad (0 < x < a).$$

若粒子处于 $n=1$ 的状态,它在 $0 - a/4$ 区间内的概率是多少? [0.091]

$\left[\int \sin^2 x \mathrm{d}x = \dfrac{1}{2}x - \left(\dfrac{1}{4}\right)\sin 2x + C\right]$

19.16 根据量子论,氢原子中核外电子的状态可由 4 个量子数来确定,其中主量子数 n 可取的值为________,它可决定________. [1, 2, 3, …(正整数);原子系统的能量]

19.17 多电子原子中,电子的排列遵循________原理和________原理. [泡利不相容;能量最小]

19.18 下述说法中,正确的是(　　).

(A) 本征半导体是电子与空穴两种载流子同时参予导电,而杂质半导体(n 型或 p 型)只有一种载流子(电子或空穴)参与导电,所以本征半导体导电性能比杂质半导体好.

(B) n 型半导体的导电性能优于 p 型半导体,因为 n 型半导体是负电子导电,p 型半导体是正离子导电.

(C) n 型半导体中杂质原子所形成的局部能级靠近空带(导带)的底部,使局部能级中多余的电子容易被激发跃迁到空带中去,大大提高了半导体导电性能.

(D) p 型半导体的导电机构完全决定于满带中空穴的运动.　[C]

19.19　如图 19-28 所示,图(a)是________型半导体的能带结构图,图(b)是________型半导体的能带结构图.　[n; p]

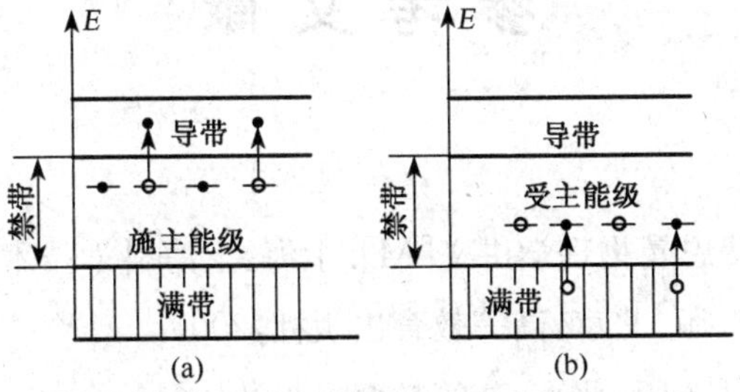

图 19-28

19.20　激光器的基本结构包括三部分,即________、________和________.

[工作物质;激励能源;光学谐振腔]

19.21　在下列给出的各种条件中,哪些是产生激光的条件?(　　).

(1) 自发辐射 (2) 受激辐射 (3) 粒子数反转 (4) 三能极系统 (5) 谐振腔　[2, 3, 4, 5]

19.22　在激光器中利用光学谐振腔(　　).

(A) 可提高激光束的方向性,而不能提高激光束的单色性

(B) 可提高激光束的单色性,而不能提高激光束的方向性

(C) 可同时提高激光束的方向性和单色性

(D) 既不能提高激光束的方向性也不能提高其单色性　[C]

参 考 文 献

[1] 理查德·费恩曼. 费恩曼物理学讲义[M]. 上海:上海科学技术出版社，2013.

[2] 漆安慎. 力学[M]. 3 版. 北京:高等教育出版社,2009.

[3] 赵凯华. 电磁学[M]. 3 版. 北京:高等教育出版社,2011.

[4] 赵凯华. 光学[M]. 北京:高等教育出版社,2004.

[5] 汪志诚. 热力学统计物理[M]. 5 版. 北京:高等教育出版社,2013.

[6] 曾谨言. 量子力学[M]. 4 版. 北京:科学出版社,2007.

[7] 程守洙. 普通物理学[M]. 7 版. 北京:高等教育出版社,2016.

[8] 张三慧. 大学物理学[M]. 3 版. 北京:清华大学出版社,2009.

[9] 周世勋. 量子力学教程[M]. 2 版. 北京:高等教育出版社,2009.

[10] 马文蔚. 物理学教程[M]. 6 版. 北京:高等教育出版社,2015.

[11] 王殿元. 普通物理学[M]. 2 版. 上海:同济大学出版社. 2008.

[12] 王少杰. 大学物理学[M]. 4 版. 上海:同济大学出版社. 2013.

[13] 严导淦. 物理学教程[M]. 2 版. 上海:同济大学出版社. 2014.

[14] 黄祝明. 简明大学物理[M]. 上海:同济大学出版社. 2013.

[15] 沙振舜. 简明物理学史[M]. 南京:南京大学出版社. 2015.

[16] 朱峰. 大学物理[M]. 北京:清华大学出版社,2004.

[17] 余虹. 大学物理学[M]. 2 版. 北京:科学出版社,2008.

[18] 张达宋. 物理学基本教程[M]. 3 版. 北京:高等教育出版社. 2008.

[19] 贾瑞皋. 大学物理教程[M]. 3 版. 北京:科学出版社,2008.

[20] 赵近芳. 大学物理简明教程[M]. 北京:北京邮电大学出版社,2013.